闫福安 编著

涂料树脂合成
及应用

第二版

TULIAO
SHUZHI HECHENG
JI YINGYONG

化学工业出版社

·北京·

内 容 简 介

《涂料树脂合成及应用》（第二版）以涂料化学为中心，系统介绍了涂料树脂合成的基本理论，并以此为基础，对醇酸树脂、聚酯树脂、丙烯酸树脂、聚氨酯树脂、环氧树脂、氨基树脂、氟树脂和硅树脂、光固化树脂进行了介绍，其主线是合成原理和树脂的分子设计，以尽力揭示树脂结构和性能的关系。同时，对涂料助剂、涂料配方设计、涂料生产设备与工艺、涂料性能检测及相关仪器以及建筑涂料、金属涂料和木器涂料进行了介绍，注重理论与实践相结合。

本书可供从事涂料教学、科研、生产、销售、管理及应用的技术人员以及高等院校学生、研究生和教师学习参考。

图书在版编目（CIP）数据

涂料树脂合成及应用/闫福安编著. —2 版. —北京：化学工业出版社，2022.1（2025.2 重印）
ISBN 978-7-122-40042-0

Ⅰ. ①涂…　Ⅱ. ①闫…　Ⅲ. ①合成树脂漆　Ⅳ. ①TQ633

中国版本图书馆 CIP 数据核字（2021）第 206229 号

责任编辑：宋林青　　　　　　　　　文字编辑：葛文文
责任校对：刘　颖　　　　　　　　　装帧设计：史利平

出版发行：化学工业出版社（北京市东城区青年湖南街 13 号　邮政编码 100011）
印　　装：涿州市般润文化传播有限公司
787mm×1092mm　1/16　印张 27½　字数 720 千字　2025 年 2 月北京第 2 版第 4 次印刷

购书咨询：010-64518888　　　　　　　　售后服务：010-64518899
网　　址：http://www.cip.com.cn
凡购买本书，如有缺损质量问题，本社销售中心负责调换。

定　　价：68.00 元　　　　　　　　　　　　　　版权所有　违者必究

前　　言

本书自 2008 年出版以来，多次重印，被多所高等院校选作专业课教材，也受到了广大涂料技术、管理、销售人员的欢迎。

十多年来，我国涂料工业从小到大，从弱到强，发展非常迅速，满足了国民经济各部门的需要。同时，涂料科学与技术也日臻完善，有必要对《涂料树脂合成及应用》一书进行修订、完善，以进一步推动涂料行业的高速发展。

全书共有 17 章，重点介绍了涂料树脂合成的聚合反应原理，以及醇酸树脂、聚酯树脂、丙烯酸树脂、聚氨酯树脂、环氧树脂、氨基树脂、氟树脂和硅树脂、光固化树脂的合成，其主线是合成原理和树脂的分子设计，尽力揭示树脂结构和性能的关系。此外，对涂料的组成、涂料用助剂的种类及应用、涂料配方设计原理以及建筑涂料、金属涂料和木器涂料的配方、检测及生产工艺和装备进行了介绍。书中既有理论，又有实例、配方设计、配方解析和实际操作工艺，实战性强。在保持第一版简洁、易学、好懂及好用的特色下，重新编写了涂料应用部分（涂料助剂、涂料配方设计、金属涂料、木器涂料及涂料生产设备与工艺）的内容，增加了涂料性能检测及相关仪器的内容，使应用部分更加丰富、完整，符合行业发展实际，强化了指导性和前瞻性。

本书可供从事涂料教学、科研、生产、管理及应用的技术人员，高等院校学生、研究生和教师学习参考。第二版由闫福安教授编著，武汉工程大学化工与制药学院喻发全教授参与了第 2 章内容的编写，周勇副教授参与了第 13 章、第 14 章、第 15 章、第 16 章内容的编写；上海赛富化工发展有限公司产品总监尚勇全先生参与了第 11 章内容的编写；第 17 章由标格达精密仪器（广州）有限公司董事长王崇武先生编写。本书获武汉工程大学研究生教材建设项目资助，编写过程中得到了武汉工程大学化工与制药学院、化学工业出版社的支持和一些同事、朋友和学生的帮助，在此深表谢意。

由于水平有限，书中疏漏在所难免，祈请指正。

闫福安

2021 年 8 月

于武汉工程大学化工与制药学院

第一版前言

随着改革开放的深入和国民经济的发展，涂料品种迅速增加、性能不断提高，涂料工业得到了长足发展，形成了一个重要的工业门类，涂料产品已经成为工业、农业、国防、高新技术以及人们日常生活不可缺少的材料之一。涂料科学与技术已成为精细化工研究与开发的最重要领域之一。

武汉工程大学是国内较早开展涂料教学与科研的高校之一，近三十年来为涂料行业的发展培养了大量人才，为了进一步促进人才培养和涂料科技的发展，我们结合近年来的科研与教学经验，组织编写了《涂料树脂合成及应用》一书，全书有十六章，重点介绍了涂料树脂合成的聚合反应原理，以及醇酸树脂、聚酯树脂、丙烯酸树脂、聚氨酯树脂、环氧树脂、氟硅树脂、氨基树脂、光固化树脂的合成，其主线是合成原理和大分子的分子设计，尽力揭示树脂结构和性能的关系；此外，对涂料的组成、涂料用助剂的种类及应用、涂料配方设计原理以及金属涂料、木器涂料和建筑涂料的配方及生产工艺进行了介绍。书中既有理论，又有实例、配方设计和实际操作工艺，力求简单、直观、易学、好懂。

本书可作为从事涂料教学、研究、生产及应用的技术人员，大专院校的学生、研究生和教师参考。若本书能为我国涂料工业的创新和发展做出一定贡献，编者将感到无比欣慰。本书由闫福安教授主编，第1～6章由闫福安教授编写，第7～10章由官仕龙副教授编写，第11、12、16章由樊庆春老师编写，第13章由张良均教授编写，第14、15章由张良均教授、闫福安教授编写。全书由闫福安教授统稿。

本书在编写过程中得到了武汉工程大学绿色化工过程省部共建教育部重点实验室、化学工业出版社的支持和一些学生、朋友的帮助，在此深表谢意。由于水平有限，书中疏漏之处在所难免，敬请批评指正。

编　者
于 2008 年 3 月

目　　录

第1章 导 论

1.1 概述

涂料是一种保护、装饰物体表面的涂装材料。具体讲，涂料是涂布于物体表面后，经干燥可以形成一层薄膜，赋予物体以保护、美化或其他功能的材料。

从组成上看，涂料包含四大组分：成膜物质、颜填料、分散介质和各类涂料助剂。

成膜物质即涂料中的主要成膜物质，为高分子化合物，亦称涂料树脂，可分为天然高分子和合成高分子两大类。

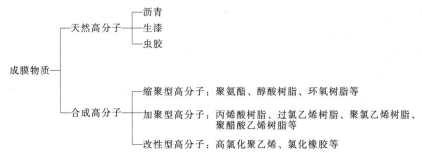

颜填料是涂料中的次要成膜物质，它不能离开主要成膜物质（涂料树脂）而单独构成涂膜。颜填料是颜料和填料的总称。颜料是一种不溶于成膜物质的有色矿物质或有机物质，可赋予涂层美丽的色彩，具有良好的遮盖性。按来源可分为有机颜料和无机颜料，无机颜料又可分为天然无机颜料和人造无机颜料。填料也称为体质颜料，主要用来增加涂层厚度，降低成本。

分散介质（溶剂）在涂料中起到溶解或分散成膜物质及颜填料的作用，以满足涂料生产、施工工艺的要求，其用量在50%（体积分数）左右。油漆涂布成膜后，它并不留在漆膜中，而是全部挥发，因此，溶剂并非成膜物质，它可以帮助生产、施工和成膜。

不同品种的合成树脂或涂料，其溶剂不同。溶剂的溶解力及挥发率等因素对涂料生产、贮存、施工及漆膜光泽、附着力、表面状态等多方面性能都有极大影响。

涂料中的溶剂是一种挥发组分，对环境造成极大污染，也是对资源的很大浪费，所以，现代涂料行业正在努力减少溶剂的使用量，开发出了高固体分涂料、水性涂料、无溶剂涂料等环保型涂料。溶剂的品种类别很多，按其化学成分和来源可分为下列几大类：萜烯溶剂、烃类溶剂、酯类溶剂、酮类溶剂、醇类溶剂、去离子水，以及其他溶剂。

① 萜烯溶剂 绝大部分来自松树分泌物，常用的为松节油。

② 烃类溶剂 包括脂肪烃和芳香烃两大类。脂肪烃由石油分馏而得，常用的有溶剂油、松香水，其毒性较小。芳香烃溶剂常用的有甲苯、二甲苯、三甲苯等。甲苯的溶解能力与苯相似，主要作为醇酸漆溶剂，也可以作为环氧树脂漆、聚氨酯漆等的溶剂；二甲苯的溶解性略低于甲苯，挥发比甲苯慢，毒性较小。近年来，重芳烃（三甲基苯）类溶剂得到了广泛应用。

③ 酯类溶剂　是低碳的有机酸和醇的酯化物，常用的有醋酸乙酯、醋酸丁酯、醋酸戊酯等。酯类溶剂毒性小，一般用在民用漆中。

④ 酮类溶剂　是一类有机溶剂，常用的有丙酮、甲乙酮、甲异丙酮、环己酮、异佛尔酮等，溶解性强。

⑤ 醇类溶剂　是一类有机溶剂，能与水混合，常用的有乙醇、异丙醇、丁醇等。醇类溶剂对涂料的溶解力差，仅能溶解虫胶或聚乙烯醇缩丁醛树脂，与酯类、酮类溶剂配合使用时，可增加其溶解力。乙醇一般不能溶解树脂，而能溶解硝基纤维素、虫胶等，因此称它们为硝基漆的助溶剂。

⑥ 去离子水　近年来，水性涂料发展很快，除极少量水溶性体系外，绝大部分属于水分散体系，水起到分散介质的作用。

⑦ 其他溶剂　常用的有醚醇类溶剂、含氯溶剂及硝化烷烃溶剂等。醚醇类溶剂是一种新兴的溶剂，有乙二醇甲醚、丙二醇甲醚及其酯类等。含氯溶剂溶解力很强，但毒性较大，只是在某些特种漆和脱漆剂中使用。

助剂在涂料中的用量很少，约 0.1%（质量分数），但作用很大，不可或缺。

现代涂料助剂主要有四大类：

① 对涂料生产过程发生作用的助剂，如消泡剂、润湿剂、分散剂、乳化剂等；

② 对涂料储存过程发生作用的助剂，如防沉剂、稳定剂、防腐剂、防结皮剂等；

③ 对涂料施工过程起作用的助剂，如流平剂、消泡剂、催干剂、防流挂剂等；

④ 对涂膜性能产生作用的助剂，如增塑剂、消光剂、阻燃剂、防霉剂等。

1.2　涂料的作用

涂料的作用一般包括三个方面：

（1）保护作用　涂料可以在物体表面形成一层保护膜，保护各种制品免受大气、雨水及各种化学介质的侵蚀，延长其使用寿命，减少损失。

（2）装饰作用　由颜填料及成膜物质提供，其他组分协助。当然，颜填料除了使涂膜呈现鲜艳多彩的颜色外，还具有其他作用，如提供一定的机械强度、化学稳定性以强化保护作用；成膜物质使涂饰物表面光泽发生变化，提高丰满度，提高质感，增强了装饰效果。

（3）其他作用　保护和装饰性是涂料的基本功能，此外涂膜还可以提供防静电、导电、绝缘、耐高温、隔热、阻燃、防霉、杀菌、防海洋生物附着、热致变色、光致变色等作用。

1.3　涂料的分类与命名

涂料的分类方法很多。

（1）按照涂料形态分　粉末涂料、液体涂料。

（2）按成膜机理分　热塑性涂料、热固性涂料。

（3）按施工方法分　刷涂涂料、辊涂涂料、喷涂涂料、浸涂涂料、淋涂涂料、电泳涂涂料。

（4）按干燥方式分　常温干燥涂料、烘干涂料、湿气固化涂料、光固化涂料、电子束固化涂料。

（5）按涂布层次分　腻子、底漆、中涂漆、面漆。

（6）按涂膜外观分　清漆、色漆，平光漆、亚光漆、高光漆。

（7）按使用对象分　金属漆、木器漆、水泥漆，汽车漆、船舶漆、集装箱漆、飞机漆、家电漆。

（8）按性能分　防腐漆、绝缘漆、导电漆、耐热漆、防火漆。

（9）按成膜物质分　醇酸树脂漆、环氧树脂漆、氯化橡胶漆、丙烯酸树脂漆、聚氨酯漆、乙烯基树脂漆等。

（10）按分散介质不同分　溶剂型涂料、水性涂料（水溶型涂料、水分散型涂料和水乳型涂料）。

遵照习惯，在涂料命名时，除了粉末涂料外仍采用"漆"一词，以后的具体叙述时，各涂料品种也称为漆，在统称时仍用"涂料"一词。涂料命名原则规定如下：

① 涂料全名＝颜料或颜色名称＋成膜物质名称＋基本名称；

② 若颜料对漆膜性能起显著作用，则用颜料名称代替颜色名称；

③ 对于某些有专门用途及特性的产品，必要时在成膜物质后面加以阐明。

按照中国的国家标准 GB/T 2705—2003《涂料产品分类和命名》，按成膜物质种类，涂料可以进行如下分类（表 1-1），共 16 类。

表 1-1　涂料分类表

涂料种类	主要成膜物质	主要产品类别
油脂漆类	天然植物油、动物油脂、合成油等	清油、厚漆、调和漆、防锈漆、其他油脂漆
天然树脂漆类	松香、虫胶、乳酪素、动物胶及其衍生物	清漆、调和漆、磁漆、底漆、绝缘漆、生漆、其他天然树脂漆
酚醛树脂漆类	酚醛树脂、改性酚醛树脂	清漆、磁漆、底漆、绝缘漆、防污漆、船舶漆、防锈漆、耐热漆、黑板漆、防腐漆、其他酚醛树脂漆
沥青漆类	天然沥青、（煤）焦油沥青、石油沥青等	清漆、调和漆、磁漆、底漆、绝缘漆、船舶漆、耐酸漆、防腐漆、锅炉漆、其他沥青漆
醇酸树脂漆类	甘油醇酸树脂、季戊四醇醇酸树脂、其他醇类的醇酸树脂、改性醇酸树脂等	清漆、调和漆、磁漆、底漆、绝缘漆、船舶漆、防锈漆、汽车漆、木器漆、其他醇酸树脂漆
氨基树脂漆类	三聚氰胺甲醛树脂、脲（甲）醛树脂及其改性树脂	清漆、磁漆、绝缘漆、美术漆、闪光漆、汽车漆、其他氨基树脂漆
硝基漆类	硝基纤维素（酯）等	清漆、磁漆、铅笔漆、汽车修补漆、其他硝基漆
过氯乙烯漆类	过氯乙烯树脂等	清漆、磁漆、机床漆、防腐漆、可剥漆、胶液、其他过氯乙烯树脂漆
烯类树脂漆类	聚二乙烯乙炔树脂、聚多烯树脂、氯乙烯醋酸乙烯共聚物，聚乙烯醇缩醛树脂、聚苯乙烯树脂、含氟树脂、氯化聚丙烯树脂、石油树脂等	聚乙烯醇缩醛树脂漆、氯化聚烯烃树脂漆、其他烯类树脂漆
丙烯酸酯类树脂漆类	热塑性丙烯酸酯类树脂、热固性丙烯酸酯类树脂等	清漆、透明漆、磁漆、汽车漆、工程机械漆、摩托车漆、家电漆、塑料漆、标志漆、电泳漆、乳胶漆、木器漆、汽车修补漆、粉末涂料、船舶漆、绝缘漆、其他丙烯酸类树脂漆
聚酯树脂漆类	饱和聚酯、不饱和聚酯等	粉末涂料、卷材涂料、木器漆、防锈漆、绝缘漆、其他聚酯树脂漆
环氧树脂漆类	环氧树脂、环氧酯、改性环氧树脂等	底漆、电泳漆、光固化漆、船舶漆、绝缘漆、划线漆、罐头漆、粉末涂料、其他环氧树脂漆

涂料种类	主要成膜物质	主要产品类别
聚氨酯树脂漆类	聚氨(基甲酸)酯树脂等	清漆、磁漆、木器漆、汽车漆、防腐漆、飞机蒙皮漆、车皮漆、船舶漆、绝缘漆、其他聚氨酯树脂漆
元素有机漆类	有机硅、氟碳树脂等	耐热漆、绝缘漆、电阻漆、防腐漆、其他元素有机漆
橡胶漆类	氯化橡胶、环化橡胶、氯丁橡胶、氯化氯丁橡胶、丁苯橡胶、氯磺化聚乙烯橡胶等	清漆、磁漆、底漆、船舶漆、防腐漆、防火漆、划线漆、可剥漆、其他橡胶漆
其他成膜物类涂料	无机高分子材料、聚酰亚胺、二甲苯树脂等以上未包括的主要成膜材料	

按照国标 GB/T 2705—2003《涂料产品分类和命名》，涂料基本名称见表1-2。

表1-2　涂料基本名称

基本名称	基本名称	基本名称
清油	耐酸漆、耐碱漆	防水涂料
清漆	铅笔漆	地板漆、地坪漆
厚漆	罐头漆	防腐漆
调合漆	木器漆	防锈漆
磁漆	家用电器用漆	耐油漆
粉末涂料	自行车涂料	耐水漆
底漆	玩具涂料	防火涂料
腻子	塑料涂料	防霉(藻)涂料
大漆	(浸渍)绝缘漆	耐热(高温)涂料
电泳漆	(覆盖)绝缘漆	示温涂料
乳胶漆	漆包线漆	涂布漆
水溶(性)漆	抗弧(磁)漆、互感器漆	桥梁漆、输电塔漆及其他(大型漏天)钢结构漆
透明漆	(黏合)绝缘漆	
斑纹漆、裂纹漆、橘纹漆	漆包线漆	航空、航天用漆
锤纹漆	硅钢片漆	锅炉漆
皱纹漆	电容器漆	烟囱漆
金属(效应)漆、闪光漆	电阻漆、电位器漆	黑板漆
防污漆	半导体漆	标志漆、路标漆、马路划线漆
水线漆	电缆漆	汽车底漆、汽车中涂漆、汽车面漆、汽车罩光漆
甲板漆、甲板防滑漆	可剥漆	
船壳漆	卷材涂料	汽车修补漆
船底防锈漆	光固化涂料	集装箱涂料
饮水舱漆	保温隔热涂料	铁路车辆涂料
油舱漆	机床漆	胶液
油舱漆	工程机械漆	耐热漆
压载舱漆	发电、输配电设备用漆	其他未列出的基本名称
化学品舱漆	内墙涂料	
车间(预涂)底漆	外墙涂料	

此外，涂料还用到一些辅助材料，其主要品种见表1-3，产品名称举例见表1-4。

表1-3　辅助材料代号

主要品种	主要品种
稀释剂	脱漆剂
防潮剂	固化剂
催干剂	其他辅助材料

表1-4　产品名称举例

产品名称	产品名称
硝基清漆	中绿环氧烘干电容器漆
铝粉氨基烘漆	浅灰聚氨酯腻子(分装)
红醇酸磁漆	环氧漆固化剂

1.4 涂料发展概况

涂料的发展史一般可分为三个阶段：①天然成膜物质的使用；②涂料工业的形成；③合成树脂涂料的生产。

① 天然成膜物质的使用　中国是世界上使用天然成膜物质涂料最早的国家之一。春秋时期（公元前770—公元前476年）就掌握了熬炼桐油制造涂料的技术。战国时期（公元前475—公元前221年）能用桐油和大漆复配涂料。长沙马王堆出土的汉墓漆棺和漆器，做工精细，漆膜坚韧，保护性能良好，说明在公元前2世纪的汉初，大漆的使用技术已相当成熟。此后，该项技术陆续传入朝鲜、日本及东南亚各国，并得到发展。公元前的巴比伦人使用沥青作为木船的防腐涂料，希腊人掌握了蜂蜡涂饰技术。公元初年，埃及采用阿拉伯树胶制作涂料。到了明代（1368—1644年），中国漆器技术达到高峰。明隆庆年间黄成所著的《髹饰录》系统地总结了大漆的使用经验。17世纪以后，中国的漆器技术和印度的虫胶（紫胶）涂料逐渐传入欧洲。

② 涂料工业的形成　18世纪涂料工业开始形成。亚麻仁油熟油的大量生产和应用，促使清漆和色漆的品种迅速发展。1773年，英国韦廷公司搜集出版了很多用天然树脂和干性油炼制清漆的工艺配方。1790年，英国创立了第一家涂料厂。19世纪，涂料生产开始摆脱手工作坊的状态，很多国家相继建厂，法国、德国、奥地利、日本分别在1820年、1830年、1843年和1881年建立涂料厂。19世纪中叶，涂料生产厂家直接配制适合施工要求的涂料，即调合漆。从此，涂料配制和生产技术才完全掌握在涂料厂中，这推动了涂料生产的大规模化。第一次世界大战期间，中国涂料工业开始萌芽，1915年开办的上海开林颜料油漆厂是中国第一家涂料生产厂。

③ 合成树脂涂料的生产　19世纪中期，随着合成树脂的出现，涂料成膜物质发生了根本性的变革，进入合成树脂涂料时期。

1855年，英国人A.帕克斯取得了用硝酸纤维素（硝化棉）制造涂料的专利权，建立了第一个生产合成树脂涂料的工厂。1909年，美国化学家L.H.贝克兰成功试制出醇溶性酚醛树脂。随后，德国人K.阿尔贝特成功研究出松香改性的油溶性酚醛树脂涂料。第一次世界大战后，为了打开过剩的硝酸纤维素的销路，适应汽车生产发展的需要，找到了醋酸丁酯、醋酸乙酯等良好溶剂，开发了空气喷涂的工艺方法。1925年硝酸纤维素涂料的生产达到高潮。与此同时，酚醛树脂涂料也广泛应用于木器家具行业。在色漆生产中，轮碾机逐步被淘汰，球磨机、三辊机等现代机械研磨设备在涂料工业中得到推广应用。

1927年，美国通用电气公司的R.H.基恩尔突破了植物油醇解技术，发明了用干性油脂肪酸制备醇酸树脂的工艺，醇酸树脂涂料迅速发展为主流的涂料品种，摆脱了以干性油和天然树脂混合炼制涂料的传统方法，开创了涂料工业的新纪元。1940年，三聚氰胺-甲醛树脂（氨基树脂）与醇酸树脂配合制漆（即醇酸-氨基烘漆），进一步扩大了醇酸树脂涂料的应用范围，发展成为装饰性涂料的主要品种，广泛用于工业涂装。

第二次世界大战结束后，合成树脂涂料品种发展很快。美国、英国、荷兰（壳牌公司）、瑞士（汽巴公司）在20世纪40年代后期首先生产了环氧树脂，为发展新型防腐蚀涂料和工业底漆提供了新的原料。50年代初，综合性能优异的聚氨酯涂料在拜耳公司投入工业化生产。1950年，美国杜邦公司开发了丙烯酸树脂涂料，逐渐成为汽车涂料的主要品种，并扩展到轻工、建筑等部门。第二次世界大战后，丁苯胶乳过剩，美国积极研究用丁苯胶乳制造

5

水乳胶涂料。20 世纪 50～60 年代，又开发了聚醋酸乙烯酯胶乳和丙烯酸酯胶乳涂料，这些都是建筑涂料行业大量使用的品种。1952 年克纳萨克·格里赛恩公司发明了乙烯类树脂热塑性粉末涂料。壳牌化学公司开发了环氧粉末涂料。美国福特汽车公司 1961 年开发了电沉积涂料，并实现工业化生产。此外，1968 年，拜耳公司首先在市场上出售光固化木器漆。随着电子技术和航天技术的发展，以有机硅树脂为主的有机树脂涂料，在 50～60 年代发展迅速，在耐高温涂料领域占据重要地位。这一时期开发并实现工业化生产的还有杂环树脂涂料、橡胶类涂料、乙烯基树脂涂料、聚酯涂料、无机高分子涂料等品种。

随着合成树脂涂料的发展，逐步采用了大型的树脂反应釜，研磨工序逐步采用高效的研磨设备，如高速分散机和砂磨机得到推广使用，取代了 20 世纪 40～50 年代的三辊磨。

为配合合成树脂涂料的推广应用，涂装技术也发生了根本性变化。20 世纪 50 年代，高压无空气喷涂在造船工业和钢铁桥梁建筑中推广，大大提高了涂装的工作效率。静电喷涂是60 年代发展起来的，它适用于大规模流水线涂装，促进了粉末涂料的进一步推广。电沉积涂装技术是 60 年代为适应水性涂料的出现而发展的，尤其在超过滤技术解决了电沉积涂装的废水问题后，进一步扩大了应用领域。

20 世纪 70 年代以来，由于石油危机的冲击，涂料工业向节省资源、能源，减少污染，有利于生态平衡和提高经济效益的方向发展。高固体分涂料、水型涂料、粉末涂料和辐射固化涂料的开发，就是其具体表现。1976 年，美国匹兹堡平板玻璃工业公司研制的新型电沉积涂料——阴极电沉积涂料，提高了汽车车身的防腐蚀能力，得到迅速推广。70 年代开发了有机-无机聚合物乳液，应用于建筑涂料等领域。另外，功能性涂料成为 70年代以来涂料工业研究的重要课题，并推出了一系列新品种。80 年代各种建筑涂料发展很快。这一阶段涂料科技有如下特点：①以现代的高分子科学等理论为指导，有目的地进行研究开发工作，加快了涂料研发的进程，例如现代化学、材料科学的理论应用于涂料科学，涂料助剂得到广泛推广使用，从而使涂料产品的性能和生产效率都有了大幅度提高。②利用共聚合、大分子改性和共混方法，实现了合成树脂结构的优化组合，提高了涂料的性能，且使功能性涂料品种日益增多。③对涂料质量的测试由宏观转向微观，已从测定表面性能转向测定影响涂料内在质量的结构层次方面。如更加重视测定合成树脂的分子量与分子量分布以了解合成树脂的质量，用扫描电子显微镜观察涂膜的微观结构对涂膜性能的影响等。

进入 21 世纪，世界发达国家进行的"绿色革命"对涂料工业是个挑战，促进了涂料工业向"绿色"涂料方向大步迈进。以工业涂料为例，在北美和欧洲，2010 年常规溶剂型涂料占 45%，到 2020 年降为 30%；水性涂料、高固体分涂料、光固化涂料和粉末涂料由2010 年的 55% 增加到 2020 年的 70%。

今后十年，涂料工业的技术发展将主要体现在水性化、粉末化、高固体分化和光固化，即"四化"上。

（1）涂料的水性化　水性涂料是以水为分散介质，不含或含少量有机溶剂的涂料。它有诸多优点，因为只以水作为溶剂或稀释剂，无毒并且无刺激性气味，对人体健康无害，同时也不污染环境，节约资源。它的贮存和运输也很方便，不易燃。

水性涂料分为三种：①水乳型涂料，其成膜树脂是以树脂水乳液的形式应用；②水稀释型涂料，水是涂料树脂的稀释剂，其中的有机溶剂才是树脂的真溶剂；③水分散体型涂料，其成膜树脂是以树脂水性分散体的形式应用。

在水性涂料中，乳胶涂料占绝对优势，此外，水分散体涂料在木器、金属涂料领域的应用技术和市场发展很快。

由于能源危机，油性漆原材料的价格大涨，为水性漆的发展提供了机遇。当然，目前水性涂料的发展还面临着很多挑战。一是消费者的消费习惯是否能被环保和健康观念改变；二是生产厂家是否能在水性漆的物理性能方面有更大的改进和提高。另外，政策面的推动也应加强。因此，水性漆的发展需要研发、生产、用户和政府多方的共同努力。

（2）涂料的粉末化 在涂料工业中，粉末涂料属于发展最快的一类。由于世界上出现了严重的大气污染，环保法规对污染控制日益严格，要求开发无公害、省资源的涂料品种。因此，无溶剂、100％地转化成膜、具有保护和装饰综合性能的粉末涂料，便因其具有独有的经济效益和社会效益而获得飞速发展。

粉末涂料的主要品种有环氧树脂、聚酯、丙烯酸和聚氨酯粉末涂料。近年来，芳香族聚氨酯和脂肪族聚氨酯粉末以其优异的性能引人注目。

（3）涂料的高固体分化 高固体分涂料简称 HSC（high solid coating）。随着涂料科技的进步，高固体分涂料应运而生。一般固体分在 65％～85％ 的涂料称为 HSC。HSC 发展到高点就是无溶剂涂料，如近几年迅速崛起的聚脲弹性体涂料就是此类涂料的代表。用低黏度 IPDI 三聚体和高固体分羟基丙烯酸树脂或聚酯树脂配制的双组分热固性聚氨酯涂料，其固体含量可达 70％ 以上，且黏度低，便于施工，室温或低温可固化，是一种比较理想的高装饰性高固体分聚氨酯涂料。

（4）涂料的光固化 光固化涂料也是一种不用溶剂、节能、高效的涂料，最初主要用于木器和家具等产品的涂饰，目前在塑胶产品涂装领域已开始广泛应用。在欧洲和发达国家，光固化涂料市场潜力大，很受大企业青睐，主要是流水作业的需要，美国约有 700 多条大型光固化涂装线，德国、日本等国大约有 40％ 的塑料产品采用光固化涂料。最近又开发出聚氨酯丙烯酸酯光固化涂料，它是将有丙烯酸酯端基的聚氨酯低聚物溶于活性稀释剂（光聚合性丙烯酸单体）中而制成的，既保持了丙烯酸树脂的光固化特性，又具有特别好的柔性、附着力、耐化学腐蚀性和耐磨性。

环境压力正在改变全球涂料工业，一大批环境保护条例对挥发性有机化合物（VOC）的排放量和使用有害溶剂等都做了严格规定，整个发达国家的涂料工业已经或正在进行着调整。归根结底，全球市场正朝着更适应环境的技术尤其是水性、高固体分、辐射固化和粉末涂料方向发展。

1.5 结语

虽然涂料科学和技术方面的研究已有近百年历史，但直到 20 世纪 80 年代，涂料技术才发展成为一门科学，又因为涂料科学和技术涉及聚合物化学、有机化学、无机化学、分析化学、电化学、表面与胶体化学、流变学、色彩物理学、化学工程、腐蚀、粘接、材料科学、微生物学、光化学和物理学等多个学科领域，一些基本问题还没有满意的答案，尚需多学科的学者协同攻关，进一步完善涂料科学的内容，以促进涂料工业的蓬勃发展，使涂料产品创造更加巨大的经济效益和社会效益。

第 2 章　聚合反应原理

2.1　概述

聚合物的合成反应可概括如下：

$$
聚合物的合成反应
\begin{cases}
单体的聚合反应
\begin{cases}
加聚反应，属于连锁聚合机理\\
缩聚反应，属于逐步聚合机理
\end{cases}\\
大分子反应
\end{cases}
$$

其中单体的聚合反应是聚合物合成的重要方法。

2.2　自由基连锁聚合

2.2.1　高分子化学的一些基本概念

2.2.1.1　高分子化合物（high molecular weight compound）

由许多一种或几种结构单元通过共价键连接起来的呈线形、分支形或网络状的具有很高分子量的化合物，称为高分子量化合物，简称高分子化合物或高分子。高分子化合物也称为大分子（macromolecule）、聚合物（polymer）。

高分子化合物的特点：

① 高的分子量。一般高聚物分子量 M_w（molecular weight）$>10^4$，$M_w<10^3$ 时称为低聚物（oligomer）、寡聚物或齐聚物。

② 存在结构单元。结构单元是由单体（小分子化合物）通过聚合反应转变成的构成大分子链的单元。

③ 结构单元通过共价键连接。连接形式有线形、分支形或网络状结构。

④ 分子量的多分散性。分子量（或聚合物）大小不等。

2.2.1.2　单体（monomer）

单体是指能够通过聚合反应生成高分子的化合物。即合成高分子用的原料，包括小分子单体和大分子单体。

$$
单体 \xrightarrow{\text{聚合反应}} 聚合物
$$

2.2.1.3　结构单元（structural unit）

结构单元是由单体通过聚合反应转变成的构成大分子链的相关单元。如

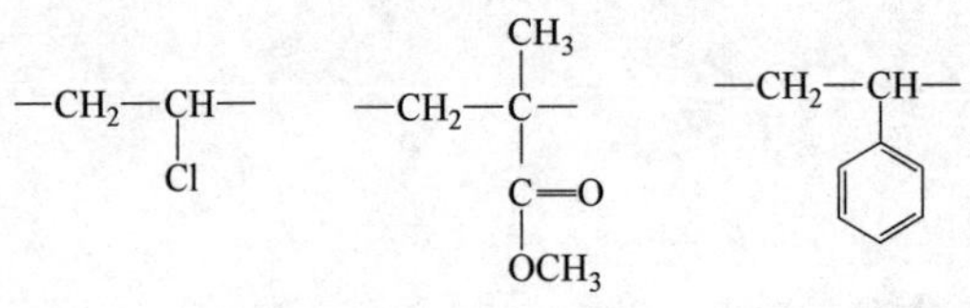

PVC　　　　　PMMA　　　　　PS

8

2.2.1.4 重复单元（repeating unit）

重复单元即可以通过其重复共价连接构成大分子链的单元。结构简单的大分子可能有重复单元，如上述 PVC（聚氯乙烯）、PMMA（聚甲基丙烯酸甲酯）、PS（聚苯乙烯）等，对分支形、网络状等结构复杂的大分子，找不到重复单元，如丁苯橡胶、丙烯酸酯共聚树脂、酚醛树脂等。

2.2.1.5 单体单元（monomic unit）

单体单元即由单体通过聚合反应转变成的构成大分子链的，而且同单体组成相同的单元。如上述 PVC、PMMA、PS 的结构单元也是单体单元、重复单元，三者相同。但三者也可以是不同的，如尼龙-66（聚己二酰己二胺），有两个结构单元，两个结构单元键接起来组成其重复单元。

$$ {\color{white}.}\!-\!\!\left[NH(CH_2)_6NH\cdot CO(CH_2)_4CO\right]\!\!-\!\! $$

$$ \underset{结构单元}{\longleftrightarrow}\quad\underset{结构单元}{\longleftrightarrow} $$
$$ \underset{重复单元}{\longleftrightarrow} $$

另外，由于尼龙-66结构单元组成与单体组成不同，所以不能称为单体单元。

2.2.1.6 聚合度（degree of polymerization， DP）

聚合度即一条大分子所包含的重复单元的个数，用 DP 表示。对缩聚物，聚合度通常以结构单元计数，符号为 X_n。DP、X_n 对加聚物一般相同，对缩聚物有时可能不同，如对尼龙-66，$X_n = 2DP$；对尼龙-6，$X_n = DP$。因此，谈及聚合度时，一定要明确其计数对象。

聚合度通常使用的是平均值，此时在上述符号上加横线表示平均（数均）聚合度。

2.2.1.7 高分子化合物的结构式（structural formula of high molecular weight compound）

高分子化合物的结构式用下式表示，其中下标 n 表示重复单元的个数，即以重复单元计数的聚合度。

$$ \overbrace{\left[重复单元\right]_n}^{} $$

$$ nCH_2\!=\!\underset{Cl}{CH} \longrightarrow \left[CH_2\!-\!\underset{Cl}{CH}\right]_n $$

$$ nCH_2\!=\!\underset{CH_3}{CH} \longrightarrow \left[CH_2\!-\!\underset{CH_3}{CH}\right]_n $$

$$ nHOOC\!-\!\!\left\langle \bigcirc \right\rangle\!\!-\!COOH + nHO(CH_2)_2OH \longrightarrow HO\!\!\left[OC\!-\!\!\left\langle \bigcirc \right\rangle\!\!-\!CO\!-\!O(CH_2)_2O\right]_n\!\!H + (2n\!-\!1)H_2O $$

如果结构非常复杂，如分支形、网络状大分子，不存在重复单元，其结构式一般只能写出其特征结构单元和特征结构。如醇酸树脂

$$ \sim\!\!O\!-\!CH_2\!-\!\underset{\underset{\wr}{O}}{CH}\!-\!CH_2\!-\!\underset{O}{\overset{O}{C}}\!-\!\!\left\langle \bigcirc \right\rangle\!\!-\!\underset{O}{\overset{O}{C}}\!-\!O\!-\!CH_2\!-\!\underset{\underset{\wr}{O}}{CH}\!-\!CH_2\!-\!O\sim $$

2.2.2 聚合反应的类型

由单体合成聚合物的反应可依不同方案进行分类。

① 依聚合前后组成是否变化将聚合反应分为加聚反应（addition polymerization）和缩聚反应（polycondensation）。

加聚反应主要是指烯类单体在活性种进攻下打开双键、依序加成而生成大分子的聚合反

应，单体、聚合物组成一般相同。如

$$n\text{CH}_2=\text{CH} \longrightarrow \text{-}\!\!-\!\!\text{CH}_2\!\!-\!\!\text{CH}\text{-}\!\!-_n$$

（图中结构：侧链为 $\underset{|}{\text{O}}\!\!-\!\!\text{C}\!\!=\!\!\text{O}$，$\text{CH}_3$）

缩聚反应主要是指带有两个或多个可反应官能团的单体，通过官能团间多次缩合而生成大分子，同时伴有水、醇、氯化氢等小分子生成的聚合反应。如

$$n\,\text{HOOC}(\text{CH}_2)_4\text{COOH}+n\,\text{H}_2\text{N}(\text{CH}_2)_6\text{NH}_2 \longrightarrow \text{H}\text{-}\!\!\text{NH}(\text{CH}_2)_6\text{NHCO}(\text{CH}_2)_4\text{CO}\text{-}_n\text{OH}+(2n-1)\text{H}_2\text{O}$$

② 依聚合机理分为连锁聚合（chain polymerization）和逐步聚合（step polymerization）。

连锁聚合时大分子的生成包括链引发、链增长、链转移和链终止等基元反应。即由引发剂产生活性种，进而加成单体生成新的活性种，不断重复这一过程（即链增长），形成数百上千聚合度的活性种，再经链转移或链终止而生成死的聚合物。其特点是：

a. 单体主要为烯类（一些杂环类化合物、少量醛也可以进行连锁聚合）；

b. 存在活性中心，如自由基、阴离子、阳离子；

c. 属链式反应，活性中心寿命短，约 $10^{-1}\sim10^0\,\text{s}$，从活性中心形成、链增长到大分子生成在瞬间完成，聚合体系由单体和聚合物构成，延长聚合时间是为了提高单体的转化率，分子量变化不大；

d. 聚合物、单体组成一般相同。

加聚反应从机理上看大部分属于连锁聚合，二者常替换使用，实际上连锁聚合与加聚反应是从不同角度对聚合反应的分类，因此也有一些形式上的加聚反应属于逐步聚合机理。连锁聚合聚合物的分子量、单体转化率与时间的关系可用图 2-1 表示。

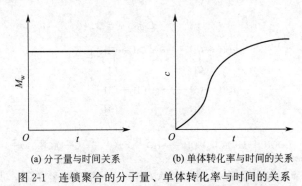

(a) 分子量与时间关系　　　　(b) 单体转化率与时间的关系

图 2-1　连锁聚合的分子量、单体转化率与时间的关系

逐步聚合时大分子的生成是一个逐步过程，其聚合度的提高通常是一个宏观过程，可以追踪。其特点是：

a. 单体带有两个或两个以上可反应的官能团；

b. 伴随聚合往往有小分子化合物析出，聚合物、单体组成一般不同；

c. 聚合物主链往往带有官能团的特征；

d. 逐步聚合机理为大分子的生成是一个逐步的过程，即由可反应官能团相互反应逐步提高聚合度。

缩聚反应从机理上看大部分属于逐步聚合，二者常替换使用，但也有一些缩聚反应属于连锁机理。缩聚反应的分子量、单体转化率与时间的关系可用图 2-2 表示。

③ 开环聚合反应（ring-opening polymerization）是指由杂环状单体开环而聚合成大分子的反应。常见的单体为环醚、环酰胺（内酰胺）、环酯（内酯）、环状硅氧烷等。开环聚合

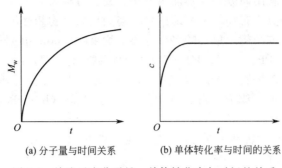

(a) 分子量与时间关系   (b) 单体转化率与时间的关系

图 2-2　缩聚反应分子量、单体转化率与时间的关系

反应的聚合机理可能是连锁聚合也可能是逐步聚合。聚合条件对聚合机理有重要的影响，如己内酰胺，用碱作引发剂时按连锁机理进行；用酸作催化剂有水存在时，按逐步聚合机理进行。其中环醚、内酯及环状硅氧烷的开环聚合所得到的聚环氧乙烷（PEG）、聚环氧丙烷（PPG）、聚己内酯（PCL）、聚硅氧烷对涂料工业非常重要。

④ 大分子反应，除了可以由小分子单体的聚合反应合成大分子之外，利用大分子结构上的可反应官能团的反应也可以合成新型的高分子化合物，这种方法是对现有聚合物的化学改性。

近年来，该法的重要性日益突现，制备了一些具有重要用途的合成树脂。聚乙烯醇的合成是一个典型的例子。由于乙烯醇不能稳定存在，容易异构化为乙醛或环氧乙烷，所以聚乙烯醇的合成路线是：醋酸乙烯酯经自由基聚合先合成出聚醋酸乙烯酯（PVAc），聚醋酸乙烯酯再经碱性醇解而生成聚乙烯醇（PVA）。

$$n\text{CH}_2\!=\!\text{CH} \longrightarrow \{\text{CH}_2\!-\!\text{CH}\}_n \xrightarrow[\text{NaOH}]{n\text{CH}_3\text{OH}} \{\text{CH}_2\!-\!\text{CH}\}_n$$

涂料工业用防腐树脂如氯化橡胶、高氯化聚乙烯（HCPE）、高氯化聚丙烯（HCPP）以及羟乙基纤维素（HEC）、聚乙烯醇缩丁醛（或甲醛）等，都是利用大分子反应合成的。

2.2.3　高分子化合物的分类与命名

2.2.3.1　高分子化合物的分类

（1）依组成分类　①碳链型大分子，其大分子主链由碳元素组成，如聚烯烃类。主要由烯类单体加聚而成，产量大、用途广，属通用型树脂。②杂链型大分子，大分子主链除碳元素外，还含有 O、S、N、P 等杂元素，如聚酯（聚对二甲酸乙二醇酯，PET）、聚酰胺（聚己二酰己二胺）、聚氨酯（PU）、聚（硫）醚等，主要由缩聚生成，大分子极性大，分子间作用力大，材料强度好，用作合成纤维或工程塑料。③元素有机大分子，大分子主链不含碳元素，主要由 O、S、N、P 及 Si、B、Al、Sn、Se、Ge 等元素组成，但侧基含有有机基团（烷基或芳基）。聚硅氧烷是其中典型的例子，其结构式为 $\{\text{O}\!-\!\overset{\text{CH}_3}{\underset{\text{CH}_3}{\text{Si}}}\}_n$。④ 无机大分子，主链、侧基都不含碳元素的聚合物，如聚磷酸。

（2）依用途分类　包括塑料用大分子、橡胶用大分子、纤维用大分子、涂料用大分子、黏合剂用大分子等。其中塑料用大分子、橡胶用大分子、纤维用大分子常称之为通用型高分子。此外还包括工程塑料用高分子、功能高分子、复合材料高分子等。

（3）依聚合类型分类　有加聚物和缩聚物，连锁型聚合物和逐步型聚合物。

（4）依含有单体（或结构）单元的多少分类　均聚物（homopolymer，大分子链上只有一种单体单元，如 PS、PP、PVC、HDPE 等）、共聚物（copolymer，大分子链上含有两种以上的单体单元，如丁苯橡胶、ABS 树脂、EVA 树脂、SBS 热塑性弹性体等）。

（5）依微观结构分类　线形（linear）大分子，分支形（branched）大分子，体形（网络状，networked）大分子。

（6）依聚合物材料的热性能分类　热塑性聚合物（thermoplastics），热固性聚合物（thermosetting polymer）。

2.2.3.2 大分子的命名

（1）习惯命名法　在单体的名称前加前缀"聚"构成习惯名。如聚乙烯（PE）、聚丙烯（PP）、聚氯乙烯（PVC）、聚苯乙烯（PS）、聚甲基丙烯酸甲酯（PMMA）等。对缩聚物稍微复杂一些，如聚对苯二甲酸乙二醇酯（PET）（其中"酯"不能省略）、聚己二酰己二胺；结构复杂时（对分支、网络状高分子）常用"树脂"作后缀，如苯酚-甲醛树脂（简称酚醛树脂）、脲醛树脂、醇酸树脂、环氧树脂等。

对共聚物常用"聚"作前缀，或"共聚物"作后缀进行命名。如聚（丁二烯-苯乙烯）或（丁二烯-苯乙烯）共聚物。

（2）商品名及英文缩写名　合成纤维的商品名用"纶"作后缀，如涤纶，锦纶（尼龙-66、尼龙-6、尼龙-1010，其中第一个数字表示所用单体中二元胺的碳原子数，第二个数字表示二元酸的碳原子数，只有一个数字时表示内酰胺的碳原子数），腈纶及维尼纶等。合成橡胶常以"橡胶"作后缀，如丁（二烯）苯（乙烯）橡胶、合成天然橡胶、丁（二烯）（丙烯）腈橡胶、顺丁橡胶等。少量聚合物有俗名，如有机玻璃、塑料王、人造羊毛、太空玻璃、防弹玻璃等。

常见聚合物的英文缩写名：PE、PP、PS、PVC、PMMA、PAN（聚丙烯腈）、PVA、PVAc、PTFE（聚四氟乙烯）、ABS（丙烯腈-丁二烯-苯乙烯三元共聚物）、PET 等。

（3）IUPAC 命名法　自从高分子科学及高分子化学工业建立以来，目前工业规模生产的产品就有 100 多种，而新的功能高分子的研究开发正在不断向纵深发展，为方便研究、交流，有必要建立一套系统的命名法，为此国际纯粹与应用化学联合会（IUPAC）提出了以结构为基础的系统命名法。其命名规则是：

① 确定结构重复单元（constutional repeating unit），该单元即最小重复单元；

② 划出次级单元（subunit）并排列次序，排序规则为 a. 杂原子先排，b. 带取代基的先排；

③ 以"聚"为前缀，依次写出次级单元的名称，即 IUPAC 名。

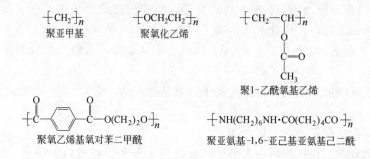

IUPAC 命名法比较严谨，但是名称冗长，不便与合成单体对应，应用仍不广泛。

2.2.4　高分子化合物的分子量及其分布

高分子化合物分子量的特点之一是分子量很高，高的分子量是聚合物作为材料使用的必要条件，所以分子量是高分子的重要表征指标之一。图 2-3 表示了高分子强度-分子量的关系。

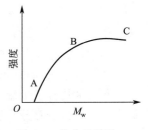

图 2-3　高分子强度-分子量的关系

因此每种聚合物都存在一个临界聚合度，大于该值才能呈现强度性质。该临界值对非极性、弱极性、极性聚合物分别为 100、40～100、40。

当然分子量还影响加工性能，分子量若太大会造成加工成型困难，所以分子量并非越大越好。如合成纤维用聚合物，分子量过大将堵塞纺丝喷头，因此，在保证材料强度的前提下，应尽量降低分子量。

2.2.4.1　平均分子量及其分布

低分子量化合物通常可以认为具有固定的分子量，因而具有固定的沸点、熔点；高分子化合物通常无固定的熔点，只存在熔融范围，其根本原因就在于分子量的不均一性，即高分子化合物的分子量存在多分散性，此为聚合物分子量的另一特点。高分子化合物分子量多分散性的根本原因在于大分子生成的统计性（或每条大分子生成的物理条件和化学条件不同），聚合物试样实际上是一系列分子量不等的同系物的混合物。为表征分子量的大小，应引入平均分子量的概念。采用不同的统计方法、测试方法可以得到不同的平均分子量。常用的有以下几种。

（1）数均分子量（number average of molecular weight）

$$\overline{M}_n = \frac{m}{\sum N_i} = \frac{\sum N_i M_i}{\sum N_i} = \sum n_i M_i \tag{2-1}$$

式中，m 为聚合物试样的质量；N_i 为 i 聚体的物质的量；M_i 为 i 聚体的分子量；n_i 为 i 聚体的摩尔分数。

测定方法有端基分析法、依数性测定法（包括凝固点降低法、沸点升高法、渗透压法和蒸气压降低法）。

（2）重均分子量（weight average of molecular weight）

$$\overline{M}_w = \frac{\sum m_i M_i}{\sum m_i} = \sum w_i M_i \tag{2-2}$$

式中，m_i 为 i 聚体的质量；w_i 为 i 聚体的质量分数。

测定方法有光散射法、凝胶渗透色谱法（GPC 法）。

（3）黏均分子量（viscocity average molecular weight）

$$\overline{M}_v = \left[\frac{\sum m_i M_i^{\alpha}}{\sum m_i} \right]^{\frac{1}{\alpha}} = \left[\sum w_i M_i^{\alpha} \right]^{\frac{1}{\alpha}} \tag{2-3}$$

式中，$0.5 < \alpha < 1$，为 Mark 方程中的一个常数。

$$[\eta] = KM^{\alpha}$$

式中，$[\eta]$ 为聚合物稀溶液的特性黏度；M 为试样的黏均分子量。

$\overline{M}_n$、$\overline{M}_w$ 及 $\overline{M}_v$ 三者之间的关系为：$\overline{M}_n \leqslant \overline{M}_v \leqslant \overline{M}_w$，只有对单分散试样，才能取等号。

2.2.4.2　聚合物分子量多分散性的表示方法

（1）多分散系数法

$$\lambda = \frac{\overline{M}_w}{\overline{M}_n} \geqslant 1$$

式中，λ 为多分散系数。λ 越大分子量分布越宽，对单分散试样 $\lambda=1$。

（2）分子量分布曲线法　分子量分布曲线法通常由沉淀分级法及溶解分级法绘制。

除了平均分子量影响聚合物的性能之外，分子量分布对其性能也具有重要的影响。不同用途、成型方法对分子量分布的要求也不同。如，合成纤维用树脂分布宜窄；合成橡胶用树脂则可较宽，其低分子量组分起到内增塑的作用；塑料用树脂的分布居中。

2.2.5　高分子化合物的结构

高分子化合物的结构可分为化学结构和物理结构。化学结构也称为高分子的分子结构，即指一条大分子的结构，如大分子的元素组成和分子中原子或原子基团的空间排列方式；物理结构也称为高分子的聚集态结构，即指大分子的堆砌、排列形式，包括有序排列形成的晶态结构和无序排列形成的非晶态结构，也包括有序程度介于二者之间的液晶态结构。

化学结构主要由聚合反应中所用单体及聚合工艺条件决定，是高分子化学要研究的内容；物理结构除与聚合物的化学结构有关外，加工成型条件对物理结构也具有重要影响，是高分子物理要研究的内容。

高分子化学就是研究选用何种单体和聚合工艺合成具有预定化学结构和性能的聚合物。

高分子的化学结构包括大分子的组成、键接顺序、立体结构、连接方式、分子量及其分布等。

（1）大分子的组成　大分子的组成主要由结构单元的组成决定，而结构单元的组成主要决定于所选用的单体。由烯类单体连锁聚合得到的聚烯烃，属碳链聚合物；由杂环单体开环聚合或逐步聚合得到的属杂链聚合物。有时为了调节性能有多种单体参与共聚合，所形成的聚合物的大分子主链上含有多个结构单元，即所谓的共聚物，可使单体性能相复合。

（2）结构单元的键接顺序　单取代乙烯类单体的聚合物其单体单元在大分子链上的连接方式有以下三种：

头尾（H-T）连接：

$$-CH_2-\overset{\text{头}}{C}H-CH_2-\overset{\text{尾}}{C}H- \\ \quad\quad\;\; X \quad\quad\quad\;\; X$$

头头（H-H）连接：

$$-CH_2-\overset{\text{头}}{C}H-\overset{\text{头}}{C}H-CH_2- \\ \quad\quad\;\; X \quad\;\; X$$

尾尾（T-T）连接：

$$-\overset{\text{尾}}{C}H-CH_2-CH_2-\overset{\text{尾}}{C}H- \\ \;\; X \quad\quad\quad\quad\quad\;\; X$$

其中头尾连接一般占优势，但当头部上取代基位阻效应不明显，且共轭效应、极性效应比较弱时，头头连接的概率将增加，这又将导致尾尾连接的概率增加。如聚氟乙烯、聚氯乙烯的大分子链上含有较多的头头连接。

（3）立体结构

① 旋光异构　一元取代乙烯或偏二元取代乙烯，聚合后生成的链节若含有一个手性碳原子（不对称碳原子），就可以形成两种构型，记为 D 型、L 型。

$$D型：-CH_2-\overset{X}{\underset{Y}{C^*}} \qquad L型：-CH_2-\overset{Y}{\underset{X}{C^*}}$$

D 型、L 型链节在大分子链上的不同连接可以形成三种立体异构体：全同立构（isotactic）聚合物、间同立构（syndiotactic）聚合物和无规立构（atactic）聚合物。全同立构聚合物的大分子链上手性碳原子全为 D 型（或 L 型）构型，间同立构聚合物上 D 型、L 型交替出现，无规立构聚合物上 D 型、L 型无规律出现。其中全同立构聚合物、间同立构聚合物通称为有规立构聚合物，有规立构的程度称为立构规整度或等规度。

自由基聚合通常得到无规立构异构体，配位聚合通常得到有规立构聚合物。有规立构聚合物结构规整，易结晶，具有较好的强度。例如，全同立构 PP 是通用塑料用树脂，而无规立构 PP 是一种非晶态聚合物，强度低，不能作结构材料，可用作一些树脂的增塑剂。

② 顺反异构　共轭二烯烃的连锁聚合物大分子主链上含有碳碳双键，因此也会产生顺反异构体。如丁二烯的 1,4-位聚合物 1,4-聚丁二烯，有顺-1,4-聚丁二烯和反-1,4-聚丁二烯；异戊二烯有顺-1,4-聚异戊二烯和反-1,4-聚异戊二烯。顺式结构规整性差，难以结晶，可用作橡胶；而反式结构规整，容易结晶，主要用作塑料。

顺-1,4-聚异戊二烯

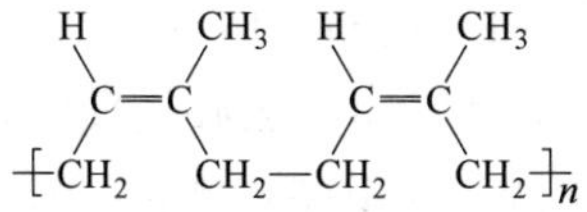

反-1,4-聚异戊二烯

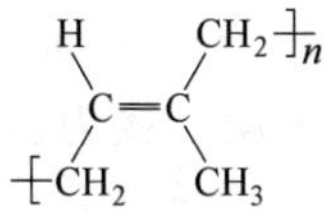

2.2.6　自由基聚合机理

聚合物主要通过单体的聚合反应合成。

$$单体 \xrightarrow{\text{加聚反应}} 加聚物$$

$$单体 \xrightarrow{\text{缩聚反应}} 缩聚物$$

加聚反应 $\begin{cases} 自由基聚合 (freeradical\ polymerization) \\ 阳离子聚合 (cationic\ polymerization) \\ 阴离子聚合 (anionic\ polymerization) \end{cases}$

其中自由基型聚合物产量最大，约占聚合物产量的 60%，占热塑性聚合物的 80%。如通用型塑料用树脂：LDPE、PVC、PS、PMMA、PTFE、PVAc、ABS 等；合成橡胶：丁苯橡胶、丁腈橡胶、氯丁橡胶等；合成纤维：PAN 等。另外，自由基聚合的理论成熟：建立了聚合反应的机理和动力学方程；单体及其自由基的活性与结构的关系也研究得比较清楚；共聚合理论也已经建立。

自由基聚合属于连锁聚合，包含四种基元反应。

（1）链引发（chain initiation）　即生成单体自由基活性种的反应，一般采用引发剂引发。此外，也可用热、光、力的作用实现引发。引发剂引发时，链引发由两步反应组成：

$$I \xrightarrow{k_d} 2R\cdot（初级自由基）$$

$$R\cdot + CH_2{=}CH \longrightarrow RCH_2{-}CH\cdot（单体自由基）$$

k_d 为引发剂分解反应速率常数，一般为 $10^{-6} \sim 10^{-4} s^{-1}$；引发剂分解反应活化能 E_d 约为 30kcal[❶]/mol。这两步反应中，第一步为慢反应，决定链引发速率的大小。

（2）链增长（chain propagation）

❶　1cal＝4.1868J。

$$RCH_2-\overset{X}{C}H\cdot + CH_2=\overset{X}{C}H \xrightarrow{k_p} RCH_2-\overset{X}{C}H-CH_2-\overset{X}{C}H\cdot$$

$$RCH_2-\overset{X}{C}H-CH_2-\overset{X}{C}H\cdot + CH_2=\overset{X}{C}H \xrightarrow{k_p} R(CH_2-\overset{X}{C}H)-CH_2-\overset{X}{C}H\cdot$$

$$\cdots\cdots$$

$$R(CH_2-\overset{X}{C}H)_{n-2}CH_2-\overset{X}{C}H\cdot + CH_2=\overset{X}{C}H \xrightarrow{k_p} R(CH_2-\overset{X}{C}H)_{n-1}CH_2-\overset{X}{C}H\cdot$$

其中，k_p 为链增长反应速率常数，$n \geqslant 2$。

① 由反应机理可知，自由基聚合的链增长为算术增长。

② 为方便进行动力学处理，假定链自由基活性与链长（聚合度）无关，每步的链增长反应速率常数皆为 k_p，其值为 $10^2 \sim 10^4$ L/(mol·s)。

③ 反应活化能低，E_p 为 $5 \sim 8$ kcal/mol；强放热反应，$-\Delta H$ 为 $15 \sim 30$ kcal/mol。

④ 自由基碳原子为 sp^2 杂化轨道，孤电子所在的 p 轨道位于同三个 sp^2 杂化轨道所在平面垂直的方向，单体可以较自由地从平面上或平面下加成增长，通常得到无规立构（atactic）聚合物；而且头尾结合时位阻小，头尾连接为主要方式。

（3）链转移（chain transfer）

$$R(CH_2-\overset{X}{C}H)_{n-2}CH_2-\overset{X}{C}H\cdot + YS \xrightarrow{k_{tr}} R(CH_2-\overset{X}{C}H)_{n-2}CH_2-CHY + S\cdot$$

YS 可能是体系中的引发剂、单体、溶剂、生成的大分子及有意为控制分子量投加的分子量调节剂。

（4）链终止（chain termination）

$$2 \sim CH_2-\overset{X}{C}H\cdot \xrightarrow{k_{tc}} \sim\sim\sim$$

$$2 \sim CH_2-\overset{X}{C}H\cdot \xrightarrow{k_{td}} \sim\sim + \sim\sim$$

自由基聚合的链终止通常为双基终止：偶合终止（coupling termination）或歧化终止（disproportionation termination）。链终止方式取决于：①长链自由基的活性——活性大时易歧化；②由于 E_{td}（歧化终止活化能）$> E_{tc}$（偶合终止活化能），升温有利于歧化终止。例如，$\sim$VC·，$\sim$VAc· 采取歧化终止，$\sim$S· 在 60℃以下采取偶合终止。

有关自由基活性大小的问题会在自由基共聚合部分详细讨论。

2.2.7 链引发反应

高分子聚合的活性中心为自由基，其可借助力、热、光、辐射直接作用于单体来产生，但目前工业生产及科学研究上广泛采用的方法是使用引发剂（initiator），引发剂是结构上含有弱键的化合物，由其均裂产生初级自由基（primary radical），加成单体得到单体自由基（monomer radical），然后进入链增长阶段。

链引发

$$I \xrightarrow{k_d} 2R\cdot$$

$$R\cdot + M \xrightarrow{k_i} RM$$

聚合过程中引发剂不断分解，以残基形式构成大分子的端基，因此引发剂不能称为催化剂。

2.2.7.1 引发剂的分类

依据结构特征可以将引发剂分为过氧类、偶氮类及氧化-还原引发体系。

（1）过氧类引发剂　该类引发剂结构上含有—O—O—，可进一步分为无机类和有机类。

① 无机类　主要有过硫酸盐〔如，$K_2S_2O_8$、$(NH_4)_2S_2O_8$、$Na_2S_2O_8$〕、过氧化氢。其中过氧化氢活性太低，一般不单独使用，而是同还原剂构成氧化-还原引发体系使用。过硫酸盐的分解反应方程式为

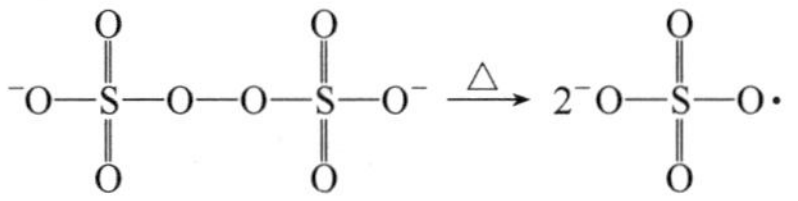

过硫酸盐类引发剂主要用于乳液聚合或水溶液聚合，聚合温度 80～90℃。

② 有机类

a. 有机过氧化氢，如异丙苯过氧化氢、叔丁基过氧化氢，该类引发剂活性较低，常用于高温聚合，也可以同还原剂构成氧化-还原引发体系使用。

b. 过氧化二烷基类，如过氧化二叔丁基、过氧化二叔戊基，该类引发剂活性较低，120～150℃使用。

c. 过氧化二酰类，如过氧化二苯甲酰（BPO）、过氧化二月桂酰，活性适中，应用广泛。

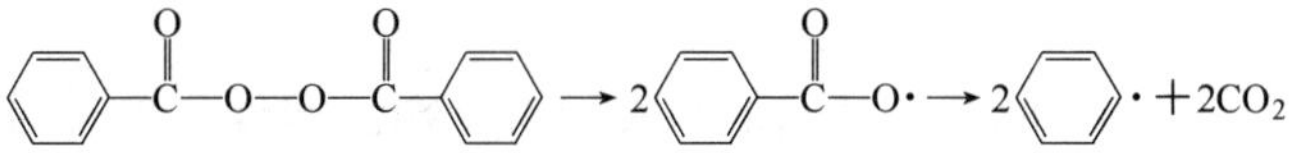

其中，苯甲酰氧基、苯自由基皆有引发活性。

d. 过氧化酯类，如过氧化苯甲酸叔丁酯，活性较低。

e. 过氧化二碳酸酯，如过氧化二碳酸二异丙酯、过氧化二碳酸二环己酯，活性大，贮存时需冷藏，可同低活性引发剂复合使用。

（2）偶氮类引发剂　该类引发剂结构上含有偶氮基（—N＝N—），分解时—C—N＝键发生均裂，产生自由基并放出氮气。主要产品有偶氮二异丁腈（AIBN）、偶氮二异庚腈（ABVN）。AIBN 的分解反应方程式为

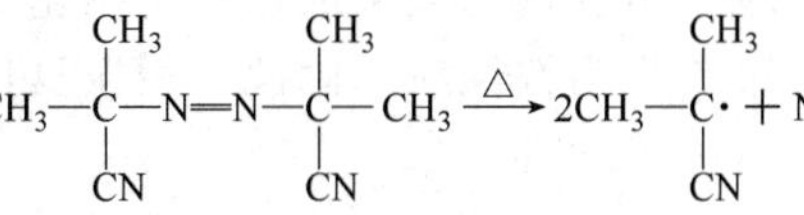

（3）氧化-还原引发体系　过氧类引发剂中加入还原剂，构成氧化-还原引发体系，该体系在反应过程中生成的中间产物——活性自由基可引发自由基聚合。

特点：活化能低，可在室温或低温下引发聚合。

分为水溶性氧化-还原引发体系和油溶性氧化-还原引发体系。

水溶性氧化-还原引发体系：氧化剂有过氧化氢、过硫酸盐等；还原剂有亚铁盐、亚硫酸钠、亚硫酸氢钠、连二硫酸钠、硫代硫酸钠等。

引发反应方程式为

$$HO—OH+Fe^{2+} \longrightarrow HO\cdot +OH^- + Fe^{3+}$$
$$S_2O_8^{2-} + SO_3^{2-} \longrightarrow SO_4^{2-} + SO_4^-\cdot + SO_3^-\cdot$$
$$S_2O_8^{2-} + S_2O_6^{2-} \longrightarrow SO_4^{2-} + SO_4^-\cdot + S_2O_6^-\cdot$$
$$S_2O_8^{2-} + S_2O_3^{2-} \longrightarrow SO_4^{2-} + SO_4^-\cdot + S_2O_3^-\cdot$$

上述引发剂体系主要用于乳液聚合及水溶液聚合。

$$Ce^{4+} + R-OH \longrightarrow RO \cdot + H^+ + Ce^{3+}$$

该方法可用于羟基聚合物的接枝聚合，如纤维素接枝丙烯酸类单体的聚合等。

油溶性氧化-还原引发体系，品种较少，常用的为有机过氧化氢-叔胺体系。

$$BPO + \underset{CH_3}{\overset{CH_3}{\big\langle}} \longrightarrow \big\langle \overset{O}{\underset{\parallel}{C}}-O \cdot + \big\langle \overset{O}{\underset{\parallel}{C}}-O^- + \underset{CH_3}{\overset{+}{\big\langle}} N \cdot \overset{CH_3}{\underset{CH_3}{}}$$

2.2.7.2 引发剂分解动力学

(1) 分解速率

$$I \xrightarrow{k_d} 2R \cdot \text{（初级自由基）}$$

$$R_d = -\frac{d[I]}{dt} = k_d[I] \tag{2-4}$$

式中，k_d 为引发剂分解速率常数，$10^{-6} \sim 10^{-4} s^{-1}$。其大小可表示引发剂的活性。上式经分离变量，积分可得

$$[I] = [I]_0 \exp(-k_d t) \tag{2-5}$$

式中，$[I]_0$ 为起始时刻引发剂的浓度。

工业上常用半衰期 $t_{1/2}$ 表示引发剂的活性，半衰期 $t_{1/2}$ 即引发剂分解一半所需要的时间。$t_{1/2}$、k_d 的关系为

$$t_{1/2} = \frac{\ln 2}{k_d} \tag{2-6}$$

也常用半衰期 $t_{1/2} = 10h$ 时的分解温度来表示引发剂的活性。聚合时应选择活性适中的品种，活性过大，聚合前期分解殆尽；活性过小，聚合周期长，且引发剂残留量大。一般情况下引发剂的半衰期应同聚合周期相当。

(2) k_d-T 关系

$$k_d = A_d \exp(-E_d/RT) \tag{2-7}$$

$$\ln k_d = \ln A_d - E_d/RT$$

作 $\ln k_d$-$1/T$ 关系曲线，其为直线，由斜率、截距可求出 k_d、E_d。

2.2.7.3 引发剂效率

(1) 引发反应包括两步反应　引发剂均裂生成初级自由基，初级自由基加成单体生成单体自由基。第一步为慢反应，第二步为快反应，因此，引发反应主要由第一步决定。

$$\frac{d[R \cdot]}{dt} = 2k_d[I] \tag{2-8}$$

但是，由于副反应的原因，并非所有初级自由基都可进行引发增长，真正引发自由基聚合的活性中心为单体自由基。正由于此，链引发要包括单体自由基的生成反应。

科学上引入链引发效率 f 的概念，f 即能生成单体自由基的初级自由基的分数。

$$f = \frac{\text{生成的单体自由基数}}{\text{生成的初级自由基数}} = \text{引发单体聚合的初级自由基的分数}$$

通过引入 f，就可以将链引发速率表示为

$$R_i = \frac{d[RM \cdot]}{dt} = 2f k_d[I] \tag{2-9}$$

$f = 0.5 \sim 1$，造成 $f < 1$ 的原因有笼蔽效应（cage effect）和诱导分解效应（inductive decomposation effect）。

(2) 笼蔽效应（cage effect）　引发剂分解为一级反应，基本不受溶剂的影响。但是，引发剂分解成的初级自由基处于溶剂等分子"笼子"的包围之中，必须扩散出笼子和单体有效

18

碰撞才能引发聚合。自由基的寿命极短，若来不及扩散出去，就可能发生副反应，形成稳定分子，降低引发效率。偶氮类引发剂的效率降低主要是笼蔽效应，如

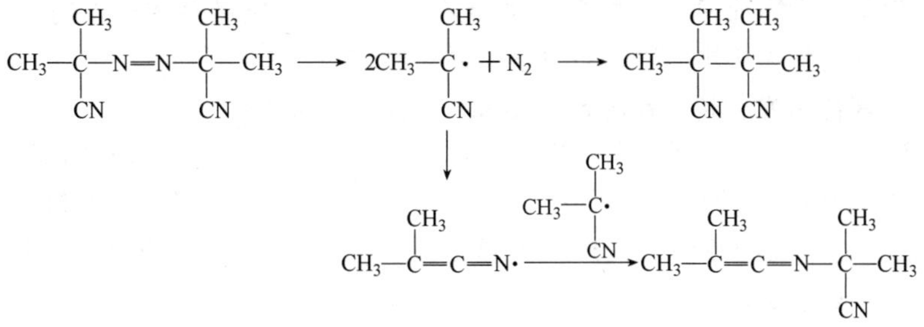

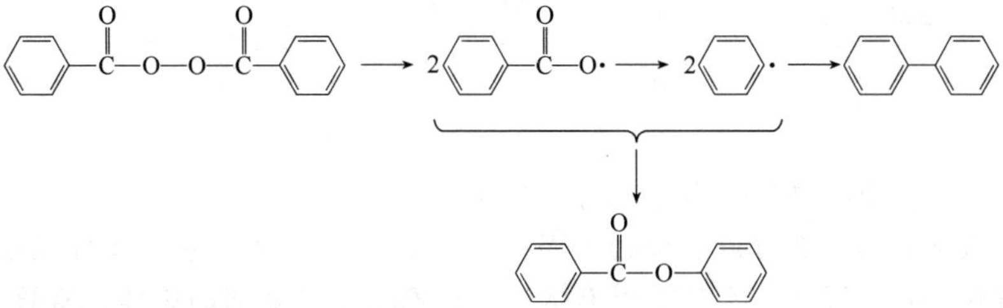

（3）诱导分解效应（inductive decomposation effect）　诱导分解效应即自由基向引发剂的转移反应。过氧类引发剂容易发生诱导分解，如

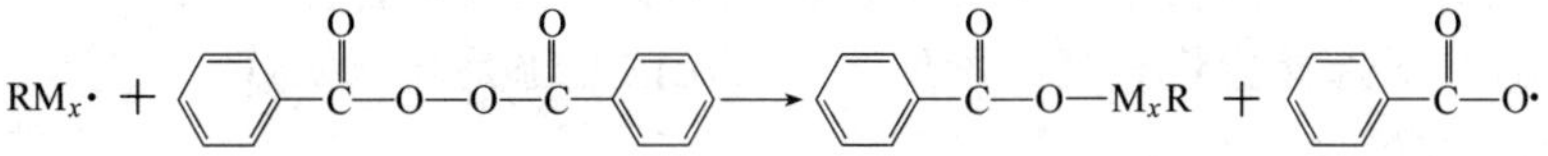

由此可知，向引发剂的转移反应使该引发剂分子的效率降低50%。

诱导分解的机理为

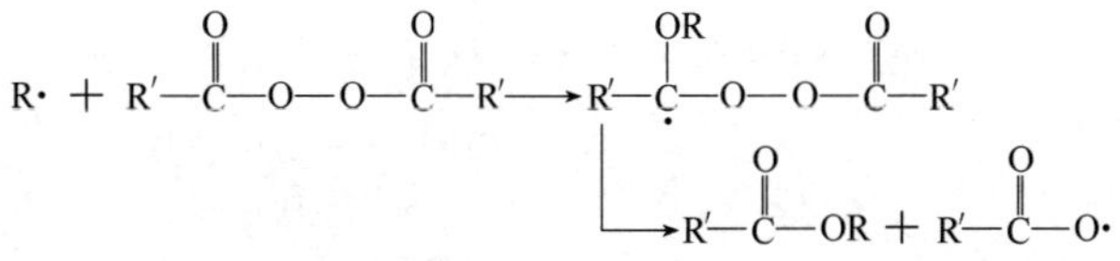

一般认为偶氮类引发剂无诱导分解效应，$f<1$ 主要由于笼蔽效应的作用。自由基向引发剂的转移反应，使原来的自由基终止成为稳定的分子，同时产生新的自由基，自由基数目不变，但却浪费了一个引发剂分子，使 f 下降。

引发剂引发效率的高低主要由以下几个因素决定：①引发剂的种类；②单体的活性；③溶剂的种类；④温度和黏度。

2.2.7.4　引发剂的选择（choice of the initiator）

引发剂的选择可以从以下几方面考虑。

① 根据引发剂的溶解性选择。即根据聚合方法从溶解性角度确定引发剂的类型。

本体聚合、悬浮聚合、有机溶液聚合，一般用偶氮类或过氧类等油溶性引发剂或油溶性氧化-还原引发体系。

乳液聚合和水溶液聚合则选择过硫酸盐类水溶性引发剂或水溶性氧化-还原引发体系。

② 根据聚合温度选择。应选择半衰期适当的引发剂，使自由基生成速率和聚合速率相匹配。在聚合温度下半衰期最好为 $30\sim60$min。

一般聚合温度（$60\sim100$℃）下常用 BPO、AIBN 或过硫酸盐作引发剂。对于 $T<50$℃

的聚合，一般选择氧化-还原引发体系。对于 $T>100℃$ 的聚合，一般选择低活性的异丙苯过氧化氢、过氧化二异丙苯、过氧化二叔丁基或过氧化二叔戊基。

③ 引发剂用量常需通过大量的条件试验才能确定，其质量分数通常约为 0.1%；也可以通过聚合度、聚合速率与引发剂的动力学关系做半定量计算得到。

2.2.7.5　其他引发作用（other methods of initiation）

（1）热引发　不加引发剂，有些烯类单体在热的作用下，也可以进行聚合，这称为热引发聚合，简称热聚合。例如苯乙烯的热聚合（已实现工业化），但其引发机理并不十分确定。

目前人们接受下面的热引发机理，由两个苯乙烯分子生成 Diels-Alder 加成中间体和 St 发生歧化反应生成自由基。

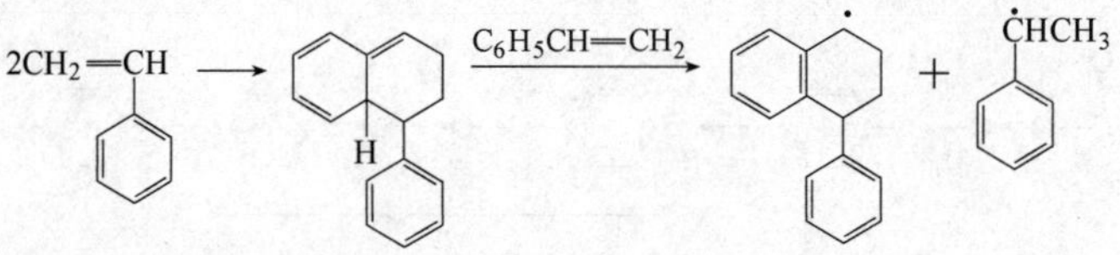

甲基丙烯酸甲酯也能进行一定程度的热聚合，但速率较小。

实际上，大部分单体都可以热聚合，因此苯乙烯（St）、MMA 等单体在贮存、运输时需加阻聚剂并保持较低温度，实验室用单体（尤其脱除了阻聚剂的单体）常置于冰箱保存，工业上可将单体贮存于地下储罐，且夏季要对储罐进行水喷淋降温。

（2）光引发（photo chemical initiation）　光引发聚合是体系在光的激发下形成自由基而引发聚合。光引发聚合分直接光引发聚合和光引发剂引发聚合。

光引发聚合一般选择能量较高的紫外线，常用的光源是高压汞灯。

① 直接光引发聚合

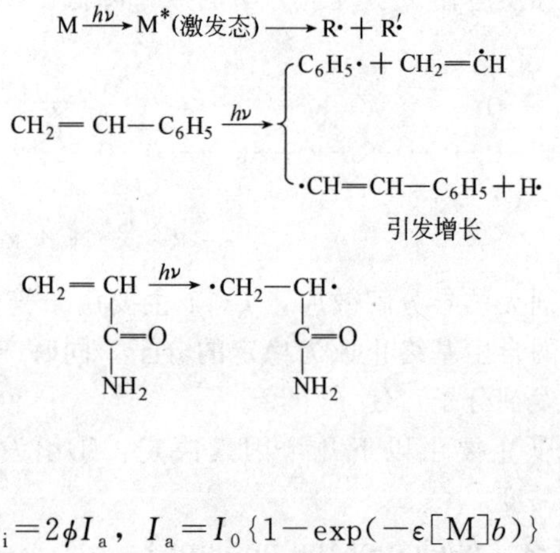

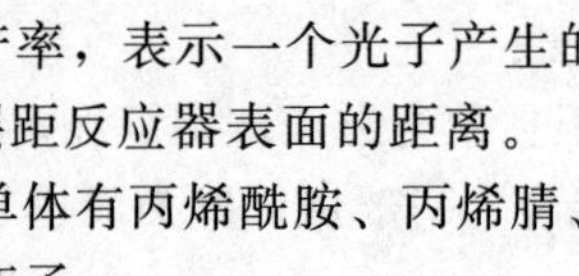

光引发速率为

$$R_i = 2\phi I_a，\quad I_a = I_0\{1 - \exp(-\varepsilon[M]b)\} \tag{2-10}$$

式中，ϕ 为自由基量子产率，表示一个光子产生的自由基对数，$\phi = 0.01 \sim 0.1$；ε 为单体的摩尔消光系数；b 为液层距反应器表面的距离。

容易进行直接光聚合的单体有丙烯酰胺、丙烯腈、丙烯酸、丙烯酸酯等。为了避光，实验室贮存单体时应使用棕色瓶子。

直接光聚合速率低，合成工作中一般不用，而常用光引发剂引发聚合。

② 光引发剂引发聚合

常用的光引发剂有安息香及其醚类。

安息香：

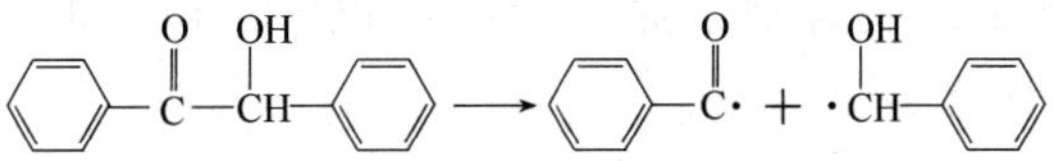

两个自由基都可以引发聚合

安息香醚：

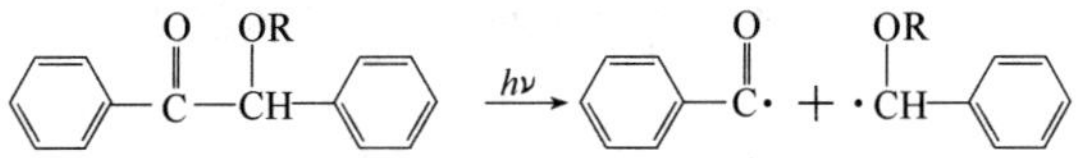

光引发剂引发聚合的引发速率 $R_i = 2\phi I_a$，其中 $I_a = I_0\{1 - \exp(-\varepsilon[S]b)\}$，[S] 为光引发剂的浓度。

目前光引发聚合的研究十分活跃，这是因为：a. 反应可以瞬时开始及终止（光照即始，光灭即停），产物纯净，有利于理论研究；b. 活化能低，可以在低温的条件下聚合。

近年来光固化涂料、油墨等的研究非常活跃，该体系是 100% 的固体组分，属于环保型产品。

2.2.8　链增长、链终止反应

2.2.8.1　链增长（chain propagation）

$$RM\cdot + M \longrightarrow RM_2\cdot$$
$$RM_2\cdot + M \longrightarrow RM_3\cdot$$
$$\cdots\cdots$$
$$RM_{n-1}\cdot + M \longrightarrow RM_n\cdot$$

（1）等活性理论　假定增长自由基的活性与链长无关，链增长可用通式表示为

$$RM_n\cdot + M \xrightarrow{k_p} RM_{n+1}\cdot$$

（2）速率方程　链增长阶段单位体积单体的消耗速率为

$$R_p \equiv \left(-\frac{d[M]}{dt}\right)_p = k_p[M\cdot][M]$$

式中，k_p 为链增长速率常数，$k_p = 10^2 \sim 10^4 \, \text{L/(mol·s)}$；[M·] 为体系中自由基活性种的总物质的量浓度。

[链引发速率常数 $k_d = 10^{-6} \sim 10^{-4} \, \text{s}^{-1}$，链终止速率常数 $k_t = 10^6 \sim 10^8 \, \text{L/(mol·s)}$，由各常数对比可知自由基聚合的特点：慢引发、快增长、速终止。]

（3）特点

① 反应的活化能低。$E_p = 5 \sim 8 \, \text{kcal/mol}$。

② 放热反应。$-\Delta H = 12 \sim 23 \, \text{kcal/mol}$。

③ 同引发剂种类及介质性质基本无关，这和离子型聚合有很大区别。

（4）链增长与链结构之间的关系

① 序列结构　自由基聚合一般采取头尾（H-T）序列结构。

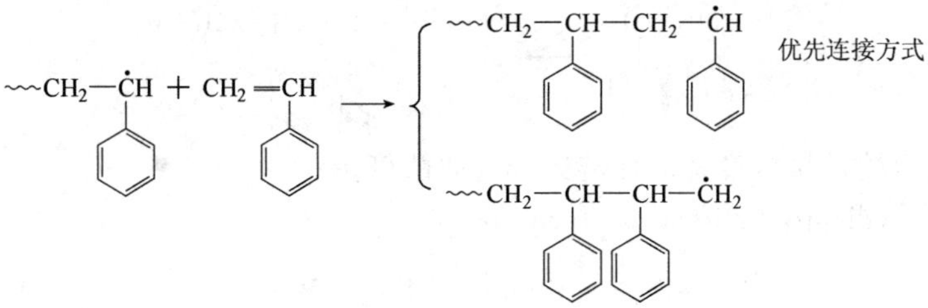

优先连接方式

21

单体单元优先采取 H-T 结构连接的原因为：a. 电子效应（取代基对自由基有稳定作用）；b. 空间位阻效应较小。

② 立体结构

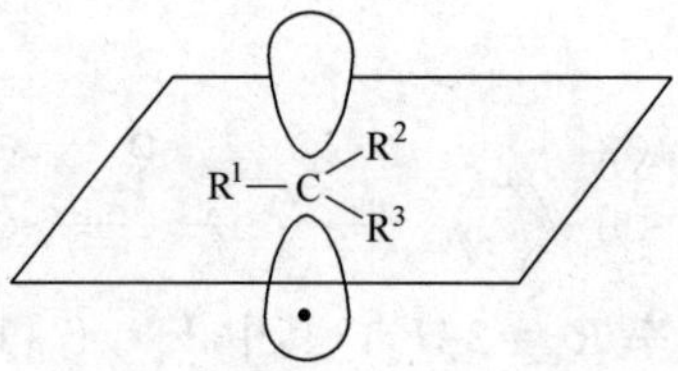

从自由基的电子结构看，其碳原子通常采取 sp^2 杂化，孤电子处于 p 轨道，与 sp^2 杂化的 3 个轨道平面垂直。

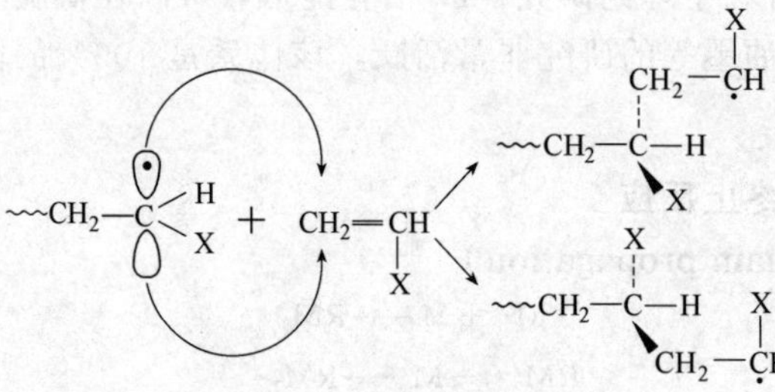

因此单体进攻长链自由基时就有两个方向，手性碳原子有 D 型和 L 型两种构型。

若全部手性原子的构型相同，即～～DDDDDDD～～（或～～LLLLLLLL～～），称为全同立构聚合物（isotactic polymer）。

若 D、L 相间地出现，即～～DLDLDLDL～～，称为间同立构聚合物（syndiotactic polymer）。

若 D、L 无规出现时，即～～DDLDLLLLDDDLLDD～～，称无规立构聚合物（atactic polymer）。

对自由基聚合，两种加成方式概率相差不大，因此自由基聚合通常只能得到无规立构聚合物。自由基聚合对单体增长的构型调控能力很差，配位聚合、离子聚合由于活性中心是离子对，往往有较强的构型控制能力，有利于合成有规立构聚合物。

2.2.8.2 链终止（chain termination）

$$RM_x\cdot + RM_y\cdot \xrightarrow{k_t} 终止聚合物$$

（1）链终止类型（models of termination）

① 偶联终止（coupling termination）

$$RM_x\cdot + RM_y\cdot \xrightarrow{k_{tc}} RM_{x+y}R$$

如

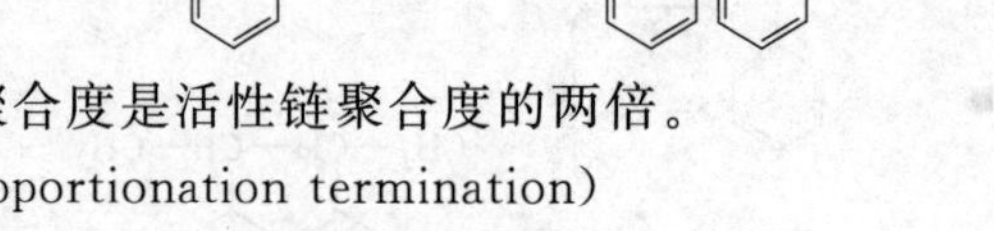

偶联终止聚合物的聚合度是活性链聚合度的两倍。

② 歧化终止（disproportionation termination）

$$RM_x\cdot + RM_y\cdot \xrightarrow{k_{td}} RM_x + RM_y$$

如

$$2 \sim\!\!\text{CH}_2\text{—}\overset{\displaystyle\cdot}{\underset{\displaystyle\text{Cl}}{\text{CH}}} \xrightarrow{k_{\text{td}}} \sim\!\!\text{CH}_2\text{—}\underset{\displaystyle\text{Cl}}{\text{CH}_2} + \sim\!\!\text{CH}\!=\!\underset{\displaystyle\text{Cl}}{\text{CH}}$$

歧化终止产物的聚合度等于活性链的聚合度。

终止方式取决于：a. 活性种结构或活性，活性大时利于歧化；b. 反应条件，如升高温度，k_{td} 提高幅度大于 k_{tc}，即更有利于歧化终止。St 单体，其长链自由基活性较低，在低于 60℃ 聚合时 100% 偶联终止；VAc 单体，其长链自由基活性较高，在大于 60℃ 聚合时 100% 歧化终止。

（2）链终止速率方程

$$\text{RM}_x\cdot + \text{RM}_y\cdot \xrightarrow{k_{\text{tc}}} \text{RM}_{x+y}\text{R} \qquad R_{\text{tc}} = 2k_{\text{tc}}[\text{M}\cdot]^2$$

$$\text{RM}_x\cdot + \text{RM}_y\cdot \xrightarrow{k_{\text{td}}} \text{RM}_x + \text{RM}_y \qquad R_{\text{td}} = 2k_{\text{td}}[\text{M}\cdot]^2$$

$$R_{\text{t}} = 2k_{\text{t}}[\text{M}\cdot]^2 \qquad k_{\text{t}} = k_{\text{td}} + k_{\text{tc}} \tag{2-11}$$

$$k_{\text{t}} = 10^6 \sim 10^8\,\text{L}/(\text{mol}\cdot\text{s})$$

$$\frac{R_{\text{p}}}{R_{\text{t}}} = \frac{k_{\text{p}}[\text{M}\cdot][\text{M}]}{2k_{\text{t}}[\text{M}\cdot]^2} = \frac{k_{\text{p}}[\text{M}]}{2k_{\text{t}}[\text{M}\cdot]} = \frac{10^2 \sim 10^4}{2\times(10^6 \sim 10^8)\times(10^{-7} \sim 10^{-9})} = 10^3 \sim 10^5$$

所以，尽管 $k_{\text{t}} \gg k_{\text{p}}$，聚合物的聚合度仍能达到 $10^3 \sim 10^5$。

2.2.9　自由基聚合动力学

自由基聚合动力学（kinetics of radical chain polymerization）所研究的是 R_{p}、$\overline{X}_{\text{n}}$ 与 $[\text{M}]$、$[\text{I}]$、T、t 的关系，本节将着重讨论聚合速率的问题，$\overline{X}_{\text{n}}$ 及分子量分布将在后面讨论。

2.2.9.1　低转化率下的动力学

（1）基本假定

① 等活性理论；

② 聚合度很大，引发阶段消耗的单体可忽略不计；

③ 稳态假设，体系中自由基的浓度不变，即引发速率等于终止速率；

④ 不考虑链转移，终止方式为双基终止。

实验证明在转化率不太高、体系黏度不太大的情况下，四个假定是成立的。

下面以这四个假定为基础推导动力学方程。

（2）推导

链引发：

$$\text{I} \xrightarrow{k_{\text{d}}} 2\text{R}\cdot$$

$$\text{R}\cdot + \text{M} \xrightarrow{k_{\text{i}}} \text{RM}\cdot \qquad R_{\text{i}} = 2fk_{\text{d}}[\text{I}]$$

链增长：

$$\text{RM}\cdot + \text{M} \xrightarrow{k_{\text{p}}} \text{RM}_2\cdot$$

$$\text{RM}_2\cdot + \text{M} \xrightarrow{k_{\text{p}}} \text{RM}_3\cdot$$

$$\text{RM}_n\cdot + \text{M} \xrightarrow{k_{\text{p}}} \text{RM}_{n+1}\cdot \qquad R_{\text{p}} = k_{\text{p}}[\text{M}\cdot][\text{M}]$$

链双基终止时：

$$\text{RM}_x\cdot + \text{RM}_y\cdot \xrightarrow{k_{\text{tc}}} \text{RM}_{x+y}\text{R} \qquad R_{\text{tc}} = 2k_{\text{tc}}[\text{M}\cdot]^2$$

23

$$RM_x \cdot + RM_y \cdot \xrightarrow{k_{td}} RM_x + RM_y \qquad R_{td} = 2k_{td}[M\cdot]^2$$

其中，$[M\cdot] = \sum_{n=1}^{\infty}[M_n\cdot]$。

以单位体积单体的消耗速率表示聚合速率。由假定②可知，聚合速率可表示为链增长速度：

$$R = -\frac{d[M]}{dt} = R_p + R_i \approx R_p = k_p[M][M\cdot] \tag{2-12}$$

R、R_p 不再特别区分。

自由基浓度很低，一般为 $10^{-8} \sim 10^{-10}$ mol/L，很难实验测定利用假定③，即稳态假定，可以消除 $[M\cdot]$：

$$R_i = R_t = 2k_t[M\cdot]^2，推出 [M\cdot] = \left(\frac{R_i}{2k_t}\right)^{\frac{1}{2}} \tag{2-13}$$

故聚合速率：

$$R_p = k_p\left(\frac{R_i}{2k_t}\right)^{\frac{1}{2}}[M] \tag{2-14}$$

若采用引发剂引发聚合，则 $R_i = 2fk_d[I]$，此时：

$$R_p = k_p\left(\frac{fk_d}{k_t}\right)^{\frac{1}{2}}[I]^{\frac{1}{2}}[M] \tag{2-15}$$

可得：$R_p \propto [M]$，$R_p \propto [I]^{\frac{1}{2}}$。

实验证明：在低转化率下实验结果与理论相符，说明关于自由基聚合的机理及四个假定是正确的，也有一些体系偏离正常的动力学方程。$R_p \propto [I]^{1/2}$ 是双基终止的结果，单基终止时，$R_t = k_t[M\cdot]$ 是一级反应，$R_p \propto [I]$。

（3）温度对聚合速率的影响

$$R_p = k_p\left(\frac{fk_d}{k_t}\right)^{\frac{1}{2}}[I]^{\frac{1}{2}}[M]$$

其表观速率常数为

$$k = k_p\left(\frac{k_d}{k_t}\right)^{\frac{1}{2}} \tag{2-16}$$

由 Arrhenius 方程可得影响速率的表观活化能为

$$E = E_p + \frac{1}{2}E_d - \frac{1}{2}E_t \tag{2-17}$$

热分解型引发剂引发时：$E_p = 5 \sim 8$kcal/mol，$E_d = 30$kcal/mol，$E_t = 2 \sim 5$kcal/mol。故：$E \approx 20$kcal/mol。E 为正值，T 增大，k 增大，R_p 增大。

光引发时：

$$E = E_p - \frac{1}{2}E_t \approx 5\text{kcal/mol}$$

这表明光引发时，温度对聚合速率影响不明显，故可在室温或较低温度下进行。

对于氧化还原引发体系，$E_d = 10 \sim 15$kcal/mol，$E \approx 10$kcal/mol，温度对聚合速率的影响也较小。

2.2.9.2 高转化率时的动力学

动力学研究一般是在低转化率下进行，此时体系的黏度低，前述的四个假定成立，可严格推导得到动力学微分方程。但高分子合成感兴趣的是高转化率条件下的动力学特征。聚合到高转化率的阶段，可能出现死端聚合、凝胶效应等现象。

（1）死端聚合　一般聚合时，引发剂总是过量的，除完成聚合反应外，尚有剩余，若无凝胶效应，自由基聚合微观动力学方程为

$$R_p = -\frac{d[M]}{dt} = k_p \left(\frac{fk_d}{k_t}\right)^{\frac{1}{2}} [I]^{\frac{1}{2}} [M] \tag{2-18}$$

利用 $[I] = [I]_0 \exp(-k_d t)$，分离变量，整理得

$$-\frac{d[M]}{[M]} = k_p \left(\frac{fk_d}{k_t}\right)^{\frac{1}{2}} [I]_0^{\frac{1}{2}} \exp\left(-\frac{k_d}{2}t\right) dt$$

积分

$$-\ln\frac{[M]}{[M]_0} = -\ln(1-C) = 2k_p \left(\frac{f[I]_0}{k_d k_t}\right)^{\frac{1}{2}} \left[1 - \exp\left(-\frac{k_d}{2}t\right)\right]$$

假如引发剂剂量不足，聚合尚未完成，引发剂即耗尽，这就成为死端聚合。

令 $t \to \infty$，可求得残余单体的浓度 $[M]_\infty$ 或极限转化率 C_∞。

$$-\ln\frac{[M]_\infty}{[M]_0} = -\ln(1-C_\infty) = 2k_p \left(\frac{f[I]_0}{k_d k_t}\right)^{\frac{1}{2}} \tag{2-19}$$

加入新的引发剂可使死端聚合残余的单体进一步聚合。如 AIBN-St 聚合体系。

$T = 60℃$ 时，$f = 0.5$，$k_d = 1.35 \times 10^{-5} \text{s}^{-1}$，$k_p = 260 \text{L/(mol·s)}$，$k_t = 1.2 \times 10^8 \text{L/(mol·s)}$

$$[AIBN]_0 = 0.001 \text{mol/L}，C_\infty = 33.5\%$$

$$[AIBN]_0 = 0.01 \text{mol/L}，C_\infty = 51.0\%$$

$$[AIBN]_0 = 0.1 \text{mol/L}，C_\infty = 98.3\%$$

联立上述两式得 $\dfrac{\ln(1-C)}{\ln(1-C_\infty)} = 1 - \exp\left(-\dfrac{k_d t}{2}\right)$，即

$$\ln\left[1 - \frac{\ln(1-C)}{\ln(1-C_\infty)}\right] = -\frac{k_d t}{2} \tag{2-20}$$

应用该式可以通过测定 C、C_∞，求 k_d。

（2）自动加速现象（autoacceleration）　由式（2-18）可知，随着反应时间延长，体系中 $[M]$ 和 $[I]$ 均降低，R_p 应下降，但实际上 R_p 不但不降，而且往往上升，甚至急剧上升，这就是自动加速效应或者称为凝胶效应（gel effect）。体系的黏度增加，链终止变得困难，活性种浓度提高，而且反应中生成的热量难以排出，使体系温度局部过高，从而产生自动加速效应。因此自动加速效应也称为凝胶效应，可用终止由扩散控制来解释。

长链自由基双基终止可包括三步：①链自由基的平移；②链段重排使活性中心靠近；③双基反应链终止。

其中链段的重排是控制的一步，受体系黏度的严重影响，当 η 增大时，链段重排受到阻碍，活性末端甚至可以被包埋，双基终止困难，k_t 减小，此时 k_p 变化不大，R_p 增大。

但是，当 η 很大时，单体、链自由基的反应亦受到阻碍，结果使 k_p 也下降，R_t 继续变小，当 $k_p/k_t^{1/2}$ 的综合值变小时，R_p 减小，最后降低到不能聚合的程度。

影响因素：①温度高可推迟自动加速效应的到来；②良溶剂可有效防止自动加速效应；③沉淀聚合容易发生自动加速效应。

25

自动加速效应是不利的，它可以产生暴聚，使产物的分子分布过宽，恶化时造成人身、财产损失。为此，工业上本体聚合可分三步实施：高温预聚、低温中聚、升温后处理。

（3）聚合速率的类型　聚合速率的类型如图 2-4 所示。

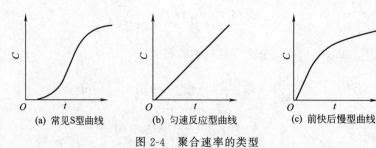

图 2-4　聚合速率的类型

2.2.10　聚合物的分子量和链转移反应

2.2.10.1　动力学链长和数均聚合度

（1）定义、表达式

自由基自生至自灭所消耗的单体数称为动力学链长 ν。

$$R\cdot + M \xrightarrow{\quad M \quad} RM\cdot \xrightarrow{\quad M \quad} RM_2\cdot \xrightarrow{\quad M \quad} RM_3\cdot \xrightarrow{\ (n-3)M\ } RM_n\cdot \xrightarrow{\ 双基终止\ } 终止聚合物$$

$$\nu = \frac{R_p}{R_i} = \frac{R_p}{R_t} \tag{2-21}$$

上式利用了聚合度很大的假定。从 R_p、R_i 的定义非常容易理解：R_p 为单位时间单位体积消耗的单体数；R_i 为单位时间单位体积产生的单体自由基数。

利用

$$\left.\begin{cases} R_p = k_p[M][M\cdot] \\ R_i = 2fk_d[I] \\ R_t = 2k_t[M\cdot]^2 \end{cases}\right\} \Rightarrow [M\cdot] = \left(\frac{fk_d[I]}{k_t}\right)^{1/2}$$

则

$$\nu = \frac{R_p}{R_t} = \frac{k_p[M][M\cdot]}{2k_t[M\cdot]^2} = \frac{k_p[M]}{2k_t[M\cdot]} \times \frac{k_p[M]}{k_p[M]} = \frac{k_p^2[M]}{2k_t R_p} \tag{2-22}$$

$$\nu = \frac{R_p}{R_i} = \frac{k_p[M][M\cdot]}{2fk_d[I]} = \frac{k_p}{2}\left(\frac{1}{fk_t k_d}\right)^{1/2}[M][I]^{-1/2} \tag{2-23}$$

故 $\nu \propto [I]^{-1/2}$，$\nu \propto [M]$。

[M] 一定时，[I] 越大，ν 越小；而当 [I] 一定时，[M] 越大，ν 越大。

（2）ν 与 $\overline{X}_n$ 的关系（若没有链转移）

① 歧化终止时

$$RM_x\cdot + RM_y\cdot \xrightarrow{\ k_{td}\ } RM_x + RM_y$$

$\overline{X}_n = \nu$，数均聚合度等于动力学链长。

② 偶合终止时

$$RM_x\cdot + RM_y\cdot \xrightarrow{\ k_{tc}\ } RM_{x+y}R$$

$\overline{X}_n = 2\nu$，数均聚合度等于动力学链长的 2 倍。

③ 如果歧化终止和偶合终止同时存在，则 $\nu < \overline{X}_n < 2\nu$。

可以用下面的方法推导二者的一般关系：

$$\overline{X}_n = \frac{\text{消耗的单体数}}{\text{大分子数}} = \frac{\text{单位时间单位体积消耗的单体数}}{\text{单位时间单位体积生成的大分子数}} = \frac{\text{单体消耗速率}}{\text{大分子生成速率}} \quad (2\text{-}24)$$

上式中分子即单体消耗速率为 R_p，大分子生成速率为

$$R_{tp} = R_{tdp} + R_{tcp} = R_{td} + \frac{1}{2} R_{tc} \quad (2\text{-}25)$$

式中，R_{tdp}、R_{tcp} 分别为歧化、偶合终止所对应的大分子生成速率。

所以

$$\overline{X}_n = \frac{R_p}{R_{td} + \frac{1}{2} R_{tc}} = \frac{\dfrac{R_p}{R_t}}{\dfrac{R_{td}}{R_t} + \dfrac{1}{2} \times \dfrac{R_{tc}}{R_t}} = \frac{\nu}{D + \frac{1}{2}(1-D)} = \frac{2\nu}{1+D} \quad (2\text{-}26)$$

式中，D 为歧化终止分数。

当 $D=1$ 时，为全歧化终止，$\overline{X}_n = \nu$。

而当 $D=0$ 时，为全偶合终止，$\overline{X}_n = 2\nu$。

当 $0 < D < 1$ 时，同时存在歧化终止和偶合终止，$\nu < \overline{X}_n < 2\nu$。

（3）ν 的测定

$$\nu = \frac{R_p}{R_i} = \frac{R_p}{2fk_d[I]}$$

其中 R_p、k_d 和 f 可测，$[I]$ 已知，ν 可由上式进行计算。

$$\overline{X}_n = \frac{2\nu}{1+D}$$

$\overline{X}_n$、D 可测，也可以根据上式来计算出 ν 的值。

（4）聚合温度对动力学链长的影响

$$\nu = \frac{R_p}{R_i} = \frac{k_p[M][M\cdot]}{2fk_d[I]} = \frac{k_p}{2}\left(\frac{1}{fk_tk_d}\right)^{1/2}[M][I]^{-1/2} \quad (2\text{-}27)$$

影响动力学链长的表观活化能为

$$E' = E_p - \frac{1}{2}E_d - \frac{1}{2}E_t \quad (2\text{-}28)$$

热分解型引发剂：

$$E_d = 30\text{kcal/mol} \qquad E_p = 5\sim8\text{kcal/mol}$$
$$E_t = 2\sim5\text{kcal/mol} \qquad E' \approx -10\text{kcal/mol}$$

所以，T 增加，ν 下降，$\overline{M}_w$ 下降。

对氧化-还原体系，$E' = (5\sim8) - \frac{1}{2}\times10 - \frac{1}{2}(2\sim5) \approx 0$，故 T 对 ν 影响很小。

对于光引发体系，$E' = (5\sim8) - \frac{1}{2}(2\sim5) \approx 5\text{kcal/mol}$，当 T 增加时，ν 增大，但 E' 较小，变化不大。

2.2.10.2 链转移反应（chain transfer）

自由基聚合除链引发、链增长、链终止反应外，还常常包括链转移反应。

链转移反应可用通式表示为

$$RM_x\cdot + Y\text{-}S \xrightarrow{k_{tr}} RM_x Y + S\cdot$$

$$S\cdot + M \xrightarrow{k_a} SM\cdot \xrightarrow{M} SM_2\cdot\cdots$$

转移结果使长链自由基终止成死的大分子，因此分子量降低，是一种特殊的链终止，对有的体系，大分子的生成主要是链转移的结果。

根据 k_{tr}、k_a 和 k_p 的大小对比链转移可分为五种情况：

① $k_p \gg k_{tr}$，$k_a \approx k_p$，正常链转移。

② $k_p \ll k_{tr}$，$k_a \approx k_p$，调节聚合。

③ $k_p \gg k_{tr}$，$k_a < k_p$，缓聚。

④ $k_p \ll k_{tr}$，$k_a < k_p$，衰减链转移。

⑤ $k_p \ll k_{tr}$，$k_a = 0$，高效阻聚。

链转移反应也可根据链转移对象的不同分为以下四种类型。

① 向单体的链转移

$$RM_x\cdot + M \xrightarrow{k_{trM}} RM_x + M\cdot$$
$$R_{trM} = k_{trM}[M\cdot][M] \tag{2-29}$$

$$\sim\!\!CH_2\!-\!\underset{\underset{Cl}{|}}{C}H\cdot + \underset{\underset{Cl}{|}}{C}H\!=\!CH \longrightarrow \sim\!\!CH_2\!-\!\underset{\underset{Cl}{|}}{C}HCl + CH_2\!=\!CH\cdot$$

对 VC 的聚合，由于 $k_{trM} \approx 10^{-3}$，$R_{trM} \gg R_p$，故 PVC 主要由向单体的链转移反应生成，其聚合度也由向单体的链转移控制。

② 向溶剂的链转移　正是由于向溶剂的链转移，溶液聚合高分子的分子量较低。

$$RM_x\cdot + Y\text{-}S \xrightarrow{k_{trS}} RM_x Y + S\cdot$$

其中，Y-S 表示聚合溶剂。

$$R_{trS} = k_{trS}[M\cdot][S] \tag{2-30}$$

烃类溶剂中，环烷烃的 C—H 键较弱，k_{trS} 小；苯、甲苯、乙苯、异丙苯的 R_{trS} 渐高。CCl_4、CBr_4 的 C—Cl、C—Br 键很弱，k_{trS} 很大。

R—SH 的 S—H 键较弱，k_{trS} 较高，所以硫醇类化合物（如十二烷基硫醇、正丁基硫醇、巯基乙醇、巯基丙醇等）可用于控制聚合度，称为分子量调节剂。

③ 向引发剂的链转移

$$RM_x\cdot + \text{（二苯甲酰过氧化物）} \xrightarrow{k_{trI}} RM_x\text{—O—C(=O)—苯} + \text{苯—C(=O)—O}\cdot$$

$$R_{trI} = k_{trI}[M\cdot][I] \tag{2-31}$$

④ 向大分子的链转移

$$\sim\!\!CH_2\!-\!CH\cdot + \sim\!\!CH_2\!-\!\overset{H}{\underset{}{C}}\sim \xrightarrow{nM} \sim\!\!CH_2\!-\!C\sim$$

高压聚乙烯（LDPE）除了由向大分子链转移形成长支链外，还有许多乙基、丁基等短支链，这些短链是大分子内转移（回咬）的结果。

28

恶性的向大分子的链转移反应，将形成凝胶、交联聚合物。

2.2.10.3　链转移反应对数均聚合度 $\overline{X}_n$ 的影响

对于正常链转移，$k_{tr} \ll k_p$ 而 $k_a \approx k_p$，链转移的结果将使分子量减小，而对聚合速率影响较小。

下面的讨论即指正常链转移。此时，链转移反应对 R_p 无影响，只对 $\overline{X}_n$ 产生影响。阻聚、缓聚将在下节讨论。

$$\overline{X}_n = \frac{单体消耗速率}{大分子生成速率} = \frac{R_p}{R_{tp} + \sum R_{trp}} \tag{2-32}$$

$$\frac{1}{\overline{X}_n} = \frac{R_{tp}}{R_p} + \frac{k_{trM}[M\cdot][M] + k_{trS}[M\cdot][S] + k_{trI}[M\cdot][I]}{R_p}$$

$$= \frac{R_{tp}}{R_p} + C_M + C_I \frac{[I]}{[M]} + C_S \frac{[S]}{[M]} \tag{2-33}$$

$C_M = \dfrac{k_{trM}}{k_p}$、$C_I = \dfrac{k_{trI}}{k_p}$、$C_S = \dfrac{k_{trS}}{k_p}$ 分别称为向单体、向引发剂、向溶剂的链转移常数。其中，R_{tp} 表示双基终止对应的大分子生成速率。

$$R_{tp} = R_{td} + \frac{1}{2}R_{tc} \neq R_t \Rightarrow \begin{cases} \dfrac{R_{tp}}{R_p} = \dfrac{R_{td} + \frac{1}{2}R_{tc}}{R_p} = \dfrac{D + \frac{1}{2}(1-D)}{\nu} = \dfrac{1+D}{2\nu} \\[3mm] R_{tp} = \dfrac{(2k_{td} + k_{tc})[M\cdot]^2}{k_p[M][M\cdot]} = \dfrac{(2k_{td} + k_{tc})R_p}{k_p^2[M]^2} \end{cases}$$

上述聚合度的倒数方程称为自由基聚合聚合度控制方程，可用于配方设计或计算。

对 $CH_2{=}CHCl$，C_M 很大。50℃时，其 $C_M = 1.35 \times 10^{-3}$，忽略其他三项的影响，则

$$\frac{1}{\overline{X}_n} = C_M \Rightarrow \overline{X}_n = 74$$

与实验结果非常接近。

由于 $C_M = \dfrac{k_{trM}}{k_p}$，$T$ 增大，C_M 增大，$\overline{X}_n$ 减小，可见 $\overline{X}_n$ 由 T 决定，而聚合速率则由引发剂用量决定，这是 PVC 聚合机理的特点。

2.2.10.4　链转移的应用

链转移反应常用于大分子的分子量调节。常用分子量调节剂有 $n\text{-}C_{12}H_{25}SH$（正十二烷基硫醇）、$t\text{-}C_{12}H_{25}SH$（叔十二烷基硫醇）、$HS{-}(CH_2)_2OH$ 等。其链转移常数通常在 10^0 数量级，过大则消耗过快，过小则用量太大。

2.2.11　阻聚

阻聚反应是链转移的一种类型：$k_p \ll k_{tr}$，$k_a = 0$。

2.2.11.1　阻聚反应的应用

① 防止单体在贮运过程中聚合，St、MMA、VAc 等单体在夏天就可热聚合，常需加阻聚剂保护，聚合时可用碱水洗涤或用减压蒸馏法除去阻聚剂；

② 控制反应程度；

③ 用于研究聚合反应的机理。

2.2.11.2　阻聚剂

（1）定义　少量的某种物质加入聚合体系中就可以将活性自由基变为无活性自由基或非自由基，这种物质叫阻聚剂（inhibitor）。

（2）阻聚剂的种类　自由基型阻聚剂、分子型阻聚剂、电子转移型阻聚剂。

① 自由基型阻聚剂　DPPH[1,1-二苯基-2-(2,4,6-三硝基苯)肼自由基]，TMPO(2,2,6,6-四甲基-4-羟基哌啶-1-氧自由基)。

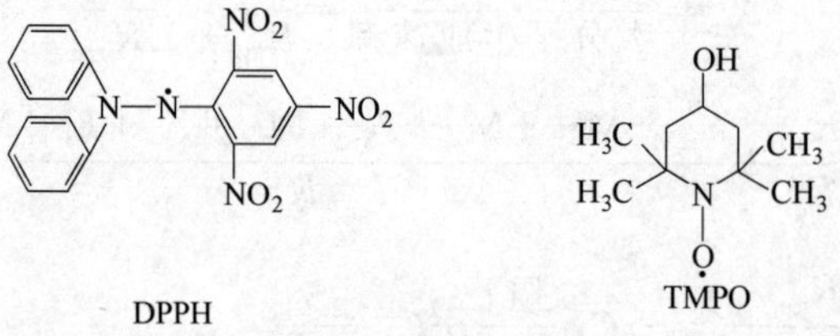

DPPH 是一种高效的阻聚剂，浓度在 10^{-4} mol/L 以下就足以使醋酸乙烯酯或苯乙烯完全阻聚，而且一个 DPPH 分子能够化学计量地消灭一个自由基，是理想的阻聚剂，可用于测定引发速率。DPPH 有自由基捕捉剂之称。

DPPH 原来是深紫色，反应后成无色，可用比色法定量。

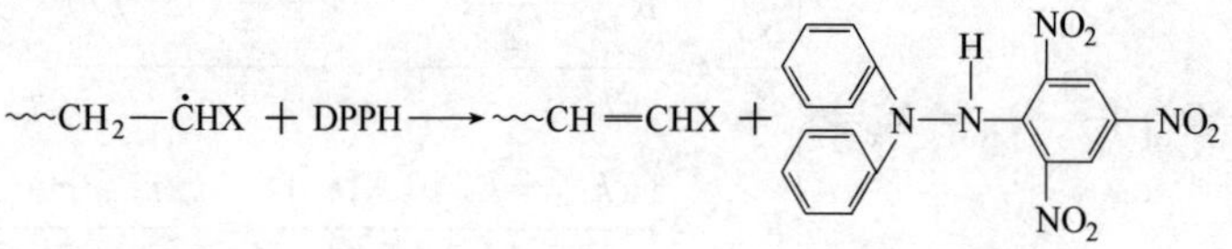

② 分子型阻聚剂　苯醌、多元酚（如对苯二酚）、硝基及亚硝基化合物、氧气、仲胺（R_2NH）。

苯醌是最重要的阻聚剂，其阻聚机理非常复杂，苯醌环上的氧、碳都可以和自由基加成。

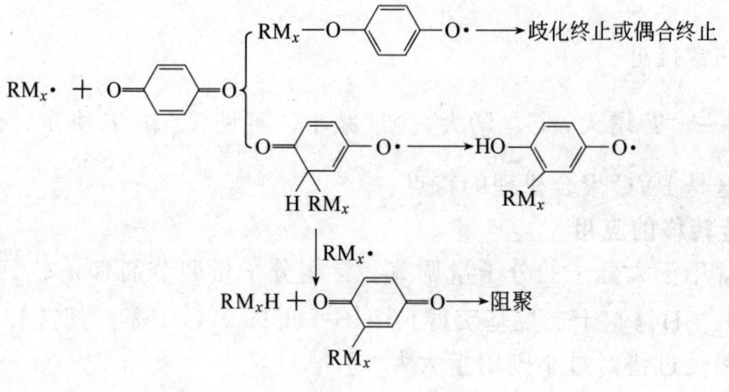

多元酚有：

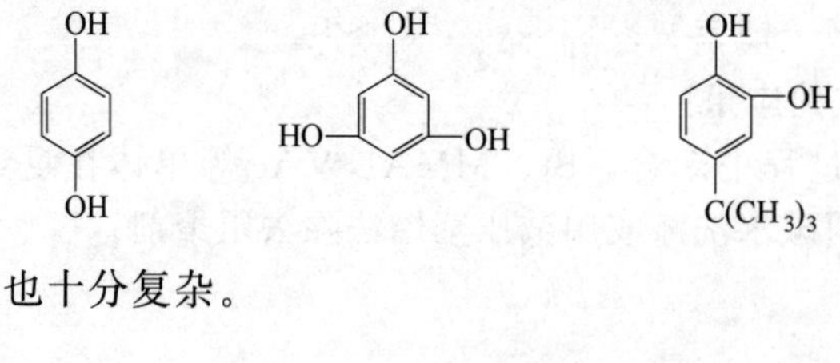

多元酚的阻聚机理也十分复杂。

$$\text{RM}_x\cdot + \text{HO}-\langle\text{benzene ring}\rangle-\text{OH} \longrightarrow \text{RM}_x\text{H} + \cdot\text{O}-\langle\text{benzene ring}\rangle-\text{OH}$$

$$\text{RM}_x\cdot + \cdot\text{O}-\langle\text{benzene ring}\rangle-\text{OH} \longrightarrow \text{RM}_x\text{H} + \text{O}=\langle\text{quinone ring}\rangle=\text{O}$$

$$2\text{HO}-\langle\text{benzene ring}\rangle-\text{OH} + \text{O}_2 \longrightarrow 2\text{H}_2\text{O} + 2\text{O}=\langle\text{quinone ring}\rangle=\text{O}$$

$$2\cdot\text{O}-\langle\text{benzene ring}\rangle-\text{OH} \longrightarrow \text{O}=\langle\text{quinone ring}\rangle=\text{O} + \text{HO}-\langle\text{benzene ring}\rangle-\text{OH}$$

氧气：

$$\text{RM}_x\cdot + \text{O}_2 \longrightarrow \text{RM}_x\text{O}-\text{O}\cdot \xrightarrow{\text{RM}_y\cdot} \text{RM}_x\text{O}-\text{OM}_y\text{R}$$

因此自由基聚合必须在除氧下进行。通 N_2 置换或采用溶剂回流，可以实现除氧目的。

硝基化合物：

$$\text{RM}_x\cdot + \langle\text{benzene ring}\rangle-\text{NO}_2 \longrightarrow \langle\text{benzene ring}\rangle-\text{N}\begin{smallmatrix}\text{OM}_x\text{R}\\\text{O}\cdot\end{smallmatrix} \xrightarrow{\text{RM}_x} \langle\text{benzene ring}\rangle-\text{N}\begin{smallmatrix}\text{OM}_x\text{R}\\\text{OM}_x\text{R}\end{smallmatrix}$$

③ 电子转移型阻聚剂 $FeCl_3$、$CuCl$、$CuCl_2$。

$$\text{RM}_x\cdot + \text{FeCl}_3 \longrightarrow \text{RM}_x\text{Cl} + \text{FeCl}_2$$

$$\text{RM}_x\cdot + \text{CuCl}_2 \longrightarrow \text{RM}_x\text{Cl} + \text{CuCl}$$

$$\text{RM}_x\cdot + \text{CuCl} \longrightarrow \text{RM}_x\text{Cl} + \text{Cu}$$

$FeCl_3$ 可 $1:1$ 消灭自由基，类似 DPPH；在减压蒸馏精制单体时，加入少量 $CuCl$、$CuCl_2$ 或对苯二酚，可防止热聚合，保护单体。

因 Fe^{2+}、Cu^{2+} 对聚合有阻聚作用，故聚合釜常用搪瓷或不锈钢釜，而不能用一般碳钢的聚合釜。

2.2.11.3 阻聚常数

$$\text{RM}_x\cdot + \text{M} \xrightarrow{k_p} \text{RM}_{x+1}\cdot$$

$$\text{RM}_x\cdot + \text{Z} \xrightarrow{k_z} \text{RM}_x\text{Z}\cdot$$

定义 $C_Z = \dfrac{k_z}{k_p}$ 为阻聚常数，与链转移常数相当。

阻聚剂的阻聚常数可以从一些高分子科学手册中查取。氧气、DPPH、对苯醌、$FeCl_3$ 等的阻聚常数都很高，是非常高效的阻聚剂。

2.2.12 加聚物的分子量分布

2.2.12.1 基本概念

分布指数：$\dfrac{\overline{M}_n}{\overline{M}_w}$。

分布曲线：沉淀分级测定分子量作分布曲线。

2.2.12.2 理论推导

假设：

① 低转化率条件（$C<10\%$，R_i、$[M]$、k_t、k_p 不变）；

② 双基终止；

③ 只进行引发、增长、终止反应，无链转移；

④ 等反应活性理论。

（1）歧化终止时的分子量分布　在较高温度聚合时，甲基丙烯酸甲酯的链终止属于歧化终止。

$$RM_{x-1}\cdot\ +\ M\ \xrightarrow{k_p}\ RM_x\cdot\qquad R_p=k_p[M\cdot][M]$$

$$RM_x\cdot\ +\ RM_y\cdot\ \xrightarrow{k_{td}}\ RM_x\ +\ RM_y\qquad R_t=2k_{td}[M\cdot]^2=R_i$$

成键概率　　　　　　　　　　$$p=\frac{R_p}{R_p+R_t},\ 0.999<p<1$$

$1-p=\dfrac{R_t}{R_p+R_t}$为不成键概率，即终止概率。

形成 x 聚体需要单体自由基成键（$x-1$）次，一次不成键。

故生成 x 聚体的概率 $\dfrac{N_x}{N}=p^{x-1}(1-p)$，该式即为数量分布函数。

聚合单体与链终止概率的乘积为链终止次数，即为歧化终止生成的大分子数。$N=N_0(1-p)$，其中 N_0 为聚合掉的单体数，故 $N_x=N_0p^{x-1}(1-p)^2$。设 m_x 为 x 聚体的质量，m 为聚合物总质量，m_0 为单体单元分子量，则

$$\frac{m_x}{m}=\frac{m_x}{\sum m_x}=\frac{N_x x m_0}{N_0 m_0}=\frac{N_x x}{N_0}=xp^{x-1}(1-p)^2$$

此式即为质量分布函数。

数均聚合度　　　　　　$$\overline{X}_n=\frac{N_0}{N}=\frac{N_0}{N_0(1-p)}=\frac{1}{1-p}\qquad(2\text{-}34)$$

或　　　　　　　　　　$$\overline{X}_n=\sum\frac{N_x}{N}x=\sum p^{x-1}(1-p)x=\frac{1}{1-p}$$

重均聚合度　　$$\overline{X}_w=\sum\frac{m_x}{m}x=\sum x^2 p^{x-1}(1-p)^2=\frac{1+p}{1-p}\approx\frac{2}{1-p}\qquad(2\text{-}35)$$

多分散系数　　　　　　　　　$$\lambda=\frac{\overline{X}_w}{\overline{X}_n}\approx 2\qquad(2\text{-}36)$$

（2）偶合终止时的分子量分布　典型的例子是苯乙烯单体的聚合，由偶合生成 x 聚体，可能有许多的偶合情况：

$$1+(x-1)$$
$$2+(x-2)$$
$$3+(x-3)$$
$$\cdots$$
$$(x-2)+2$$
$$(x-1)+1$$

y 聚体自由基与（$x-y$）聚体自由基偶合形成 x 聚体的概率为

$$a_{y+(x-y)}=[p^{y-1}(1-p)][p^{(x-y)-1}(1-p)]=p^{x-2}(1-p)^2$$

故形成 x 聚体的总概率为

$$a_x=(x-1)a_{y+(x+y)}=(x-1)p^{x-2}(1-p)^2\approx xp^{x-2}(1-p)^2$$

（$x\gg 1$，故 $x-1\approx x$）

即 $\dfrac{N_x}{N}=xp^{x-2}(1-p)$，该式即为数量分布函数。

偶合终止时，终止两次生成一条大分子，$N = \dfrac{1}{2} N_0 (1-p)$，$N_x = \dfrac{1}{2} N_0 x p^{x-2} (1-p)^3$

所以
$$\frac{m_x}{m} = \frac{N_x x}{N} = \frac{1}{2} x^2 p^{(x-2)} (1-p)^3，$$

此式即为质量分布函数。

$$\overline{X}_n = \sum \frac{N_x}{N} x = \sum x^2 p^{(x-2)} (1-p)^2 = \frac{1+p}{1-p} \approx \frac{2}{1-p} \tag{2-37}$$

$$\overline{X}_w = \sum \frac{m_x}{m} x = \frac{1}{2} (1-p)^3 \sum x^3 p^{(x-2)} \approx \frac{3}{1-p} \tag{2-38}$$

多分散系数
$$\lambda = \frac{\overline{X}_w}{\overline{X}_n} \approx 1.5 \tag{2-39}$$

偶合终止时多了一次聚合度或分子量的平均过程，其多分散系数较双基歧化终止时小。

2.2.13 自由基共聚合

2.2.13.1 均聚合与共聚合的区别

均聚合（homopolymerization）即只有一种单体参与聚合，且所生成的大分子只含一种单体单元的聚合反应，所合成的大分子称为均聚物（homopolymer）。

共聚合（copolymerization）即有两种或多种单体参加聚合，且所生成的大分子含两个或多个单体单元的聚合，所合成的大分子称为共聚物（copolymer）。

注意：并非所有单体混合物的聚合皆为共聚合，只有能生成共聚物（即含多个单体单元的聚合物）的聚合才称为共聚合。若投入的单体分别只能均聚，则得到的是两种均聚物的共混物。

对于共聚反应，二元共聚的理论研究已相当成熟，三元共聚也有研究，更多元的共聚仅限应用。

2.2.13.2 共聚物的分类与命名

（1）分类　依据两种单体单元在大分子主链上的连接特点可分为如下四种。

① 无规共聚物（random copolymer）　大分子主链上两种单体单元无规连接，同种单元链段的聚合度一般低于 10，～AAABABBBABBBBAAABABBBBBAA～，A、B 分别表示两个不同的单体单元。自由基共聚合通常得到无规聚合物，如丁苯橡胶、丙烯酸酯共聚物等。

② 交替共聚物（alternating copolymer）　大分子主链上两种单体单元交替连接，～AB-ABABABAB～，它是无规共聚物的一种特例。自由基二元共聚合有时得到交替共聚物，如苯乙烯-马来酸酐交替共聚物，其钠盐可以用作悬浮聚合的分散剂。

③ 嵌段共聚物（blocking copolymer）　大分子主链由不同单体单元组成的嵌段连接而成，同种单元嵌段的其聚合度大于数十。

④ 接枝共聚物（grafting copolymer）　由一种单体单元构成主链，而该主链连有由第二种单体单元构成的分支，分支聚合度数十以上。

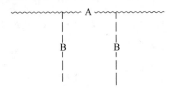

（2）命名

① 习惯命名法　如聚（丁二烯-苯乙烯）或（丁二烯-苯乙烯）共聚物，（乙烯-醋酸乙烯酯）共聚物。

② 英文缩写名　如 ABS、EVA、EVC 等。

2.2.13.3　研究共聚合反应的意义

① 通过共聚可以比较单体、自由基、阴离子、阳离子的相对活性，由此获得结构、活性的关系，有利于有效地合成指定结构、性能的聚合物，建立高分子设计的理论。

② 共聚可以扩大单体的使用范围。如 A、B、C 三种单体均聚只能得三种均聚物；A-B、B-C、A-C 二元共聚可得到三种二元共聚物；A-B-C 三元共聚可得到一种三元共聚物。而且，共聚时调节单体配比及单体单元的序列结构，可获得不同的系列品种。如苯乙烯-丁二烯共聚物（丁苯橡胶）的合成：苯乙烯含量高时强度好，弹性差；丁二烯含量高时弹性好，强度差。另外，有些单体难均聚，但可以和特定单体进行共聚，如苯乙烯-马来酸酐的共聚合。

2.2.13.4　共聚物组成方程

均聚反应中，聚合速率、平均分子量、分子量分布是所研究的三项重要内容。对共聚反应，因为单体结构不同，则活性不同，共聚物组成与单体混合物配料比不同。这样对于共聚反应，共聚物的组成和序列分布上升为动力学研究的首要问题。其中组成包括瞬时组成和平均组成。

（1）共聚物组成方程推导的基本假定

① 等活性理论：自由基活性与链长无关。

② 自由基的活性取决于末端单体单元结构，前末端单体单元及其他单元不影响其活性。

$$\sim M_i M_j \cdot \text{ 的活性等于} \sim M_j M_j \cdot \text{ 的活性，} i，j = 1，2$$

③ 聚合反应不可逆。

④ 单体主要消耗于链增长反应（$\overline{X}_n$ 很大）。

⑤ 稳态假定：总自由基浓度不变，且两种自由基相互转变的速率相等。

$$\sim M_1 \cdot + M_2 \xrightarrow{k_{12}} \sim M_1 M_2 \cdot，R_{12} = k_{12}[M_1 \cdot][M_2]$$

$$\sim M_2 \cdot + M_1 \xrightarrow{k_{21}} \sim M_2 M_1 \cdot，R_{21} = k_{21}[M_2 \cdot][M_1]$$

$$R_{12} = R_{21}，R_i = R_t$$

（2）共聚物组成方程的推导

二元共聚包括下列基元反应：

链引发：

$$I \xrightarrow{k_d} 2R \cdot$$

$$R \cdot + M_1 \xrightarrow{k_{i1}} RM_1 \cdot$$

$$R \cdot + M_2 \xrightarrow{k_{i2}} RM_2 \cdot$$

链增长：

$$\sim M_1 \cdot + M_1 \xrightarrow{k_{11}} \sim M_1 M_1 \cdot，R_{11} = k_{11}[M_1 \cdot][M_1]$$

$$\sim M_1 \cdot + M_2 \xrightarrow{k_{12}} \sim M_1 M_2 \cdot，R_{12} = k_{12}[M_1 \cdot][M_2]$$

$$\sim M_2 \cdot + M_1 \xrightarrow{k_{21}} \sim M_2 M_1 \cdot，R_{21} = k_{21}[M_2 \cdot][M_1]$$

$$\sim M_2 \cdot + M_2 \xrightarrow{k_{22}} \sim M_2 M_2 \cdot，R_{22} = k_{22}[M_2 \cdot][M_2]$$

链终止：

$$2 \sim\sim M_1 \cdot \xrightarrow{k_{t11}} 终止聚合物$$

$$2 \sim\sim M_2 \cdot \xrightarrow{k_{t22}} 终止聚合物$$

$$\sim\sim M_1 \cdot + \sim\sim M_2 \cdot \xrightarrow{k_{t12}} 终止聚合物$$

（考虑终止方式时可写出六种双基终止反应）

$$-\frac{d[M_1]}{dt} = R_{11} + R_{21} = k_{11}[M_1\cdot][M_1] + k_{21}[M_2\cdot][M_1]$$

$$-\frac{d[M_2]}{dt} = R_{12} + R_{22} = k_{12}[M_1\cdot][M_2] + k_{22}[M_2\cdot][M_2]$$

两种单体的消耗速率之比等于进入共聚物中两单体（单元）的摩尔比：

$$\frac{d[M_1]}{d[M_2]} = \frac{-\dfrac{d[M_1]}{dt}}{-\dfrac{d[M_2]}{dt}} = \frac{k_{11}[M_1\cdot][M_1] + k_{21}[M_2\cdot][M_1]}{k_{12}[M_1\cdot][M_2] + k_{22}[M_2\cdot][M_2]}$$

利用稳态假设 $R_{12} = R_{21}$，即

$$k_{12}[M_1\cdot][M_2] = k_{21}[M_2\cdot][M_1]$$

因此

$$[M_2\cdot] = \frac{k_{12}[M_1\cdot][M_2]}{k_{21}[M_1]}$$

代入整理得

$$\frac{d[M_1]}{d[M_2]} = \frac{[M_1]}{[M_2]} \times \frac{\dfrac{k_{11}}{k_{12}}[M_1] + [M_2]}{[M_1] + \dfrac{k_{22}}{k_{21}}[M_2]}$$

令

$$r_1 = \frac{k_{11}}{k_{21}}, \quad r_2 = \frac{k_{22}}{k_{21}}$$

则

$$\frac{d[M_1]}{d[M_2]} = \frac{[M_1]}{[M_2]} \times \frac{r_1[M_1] + [M_2]}{[M_1] + r_2[M_2]} \tag{2-40}$$

该方程即二元共聚物组成微分方程，它用单体的摩尔比表示共聚物组成与单体组成的瞬时关系。

（3）讨论

① 该公式主要用于共聚初期（此时上述假定成立）；

② 除了单体的摩尔比，单体竞聚率 r_1、r_2 也影响共聚物组成 $\dfrac{d[M_1]}{d[M_2]}$，有时起决定作用。这反映了单体结构、活性对共聚物组成的影响。

（4）用摩尔分数表示的共聚物组成方程

M_1-M_2 二元共聚体系中：

M_1 摩尔分数 $f_1 = \dfrac{[M_1]}{[M_1] + [M_2]}$，$f_2 = 1 - f_1 = \dfrac{[M_2]}{[M_1] + [M_2]}$，则 $\dfrac{[M_1]}{[M_2]} = \dfrac{f_1}{f_2}$ （2-41）

共聚物中 M_1 摩尔分数 $F_1 = \dfrac{d[M_1]}{d[M_1] + d[M_2]}$，$F_2 = 1 - F_1 = \dfrac{d[M_2]}{d[M_1] + d[M_2]}$ （2-42）

$$\frac{d[M_1]}{d[M_2]} = \frac{f_1}{f_2} \times \frac{r_1 \dfrac{f_1}{f_2} + 1}{\dfrac{f_1}{f_2} + r_2} = \frac{r_1 f_1^2 + f_1 f_2}{f_1 f_2 + r_2 f_2^2}$$

$$F_1 = \frac{r_1 f_1^2 + f_1 f_2}{r_1 f_1^2 + 2 f_1 f_2 + r_2 f_2^2} \tag{2-43}$$

此式为用摩尔分数表示的二元共聚物组成微分方程。

2.2.13.5 竞聚率（monomer reactivity ratio）的意义

二元共聚若不考虑前末端单元对活性的影响，体系中链增长有四种竞争反应：

$$\sim\sim M_1\cdot + M_1 \xrightarrow{k_{11}} \sim\sim M_1 M_1\cdot, \quad R_{11} = k_{11}[M_1\cdot][M_1]$$

$$\sim\sim M_1\cdot + M_2 \xrightarrow{k_{12}} \sim\sim M_1 M_2\cdot, \quad R_{12} = k_{12}[M_1\cdot][M_2]$$

$$\sim\sim M_2\cdot + M_1 \xrightarrow{k_{21}} \sim\sim M_2 M_1\cdot, \quad R_{21} = k_{21}[M_2\cdot][M_1]$$

$$\sim\sim M_2\cdot + M_2 \xrightarrow{k_{22}} \sim\sim M_2 M_2\cdot, \quad R_{22} = k_{22}[M_2\cdot][M_2]$$

M_1 单体竞聚率 $r_1 = \dfrac{k_{11}}{k_{12}} >$ 均聚、共聚速率常数之比，也称单体活性比。

M_2 单体竞聚率 $r_2 = \dfrac{k_{22}}{k_{21}} >$ 均聚、共聚速率常数之比。

$r_1 = 0$ 时，$k_{11} = 0$，则 $\sim\sim M_1\cdot$ 只能共聚不能均聚。

$r_1 = 1$ 时，$k_{11} = k_{12}$，则 $\sim\sim M_1\cdot$ 自聚、共聚倾向（概率）相同。

$0 < r_1 < 1$ 时，$k_{11} < k_{12}$，则表示 $\sim\sim M_1\cdot$ 共聚倾向大于自聚倾向。

$r_1 > 1$ 时，则表示 $\sim\sim M_1\cdot$ 自聚倾向大于共聚。

$r_1 \to \infty$ 时，$k_{12} = 0$，则表示 $\sim\sim M_1\cdot$ 只能自聚不能共聚。

自由基二元共聚合通常 $r_1 > 1$，$r_2 < 1$（$r_1 < 1$，$r_2 > 1$）或 $r_1 < 1$，$r_2 < 1$。很少有 $r_1 > 1$，$r_2 > 1$ 的情况。

有关竞聚率的数据已由大量实验工作测定，可查阅高分子科学手册。

2.2.13.6 共聚物组成随转化率的变化

共聚物组成微分方程 $\dfrac{d[M_1]}{d[M_2]} = \dfrac{[M_1]}{[M_2]} \times \dfrac{r_1[M_1] + [M_2]}{[M_1] + r_2[M_2]}$ 或 $F_1 = \dfrac{r_1 f_1^2 + f_1 f_2}{r_1 f_1^2 + 2 f_1 f + r_2 f_2^2}$，

表明了共聚过程瞬间单体组成与共聚物组成间的关系。如果单体的反应活性相差不大或在转化率不太高时，可以认为单体组成及共聚物组成基本不变。然而，实际上对聚合反应，除了极少理论研究之外，总期望在高的转化率完成反应，由于随着转化率的变化，C 变化，引起 f_1 变化，进而引起 F_1 变化。因此，共聚物组成与转化率关系的研究具有重要意义。

（1）Skeist 方程理论推导　设某一时刻单体的总浓度为 $[M]$，单体 M_1 的摩尔分数为 f_1，对应瞬间进入共聚物中的 M_1 单元的摩尔分数为 F_1。

$$f_1 = \frac{[M_1]}{M}$$

微分得　$df_1 = \dfrac{[M] d[M_1] - [M_1] d[M]}{[M]^2} = \dfrac{1}{[M]} \left(d[M_1] - \dfrac{[M_1] d[M]}{M} \right)$

$$= \frac{d[M]}{[M]} \left(\frac{d[M_1]}{d[M]} - \frac{[M_1]}{[M]} \right) = \frac{d[M]}{[M]} (F_1 - f_1)$$

可得

$$\frac{d[M]}{[M]} = \frac{df_1}{F_1 - f_1}$$

$t = 0$ 时，$[M]_0 = [M_1]_0 + [M_2]_0$，$f_1^0 = \dfrac{[M_1]_0}{[M]_0}$，积分得

$$\ln\frac{[M]}{[M]_0} = \int_{f_1^0}^{f_1} \frac{df_1}{F_1 - f_1}$$

利用

$$[M] = [M]_0(1 - C)$$

$$\ln(1 - C) = \int_{f_1^0}^{f_1} \frac{df_1}{F_1 - f_1} \tag{2-44}$$

此式即为转化率-共聚物组成方程式（或 Skeist 方程）。

（2）讨论　该式适用于各种体系，因推导过程中没做任何假设，只要 F_1-f_1 关系已知，就可以求出任何转化率 C 时的共聚物（或单体）组成。

由 F_1-f_1 关系推导 C-f_1 关系，进而得出 C-F 关系。

如果体系满足共聚物组成微分方程，即 $F_1 = \dfrac{r_1 f_1^2 + f_1 f_2}{r_1 f_1^2 + 2f_1 f_2 + r_2 f_2^2}$ 成立，可将其代入积分，再经过整理得：

$$1 - C = \left(\frac{f_1}{f_1^0}\right)^\alpha \left(\frac{f_2}{f_2^0}\right)^\beta \left(\frac{f_1^0 - \delta}{f_1 - \delta}\right)^\gamma \tag{2-45}$$

其中，$\alpha = \dfrac{r_2}{1 - r_2}$，$\beta = \dfrac{r_1}{1 - r_1}$，$\gamma = \dfrac{1 - r_1 r_2}{(1 - r_1)(1 - r_2)}$，$\delta = \dfrac{1 - r_2}{2 - r_1 - r_2}$。

如果单体的起始摩尔分数 f_1^0（或 f_2^0）及竞聚率 r_1、r_2 已知，由上式即可求出不同转化率下的单体组成（或 f_1），再由 $F_1 = \dfrac{r_1 f_1^2 + f_1 f_2}{r_1 f_1^2 + 2f_1 f_2 + r_2 f_2^2}$，可求 F_1，进而得到 C-F_1 关系。

因为共聚物的组成随着转化率而变化，可以引出平均组成的概念：

$$\overline{F}_1 = \frac{[M_1]_0 - [M_1]}{[M]_0 - [M]} = \frac{f_1^0 - f_1(1 - C)}{C} \tag{2-46}$$

所以，随着 C 的变化，f_1 发生变化，$\overline{F}_1$ 也发生变化。

因此通过转化率-共聚物组成方程、F_1-f_1 及 $\overline{F}_1$-f_1 关系，就可求出 f_1、F_1、$\overline{F}_1$ 与 C 的关系。

2.2.13.7　共聚物组成的控制方法

由上面的讨论可知共聚物组成随转化率提高而变。然而无论科学研究或工业生产过程中都要求 C 尽可能高，这样得到的共聚物是不同组成共聚物的混合物，有些情况下甚至混有均聚物（如 $r_1 > 1$，$r_2 < 1$，$f_1^0 < 0.5$）。为了得到均一结构组成的共聚物，研究结构-性能关系或控制共聚物性能，通常采用三种方法来实现。

（1）在恒比点处投料　若共聚物组成恒等于单体混合物组成而与转化率无关，该组成即为恒比点。当 $r_1 = r_2 = 1$ 时，无论何处投料，$F_1 = f_1$，且不随转化率而变化，此种共聚称为理想恒比共聚；当 $r_1 < 1$、$r_2 < 1$（或 $r_1 > 1$、$r_2 > 1$，实例很少）时，只存在一个恒比点。

令 $\dfrac{[M_1]}{[M_2]} = \dfrac{d[M_1]}{d[M_2]} = \dfrac{[M_1]}{[M_2]} \times \dfrac{r_1[M_1] + [M_2]}{[M_1] + r_2[M_2]}$

经数学处理可得
$$\frac{[M_1]}{[M_2]}=\frac{1-r_2}{1-r_1}$$

所以
$$F_1=f_1=\frac{1-r_2}{2-r_1-r_2}$$

因此当 $r_1<1$、$r_2<1$（或 $r_1>1$、$r_2>1$）时，只有在该点投料，共聚物组成才始终等于单体的组成。

（2）控制转化率的一次投料法 对于恒比点处的共聚，$F_1=f_1^0$（任意 C）。

对于非恒比点处的共聚，可采用控制 C 的方法，使共聚物组成分布在不太宽时就终止反应，以获得较满意组成的共聚物。

通过理论模拟或实验作出 F_1-C 曲线，由此确定 F_1 满足要求的最大转化率 C_{max}。不同的共聚体系，由于 f_1^0、r_1、r_2 不同，C_{max} 必然不同。如 St-AN 的共聚，$f_1^0=0.55$ 时，C_{max} 可达 80%。

（3）补加活泼单体法 恒比点投料及控制转化率的方法在工业上一般较少采用，后者仅限于气态单体或低沸点液态单体的共聚。最常用的方法还是补加活泼单体法或补加单体溶液法。该法应用方便、普适，但共聚物组成分布较宽。单体可以连续补加或分段补加。如 VC-AN 的共聚：$r_1=0.02$，$r_2=3.28$，设计 $\dfrac{d[M_1]}{d[M_2]}=\dfrac{60}{40}$，则 $\dfrac{[M_1]}{[M_2]}=\dfrac{88}{12}$，可以分段或连续补加 AN，维持单体混合物在某一水平附近，以获得满意的共聚物。

实际合成工作中，多元共聚物的合成选用滴加混合单体法比较方便。如果控制单体混合液的滴加速度低于共聚合速度，即使共聚合反应处于"饥饿态"，则投料单体的组成基本等于共聚物的组成。这种工艺在溶液聚合及乳液聚合时经常使用，效果也较好。

2.2.13.8 共聚物微观结构及链段分布

以上是从宏观角度讨论了共聚物的瞬时组成、平均组成随转化率的变化问题。自由基共聚物中除少量交替共聚物外，通常属于无规共聚物，在这些共聚物中，M_1、M_2 单元构成不同聚合度的链段，按一定概率无规排列。

$$\sim\sim\sim M_2\underline{M_1\,M_1\,M_1}\,M_2\,M_2\underline{\,M_1}\,M_2\,M_2\sim\sim\sim$$
$$3M_1\ 序列链段\quad 1M_1\ 序列链段$$

对于 $r_1=5$，$r_2=0.2$，当 $\dfrac{[M_1]}{[M_2]}=1$ 可得 $\dfrac{d[M_1]}{d[M_2]}=\dfrac{[M_1]}{[M_2]}\dfrac{r_1[M_1]+[M_2]}{[M_1]+r_2[M_2]}=5$，这并不是说该共聚物的分子链都是由 $5M_1$ 链段和 $1M_2$ 链段相间而成，实际上 $1M_1$，$2M_1$，$\cdots$，xM_1 链段均可出现，只是 $5M_1$ 的概率最大。同理，$1M_2$，$2M_2$，$3M_2$，$\cdots$，yM_2 亦可存在，按一定概率分布。

链段分布函数类似分子量分布函数，可由概率法推导。

$$\sim\sim\sim M_1\cdot +M_1\xrightarrow{k_{11}}\sim\sim\sim M_1M_1\cdot\quad R_{11}=k_{11}[M_1\cdot][M_1]$$
$$\sim\sim\sim M_1\cdot +M_2\xrightarrow{k_{12}}\sim\sim\sim M_1M_2\cdot\quad R_{12}=k_{12}[M_1\cdot][M_2]$$

故 $\sim\sim\sim M_1\cdot$ 自聚的概率为

$$p_{11}=\frac{R_{11}}{R_{11}+R_{12}}=\frac{k_{11}[M_1]}{k_{11}[M_1]+k_{12}[M_2]}=\frac{r_1[M_1]}{r_1[M_1]+[M_2]}\tag{2-47}$$

$\sim\sim\sim M_1\cdot$ 共聚的概率为

$$p_{12}=1-p_{11}=\frac{[M_2]}{r_1[M_1]+[M_2]}\tag{2-48}$$

$$\sim\sim M_2\cdot + M_1 \xrightarrow{k_{21}} \sim\sim M_2M_1\cdot \quad R_{21}=k_{21}[M_2\cdot][M_1]$$

$$\sim\sim M_2\cdot + M_2 \xrightarrow{k_{22}} \sim\sim M_2M_2\cdot \quad R_{22}=k_{22}[M_2\cdot][M_2]$$

同理，$\sim\sim M_2\cdot$ 自聚的概率为

$$p_{22}=\frac{r_2[M_2]}{r_2[M_2]+[M_1]} \tag{2-49}$$

$\sim\sim M_2\cdot$ 共聚的概率为

$$p_{21}=\frac{[M_1]}{r_2[M_2]+[M_1]} \tag{2-50}$$

因为要生成 $x M_1$ 链段需 $\sim\sim M_2M_1\cdot$ 自聚 $(x-1)$ 次，共聚一次。

$$\sim\sim M_2M_1\cdot \xrightarrow[+M_2]{+(x-1)M_1} \sim\sim M_2(M_1)_x M_2\cdot$$

故生成 $x M_1$ 链段的概率为

$$p(x M_1)=p_{11}^{(x-1)}p_{12}=p_{11}^{(x-1)}(1-p_{11})$$

由此可得 M_1 链段的平均长度

$$\overline{N_{M_1}}=\sum x p_{11}^{(x-1)}(1-p_{11})=\frac{1}{1-p_{11}}=\frac{r_1[M_1]+[M_2]}{[M_2]}$$

同理可求出 $x M_2$ 链段的生成概率为

$$p(x M_2)=p_{22}^{(x-1)}(1-p_{22})$$

M_2 链段的平均长度为

$$\overline{N_{M_2}}=\sum x p_{22}^{(x-1)}(1-p_{22})=\frac{1}{1-p_{22}}=\frac{[M_1]+r_2[M_2]}{[M_1]} \tag{2-52}$$

因此

$$\frac{\overline{N_{M_1}}}{\overline{N_{M_2}}}=\frac{1-p_{22}}{1-p_{11}}=\frac{[M_1]}{[M_2]}\times\frac{r_1[M_1]+[M_2]}{[M_1]+r_2[M_2]}$$

上式即为二元共聚物组成微分方程。用概率法也可以导出二元共聚物组成微分方程。

根据 M_1 链段的数量分布函数可以求出 $x M_1$ 链段的 M_1 单元数占 M_1 单元总数的比例：

$$\frac{x[p(x M_1)]}{\sum x[p(x M_1)]}=x p_{11}^{(x-1)}(1-p_{11})^2 \tag{2-53}$$

2.2.13.9　单体、自由基活性的表示及影响因素

共聚合反应可用来比较单体及其活性种的相对活性，这对理论研究具有重要意义。

（1）单体的相对活性　考虑 M_1 与 M_i 的二元共聚，由 $r_1=k_{11}/k_{1i}$，则 $1/r_1=k_{1i}/k_{11}$ 表示 $\sim\sim M_1\cdot$ 同 M_i 单体共聚反应速率常数与同其自聚的反应速率常数之比，该值可以用来表示两单体的相对活性。若以 $\sim\sim M_1\cdot$ 为标准，让 M_1、M_2、M_3……单体同其共聚，可求出许多 r_1^{-1}，r_1^{-1} 越大，表示链增长加成单体的相对活性越大。

通过实验可得单体的活性由大到小的顺序为：苯乙烯、丁二烯、异戊二烯＞丙烯腈、（甲基）丙烯酸酯＞醋酸乙烯酯、氯乙烯、乙烯。

（2）自由基的活性　考虑 M_i 和 M_2 的二元共聚，对

$$\sim\sim M_i\cdot + M_2 \xrightarrow{k_{i2}} \sim\sim M_iM_2\cdot$$

由 $r_i=k_{ii}/k_{i2}$，则 $k_{i2}=k_{ii}/r_1$。为了比较自由基活性种的相对活性，必须选一单体作为对象（如 M_2），让其和自由基共聚。共聚速率常数 k_{i2} 可用来比较不同的自由基的相对活性，k_{i2} 越大则该长链自由基活性越大。

单体活性越大，则由其转变成的自由基越稳定，因此链自由基的活性同单体的活性顺序

相反。由此可得单体转变成的活性自由基的活性由小到大的顺序为：苯乙烯自由基、丁二烯自由基、异戊二烯自由基＜丙烯腈自由基、（甲基）丙烯酸酯自由基＜醋酸乙烯酯自由基、氯乙烯自由基、乙烯自由基。

苯乙烯（St）活性最高，醋酸乙烯酯（VAc）活性最低，相差约 10^2 倍；相反地，St·活性最低，VAc·活性最高，相差约 10^4 倍。

因此不同自由基的活性差别比对应单体活性差别大得多。所以在均聚时，自由基活性起主导作用。

对 St-VAc 共聚体系：

St 的活性＞VAc 的活性，而 VAc·的活性≫St·的活性，由此可解释（St-VAc）二元共聚的速率常数的大小。

$$\sim\sim St\cdot + \begin{cases} St \xrightarrow{k_{11}=176} \sim\sim St\cdot \\ VAc \xrightarrow{k_{12}=3.2} \sim\sim VAc\cdot \end{cases} r_1=55$$

$$\sim\sim VAc\cdot + \begin{cases} St \xrightarrow{k_{21}=230000} \sim\sim St\cdot \\ VAc \xrightarrow{k_{22}=2300} \sim\sim VAc\cdot \end{cases} r_2=0.01$$

尽管 VAc 的活性低，St 活性高，但 VAc·的活性远高于 St·，故 $k_{21}>k_{22}>k_{11}>k_{12}$，即 $k_p(VAc)>k_p(St)$。由此可知 St-VAc 不能有效进行共聚，St 对 VAc 的均聚起阻聚剂的作用。

当 St 均聚完成后，VAc 才开始聚合，所得聚合物是二者均聚物的共混物。

（3）取代基对单体、自由基活性的影响

① 共轭效应　单体、自由基的活性主要受其共轭效应的影响。

共轭效应使单体的 π 电子流动、极化，容易接受活性自由基的进攻，而且生成的自由基也较稳定，所以共轭效应使得单体的活性增大，无共轭效应的单体活性最低。

取代基共轭效应对自由基活性的影响同单体相反，共轭效应使生成的自由基稳定化，因此无共轭效应单体转变成的自由基（如 VAc·）最活泼，共轭单体自由基（如 St·）活性最低。

② 极性效应　看下面的实例：

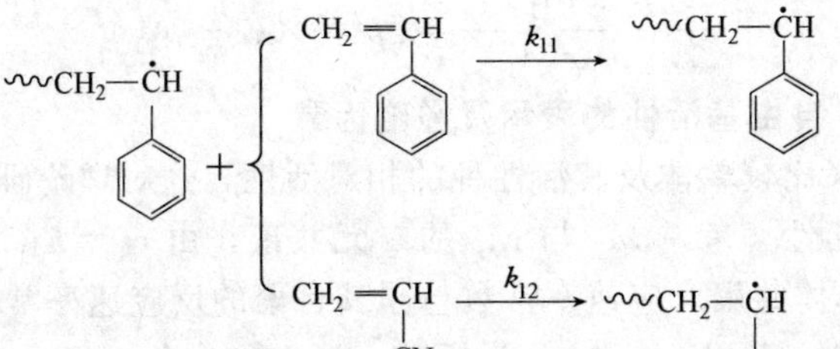

此时，苯乙烯的活性比丙烯腈的活性低，则 $k_{11}<k_{12}$，所以 $r_1<1$。

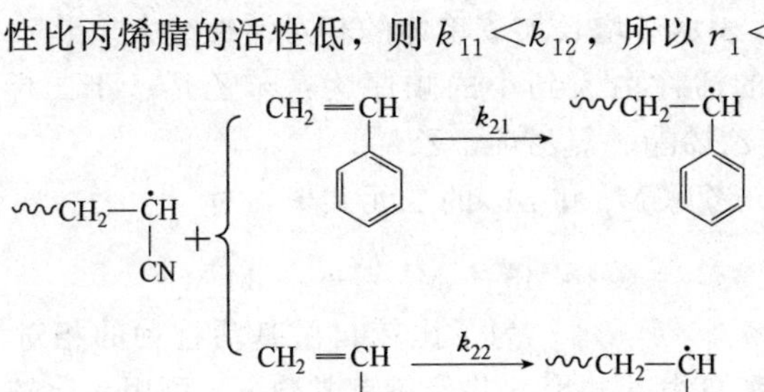

此时，苯乙烯的活性比丙烯腈的活性高，则 $k_{21}>k_{22}$，所以 $r_2<1$。

聚合体系中的两种自由基都容易共聚（交叉增长），其原因即为极性效应：同性相斥、异性相吸。此时极性效应对单体的活性起决定作用，造成了对于 St·，AN 的活性大于 St 的反常现象。因此两单体极性效应相差越大，其共聚越有利于交叉增长，即交替共聚。r_1、r_2 或其乘积的大小，可以用来表示交替共聚倾向的大小。

有时，极性效应使不能均聚的单体可以和适当的单体进行交替共聚。如反二苯基乙烯、顺丁烯二酸酐难均聚（位阻效应），但二者可以共聚，形成交替共聚物；反丁烯二腈亦可以同反二苯基乙烯交替共聚。

③ 位阻效应

a. 一元取代乙烯可共聚。

b. 二元取代：1,1-二元取代乙烯，同均聚一样可共聚；1,2-二元取代乙烯难以均聚，但某些单体有共聚的可能，主要是极性效应的作用（如电子给体和电子受体单体形成 1∶1 络合物，该络合物均聚可形成交替共聚物），生成的共聚物主要为交替型。

c. 三元、四元取代乙烯一般难共聚和均聚。同均聚一样，氟代乙烯位阻效应很小，如三氟氯乙烯、四氟乙烯皆能均聚和共聚。

2.2.13.10　竞聚率的测定

$$\frac{d[M_1]}{d[M_2]} = \frac{[M_1]}{[M_2]} \times \frac{r_1[M_1] + [M_2]}{[M_1] + r_2[M_2]}$$

$$F_1 = \frac{r_1 f_1^2 + f_1 f_2}{r_1 f_1^2 + 2f_1 f_2 + r_2 f_2^2}$$

对二元共聚，共聚物的组成除了与单体组成有关外，还与单体竞聚率 r_1、r_2 有关，$r_1 r_2$ 体现了两种单体的结构、活性对共聚组成的贡献。

（1）竞聚率的截距法测定

$$令 \rho = \frac{d[M_1]}{d[M_2]}, R = \frac{[M_1]}{[M_2]}$$

代入共聚物组成方程，得

$$\frac{\rho - 1}{R} = r_1 - r_2 \frac{\rho}{R^2}$$

作 $\frac{\rho-1}{R}$-$\frac{\rho}{R^2}$ 图，直线的斜率为（$-r_2$），截距为 r_1。

具体方法为：按不同配方投料（安瓿瓶），抽真空、通 N_2，置换 O_2，封管，设定温度下聚合，控制 $C < 5\%$，破管，分离，干燥，分析。

（2）竞聚率的影响因素

① 温度的影响

$$r_1 = \frac{k_{11}}{k_{12}} = \frac{A_{11}}{A_{12}} \times \frac{\exp(-E_{11}/RT)}{\exp(-E_{12}/RT)} = \frac{A_{11}}{A_{12}} \exp\left(\frac{E_{12} - E_{11}}{RT}\right)$$

$$E_{11}、E_{12} \approx 5 \sim 18 \text{kcal/mol}$$

考虑到同一反应类型 E 的数量级相同，T 升高，$r_1 \rightarrow 1$，趋向理想共聚。

② 压力的影响　P 升高，$r_1 \rightarrow 1$。

③ 溶剂的影响　溶剂对自由基共聚影响较小。

2.2.13.11　Q-e 方程

单体竞聚率是共聚反应中的重要参数，共聚物的组成（瞬时组成、平均组成）、链段分布皆由它决定，每一对单体就有一对竞聚率。

假若有 10 种单体，只考虑二元共聚，就有 $C_{10}^2 = \dfrac{10 \times 9}{2} = 45$ 对竞聚率，全面测定将不胜其烦。所以人们期望建立一套理论，关联共轭效应、极性效应及空间位阻对单体活性、自由基活性的影响，并能由此计算不同单体对的竞聚率。

Alfrey-Price 通过研究，发现了一些规律，半定量地解决了上述问题。

Alfrey-Price 于 1947 年提出 Q-e 方程，利用单体同某一标准物的共聚速率常数 r_1、r_2 来求出各种单体的 Q、e 值，再由 Q、e 值求出不同单体对的竞聚率。

按照 Q-e 方程，自由基共聚合的链增长速率常数 k_{ij}（i，$j=1$，2）可用下式表示

$$\sim\sim M_i\cdot\ +\ M_j \xrightarrow{\ k_{ij}\ } \sim\sim M_i M_j\cdot$$
$$k_{ij} = P_i Q_j \exp(-e_i e_j) \tag{2-54}$$

式中，P_i 为共轭效应对 $M_i\cdot$ 长链自由基活性影响的参数；Q_j 为共轭效应对 M_j 单体活性影响的参数；e_i、e_j 分别为极性对 $M_i\cdot$ 长链自由基、M_j 单体活性影响的参数。

假定极性对单体 M_i 及其形成的自由基 $M_i\cdot$ 活性影响的 e 值相等，这样，竞聚率可表示为

$$r_1 = \frac{k_{11}}{k_{12}} = \frac{P_1 Q_1 \exp(-e_1^2)}{P_1 Q_2 \exp(-e_1 e_2)} = \frac{Q_1}{Q_2}\exp[-e_1(e_1-e_2)]$$
$$r_2 = \frac{k_{22}}{k_{21}} = \frac{P_2 Q_2 \exp(-e_2^2)}{P_2 Q_1 \exp(-e_1 e_2)} = \frac{Q_2}{Q_1}\exp[-e_2(e_2-e_1)] \tag{2-55}$$

则
$$r_1 r_2 = \exp[-(e_1-e_2)^2]$$

Q-e 方程以 S 为基准：$Q_S = 1.0$，$e_S = -0.8$，然后测 S-M_2 共聚 r_1，r_2 从而求出 Q_2、e_2。

不同的 M_2 可得一系列的 Q、e 值，Q、e 值已经据表可查。在没有竞聚率数值可直接使用的情况下，就可利用 Q_1、e_1 和 Q_2、e_2 的值估算出 r_1、r_2。

由上述介绍我们发现 Q-e 方程没有考虑位阻效应，理论上是不完善的，再加上实验误差，因此由 Q、e 值计算竞聚率会有误差。而且发现，用不同的单体作标准计算 Q、e 值，r_1、r_2 会有不同的数值，对于半定量、半经验性的理论是不能苛求的。

Q 值的大小表示共轭效应的强弱，若极性相差不大（即 e 值接近），共轭效应决定活性大小顺序。Q 值越大，单体的活性就越大，对应的自由基越稳定。通常 Q 值相近的单体容易无规共聚，竞聚率值 $r_1 > 1$、$r_2 < 1$ 或 $r_1 < 1$、$r_2 > 1$；Q 值相差大时共聚往往比较困难，如 S-VAc、MMA-VAc 难以共聚。

e 值表示双键极性，$e > 0$ 表示带吸电子基团，$e < 0$ 表示带给电子基团。Q 值相近时，e 值表示单体的活性。通常，e 值相差（绝对值）越大，共聚时的交替倾向越大。此时，竞聚率值 $r_1 < 1$，$r_2 < 1$，$r_1 r_2 \to 0$。

2.3 逐步聚合反应

前面已经介绍了属于连锁机理的加聚反应，加聚反应单体常含有 $\diagdown C = C \diagup$，聚合过程可分为链引发、链增长、链转移及链终止等几个基元反应。对自由基聚合，由引发产生自由基活性种，单体、自由基的链增长很快完成，聚合过程中不存在中等聚合度的产物，聚合体系只由单体、聚合物及少量引发剂组成，属于连锁机理。而且由于加聚反应是活性中心依次打开数以百千计的单体的 π 键进行加成的结果，因此聚合物组成和单体组成相同，仅仅是电

子结构发生了变化。

加聚反应无疑是获得聚合物的重要方法，通过加聚制备了许多重要的聚合物产品。大部分合成橡胶、合成塑料用树脂都是通过加聚反应合成的。

从前面的学习中也可以发现，加聚的产物都是碳链高分子，对于杂链高分子、元素有机高分子及无机高分子，高分子主链上除了碳外，还含有其他原子，甚至完全不含有碳原子，除了一些环状单体经开环聚合合成之外，只能通过缩聚反应来制取。

缩聚反应也是一类重要的聚合反应，在高分子合成工业中占有很重要的地位，通过缩聚反应合成了大量有工业价值的、与人类息息相关的聚合物，如涤纶树脂（聚对苯二甲酸乙二醇酯）、锦纶树脂（尼龙-66、尼龙-6、尼龙-610、尼龙-1010 等）、聚氨酯树脂、酚醛树脂、聚碳酸酯（PC）等。涂料工业中，醇酸树脂（alkyd resin）、聚酯（polyester）树脂、聚氨酯（polyurethane）树脂、氨基树脂、环氧树脂（epoxy resin）等，也是通过缩聚反应合成的。

随着科学技术的发展，对于有特别性能的合成材料，如耐高温、高强度，以及高新技术领域特殊功能（导电、磁性、分离膜）高分子等的需求日益迫切，这些新型聚合物多半也是通过缩聚来合成的。因此缩聚反应是合成聚合物的重要方法。

2.3.1 缩聚反应

2.3.1.1 缩聚反应及其特点

有机化学的学习中，我们知道许多官能团可以发生反应，生成一种主要产物，并伴有 H_2O、ROH、HCl 等小分子化合物的生成，这种反应叫作缩合反应。

假若反应体系中的反应物含有两个或两个以上可以反应的官能团，若官能团摩尔比接近 1:1，每次缩合的产物仍具有两个或两个以上可反应的官能团，这样反应就可以不断进行下去，多次缩合的结果就是形成聚合物，而且反应过程中伴有副产小分子的生成，这种聚合反应，称为缩合聚合反应，简称为缩聚反应（polycondensation）。

例如二元酸和二元醇的缩聚生成聚酯：

$$HOOC-R-COOH + HO-R'-OH \longrightarrow HOOC-R-COO-R'-OH + H_2O$$

$$HOOC-R-COO-R'-OH + HOOC-R-COOH \longrightarrow$$
$$HOOC-R-COO-R'-OOC-R-COOH + H_2O$$
$$\cdots\cdots$$

$$HO-[OC-R-COO-R'-O]_n H + HO-[OC-R-COO-R'-O]_m H \longrightarrow$$
$$HO-[OC-R-COO-R'-O]_{n+m} H + H_2O$$

不同的二元酸、二元醇缩聚得到不同的聚酯产品。

二元酸和二元胺的缩聚生成聚酰胺：

$$nH_2N-R-NH_2 + nHOOC-R'-COOH \longrightarrow H-[NH-R-NHOC-R'-CO]_n OH + (2n-1)H_2O$$

另外，HO—R—COOH、NH_2—R—COOH 也可以通过自身缩聚得到聚酯或聚酰胺。

$$nHOOC(CH_2)_4COOH + nH_2N(CH_2)_6NH_2 \longrightarrow H-[NH(CH_2)_6NHCO(CH_2)_4CO]_n OH + (2n-1)H_2O$$

聚己二酰己二胺（尼龙-66），是 1938 年工业化生产的第一个合成纤维。

$$nHOOC-\!\!\bigcirc\!\!-COOH + nHO(CH_2)_2OH \longrightarrow HO-[OC-\!\!\bigcirc\!\!-COO(CH_2)_2O]_n H + (2n-1)H_2O$$

聚对苯二甲酸乙二醇酯，即涤纶，1941 年实验室成功合成，1945 年工业化生产。

从机理上讲大部分缩聚反应属于逐步聚合，因此这两个概念一般不加以区分。

官能度，即一个单体分子中参加反应的官能团个数，也可定义为单体在聚合反应中能形成新键的数目，常用 f（functionality）表示。官能度决定于单体的分子结构和特定的反应及反应条件。

如酚醛树脂的合成，碱催化时，苯酚邻、对位氢都有活性，其官能度为 3；而酸催化时只有邻位氢有活性，其官能度为 2。

能发生缩聚的单体的官能度 $f \geq 2$。对体形缩聚体系，引入平均官能度的概念，$\bar{f} = \dfrac{\sum N_i f_i}{\sum N_i}$，$N_i$、$f_i$ 分别为 i 单体的物质的量和官能度。依缩聚单体官能度的不同，缩聚体系可分为 2-2 或 2-官能度体系，2-3 官能度体系，2-4 官能度体系等。

缩聚反应的特点为：

① 单体官能度 $f \geq 2$；

② 属于逐步聚合机理；

③ 缩聚过程中有小分子化合物析出；

④ 缩聚物大部分属于杂链高分子，链上含有官能团结构特征。

2.3.1.2 缩聚反应的单体

（1）缩聚单体 必须含有两个或两个以上可反应官能团，缩聚反应就是官能团间的多次缩合、酯化、酯交换、酰胺化、醚化等有机化学反应。

常见的官能团有：—COOH、—OH、—NH$_2$、—COCl、—COOR、—COOOC—（酐基）、—NCO、活性 H 原子、卤原子等。也包括在反应中形成的基团，例如酚醛树脂合成中形成的—CH$_2$OH，醇酸树脂合成中生成的—COOH。

单体的官能度、活性影响缩聚物的结构、性能及生产工艺。

1-1,1-2,1-3 等官能度体系生成小分子化合物。

2-2,2-官能度体系为线形缩聚体系。

2-3,2-4 等官能度体系为体形缩聚反应。

单体：二官能度单体用于线形缩聚；多官能度单体用于体形缩聚。单官能度化合物常用作端基封闭剂或黏度稳定剂，它可以和大分子链端基官能团反应使之失去继续反应的能力，停止大分子链的增长，以此达到控制分子量的目的。

（2）单体的反应活性 单体的活性取决于官能团的活性。

—OH 与以下基团的反应能力，由大到小的顺序为

$$—COCl > —N=C=O > —COOOC— > —COOH > —COOR$$

2.3.1.3 缩聚反应的分类

缩聚反应的分类可以采用不同的分类方法。

（1）按反应的热力学特征分类 平衡缩聚反应与不平衡缩聚反应。

（2）按生成聚合物的结构分类 线形缩聚：参加反应的单体含有两个官能团，反应中形成的大分子都向两个方向发展，得到线形缩聚物。体形缩聚：参加反应的单体至少含有一个官能度大于 2 的单体，若配比恰当，达到一定反应程度后，大分子向三个方向增长，得到体形结构的聚合物。如醇酸树脂的合成（属 A$_2$-B$_3$ 体系）。

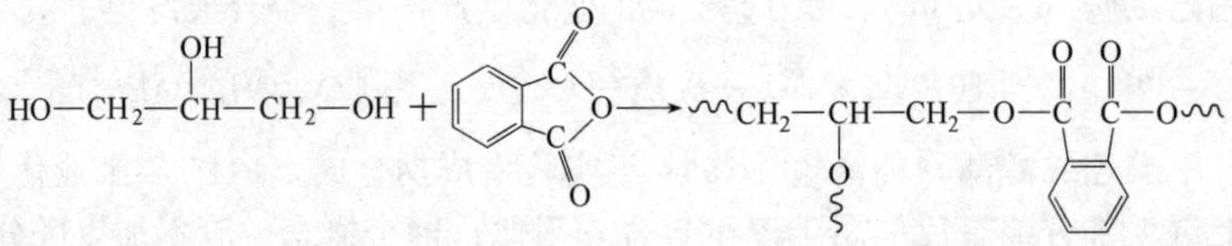

（3）按参加反应的单体种类分类 均缩聚：只有一种单体参加的缩聚。混缩聚：两种带有不同官能团的单体间进行的缩聚反应，其中任何一种单体间都不能进行均缩聚。共缩

聚：在均缩聚中加入第二种单体或混缩聚中加入第三、四种单体的缩聚反应。

（4）按反应中所生成的键合基团分类　缩聚反应是通过官能团反应进行的，聚合物往往带有官能团特征，可像有机反应一样，将缩聚反应分为如表 2-1 所示的类型。

表 2-1　按反应中所生成的键合基团分类

反应类型	键合基团	产品举例
聚酯反应	—COO—	涤纶、醇酸树脂
聚酰胺化反应	—NH—CO—	尼龙-6、尼龙-66、尼龙-1010
聚氨酯化反应	—NH—COO—	聚氨酯类
聚醚化反应	—O—	聚二苯醚、环氧树脂
酚醛缩聚	OH（苯环）—CH₂	酚醛树脂
脲醛缩聚	—NH—CO—NH—	脲醛树脂
聚碳酯化反应	—O—COO—	聚碳酸酯

2.3.1.4　缩聚反应的机理

（1）反应机理　缩聚反应是通过官能团的逐步反应来实现大分子的链增长的，链增长过程中不但单体可以加入增长链中，而且形成的各种低聚物之间亦可以通过可反应官能团之间相互缩合连接起来。而加聚反应增长链活性种只能和单体反应。

因此，缩聚反应初期单体很快就消失，转化成各种大小不等的低聚物，单体转化率很高，以后的缩聚则在各种低聚物的可反应官能团之间进行，延长反应时间的目的在于提高缩聚物的分子量。

因为对于缩聚反应，反应一开始转化率就很高，而分子量仍然很低，人们采用官能团的反应分率即反应程度来描述反应进行的程度，用 P 表示：

$$P = \frac{N_0 - N}{N_0} = \frac{\text{已经反应掉的某种官能团数}}{\text{起始该种官能团数}} \tag{2-56}$$

对于反应程度，一定要明确是哪种官能团的反应程度，若起始投料的官能团数不等，则不同官能团的反应程度就不同。引入 P 后，发现 P 的值随着时间延续而增大，聚合度也随时间增大，而且二者存在简单的关系。

对于均缩聚：用 a-R-b 代表羟基酸或氨基酸。

$$n\text{a-R-b} \longrightarrow \text{a} \text{[R]}_n \text{b} + (n-1)\text{ab}$$

设起始的 a 基数为 N_0（b 基数也为 N_0，分子数亦为 N_0）；t 时，a 基数为 N（假定无副反应，b 基数也为 N，分子数亦为 N），则

$$P_a = \frac{\text{已反应的 a 基数}}{\text{起始的 a 基数}} = \frac{N_0 - N}{N_0} \Rightarrow N = N_0(1 - P_a)$$

$$P_b = \frac{\text{已反应的 b 基数}}{\text{起始的 b 基数}} = \frac{N_0 - N}{N_0} \Rightarrow N = N_0(1 - P_b)$$

所以：$P_b = P_a$

而

$$\overline{X}_n = \frac{\text{投料的单体总数}}{t \text{ 时分子总数}} = \frac{N_0}{N} = \frac{N}{N(1 - P_a)} = \frac{1}{1 - P_a}$$

对 $A_2\text{-}B_2$ 两种反应官能团等物质的量投料的缩聚体系，设 $t = 0$ 时，a 基数为 N_0，b 基数为 N_0；t 时，a 基数为 N，b 基数则变为 N。则

$$P_a = P_b = \frac{\text{已反应的 a（或 b）基数}}{\text{起始的 a（或 b）基数}} = \frac{N_0 - N}{N_0} \Rightarrow N = N_0 (1 - P_a)$$

而

$$\overline{X}_n = \frac{\dfrac{N_0}{2} + \dfrac{N_0}{2}}{\dfrac{N}{2} + \dfrac{N}{2}} = \frac{N_0}{N} = \frac{1}{1 - P_a}$$

因此对于均缩聚或官能团等物质的量投料的 2-2 线形缩聚体系：

$$\overline{X}_n = \frac{1}{1 - P_a} \tag{2-57}$$

（2）缩聚反应的平衡问题　有机小分子官能团间的反应大多是平衡、可逆的，如酯化反应，由于反应机理相同，聚酯化反应也是可逆的，缩聚反应也存在平衡常数。

$$\sim\!\!\!\sim OH + HOOC \sim\!\!\!\sim \underset{k_2}{\overset{k_1}{\rightleftharpoons}} \sim\!\!\!\sim OCO \sim\!\!\!\sim + H_2O$$

$$\text{平衡常数 } K = \frac{k_1}{k_2} = \frac{[-COO-][H_2O]}{[-OH][-COOH]}$$

正是由于热力学的平衡限制以及官能团失活（即脱除）的动力学链终止，共聚物的分子量均不太高，一般为 10^4 数量级，涤纶约为 20000，尼龙-66 约为 18000。而加聚物的分子量为 $10^4 \sim 10^6$。但由于缩聚物是杂链的极性聚合物，这样的分子量已满足对力学性能的要求。

后面还会谈到平衡常数对聚合度的影响，为了提高聚合度，对于 K 值较小的平衡缩聚，常采用高温熔融缩聚、抽真空等工艺，将小分子化合物（如水）有效排除出体系。

2.3.2　缩聚过程中的副反应

2.3.2.1　成环反应

在反应过程中，单体可以分子间成环或分子内成环，大分子链也可以成环。成环后就终止了大分子的增长，它同缩聚反应是一对竞争反应。在能生成五元环或六元环时，这种成环更明显。

如 γ-氨基丁酸加热时只能得五元环的环丁内酰胺：

$$H_2N(CH_2)_3COOH \longrightarrow \begin{array}{c} H_2 \\ C \\ H_2C \diagup \diagdown C=O \\ | \qquad | \\ H_2C - NH \end{array}$$

环的稳定性顺序是：五、六元环＞七、十二元环＞三、四、八～十一元环。因此可以从分析生成环的稳定性判断单体或低聚物的成环能力。三、四元环很难形成（环张力太大），而五、六元环易形成，七元环成环能力较低。

除了上述热力学因素外，还存在动力学因素，随着链的增长，其端基距离增大，再加上长链分子的构象很多，其中只有少量的构象才易于成环。所以链越长，端基官能团相遇机会越少，成环概率下降。

2.3.2.2　官能团的脱除

有些官能团由于某些原因发生了副反应而失去反应能力，称为官能团的脱除。

脱羧反应：

$$\sim\!\!\!\sim CH_2 - COOH \xrightarrow{\triangle} \sim\!\!\!\sim CH_3 + CO_2 \uparrow$$

脱氨反应：

$$H_2N\!-\!(CH_2)_n\!-\!NH_2 \xrightarrow{\text{分子内}} \underset{\mid}{NH(CH_2)_{n-1}}\!-\!CH_2 + NH_3$$

$$2H_2N\!-\!(CH_2)_n\!-\!NH_2 \xrightarrow{\text{分子间}} H_2N(CH_2)_nNH(CH_2)_nNH_2 + NH_3$$

$$\sim\!\!\sim\!\!\sim CH_2\!-\!CH_2\!-\!NH_2 \longrightarrow \sim\!\!\sim\!\!\sim CH\!=\!CH_2 + NH_3$$

水解反应：

$$\sim\!\!\sim\!\!\sim COCl + H_2O \longrightarrow \sim\!\!\sim\!\!\sim COOH + HCl$$

由于官能团的消除，可反应官能团的摩尔比（r）发生变化，影响分子量的提高。羧酸经酯化后，其热稳定性提高，因此对易脱羧的二元酸可用它的酯来制备高聚物。一些单体容易氧化，缩聚开始阶段，为了避免单体氧化损失，通常通氮气或二氧化碳给予保护。

2.3.2.3　降解反应

降解反应即缩聚反应的逆反应。

如聚酰胺的氨解：

$$\text{⊦NHR'NHOCRCO⫣}_m\text{⊦NHR'NHOCRCO⫣}_n + H_2NRNH_2 \longrightarrow$$

$$\text{⊦NHRNHOCRCO⫣}_m NHR'NH_2 + H\text{⊦NHR'NHOCRCO⫣}_n$$

2.3.2.4　链交换反应

两个大分子链从键合基团处交换连接的反应为链交接反应。链交接反应分两种类型：①链端与大分子链间的交换；②两个大分子链间的交换。通过链交换反应制备嵌段共缩聚物需要较高温度，可通过加入适当催化剂等降低温度。另外，为了得到较好的嵌段共聚物必须严格控制反应的条件，否则随着反应的进行，最后将得到无规共聚物。

2.3.3　线形缩聚的动力学

缩聚反应动力学的研究无论在理论上或实际生产上都有极为重要的意义。动力学研究理论上揭示了缩聚反应的微观机理，为合成条件的选择、控制提供了理论基础。

大部分缩聚反应是逐步进行的官能团间反应，从热力学上看是平衡可逆的，可表示为

$$[M]_m + [M]_n \underset{k_2}{\overset{k_1}{\rightleftharpoons}} [M]_{m+n}$$

其中 m、n 为任意常数，也就是说缩聚反应全过程包括许多反应步骤。假若官能团的反应活性与 m、n 有关，每一步的反应速率常数各不相同，那么缩聚反应动力学处理就十分困难。官能团的等活性理论是经过长期争论才被大家逐步承认的。其中 P. J. Flory 和 W. H. Carothers 在 20 世纪 30 年代做了大量工作，用大量实验事实和理论分析阐述了官能团的反应活性问题。根据实验和理论研究，Flory 提出了官能团的等反应活性理论，即官能团的活性相等，与分子大小或链长无关，直到体系黏度很大时才产生偏离。官能团的等反应活性理论是解决缩聚反应动力学的一个基本前提。

在早期的研究中，曾认为高聚物大分子链上的官能团的反应活性可能要比相应的低分子化合物上的官能团低。理由是，高聚物分子量大，体系黏度大，使大分子活动性降低。也有人认为大分子链的卷曲，将官能团包裹在其中，因而降低了官能团的反应活性，实际上这纯属错觉。

从阿伦尼乌斯方程式 $k = PZ\exp(-E_a/RT)$ 来看，反应速率常数取决于碰撞频率 Z、有效碰撞概率 P 和反应活化能 E_a。一般认为同类官能团间反应的活化能与分子链长短无关。

当体系的黏度增大时，虽然整个大分子链的整体运动减慢，但体系在黏度不太高时，链段构象的重排和小分子一样迅速，官能团对于邻近链段的碰撞频率基本上不受分子整体运动

性或体系黏度的影响，即 Z 变化不大。此外，由于高分子活动迟缓，扩散速率慢，两个官能团之间的碰撞时间增长，有利于提高有效碰撞概率，即 P 不变或稍有增加。另外，从结构因素看，当链长增长到一定程度后，官能团的临近化学环境变得基本一致。

因此可得出结论，在一定温度下，反应遵循官能团的等活性理论，即缩聚反应每一步的反应速率常数和平衡常数相等。整个缩聚过程就可以用官能团之间的反应来表征，而不必考虑各个具体的反应步骤。

聚酯化反应可表示为

$$\sim\!\!\!\sim\!\!\!COOH + HO\!\sim\!\!\!\sim \underset{k_2}{\overset{k_1}{\rightleftharpoons}} \sim\!\!\!\sim\!\!\!OCO\!\sim\!\!\!\sim + H_2O$$

聚酰胺化反应可表示为

$$\sim\!\!\!\sim\!\!\!COOH + H_2N\!\sim\!\!\!\sim \underset{k_2}{\overset{k_1}{\rightleftharpoons}} \sim\!\!\!\sim\!\!\!CONH\!\sim\!\!\!\sim + H_2O$$

线形缩聚动力学常以聚酯反应来讨论，这里采用了官能团的等反应活性理论，使动力学处理过程简化。

2.3.3.1 不可逆条件下的线形缩聚动力学

酯化、聚酯化是酸催化反应，反应机理为

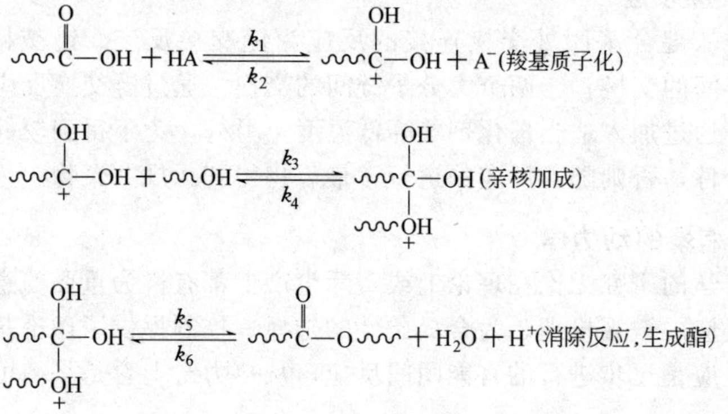

三步反应中 k_1、k_2、k_5、$k_6 > k_3$、k_4，每一步都是可逆反应，为了得到高分子量产物，需使反应移向生成聚合物一方，可以采取高温或（和）减压操作，不断脱除酯化水的方法。这样可将反应视为不可逆反应，此时 k_4、k_6 不存在。

以羧基的消失表示聚合速率，聚酯化反应速率可表示为

$$R_p = -\frac{d[COOH]}{dt} = k_3[C^+(OH)_2][OH] = -\frac{d[C^+(OH)_2]}{dt}$$

因为第一步反应的速率很快，平衡始终建立，故

$$K = \frac{k_1}{k_2} = \frac{[C^+(OH)_2][A^-]}{[COOH][HA]}$$

消去聚合速率公式中的 $[C^+(OH)_2]$，得到：

$$R_p = -\frac{d[COOH]}{dt} = \frac{k_1 k_3[COOH][OH][HA]}{k_2[A^-]} \tag{2-58}$$

考虑 $HA \rightleftharpoons H^+ + A^-$ 的解离平衡，$K_{HA} = \dfrac{[H^+][A^-]}{[HA]}$

$$R_p = -\frac{d[COOH]}{dt} = \frac{k_1 k_3[COOH][OH][H^+]}{k_2 K_{HA}} \tag{2-59}$$

48

① 如果体系没有外加强酸性催化剂，即属于自身催化体系。

此时$[H^+]=[COOH]$，并设

$t=0$时，$\qquad\qquad\qquad [COOH]=[OH]=c_0$

$t=t$ 时，$\qquad\qquad\qquad [COOH]=[OH]=c$

将 $[A^-]$ 视为常数，则 $-\dfrac{dc}{dt}=kc^3$，积分得 $\dfrac{1}{c^2}-\dfrac{1}{c_0^2}=2kt$（$k$ 为综合常数）

利用 $c=c_0(1-P)$，上式变为 $\dfrac{1}{(1-P)^2}=2c_0^2kt+1$ 或 $\overline{X}_n^2=2c_0^2kt+1$

因此作 $\dfrac{1}{(1-P)^2}\text{-}t$ 曲线，对于不可逆自催化线形聚酯反应应为直线。

由上述的直线斜率可求出综合反应速率常数 k。改变缩聚反应温度测定不同的 k 值，利用 Arrhenius 方程就可求出其综合活化能。

自催化时，$\overline{X}_n$ 随 t 缓慢增加，聚合度的增加速率随反应的进行而减慢。要获得高的分子量，需较长时间。为了加速反应，往往另加酸作为聚酯化的催化剂。

② 外加酸催化时的缩聚反应，$[H^+]$ 不变，仍考虑官能团等物质的量投料的情况。

$t=0$时，$[COOH]=[OH]=c_0$

$t=t$ 时，$[COOH]=[OH]=c$

$-\dfrac{dc}{dt}=k'c^2$ 积分得：

$$\frac{1}{c}-\frac{1}{c_0}=k't \quad （k' 为综合常数）$$

利用 $c=c_0(1-P)$ 推导出 $\dfrac{1}{1-P}=k'c_0t+1$ 或 $\overline{X}_n=k'c_0t+1$

$$\overline{X}_n\propto t$$

人们研究了对甲苯磺酸催化己二酸-乙二醇或二甘醇的聚酯化反应，发现实验结果与理论大部分聚合时间基本吻合。

2.3.3.2 平衡缩聚反应动力学

聚酯、聚酰胺反应中的每一步都是可逆的。前面讨论聚酯化反应动力学时，假定反应中生成的小分子副产物被有效排除，反应向生成缩聚物方向移动，逆反应聚酯的水解反应可以忽略，得到的不可逆的自催化、强酸催化线形聚酯化反应分别是三级和二级反应。但是在反应后期，体系黏度很大，小分子副产物排除困难，总有一部分小分子副产物无法除去，这时逆反应就不能忽略了。下面考虑一般的平衡缩聚动力学问题，以酸催化体系为例。

$$\sim\!\!\sim\!\!\sim\!COOH + HO\sim\!\!\sim\!\!\sim \underset{k_2}{\overset{k_1}{\rightleftharpoons}} \sim\!\!\sim\!\!\sim OCO\sim\!\!\sim\!\!\sim + H_2O$$

$t=0$ 时	c_0	c_0	0	0
$t=t$ 时	c	c	c_0-c	n_w

聚酯化反应总速率为 $\qquad R_p=-\dfrac{dc}{dt}=k_1c^2-k_{-1}(c_0-c)n_w$

当 K 很大或 n_w 很小时 $\qquad -\dfrac{dc}{dt}=k_1c^2$，得 $\dfrac{1}{c}-\dfrac{1}{c_0}=kt$

即为外加酸催化时的不可逆聚酯化动力学方程。

（1）对于封闭体系

$$n_{\mathrm{w}} = c_0 - c$$

将 $c = c_0(1-P)$ 代入速率方程，得

$$\frac{\mathrm{d}P}{\mathrm{d}t} = k_1 c_0 (1-P)^2 - k_{-1} c_0 P^2 = k_1 c_0 \left[(1-P)^2 - \frac{1}{K}P^2\right] = k_1 c_0 \left[\left(1-\frac{1}{K}\right)P^2 - 2P + 1\right]$$

则 $\dfrac{\mathrm{d}P}{1 - 2P + \left(1 - \frac{1}{K}\right)P^2} = k_1 c_0 \mathrm{d}t$（其中 $K = k/k_{-1}$）

设 $K > 1$

积分

$$\int_0^P \frac{\mathrm{d}P}{1 - 2P + \left(1 - \frac{1}{K}\right)P^2} = \int_0^t k_1 c_0 \mathrm{d}t$$

$$\frac{1}{2\sqrt{\frac{1}{K}}} \ln\left[\frac{\left(1-\frac{1}{K}\right)P - 1 - \sqrt{\frac{1}{K}}}{\left(1-\frac{1}{K}\right)P - 1 + \sqrt{\frac{1}{K}}} \times \frac{\sqrt{K}-1}{\sqrt{K}+1}\right] = c_0 k_1 t$$

整理得 $\sqrt{K} \ln\left[\dfrac{(K-1)P - K - \sqrt{K}}{(K-1)P - K + \sqrt{K}} \times \dfrac{\sqrt{K}-1}{\sqrt{K}+1}\right] = 2c_0 k_1 t$

令 $t \to \infty$，得 $P_{\text{平衡}} = \dfrac{\sqrt{K}}{\sqrt{K}+1}$

$$\overline{X}_{\mathrm{n}(\text{平衡})} = \sqrt{K} + 1$$

（2）对于非封闭体系

$$-\frac{\mathrm{d}c}{\mathrm{d}t} = k_1 c^2 - k_{-1}(c_0 - c)n_{\mathrm{w}}$$

$$c = c_0(1-P)$$

推导得

$$\frac{\mathrm{d}P}{\mathrm{d}t} = k_1 c_0 (1-P)^2 - k_{-1} P n_{\mathrm{w}}$$

$$= k_1 c_0 \left[(1-P)^2 - \frac{n_{\mathrm{w}}}{K c_0}P\right]$$

$$= k_1 c_0 \left[1 - \left(2 + \frac{n_{\mathrm{w}}}{K c_0}\right)P + P^2\right]$$

$$\frac{\mathrm{d}P}{1 - \left(2 + \frac{n_{\mathrm{w}}}{K c_0}\right)P + P^2} = k_1 c_0 \mathrm{d}t$$

积分整理得

$$\frac{1}{2\sqrt{\left(1+\frac{n_{\mathrm{w}}}{2K c_0}\right)^2 - 1}} \ln\left[\frac{P - \left(1+\frac{n_{\mathrm{w}}}{2K c_0}\right) - \sqrt{\left(1+\frac{n_{\mathrm{w}}}{2K c_0}\right)^2 - 1}}{P - \left(1+\frac{n_{\mathrm{w}}}{2K c_0}\right) + \sqrt{\left(1+\frac{n_{\mathrm{w}}}{2K c_0}\right)^2 - 1}} \times \frac{\left(1+\frac{n_{\mathrm{w}}}{2K c_0}\right) - \sqrt{\left(1+\frac{n_{\mathrm{w}}}{2K c_0}\right)^2 - 1}}{\left(1+\frac{n_{\mathrm{w}}}{2K c_0}\right) + \sqrt{\left(1+\frac{n_{\mathrm{w}}}{2K c_0}\right)^2 - 1}}\right]$$

$$= k_1 c_0 t$$

令 $t \to \infty$ 得，$P_{\text{平衡}} = \left(1 + \dfrac{n_{\mathrm{w}}}{2K c_0}\right) - \sqrt{\left(1 + \dfrac{n_{\mathrm{w}}}{2K c_0}\right)^2 - 1}$

$$\overline{X}_{n(平衡)}=\frac{1}{1-P_{平衡}}=\sqrt{\frac{1}{4}+\frac{Kc_0}{n_w}}+\frac{1}{2}\approx\sqrt{\frac{Kc_0}{n_w}}\left[n_w\text{ 很小},\overline{X}_{n(平衡)}\text{ 较大时适用}\right]$$

要获得高分子量的聚合物，$\dfrac{Kc_0}{n_w}$需达到 $10^3\sim10^4$，K 值小时，必须降低 n_w 的值，以提高分子量。

2.3.4 线形缩聚物聚合度的影响因素及控制

为了适应材料使用性能的要求，往往需要控制缩聚产物的分子量。如为了使合成的纤维具有较好的强度、弹性和纺丝性能，化纤聚合物的分子量应满足一定的要求。分子量过小时，不仅弹性、强度差，甚至纺不成丝。分子量过高会因纺丝液黏度过高而给纺丝带来困难，还影响纤维性质。涤纶、锦纶的分子量一般控制在 $15000\sim40000$，用作塑料的聚合物，分子量要大些，橡胶更大。因此缩聚反应中根据不同需要来控制产物分子量是极其重要的。为此，下面先讨论缩聚物聚合度的影响因素，然后介绍控制问题。

2.3.4.1 线形缩聚物聚合度的影响因素

（1）反应程度对聚合度的影响 缩聚反应是官能团间的反应，官能团反应的结果使得链增长，即随时间的延续分子量或聚合度逐渐增加，理论上可以推导出二者的关系。

$$n\,HO-R-COOH\longrightarrow H{\left[ORCO\right]}_n OH+(n-1)H_2O$$

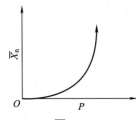

图 2-5 $\overline{X}_n$-P 关系曲线

$$P=\frac{N_0-N}{N_0}=1-\frac{1}{\overline{X}_n},\ 则\ \overline{X}_n=\frac{1}{1-P}$$

其中，N_0、N 表示起始和 t 时羧基或羟基的个数。$\overline{X}_n$-P 关系曲线如图 2-5 所示。

$0\leqslant P<1$，缩聚初期 P 增加很快，$\overline{X}_n$ 增加很慢。

$P\rightarrow1$，即缩聚后期，P 增加很慢，但 $\overline{X}_n$ 增加很快，这也正是逐步聚合机理的体现。当 $P>0.99$ 时，$\overline{X}_n>100$，才有可能作为材料使用。

由此可看出缩聚与缩合的不同，其对反应程度的要求很高。

提高反应程度的措施有：①延长反应时间；②选用高活性单体；③排除小分子副产物；④使用催化剂。

（2）平衡常数与聚合度的关系 平衡缩聚是由官能团间的平衡反应构成，根据官能团的反应活性理论，各步可用一个平衡常数 K 表示。

以线形聚酯化反应为例，设官能团等物质的量投料。

$$\sim\!\!\sim\!\!COOH+HO\!\!\sim\!\!\sim\ \underset{k_2}{\overset{k_1}{\rightleftharpoons}}\ \sim\!\!\sim\!\!OCO\!\!\sim\!\!\sim+H_2O$$

$t=0$ 时	c_0	c_0	0	0
$t=t$ 时	c	c	c_0-c	n_w

则
$$K=\frac{[-OCO-][H_2O]}{[-COOH][-OH]}=\frac{(c_0-c)n_w}{c^2}=\frac{\dfrac{c_0-c}{c_0}\times\dfrac{n_w}{c_0}}{\dfrac{c^2}{c_0^2}} \tag{2-60}$$

（上述各式中 c 表示各种官能团的物质的量浓度，n_w 表示平衡时残留水的物质的量浓度）

① 封闭体系

$$[H_2O]=[\text{—OCO—}]=c_0-c$$

利用
$$P=\frac{N_0-N}{N_0}=\frac{c_0-c}{c_0}, \quad \overline{X}_n=\frac{N_0}{N}=\frac{c_0}{c}$$

$$K=\frac{\left(\dfrac{c_0-c}{c_0}\right)^2}{\dfrac{c^2}{c_0^2}}=\frac{P^2}{\dfrac{1}{\overline{X}_n^2}}$$

则
$$\frac{1}{\overline{X}_n^2}=\frac{P^2}{K}$$

再利用
$$\overline{X}_n=\frac{1}{1-P}$$

则
$$(1-P)^2=\frac{P^2}{K} \tag{2-61}$$

所以
$$P=\frac{\sqrt{K}}{\sqrt{K}+1}, \quad \overline{X}_n=\sqrt{K}+1$$

对聚酯化，设 $K=4$。对封闭体系，缩聚达到平衡时 $P=2/3$，$\overline{X}_n=3$，因此要得到高分子量产物必须排除副产物小分子，降低水的残留浓度。

② 非封闭体系

$$K=\frac{P\dfrac{n_w}{c_0}}{\dfrac{1}{\overline{X}_n^2}}$$

则
$$\frac{1}{\overline{X}_n^2}=\frac{P\dfrac{n_w}{c_0}}{K} \tag{2-62}$$

$$\overline{X}_n=\sqrt{\frac{c_0K}{Pn_w}}\approx\sqrt{\frac{c_0K}{n_w}} \quad (\overline{X}_n\approx10^2,\ 或\ P\to1)$$

$\overline{X}_n\propto\dfrac{1}{\sqrt{n_w}}$，排除小分子化合物可提高 $\overline{X}_n$；$\overline{X}_n\propto\sqrt{K}$，$K$ 值很大时允许稍高的小分子含量。如尼龙-66 的预聚，$K=10^3$，可在水溶液中进行。

③ 平衡常数的影响因素：单体活性、反应温度。

$\sim\!\sim\!\sim$ COOH+HO $\sim\!\sim\!\sim$，$K=4$；

$\sim\!\sim\!\sim$ COCl+HO $\sim\!\sim\!\sim$，很大甚至不可逆；

$\sim\!\sim\!\sim$ COCl+H_2N $\sim\!\sim\!\sim$，$K=10^4\sim10^5$。

温度的影响可用下式表示：

$$\ln\frac{K_2}{K_1}=\frac{\Delta H}{R}\left(\frac{1}{T_1}-\frac{1}{T_2}\right)$$

其中 ΔH 为缩聚反应的热焓变化，一般 $\Delta H<0$（放热反应），其值约为 -10kJ/mol。$T_2>T_1$ 时，$K_2<K_1$，即 T 增加，K 减小，对生成高分子量产物不利。

另外，对平衡缩聚，T 增加，k 增加，R_p 增加，可缩短达到平衡的时间，因此相同的反应时间可提高分子量，还有利于小分子副产物的排除。但到达平衡后却是低温亦获得高分子量的产物。

(3) 压力对聚合度的影响 对缩聚反应，压力对平衡常数影响不大，但减小压力有利于排除缩聚中产生的小分子副产物，使平衡向生成高分子量聚合物方向移动。

$$K = \frac{[-COO-][H_2O]}{[-COOH][-OH]}$$

但为了防止单体、聚合物在高温下氧化变质和避免单体挥发造成原料摩尔比发生变化，往往反应初期用惰性气体保护，待反应到达一定程度后再降压，将小分子副产物排出去，从而得到高分子量产物。

2.3.4.2 线形缩聚物的聚合度（分子量）控制

前面已经推导了 $\overline{X}_n = \frac{1}{1-P}$，那么控制 P 是否可以达到控制分子量的目的？控制 P 不仅方法麻烦，即使得到了暂时控制，当树脂加工成型时，由于加热，等物质的量存在的两种官能团仍可发生反应，结果使 $\overline{X}_n$ 发生变化，影响产品的性能。因此应采取有效的措施控制产品的最终分子量。常用的方法有两种：①使某种单体可反应官能团过量；②加单官能团物质。目的都是使一种端基官能团失去活性，封锁端基，终止大分子的增长，使分子量保持永久稳定。

如 $$n\text{a-A-a} + (n+1)\text{b-B-b} \longrightarrow \text{bB} + [\text{AB}]_n \text{b} + 2n\text{ab}$$

$$n\text{a-R-b} + \text{C-b} \longrightarrow \text{C} + [\text{R}]_n \text{b} + n\text{ab}$$

a、b 为两个可反应基团上的离去基团。

(1) 反应体系里某种单体过量 对于 a-A-a + b-B-b 体系，设 b-B-b 过量，即官能团 b 过量。

设 $t=0$ 时，a、b 的官能团数分别为 N_a、N_b，定义 $r_a = \frac{N_a}{N_b} \leqslant 1$；设 $t=t$ 时，官能团 a、b 的反应程度分别为 P_a、P_b。

则 $t=t$ 时，a、b 基团数分别为 $N_a - N_a P_a$、$N_b - N_b P_b$，体系中分子总数为

$$\frac{N_a - N_a P_a + N_b - N_b P_b}{2}$$

故 $$\overline{X}_n = \frac{\text{投料时单体分子数}}{t \text{ 时体系分子数}} = \frac{\dfrac{N_a}{2} + \dfrac{N_b}{2}}{\dfrac{N_a - N_a P_a + N_b - N_b P_b}{2}} = \frac{N_a + N_b}{N_a + N_b - N_a P_a - N_b P_b}$$

利用 a、b 基团消耗数相等的条件：$N_a P_a = N_b P_b$

$$\overline{X}_n = \frac{N_a + N_b}{N_a + N_b - 2N_a P_a} = \frac{1 + \dfrac{N_a}{N_b}}{1 + \dfrac{N_a}{N_b} - 2\dfrac{N_a}{N_b} P_a} = \frac{1 + r_a}{1 + r_a - 2 r_a P_a} \qquad (2\text{-}63)$$

讨论：

① $r_a = 1$（即两可反应官能团等物质的量投料）时，$\overline{X}_n = \frac{1}{1-P_a}$（同前面的结论相同）；

② $r_a < 1$，$P_a = 1$ 时，$\overline{X}_n = \frac{1 + r_a}{1 - r_a}$。

由上式可知，要合成高分子量缩聚物，除了使反应程度尽量接近 1 外，单体纯度还要高，需用"聚合级"原料，另外必须严格控制单体可反应官能团的摩尔比，否则亦将影响缩

聚物的合成。

（2）加入单官能团物质　缩聚反应中，根据需要加入一定量的单官能团物质，由于它能参加反应，而停止大分子链的增长，因此也可达到控制分子量的目的。常把这种物质叫作端基封锁剂或黏度稳定剂。

对于均缩聚，即 a-R-b 型单体的缩聚，a、b 严格按照等物质的量配比，只能采用加单官能团物质的方法控制聚合度。如尼龙-66 可加 CH_3COOH 作端基封锁剂，加入 CH_3COOH 后，大分子端基为

$$CH_3COONH \sim\sim\sim COOH$$
$$CH_3COONH \sim\sim\sim NHOOCCH_3$$
$$HOOC \sim\sim\sim COOH$$

① 对于 （a-A-a＋b-B-b）另加单官能团物质 C-b 的体系

$$\overline{X}_n = \frac{\text{投料时单体分子数}}{t\text{ 时体系分子数}} = \frac{\dfrac{N_a}{2}+\dfrac{N_b}{2}+N_c}{\dfrac{N_a-N_aP_a+N_b-N_bP_b+N_cP_c}{2}+N_c-N_cP_c}$$

$$= \frac{N_a+N_b+2N_c}{N_a-N_aP_a+N_b-N_bP_b+2N_c-N_cP_c}$$

式中，N_a 为投料 A 单体上的 a 基数；N_b 为投料 B 单体上的 b 基数；N_c 为投料 C 单体上的 b 基数；P_a、P_b、P_c 分别为 A 单体上 a 基、B 单体上 b 基、C 单体上 b 基的反应程度。

根据 a 基消耗总数等于 b 基消耗总数，则 $N_aP_a=N_bP_b+N_cP_c$，代入上式：

$$\overline{X}_n = \frac{N_a+(N_b+2N_c)}{N_a+(N_b+2N_c)-2N_aP_a} = \frac{1+\dfrac{N_a}{N_b+2N_c}}{1+\dfrac{N_a}{N_b+2N_c}-2\dfrac{N_a}{N_b+2N_c}P_a}$$

令 $r_a=\dfrac{N_a}{N_b+2N_c}\leqslant 1$，称为 a 基对 b 基的摩尔分数（或摩尔比）。

上式也化简为

$$\overline{X}_n = \frac{1+r_a}{1+r_a-2r_aP_a}$$

② 对于 a-R-b 加 C-b 的缩聚体系

$$\overline{X}_n = \frac{\text{投料单体分子数}}{t\text{ 时体系分子数}} = \frac{N_a+N_c}{\dfrac{N_a-N_aP_a+N_a-N_bP_b+N_cP_c}{2}+N_c-N_cP_c}$$

$$= \frac{N_a+(N_a+2N_c)}{N_a+(N_a+2N_c)-N_aP_a-N_bP_b-N_cP_c}$$

（P_a、P_b、P_c 分别为 R 单体上 a 基、R 单体上 b 基、C 单体上 b 基的反应程度。）

利用 $N_aP_a=N_bP_b+N_cP_c$

$$\overline{X}_n = \frac{(N_a+2N_c)+N_a}{(N_a+2N_c)+N_a-2N_aP_a} = \frac{1+r_a}{1+r_a-2r_aP_a}$$

其中 a 基对 b 基的摩尔分数 $r_a=\dfrac{N_a}{N_a+2N_c}$

因 b 基过量，当 $P_a=1$ 时，$\overline{X}_n = \dfrac{1+r_a}{1-r_a}$

加入单官能团化合物 C-b 的分子数越少，缩聚产物的分子量越高。所以可以根据所需要的聚合度，计算单官能团化合物加入量。

③ 对于 a-R-b＋b-B-b 体系

$$\overline{X}_n=\frac{N_a+N_c}{\dfrac{N_a-N_aP_a+N_a-N_bP_b+2N_c-2N_cP_c}{2}}$$

利用 $N_aP_a=N_bP_b+2N_cP_c$

$$\overline{X}_n=\frac{2N_a+2N_c}{2N_a+2N_c-2N_aP_a}=\frac{(N_a+2N_c)+N_a}{(N_a+2N_c)+N_a-2N_aP_a}=\frac{1+r_a}{1+r_a-2r_aP_a}$$

其中，N_a 为 a-R-b 的物质的量；N_c 为 C-b 的物质的量。

$$r_a=\frac{N_a}{N_a+2N_c}$$

2.3.5 线形缩聚产物的分子量分布

除了分子量对材料的性能有重要影响之外，分子量的分布对材料性能的影响也很大。纤维分子量的分布较窄，橡胶分子量的分布较宽，塑料居中。Flory 首先用统计方法研究了分子量分布。此方法需要两个假定：①各个反应的速率常数相等；②系统中两个反应官能团始终保持等物质的量，即无官能团的消除等副反应。

现以 HOOC〰〰 R 〰〰 OH 为例推导。

$$\text{HOOC}\text{〰〰} R \text{〰〰} \text{OH}$$

$$t=0 \qquad N_0 \qquad\qquad N_0$$

$$t=t \qquad N \qquad\qquad\quad N$$

$$P=\frac{\text{已知反应的}-\text{COOH 数}}{\text{起始的}-\text{COOH 数}}=\frac{N_0-N}{N_0}=\text{构成一个酯键的概率}$$

$$1-P=\frac{\text{未参加反应的}-\text{COOH 数}}{\text{起始的}-\text{COOH 数}}=\frac{N}{N_0}=\text{不成键的概率}$$

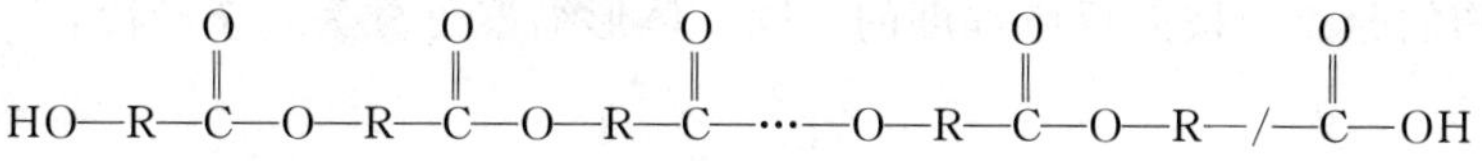

$$\text{HO}-\text{R}-\overset{\text{O}}{\overset{\|}{\text{C}}}-\text{O}-\overset{\text{O}}{\overset{\|}{\text{C}}}-\text{O}-\overset{\text{O}}{\overset{\|}{\text{C}}}\cdots-\text{O}-\overset{\text{O}}{\overset{\|}{\text{C}}}-\text{R}-/-\overset{\text{O}}{\overset{\|}{\text{C}}}-\text{OH}$$

不成键

x 聚体分子中含有（$x-1$）个酯键［即（$x-1$）个—COOH 参加了反应］和一个不成键的羧基。由于构成一个酯键的概率为 P，（$x-1$）个酯键的总概率为各个酯键概率的乘积，即 P^{x-1}，同时还含有一个不成键的羧基，其概率为（$1-P$），所以生成 x 聚体的总概率为 $P^{x-1}(1-P)$。用 N_x、N 分别表示 x 聚体个数和体系分子总数。

因此数量分布函数为 $\quad\dfrac{N_x}{N}=P^{x-1}(1-P)$

则 $N_x=NP^{x-1}(1-P)$

由此可作出数量分布曲线（图 2-6）。

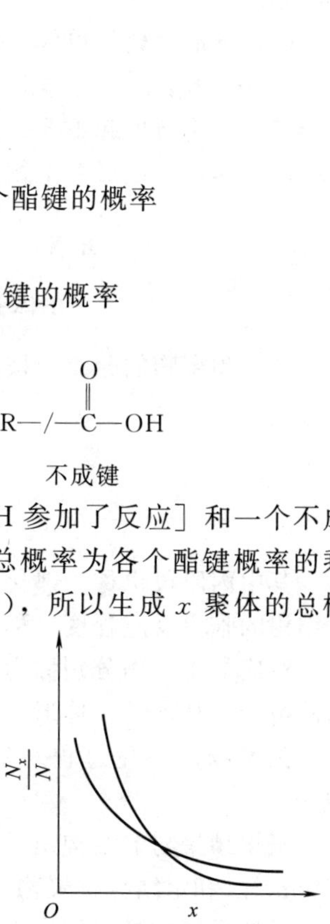

特点：①曲线无极值，体系内单体摩尔分数最高，高聚物的摩尔分数随着聚合度的增加而减少；②反应程度越大，分布

图 2-6 数量分布曲线

越宽。

利用 $N = N_0(1-P)$，得 $N_x = N_0 P^{x-1}(1-P)^2$。

设 W_x 为 x 聚体的质量，M_0 为结构单元分子量。x 聚体的质量分数为

$$\frac{W_x}{W} = \frac{N_x M_0 x}{N_0 M_0} = \frac{N_x x}{N_0} = x P^{x-1}(1-P)^2$$

数均聚合度
$$\overline{X}_n = \frac{N_0}{N} = \frac{1}{1-P}$$

或
$$\overline{X}_n = \sum \frac{N_x}{N} x = \sum P^{x-1}(1-P)x = \frac{1}{1-P} \tag{2-64}$$

重均聚合度
$$\overline{X}_w = \sum \frac{W_x}{W} x = \sum x^2 P^{x-1}(1-P)^2 = \frac{1+P}{1-P} \approx \frac{2}{1-P}$$

多分散系数
$$\lambda = \frac{\overline{X}_w}{\overline{X}_n} \approx 2$$

2.3.6 体形缩聚

能够生成三维体形缩聚物的缩聚反应称为体形缩聚反应，简称为体形缩聚（crosslinked polycondenszation）。

(1) 体形缩聚的单体　参加反应的单体必含有一种官能度大于 2 的单体，如 2-2-3，2-3，2-4……体系，这是体形缩聚的必要条件。此外原料的投放比、反应条件、反应程度等对体形缩聚的进行也起重要的作用。因此一个体系能否顺利进行要全面分析。

(2) 体形、线形缩聚物合成反应的差别

$$单体 \xrightarrow{聚合反应} 线形缩聚物 \xrightarrow{加工成型} 制成品（热塑性）$$

$$单体 \xrightarrow{聚合反应} 预聚物 \xrightarrow{交联固化} 制成品（热固性）$$

(3) 预聚物的分类　按照反应程度的不同，体形缩聚可分为三个阶段：

甲阶段，$P < P_c$

乙阶段，$P \rightarrow P_c$

丙阶段，$P > P_c$

其中丙阶段也称为熟化、固化或交联阶段。P_c 是缩聚物由线形或分支形结构转变为体形结构的临界反应程度，称为凝胶点。

对应的生成物分别称为：甲阶树脂（$P < P_c$，预聚物），乙阶树脂（$P \rightarrow P_c$，预聚物），丙阶树脂（$P > P_c$，体形缩聚物）。

预聚物的熟化过程对制品性能至关重要，熟化过程的控制常常需要知道预聚物的结构。

根据预聚物的结构是否确定，热固性树脂可分为两种类型：无规预聚物（random pre-polymer）和定结构预聚物（structoset prepolymer）。

无规预聚物是指结构不确定的预聚物。早期的热固性树脂预聚物多是无规预聚物，例如碱催化酚醛树脂、脲醛树脂、醇酸树脂等。它们的预聚物上未反应官能团无规存在，交联反

应一般凭经验进行。

如用碱催化酚醛（酚-醛＝1∶1.5）预缩聚体系，预聚物组成非常复杂，常为包含数个苯环的羟甲基酚：

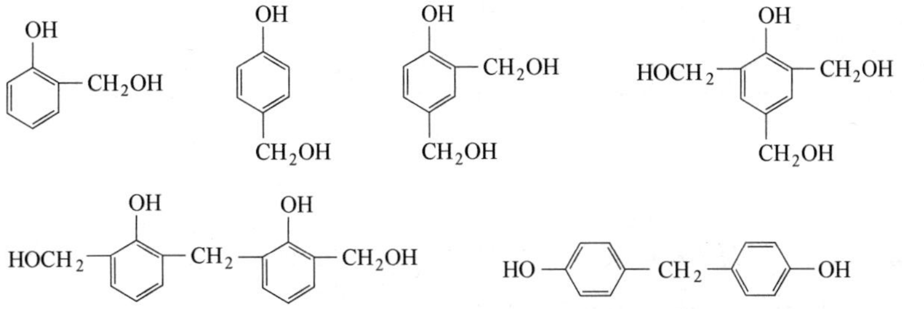

定结构预聚物即结构确定的预聚物，包括具有确定的活性侧基或端基的预聚物。如二醇类预聚物、环氧预聚物、不饱和聚酯预聚物等。由于它们具有确定的活性基团，用交联剂固化时可以定量计算。而且预聚物的分子量也可采用线形缩聚物的分子量控制方法。因此结构性预聚物在热固性树脂里显得越来越重要。

二醇类预聚物： $H\!-\!(OR)_n\!-\!OH$ ；聚醚型； $H\!-\!(OROCOR'CO)_n\!-\!OROH$ ，聚酯型。

二醇类预聚物与过量的二异氰酸酯反应，将生成以异氰酸酯基团为端基的聚合物——聚氨酯预聚物。

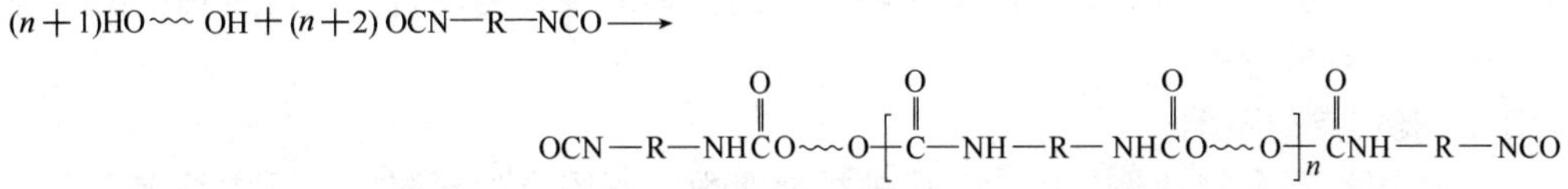

此聚合物用多元胺、聚合物多元醇交联即成体形结构产物。

环氧类预聚物：此类预聚物一般通过双酚 A 与环氧氯丙烷反应生成。

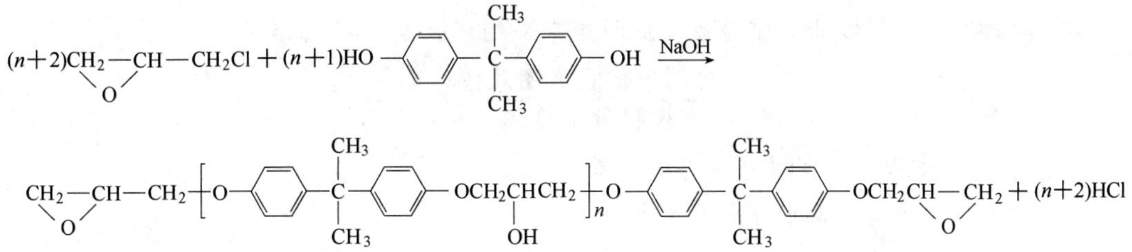

为了使端基为环氧基，应使环氧氯丙烷过量。

一般认为环氧氯丙烷与双酚 A 的缩聚是分步进行的，即交替的开环与闭环。

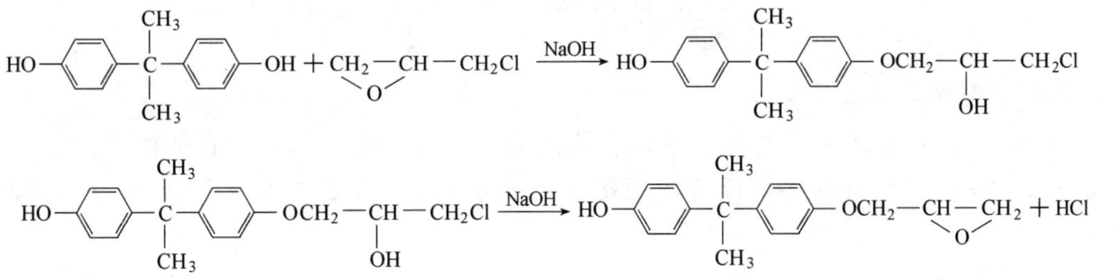

$$CH_2-CH-CH_2Cl + HO-\!\!\bigcirc\!\!-\overset{\overset{CH_3}{|}}{\underset{\underset{CH_3}{|}}{C}}-\!\!\bigcirc\!\!-OCH_2-CH-CH_2$$

$$\longrightarrow ClCH_2-CH-CH_2-O-\!\!\bigcirc\!\!-\overset{\overset{CH_3}{|}}{\underset{\underset{CH_3}{|}}{C}}-\!\!\bigcirc\!\!-O-CH_2-CH-CH_2$$

......

环氧树脂的交联剂常用多元胺（室温固化剂）、酸酐或多元酸（烘烤型固化剂）等。

2.3.7 体形缩聚的凝胶现象及凝胶理论

2.3.7.1 凝胶现象及凝胶点

由二官能度单体生成的线形大分子仅有两个端基，其差别只在于分子链的长度。如果缩聚体系中有多官能度单体存在，将生成非线形的多支链产物，体形缩聚反应是经过甲阶段和乙阶段而逐步转变为体形结构产物的过程。缩聚过程中，反应体系表现为黏度逐渐增大，而且当反应进行到一定程度后，黏度急剧增加，体系转变成凝胶状物质，这一现象称为凝胶现象或凝胶化，出现凝胶现象时的临界反应程度称为凝胶点（P_c）。充分凝胶化后树脂的物理性质发生显著变化：刚性增大，尺寸稳定，耐化学品性好，耐热性好（即具有热固性），是重要的工程塑料。凝胶点是高度支化的缩聚物过渡到体形缩聚物的转折点。凝胶理论的中心问题之一就是凝胶点的计算。

2.3.7.2 凝胶点的预测

凝胶点是热固性聚合物预聚、固化交联的重要参数，凝胶点的预测在实际中具有重要意义。关于凝胶点的预测，主要有两种理论。

（1）Carothers 理论　Carothers 理论认为，当体系出现凝胶时，数均聚合度 $\overline{X}_n \to \infty$。可以根据数均聚合度与反应程度 P 的关系，求出 $\overline{X}_n \to \infty$ 时的反应程度，即凝胶点 P_c。

① 两种官能团等物质的量体系　此时定义平均官能度：

$$\overline{f}=\frac{投料单体官能团总数}{投料分子总数}=\frac{\sum N_i f_i}{\sum N_i} \tag{2-65}$$

N_i、f_i 分别为 i 单体的个数和官能度。

$\overline{f}<2$ 时，不能生成高分子量聚合物。

$\overline{f}=2$ 时，生成线形或分支形聚合物。

$\overline{f}>2$ 时，则可生成支化或网状聚合物。

对于 A_2-B_3 两种官能团等物质的量的缩聚体系，A_2、B_3 的投料摩尔比为 $3:2$；则

$$\overline{f}=\frac{投料官能团总数}{投料分子总数}=\frac{3\times2+2\times3}{3+2}=2.4$$

现在来推导 $P\text{-}\overline{X}_n$ 的关系。

设 N_0 为投料单体分子总数，平均官能度为 $\overline{f}$，则反应开始时的官能团总数为 $N_0\overline{f}$。假定缩聚中无分子内环化等副反应，凝胶点之前每步反应都要减少一个分子，消耗两个官能团。

设 t 时体系分子数为 N，则

$$P = \frac{\dfrac{2(N_0 - N)}{2}}{\dfrac{N_0 \overline{f}}{2}} = \frac{2}{\overline{f}}\left(1 - \frac{N}{N_0}\right) = \frac{2}{\overline{f}}\left(1 - \frac{1}{\overline{X}_n}\right) \tag{2-66}$$

令 $\overline{X}_n \rightarrow \infty$，则得

$$P_c = \frac{2}{\overline{f}} \tag{2-67}$$

该式即为 Carothers 方程。

对于两种官能团等物质的量投料的丙三醇与邻苯二甲酸酐的体形缩聚：

$$\overline{f} = \frac{2 \times 3 + 3 \times 2}{2 + 3} = 2.4$$

$$P_c = \frac{2}{\overline{f}} = \frac{2}{2.4} = 0.833$$

实验测定发现 P_c（实验）$= 0.800$，其原因在于 Carothers 过高地估计了出现凝胶时的数均分子量。$\overline{X}_n$ 并非无穷大，而是有限的，一般为几十。如上例中，出现凝胶时的 $\overline{X}_n = 24$。

因此如欲在凝胶点前停止反应，一定要控制反应程度比 Carothers 方程计算的凝胶点小一些才不至于发生凝胶化。

② 两种官能团非等物质的量（或非等当量缩聚）体系　此时的平均官能度 $\overline{f}$ 不能用上述平均官能度的求法，那样求出来的 $\overline{f}$ 比实际值大。

比如对于 1mol 丙三醇和 3mol 苯酐的体系，若按上式 $\overline{f} > 2$，似乎可以发生体形缩聚，实际上只能得到小分子化合物：

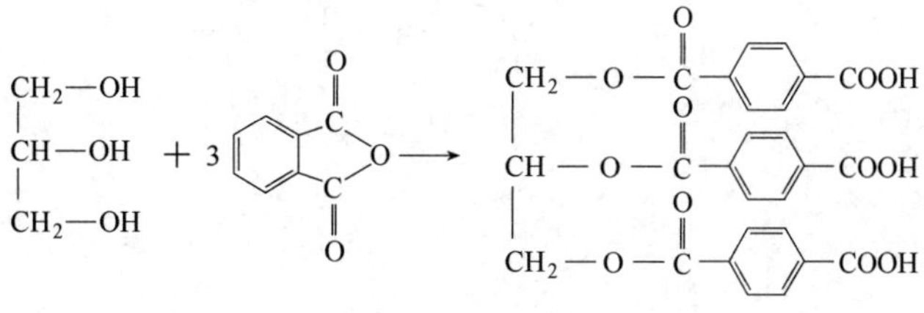

小分子化合物

因此对于非等物质的量的缩聚体系，平均官能度的计算公式应修正为

$$\overline{f} = \frac{2 \times \text{非过量的官能团数}}{\text{投料的单体分子数}} \tag{2-68}$$

再代入 $P_c = \dfrac{2}{\overline{f}}$ 就可求出凝胶点 P_c（注意 P_c 为非过量官能团的反应程度）。

又如摩尔比为 1：3 的 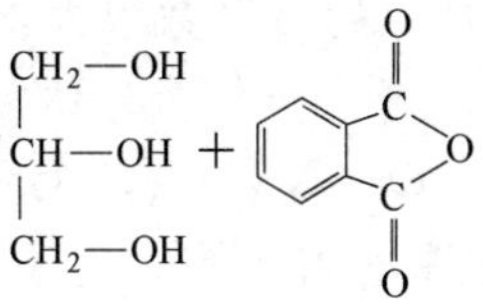 体系：

$$\overline{f} = \frac{2 \times (1 \times 3)}{1 + 3} = 1.5 < 2，\text{不可能得到聚合物。}$$

由公式 $P = \dfrac{2}{f}\left(1 - \dfrac{1}{\overline{X}_n}\right)$ 可得

$$\overline{X}_n = \frac{2}{2 - P\overline{f}} \tag{2-69}$$

此公式可取代 $\overline{X}_n = \dfrac{1 + r_a}{1 + r_a - 2r_a P_a}$ 用于线形缩聚体系聚合度的控制或计算。但当体系含有多官能度单体时，$\overline{X}_n = \dfrac{1 + r_a}{1 + r_a - 2r_a P_a}$ 不再使用，而 $\overline{X}_n = \dfrac{2}{2 - P_a f}$ 仍可应用，而且 $\overline{X}_n = \dfrac{2}{2 - P_a f}$ 应用起来更方便。只要根据原料投料比求出平均官能度，即可求出在任一反应程度下的数均聚合度。

（2）统计法　许多学者利用统计方法研究凝胶化理论，即凝胶点问题。其中 Flory 用此法处理了一些简单缩聚体系的凝胶点问题。我国著名化学家唐敖庆提出了自己处理凝胶化问题的理论，这种理论较为简单，可以处理从简单到复杂的体形缩聚体系。

① $A_f + B_g$ 型缩聚体系　A_f 为含有官能团 A，官能度为 f 的单体；B_g 为含有官能团 B，官能度为 g 的单体。A、B 为可反应性的官能团。

唐敖庆的理论采用同心环模型，即把 $A_f + B_g$ 型缩聚物摆在许多同心环上，根据 A 基或 B 基在环上的消长情况来确定凝胶化时的临界条件。摆法规则是：奇数环上放未反应的 A 基和 AB 键；偶数环上放未反应的 B 基和 BA 键；环与环之间通过官能团以外的残留单元相联结。

（$A_3 + B_3$）缩聚物放在同心环上的模型如下：

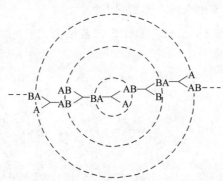

现在推导凝胶化的临界条件：

设第 i 环上的 A 基总数为 $N_A^{(i)}$（包括反应的和未反应的 A 基总数），设 A 基的反应程度为 P_A。

那么反应掉的 A 基数为 $N_A^{(i)} P_A$。因为反应一个 A 基用掉一个 B 基，在（$i+1$）环上引入（$g-1$）个 B 基，所以第（$i+1$）环上的 B 基数为

$$N_B^{(i+1)} = N_A^{(i)} P_A(g-1)$$

假设 B 基的反应程度为 P_B，且（$i+1$）环上的 B 基数很大，同理由（$i+1$）环上反应掉的 B 基在（$i+2$）环上引入的 A 基总数为

$$N_A^{(i+2)} = N_A^{(i)} P_A(g-1) P_B(f-1) = N_A^{(i)} P_A P_B(g-1)(f-1)$$

在此可以看出由 $N_A^{(i)}$ 通过 P_A、P_B 可推算出 $N_A^{(i+2)}$，比较 $N_A^{(i)}$、$N_A^{(i+2)}$ 的值，有三种情况：

$N_A^{(i)} > N_A^{(i+2)}$，缩聚物逐渐收敛；

$N_A^{(i+2)}>N_A^{(i)}$，缩聚物发散，可以产生凝胶；

$N_A^{(i+2)}=N_A^{(i)}$，产生凝胶的临界条件。

即得
$$N_A^{(i)}P_A P_B(g-1)(f-1)=N_A^{(i)}$$

则
$$P_A P_B(g-1)(f-1)=1$$

如果摩尔系数 $r_A=\dfrac{fN_A}{gN_B}\leqslant 1$（A 基对 B 基的摩尔比）

则 $P_B=r_A P_A$，代入上式，$r_A P_A^2(f-1)(g-1)=1$

$$P_A=\frac{1}{\sqrt{r_A(f-1)(g-1)}} \tag{2-70}$$

对 A_2+B_3 两官能团等物质的量的体系：$P_A=0.707$，此值比实验值小。

② $(A_{f_1}+A_{f_2}+\cdots+A_{f_i}+\cdots+A_{f_s})+(B_{g_1}+B_{g_2}+\cdots+B_{g_j}+\cdots+B_{g_t})$ 型反应体系 该体系为 A_f+B_g 型体系的推广。A_{f_i} 为含有官能团 A、官能度为 f_i 的单体，N_{A_i}（$i=1\sim s$）为其物质的量；B_{g_j} 为含有官能团 B、官能度为 g_j 的单体，N_{B_j}（$j=1\sim t$）为其物质的量。

采用假想同心环模型，把缩聚物摆在同心环上。采用上述假定及方法，得

$$N_B^{(i+1)}=N_A^{(i)}P_A\sum_j\left[\frac{g_j N_{B_j}}{\sum_j g_j N_{B_j}}(g_j-1)\right]$$

$$N_A^{(i+2)}=N_B^{(i+1)}P_B\sum_i\left[\frac{f_i N_{A_i}}{\sum_i f_i N_{A_i}}(f_i-1)\right]$$

由 $N_A^{(i+2)}=N_A^{(i)}$ 得

$$P_A P_B\sum_i\left[x_{f_i}(f_i-1)\right]\sum_j\left[x_{g_j}(g_j-1)\right]=1$$

其中，$x_{f_i}=\dfrac{f_i N_{A_i}}{\sum\limits_i f_i N_{A_i}}$，为 A_{f_i} 单体 A 基数占总 A 基数的摩尔分数；$x_{g_j}=\dfrac{g_j N_{B_j}}{\sum\limits_j g_j N_{B_j}}$，为 B_{g_j} 单体 B 基数占总 B 基数的摩尔分数。

令 $r_a=\dfrac{\sum\limits_i f_i N_{A_i}}{\sum\limits_j g_j N_{B_j}}\leqslant 1$ 为 A 基对 B 基的摩尔系数，将 $P_B=r_a P_A$ 代入上式整理得凝胶点为

$$P_A=\frac{1}{\sqrt{r_a\sum\limits_i\left[x_{f_i}(f_i-1)\right]\sum\limits_j\left[x_{g_j}(g_j-1)\right]}} \tag{2-71}$$

2.4 聚合实施方法

自由基聚合实施方法按照聚合配方、工艺特点可分为四种：本体聚合（mass polymerization）、溶液聚合（solution polymerization）、悬浮聚合（suspension polymerization）、乳液聚合（emulsion polymerization）。

按照单体在聚合介质中的分散情况可分为均相聚合（homogeneous polymerization）和

非均相聚合（heterogeneous polymerization）。

烯类单体究竟采取何种聚合方法往往取决于对产品的性能要求和经济效益要求。如PMMA采用本体聚合，PS、PVC可采用悬浮聚合，丁苯橡胶、丁腈橡胶采用乳液聚合来合成。

四种聚合实施方法的配方、聚合机理、工艺条件及产品性能各有特点。本节主要介绍本体聚合、溶液聚合、悬浮聚合。乳液聚合也是一种非常重要的自由基聚合方法，将在水性丙烯酸树脂合成部分详细介绍。

2.4.1 本体聚合

本体聚合（mass polymerization）是单体加少量（甚至不加）引发剂进行聚合的聚合实施方法。纯粹热引发聚合或直接光引发聚合可以不加引发剂。四种自由基聚合方法中本体聚合的配方最为简单。

2.4.1.1 本体聚合的特点

① 产物纯净，色浅透明，其树脂适合于生产各种管、棒、板材等。

② 配方简单，链转移较弱，本体聚合的分子量可以很高，如 PMMA 可达到 10^6。

③ 工艺流程短，设备简单，设备利用率高，可间歇法生产，亦可连续法生产。

④ 体系黏度大，比热容小，聚合热难散发，温度难控制，易暴聚，分子量分布较宽。这些缺点限制了本体聚合的工业应用。为了克服这些缺点，工业上常采用三段式聚合的工艺：a. 预聚（pre-polymerization），控制转化率在 $10\%\sim30\%$，此阶段使聚合热得以散发，且体积部分收缩，预聚可用大釜在较高温度下进行；b. 模板聚合（template polymerization），为避免凝胶效应，将预聚阶段的聚合物溶液注入模板或其他高比表面积的反应器中，采取逐段升温工艺，使聚合能够平稳进行，转化率提高；c. 后期高温热处理，进一步提高转化率。

2.4.1.2 甲基丙烯酸甲酯（MMA）的本体聚合

工业上本体聚合的例子主要有 LDPE、PS、PMMA、PVC 等。

$$n\,\text{MMA} \xrightarrow{\text{AIBN 或 BPO}} \text{PMMA（有机玻璃）}$$

PMMA 的透光率达 92%，优于无机玻璃。PMMA 可用于飞机窗玻璃、标牌、光导纤维、牙托粉等。

(1) 配方　MMA＋0.5%BPO（或 AIBN）。

(2) 聚合工艺

① 预聚　控制温度 $T=80\sim90℃$。由于聚合放热，应立即冷却，当达到甘油状黏度时，进行浇铸模板聚合。

② 模板聚合　$T=40\sim50℃$，当转化率达到 90% 以上时，将温度提高到 100℃ 进行热处理。最后经脱模得产品。

2.4.2 溶液聚合

溶液聚合（solution polymerization）是将单体、引发剂溶于适当的溶剂中所实施的聚合，生成的聚合物若能溶于溶剂中叫均相溶液聚合，不溶于溶剂中而沉淀析出者称为非均相溶液聚合。溶剂不仅能降低体系黏度，方便传质、传热，而且利用其链转移还可以控制聚合度，是涂料用聚合物合成的重要方法之一。

2.4.2.1 溶液聚合的特点

① 体系黏度低，传热容易，温度易控制，自动加速效应较弱；

② 单体浓度低和向溶剂的链转移使聚合物的分子量较低，聚合速率也较低；

③ 适宜做动力学研究，便于找出 R_p、$\overline{X_n}$ 与 [M]、[I]、T 之间的定量关系；

④ 由于溶剂占用了容器体积，设备利用率降低；

⑤ 若要得到固体状树脂，需进行溶剂的回收及精制工序，且聚合物中溶剂难除尽。

工业上溶液聚合多用于聚合物溶液直接适用的场合，如涂料、黏合剂、合成纤维纺丝液或继续进行大分子反应等。聚丙烯腈、聚醋酸乙烯酯、聚丙烯酸酯类大都采用溶液聚合法合成。

2.4.2.2　溶剂的选择

溶液聚合中，溶剂的选择和用量直接影响聚合速率、分子量大小及分布。溶剂选择需要考虑下面几个问题。

① 溶剂对引发剂分解速率的影响。引发剂的分解速率与采用的溶剂有关。对于常用的偶氮、过氧类引发剂，有机过氧化物在某些溶剂中有诱导分解作用，对聚合速率有很大的加速作用。不同溶剂诱导分解引发剂的活性由小到大顺序是：芳香烃＜醇类＜酚类＜醚类＜胺类。

一般认为偶氮类引发剂无诱导作用。

② 溶解性能。若选用的溶剂不仅能溶解单体，还能溶解合成的聚合物，通过聚合可获得聚合物的溶液，该聚合为均相聚合；若选用的溶剂只能溶解单体，而是所生成聚合物的非溶剂，生成的聚合物将从体系中沉淀析出，该聚合为非均相聚合或沉淀聚合。

③ 溶剂对于自由基聚合反应无阻聚或缓聚等不良影响，且溶剂的链转移常数不能很大，否则不能得到高分子量的聚合物。

④ 所选溶剂（或混合溶剂之一）的沸点接近聚合反应温度，聚合在回流条件下进行，既可以带出聚合热又可以排除氧的阻聚作用。

⑤ 尚需考虑溶剂的毒性和安全性以及价格等因素。

实际生产中常采用混合溶剂。

2.4.2.3　引发剂的选择

油性体系通常选用偶氮二异丁腈（AIBN）、过氧化二苯甲酰（BPO）或其他有机过氧类引发剂（如叔丁基过氧化物、过氧化苯甲酸叔丁酯等）。水溶液聚合则选用过硫酸盐或水溶性氧化-还原体系引发剂。

2.4.2.4　丙烯酸酯共聚物溶液的合成

（1）配方　配方见表 2-2。

表 2-2　配方

原　料	用量（质量份）	原　料	用量（质量份）
苯乙烯	20.00	甲基丙烯酸	1.000
甲基丙烯酸甲酯	18.00	S-100 溶剂	56.00
丙烯酸-β-羟丙酯	25.00	二甲苯	18.00
丙烯酸正丁酯	12.00	引发剂（BPO）	2.000
丙烯酸-2-乙基己酯	58.00	链转移剂	0.8000

（2）生产工艺

① 按配方准确地将各单体、引发剂和链转移剂投入滴加器中，搅拌溶解，备用；

② 将 S-100 和二甲苯投入反应釜中，搅拌，升温至 140℃，回流 20min；

③ 滴加单体混合液，控制滴加速度以保持温度在 (140±2)℃，滴加 3.5～4h；

④ 滴加完毕后，保温 2h；

⑤ 取样测转化率，转化率在 99％以上后，停止保温，冷却；

⑥ 迅速冷却至 70℃以下，过滤，包装。

（3）产品技术指标

树脂外观	清澈透明
固体分/％	64.5
黏度（涂-4 杯，25℃）/s	100
羟值/（mg KOH/g）	80
酸价/（mg KOH/g）	4.8

该产品用作羟基组分配制双组分聚氨酯（PU）漆具有很好的综合性能。

2.4.3 悬浮聚合

单体以小液滴状悬浮于水中实施的聚合叫悬浮聚合（suspension polymerization）。悬浮聚合中，使用不溶于水的引发剂（油溶性引发剂），如 AIBN、BPO 等。在剧烈搅拌下，不溶或微溶于水的液态单体以极小的小滴（droplet）悬浮在水中，聚合是在单体的小液滴中进行的，悬浮聚合体系中每个小液滴就是一个本体聚合单元。

为了防止单体小滴聚集及聚合中期（C 约为 20％）时聚合物粒子结块，水相中需添加少量分散剂（悬浮剂）。

典型的悬浮聚合配方：油性单体＋油性引发剂＋去离子水＋分散剂。悬浮聚合所用的引发剂是油溶性的（偶氮或有机过氧化物），因此它们存在于单体小液滴中。悬浮聚合兼有本体聚合和溶液聚合的优点，聚合热、聚合温度易控制。

2.4.3.1 悬浮聚合的特点

① 体系黏度低且变化小，聚合热易被分散介质传递，温度易控制；

② 用水作分散介质，安全、成本低；

③ 无向溶液的链转移，分子量较溶液聚合高；

④ 因加分散剂稳定悬浮液，生产透明、绝缘性聚合物较困难；

⑤ 后处理过程比溶液聚合和乳液聚合简单。

2.4.3.2 分散剂的分散机理及其种类

悬浮聚合借助搅拌的作用使互不相溶的油性单体以小液滴形式分散于水中，液滴粒径在最小微米级，若停止搅拌，体系仍将分层。而且当 $C＝20％～60％$ 时，液滴中溶胀有一定量的聚合物，体系开始发黏，搅拌停止时将造成粘连、结块。因此，对于悬浮聚合，搅拌、悬浮分散剂非常重要。

分散剂主要有两类：①不溶于水的高分散性无机粉状物，如碳酸镁、碳酸钙、滑石粉等。其分散稳定机理为这些无机粉状物吸附在液滴表面，起着机械隔离的作用。用于分散剂的无机盐粉末应是高度分散的，用量为水量的 0.1％～1％。若生产透明悬浮树脂，可用碳酸镁或碳酸钙，聚合完成后用稀盐酸将其洗涤除去，如透明 PSt、PMMA 的合成。而且由于这些物质性能稳定，可用于高温悬浮聚合。②水溶性高分子化合物，又称保护胶，通常不属于表面活性剂。如部分水解的聚乙烯醇（PVA）、聚丙烯酸和聚甲基丙烯酸的盐类、马来酸酐-苯乙烯共聚物的钠盐等合成高分子化合物；甲基纤维素、羟乙（丙）基纤维素等纤维素衍生物和明胶、淀粉、海藻酸钠等天然高分子。目前用量最大的是合成高分子。其分散稳定机理为这些水溶性高分子化合物吸附在液滴表面，形成一层保护膜，起到保护的作用。用于悬浮聚合的 PVA 的规格为：平均聚合度 1700～2000，平均醇解度 88％，如 PVA1788。

2.4.3.3　悬浮聚合粒子的形成及其形态和大小

悬浮聚合反应是在每个小液滴中进行的，所生成聚合物若能溶于自身的单体中，则此反应始终为一相，属于均相反应，最后聚合产物为透明、圆滑、坚硬的小圆珠。所以往往将均相悬浮聚合称为珠状（bead）聚合，例如 PS、PMMA 的悬浮聚合皆为珠状聚合。

相反，若聚合产物不溶于自身单体中，在每一个小滴中，一生成聚合产物就发生沉淀，形成液相单体和固相聚合物两相结构，则属于非均相悬浮聚合。其聚合产物不透明，外形为不规则的粒子，呈粉末状，故非均相悬浮聚合也称为粉状聚合。氯乙烯的悬浮聚合是典型的粉状聚合。

悬浮生产 PVC 的微粒生长机理还不十分清楚，一般认为它的粒子生长可分为三步：VC 分散成 $30\sim40\mu m$ 的小液滴，水溶性悬浮剂在液滴表面形成保护膜，热作用使引发剂分解产生自由基引发聚合，当增至 10 个链节时，在单体液滴中聚集，经过继续增长和链转移，链终止生成死的大分子从单体中析出。析出的大分子经过凝聚生成聚合物粒子。

颗粒形态包括聚合物的粒子的外观形状和内部结构。均相聚合得到的是一种表面光滑、大小均匀的小圆珠，透明且有光泽，直径大小为 $0.01\sim5mm$。非均相聚合的产物则不同，多数为形状不规则、表面粗糙、内部具有微小孔隙的微粒。树脂形态主要由悬浮剂的类型和用量决定。PVC 的悬浮聚合中：明胶作分散剂时产物表面光滑、内部密实，称为紧密型树脂；PVA 作分散剂时呈棉球状，属疏松型树脂。疏松型树脂吸收增塑剂量大，易塑化，因此深受塑料加工厂的欢迎。

粒径大小的影响因素：①搅拌强度；②分散剂性质、浓度；③水油相比例；④温度；⑤引发剂种类、用量；⑥其他助剂。

2.4.3.4　St 悬浮聚合

（1）苯乙烯的悬浮聚合配方　苯乙烯的悬浮聚合配方如表 2-3 所列。

表 2-3　苯乙烯的悬浮聚合配方

原　料	用量	原　料	用量
St	15.0g	BPO	0.300g
H_2O	130mL	PVA(1799,1.5%水溶液)	20.0mL

（2）合成工艺　将去离子水、PVA 溶液加入带有搅拌装置、温度计、冷凝管的反应瓶，将 BPO 加入 St 中溶解，加入水相分散 0.5h，升温至 85℃，保温 8h，升温到 90℃，保温 3h，过滤，水洗，干燥，包装，得 PS 圆珠。

2.5　缩聚实施方法

缩聚常用的实施方法有三种：熔融缩聚、溶液缩聚、界面缩聚。当然随着新的缩聚反应的不断出现，缩聚的实施方法也会相应地增多。涂料用树脂通常使用熔融缩聚或溶液缩聚方法合成。

2.5.1　熔融缩聚

熔融缩聚（melting polycondensation）即单体和缩聚产物均处于熔融状态下的缩聚实施方法。一些大宗缩聚产品（聚酯、聚酰胺、聚碳酸酯）都采用此法生产。

2.5.1.1　熔融缩聚的特点

①工艺简单，利用率高，便于连续化生产；

② 产物纯净，分离简单；

③ 反应温度高（200～300℃），为避免物料氧化，通常需要在惰性气体保护下进行，不适用于高熔点聚合物及热稳定性差单体的缩聚；

④ 反应时间长，增长反应时间有利于提高缩聚物分子量；

⑤ 反应后期需要在高真空下进行，以保证去除低分子副产物。

2.5.1.2 涤纶树脂的熔融缩聚

涤纶树脂于 1941 年实验室合成后，由于单体精制问题没有解决，直到 1953 年才实现工业化生产。当时采用的是酯交换法，现在主要采用直接法。其合成原理为

$$HOOC-\!\!\!\!-\!\!\!\!\bigcirc\!\!\!\!-\!\!\!\!-COOH + 2HO(CH_2)_2OH \xrightarrow[250℃]{酯化} HO(CH_2)_2O-\overset{O}{\overset{\|}{C}}-\!\!\!\!\bigcirc\!\!\!\!-\overset{O}{\overset{\|}{C}}-O(CH_2)_2OH + 2H_2O$$

TPA　　　　　　EG　　　　　　　　　　　　　BHET

$$nHO(CH_2)_2O-\overset{O}{\overset{\|}{C}}-\!\!\!\!\bigcirc\!\!\!\!-\overset{O}{\overset{\|}{C}}-O(CH_2)_2OH \xrightarrow[275℃]{均缩聚} H\!\!\left[\!\!O(CH_2)_2O-\overset{O}{\overset{\|}{C}}-\!\!\!\!\bigcirc\!\!\!\!-\overset{O}{\overset{\|}{C}}\!\!\right]_n\!\!O(CH_2)_2OH + (n-1)EG$$

BHET　　　　　　　　　　　　　　　　　　　　　PET

因此涤纶树脂的合成并非 TPA、EG 的一步法混缩聚，而是采用两步法，首先得到 BHET，然后用 BHET 进行均缩聚，只有这样才能得到合格的树脂，这是聚对苯二甲酸乙二醇酯合成反应的特点。

2.5.2 溶液缩聚

溶液缩聚（solution polycondensation）是使单体、聚合物溶于适当溶剂以溶液状态实施的缩聚。可采用纯溶剂或混合溶剂，特别适宜分子量不太高的缩聚物的合成。常用来生产油漆、涂料、胶黏剂等缩聚物溶液。对于不宜采用熔融缩聚法制备的分子量高且难熔的耐高温聚合物，也可以采用溶液缩聚法合成。随着耐高温聚合物的开发，该法日益重要，一些新型的耐高温树脂的合成也采用此法。尼龙-66 的预聚采用醋酸作封端剂，由尼龙-66 盐先进行水溶液聚合，反应程度达 90% 以后，逐步升温至 270℃蒸出水分，再进行熔融缩聚，即在反应后期将压力降至 2700Pa 真空熔融缩聚。

2.5.2.1 溶液缩聚的特点

① 使用溶剂，反应平稳、散热容易；

② 溶液缩聚一般适用于不平衡缩聚，不需要加压或抽真空，反应设备简单；

③ 反应温度较低，因而常采用高活性单体，常选用二元酰氯、二元异氰酸酯与二元醇、二元胺等参加反应；

④ 使用溶剂，增加了分离、精制、溶剂回收工序。

2.5.2.2 溶剂的选择

溶剂的选择通常考虑以下几点：

① 溶解单体，降低反应物料黏度，吸收反应放出的热，有利于热交换；

② 溶解增长链分子，有利于链增长反应顺利进行；

③ 有利于副产物的去除。因此，所选用的溶剂可考虑与缩聚反应中生成的小分子副产物形成共沸物而及时带走小分子。也可考虑选用那些沸点与小分子副产物相差大者作为溶剂，这样可不断蒸出小分子副产物而溶剂不会被蒸发。此外，如果释放的小分子化合物为

HCl等酸性物质，可以在溶剂中加入缚酸剂吸收。

溶液缩聚的应用在缩聚实施方法中仅次于熔融缩聚，除了主要用于涂料、黏合剂等直接使用缩聚物溶液的合成之外，许多性能优良的工程塑料也采用溶液缩聚法合成，如聚砜、聚苯醚、聚芳酰亚胺等。

2.6 结语

以上对涂料树脂合成常用的自由基聚合、逐步聚合的聚合原理做了介绍，这些知识和理论对树脂合成的配方设计、核算、优化和工艺条件的选择具有重要指导意义。有了这些知识的基础，就可以进入下面各章涂料树脂合成的学习。当然，随着高分子科学的进步，一些新的聚合反应不断开发出来，如近年来高分子界非常关注的活性自由基聚合（原子转移聚合）等也被涂料树脂合成学者所应用，因此我们应不断学习这些新的理论，并善于将这些理论运用于涂料树脂的合成，以进一步促进涂料科学的技术进步。

第3章 醇酸树脂

3.1 概述

多元醇和多元酸可以进行缩聚反应，所生成的缩聚物大分子主链上含有许多酯基（—COO—），这种聚合物称为聚酯。涂料工业中，将脂肪酸或油脂改性的聚酯树脂称为醇酸树脂（alkyd resin），而将大分子主链上含有不饱和双键的聚酯称为不饱和聚酯，其他的聚酯则称为饱和聚酯。这三类聚酯型大分子在涂料工业中都有重要的应用。

20世纪30年代开发的醇酸树脂，使涂料工业掀开了新的一页，标志着以合成树脂为成膜物质的现代涂料工业的建立。醇酸树脂涂料具有漆膜附着力好、光亮、丰满等特点，且具有很好的施工性。但其涂膜较软，耐水、耐碱性欠佳。醇酸树脂可与其他树脂（如硝化棉、氯化橡胶、环氧树脂、丙烯酸树脂、聚氨酯树脂、氨基树脂）配成多种不同性能的自干或烘干漆，广泛用于桥梁等建筑物以及机械、车辆、船舶、飞机、仪表等的涂装。此外，醇酸树脂原料易得、工艺简单，符合可持续发展的社会要求。目前，醇酸漆仍然是重要的涂料品种之一，其产量约占涂料工业总量的20%左右。

3.2 醇酸树脂的分类

3.2.1 按改性用脂肪酸或油脂的干性分类

（1）干性油醇酸树脂 即由高级不饱和脂肪酸或油脂制备的醇酸树脂，可以自干或低温烘干，溶剂用200号溶剂油。该类醇酸树脂通过氧化交联干燥成膜，从某种意义上来说，氧化干燥的醇酸树脂也可以说是一种改性的干性油。干性油漆膜的干燥需要很长时间，原因是它们的分子量较低，需要多步反应才能形成交联的大分子。醇酸树脂相当于"大分子"化的油，只需少许交联点，即可使漆膜干燥，漆膜性能当然也远超干性油漆膜。

（2）不干性油醇酸树脂 不能单独在空气中成膜，属于非氧化干燥成膜，主要是作增塑剂和多羟基组分。用作羟基组分时可与氨基树脂配制烘漆或与多异氰酸酯固化剂配制双组分自干漆。

（3）半干性油醇酸树脂 干燥性能在干性油、不干性油醇酸树脂之间。

3.2.2 按醇酸树脂油度分类

包括长油度醇酸树脂、短油度醇酸树脂、中油度醇酸树脂。

油度表示醇酸树脂中含油量的高低。

油度（OL）（%）的含义是醇酸树脂配方中油脂的用量（m_o）与树脂理论产量（m_r）之比。其计算公式如下：

$$OL = m_o / m_r$$

以脂肪酸直接合成醇酸树脂时，脂肪酸含量（OLf）（%）为配方中脂肪酸用量（m_f）与树脂理论产量之比。

m_r ＝单体用量－生成水量

＝苯酐用量＋甘油（或季戊四醇）用量＋油脂（或脂肪酸）用量－生成水量

$$OLf = m_f / m_r$$

为便于配方的解析比较，可以把 OLf（%）换算为 OL。油脂中，脂肪酸基含量约为 95%，所以：

$$OLf = OL \times 0.95$$

引入油度（OL）对醇酸树脂配方有如下的意义：①表示醇酸树脂中弱极性结构的含量，因为长链脂肪酸相对于聚酯结构极性较弱，弱极性结构的含量，直接影响醇酸树脂的可溶性，如长油度醇酸树脂溶解性好，易溶于溶剂汽油；中油度醇酸树脂溶于溶剂汽油-二甲苯混合溶剂；短油度醇酸树脂溶解性最差，需用二甲苯或二甲苯-酯类混合溶剂溶解。同时，油度对光泽、刷涂性、流平性等施工性能亦有影响，弱极性结构含量高，光泽高，刷涂性、流平性好。②表示醇酸树脂中柔性成分的含量，因为长链脂肪酸残基是柔性链段，而苯酐聚酯是刚性链段，所以，OL 也就反映了树脂的玻璃化温度（T_g），或常说的"软硬程度"，油度长时硬度较低，保光、保色性较差。

醇酸树脂的油度范围见表 3-1。

表 3-1　醇酸树脂的油度范围

油　　度	长　油　度	中　油　度	短　油　度
油量/%	＞60	40～60	＜40
苯酐量/%	＜30	30～35	＞35

[例 3-1]　某醇酸树脂的配方如下：亚麻仁油，100.0g；氢氧化锂（酯交换催化剂），0.400g；甘油（98%），43.00g；苯酐（99.5%），74.50g（其升华损耗约 2%）。计算所合成树脂的油度。

解　甘油的分子量为 92，故其投料的物质的量为 $43.00 \times 98\% / 92 = 0.458$（mol）

含羟基的物质的量为　　　　　　　$3 \times 0.458 = 1.374$（mol）

苯酐的分子量为 148，因为损耗 2%，故其参加反应的物质的量为

$$74.50 \times 99.5\% \times (1 - 2\%) / 148 = 0.491\text{（mol）}$$

其官能度为 2，故其可反应官能团数为 $2 \times 0.491 = 0.982$（mol）

因此，体系中羟基过量，苯酐（即其醇解后生成的羧基）全部反应生成水量为

$$0.491 \times 18 = 8.835\text{（g）}$$

生成树脂质量为 $100.0 + 43.00 \times 98\% + 74.50 \times 99.5\% \times (1 - 2\%) - 8.835 = 205.950$（g）

所以　　　　　　　　油度 $= 100.0 / 205.950 \times 100\% = 49\%$

3.3　醇酸树脂的合成原料

3.3.1　多元醇

醇是带有羟基官能团的化合物。制造醇酸树脂的多元醇主要有丙三醇（甘油）、三羟甲基丙烷、三羟甲基乙烷、季戊四醇、乙二醇、1,2-丙二醇、1,3-丙二醇等。其羟基的个数称为该醇的官能度，丙三醇为三官能度醇，季戊四醇为四官能度醇。根据醇羟基的位置，有伯羟基、仲羟基和叔羟基之分。它们分别连在伯碳、仲碳和叔碳原子上。

羟基的活性顺序：伯羟基＞仲羟基＞叔羟基。

常见多元醇的基本物性见表 3-2。

表 3-2　醇酸树脂合成常用多元醇的基本物性

单体名称	结 构 式	分子量	熔点(沸点)/℃	密度/(g/cm³)
丙三醇(甘油)	HOCH$_2$CH(OH)CH$_2$OH	92.09	18(290)	1.26
三羟甲基丙烷	H$_3$CH$_2$CC(CH$_2$OH)$_3$	134.12	56～59(295)	1.1758
季戊四醇	C(CH$_2$OH)$_4$	136.15	189(260)	1.38
乙二醇	HO(CH$_2$)$_2$OH	62.07	−13.3(197.2)	1.12
二乙二醇	HO(CH$_2$)$_2$O(CH$_2$)$_2$OH	106.12	−8.3(244.5)	1.118
丙二醇	CH$_3$CH(OH)CH$_2$OH	76.09	−60(187.3)	1.036

　　用三羟甲基丙烷合成的醇酸树脂具有更好的抗水解性、抗氧化稳定性、耐碱性和热稳定性，与氨基树脂有良好的相容性。此外还具有色泽浅、保色力强、耐热及快干的优点。乙二醇和二乙二醇主要同季戊四醇复合使用，以调节官能度，使聚合平稳，避免胶化。

3.3.2　有机酸

　　有机酸可以分为两类：一元酸和多元酸。一元酸主要有苯甲酸、松香酸以及脂肪酸（亚麻油酸、桐油酸、妥尔油酸、豆油酸、菜籽油酸、椰子油酸、蓖麻油酸、脱水蓖麻油酸等）；多元酸包括邻苯二甲酸酐（PA）、间苯二甲酸（IPA）、对苯二甲酸（TPA）、顺丁烯二酸酐（MA）、己二酸（AA）、癸二酸（SE）、偏苯三酸酐（TMA）等。多元酸单体中以邻苯二甲酸酐最为常用，引入间苯二甲酸可以提高耐候性和耐化学品性，但其熔点高、活性低，用量不能太大；己二酸（AA）和癸二酸（SE）含有多亚甲基单元，可以用来平衡硬度、韧性及抗冲击性；偏苯三酸酐（TMA）的酐基打开后可以在大分子链上引入羧基，经中和可以实现树脂的水性化，用作合成水性醇酸树脂的水性单体。一元酸主要用于脂肪酸法合成醇酸树脂，亚麻油酸、桐油酸等干性油脂肪酸干性较好，但易黄变，耐候性较差；豆油酸、脱水蓖麻油酸、菜籽油酸、妥尔油酸黄变较弱，应用较广泛；椰子油酸、蓖麻油酸不黄变，可用于室外用漆和浅色漆的生产。苯甲酸可以提高耐水性，由于增加了苯环单元，可以改善涂膜的干性和硬度，但用量不能太多，否则涂膜变脆。

　　一些有机酸物性见表 3-3。

表 3-3　常见有机酸的物性

单体名称	状态(25℃)	分子量	熔点(沸点)/℃	酸值/(mg KOH/g)	碘值
苯酐(PA)	固	148.12	131(284)	785	
间苯二甲酸(IPA)	固	166.13	330	676	
顺丁烯二酸酐(MA)	固	98.06	52.6(199.7)	1145	
己二酸(AA)	固	146.14	152	768	
癸二酸(SE)	固	202.24	133		
偏苯三酸酐(TMA)	固	192	165	876.5	
苯甲酸	固	122	122(249)	460	
松香酸	固	340	＞70	165	
桐油酸	固	280	α-型 48.5、β-型 71	180～220	165～180
豆油酸	液	280		195～202	135
亚麻油酸	液	280		180～220	160～175
脱水蓖麻油酸	液	293		187～195	138～143
菜籽油酸	液	285		195～202	120～130
妥尔油酸	液	295		190	105～130
椰子油酸	液	208		263～275	9～11
蓖麻油酸	液	310		175～185	85～93
二聚酸	液	566		190～198	

3.3.3 植物油

植物油类有桐油、亚麻仁油、豆油、棉籽油、妥尔油、红花油、脱水蓖麻油、蓖麻油、椰子油等。

植物油是一种三脂肪酸甘油酯，3个脂肪酸一般不同，可以是饱和酸、单烯酸、双烯酸或三烯酸，但是大部分天然油脂中的脂肪酸主要为十八碳酸，也可能含有少量月桂酸（十二碳酸）、豆蔻酸（十四碳酸）和软脂酸（十六碳酸）等饱和脂肪酸，脂肪酸种类受产地、气候甚至加工条件的影响。

重要的不饱和脂肪酸有以下几种。

油酸（9-十八碳烯酸）：

$$CH_3(CH_2)_7CH =\!= CH(CH_2)_7COOH$$

亚油酸（9,12-十八碳二烯酸）：

$$CH_3(CH_2)_4CH =\!= CHCH_2CH =\!= CH(CH_2)_7COOH$$

亚麻酸（9,12,15-十八碳三烯酸）：

$$CH_3CH_2CH =\!= CHCH_2CH =\!= CHCH_2CH =\!= CH(CH_2)_7COOH$$

桐油酸（9,11,13-十八碳三烯酸）：

$$CH_3(CH_2)_3CH =\!= CHCH =\!= CHCH =\!= CH(CH_2)_7COOH$$

蓖麻油酸（12-羟基-9-十八碳烯酸）：

$$CH_3(CH_2)_5CH(OH)CH_2CH =\!= CH(CH_2)_7COOH$$

因此，构成油脂的脂肪酸非常复杂，植物油酸是各种饱和脂肪酸和不饱和脂肪酸的混合物。

油类一般根据其碘值将其分为干性油、不干性油和半干性油。

干性油：碘值≥140，平均每个分子中双键数≥6个。

不干性油：碘值≤100，平均每个分子中双键数<4个。

半干性油：碘值100～140，平均每个分子中双键数4～6个。

油脂的质量指标如下：

① 外观、气味　植物油一般为清澈透明的浅黄色或棕红色液体，无异味，其颜色色号小于5号。若产生酸败，则有酸臭味，表示油品变质，不能使用。

② 密度　油比水轻，大多数都在0.90～0.94g/cm³。

③ 黏度　植物油的黏度相差不大。但是桐油由于含有共轭三烯酸结构，黏度较高；蓖麻油含羟基，氢键的作用使其黏度更高。

④ 酸值　酸值用来表征油脂中游离酸的含量。通常以中和1g油中所含酸所需的氢氧化钾的质量（mg）来计量。合成醇酸树脂的精制油的酸值应小于5.0mg KOH/g（油）。

⑤ 皂化值和酯值　皂化1g油中全部脂肪酸所需KOH的质量（mg）为皂化值；将皂化1g油中化合脂肪酸所需KOH的质量（mg）称为酯值。

皂化值＝酸值＋酯值

⑥ 不皂化物　皂化时，不能与KOH反应且不溶于水的物质。主要是一些高级醇类、烃类等。这些物质影响涂膜的硬度、耐水性。

⑦ 热析物　含有磷脂的油料（如豆油、亚麻油）中加入少量盐酸或甘油，可使其在高温下（240～280℃）凝聚析出。

⑧ 碘值　100g油能吸收碘的质量（g）。它表示油类的不饱和程度，也是表示油料氧化干燥速率的重要参数。

为使油品的质量合格，适合醇酸树脂的生产，合成醇酸树脂的植物油必须经过精制才能使用，否则会影响树脂质量甚至影响合成工艺。精制方法包括碱漂和土漂处理，俗称"双漂"。碱漂主要是去除油中的游离酸、磷脂、蛋白质及机械杂质，也称为"单漂"。"单漂"后的油再用酸性漂土吸附掉色素（即脱色）及其他不良杂质，才能使用。

如果发现油脂颜色加深、发生酸败、含水、酸值较高，则不能使用。目前最常用的精制油品为豆油、亚麻油和蓖麻油。亚麻油属干性油，干性好，但保色性差，涂膜易黄变。蓖麻油为不干性油，同椰子油类似，保色、保光性好。大豆油取自大豆种子，是世界上产量最多的油脂。大豆毛油的颜色因大豆的品种及产地的不同而异，一般为淡黄、略绿、深褐色等。精炼过的大豆油为淡黄色。大豆油为半干性油，综合性能较好。

常见的植物油的主要物性见表 3-4。

表 3-4　部分植物油的物性

油品	酸值/(mg KOH/g)	碘值	皂化值	密度(20℃)/(g/cm³)	色号(铁-钴比色法)
桐油	6～9	160～173	190～195	0.936～0.940	9～12
亚麻油	1～4	175～197	184～195	0.928～0.938	9～12
豆油	1～4	120～143	185～195	0.921～0.928	9～12
松浆油(妥尔油)	1～4	130	190～195	0.936～0.940	16
脱水蓖麻油	1～5	125～145	188～195	0.926～0.937	6
棉籽油	1～5	100～116	189～198	0.917～0.924	12
蓖麻油	2～4	81～91	173～188	0.955～0.964	9～12
椰子油	1～4	7.5～10.5	253～268	0.917～0.919	4

3.3.4　催化剂

若使用醇解法合成醇酸树脂，醇解时需使用催化剂。常用的催化剂为氧化铅和氢氧化锂（LiOH），由于环保问题，氧化铅已被禁用。醇解催化剂可以加快醇解进程，且使合成的树脂透明，其用量一般占油量的 0.02%。聚酯化反应也可以加入催化剂，主要是有机锡类，如二月桂酸二丁基锡、二正丁基氧化锡等。

3.3.5　催干剂

干性油（或干性油脂肪酸）的"干燥"过程是氧化交联的过程。该反应由过氧化氢键开始，属连锁反应机理。

$$ROOH \longrightarrow RO \cdot + HO \cdot$$

$$RO \cdot + \sim CH=CH-CH_2-CH=CH \sim (R'H) \longrightarrow \sim CH=CH-CH-CH=CH \sim (R' \cdot) + ROH$$

$$R' \cdot + O_2 \longrightarrow R'OO \cdot$$

$$R'OO \cdot + R'H \longrightarrow R' \cdot + R'OOH$$

$$R'OOH \longrightarrow R'O \cdot + HO \cdot$$

体系中形成的自由基通过共价结合而交联形成体形结构。

$$R' \cdot + R' \cdot \longrightarrow R'-R'$$

$$R'O \cdot + R' \cdot \longrightarrow R'OR'$$

$$R'O \cdot + R'O \cdot \longrightarrow R'OOR'$$

上述反应可以自发进行，但速率很慢，需要数天才能形成涂膜，其中过氧化物的均裂为速率控制步骤。加入催干剂（或干料）可以促进这一反应，催干剂是醇酸涂料的主要助剂，其作用是加速漆膜的氧化、聚合、干燥，达到快干的目的。通常催干剂又可再细分为两类。

（1）主催干剂　也称为表干剂或面干剂，主要是钴、锰、钒（V）和铈（Ce）的环烷酸（或异辛酸）盐，以钴、锰盐最常用，用量以金属计为油量的 0.02%～0.2%。其催干机理是与过氧化氢构成了一个氧化-还原系统，可以降低过氧化氢分解的活化能。

$$ROOH + Co^{2+} \longrightarrow Co^{3+} + RO\cdot + HO^-$$
$$ROOH + Co^{3+} \longrightarrow Co^{2+} + ROO\cdot + H^+$$
$$H^+ + HO^- \longrightarrow H_2O$$

同时钴盐也有助于体系吸氧和过氧化氢物的形成。主催干剂传递氧的作用强，能使涂料表干加快，但易封闭表层，影响里层干燥，需要助催干剂配合。

（2）助催干剂　也称为透干剂，通常是以一种氧化态存在的金属皂，它们一般和主催干剂并用，作用是提高主催干剂的催干效应，使聚合表里同步进行，如钙（Ca）、铅（Pb）、锆（Zr）、锌（Zn）、钡（Ba）和锶（Sr）的环烷酸（或异辛酸）盐，助催干剂用量较多，其用量以金属计为油量的 0.5% 左右。

钴-锰-钙复合体系效果很好。一些商家也提供复合好的干料，下游配漆非常方便。

传统的钴、锰、铅、锌、钙等有机酸皂催干剂品种繁多，有的色深，有的价高，有的有毒。近年开发的稀土催干剂产品，较好地解决了上述问题，但也只能部分取代价昂物稀的钴剂。开发新型的完全取代钴的催干剂，一直是涂料行业的迫切愿望。

3.4　醇酸树脂的合成反应原理

甘油和苯酐按摩尔比 2:3 投料，则该体系的平均官能度为 $(2\times3+3\times2)/(2+3)=2.4$，其 Carothers 凝胶点为 $P_c=2/2.4=0.833$，因此，若官能团的反应程度超过凝胶点，就生成体形结构缩聚物。其结构可表示如下：

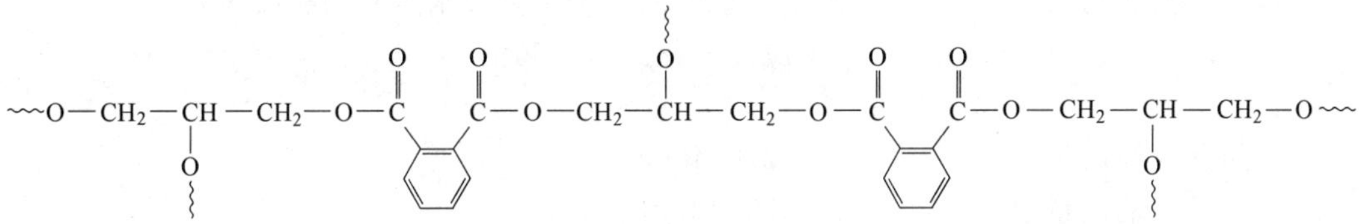

这种树脂遇热不熔，亦不能溶于有机溶剂，具有热固性，不能用作成膜物质。所以制备醇酸树脂时先将甘油与脂肪酸酯化或将甘油与油脂醇解生成单脂肪酸甘油酯，使甘油由三官能度变为二官能度，然后再与二官能度的苯酐缩聚，此时体系为 2-2 线形缩聚体系。苯酐、甘油、脂肪酸按 1:1:1（摩尔比）合成醇酸树脂的理想结构为

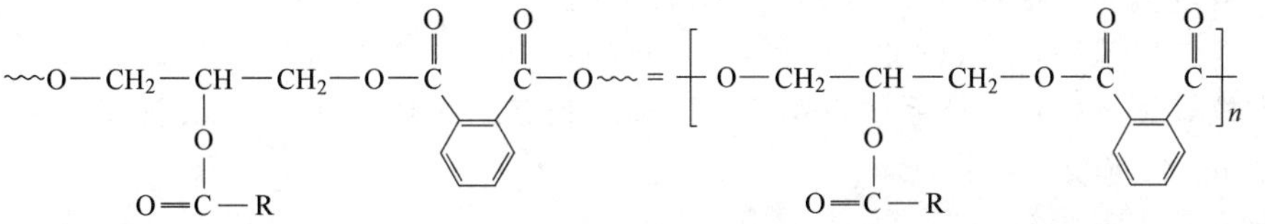

上述大分子链中引入了脂肪酸残基，降低了甘油的官能度，同时也使大分子链的规整度、结晶度、极性降低，从而提高了漆膜的透明性、光泽、柔韧性和施工性。若使用干性脂肪酸（或干性油），则在催干剂的作用下，可在空气中进一步发生氧化聚合，干燥成膜。

3.5　醇酸树脂的配方设计

合成醇酸树脂的反应很复杂。根据不同结构、性能要求制备不同类型的树脂，首先要拟订一个适当的配方，合成的树脂既要酸值低、分子量较大、使用效果好，又要反应平稳、不致胶化。配方拟订还没有一个十分精确的方法，必须将所拟订配方反复实验、多次修改，才

能用于生产。

目前，有一种半经验的配方设计方案，程序如下。

① 根据油度要求选择多元醇过量的百分数，确定多元醇用量。

油度/%	>65	65～60	60～55	55～50	50～40	40～30
甘油过量/%	0	0	0～10	10～15	15～25	25～35
季戊四醇/%	0～5	5～15	15～20	20～30	30～40	

多元醇用量＝酯化1mol苯酐多元醇的理论用量×(1＋多元醇过量百分数)

使多元醇过量主要是为了避免凝胶化。油度越小，体系平均官能度越大，反应中后期越易胶化，因此多元醇过量百分数越大。

② 由油度概念计算油用量。

$$油量＝油度×(树脂产量－生成水量)$$

③ 由固含量求溶剂量。

④ 验证配方，即计算 f、P_c。

[例 3-2]　现设计一个60%油度的季戊四醇醇酸树脂[豆油-梓油 (9∶1)]，醇过量10%，固体含量55%，200号溶剂汽油-二甲苯 (9∶1)。已知工业季戊四醇的 $M_{(1/4C_5H_{12}O_4)}＝34g/mol$。计算其配方组成。

解　以1mol苯酐为基准

工业季戊四醇的用量：$2×(1+0.1)×34＝74.8(g)$

1mol苯酐完全反应生成水量：18g

由油度概念可得

油脂用量＝60%×(苯酐量＋季戊四醇量－生成水量)/(1－60%)
　　　　＝60%×(148＋74.8－18)/(1－60%)
　　　　＝307.2(g)

因此豆油用量＝307.2×90%＝276.48(g)

梓油用量＝307.2×10%＝30.72(g)

理论树脂产量＝苯酐量＋季戊四醇量＋油脂量－生成水量
　　　　　　＝148＋74.8＋307.2－18
　　　　　　＝512(g)

溶剂用量＝(1－55%)×512/55%＝418.9(g)

溶剂汽油用量＝418.9×90%＝377.01(g)

二甲苯用量＝418.9×10%＝41.89(g)

配方核算主要是计算体系的平均官能度和凝胶点。此时，应将1mol油脂分子视为1mol甘油和3mol脂肪酸。

将配方归入表3-5。

表 3-5　[例 3-2] 配方组成

原　料	用量/g	分子量	物质的量/mol	官能度
豆油	276.48	879	0.314	
豆油中甘油			0.314	3
豆油中脂肪酸			3×0.314	1
梓油	30.72	846	0.0363	
梓油中甘油			0.0363	3
梓油中脂肪酸			3×0.0363	1
工业季戊四醇	74.8	136	0.550	4
苯酐	148.12	148	1.000	2

配方中羟基过量，故平均官能度为

$$2×(3×0.314+3×0.0363+2×1.000)/(0.314+3×0.314+$$
$$0.0363+3×0.0363+0.550+1.000)=2.103$$
$$P_c=2/2.103=0.951$$

不易凝胶。

3.6 醇酸树脂的合成工艺

醇酸树脂的合成按所用原料的不同可分为醇解法和脂肪酸法。从工艺上也可以分为溶剂法和熔融法。熔融法设备简单、利用率高、安全，但产品色深、结构不均匀、批次性能差别大、工艺操作较困难，主要用于聚酯合成。醇酸树脂主要采用溶剂法生产。溶剂法中常用二甲苯的蒸发带出酯化水，经过分水器的油水分离重新流回反应釜，如此反复，推动聚酯化反应的进行，生成醇酸树脂。釜中二甲苯用量决定反应温度，存在如表3-6所示的关系。

表 3-6 二甲苯用量与反应温度的关系

二甲苯用量/%	10	8	7	5	4	3
反应温度/℃	188～195	200～210	205～215	220～230	230～240	240～255

醇解法与脂肪酸法则各有优缺点，详见表3-7。

表 3-7 醇解法与脂肪酸法的比较

项 目	醇 解 法	脂 肪 酸 法
优点	①成本较低 ②工艺简单易控 ③原料腐蚀性小	①配方设计灵活,质量易控 ②聚合速度较快 ③树脂干性较好、涂膜较硬
缺点	①酸值不易下降 ②树脂干性较差、涂膜较软	①工艺较复杂,成本高 ②原料腐蚀性较大 ③脂肪酸易凝固,冬季投料困难

目前国内两种方法皆有应用，脂肪酸法的应用呈上升趋势。

3.6.1 醇解法

醇解法是醇酸树脂合成的重要方法。由于油脂与多元酸（或酸酐）不能互溶，所以用油脂合成醇酸树脂时要先将油脂醇解为不完全的脂肪酸甘油酯（或季戊四醇酯）。不完全的脂肪酸甘油酯是一种混合物，其中含有单酯、双酯和没有反应的甘油及油脂，单酯含量是一个重要指标，影响醇酸树脂的质量。其反应如下：

75

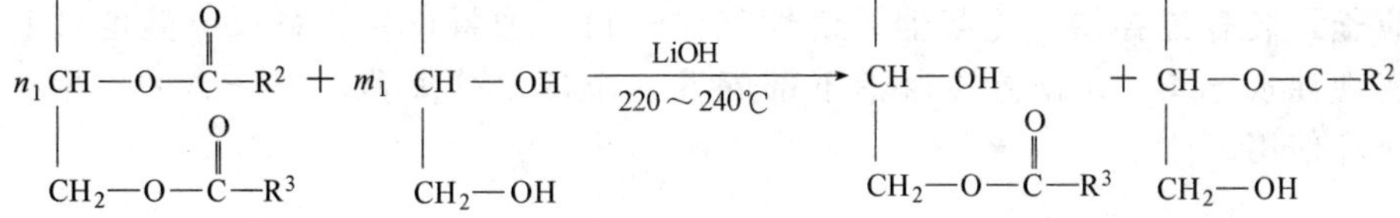

聚酯化:

$$n_2 \underset{\substack{| \\ CH_2-OH}}{\overset{\substack{CH_2-OH \\ |}}{CH-O-C-R^2}} + m_2 \text{（苯酐）} \xrightarrow{180\sim220℃} \sim\!\!\!O-CH_2-CH-CH_2-O-C-\text{（苯环）}-C-O\sim\!\!\!+H_2O$$

3.6.1.1 醇解反应

醇解时要注意甘油用量、催化剂种类和用量及反应温度，以提高反应速率和甘油—酸酯含量。此外，还要注意以下几点：

① 用油要经碱漂、土漂精制，至少要经碱漂；

② 通入惰性气体（CO_2 或 N_2）保护，也可加入抗氧剂，防止油脂氧化；

③ 常用 LiOH 作催化剂，用量为油量的 0.02% 左右；

④ 醇解反应是否进行到应有深度，需及时用醇容忍度法检验以确定其终点。

用季戊四醇醇解时，由于其官能度大、熔点高，醇解温度比甘油高，一般为 $230\sim250℃$。

3.6.1.2 聚酯化反应

醇解完成后，即可进入聚酯化反应。将温度降到 180℃，分批加入苯酐，加入回流溶剂二甲苯，在 $180\sim220℃$ 之间缩聚。二甲苯的加入量影响脱水速率，二甲苯用量提高，虽然可加大回流量，但同时也降低了反应温度，因此回流二甲苯用量一般不超过 8%，而且随着反应进行，当出水速率降低时，要逐步放出一些二甲苯，以提高温度，进一步促进反应进行。聚酯化宜采取逐步升温工艺，保持正常出水速率，应避免反应过于剧烈造成物料夹带，影响单体配比和树脂结构。另外，搅拌也应遵从先慢后快的原则，使聚合平稳、顺利进行。保温温度及时间随配方而定，而且与油品和油度有关。干性油及短油度时，温度宜低。半干性油、不干性油及长油度时，温度应稍高些。

聚酯化反应应关注出水速率和出水量，并按规定时间取样，测定酸值和黏度，达到规定值后降温、稀释，经过过滤，制得漆料。

图 3-1 为醇解溶剂法生产醇酸树脂的工艺流程简图。

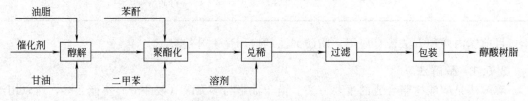

图 3-1 醇解溶剂法生产醇酸树脂的工艺流程

3.6.2 脂肪酸法

脂肪酸可以与苯酐、甘油互溶，因此脂肪酸法合成醇酸树脂可以单锅反应。同聚酯合成工艺、设备接近。脂肪酸法合成醇酸树脂一般也采用溶剂法。反应釜为带夹套的不锈钢反应釜，装有搅拌器、冷凝器、惰性气体进口、加料口、放料口、温度计和取样装置。为实现油水分离，在横置冷凝器下部配置一个油水分离器，经分离的二甲苯溢流回反应釜循环使用。

3.7 醇酸树脂合成实例

3.7.1 短油度椰子油醇酸树脂的合成

（1）配方及核算　单体配方见表3-8。

表3-8　单体配方

原料	用量/kg	分子量	物质的量/kmol
精制椰子油	127.862	662	0.193
95%甘油	79.310	92.1	0.818
苯酐	148.0	148	1.000
油内甘油			0.193
油内脂肪酸			3×0.193

$$油度＝[127.862/(127.862＋79.310＋148.0－18)]×100\%＝38\%$$
$$醇超量＝(3×0.818－2×1.000)/(2×1.000)＝0.227$$
$$平均官能度＝2×(2×1＋3×0.193)/(0.818＋0.193＋1.000＋3×0.193)＝1.992$$
$$P_c＝2/1.992＝1.004$$

不易凝胶。

（2）合成工艺

① 将精制椰子油及甘油的60%加入反应釜，升温，同时通CO_2，120℃时加入黄丹；

② 用2h升温至220℃，保温醇解至无水甲醇容忍度达到5（即在25℃、1mL醇解油中加入5mL无水甲醇体系仍透明）；

③ 降温到180℃，加入剩余甘油，用20min加入苯酐；

④ 停止通N_2，从油水分离器加入单体总量6%的二甲苯；

⑤ 在2h内升温至195～200℃，保温2h；

⑥ 取样测酸值、黏度。当酸值约8mg KOH/g、黏度（加氏管）达10s时，停止加热，出料到兑稀罐，110℃加二甲苯，过滤，收于贮罐。

3.7.2 中油度豆油季戊四醇醇酸树脂的合成

（1）单体配方及核算　单体配方见表3-9。

表3-9　单体配方

原料	用量/kg	分子量	物质的量/kmol
豆油酸	305.886	285	1.073
季戊四醇	138.114	136	1.016
苯酐	148.0	148	1.000

$$脂肪酸油度＝[305.886/(305.886＋138.114＋148.0－18－1.073×18)]×100\%＝55\%$$
$$醇超量＝(4×1.016－2×1.000－1.073)/(2×1.000＋1.073)＝0.322$$
$$平均官能度＝2×(2×1＋1.073)/(1.073＋1.016＋1.000)＝1.990$$
$$P_c＝2/1.990＝1.005$$

不易凝胶。

（2）合成工艺

① 将豆油酸、季戊四醇、苯酐和回流二甲苯（单体总量的8%）全部加入反应釜，通入

77

少量 CO_2，开慢速搅拌，用 1h 升温至 180℃，保温 1h。

② 用 1h 升温至 200～220℃，保温 2h，抽样测酸值达 10mg KOH/g、黏度（加氏管）达到 10s 为反应终点。如果达不到，继续保温，每 30min 抽样复测一次。

③ 达到终点后，停止加热，冷却后将树脂送入已加入二甲苯（固体分 55%）的兑稀罐中。

④ 搅拌均匀（30min），80～90℃过滤，收于贮罐。

3.7.3 60%长油度苯甲酸季戊四醇醇酸树脂的合成

（1）单体配方及核算　单体配方见表 3-10。

表 3-10　单体配方

原　料	用量/kg	分子量	物质的量/kmol
双漂豆油	253.71	879	0.2886
漂梓油	28.19	846	0.0333
苯甲酸	67.66	122	0.5546
季戊四醇	94.16	136	0.6924
苯酐	148.0	148	1.0000
豆油中甘油			0.2886
豆油中脂肪酸			3×0.2886
梓油中甘油			0.0333
梓油中脂肪酸			3×0.03333
回流二甲苯	45.10		

油度＝[(253.71＋28.19)/(253.71＋28.19＋67.66＋94.16＋

148.0－18－0.5546×18)]×100%＝60%

醇超量＝(4×0.6924－2×1.000－0.5546)/(2×1.000＋0.5546)＝0.082

平均官能度＝2×(2×1＋0.5546＋3×0.2886＋3×0.0333)/(0.2886＋0.0333＋

0.5546＋3×0.0333＋3×0.2886＋0.6924＋1.000)＝1.992

P_c＝2/1.992＝1.004

不易凝胶。

（2）合成工艺

① 将双漂豆油、漂梓油加入反应釜，开慢速搅拌，升温，同时通 CO_2，120℃时加入 0.03%的 LiOH；

② 升温至 220℃，逐步加入季戊四醇，再升温至 240℃醇解，保温醇解至醇解物加入 95%乙醇［25℃，1:（3～5）］达到透明；

③ 降温到 200～220℃，分批加入苯酐，加完后停止通 CO_2；

④ 加入单体总量 5%的回流二甲苯；

⑤ 在 200～220℃保温回流反应 3h；

⑥ 抽样测酸值达 10mg KOH/g、黏度（加氏管）达到 10s 为反应终点，如果达不到，继续保温，每 30min 抽样复测一次；

⑦ 酸值、黏度达标后即停止加热，出料到兑稀罐，120℃加 200 号汽油兑稀，冷却至 50℃过滤，收于贮罐供配漆使用。

3.8 醇酸树脂的改性

随着石油化学工业的飞速发展，涂料用高性能成膜物树脂——环氧树脂、聚氨酯树脂、丙烯酸树脂、氯化聚烯烃树脂、有机硅和氟碳树脂等不断涌现，满足了国民经济发展对涂料保护、装饰和功能性多方面的需求。醇酸树脂涂料具有很好的施工性和初始装饰性，但也存在一些明显的缺点，如涂膜干燥缓慢，硬度低，耐水性、耐腐蚀性差，户外耐候性不佳，需要通过改性来满足性能要求。近十几年来，化石燃料（石油、煤为基础的化工原料）在能源危机的驱动下价格持续上涨，而且化石燃料作为不可再生的资源迟早会枯竭，在可持续发展战略的推动下，世界范围内对可再生资源的利用和开发掀起热潮。以植物油为原料的改性聚氨酯、环氧植物油以及醇酸树脂的改性重新得到重视。中、长油度的醇酸树脂中植物油占固体的 50% 以上，而且植物油尤其是豆油价格相对稳定，无论从可持续发展战略要求，还是经济成本考虑都是不错的选择。同时，醇酸树脂系涂料价格低廉、综合性能平衡、漆膜丰满、施工性能好、品种多样，并且是采用现代的树脂复合技术改进和提高性能，能够满足工业涂料的高性能要求，提高附加值。另外，植物油改性和醇酸涂料主要以脂肪烃为溶剂（不受 HAPS 法规控制），可制成高固体分和单组分的涂料，达到环境友好和使用者友好的目标。醇酸树脂分子具有的极性主链和非极性侧链，使其能够和许多树脂、化合物较好地混溶，为进行各种物理改性提供了前提条件；此外其分子上具有羟基、羧基和双键等反应性基团，可以通过化学合成的方法引入其他分子，这是对醇酸树脂化学改性的基础。

3.8.1 丙烯酸改性醇酸树脂

丙烯酸改性醇酸树脂的制备工艺和原理基本成熟，醇酸树脂和丙烯酸树脂优势互补，其性能——耐候性、装饰性和快干得到认可。但是在中国市场上一直未形成气候，主要原因是产品的产业化程度不高，性价比优势不够明显，应用、推广力度不够。

丙烯酸改性醇酸树脂的制备工艺分为两种。

（1）冷拼法　也称为物理法，即用可以同醇酸树脂共混的丙烯酸树脂对醇酸树脂涂料进行共混改性。该法工艺简单、改性范围宽，改性剂丙烯酸树脂与醇酸树脂不发生化学交联反应。其关键是合成出一种能够同醇酸树脂混溶的丙烯酸类树脂。但是，由于两种树脂极性差别较大，混溶性差，若处理不当，涂层易出现病态。用丙烯酸（或甲基丙烯酸）的多元醇酯〔如（甲基）丙烯酸三羟甲基丙烷酯〕及长碳链丙烯酸酯类单体合成的丙烯酸树脂同醇酸树脂混溶性较好。近年来市场上已有一些能够同醇酸树脂混溶的特种丙烯酸树脂供应，如罗门哈斯的 B-67（脂肪烃溶剂，适合中、长油度醇酸树脂），B-99N（芳烃溶剂，适合中、短油度醇酸树脂）。

（2）共聚法　共聚法分为丙烯酸单体的接枝醇酸法和丙烯酸预聚体与醇酸单体的共聚法。前者的工艺是先合成出常规醇酸树脂，然后再与丙烯酸酯类单体进行共聚，生成丙烯酸改性醇酸树脂。为提高接枝率可以引入一定量的马来酸酐，植物油选择含有共轭双键的脂肪酸（如脱水蓖麻油酸、桐油酸等），引发剂可以选择过氧化二苯甲酰（BPO）。改性的醇酸树脂表干较快，硬度较高，耐候性也有提高。

3.8.2 水性醇酸树脂

随着工业的发展，环境污染问题越来越困扰着人类，所以发展环保涂料是大趋势。解决涂料对环境的污染问题其根本途径是发展无溶剂涂料、水性涂料、粉末涂料和高固体分涂料。我国涂料工业产品结构不合理，溶剂型产品比重过大，所以，为了适应日益激烈的市场竞争，必须大力发展中、高档涂料，发展环保型涂料，是我们必须面对的大趋势。

水性涂料是 20 世纪 60 年代发展起来的一类新型的低污染、省能源、省资源涂料。水性涂料由于全部或大部分用水取代了有机溶剂，因而减轻了对环境的污染。随着人们环保意识的提高，以及有机溶剂费用的高涨，水性涂料日益受到人们的重视，得到广泛的研制和开发。

醇酸树脂是一种重要的涂料用树脂，其单体来源丰富、价格低、品种多、配方变化大、方便化学改性且性能好。醇酸树脂既可配制单组分自干漆，也可以配制双组分自干漆（如聚氨酯漆）或烘干漆（如氨基烘漆）。因此自醇酸树脂开发以来，醇酸树脂在涂料工业一直占有重要的地位。但是，同其他溶剂型涂料一样，溶剂型醇酸涂料含有大量的溶剂（＞40%），因此在生产、施工过程中严重危害大气环境和操作人员的健康。近年来，世界各国的环保法规日益严格，传统的溶剂型涂料受到越来越大的挑战，涂料的水性化、高固体化趋势愈来愈明晰。

水性醇酸树脂以水和少量助溶剂为溶剂，有机溶剂用量大大减少，因此由其配制的涂料体系 VOC（可挥发性有机物）含量很低，符合现代涂料工业绿色、环保的发展方向，产业界、研究机构已经投入大量人力、物力进行研发。水性醇酸树脂的开发经历了两个阶段，即外乳化和内乳化阶段。外乳化法即利用外加表面活性剂的方法对常规醇酸树脂进行乳化，得到醇酸树脂乳液，该法所得体系贮存稳定性差，粒径大，漆膜光泽差。目前主要使用内乳化法合成水性醇酸树脂分散体。

3.8.2.1 水性醇酸树脂合成的主要原料

（1）多元酸　水性醇酸树脂的合成主要采用脂肪酸法，该法所得树脂结构、组成均一，分子量分布也比较均匀。其多元酸单体同溶剂型基本相同，应尽量选用抗水解型单体。所用二元酸主要有苯酐（PA）、间苯二甲酸（IPA）、对苯二甲酸（PTA）、己二酸（AD）、壬二酸（AZA），比较新的抗水解型单体有四氢苯酐、六氢苯酐、1,4-环己烷二甲酸（1,4-CHDA）；单元酸有月桂酸（LA）、苯甲酸、油酸、亚油酸、亚麻酸、豆油酸、脱水蓖麻油酸、桐油酸等，其中月桂酸（LA）、苯甲酸、油酸用于水性短油度醇酸树脂的合成，亚油酸、亚麻酸、豆油酸、脱水蓖麻油酸、桐油酸用于可自干水性中长油度醇酸树脂的合成。醇酸树脂中引入 IPA 有利于提高分子量，对提高涂膜干燥速率、硬度、耐水性亦有好处，但其熔点高（330℃），与体系混溶性差，活性较低，用量不能太高，一般占二元酸的 30%（质量分数）。AD、马来酸酐的引入可调整涂膜的柔韧性。

（2）多元醇　水性醇酸树脂用多元醇可选用丙三醇、季戊四醇、三羟甲基丙烷（TMP）等，有时为平衡官能度还可以引入一些二官能度单体，如乙二醇、1,6-己二醇（1,6-HDO）、1,4-环己烷二甲醇（1,4-CHDM）、1,2-丙二醇、新戊二醇（NPG）、2,2,4-三甲基-1,3-戊二醇（TMPD）等。其中，TMP 带三个伯羟基，其上乙基的空间位阻效应可屏蔽酯基，提高耐水解性，与其类似的二官能度单体新戊二醇也常被选用。另外，据报道，CHDM、TMPD 也具有较好的耐水解性，但价格较高。

（3）水性单体　水性醇酸树脂的合成中水性单体是必不可少的，由其引入的水性基团，经中和转变成盐基，提供水溶性，因此，它直接影响树脂的性能。目前比较常用的有偏苯三酸酐（TMA）、聚乙二醇（PEG）、间苯二甲酸-5-磺酸钠、二羟甲基丙酸（DMPA）、马来酸酐、丙烯酸等。

（4）助溶剂　水性醇酸树脂的合成及使用过程中，为降低体系黏度和增加贮存稳定性，常加入一些助溶剂，主要有乙二醇单丁醚、丙二醇单丁醚、丙二醇甲醚醋酸酯、异丙醇、异丁醇、仲丁醇等。其中乙二醇单丁醚具有很好的助溶性，但近年来发现其存在一定的毒性，可选用丙二醇单丁醚代替。

（5）中和剂　常用的中和剂有三乙胺、二甲基乙醇胺，前者用于自干漆，后者用于烘漆较好。

（6）催干剂　典型的醇酸树脂催干剂为油性的，可溶于芳烃或脂肪烃，在水中很难分散，因此可采用提前加入助溶剂中，然后再分散到水中的方法，但即使如此也难以得到快干、高光泽的良好涂膜。目前市场上已出现具有自乳化性的催干剂，此类催干剂作为氧化催干剂可用于水性乳液或水性醇酸树脂，并与水性涂料有良好的混溶性，用该类催干剂所得涂料的干燥性能已达到或接近溶剂型的水平。

3.8.2.2　水性醇酸树脂的合成原理

用 TMA 合成自乳化水性醇酸树脂的过程分为两步：缩聚及水性化。

缩聚即先将 PA、IPA、脂肪酸、TMP 进行共缩聚生成常规的一定油度、预定分子量的醇酸树脂。

水性化即利用 TMA 上活性大的酐基，与上述树脂结构上的羟基进一步反应引入羧基，控制好反应程度，一个 TMA 分子可以引入两个羧基，此羧基经中和以实现水性化。其合成反应表示如下：

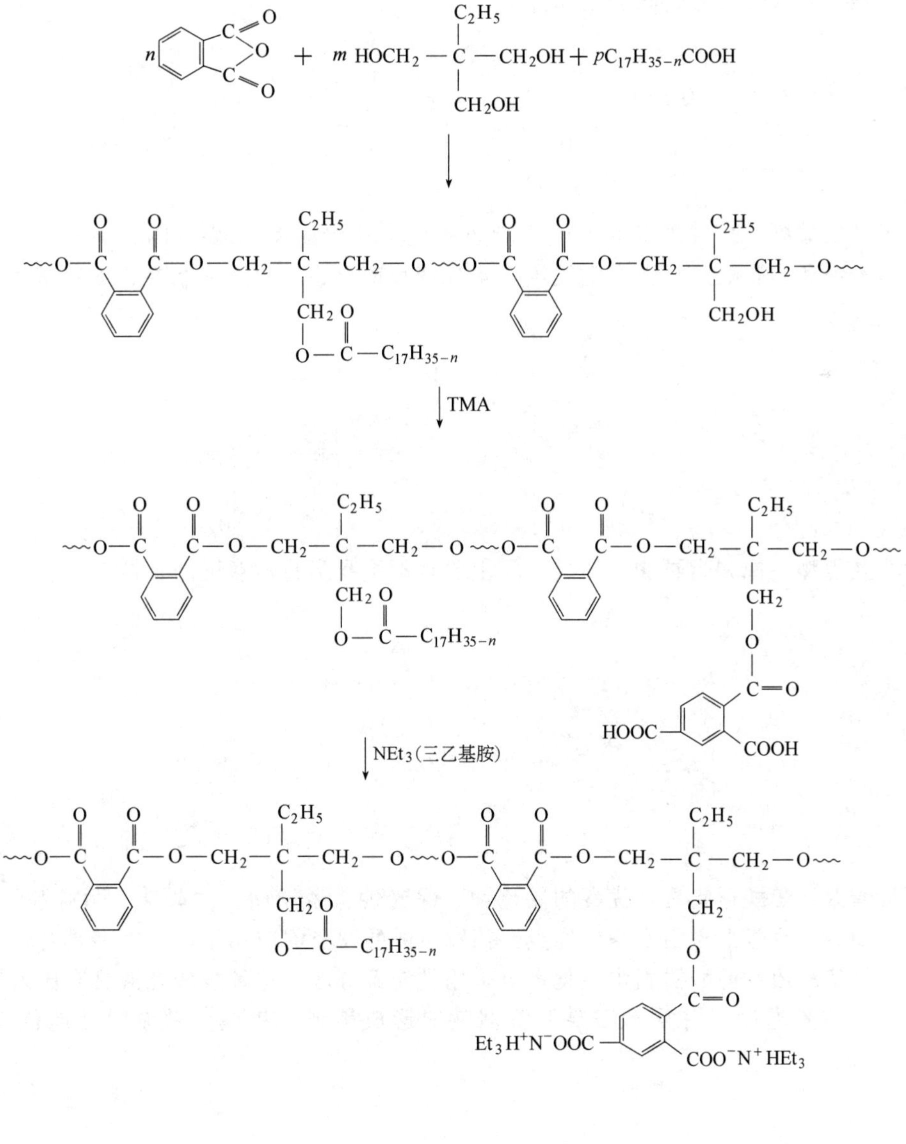

81

其中 n、m、p 为正整数。该法的特点是 TMA 水性化效率高，油度调整范围大，可以从短油到长油随意设计。

此外，也可以将 PEG 引入醇酸树脂主链或侧链实现水溶性。但连接聚乙二醇的酯键易水解，漆液稳定性差，而且该种树脂干性慢，漆膜软而发黏，耐水性较差，目前应用较少。其结构式可表示如下：

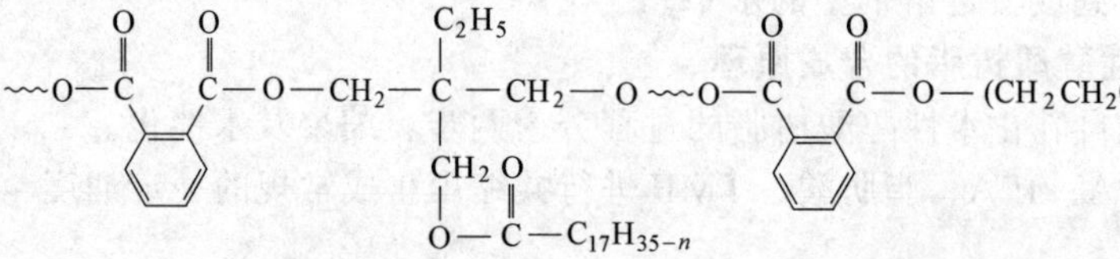

DMPA 也是一种很好的水性单体，其羧基处于其他基团的保护之中，一般条件下不参与缩聚反应，该单体已经国产化，可广泛用于水性聚氨酯、水性聚酯、水性醇酸树脂的合成。该法的缺点是 DMPA 由于作二醇使用，树脂的油度不易提高，一般用于合成短油度或中油度树脂。其水性醇酸树脂的结构式为

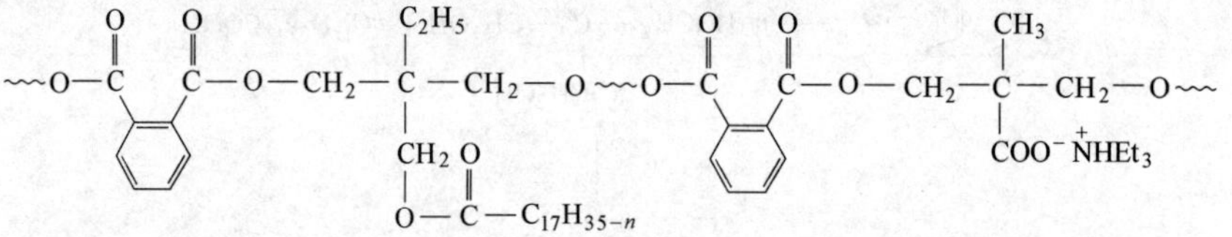

利用马来酸酐与醇酸树脂的不饱和脂肪酸发生狄尔斯-阿尔德（Diels-Alder）反应即马来酸酐与不饱和脂肪酸的共轭双键发生 1,4-加成反应，也可以引入水性化的羧基。

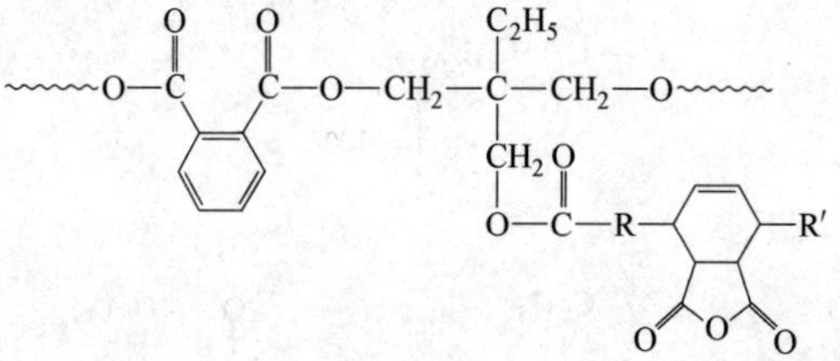

对非共轭型不饱和脂肪酸，加成反应主要是不饱和脂肪酸双键的 α 位。

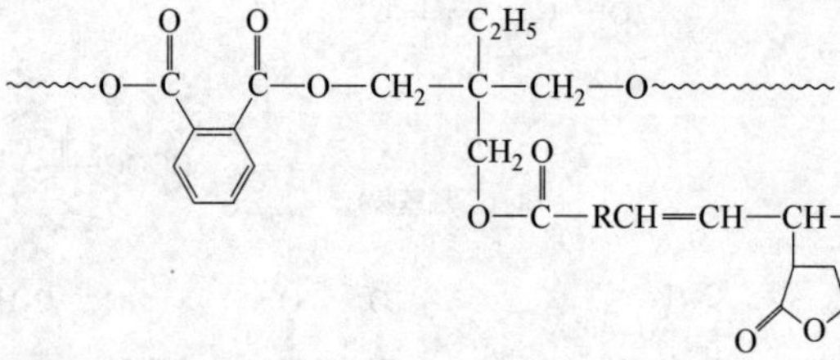

丙烯酸改性醇酸树脂具有优良的保色性、保光性、耐候性、耐久性、耐腐蚀性及快干、高硬度，而且兼具醇酸树脂本身的优点，拓宽了醇酸树脂的应用领域。因而具有较好的发展前景。将丙烯酸改性醇酸树脂水性化，可采用乳液聚合法，这种醇酸乳液具有比丙烯酸乳液更低的最低成膜温度，而且不需要助溶剂就能形成美观的涂膜，其涂膜性能优于丙烯酸乳液。

82

3.8.2.3　水性醇酸树脂合成实例

（1）TMA 型短油度水性醇酸树脂的合成

① 单体合成配方　TMA 型短油度水性醇酸树脂单体配方见表 3-11。

表 3-11　TMA 型短油度水性醇酸树脂单体配方

原料名称	月桂酸	苯酐	间苯二甲酸	三羟基丙烷	偏苯三酸酐	抗氧剂	三乙胺
用量（质量份）	38.00	20.00	4.000	30.00	8.000	0.1000	8.600

② 合成工艺　将 PA、IPA、月桂酸、TMP 及二甲苯加入带有搅拌器、温度计、分水器及氮气导管的 500mL 四口瓶中；用电加热套加热至 140℃，开动慢速搅拌，1h 升温至 180℃，保温约 1h；当出水变慢时，继续升温至 230℃，1h 后测酸值；当酸值小于 10mg KOH/g（树脂）时，蒸除溶剂，降温至 170℃，加入 TMA，控制酸值为 50～60mg KOH/g（树脂），停止反应；降温至 120℃，按 85% 固含量加入乙二醇单丁醚溶解，继续降温至 70℃，按羧基 80%（摩尔分数）加入二甲基乙醇胺，中和 1h；按 50% 固含量加入蒸馏水，搅拌 0.5h；过滤得水性醇酸树脂基料。

（2）PEG 型水性醇酸树脂的合成

① 单体合成配方见表 3-12。

表 3-12　PEG 型水性醇酸树脂的单体合成配方

原料名称	桐油酸	苯酐	季戊四醇	聚乙二醇	抗氧剂
用量（质量份）	50.00	24.00	18.00	8.00	0.0100

② 合成工艺　将 PA、桐油酸、季戊四醇、聚乙二醇及回流二甲苯加入带有搅拌器、温度计、分水器及氮气导管的四口瓶中；用电加热套加热至 180℃，保温约 1h；当出水变慢时，继续升温至 220℃，1h 后测酸值；控制酸值约为 30mg KOH/g（树脂），蒸除二甲苯；降温至 120℃，按 75% 固含量加入乙二醇单丁醚溶解，按 50% 固含量加入蒸馏水，搅拌 0.5h；过滤得水性醇酸树脂。

（3）DMPA 型水性醇酸树脂的合成

① 单体合成配方见表 3-13。

表 3-13　DMPA 型水性醇酸树脂单体合成配方

原料名称	亚麻酸	苯酐	间苯二甲酸	三羟甲基丙烷	二羟甲基丙酸	抗氧剂	三乙胺
用量（质量份）	45.00	20.00	5.000	3.000	15.00	适量	11.31

② 合成工艺　将亚麻酸、苯酐、间苯二甲酸、三羟甲基丙烷、二羟甲基丙酸、抗氧剂及回流二甲苯加入带有搅拌器、温度计、分水器及氮气导管的反应瓶中；加热至 160℃，开慢速搅拌，保温约 0.5h；升温至 180℃，保温约 1h；当出水变慢时，继续升温至 230℃，1h 后测酸值；控制酸值为 50～60mg KOH/g（树脂），蒸除溶剂，降温至 120℃，按 80% 固含量加入乙二醇单丁醚，继续降温至 70℃，按羧基 80%（摩尔分数）加入二甲基乙醇胺，中和 0.5h；按 40% 固含量加入蒸馏水，搅拌 0.5h；过滤得水性醇酸树脂。

3.9　醇酸树脂的应用

醇酸树脂是涂料用合成树脂中产量最大、用途最广的一种。它可以配制自干漆和烘漆，民用漆和工业漆，以及清漆和色漆。醇酸树脂的油脂种类和油度对其应用有决定性影响。

① 独立作为涂料成膜树脂，利用自动氧化干燥交联成膜。干性油的短、中、长油度醇酸树脂具有自干性，其中中、长油度的最常用。醇酸树脂具有自干性可以配制清漆和色漆。

② 醇酸树脂作为一个组分（羟基组分）同其他组分（亦称为固化剂）涂布后交联反应成膜。该类醇酸树脂主要为短、中油度不干性油醇酸树脂，其合成用椰子油、蓖麻油、月桂酸等原料。其涂料体系主要有同氨基树脂配制的醇酸-氨基烘漆，同多异氰酸酯配制的双组分聚氨酯漆等。

③ 改性树脂。主要作为改性剂（或增塑剂）以提高硝酸纤维素、氯化橡胶、过氯乙烯树脂的韧性，制造溶剂挥发性涂料。此类树脂通常用短油度不干性油醇酸树脂。

3.10 结语

以上对醇酸树脂的合成单体、化学原理、配方设计及合成工艺做了介绍。醇酸树脂的开发符合可持续发展的社会发展理念。随着涂料科学与技术的发展，可以预见，醇酸树脂及其涂料在涂料工业的地位将得到继续重视。国内企业界、有关研究机构应加强合作，紧跟世界醇酸树脂发展潮流，促进国内醇酸树脂的开发和应用。

第 4 章 聚 酯 树 脂

4.1 概述

高分子合成工业中聚酯通常指由对苯二甲酸（PTA）、乙二醇（EG）合成的线形的、高分子量的、结晶性的聚对苯二甲酸乙二醇酯（PET），它是一种重要的合成纤维用树脂。涂料工业中使用的聚酯泛指由多元醇和多元酸通过聚酯化反应合成的、一般为线形或分支形的、较低分子量的无定形低聚物，其数均分子量一般在 $10^2 \sim 10^3$，根据其结构的饱和性可以分为饱和聚酯和不饱和聚酯。饱和聚酯包括端羟基型和端羧基型两种，它们亦分别称为羟基组分聚酯和羧基组分聚酯。羟基组分可以同氨基树脂组合成烤漆系统，也可以同多异氰酸酯组成室温固化双组分聚氨酯系统。不饱和聚酯与不饱和单体如苯乙烯通过自由基共聚后成为热固性聚合物，构成涂料行业的聚酯涂料体系。为了实现无定形结构，通常要选用三种、四种甚至更多种单体共聚酯化，因此它是一种共缩聚物。涂料工业中还有一种重要的树脂称为醇酸树脂，从学术上讲，也应属于聚酯树脂的范畴，但是考虑到其重要性及其结构的特殊性（即以植物油或脂肪酸改性），称之为油改性聚酯，第 3 章已做了介绍。涂料工业中的聚酯也可以称为无油聚酯树脂（polyester resin，PE）。

涂料用聚酯一般不单独成膜，主要用于配制聚酯-氨基烘漆、聚酯型聚氨酯漆、聚酯型粉末涂料和不饱和聚酯漆，都属于中、高档涂料体系，所得涂膜光泽高、丰满度好、耐候性强，而且也具有很好的附着力、硬度、抗冲击性、保光性、保色性、高温抗黄变等优点。同时，由于聚酯的合成单体多、选择余地大，大分子配方设计理论成熟，可以通过丙烯酸树脂、环氧树脂、硅树脂及氟树脂进行改性，因此，聚酯树脂在涂料行业的地位不断提高，产量越来越大，应用也日益拓展。

水性聚酯是涂料技术和社会可持续发展要求的产物。水性聚酯树脂的结构和溶剂型聚酯树脂的结构类似，除含有羟基，还需含有羧基和（或）聚氧化乙烯嵌段等水性基团或链段。含羧基聚酯的酸值一般在 $35 \sim 60 \text{mg KOH/g}$（树脂）之间，大分子链上的羧基经挥发性胺中和后成盐，提供水溶性（或水分散性）。控制不同的酸值、中和度可提供不同的水溶性，制成不同的分散体系，如水溶液型、胶体型、乳液型等。水性聚酯可与水性氨基树脂配成水性烘漆，适合于卷材用涂料和汽车涂漆，能满足冲压成形和抗石击性的要求。由于涂层的硬度、丰满光亮度及耐沾污性好，也适于作轻工产品的装饰性面漆。聚酯大分子链上含有许多酯基，较易皂化水解，所以水性聚酯的应用受到了一定的限制，但现在市场上已有大量优秀单体，因此通过优化配方设计，能得到良好的耐水解性能。

4.2 聚酯合成的主要原料

4.2.1 多元酸

聚酯用多元酸可分为芳香族、脂肪族和脂环族三大类。所用的芳香酸主要有苯酐（PA）、间苯二甲酸（IPA）、对苯二甲酸（PTA）和偏苯三酸酐（TMA）等，其中 TMA 可用来引入支化结构，也可用于合成羧基型聚酯，所用的脂肪酸主要有丁二酸、戊二酸、己二酸（AA）、庚二酸、辛二酸、壬二酸（AZA）、马来酸酐、顺丁烯二酸、反丁烯二酸、羟基丁二酸和二聚酸等。比较新的抗水解型单体有四氢苯酐（THPA）、六氢苯酐（HHPA）、四氢邻苯二甲酸、六氢间苯二甲酸、1,2-环己烷二甲酸、1,4-环己烷二甲酸（1,4-CHDA），它们属于脂环族二元酸。羧酸的羧基同烃基相连，因此烃基的不同结构影响羧基的活性，而且对最终合成的聚酯树脂的结构、性能产生重要影响。水性聚酯体系中 PA 用量很低，主要作用在于降低成本，常选用耐水解性羧酸，如己二酸、IPA、HHPA、CHDA 等，应优先选 HHPA、CHDA。其中己二酸、AZA 及二聚酸的引入可以提高涂膜的柔韧性和对塑料基材的附着力。根据对聚酯性能的要求，通过选择、调节各种多元酸的种类、用量，可以获得所期望的树脂性能。有关单体的结构式为

PA   IPA   HHPA

AA   AZA

常用多元酸单体的物理性质见表 4-1。

表 4-1　常用多元酸的物理性质

单体名称	状态	分子量	熔点/℃	特性
己二酸	固体	146.14	151.5	普适性，柔韧性
癸二酸	固体	202.25	131.0～134.5	低极性，柔韧性
苯酐	固体	148.12	130.5	价格低
间苯二甲酸	固体	166.13	345～348	硬度高，耐候性，耐药品性
对苯二甲酸	固体	166.13	>300,升华	硬度高，耐候性，耐药品性
六氢苯酐	固体	154.15	35～36	硬度高，耐候性，耐水解
偏苯三酸酐	固体	192.13	164～167（沸点 240～245）	引入分支和多余羧基
1,4-环己烷二甲酸	固体	172.2	164～167	硬而韧，耐候性，耐水解，活性高，抗黄变
顺酐	固体	98.06	52.6（沸点 199.7）	通用性能
蒸馏二聚酸	液体	含量 95%～98%，多聚酸 2%～4%，酸值 194～198mg KOH/g	5（沸点 200）	柔韧性，耐水解

4.2.2　多元醇

聚酯树脂用多元醇二官能度单体有乙二醇、1,2-丙二醇、1,3-丙二醇、1,4-丁二醇、1,2-丁二醇、1,3-丁二醇、2-甲基-1,3-丙二醇（MPD）、新戊二醇（2,2-二甲基-1,3-丙二醇，NPG）、1,5-戊二醇、1,6-己二醇（1,6-HDO）、3-甲基-1,5-戊二醇、2-丁基-2-乙基-1,3-丙二醇（BEPD）、2,2,4-三甲基-1,3-戊二醇（TMPD）、2,4-二乙基-1,5-戊二醇、1-甲基-1,8-辛二醇、3-甲基-1,6-己二醇、4-甲基-1,7-庚二醇、4-甲基-1,8-辛二醇、4-丙基-1,8-辛二醇、1,9-壬二醇、羟基新戊酸羟基新戊酯（HPHP）等。其他脂肪族二元醇包括二乙二醇、三乙二醇、二丙二醇、三丙二醇、1,4-环己烷二甲醇（1,4-CHDM）、1,3-环己烷二甲醇、1,2-环己烷二甲醇、氢化双酚 A 二醇等，属于脂环族二元醇，性能往往更为优异。多元醇也可选用丙三醇、季戊四醇、三羟甲基丙烷（TMP）、三羟甲基乙烷等，其中，

TMP和三羟甲基乙烷都带三个伯羟基，其上乙基（或甲基）的空间位阻效应可屏蔽聚酯的酯基，提高耐水解性，同时也常用来引入分支。同样道理，与其类似的二官能度单体NPG也是合成聚酯的常规单体。CHDM、TMPD、BEPD、HPHP是新一代合成聚酯用的多元醇，据报道具有很好的耐水解性、耐候性、硬而韧、抗污、不黄变等特性，但价格较高。

一个聚酯树脂配方中，若要使聚酯性能优异，多种多元醇要配合使用，以使其硬度、柔韧性、附着力、抗冲击性以及成本达到平衡。

一些多元醇单体的结构式为

$$HOCH_2-\underset{\underset{CH_3}{|}}{\overset{\overset{CH_3}{|}}{C}}-CH_2OH \qquad C_2H_5-\underset{\underset{CH_2OH}{|}}{\overset{\overset{CH_2OH}{|}}{C}}-CH_2OH \qquad HOCH_2-\bigcirc-CH_2OH$$

NPG　　　　　　　　　TMP　　　　　　　　　CHDM

$$HOCH_2-\overset{\overset{CH_3}{|}}{CH}-CH_2OH \qquad HOCH_2-\underset{\underset{C_4H_9}{|}}{\overset{\overset{C_2H_5}{|}}{C}}-CH_2OH$$

MPD　　　　　　　　　BEPD

$$CH_3-\overset{\overset{CH_3}{|}}{\underset{\underset{OH}{|}}{CH}}-CH_2-\underset{\underset{CH_3}{|}}{\overset{\overset{CH_3}{|}}{C}}-CH_2-OH \qquad HO-CH_2-\underset{\underset{CH_3}{|}}{\overset{\overset{CH_3\quad O}{|\quad\|}}{C}}-C-O-CH_2-\underset{\underset{CH_3}{|}}{\overset{\overset{CH_3}{|}}{C}}-CH_2-OH$$

TMPD　　　　　　　　　　　　　　HPHP

常用多元醇单体的物理性质见表4-2。

表4-2　常用多元醇的物理性质

单体名称	状态	分子量	熔点(沸点)/℃	特性
乙二醇	液体	62.07	−13.3(197.2)	普适,柔韧性
二乙二醇	液体	106.12	−8.3(244.5)	亲水,柔韧性
1,2-丙二醇	液体	76.09	(188.2)	普适
一缩二丙二醇	液体	134.17	(232)	耐水解
2-甲基-1,3-丙二醇	液体	90.8	42~44(262)	普适
2-丁基-2-乙基-1,3-丙二醇(BEPD)	固体	160.3	43	耐候性,耐水解
1,4-丁二醇	液体	90.1	20	普适
1,3-丁二醇	液体	90.1	−77(207.5)	溶解性
新戊二醇	固体	104.15	124~130(210)	普适性,耐化学品,耐候性,耐水解
己二醇	固体	118	40	柔韧
氢化双酚A	固体	236.00	124~126	耐热,耐药品
三羟甲基丙烷	固体	134.12	57~59	耐热,耐水解
1,4-环己烷二甲醇	液体	144.21	43(245)	硬而韧,耐候性,耐水解,活性高,抗黄变
2,2,4-三甲基-1,3-戊二醇(TMPD)	固体	146.22	46~55(215~235)	低黏度,耐候,抗污,柔韧性
羟基新戊酸羟基新戊酯[3-羟基-2,2-二甲基丙酸(3-羟基-2,2-二甲基丙基)酯,HPHP]	固体	209	49.5~50.5	硬而韧,耐候性,耐水解

4.2.3 其他相关助剂

聚酯合成用助剂主要包括催化剂和抗氧剂。

4.2.3.1 聚酯催化剂

聚酯化反应催化剂参与聚酯化过程，可以加快聚合进程，但反应之后该物质又重新复原，没有损耗。催化剂最好符合以下要求：①呈中性，对设备不产生腐蚀；②具有热稳定性及抗水解性；③反应后不需分离，不影响树脂性能；④效率高、用量少；⑤选择性好。目前，聚酯化反应的催化剂以有机锡类化合物应用最广。一般添加量为总反应物料的 0.05%～0.25%（质量分数），反应温度为 220℃左右。最重要的品种有单丁基氧化锡、二丁基氧化锡、二丁基氧化锡氯化物、二丁基二月桂酸锡、二丁基二乙酸锡、单丁基三氯化锡等。选择何种催化剂及其加入量应根据具体的聚合体系及聚合工艺条件通过实验进行确定。

南通濠泰化工产品有限公司是国内知名的聚酯催化剂供应商，表 4-3 是该公司二丁基氧化锡的技术指标。

表 4-3　南通濠泰化工产品有限公司二丁基氧化锡技术指标

项目	标准
外观	白色粉末
分子式	$(H_9C_4)_2SnO$
分子量	248.94
水分	$<1.0\%$
Sn 含量	47.0%～48.0%

此外，该公司的单丁基氧化锡，白色粉末，分子式 $BuSnOOH$，广泛用于饱和及不饱和树脂合成中；单丁基三异辛酸锡，淡黄色液体，分子式 $BuSn(OOC_8H_{15})_3$，是一种高效、抗水解、中性无腐蚀的新型有机锡类酯化反应催化剂。

4.2.3.2 聚酯抗氧剂

抗氧剂加于高分子材料中能有效地抑制或降低大分子的热氧化、光氧化速度，显著地提高材料的耐热、耐光性能，延缓材料的降解等老化过程，延长制品使用寿命。常用的抗氧剂按分子结构和作用机理主要有三类：受阻酚类抗氧剂、磷类抗氧剂和复合型抗氧剂。

(1) 受阻酚类抗氧剂　受阻酚类抗氧剂是高分子材料的主抗氧剂。其主要作用是与高分子材料中因氧化产生的自由基 R·、ROO·反应，中断活性链的增长。受阻酚类抗氧剂按分子结构分为单酚、双酚、多酚等品种。受阻酚类抗氧剂具有抗氧效果好、热稳定性高、无污染、与树脂相容性好等特点，因而在高分子材料中应用广泛。其基本品种为 BHT（2,6-二叔丁基酚），但其分子量低、挥发性大、易泛黄变色，用量正逐年减少。以 JY-1010｛四[β-(3,5-二叔丁基-4-羟基苯基)丙酸]季戊四醇酯｝、JY-1076[β-(3,5-二叔丁基-4-羟基苯基)丙酸十八碳醇酯]为代表的高分子量受阻酚类抗氧剂用量逐年提高，聚合型和反应型受阻酚类抗氧剂的开发也非常活跃。

(2) 磷类抗氧剂　亚磷酸酯为辅助抗氧剂（或称为预防型抗氧剂）。辅助抗氧剂的主要作用机理是通过自身分子中的磷原子化合价的变化把大分子中高活性的过氧化物分解成低活性分子。TNP（三壬苯基亚磷酸酯）、168[三(2,4-二叔丁基苯基)亚磷酸酯]是通用品种。由于传统的亚磷酸酯易水解，影响了贮存和应用性能，提高亚磷酸酯的水解性一直是抗氧剂的研发热点。高分子量亚磷酸酯具有挥发性低、耐久性高等特点。

（3）复合型抗氧剂 不同类型主、辅抗氧剂或同一类型不同分子结构的抗氧剂作用和应用效果存在差异，各有所长又各有所短。复合抗氧剂由两种或两种以上不同类型或同类型不同品种的抗氧剂复配而成，可取长补短，显示出协同效应。协同效应是指两种或两种以上的助剂复合使用时其应用效应大于每种助剂单独使用的效应加和。高效复合型抗氧剂为受阻酚与亚磷酸酯的复合物。复合型产品具有开发周期短、效果好、综合性能佳、多种助剂充分发挥协同作用的特点，方便用户使用。

（4）抗氧剂的最佳添加量 由于树脂结构、加工工艺的不同以及对制成品的性能要求不同，很难给出一个普遍适用的一成不变的最佳用量。事实上各个聚合物加工厂都有适合自己工艺流程的添加剂配方。

科学实验数据证明，在一定的添加量范围内抗氧剂的加入量与老化寿命成正比，但这并不意味着加入量越多抗氧化效果越好。通常情况下聚烯烃中加入量以 0.3% 左右为宜，最多不超过 0.6%，但是如果加入量低于 0.1%，抗氧化性能将急剧下降。在主抗氧剂 JY-1010、JY-1076 为低添加量时，应加入同等量或双份量的辅助抗氧剂，如亚磷酸酯或硫代酯类，主、辅抗氧剂协同作用，可显著提高制品的抗氧化寿命。

聚酯合成抗氧剂常用次磷酸、亚磷酸酯类或其和酚类组合的复合型抗氧剂（如汽巴900），次磷酸应在聚合起始时室温加入并控制用量，其他类抗氧剂可在高温聚合阶段加入，加入量为 0.1%~0.4%。

4.3 聚酯配方设计

线形缩聚反应分子量的控制通常利用方程：

$$\overline{X}_n = \frac{(1+r_a)}{(1+r_a-2r_aP_a)} \tag{4-1}$$

式中，r_a 为非过量官能团对过量官能团的摩尔比，$r_a \leqslant 1$；$\overline{X}_n$ 为以结构单元计数的数均聚合度。对一些体系，r_a 的物理意义不明确，平均官能度概念清楚，可取代 r_a 用于对线形、体形缩聚体系数均聚合度的控制，普适性强。

为了进行缩聚动力学分析，需要引入两个假定：①可反应官能团的活性与单体种类、聚合进程无关，自始至终相同；②只有分子间可反应官能团间的反应，而不发生分子内及官能团的脱除等副反应。

平均官能度的定义为

$$\overline{f} = 2 \times \text{非过量官能团的物质的量/单体总的物质的量} \tag{4-2}$$

设 a、b 为体系两种可反应的官能团，a 基为非过量官能团，起始投料单体总量为 N_0，缩聚到 t 时分子总数为 N。利用上述假定及平均官能度定义，则得 t 时 a 基的反应程度为

$$P_a = \frac{N_0-N}{N_0\overline{f}/2} = \frac{2\left(1-\dfrac{1}{\overline{X}_n}\right)}{\overline{f}} \tag{4-3}$$

若令 $\overline{X}_n \to \infty$，则得 Carothers 凝胶点

$$P_c = \frac{2}{\overline{f}} \tag{4-4}$$

式（4-3）整理可得

$$\overline{X}_n = \frac{1}{[1-P_a(\overline{f}/2)]} \tag{4-5}$$

该式可取代式（4-1）用于缩聚体系 $\overline{X}_n$ 的控制与计算。

由 $\overline{X}_n$ 可以计算聚酯的数均分子量：

$$\overline{M}_n = \overline{X}_n \frac{\sum m_i - m_{H_2O}}{\sum n_i} \tag{4-6}$$

从上述推导过程看，无论线形缩聚或体形缩聚式（4-5）都成立，其前提是符合两个基本假定。当然该式在超过凝胶点后，由于不再符合假定②的条件，误差可能较大，但对体形缩聚预缩聚（$P_a < P_c$）是树脂合成的重要控制阶段。

因此用平均聚合度控制方程 $\overline{X}_n = 1/[1-P_a(\overline{f}/2)]$ 控制数均聚合度，用途广、适应性强，不仅用于线形缩聚，也可用于体形缩聚，而且同数均聚合度、数均分子量可以直接关联。该方程用于醇酸树脂、聚酯合成的配方设计与核算，简单、方便，内含信息丰富，很值得推广。

涂料用聚酯树脂的分子量通常在 10^3，聚合度在 10^1。计算时根据设定的聚合度、羟值或酸值设计配方，经过实验优化，可以得到优秀的合成配方。

4.4 聚酯合成工艺

涂料用聚酯树脂的合成工艺有三种。

（1）溶剂共沸法 该工艺常压进行，用惰性溶剂（二甲苯）进行聚酯化反应生成水的共沸物而将水带出，用分水器使油水分离，溶剂循环使用。反应可在较低温度（150~220℃）下进行，条件较温和，反应结束后，要在真空下脱除溶剂。另外，物料夹带，会造成醇类单体损失，因此，实际配方中应使醇类单体过量一定的量，其具体数值同选用的单体种类、配比、聚合工艺条件及设备参数有关。

（2）本体熔融法 该法为熔融缩聚工艺，反应釜通常装备锚式搅拌器、N_2 气进气管、蒸馏柱、冷凝器、接收器和真空泵。工艺可分两个阶段，第一阶段温度低于 180℃，常压操作，在该阶段，应控制 N_2 气流量和出水、回流速度，使蒸馏柱顶温度不大于 103℃，避免单体馏出造成原料损失和配比不准，出水量达到 80% 以后，体系由单体转变为低聚物；第二阶段温度为 180~220℃，关闭 N_2 气，逐渐提高真空度，使低聚物进一步缩合，得到较高分子量的聚酯。反应程度可通过测定酸值、羟值及黏度监控。

（3）先熔融后共沸法 该法是本体熔融法和溶剂共沸法的综合。聚合也分为两个阶段进行，第一阶段为本体熔融法工艺，第二阶段为溶剂共沸法工艺。

聚酯合成一般采用间歇法生产。涂料行业及聚氨酯工业使用的聚酯多元醇分子量大多为 500~3000，呈二官能度的线形结构或多官能度的分支形结构。溶剂共沸法和先熔融后共沸法比较适用于涂料用聚酯树脂的合成，其聚合条件温和，操作比较方便；本体熔融法适用于高分子量的聚酯树脂合成。无论何种工艺，单体和低聚物的馏出、成醚反应都会导致实际合成的聚酯同理论设计聚酯分子量的偏差，因此应使醇类单体适当过量一些，一般的经验是二元醇过量 5%~10%（质量分数）。

4.5 聚酯合成实例

4.5.1 端羟基线形聚酯的合成
4.5.1.1 合成配方及配方计算
合成配方见表4-4。

表 4-4 端羟基线形聚酯的合成配方
单位：g

原料名称	用量	原料名称	用量
己二醇	180.0	己二酸	390.0
1,4-环己烷二甲醇	97.17	抗氧剂	3.850
1,2-丙二醇	84.98	有机锡催化剂	0.525

配方计算见表4-5。

表 4-5 端羟基线形聚酯合成的配方计算

项 目	数 值	项 目	数 值
$m_{总}/g$	752.15	$\overline{f}$	1.784
n/mol	5.985	$\overline{X}_n$	9.238
m_{H_2O}/g	96.07	$\overline{M}_n$	1013
n_{OH}/mol	6.633	羟值/(mg KOH/g)	110
n_{COOH}/mol	5.337	$\overline{f}_{OH}$	2

注：$m_{总}$ 为单体总投料量；n 为单体总物质的量；m_{H_2O} 为缩合水量；n_{OH} 为单体羟基的总物质的量；n_{COOH} 为单体羧基的总物质的量；$\overline{f}$ 为平均官能度；$\overline{X}_n$ 为数均聚合度；$\overline{M}_n$ 为数均分子量；$\overline{f}_{OH}$ 为羟基平均官能度。

4.5.1.2 合成工艺
① 通氮气，投料，加入5％二甲苯，升温至140℃，保温0.5h；
② 升温至150℃，保温1h；
③ 升温至160℃，保温2h；
④ 升温至170℃，保温0.5h；
⑤ 升温至180℃，保温2h；
⑥ 升温至190℃，保温0.5h；
⑦ 升温至200℃，保温0.5h；
⑧ 升温至210℃，保温1h；
⑨ 保温完毕，边抽除溶剂边降温，抽1~1.5h；
⑩ 测酸值小于1mg KOH/g（树脂）后，降温至90℃，过滤，出料。

4.5.2 端羟基分支形聚酯的合成
4.5.2.1 合成配方及配方计算
合成配方见表4-6。

表 4-6 端羟基分支形聚酯合成配方
单位：g

原料名称	用量	原料名称	用量
三羟甲基丙烷	15.00	苯酐	40.32
1,4-环己烷二甲醇	10.00	乙酸丁酯	83.66
新戊二醇	30.00	抗氧剂	0.620
2-丁基-2-乙基-1,3-丙二醇	12.00	有机锡催化剂	0.525
己二酸	30.63		

配方计算见表 4-7。

表 4-7　端羟基分支形聚酯合成配方计算

项目	数值	项目	数值	项目	数值
$m_{总}/g$	137.95	$m_{树脂}/g$	125.49	$\overline{M}_n$	2004
m_{H_2O}/g	12.46	n/mol	1.027	羟值/(mg KOH/g)	106
n_{OH}/mol	1.202	$\overline{f}$	1.878	$\overline{f}_{OH}$	3.8
n_{COOH}/mol	0.9644	$\overline{X}_n$	16.40		

4.5.2.2　合成工艺（本体熔融法）

① 通氮气，投料，升温至 130℃，保温 1h；

② 升温至 150℃，保温 1h；

③ 升温至 160℃，保温 2h；

④ 升温至 170℃，保温 0.5h；

⑤ 升温至 180℃，保温 2h；

⑥ 升温至 190℃，保温 0.5h；

⑦ 升温至 200℃，保温 1h；

⑧ 升温至 210℃，保温 1h；

⑨ 保温完毕，将真空度由 0.050MPa 逐渐提高到 0.080MPa，用时约 2～2.5h；

⑩ 测酸值小于 5mg KOH/g（树脂）后，降温，加入溶剂，过滤得产品。

4.5.3　氨基烤漆用端羟基分支形聚酯的合成
4.5.3.1　合成配方及配方计算
合成配方见表 4-8。

表 4-8　氨基烤漆用端羟基分支形聚酯合成配方　　　　　　　单位：g

原料名称	用量	原料名称	用量
三羟甲基丙烷	8.280	二甲苯（带水剂）	4.500
乙二醇	4.110	抗氧剂	0.150
2-丁基-2-乙基-1,3-丙二醇	42.81	有机锡催化剂	0.120
己二酸	8.190	二甲苯-丙二醇甲醚醋酸酯	39.50
间苯二甲酸	48.91	（8：2，溶剂）	

配方计算见表 4-9。

表 4-9　氨基烤漆用端羟基分支形聚酯合成配方的计算

项目	数值	项目	数值	项目	数值
$m_{总}/g$	112.3	$m_{树脂}/g$	99.67	$\overline{M}_n$	2014
m_{H_2O}/g	12.62	n/mol	0.751	羟值/(mg KOH/g)	90
n_{OH}/mol	0.862	$\overline{f}$	1.868	$\overline{f}_{OH}$	3.2
n_{COOH}/mol	0.701	$\overline{X}_n$	15.18		

4.5.3.2　合成工艺（溶剂共沸法）

① 通氮气置换空气，投三羟甲基丙烷、乙二醇和 2-丁基-2-乙基-1,3-丙二醇，升温至 130℃，开搅拌，保温 0.5h；

② 加入间苯二甲酸和二甲苯（带水剂）；

③ 用 4h 从 130℃升温至 175℃；

④ 用 6h 从 175℃升温至 210℃；

⑤ 保温至体系透明，降温至170℃，加入己二酸；

⑥ 用2h从170℃升温至210℃；

⑦ 保温至酸值小于10mg KOH/g（树脂），冷却，用溶剂稀释，过滤得产品。

注：反应器带有搅拌器、N₂气导管、部分冷凝器和分水器。

该聚酯型羟基组分同氨基树脂配制的烘漆综合性能很好。

4.6 聚酯树脂的应用

羟基型聚酯树脂在涂料工业主要用于同氨基树脂配制聚酯型氨基烘漆或与多异氰酸酯配制室温固化双组分聚氨酯漆。聚酯型的这些体系较醇酸体系有更好的耐候性和保光性，且硬度高、附着力好，属于高端的涂料体系，但是聚酯极性较大，施工时易出现涂膜病态，因此涂料配方中助剂的选择非常重要。羧基型聚酯树脂主要用于和环氧树脂配制粉末涂料。

4.7 不饱和聚酯

不饱和聚酯是指分子主链上含有不饱和双键的聚酯，一般由饱和的二元醇与饱和的及不饱和的二元酸（或酸酐）聚合而成，它不同于醇酸树脂，醇酸树脂的双键位于侧链上，依靠空气的氧化作用交联固化。不饱和聚酯则利用其主链上的双键及交联单体（如苯乙烯）的双键由自由基型引发剂产生的活性种引发聚合、交联固化。

不饱和聚酯中含有一定量的活性很大的不饱和双键，又有作为稀释剂的活性单体，但在常温下，聚合成膜反应很难发生。为使具有的双键能够迅速反应成膜，必须使用引发剂。引发剂就是能使线形的不饱和聚酯和活性单体在常温或加热条件下变成不溶、不熔的体形结构的聚合物。但是引发剂在常温分解的速度很慢，为此还要应用一种能够促进引发快速进行的促进剂。引发剂与促进剂要配套使用，使用过氧化环乙酮作引发剂时，环烷酸钴是有效的促进剂；当使用过氧化苯甲酰作引发剂时，二甲基苯胺是理想的促进剂。引发剂为强氧化剂，而促进剂为还原剂，二者复合构成氧化-还原引发体系。

不饱和聚酯涂料具有较高的光泽、耐磨性和硬度，而且耐溶剂、耐水和耐化学品性良好，其漆膜丰满，表面可打磨、抛光，装饰性高。其缺点是成膜时由于伴有自由基型聚合，涂膜收缩率大，对附着力有不良影响，同时漆膜脆性较大。

4.7.1 不饱和聚酯的合成原料

不饱和聚酯的原料包括二元醇、二元酸（或酸酐）、交联剂、引发剂和促进剂。

二元醇可以选择乙二醇、二乙二醇、1,2-丙二醇、二丙二醇、1,3-丁二醇、新戊二醇等。其中1,2-丙二醇通常为主单体。二乙二醇可提供柔韧性，但对提高耐水性不利。选择带有支链的二醇（如1,2-丙二醇、1,3-丁二醇、新戊二醇）使聚酯呈现不对称性，可以提高其与苯乙烯等交联剂的相容性。近年来出现了一些抗空气阻聚型不饱和多元醇类单体，如三羟甲基二烷单烯丙基醚（TMPME）、三羟甲基丙烷二烯丙基醚（TMPDE）。TMPME可以像其他二元醇一样共聚于不饱和聚酯主链中，TMPDE可以作为封端剂使用。

二元酸（或酸酐）可以选择马来酸酐（MA）、反丁烯二酸、苯酐（PA）、间苯二甲酸（IPA）、对苯二甲酸（PTA）和己二酸。其中MA、反丁烯二酸属于不饱和酸，其使用目的是在聚酯中引入不饱和双键，MA为最重要的不饱和二元酸，它在聚酯主链上以顺式、反式构型同时出现。研究发现反式构型的马来酸酐单元的共聚活性大，容易同交联剂（苯乙烯）共聚，为提高反式构型单元含量，可以在反应后期将温度提高到200℃反应1h。另外，MA单元的位置对聚合活性也有重要的影响，实验发现位于链端的活性远远大于位于链中时的活性，因此 MA 的加料方式应予以重视，分批加料是一种较好的选择。苯酐为合成不饱和聚酯最常用的饱和二元酸。MA、PA 的摩尔比通常在（3∶1）～（1∶3），MA 用量高时，树脂活性大，漆膜脆性亦大。因此，配方研究时应根据性能要求，通过实验确定最佳的配料比。

交联剂是不饱和聚酯涂料体系的重要原料。它们主要是带有不饱和双键的化合物，可以同不饱和聚酯分子链上的双键进行共聚，使线形的不饱和聚酯通过交联剂的架桥链段交联成网络状的聚合物。根据其双键多少，交联剂可以分为单双键型交联剂和多双键型交联剂两种。理论上讲，自由基型单体都可以作为不饱和聚酯的交联单体，但是考虑到相容性，比较常用的单体主要是苯乙烯（或甲基苯乙烯），少量使用丙烯酸酯类，多双键型交联剂（如邻苯二甲酸二烯丙酯）只起到辅助作用。交联剂用量约为不饱和聚酯双键含量的 80～100 倍。

引发剂亦称固化剂，通常和促进剂复合产生自由基活性种，实现链引发。常用的固化剂主要是过氧化酮类和过氧化二苯甲酰（BPO）。过氧化酮类包括过氧化环己酮和过氧化甲乙酮，它们都是几种化合物的混合物。过氧化环己酮含有下列化合物：

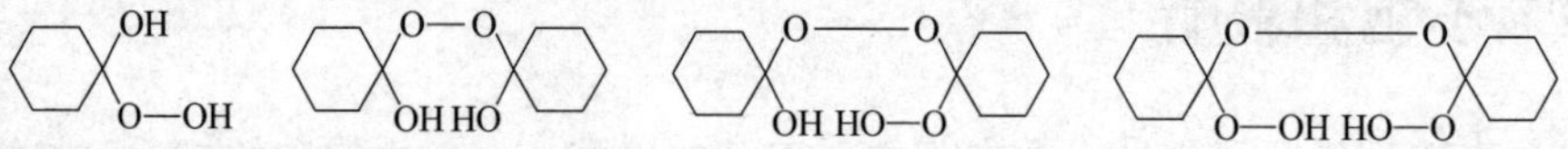

过氧化甲乙酮含有下列化合物：

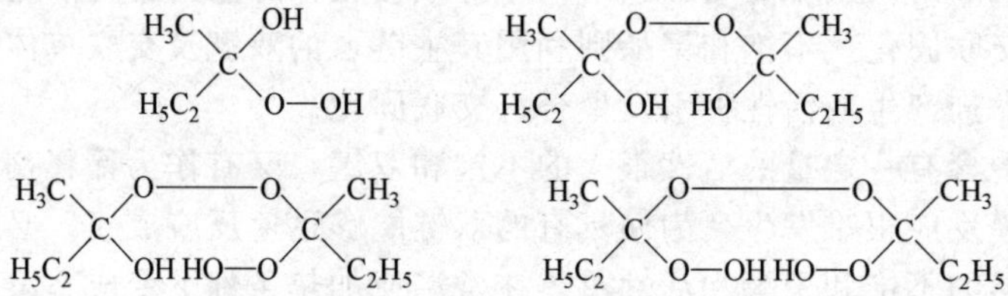

市售的固化剂通常配成 50% 的邻苯二甲酸二丁酯糊状物，过氧化环己酮糊（1 号固化剂）放置会发生分层，使用时应搅拌均匀。过氧化甲乙酮、过氧化二苯甲酰可溶于苯乙烯，使用时现用现配。

固化剂的用量一般按固体分计为 2%。

促进剂是能降低引发剂分解温度或加速引发聚合反应的一类物质，其化学原理则是同引发剂即固化剂构成了氧化-还原引发体系，大大降低了活化能，使引发能够在室温下顺利进行。应该注意的是促进剂对固化剂具有选择性。如二价钴盐（如环烷酸钴、异辛酸钴，俗称蓝水）与过氧化环己酮等氢过氧化物类引发剂可以配伍，但对 BPO 则无效；而叔胺类（如 N,N-二甲基苯胺）则相反，它可以同过氧化物固化剂配伍。促进剂通常配成苯乙烯的溶液使用。

二价钴盐-氢过氧化物类氧化-还原引发体系的引发机理如下：

$$ROOH + Co^{2+} \longrightarrow RO \cdot + OH^- + Co^{3+}$$
$$ROOH + Co^{3+} \longrightarrow ROO \cdot + H^+ + Co^{2+}$$
$$ROOH + RO \cdot \longrightarrow ROH + ROO \cdot$$
$$ROOH + ROO \cdot \longrightarrow RO \cdot + ROH + O_2$$
$$RO \cdot + Co^{2+} \longrightarrow RO^- + Co^{3+}$$
$$ROO \cdot + Co^{3+} \longrightarrow R^+ + O_2 + Co^{2+}$$
$$H^+ + OH^- \longrightarrow H_2O$$

不饱和聚酯的聚合工艺与聚酯相同。升温最好使用梯度升温工艺，160℃ 可以保温 1h，当出水减弱后，出水量可达理论量的 60%～70%，再继续升温，最后可升至 200℃，直到酸值合格。后阶段的高温聚合，有利于反式马来酸酐单元生成，提高共聚活性和树脂性能。

4.7.2 分子设计原理及合成工艺

不饱和聚酯为线形分子，其分子量可以通过摩尔系数（即非过量羧基与过量羟基的摩尔比）进行控制，当然，也可以用体系的平均官能度进行控制。除此之外，引入的双键量也应根据性能要求通过大量实验给予确定。下面为一合成实例。

4.7.2.1 合成配方及配方计算

合成配方见表 4-10。

表 4-10 合成配方

原料名称	用量/g	原料名称	用量/g
三羟甲基丙烷二烯丙基醚(TMPDE 80)	20.00	二甲苯(带水剂)	4.300
1,2-丙二醇	34.41	抗氧剂	0.150
马来酸酐	33.32	有机锡催化剂	0.120
苯酐	19.84	苯乙烯(稀释剂)	50.00

配方计算见表 4-11。

表 4-11 合成配方计算

项 目	数 值	项 目	数 值	项 目	数 值
$m_{总}$/g	107.57	n_{COOH}/mol	0.948	$\overline{f}$	1.846
$m_{缩合水}$/g	14.65	$m_{树脂}$/g	92.92	$\overline{X}_n$	12.95
n_{OH}/mol	1.029	n/mol	1.027	$\overline{M}_n$	1171

4.7.2.2 合成工艺（溶剂共沸法）

① 通氮气置换空气，投入所有原料（含 0.04% 对苯二酚），用 1h 升温至 140℃，保温 0.5h；

② 升温至 160℃，保温 1h；

③ 用 1h 升温至 185℃，使酸值约为 30mg KOH/g（树脂）；

④ 冷却至 150℃，在真空度 0.070MPa 下真空蒸馏 0.5h 脱水；

⑤ 冷却至 120℃，补加 0.2% 对苯二酚；

⑥ 冷却至 90℃，苯乙烯稀释至固含量为 65%，过滤、出料。

注：反应器带有搅拌器、N_2 气导管、部分冷凝器和分水器。

4.7.3 不饱和聚酯的应用

不饱和聚酯在涂料行业主要用来配制不饱和聚酯漆及聚酯腻子（俗称原子灰）。其包装采用双罐包装，一罐为主剂，由树脂、粉料、助剂、交联剂和促进剂（即促进剂的还原剂）组成；另一罐为固化剂（即促进剂的氧化剂），使用时现场混合后施工。

主要优点是可以制成无溶剂涂料，一次涂刷可以得到较厚的漆膜，对涂装温度的要求不高，而且漆膜装饰作用良好，漆膜坚韧耐磨，易于保养。缺点是固化时漆膜收缩率较大，对基材的附着力容易出现问题，气干性不饱和聚酯一般需要抛光处理，过程较为烦琐。不饱和聚酯漆主要用于家具、木制地板、木器工艺品等方面。

在不饱和聚酯漆固化过程中，氧会起到阻聚作用，使漆膜不能干燥，为此可以使用玻璃或涤纶薄膜等覆盖涂层表面来隔绝空气，还可以在涂料中添加涂料量 0.5%～1% 的石蜡。在漆膜固化过程中，石蜡析出浮在涂层表面而阻止空气中氧的阻聚作用。待涂层干燥后，再将蜡层打磨掉。而气干型不饱和树脂由于引入了烯丙基醚或烯丁基醚等气干性官能团，能够使不饱和树脂在不避氧的环境下固化成膜。此外，在制漆时不是以苯乙烯稀释聚酯树脂而是用烯丙基醚或酯类来稀释聚酯树脂，提高空气干燥性能。例如，在聚酯树脂中不引入气干性官能团，而是用甘油的二烯丙醚的乙二酸酯来代替苯乙烯稀释，也能使聚酯固化，达到气干的目的。

在不饱和聚酯中加入少量乙酸丁酸纤维素，可以缩短不沾尘时间，提高抗热温度，减少垂直流挂，还能减少漆膜的缩孔。

含蜡不饱和树脂漆由于需要避氧固化，只能用于平面涂饰。而气干不饱和树脂漆可以喷涂、刷涂立面。含蜡不饱和聚酯可用于板式家具板材涂饰。气干不饱和聚酯可以喷涂家具，可以翻新搪瓷浴缸。不饱和聚酯漆具有良好的耐水、耐热性能，硬度高，可打磨，干性好，有良好的光泽和丰满度，一次可涂几百微米的厚涂层。

4.8 水性聚酯树脂

4.8.1 水性单体

水性聚酯树脂的水性单体目前比较常用的有：偏苯三酸酐（TMA）、聚乙二醇（PEG）、间苯二甲酸-5-磺酸钠（5-SSIPA）、二羟甲基丙酸（DMPA）、二羟甲基丁酸（DMBA）、1,4-丁二醇-2-磺酸钠等。这些单体可以单独使用也可以复合使用，由其引入的水性基团，可经中和转变成盐基，提供水溶性或水分散性。

4.8.2 助溶剂

水性聚酯树脂的合成及使用过程中，为降低体系黏度和贮存稳定性常加入一些助溶剂，主要有乙二醇单丁醚（BCS）、乙二醇单乙醚（ECS）、丙二醇单丁醚、丙二醇甲醚醋酸酯（PMA）、异丙醇（IPA）、异丁醇（IBA）、正丁醇、仲丁醇等。其中乙二醇单丁醚具有很好的助溶性，但近年来发现其存在一定的毒性，可选用丙二醇单丁醚或丙二醇甲醚醋酸酯取代。若选用丙酮、丁酮作溶剂，分散后再经过脱除，可以得到无溶剂或低 VOC 的水性聚酯分散体。

4.8.3 中和剂

常用的中和剂有三乙胺（TEA）、二甲基乙醇胺（DMEA）、二乙基乙醇胺（DEEA）、2-氨基-2-甲基丙醇（AMP-95）。TEA、AMP-95 成膜过程容易挥发，可用于室温干燥体系；DMEA、DEEA 挥发较慢，用于氨基烘漆较好。

4.8.4 合成原理及工艺

用 TMA 合成自乳化水性聚酯树脂分为两步：缩聚及水性化。

缩聚即先将 HHPA、1,4-CHDA、NPG、TMP 等聚酯化单体进行共缩聚生成常规的预定分子量的树脂。

水性化即利用 TMA 上活性大的酐基，与上述树脂结构上的羟基进一步反应引入羧基，控制好反应程度，一个 TMA 分子可以引入两个羧基，此羧基经中和以实现水性化。其合成反应表示如下：

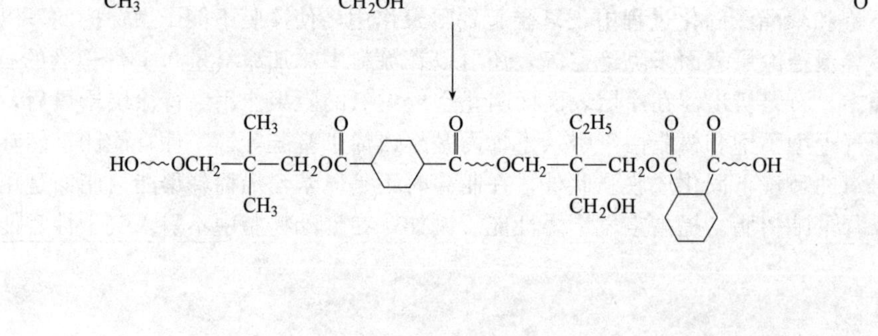

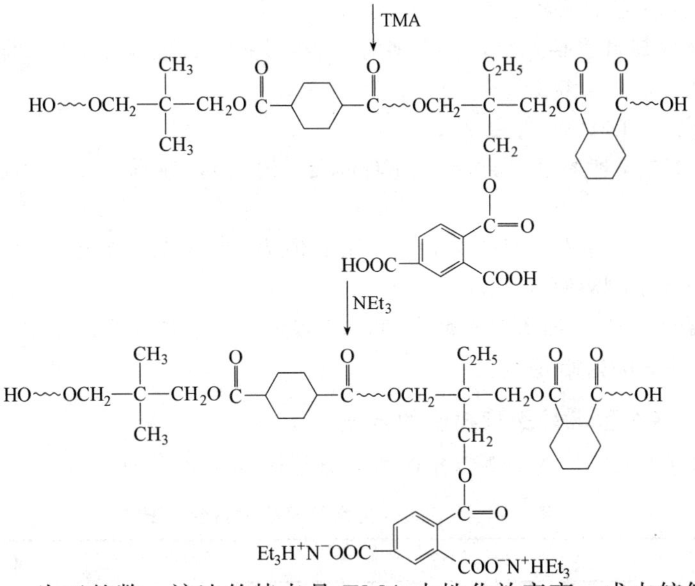

其中 n、m、p 为正整数。该法的特点是 TMA 水性化效率高，成本较低。

DMPA 也是一种很好的水性单体，其羧基处于其他基团的三维保护之中，一般条件下不参与缩聚反应，该单体已经国产化，可广泛用于水性聚氨酯、水性聚酯、水性醇酸树脂的合成。其水性聚酯树脂的典型结构式可表示为

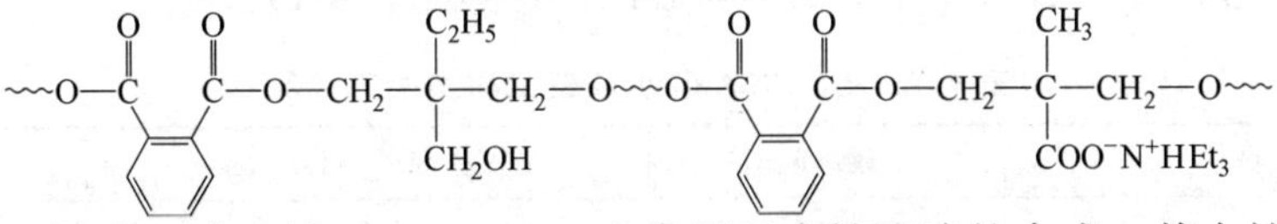

另外间苯二甲酸-5-磺酸钠（5-SSIPA）也常用于水性聚酯的合成。其水性聚酯树脂的典型结构式可表示为

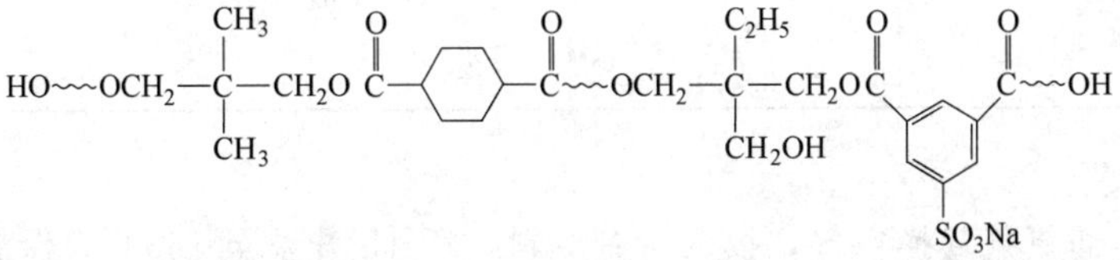

4.8.5　TMA 型水性聚酯树脂的合成

（1）合成配方　TMA 型水性聚酯树脂合成配方见表 4-12。

表 4-12　TMA 型水性聚酯树脂合成配方　　　　　　单位：g

原料名称	用量	原料名称	用量
新戊二醇	416.0	间苯二甲酸	332.0
己二醇	118.0	二甲苯	80.00
三羟甲基丙烷	402.0	偏苯三酸酐	192.00
己二酸	292.0	有机锡催化剂	2.000
苯酐	444.0	二甲基乙醇胺	90.00

（2）配方计算　TMA 型水性聚酯树脂配方计算见表 4-13。

表 4-13　TMA 型水性聚酯树脂配方计算

项　目	数　值	项　目	数　值	项　目	数　值
$m_{总}$/g	2004	$m_{树脂}$/g	1806	$\overline{M}_n$	1806
m_{H_2O}/g	198	n/mol	15	羟值/(mg KOH/g)	112
n_{OH}/mol	19	$\overline{f}$	1.867	酸值/(mg KOH/g)	56
n_{COOH}/mol	14	$\overline{X}_n$	15		

（3）合成工艺（溶剂共沸法）

① 将反应釜通氮气置换空气，投入所有原料，用 1h 升温至 140℃，保温 0.5h；

② 升温至 150℃，保温 1h；

③ 用 1h 升温至 180℃，保温 2h；

④ 升温至 220℃，使酸值小于 8mg KOH/g（树脂），在真空度 0.070MPa 下真空蒸馏 0.5h 脱水；

⑤ 降温至 170℃，加入 TMA 反应，控制酸值为 56mg KOH/g（树脂），降温至 90℃，按 70％固含量加入丁酮溶解；

⑥ 继续降温至 50℃，加入中和剂中和，按 40％固含量加入去离子水，搅拌 0.5h，减压脱除丁酮，得水性聚酯树脂基料。

4.8.6　5-SSIPA 型水性聚酯树脂的合成

（1）合成配方　5-SSIPA 型水性聚酯树脂合成配方见表 4-14。

表 4-14　5-SSIPA 型水性聚酯树脂合成配方　　　　　　　　　单位：g

原料名称	用量	原料名称	用量
新戊二醇	391.2	己二酸	225.3
三羟甲基丙烷	90.80	乙二醇丁醚	244.0
5-SSIPA	60.30	蒸馏水	732.1
六氢苯酐	350.0	有机锡催化剂	1.120

（2）配方计算　5-SSIPA 型水性聚酯树脂配方计算见表 4-15。

表 4-15　5-SSIPA 型水性聚酯树脂配方计算

项　目	数　值	项　目	数　值
$m_{总}/g$	1117.6	$\overline{f}$	1.906
m_{H_2O}/g	141.41	$\overline{X}_n$	21.24
n_{OH}/mol	9.556	$\overline{M}_n$	2446
n_{COOH}/mol	8.080	羟值/(mg KOH/g)	85
$m_{树脂}/g$	976.2	$\overline{f}_{OH}$	3.7
n/mol	8.479		

（3）合成工艺

① 将反应釜通氮气置换空气，投入所有原料，用 1h 升温至 150℃，保温 0.5h；

② 升温至 175℃，保温 2h；

③ 用 1h 升温至 190℃，保温 2h；

④ 升温至 205℃，使酸值小于 8mg KOH/g（树脂）；

⑤ 降温至 80℃，按 80％固含量加入乙二醇丁醚，加入蒸馏水调整固含量为 50％，得稍带蓝光透明水性聚酯分散体。

4.9　结语

以上对聚酯树脂的合成单体、化学原理、配方设计、典型配方及合成工艺做了介绍。可以预计，聚酯树脂的发展方向是提高树脂的固含量及水性聚酯树脂的开发，另外应进一步降低优秀单体售价，以促进高档聚酯品种的研发、推广和应用。

第5章 丙烯酸树脂

5.1 概述

以丙烯酸酯、甲基丙烯酸酯及苯乙烯等乙烯基类单体为主要原料合成的共聚物称为丙烯酸树脂，以其为成膜基料的涂料称作丙烯酸树脂涂料。该类涂料具有色浅、保色、保光、耐候、耐腐蚀和耐污染等优点，已广泛应用于汽车、飞机、机械、电子、家具、建筑、皮革、纸张、织物、木材、工业塑料及日用品的涂饰。近年来，国内外丙烯酸烯树脂涂料的发展很快，目前已占涂料的 1/3 以上，因此，丙烯酸树脂在涂料成膜树脂中居于重要地位。按组成分，丙烯酸树脂包括纯丙树脂、苯丙树脂、硅丙树脂、醋丙树脂、氟丙树脂、叔丙（叔碳酸酯-丙烯酸酯）树脂等。按涂料剂型分，主要有溶剂型涂料、水性涂料、高固体组分涂料和粉末涂料。其中水性丙烯酸树脂涂料的研制和应用始于 20 世纪 50 年代，70 年代初得到了迅速发展，与传统的溶剂型涂料相比，水性涂料具有价格低、使用安全，节省资源和能源，减少环境污染和公害等优点，因而已成为当前涂料工业发展的主要方向之一。涂料用丙烯酸树脂也经常按其成膜特性分为热塑性丙烯酸树脂和热固性丙烯酸树脂。热塑性丙烯酸树脂主要靠溶剂或分散介质（常为水）挥发使大分子或大分子颗粒聚集融合成膜，成膜过程中没有化学反应发生，为单组分体系，施工方便，但涂膜的耐溶剂性较差；热固性丙烯酸树脂也称为反应交联型树脂，其成膜过程中伴有几个组分可反应基团的交联反应，因此涂膜具有网状结构，其耐溶剂性、耐化学品性好，适合制备防腐涂料。

我国于 20 世纪 60 年代开始开发丙烯酸树脂涂料，在 80 年代和 90 年代，北京、吉林和上海分别引进三套丙烯酸及其酯类单体生产装置，极大促进了丙烯酸树脂的合成和丙烯酸树脂涂料工业的发展。

5.2 丙烯酸（酯）及甲基丙烯酸（酯）单体

丙烯酸类及甲基丙烯酸类单体是合成丙烯酸树脂的重要单体，该类单体品种多、用途广，活性适中，可均聚也可与其他许多单体共聚。此外，常用的非丙烯酸单体有苯乙烯、丙烯腈、醋酸乙烯酯、氯乙烯、二乙烯基苯、乙（丁）二醇二丙烯酸酯等。近年来，随着科学、技术的进步，新的单体尤其是功能单体层出不穷，而且价格不断下降，推动了丙烯酸树脂的性能提高和价格降低。比较重要的功能单体有：有机硅单体，叔碳酸酯类单体（Veova10、Veova9、Veova11），氟单体（包括烯类氟单体如三氟氯乙烯、偏二氟乙烯、四氟乙烯、氟丙烯酸单体），表面活性单体，其他自交联功能单体等。常用的丙烯酸酯类单体及其物理性质见表 5-1。

依据单体对涂膜性能的影响常可将单体进行如表 5-2 所示的分类，以方便应用。

常用的乙烯基硅氧烷类单体已在表 5-2 中列出，有乙烯基三甲氧基硅烷、乙烯基三乙氧基硅烷、乙烯基三异丙氧基硅烷、γ-甲基丙烯酰氧基丙基三甲氧基硅烷，乙烯基硅氧烷类单体活性较大，很容易水解和交联，因此用量不能多，而且最好在聚合过程的后期加入。乙烯基三异丙氧基硅烷由于异丙基的空间位阻效应，水解活性较低，可以用来合成高硅单体含量

表 5-1　常用的丙烯酸酯类单体及物理性质

单体名称	分子量	沸点/℃	相对密度(d^{25})	折射率(n_D^{25})	溶解度(25℃)/(份/100 份水)	玻璃化温度/℃
丙烯酸(AA)	72	141.6（凝固点 13）	1.051	1.4185	∞	106
丙烯酸甲酯(MA)	86	80.5	0.9574	1.401	5	8
丙烯酸乙酯(EA)	100	100	0.917	1.404	1.5	−22
丙烯酸正丁酯(n-BA)	128	147	0.894	1.416	0.15	−55
丙烯酸异丁酯(i-BA)	128	62(6.65kPa)	0.884	1.412	0.2	−17
丙烯酸仲丁酯	128	131	0.887	1.4110	0.21	−6
丙烯酸叔丁酯	128	120	0.879	1.4080	0.15	55
丙烯酸正丙酯(PA)	114	114	0.904	1.4100	1.5	−25
丙烯酸环己酯(CHA)	154	75(1.46kPa)	0.9766[①]	1.460[①]		16
丙烯酸月桂酯	240	129(3.8kPa)	0.881	1.4332	0.001	−17
丙烯酸-2-乙基己酯(2-EHA)	184	213	0.880	1.4332	0.01	−67
甲基丙烯酸(MAA)	86	163（凝固点 15）	1.051	1.4185	∞	130
甲基丙烯酸甲酯(MMA)	100	100	0.940	1.412	1.59	105
甲基丙烯酸乙酯	114	160	0.911	1.4115	0.08	65
甲基丙烯酸正丁酯(n-BMA)	142	163	0.889	1.4215	0.04	27
甲基丙烯酸-2-乙基己酯(2-EHMA)	198	101(6.65kPa)	0.884	1.4398	0.14	−10
甲基丙烯酸异冰片酯(IBO-MA)	222	120	0.976~0.996	1.477	0.15	155
甲基丙烯酸月桂酯(LMA)	254	160(0.938kPa)	0.872	1.445	0.09	−65
苯乙烯	104	145.2	0.901	1.5441	0.03	100
丙烯腈	53	77.4~79	0.806	1.3888	7.35	125
醋酸乙烯酯	86	72.5	0.9342[①]	1.3952[①]	2.5	30
丙烯酰胺	71	(熔点 84.5)	1.122		215	165
Veova 10	190	193~230	0.883~0.888	1.439	0.5	−3
Veova 9	184	185~200	0.870~0.900			68
丙烯酸-2-羟基乙酯(HEA)	116	82(655Pa)	1.138	1.427[①]	∞	−15
丙烯酸-2-羟基丙酯(HPA)	130	77(655Pa)	1.057[①]	1.445[①]	∞	−7
甲基丙烯酸-2-羟基乙酯(2-HEMA)	130	95(1.33kPa)	1.077	1.451	∞	55
甲基丙烯酸-2-羟基丙酯(2-HPMA)	144.1	96(1.33kPa)	1.027	1.446	13.4	26
甲基丙烯酸三氟乙酯	168	107	1.181	1.359	0.04	82
甲基丙烯酸缩水甘油酯(GMA)	142	189	1.073	1.4494	2.04	46
N-羟甲基丙烯酰胺	101	(熔点 74~75)	1.10		∞	153
N-丁氧基甲基丙烯酰胺	157	125	0.96		0.001	
二乙烯基苯	130.18	199.5	0.93			
乙烯基三甲氧基硅烷	148	123	0.960	1.3920		
γ-甲基丙烯酰氧基丙基三甲氧基硅烷	248	255	1.045	1.4295		

① 20℃时的数据。

100

表 5-2　不同单体的功能

单 体 名 称	功　　能
甲基丙烯酸甲酯,甲基丙烯酸乙酯,苯乙烯,丙烯腈	提高硬度,称之为硬单体
丙烯酸乙酯,丙烯酸正丁酯,丙烯酸月桂酯,丙烯酸-2-乙基己酯,甲基丙烯酸月桂酯,甲基丙烯酸正辛酯	提高柔韧性,促进成膜,称之为软单体
丙烯酸-2-羟基乙酯,丙烯酸-2-羟基丙酯,甲基丙烯酸-2-羟基乙酯,甲基丙烯酸-2-羟基丙酯,甲基丙烯酸缩水甘油酯,丙烯酰胺,N-羟甲基丙烯酰胺,N-丁氧甲基(甲基)丙烯酰胺,二丙酮丙烯酰胺(DAAM),甲基丙烯酸乙酰乙酸乙酯(AAEM),二乙烯基苯,乙烯基三甲氧基硅烷,乙烯基三乙氧基硅烷,乙烯基三异丙氧基硅烷,γ-甲基丙烯酰氧基丙基三甲氧基硅烷	引入官能团或交联点,提高附着力,称之为交联单体
丙烯酸与甲基丙烯酸的低级烷基酯,苯乙烯	抗污染性
甲基丙烯酸甲酯,苯乙烯,甲基丙烯酸月桂酯,丙烯酸-2-乙基己酯	耐水性
丙烯腈,甲基丙烯酸丁酯,甲基丙烯酸月桂酯	耐溶剂性
丙烯酸乙酯,丙烯酸正丁酯,丙烯酸-2-乙基己酯,甲基丙烯酸甲酯,甲基丙烯酸丁酯	保光、保色性
丙烯酸,甲基丙烯酸,亚甲基丁二酸(衣康酸),苯乙烯磺酸,乙烯基磺酸钠,AMPS	实现水溶性,增加附着力,称之为水溶性单体、表面活性单体

（10％）的硅丙乳液,而且单体可以预先混合,这样也有利于大分子链中硅单元的均匀分布。乙烯基硅氧烷类单体可用如下通式表示:

$$CH_2\!=\!CHSi(OR)_3$$

R 可以为—CH_3、—C_2H_5、—C_3H_9、—$CH(CH_3)_2$、—$C_2H_5OCH_3$。

γ-甲基丙烯酰氧基丙基三甲氧基硅烷的结构式为:

$$CH_2\!=\!C(CH_3)COO(CH_2)_3\!-\!Si(OCH_3)_3$$

另外,硅偶联剂可以作为外加交联剂应用。如

β-(3,4-环氧环己基)乙基三乙氧基硅烷：

γ-缩水甘油醚丙基三甲氧基硅烷：

γ-氨丙基三乙氧基硅烷：$NH_2CH_2CH_2CH_2Si(OCH_2CH_3)_3$

硅偶联剂一般含有两个官能团,其中的环氧基可同树脂上的羟基、羧基或氨基反应,烷氧基硅部分在水解后通过缩聚而交联。通常作为外加交联剂冷拼使用。

另一类较重要的单体为叔碳酸酯类。

叔碳酸是 α-C 上带有三个烷基取代基的高度支链化的饱和酸,其结构式如下

式中,R^1、R^2、R^3 为烷基取代基,而且至少有一个取代基为甲基,其余的取代基为直链或支链的烷基。叔碳酸是一种支链酸,在常温下一般是液体,而直链酸是固体,但两类酸的沸点往往非常接近,支链酸与有机溶剂有很好的相容性,合成中具有很好的操作性。

叔碳酸缩水甘油酯的结构式如下

叔碳酸缩水甘油酯具有低黏度、高沸点、气味淡等特点。其主要特性参数为：环氧当量 244~256，密度（20℃）0.958~0.968g/mL，黏度（25℃）7.1cP（1cP＝10^{-3}Pa·s），沸点 251~278℃，蒸气压（37.8℃）899.9Pa，闪点126℃，凝固点＜−60℃。

叔碳酸缩水甘油酯的环氧基有很强的反应性。对涂料用树脂最有用的反应是其与羟基、羧基和氨基的反应。环氧基的反应性使之能在常规温度下进入聚酯、醇酸树脂、丙烯酸树脂大分子链中，反应几乎是定量的，副反应很少，这就为制备分子量分布窄和低黏度的高固体分涂料树脂提供了原料支持。

叔碳酸乙烯酯最早由壳牌公司开发，商品名 Veova（或简称为 VV，VV-9、VV-10、VV-11），主要用途是与醋酸乙烯酯（丙烯酸丁酯等单体）共聚制成乳液，配制乳胶漆。

由于叔碳酸乙烯酯上有三个支链，一个甲基，至少还有一个大于 C_4 的长链，因此空间位阻大，不仅自身单元难以水解，而且对于共聚物大分子链上邻近的醋酸乙烯酯单元也有很强的屏蔽作用，使整体抗水解性、耐碱性得到很大的改善，同时，正是此屏蔽作用，使叔碳酸乙烯酯共聚物漆膜具有很好的抗氧化性及耐紫外线性能。叔碳酸基团的屏蔽作用可表示如下

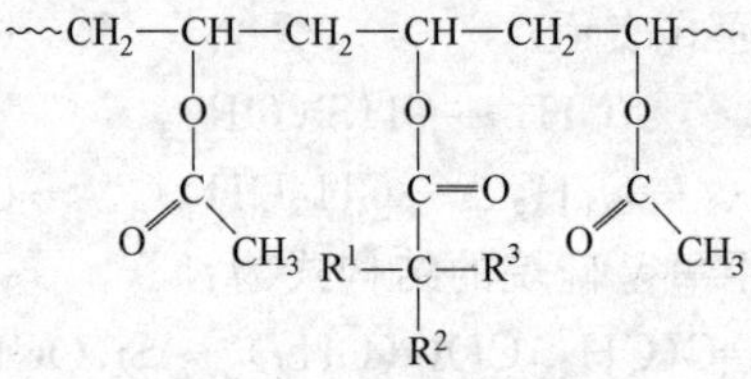

$$\sim CH_2-CH-CH_2-CH-CH_2-CH\sim$$

据推测，一个叔碳酸基团可以保护 2~3 个醋酸乙烯酯单元。叔碳酸乙烯酯-醋酸乙烯酯共聚物乳液配制的乳胶漆，性价比很高，综合性能不低于纯丙乳液。纯丙乳胶漆目前存在耐水性、耐温变性较差等缺点，与叔碳酸乙烯酯共聚，可以大大提高丙烯酸树脂的耐水性、耐碱性等，不仅可以作为内墙涂料基料也可用作外墙涂料基料。

5.3 丙烯酸树脂的配方设计

丙烯酸树脂及其涂料应用范围很广，如可用于金属、塑料及木材等基材。金属包括铁、铝、铜、锌、不锈钢等；塑料包括 PP、HDPE、PC、ABS、PVC、HIPS、PET 等。所涂饰的产品包括飞机、火车、汽车、工程机械、家用电器、五金制品、玩具、家具等。因此其配方设计非常复杂。基本原则是：首先要针对不同基材和产品确定树脂剂型——溶剂型或水剂型，然后根据性能要求确定单体组成、玻璃化温度（T_g）、溶剂组成、引发剂类型及用量和聚合工艺，最终通过实验进行检验、修正，以确定最佳的产品工艺和配方。其中单体的选择是配方设计的核心内容。

5.3.1 单体的选择

为方便应用，通常将聚合单体分为硬单体、软单体和功能单体三大类。甲基丙烯酸甲酯（MMA）、苯乙烯（St）、丙烯腈（AN）是最常用的硬单体，丙烯酸乙酯（EA）、丙烯酸丁酯（BA）、丙烯酸异辛酯（2-EHA）为最常用的软单体。

长链的丙烯酸及甲基丙烯酸酯（如月桂酯、十八烷酯）具有较好的耐醇性和耐水性。

功能性单体有含羟基的丙烯酸酯和甲基丙烯酸酯，含羧基的单体有丙烯酸和甲基丙烯酸。羟基的引入可以为溶剂型树脂提供与聚氨酯固化剂、氨基树脂交联用的官能团。其他功能单体有：丙烯酰胺（AAM）、羟甲基丙烯酰胺（NMA）、双丙酮丙烯酰胺（DAAM）、甲

基丙烯酸乙酰乙酸乙酯（AAEM）、甲基丙烯酸缩水甘油酯（GMA）、甲基丙烯酸二甲基氨基乙酯（DMAEMA）和乙烯基硅氧烷类［如乙烯基三甲氧基硅烷、乙烯基三乙氧基硅烷、乙烯基三(2-甲氧基乙氧基)硅烷、乙烯基三异丙氧基硅烷、γ-甲基丙烯酰氧基丙基三甲氧基硅烷、γ-甲基丙烯酰氧基丙基三(β-三甲氧基乙氧基)硅烷单体等］。功能单体的用量一般控制在1％～6％（质量分数），不能太多，否则可能会影响树脂或成漆的贮存稳定性。乙烯基三异丙氧基硅烷单体由于异丙基的位阻效应，Si—O键水解较慢，在乳液聚合中其用量可以提高到10％，有利于提高乳液的耐水、耐候等性能，但是其价格较高。乳液聚合单体中，双丙酮丙烯酰胺（DAAM）、甲基丙烯酸乙酰乙酸乙酯（AAEM）分别需要同聚合终了外加的己二酰二肼、己二胺复合使用，水分挥发后可以在大分子链间架桥形成交联膜。

丙烯酸和甲基丙烯酸引入的羧基可以改善树脂对颜、填料的润湿性及对基材的附着力，而且同环氧基团有反应性，对氨基树脂的固化有催化活性。树脂的羧基含量常用酸值［AV，即中和1g树脂所需KOH的质量（mg），单位mg KOH/g（固体树脂）］表示，一般AV控制在10mg KOH/g（固体树脂）左右，对于聚氨酯体系，AV稍低些，对于氨基树脂体系，AV可以大些，以促进交联。

合成羟基型丙烯酸树脂时羟基单体的种类和用量对树脂性能有重要影响。双组分聚氨酯体系的羟基丙烯酸组分常用伯羟基类单体，如丙烯酸羟乙酯（HEA）或甲基丙烯酸羟乙酯（HEMA）。氨基烘漆的羟基丙烯酸组分常用仲羟基类单体，如丙烯酸-β-羟丙酯（HPA）或甲基丙烯酸-β-羟丙酯（HPMA），伯羟基类单体活性较高，由其合成的羟丙树脂用作氨基烘漆的羟基组分时影响成漆贮存，应选择仲羟基丙酯单体。近年来也出现了一些新型的羟基单体，如丙烯酸或甲基丙烯酸羟丁酯，甲基丙烯酸羟乙酯与ε-己内酯的加成物（1∶1或1∶2，摩尔比，Dow Chem公司）。甲基丙烯酸羟乙酯与ε-己内酯的加成物所合成的树脂黏度较低，而且硬度、柔韧性可以实现很好的平衡。另外，通过羟基型链转移剂（如巯基乙醇、巯基丙醇、巯基丙酸-2-羟乙酯）可以在大分子链端引入羟基，改善羟基分布，提高硬度，并使分子量分布变窄，降低体系黏度。

为提高耐乙醇性要引入苯乙烯、丙烯腈及甲基丙烯酸的高级烷基酯，降低酯基含量。可以考虑二者并用，以平衡耐候性和耐乙醇性。甲基丙烯酸的高级烷基酯有甲基丙烯酸月桂酯、甲基丙烯酸十八醇酯等，这些单体主要依靠进口。

涂料用丙烯酸树脂常为共聚物，选择单体时必须考虑它们的共聚活性。由于单体结构不同，共聚活性不同，共聚物组成同单体混合物组成通常不同，对于二元、三元共聚，它们通过共聚物组成方程可以关联。对于更多元的共聚，没有很好的关联方程可用，只能通过实验研究，具体问题具体分析。实际工作时一般采用单体混合物"饥饿态"加料法（即单体投料速率＜共聚速率）控制共聚物组成。为使共聚顺利进行，共聚用混合单体的竞聚率不能相差太大，如苯乙烯同醋酸乙烯、氯乙烯、丙烯腈难以共聚。必须用活性相差较大的单体共聚时，可以补充一种单体进行过渡，即加入一种单体，而该单体同其他单体的竞聚率比较接近，共聚性好，苯乙烯同丙烯腈难以共聚，加入丙烯酸酯类单体就可以改善它们的共聚性。

表5-3中列出了一些单体对的竞聚率，可用来评估单体的共聚活性。

如果没有竞聚率数值可查，可以通过单体的Q、e值计算竞聚率，或直接用Q、e简单地评价共聚活性。一般共聚单体的Q值不能相差太大，否则难以共聚；当e值相差较大时，容易交替共聚，一些难共聚的单体通过加入中间Q值的单体，可以改善共聚性能。

单体选择时还应注意单体的毒性大小，一般丙烯酸酯的毒性大于对应甲基丙烯酸酯的毒性，如丙烯酸甲酯的毒性大于甲基丙烯酸甲酯的毒性，此外丙烯酸乙酯的毒性也较大。在与丙烯酸酯类单体共聚用的单体中，丙烯腈、丙烯酰胺的毒性很大，应注意防护。

表 5-3　一些单体对的竞聚率

M_1	M_2	r_1	r_2
甲基丙烯酸甲酯	苯乙烯	0.460	0.520
	丙烯酸甲酯	2.150	0.400
	丙烯酸乙酯	2.000	0.280
	丙烯酸丁酯	1.880	0.430
	甲基丙烯酸	0.550	1.550
	甲基丙烯酸缩水甘油酯	0.750	0.940
	丙烯腈	1.224	0.150
	氯乙烯	10.000	0.100
	醋酸乙烯酯	20.00	0.015
	马来酸酐	6.700	0.020
丙烯酸丁酯	苯乙烯	0.180	0.840
	丙烯腈	0.820	1.080
	甲基丙烯酸	0.350	1.310
	氯乙烯	4.400	0.070
	醋酸乙烯酯	3.480	0.018
丙烯酸-2-乙基己酯	苯乙烯	0.310	0.960
	氯乙烯	4.150	0.160
	醋酸乙烯酯	7.500	0.040
苯乙烯	丙烯酸甲酯	0.750	0.200
	甲基丙烯酸缩水甘油酯	0.450	0.550
	甲基丙烯酸	0.150	0.700
	丙烯腈	0.400	0.040
	氯乙烯	17.00	0.020
	醋酸乙烯酯	55.00	0.010
	马来酸酐	0.019	0.000

5.3.2　玻璃化温度的设计

玻璃化温度反映无定型聚合物由脆性的玻璃态转变为高弹态的转变温度。不同用途的涂料，其树脂的玻璃化温度相差很大。外墙漆用的弹性乳液其 T_g 一般低于 $-10℃$，北方应更低一些，而热塑性塑料漆用树脂的 T_g 一般高于 $60℃$。交联型丙烯酸树脂的 T_g 一般为 $-20\sim 40℃$。玻璃化温度的设计常用 FOX 公式

$$\frac{1}{T_g} = \frac{w_1}{T_{g1}} + \frac{w_2}{T_{g2}} + \cdots + \frac{w_i}{T_{gi}}$$

式中，w_i 为第 i 种单体的质量分数；T_{gi} 为第 i 种单体对应均聚物的玻璃化温度，℃。一些单体的玻璃化温度见表 5-1。

该公式计算值有一定的参考价值，但其准确度和单体组成有关，通常，计算值比实测值低 $5\sim 10℃$。

5.3.3　引发剂的选择

溶剂型丙烯酸树脂的引发剂主要有过氧类和偶氮类两种。

常用的过氧类引发剂的引发活性见表 5-4。

其中过氧化二苯甲酰（BPO）是一种最常用的过氧类引发剂，正常使用温度 $70\sim 100℃$，过氧类引发剂容易发生诱导分解反应，而且其初级自由基容易夺取大分子链上的氢、氯等原子或基团，进而在大分子链上引入支链，使分子量分布变宽。过氧化苯甲酸叔丁酯是近年来得到重要应用的引发剂，微黄色液体，沸点 $124℃$，溶于大多数有机溶剂，室温稳定，对撞击不敏感，贮运方便，它克服了过氧类引发剂的一些缺点，所合成的树脂分子量分布较窄，有利于固体分含量的提高。

偶氮类引发剂品种较少，常用的主要有偶氮二异丁腈（AIBN）、偶氮二异庚腈（ABVN）。其中 AIBN 是最常用的引发剂品种，使用温度 $60\sim 80℃$，该引发剂一般无诱导分解反应，所得

大分子的分子量分布较窄。热塑性丙烯酸树脂常采用该类引发剂。其引发活性见表5-5。

表5-4　常用的过氧类引发剂的引发活性

品　名	不同半衰期对应的分解温度/℃			品　名	不同半衰期对应的分解温度/℃		
	0.1h	1h	10h		0.1h	1h	10h
过氧化二苯甲酰(BPO)	113	91	71	过氧化-3,5,5-三甲基酸叔丁酯	135	114	94
过氧化二月桂酰	99	79	61	叔丁基过氧化氢(TBHP)	207	185	164
过氧化-2-乙基己酸叔丁酯	113	91	72	异丙苯过氧化氢	195	166	140
过氧化-2-乙基己酸叔戊酯	111	91	73	二叔丁基过氧化物(DTBP)	164	141	121
过氧乙酸叔丁酯	139	119	100	过碳酸二环己酯	76	59	44
过氧化苯甲酸叔丁酯(TBPB)	142	122	103	过碳酸二(2-乙基己酯)	80	61	44

表5-5　偶氮类引发剂的引发活性

品　名	不同半衰期对应的分解温度		
偶氮二异丁腈	73h(50℃)	16.6h(60℃)	5.1h(70℃)
偶氮二异庚腈	2.4h(60℃)	0.97h(70℃)	0.27h(80℃)

为了使聚合平稳进行，溶液聚合时常采用引发剂同单体混合滴加的工艺，单体滴加完毕，保温数小时后，还需一次或多次追加滴加消除引发剂，以尽可能提高转化率，每次引发剂用量为前者的10%～30%。

5.3.4　溶剂的选择

双组分聚氨酯羟基组分的丙烯酸树脂不能使用醇类、醚醇类溶剂，以防其和异氰酸酯基团反应，溶剂中含水量应尽可能低，可以在聚合完成后，减压脱除部分溶剂，以带出体系微量的水分。常用的溶剂为甲苯、二甲苯，可以适当加些乙酸乙酯、乙酸丁酯。环保涂料用溶剂不准含"三苯"——苯、甲苯、二甲苯，通常以乙酸乙酯、乙酸丁酯（BAC）、丙二醇甲醚乙酸酯（PMA）混合溶剂为主。也有的体系以乙酸丁酯和重芳烃（如重芳烃S-100、重芳烃S-150）作溶剂。

氨基烘漆用羟基丙烯酸树脂可以用二甲苯、丁醇作混合溶剂，有时拼入一些丁基溶纤剂（BCS，乙二醇丁醚）、S-100、PMA、乙二醇乙醚乙酸酯（CAC）。

热塑性丙烯酸树脂除使用上述溶剂外，丙酮、丁（甲乙）酮（MEK）、甲基异丁基酮（MIBK）等酮类溶剂，乙醇、异丙醇（IPA）、丁醇等醇类溶剂也可应用。

实际上，树脂用途决定单体的组成及溶剂选择，为使聚合温度下体系处于回流状态，溶剂常用混合溶剂，低沸点组分起回流作用，一旦确定了回流溶剂，就可以根据回流温度选择引发剂，对于溶液聚合，主引发剂在聚合温度时的半衰期一般为0.5～2h较好。

5.3.5　分子量调节剂的选择

为了调控分子量，需要加入分子量调节剂（或称为黏度调节剂、链转移剂）。分子量调节剂可以被长链自由基夺取原子或基团，长链自由基转变为一个死的大分子，并再生出一个具有引发、增长活性的自由基，因此好的分子量调节剂只降低聚合度或分子量，对聚合速率没有影响。其用量可以用平均聚合度方程进行计算，但是自由基聚合有关的聚合动力学参数很难查到，甚至同一种调节剂的链转移常数也是聚合条件的变量，因此其用量只能通过多组实验确定。现在常用的品种为硫醇类化合物，如正十二烷基硫醇、仲十二烷基硫醇、叔十二烷基硫醇、巯基乙醇、巯基乙酸等。巯基乙醇在转移后再引发时可在大分子链上引入羟基，减少羟基型丙烯酸树脂合成中羟基单体用量。

硫醇一般带有臭味，其残余将影响感官评价，因此要很好地控制其用量，目前，也有一些低气味转移剂可以选择，如甲基苯乙烯的二聚体。另外根据聚合度控制原理，通过提高引发剂用量也可以对分子量起到一定的调控作用。

5.4 溶剂型丙烯酸树脂

溶剂型丙烯酸树脂是丙烯酸树脂的一类，可以用作溶剂型涂料的成膜物质，该溶液是一种浅黄色或水白色的透明性黏稠液体。溶剂型丙烯酸树脂的合成主要采用溶液聚合，如果选择恰当的溶剂（常为混合溶剂），如溶解性好、挥发速度满足施工要求、安全、低毒等，聚合物溶液可以直接用作涂料基料进行涂料配制，使用非常方便。丙烯酸类单体的溶液共聚合多采用釜式间歇法生产。聚合釜一般采用带夹套的不锈钢或搪玻璃釜，通过夹套换热，以便加热、排除聚合热或使物料降温。同时，反应釜装有搅拌和回流冷凝器，有单体及引发剂的进料口，还有惰性气体入口，并且安装有防爆膜。其基本工艺如下。

① 共聚单体的混合。关键是计量，无论大料（如硬、软单体）或是小料（如功能单体、引发剂、分子量调节剂等）最好精确到 0.2% 以内，保证配方的准确实施。同时，应该现配现用。

② 加入釜底料。将配方量的（混合）溶剂加入反应釜，逐步升温至回流温度，保温约 0.5h，驱氧。

③ 在回流温度下，按工艺要求滴加单体、引发剂的混合溶液。滴加速度要均匀，如果体系温升过快应降低滴料速度。

④ 保温聚合。单体滴完后，保温反应一定时间，使单体进一步聚合。

⑤ 后消除。保温结束后，可以分两次或多次间隔补加引发剂，提高转化率。

⑥ 再保温。

⑦ 取样分析。主要测外观、固含量和黏度等指标。

⑧ 调整指标。

⑨ 过滤、包装、质检、入库。

溶剂型丙烯酸酯树脂聚合的工艺流程图见图 5-1。

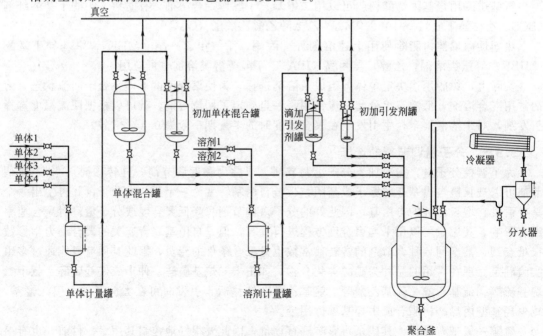

图 5-1 溶剂型丙烯酸酯树脂聚合工艺流程图

5.4.1 热塑性丙烯酸树脂

热塑性丙烯酸树脂可以熔融、在适当溶剂中溶解，由其配制的涂料靠溶剂挥发后大分子的聚集成膜，成膜时没有交联反应发生，属非反应型涂料。为了实现较好的物化性能，应将树脂的分子量做大，但是为了保证固体分不至于太低，分子量又不能过大，一般在几万时物化性能和施工性能比较平衡。该类涂料具有丙烯酸类涂料的基本优点，耐候性好（接近交联型丙烯酸涂料的水平），保光、保色性优良，耐水、耐酸碱性良好。但也存在一些缺点，如固体分低（固体分高时黏度大，喷涂时易出现拉丝现象），涂膜丰满度差，低温易脆裂、高温易发黏，溶剂释放性差，实干较慢，耐溶剂性不好等。

为克服热塑性丙烯酸树脂的弱点，可以通过配方设计或拼用其他树脂给予解决。要根据不同基材的涂层要求设计不同的玻璃化温度，如金属用漆树脂的玻璃化温度通常在30～60℃，塑料漆用树脂可将玻璃化温度设计得高些（80～100℃），溶剂型建筑涂料树脂的玻璃化温度一般大于50℃。可以引入甲基丙烯酸正丁酯或甲基丙烯酸异丁酯、甲基丙烯酸叔丁酯、甲基丙烯酸月桂酯、甲基丙烯酸十八醇酯、丙烯腈改善耐乙醇性。引入丙烯酸或甲基丙烯酸及羟基丙烯酸酯等极性单体可以改善树脂对颜填料的润湿性，防止涂膜覆色发花。若冷拼适量的硝酸酯纤维素或醋酸丁酸酯纤维素可以显著改善成漆的溶剂释放性、流平性或金属闪光漆的铝粉定向性。金属闪光漆的树脂酸值应小于 3mg KOH/g（树脂）。

（1）塑料漆用热塑性丙烯酸树脂的合成配方　合成配方见表 5-6。

表 5-6　塑料漆用热塑性丙烯酸树脂的合成配方

序号	原料名称	用量（质量份）	序号	原料名称	用量（质量份）
1	甲基丙烯酸甲酯	27.00	6	二甲苯	40.00
2	甲基丙烯酸正丁酯	6.000	7	S-100	5.000
3	丙烯酸	0.4000	8	二叔丁基过氧化物	0.4000
4	苯乙烯	9.000	9	二叔丁基过氧化物	0.1000
5	丙烯酸正丁酯	7.100	10	二甲苯	5.000

（2）合成工艺　先将6、7投入反应釜中，通氮气置换反应釜中的空气，加热到125℃，将1、2、3、4、8于4～4.5h滴入反应釜，保温2h，加9、10于反应釜，再保温2～3h，降温，出料。

该树脂固含量为50%±2%，黏度为4000～6000mPa·s（25℃下的旋转黏度），主要性能是耐候性与耐化学品性好。

5.4.2 热固性丙烯酸树脂

热固性丙烯酸树脂也称为交联型或反应型丙烯酸树脂。它可以克服热塑性丙烯酸树脂的缺点，使涂膜的力学性能、耐化学品性能大大提高。其原因在于成膜过程伴有交联反应发生，最终形成网络结构，不熔、不溶。热固性丙烯酸树脂分子量通常较低，小于10000，高固体分的树脂在3000左右。

反应型丙烯酸树脂可以根据其所含的可反应官能团特征分类，主要包括羟基丙烯酸树脂、羧基丙烯酸树脂和环氧基丙烯酸树脂。其中羟基丙烯酸树脂是最重要的一类，用于同多异氰酸酯固化剂配制室温干燥双组分丙烯酸-聚氨酯涂料和丙烯酸-氨基烘漆，这两类涂料应用范围广、产量大。其中，丙烯酸-聚氨酯涂料主要用于飞机、汽车、摩托车、火车、工业机械、家电、家具、装修材料及其他高装饰性要求产品的涂饰，属重要的工业或民用涂料品种。丙烯酸-氨基烘漆主要用于汽车（原厂漆）、摩托车、金属卷材、家电、轻工产品及其他金属制品的涂饰，属重要的工业涂料。羧基丙烯酸树脂和环氧基丙烯酸树脂分别用于同环氧树脂及羧基聚酯树脂配制粉末涂料。交联型丙烯酸树脂的交联反应见表5-7。

表5-7 常用交联型丙烯酸树脂的交联反应

丙烯酸树脂官能团种类	功 能 单 体	交联反应物质
羟基	(甲基)丙烯酸羟基烷基酯	与烷氧基氨基树脂热交联，与多异氰酸酯室温交联
羧基	(甲基)丙烯酸、衣康酸或马来酸酐	与环氧树脂环氧基热交联
环氧基	(甲基)丙烯酸缩水甘油酯	与羧基聚酯或羧基丙烯酸树脂热交联
N-羟甲基或甲氧基酰氨基	N-羟甲基(甲基)丙烯酰胺、N-甲氧基甲基(甲基)丙烯酰胺	加热自交联，与环氧树脂或烷氧基氨基树脂热交联

5.4.2.1 聚氨酯漆用羟基型丙烯酸树脂的合成配方及合成工艺

(1) 合成配方 聚氨酯漆用羟基型丙烯酸树脂合成配方见表5-8。

表5-8 聚氨酯漆用羟基型丙烯酸树脂合成配方

序号	原料名称	用量(质量份)	序号	原料名称	用量(质量份)
1	甲基丙烯酸甲酯	21.0	7	过氧化二苯甲酰	0.800
2	丙烯酸正丁酯	19.0	8	过氧化二苯甲酰	0.120
3	甲基丙烯酸	0.100	9	二甲苯	6.00
4	丙烯酸-β-羟丙酯	7.50	10	过氧化二苯甲酰	0.120
5	苯乙烯	12.0	11	二甲苯	6.00
6	二甲苯	28.0			

(2) 合成工艺

① 将6打底用溶剂加入反应釜，用N_2置换空气，升温使体系回流，保温0.5h；

② 将1~5单体、7引发剂混合均匀，用3.5h匀速加入反应釜；

③ 保温反应3h；

④ 将8用9溶解，加入反应釜，保温1.5h；

⑤ 将10用11溶解，加入反应釜，保温2h；

⑥ 取样分析，外观、固含量、黏度合格后，过滤、包装。

该树脂可以同聚氨酯固化剂（即多异氰酸酯）配制室温干燥型双组分聚氨酯清漆或色漆。催化剂用有机锡类，如二月桂酸二正丁基锡（DBTDL）。

5.4.2.2 氨基烘漆用羟基丙烯酸树脂的合成配方及合成工艺

(1) 合成配方 氨基烘漆用羟基丙烯酸树脂合成配方见表5-9。

表5-9 氨基烘漆用羟基丙烯酸树脂合成配方

序号	原料名称	用量(质量份)	序号	原料名称	用量(质量份)
1	乙二醇丁醚醋酸酯	100.0	6	丙烯酸-β-羟丙酯	90.00
2	重芳烃-150	320.0	7	丙烯酸	5.000
3	苯乙烯	370.0	8	叔丁基过氧化苯甲酰	4.000
4	甲基丙烯酸甲酯	50.00	9	叔丁基过氧化苯甲酰	1.000
5	丙烯酸异辛酯	30.00	10	重芳烃-150	30.00

(2) 合成工艺 先将1、2投入反应釜中，通氮气置换反应釜中的空气，加热到（135±2）℃，将3、4、5、6、7、8于3.5~4h滴入反应釜，保温2h，加9、10于反应釜，保温2~3h，降温，出料。

该树脂固含量为55%±2%，黏度为4000~5000mPa·s（25℃），酸值为4~8mg KOH/g，色号<1，主要性能是光泽及硬度高，流平性好。

5.5　水性丙烯酸树脂

与传统的溶剂型涂料相比，水性涂料具有价格低、使用安全、节省资源和能源、减少环境污染和公害等优点，因而已成为当前涂料工业发展的主要方向。水性丙烯酸树脂涂料是水性涂料中发展最快、品种最多的无污染型涂料。

水性丙烯酸树脂包括丙烯酸树脂乳液、水稀释型丙烯酸树脂及丙烯酸树脂二级分散体。乳液主要是由油性烯类单体乳化在水中，在水性自由基引发剂引发下合成的，而树脂二级分散体则通过自由基溶液聚合经转相制备。水稀释型丙烯酸树脂按其酸值不同，可以呈分散体或溶液形式。从粒子粒径看：乳液粒径＞二级分散体粒径＞水溶液粒径。从应用看，以前两者最为重要。

丙烯酸乳液主要用于乳胶漆的基料，在建筑涂料领域有重要的应用，目前，其应用范围还在不断扩大。随着技术不断创新，丙烯酸乳液在水性木器漆、水性金属漆等领域的应用越来越广。近年来，丙烯酸树脂二级分散体的开发、应用日益引起人们的重视，由其配制的水性 2K PU 涂料，性能已接近溶剂型 2K PU 涂料的性能，是高端水性涂料的典型代表，在工业涂料、民用涂料领域的应用不断拓展。

5.5.1　丙烯酸乳液的合成

乳液聚合是一种重要的自由基聚合实施方法。由于其独特的聚合机理，可以以高的聚合速率合成高分子量的聚合物，是橡胶用树脂（丁苯橡胶）、乳胶漆基料的重要聚合方法。其中丙烯酸乳液是最重要的乳胶漆基料，具有耐光、耐候、耐水的特点。丙烯酸乳液的合成充分体现了乳液聚合对涂料工业的重要性。根据单体组成通常将丙烯酸乳液分为纯丙乳液、苯丙乳液、醋丙乳液、硅丙乳液、叔醋（叔碳酸酯-醋酸乙烯酯）乳液、叔丙（叔碳酸酯-丙烯酸酯）乳液等。乳液聚合的特点为：

① 水作分散介质，黏度低且稳定，价廉、安全；

② 机理独特，可以同时提高聚合速率和聚合物分子量。若用氧化-还原引发体系，聚合可在较低的温度下进行；

③ 对直接应用胶乳（乳液）的场合更为方便，如涂料、胶黏剂、水性墨等；

④ 获得固体聚合物时需经破乳、洗涤、脱水、干燥等工序，纯化困难，生产成本较悬浮聚合高。

乳液聚合与其他自由基聚合方法相比具有速度快、平均分子量高的特点，这是由它的聚合机理决定的。

5.5.1.1　丙烯酸乳液的合成原料

油性单体在水介质中由乳化剂分散成乳状液，由水溶性引发剂引发的聚合称为乳液聚合。乳液聚合的最简单配方为：油性（可含少量水性）单体，30％～60％；去离子水，40％～70％；水溶性引发剂，0.3％～0.7％；乳化剂（emulsifier），1％～3％。

（1）乳化剂　乳化剂实际上是一种表面活性剂，它可以极大地降低界面（表面）张力，使互不相溶的油水两相借助搅拌的作用转变为能够稳定存在、久置亦难以分层的白色乳液，是乳液聚合必不可少的组分，在其他工业部门也具有重要应用。

乳化剂的结构包括两部分：其头部表示亲水端，棒部表示亲油的烃基端。如果这两个部分以恰当的质、量进行结合，则这种表面活性剂分子既不同于水溶性物质以分子状态溶于水中，也不同于油和水的难溶，而是以一种特殊的结构——胶束（micelle）分散在水中。胶束的结构见图 5-2。

图 5-2 球形胶束
的结构示意图

胶束是一种纳米级的聚集体，呈球形或棒形，一般含 50 个表面活性剂分子，亲水端指向水相，亲油端指向其内核，因此油性单体就可以借助搅拌的作用扩散进入内核，或者说胶束具有增溶富集单体的作用。研究发现增溶胶束正是发生乳液聚合的场合。

① 乳化剂的作用

a. 分散作用。乳化剂使油水界面张力极大降低，在搅拌作用下，使油性单体相以细小液滴（$d < 1000nm$）形式分散于水相中，形成乳液。

b. 稳定乳液。在乳液中，表面活性剂分子主要定位于两相液体的界面上，亲水基团与水相接触，亲油基团与油相接触。乳液聚合中常用阴离子型表面活性剂［如十二烷基硫酸钠，$H_3C(CH_2)_{11}OSO_3^- Na^+$］作主乳化剂，其亲水端带有负电荷，这样液滴上的同种电荷层相互排斥，可阻止液滴间的聚集，起到稳定乳液的作用。非离子型表面活性剂［如壬基酚聚环氧乙烷醚，$CH_3(CH_2)_8$—⬡—$O(CH_2CH_2O)_nH$，$n = 10 \sim 40$］作助乳化剂，其亲水链段聚环氧乙烷嵌段定向吸附到乳胶粒的表面上，通过氢键作用吸附大量的水，这层水层的位阻效应也有利于乳液的稳定。

c. 增溶作用。表面活性剂分子在浓度超过临界胶束浓度时，可形成胶束，这些胶束可以增溶单体，称为增溶胶束，也是真正发生聚合的场所。如 St 室温溶解度为 $0.07g/cm^3$，乳液聚合中可增溶到 2%，提高了 30 倍。

表面活性剂通常依其结构特征分为阴离子型、阳离子型、两性型及非离子型。近年来一些新的品种不断出现，如高分子表面活性剂，耐热（不燃）、抗闪蚀磷酸酯类表面活性剂，反应型表面活性剂。乳液聚合用表面活性剂要求其有很好的乳化性。阴离子型主要以双电层结构分散、稳定乳液，其特点是乳化能力强；非离子型主要以屏蔽效应分散、稳定乳液，其特点是可增加乳液对 pH、盐和冻融的稳定性。因此乳液聚合时常将阴离子型和非离子型表面活性剂复合使用，提高乳液综合性能。阴离子型乳化剂的用量一般占单体的 1%～2%，非离子型乳化剂的用量一般占单体的 2%～4%。

② 乳化剂的性能指标

a. CMC（critical micelle concentration）值，即临界胶束浓度。指能够形成胶束的最低表面活性剂浓度。浓度低于 CMC 值时，乳化剂以单个分子状态溶解于水中，形成真溶液，高于 CMC 值时，则乳化剂分子聚集成"胶束"，亲水基团指向水相，亲油基憎水指向胶束内核，每个胶束由 50～100 个乳化剂分子组成。因此乳液聚合时其浓度必须大于 CMC 值。各种乳化剂的 CMC 值有手册可查，实验测得的 CMC 通常都较低：$10^{-5} \sim 10^{-2} mol/L$ 或 0.02%～0.4%。

b. HLB 值，即亲水-亲油平衡值。每个表面活性剂分子都含有亲水、亲油基团，这两种基团的大小和性质影响其乳化效果，通常用 HLB 值表示表面活性剂的亲水、亲油性。HLB 越大，亲水性越强，HLB 值一般为 1～40。乳液聚合常选用阴离子型水包油型（O/W）乳化剂，HLB 值为 8～18。各种乳化剂的 HLB 值亦有手册可查，也可以通过试验或一定模型（如基团质量贡献法）进行计算。试验发现，复合乳化剂具有协同效应，复合乳化剂的 HLB 值可以用几种乳化剂 HLB 值的质量平均值进行加和计算。

c. 阴离子乳化剂的三相平衡点。阴离子乳化剂处于分子溶解状态、胶束、凝胶三相平衡时的温度，称为三相平衡点，亦称为克拉夫特点（Kraft point）。高于三相平衡点，凝胶消失，仅以分子、胶束状态存在，但当低于三相平衡点时乳化剂分子以凝胶析出，失去乳化能力。聚合温度应选择高于三相平衡点，即 $T_p > T_{三相平衡点}$。非离子型表面活性剂无三相平衡点。

d. 非离子型表面活性剂的浊点。非离子型表面活性剂的水溶液加热至一定温度时，溶液由透明变为浑浊，出现这一现象的临界温度即为浊点（cloud point）。非离子型表面活性剂之所以存在浊点是由其溶解特点决定的，非离子型表面活性剂的水溶液中，表面活性剂分子通过氢键和水形成缔合体，从而使乳化剂能溶于水形成透明溶液，随着温度的升高，分子运动能力提高，缔合的水层变薄，表面活性剂的溶解性大大降低，即从水中析出。因此，乳液聚合温度设计值应低于非离子型表面活性剂的浊点，即 $T_p < T_浊$。常用乳化剂的 HLB、CMC 值见表 5-10。

表 5-10　常用乳化剂的 HLB、CMC 值

名　　称	HLB	CMC/%	名　　称	HLB	CMC/%
十二烷基硫酸钠(SDS)	40	0.02	对壬基酚聚氧化乙烯($n=30$)醚	17.2	0.02
十二烷基磺酸钠	13	0.1	对壬基酚聚氧化乙烯($n=40$)醚	17.8	0.04
十二烷基苯磺酸钠	11		对壬基酚聚氧化乙烯($n=100$)醚	19.0	0.1
琥珀酸二辛酯磺酸钠	18.0	0.03	对辛基酚聚氧化乙烯($n=9$)醚	13.0	0.005
对壬基酚聚氧化乙烯($n=4$)醚	8.8		对辛基酚聚氧化乙烯($n=30$)醚	17.4	0.03
对壬基酚聚氧化乙烯($n=9$)醚	13.0	0.005	对辛基酚聚氧化乙烯($n=40$)醚	18.0	0.04
对壬基酚聚氧化乙烯($n=10$)醚	13.2	0.005	聚氧化乙烯(分子量 400)单月桂酸酯	13.1	

乳化剂的乳化性能可以这样进行初步判断：按配方量在试管中分别加入水、乳化剂、单体，上下剧烈摇动 1min，放置 3min，若不分层，说明乳化剂乳化性能优良。

（2）引发剂　乳液聚合常采用水溶性热分解型引发剂。一般使用过硫酸盐（$S_2O_8^{2-}$）：过硫酸铵、过硫酸钾、过硫酸钠。其分解反应式为

$$S_2O_8^{2-} \longrightarrow 2SO_4^- \cdot$$

硫酸根阴离子自由基如果没有及时引发单体，将发生如下反应

$$SO_4^- \cdot + H_2O \longrightarrow HSO_4^- + HO \cdot$$
$$4HO \cdot \longrightarrow 2H_2O + O_2$$

其综合反应式为

$$2S_2O_8^{2-} + 2H_2O \longrightarrow 4HSO_4^- + O_2$$

因此，随着乳液聚合的进行，体系的 pH 将不断下降，影响引发剂的活性，所以乳液聚合配方中通常包括缓冲剂，如碳酸氢钠、磷酸二氢钠、醋酸钠。另外，聚合温度对其引发活性影响较大。温度对过硫酸钾活性的影响见表 5-11。

因此过硫酸钾引发剂的聚合温度一般在 80℃ 以上，聚合终点，短时间可加热到 90℃，以使引发剂分解完全，进一步提高单体转化率。

此外，氧化-还原引发体系也是经常使用的品种。其中氧化剂有：无机的过硫酸盐、过氧化氢，有机的异丙苯过氧化氢、叔丁基过氧化氢、二异丙苯过氧化氢等。

表 5-11　过硫酸钾的分解速率常数和半衰期

温度/℃	k_d/s^{-1}	$t_{1/2}/h$	温度/℃	k_d/s^{-1}	$t_{1/2}/h$
50	9.5×10^{-7}	212	80	7.7×10^{-5}	2.5
60	3.16×10^{-6}	61	90	3.3×10^{-4}	0.58
70	2.33×10^{-5}	8.3			

异丙苯过氧化氢　　叔丁基过氧化氢　　二异丙苯过氧化氢

还原剂有亚铁盐（Fe^{2+}）、亚硫酸氢钠（$NaHSO_3$）、亚硫酸钠（Na_2SO_3）、连二亚硫酸钠（$Na_2S_2O_6$）、硫代硫酸钠（$Na_2S_2O_3$）、吊白块（雕白粉）。过硫酸盐、亚硫酸盐构成的氧化-还原引发体系，其引发机理为

$$S_2O_8^{2-} + SO_3^{2-} \longrightarrow SO_4^{2-} + SO_4^- \cdot + SO_3^- \cdot$$

氧化-还原引发体系反应活化能低，在室温或室温以下仍具有正常的引发速率，因此在乳液聚合后期为避免升温造成乳液凝聚，可用氧化-还原引发体系在 $50\sim70℃$ 条件下进行单体的后消除，降低单体残留率。

氧化剂与还原剂的配比并非严格的 $1:1$（摩尔比），一般将氧化剂稍过量，往往存在一个最佳配比，此时引发速率最大，该值影响变量复杂，具体用量需要通过实验才能确定。

（3）活性乳化剂　乳液聚合的常规乳化剂为低分子化合物，随着乳胶漆的成膜，乳化剂向表面迁移，对漆膜耐水性、光泽、硬度产生不利影响。活性乳化剂实际上是一种表面活性单体，其通过聚合借共价键连入高分子主链，可以克服常规乳化剂易迁移的缺点。目前，已有不少活性单体应市，如对苯乙烯磺酸钠、乙烯基磺酸钠、AMPS。此外，也可以是合成的具有表面活性的大分子单体，如丙烯酸单聚乙二醇酯、端丙烯酸酯基水性聚氨酯等，该类单体具有独特的性能，一般属于企业技术秘密。

（4）其他组分

① 保护胶体　乳液聚合体系时常加入水溶性保护胶体，如属于天然水溶性高分子的羟乙基纤维素（HEC）、明胶、阿拉伯胶、海藻酸钠等，其中 HEC 最为常用，其特点是对耐水性影响较小。属于合成型的水溶性高分子更为常用，如聚乙烯醇（PVA1788）、聚丙烯酸钠、苯乙烯-马来酸酐交替共聚物单钠盐。这些水性高分子的亲油大分子主链吸附到乳胶粒的表面，形成一层保护层，可阻止乳胶粒在聚合过程中的凝聚，另外保护胶体提高了体系的黏度（增稠），也有利于防止粒子的聚并以及色漆体系贮存过程中颜、填料的沉降。但是，保护胶体的加入，可能使涂膜的耐水性下降，因此其品种选择、用量确定应该综合考虑，用量取下限为好。

② 缓冲剂　常用的缓冲剂有碳酸氢钠、磷酸二氢钠、醋酸钠。如前所述，它们能够使体系的 pH 维持相对稳定，使链引发正常进行。

5.5.1.2 乳液聚合机理

（1）聚合场所　当水、油性单体、乳化剂、水溶性引发剂加入反应器中，经搅拌后形成稳定的乳液。此时反应体系中水为连续相，溶有少量单体分子、引发剂分子及乳化剂分子，还有聚集状态的胶束，增溶胶束则膨胀为 $6\sim10nm$，胶束浓度为 $10^{17}\sim10^{18}$ 个/mL，而单体液滴粒径达 $1000nm$，浓度为 $10^{10}\sim10^{12}$ 个/mL 胶束，胶束单体液滴的体积相差很大，单体主要存在于单体液滴中。二者比表面积悬殊。

乳液聚合体系在引发前可用图 5-3 表示。

成核是指形成聚合物-单体粒子即乳胶粒的过程，决定于体系的配方和聚合工艺，其中单体、引发剂的溶解性及乳化剂浓度是重要的影响因素。成核主要有三种途径：胶束成核、均相成核和液滴成核。

胶束成核：自由基（初级或 $4\sim6$ 聚合度的短链自由基）由水相进入胶束引发增长形成乳胶粒的过程。油性单体在水中的浓度很小，链增长概率很小，因此，水

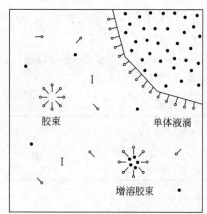

图 5-3　乳液聚合引发前的图像
—○—乳化剂；·—单体；I—引发剂

相溶解的单体对聚合的贡献一般很小。因为乳液聚合的引发剂（或体系）是水溶性的，单体液滴中无引发剂，这同悬浮聚合不同，同时由于胶束比表面积比单体液滴大 $10^2 \sim 10^3$ 倍，引发剂在水相形成的自由基几乎不能扩散进入单体液滴，主要进入胶束。因此，单体液滴不是聚合的场所，聚合主要发生在增溶胶束内，增溶胶束才是油性单体和水性引发剂自由基相遇的主要场所，同时胶束内单体浓度高（相当于本体单体浓度，远高于水相单体浓度），也提供了自由基进入后引发、聚合的条件。随聚合进行，水相单体进入胶束，补充单体的消耗，单体液滴中的单体又复溶解于水中，间接起了聚合单体的仓库的作用。此时水相中除了上述分子及粒子外，增加了聚合物乳胶粒相。不断长大的乳胶粒可以由没有成核的胶束和单体液滴通过水相提供乳化剂分子保持稳定，最终形成的乳胶浓度为 $10^{13} \sim 10^{15}$ 个/mL，约占胶束的千分之一到万分之一，未成核的胶束只是乳化剂的临时仓库，就像单体液滴是单体的仓库一样。

均相成核：选用水溶性较大的单体，如醋酸乙烯酯，水相中可以形成相对较长的短链自由基，这些短链自由基随后析出、凝聚，从水相和单体液滴上吸附乳化剂而稳定，继而又有单体扩散进来形成聚合物乳胶粒。乳胶粒形成后，更容易吸附短链或齐聚物自由基及单体，使得聚合不断进行。甲基丙烯酸甲酯和氯乙烯在水中的溶解度介于苯乙烯和醋酸乙烯酯之间，就兼有胶束成核和均相成核两种，两者比例取决于单体的水溶性和乳化剂的浓度。

一般认为如果单体的水溶性大，乳化剂的浓度低则为均相成核，例如乙酸乙烯酯的聚合。单体水溶性小，乳化剂浓度大时利于胶束成核，例如苯乙烯的乳液聚合。而甲基丙烯酸甲酯的溶解性介于二者之间，胶束成核、均相成核并存，以均相成核为主。

液滴成核：乳化剂浓度高时，单体液滴粒径小，其比表面积同胶束相当有利于液滴成核。若选用油溶性引发剂，此时引发剂溶解于液滴中，就地引发聚合，该聚合亦称为微悬浮聚合，属液滴成核。

（2）聚合机理　20 世纪 40 年代末，Harkins 提出了乳液聚合的定性理论。下面以典型的胶束成核介绍乳液聚合的机理。

乳液聚合开始前体系中的粒子主要以 10nm 的增溶胶束和 1000nm 的单体液滴存在，聚合完成后生成了 50～200nm 分散于水中的乳胶粒固液分散体，粒子浓度发生了很大变化，显然经过乳液聚合体系的微粒数目也发生了变化或重组。

依据乳胶粒数目的变化和单体液滴是否存在，典型的乳液聚合分三个阶段。

第一阶段为乳胶粒生成期（亦称成核期、加速期）。

整个阶段聚合速率不断上升，水相中自由基扩散进入胶束，引发增长，当第二自由基进入时才发生终止，上述过程不断重复生成乳胶粒。

随着聚合的进行，乳胶粒内的单体不断消耗，水相中溶解的单体向胶粒扩散补充，同时单体液滴中的单体又不断溶入水相。单体液滴是提供单体的仓库。这一阶段单体液滴数并不减少，只是体积缩小。

随着聚合的进行，乳胶粒体积不断长大，从水相中不断吸附乳化剂分子来保持稳定。当水中乳化剂浓度低于 CMC 值时，未成核的胶束上的乳化剂分子及缩小的单体液滴上的乳化剂分子将溶于水中，向乳胶粒吸附，间接地满足长大的乳胶粒对乳化剂的需求。最后未成核胶束消失，乳胶粒数固定下来。典型乳液聚合中，乳胶粒浓度为 $10^{13} \sim 10^{15}$ 个/mL，成核变成乳胶粒的胶束只占起始胶束的极少部分，为千分之一到万分之一。

该阶段时间较短，结束时单体转化率 $C = 2\% \sim 15\%$，与单体种类及聚合工艺有关。

因此总的来说第一阶段是成核阶段。乳胶粒数从零不断增加，单体液滴数不变，但体积变小，聚合速率上升，结束的标志是未成核胶束全部消失，阶段终了体系有两种粒子：单体液滴和乳胶粒。第一阶段结束时乳液聚合的图像如图 5-4 所示。

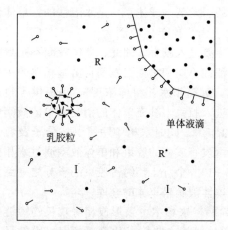

图 5-4 第一阶段结束时乳液聚合的图像

⊶—乳化剂；·—单体；I—引发剂；R˙—自由基

第二阶段为恒速阶段（即乳胶粒成长期），该阶段从未成核胶束消失开始到单体液滴消失止。

胶束消失后乳胶粒数恒定，单体液滴仍起着仓库的作用，不断向乳胶粒提供单体。引发、增长、终止在胶粒内重复进行。乳胶粒体积继续增大，最终可达 150～600nm。由于乳胶粒数恒定且粒内单体浓度恒定，故聚合速率恒定，直到单体液滴耗尽为止。在该阶段，缩小的单体液滴上的乳化剂分子也通过水相向乳胶粒吸附，满足乳胶粒成长的需要。该阶段终了体系只有一种粒子：乳胶粒。

该阶段持续时间较长，结束时 $C = 15\% \sim 60\%$。第二阶段结束时乳液聚合的图像如图 5-5 所示。

第三阶段为降速期。

单体液滴消失后，乳胶粒内继续引发、增长和终止直到单体完全转化。但由于单体无补充来源，R_p 随其中 $[M]$ 的下降而降低，最后聚合反应趋于停止。

该阶段自始至终体系只有一种粒子即乳胶粒，且数目不变，最后可达 150～600nm。这样的粒子粒径小，可利用种子聚合增大粒子粒径。第三阶段结束时乳液聚合的图像如图 5-6 所示。

所谓"种子聚合"就是在乳液聚合的配方中加入上次聚合得到的乳液。这些"种子"提供了聚合的场所。种子聚合具有较高聚合速率、恒定乳胶粒、粒径均一的优点，工业应用非常普遍。

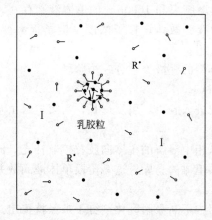

图 5-5　第二阶段结束时乳液聚合的图像

⊶—乳化剂；·—单体；I—引发剂；R˙—自由基

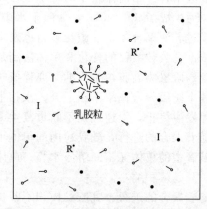

图 5-6　第三阶段结束时乳液聚合的图像

⊶—乳化剂；·—单体；I—引发剂；R˙—自由基

（3）乳液聚合动力学

① 聚合速率　动力学研究多着重第二阶段即恒速阶段。

自由基聚合速率可表示为

$$R_p = k_p [M][M\cdot]$$

在乳液聚合中，$[M]$ 表示乳胶粒中单体浓度，单位为 mol/L。$[M\cdot]$ 与乳胶粒浓度有关。

$$[M \cdot] = \frac{10^3 N}{2 N_A}$$

式中，N 为乳胶粒数，个/cm³；N_A 为阿伏伽德罗常数；$10^3 N / N_A$ 是将乳胶粒数转化为浓度，mol/L。

典型的恒速阶段的聚合图像是：当第一个自由基扩散进乳胶粒，聚合开始；当第二个自由基扩散进来，聚合终止。聚合、终止交替进行。若在某一时刻进行统计，则只有一半的乳胶粒进行聚合，另一半无聚合发生，因此，自由基浓度为乳胶粒浓度的1/2。由于胶粒表面活性剂的保护作用，乳胶粒中自由基的寿命（$10^1 \sim 10^2$ s）较其他聚合方法长（$10^{-1} \sim 10^0$ s），自由基有较长的时间进行聚合，聚合物的聚合度或分子量可以很高，接近甚至超过本体聚合时的分子量。

乳液聚合恒速阶段的聚合速率表达式为

$$R_p = \frac{10^3 N k_p [M]}{2 N_A}$$

讨论：

a. 在第二阶段，未成核胶束已消失，不再有新的胶束成核，乳胶粒数恒定。单体液滴存在，不断通过水相向乳胶粒补充单体，使乳胶粒内单体浓度恒定，因此，R_p 恒定。

b. 在第一阶段，自由基不断进入胶束引发聚合，成核的乳胶粒数从零不断增加，因此，R_p 不断增加。

c. 在第三阶段，单体液滴消失，乳胶粒内单体浓度 $[M]$ 不断下降，因此，R_p 不断下降。

乳液聚合速率取决于乳胶粒数 N，因为 N 高达 10^{14} 个/cm³，$[M \cdot]$ 可达 10^{-7} mol/L，比典型自由基聚合高一个数量级，且乳胶粒中单体浓度高达 5mol/L，故乳液聚合速率很快。

② 聚合度（忽略转移作用）　设体系中总引发速率为 ρ [单位为 mol/(L·s)]。

数均聚合度为聚合物的链增长速率除以大分子生成速率。

$$\overline{X}_n = v = \frac{R_p}{R_{tp}} = \frac{10^3 k_p [M] N / (2 N_A)}{\rho / 2} = \frac{10^3 k_p [M] N}{N_A \rho}$$

$\rho / 2$ 表示一半初级自由基进行引发，另一半自由基进行链偶合终止。

虽然是偶合终止，但一条长链自由基和一个初级自由基偶合并不影响产物的聚合度，乳液聚合的平均聚合度就等于动力学链长。

可以看出：

a. 聚合度与 N 和 ρ 有关，与 N 成正比，与 ρ 成反比；

b. 乳液聚合，在恒定的引发速率 ρ 下，用增加乳胶粒数 N 的办法，可同时提高 R_p 和 $\overline{X}_n$，这也就是乳液聚合速率快同时分子量高的原因。一般自由基聚合，提高 $[I]$ 和 T，可提高 R_p，但 $\overline{X}_n$ 下降。用提高乳化剂浓度的方法可以提高乳胶粒数 N。

5.5.1.3　乳液聚合工艺

聚合物乳液的合成要通过一定的工艺来进行。根据聚合反应的工艺特点，乳液聚合工艺通常可分为间歇法、半连续法、连续法、种子乳液聚合等。

（1）间歇法乳液聚合　间歇法乳液聚合对聚合釜间歇操作，即将乳液聚合的原料（如分散介质水、乳化剂、水溶性引发剂、油性单体）在进行聚合时一次性加入反应釜，在规定聚合温度、压力下反应，经一定时间，单体达到一定的转化率，停止聚合，经脱除单体、降温、过滤等后处理，得到聚合物乳液产品。反应釜出料后，经洗涤，继而进行下一批次的操作。

该法主要用于均聚物乳液及涉及气态单体的共聚物乳液的合成，如糊法 PVC 合成等。其优点是体系中所有乳胶粒同时成长、年龄相同，粒径分布窄，乳液成膜性好，而且生产设备简单，操作方便，生产柔性大，非常适合小批量、多品种（牌号）精细高分子乳液的合成。

但是间歇法乳液聚合工艺也存在许多缺点。

① 从聚合反应速率看：聚合过程中速率不均匀，往往前期过快，而后期过慢，严重时甚至出现冲料、暴聚现象，严重影响聚合物的组成、分子量及其分布，影响产品质量。其原因在于：反应开始时，引发剂、单体浓度最高，容易出现自动加速效应（凝胶效应）。其克服方法是采用引发剂滴加法或高、低活性引发剂复合使用。

② 从共聚物组成看：由于共聚单体结构不同、活性不同，活性大的单体优先聚合，必将导致共聚物组成同共聚单体混合物的组成不同。为此，一般采用控制转化率的方法以得到组成均匀的共聚物。当气态单体存在时比较方便。

③ 从乳液粒度看：由于体系中存在大量的单体液滴，因而其成核概率也大大增加，可能使得乳胶粒的粒度分布变宽，乳液易凝聚，稳定性差。

④ 从乳胶粒的结构看：间歇法乳液聚合通常得到单相乳胶粒，为了改善乳液性能，近年来发现复相乳胶粒具有优异的性能，如核-壳型、梯度变化型乳胶粒得到重视，其研究、开发工作层出不穷。这些结构型乳液只能通过半连续法、连续法、种子乳液聚合等方法合成。

（2）半连续法乳液聚合　半连续法乳液聚合先将去离子水、乳化剂及部分混合单体（5%～20%，质量分数）和引发剂加入反应釜，聚合一定时间后按规定程序滴加剩余引发剂和混合单体，滴加可连续滴加，也可间断滴加，反应到所需转化率聚合结束。半连续法工艺分为如下几步：打底→升温引发→滴加→保温→清净。打底即将全部或大部分水、乳化剂、缓冲剂、少部分单体（5%～20%）及部分引发剂投入反应釜；升温引发即使打底单体聚合，并使之基本完成，生成种子液，此时放热达到高峰，且体系产生蓝光；滴加即在一定温度下以一定的程序滴加单体和引发剂；保温即进一步提高转化率；清净即补加少量引发剂或提高反应温度，进一步降低残留单体含量。该法同间歇法比有不少优点。

① 通过控制投料速率可方便控制聚合速率和放热速率，使反应能够比较平稳地进行，无放热高峰出现。

② 如果控制单体加入速率等于或小于聚合反应速率，即单体处于饥饿状态，单体一旦加入体系即发生聚合，此时瞬间单体转化率很高，单体滴加阶段转化率可达90%以上，共聚物在整个过程中的组成几乎是一样的，取决于单体混合物的组成，饥饿型半连续法乳液聚合可有效地控制共聚物组成。

③ 体系中单体液滴浓度低，乳胶粒粒度小而均匀。

④ 为了进一步提高乳液聚合及乳液产品的稳定性，可在聚合过程中间断或连续补加一部分乳化剂。这样也有利于提高乳液固含量。

⑤ 工艺设备同间歇法基本相同，比连续法简单，设备投入较低。

半连续法乳液聚合工艺上有许多优点，目前许多聚合物乳液都是通过半连续法乳液聚合工艺生产的。在工艺路线选择时应优先考虑该工艺。

（3）连续法乳液聚合　连续法乳液聚合通常用釜式反应器或管式反应器，前者应用较广，一般为多釜串联，如丁苯胶乳、氯丁胶乳的合成等。连续法设备投入大，粘釜、挂胶不宜处理，但是，连续法乳液聚合工艺稳定，自动化程度高，产量大，产品质量也比较稳定。因此，对大吨位产品经济效益好，小吨位高附加值的精细化工产品一般不采用该法生产。

（4）预乳化聚合工艺　无论半连续法乳液聚合或是连续法乳液聚合，都可以采用单体的预乳化工艺。单体的预乳化在预乳化釜中进行，为使单体预乳化液保持稳定，预乳化釜应给予连续或间歇搅拌。预乳化聚合工艺避免了直接滴加单体对体系的冲击，可使乳液聚合保持稳定，粒度分布更加均匀。

（5）种子乳液聚合　种子乳液聚合就是首先就地合成或加入种子乳液，以此种子为基础进一步聚合最终得到产品乳液。为了得到良好的乳液，应使种子乳液的粒径尽量小而均匀，浓度尽量大。种子乳液聚合以种子乳胶粒为核心，若控制好单体、乳化剂的投加速度，避免新的乳胶粒的生成，可以合成出优秀的乳液产品。种子乳液聚合具有以下特点。

① 种子乳液聚合过程中，种子乳液中的乳胶粒即为种子，在单体的加料过程中，单体通过扩散进入种子胶粒，经引发、增长、转移或终止生成死的大分子，因此胶粒不断增大，如乳化剂的补加正好满足需要，就不会有新的胶束和乳胶粒形成，胶粒的粒度分布、寿命分布都很窄，容易合成大粒径、粒度分布均匀的乳液。

② 种子乳液聚合可以合成出具有异型结构乳胶粒的乳液，如核-壳结构型乳液，组成具有梯度变化的乳液，互穿网络结构型乳液等。

5.5.1.4　无皂乳液聚合

如前所述，经典的乳液聚合配方中，乳化剂是必不可少的组分，用量一般占单体的 10^{-2}（质量分数），其中阴离子型乳化剂对成核和稳定乳液起着尤为重要的作用。但是，乳液成膜后这些助剂将继续残存在涂膜中，对漆膜光泽、耐水性、电学性质造成不利影响。无皂乳液聚合就是为了克服乳化剂的弊端，开发出来的新型乳液聚合工艺，其胶粒分布均一、表面洁净，具有优秀的性能。

无皂乳液聚合即无乳化剂聚合，在其聚合过程中，完全不加常规的乳化剂或仅加入极少量的乳化剂。

经典的乳液聚合理论（Harkins theory）认为：乳液聚合是由水溶性引发剂分解生成的自由基扩散进入单体增溶胶束，经引发、增长、终止而成核。对于无皂乳液聚合来说，聚合开始时根本无增溶胶束存在，这种成核机理是说不通的，自20世纪70年代以来人们对无皂乳液聚合的成核机理进行了广泛深入的研究，提出了一些新的理论。

① 均相成核机理　该机理是 Fitch 于1969年提出的，此后许多学者对该机理进行了补充和丰富，使之不断得以完善。该机理认为：无皂乳液聚合乳胶粒是通过水相均相聚合生成的一定长度的一个末端为硫酸根的自由基在水相沉淀析出时凝聚、聚并、吸收单体生成的。

② 齐聚物胶束成核机理　Goodwell 1977年指出在聚合初期由硫酸根阴离子自由基引发单体生成一定聚合度、一端为—SO_4^-、一端为疏水链段的自由基，该活性齐聚物具有表面活性，超过临界胶束浓度后，经过聚并形成胶束，进一步增溶单体，为乳液聚合提供场所。

仅靠过硫酸盐引发形成的极性端基，毕竟含量低、表面活性差，因此早期的无皂乳液聚合固含量很低，应用范围有限。为了提高无皂乳液聚合产品的固含量及贮存稳定性，在聚合配方中可以加入一些表面活性单体，如乙烯基磺酸钠、AMPS等。

5.5.1.5　核-壳乳液聚合

核-壳型乳液聚合可以认为是种子乳液聚合的发展。乳胶粒可分为均匀粒子和不均匀粒子两大类。其中不均匀粒子又可分为两类：成分不均匀粒子和结构不均匀粒子。前者指大分子链的组成不同，但无明显相界面，后者指粒子内部的聚合物出现明显的相分离。结构不均匀粒子按其相数可分为两相结构和多相结构。核-壳结构是最常见的两相结构。如果种子乳液聚合第二阶段加入的单体同制备种子乳液的配方不同，且对核层聚合物溶解性较差，就可以形成具有复合结构的乳胶粒，即核-壳型乳胶粒。即由性质不同的两种或多种单体分子在一定条件下多阶段聚合，通过单体的不同组合，可得到一系列不同形态的乳胶粒子，从而赋予核-壳各不相同的功能。核-壳型乳胶粒由于其独特的结构，同常规乳胶粒相比即使组成相同也往往具有优秀的性能。根据核-壳的玻璃化温度不同，可以将核-壳型乳胶粒分为硬核-软壳型和软核-硬壳型。从乳胶粒的结构形态看，主要有以下几种：正常型、手镯型、夹心型、雪人型及反常型。核-壳型乳胶粒究竟采取何种结构形态受制于许多因素。

（1）单体性质　乳胶粒的核-壳结构常常是由加入水溶性单体而形成的。这些聚合单体通常含有羧基、酰氨基、磺酸基等亲水性基团。由于其水溶性大易于扩散到胶粒表面，在乳胶粒-水的界面处富集和聚合。当粒子继续生长时，其水性基团仍留在界面区，从而产生核-壳结构。具有一定水溶性的单体，特别是当其或其共聚单体玻璃化温度 T_g 较低而聚合温度较高时，有较强的朝水相自发定向排列的倾向。

因此用疏水性单体聚合作核层、亲水性单体聚合作壳层，可得到正常结构形态的乳胶粒。相反，若用亲水性单体聚合作核层，则疏水性单体加入后将向原种子乳胶粒内部扩散，经聚合往往生成异型核-壳结构乳胶粒。

丙烯酸正丁酯（BA）与醋酸乙烯酯（VAc）的二元自由基乳液共聚合，由于两者的自由基聚合活性相差很大，当采用间歇工艺进行时，反应初期生成的大分子主要由 BA 单元组成，后期生成的大分子则富含 VAc，BA 和 VAc 两者均聚物的 T_g 相差很大，混溶性差，使粒子产生相分离。

另外，加入特种功能性单体，在聚合时引入接枝或交联，亦有利于生成核-壳结构粒子。

（2）加料方式　常用的加料方法有平衡溶胀法、分段加料法等。

平衡溶胀法用单体溶胀种子粒子再引发聚合，控制溶胀时间和溶胀温度，从而可以控制粒子的溶胀状态和胶粒结构。

分段加料并在"饥饿"条件下进行聚合是制备各种核-壳结构乳胶粒最常用的方法。特别是在第一阶段加疏水性较大的单体、第二阶段加亲水性较大的单体更是如此。通常第一阶段加的单体组成粒子的核，第二阶段加的单体形成壳。有时也有例外，如 BA（丙烯酸正丁酯）/AA（丙烯酸）和 St（苯乙烯）/AA 两步法加料时，无论加料次序如何，生成的粒子都是以 St/AA 为核、以 BA/AA 为壳的核-壳结构。显然，这是 PBA（聚丙烯酸丁酯）链段的柔韧性和 PAA（聚丙烯酸）的亲水性相结合起主要作用，而不是聚合顺序起主要作用。

（3）其他因素　核-壳型乳胶粒的结构形态受到上述因素的主要影响，其他因素对乳胶粒的形态也有重要影响，如反应温度低，大分子整体和链段的活动性低，聚合物分子、链段间的混溶性变差，有利于生成核-壳结构粒子。

水溶性引发剂自由基只在水相引发，并以低聚物自由基的形式接近粒子表面，使聚合在粒子表面进行。当然，其效能还与其浓度和聚合温度等因素有关。

离子型乳化剂由于其静电屏蔽效应，带同性电荷的自由基难以进入粒子内部，有利于在聚合物粒子-水相界面处进行聚合。

控制聚合过程中的黏度以控制增长中的活性自由基的扩散性，从而可以影响粒子的结构、形态。

表 5-12 列举了各种影响核-壳结构乳胶粒的因素。

表 5-12　影响核-壳结构乳胶粒的因素

有 利 因 素	不 利 因 素	有 利 因 素	不 利 因 素
间歇聚合	连续聚合	高的引发剂浓度	低的引发剂浓度
饥饿态加料	充盈态加料	低的乳化剂浓度	高的乳化剂浓度
先加疏水性单体，后加亲水性单体	先加亲水性单体，后加疏水性单体	离子型乳化剂	非离子型乳化剂
较低温度下聚合（$<T_g$）	较高温度下聚合（$>T_g$）	乳胶粒的黏度大	乳胶粒的黏度低
用水溶性的引发剂	用油溶性的引发剂	聚合体系相容性差	聚合体系相容性好

（4）核-壳型乳液涂膜的结构、形态及性质　均相粒子乳液所成的膜是完全均匀的，原先每个粒子的形态消失。而核-壳结构型乳液成膜后往往仍能观察到非均相结构。

玻璃化温度显著不同的两相粒子，通常是由低 T_g 的聚合物支配成膜过程，高 T_g 的聚合物则分散在低 T_g 聚合物中。从 PSt（聚苯乙烯）-PEA（聚丙烯酸乙酯）乳液（72∶28，体积比）膜的扫描电子显微镜图中，可清楚看出 PSt 核分散在 PEA 中。高 T_g 聚合物对成膜的影响主要取决于它的体积分数和黏弹性，超过一定的临界值将不能形成连续的涂膜。

在两相间接枝或交联会导致在成膜时限制粒子变形和防止第二相的逆转，这种膜的力学性质与互穿网络聚合物的力学性质接近。

5.5.1.6　互穿网络乳液聚合

互穿网络聚合物（interpenetrating polymer network，IPN）属于多相聚合物中的一种类型，是多种聚合物且含有至少一种网络相互贯穿而形成的特殊网络，IPN 中网络间不同化学结构的连接可得到性能的协同效应，如力学性能的增强，胶黏性的改善，或者是较好的减震吸声性能。1960 年 Millar 首先提及 "IPN" 一词。之后，Sperbing 和 Frisch 对 IPN 的发展做出较大贡献。相对于物理共混，IPN 改性能够使材料凝集态结构发生变化，进而改进某些性能，扩展其应用。

按制备方法分类，则有分步 IPN、同步 IPN 和胶乳 IPN（LIPN）。后者是在 20 世纪 60 年代末和 70 年代初发展起来的技术。LIPN 制备方法：将交联聚合物 A 作为"种子"胶乳，再投入单体 B 及引发剂（不加乳化剂），单体 B 就地聚合、交联和生成 IPN，一般有核-壳结构。若上述聚合物不加交联剂，则称半 LIPN。IPN 结构上存在着一种或一种以上的网络相互贯穿在一起，对其结构、相变、交联及性能研究多采用电镜（SEM、TEM）、红外光谱（IR）、热分析（DSC、DTG、DMA）等现代测试技术。目前，IPN 技术已在广泛的领域得到应用，在众多行业里采用丙烯酸酯作为原料，已取得许多卓有成效的进展。

5.5.1.7　乳液聚合实例

（1）内墙漆用苯丙乳液的合成

① 配方　内墙漆用苯丙乳液的合成配方见表 5-13。

表 5-13　内墙漆用苯丙乳液的合成配方

组分	原料	用量(质量份)	组分	原料	用量(质量份)
A 组分	去离子水	111.0	E 组分	去离子水	250.0
	CO-458	2.500	F 组分	A-103	2.500
	溶解水	5.000		溶解水	5.000
	CO-630	3.000		CO-630	1.000
	溶解水	5.000		溶解水	5.000
B 组分	苯乙烯	240.0		AOPS-1	1.500
	丙烯酸丁酯	200.0	G 组分	过硫酸钠	0.9000
	丙烯酸	9.375		溶解水	10.00
	丙烯酸异辛酯	10.00	H 组分	过硫酸钠	1.500
C 组分	丙烯酰胺	6.300		溶解水	80.00
	溶解水	18.75	I 组分	乙烯基三乙氧基硅烷	3.000
D 组分	小苏打	0.9000	J 组分	氨水	适量(调 pH)
	溶解水	5.000			

注：CO-630 为上海忠诚精细化工有限公司的特种酚醚类乳化剂，CO-458、A-103 分别为该公司的酚醚硫酸盐类、磺基琥珀酸类乳化剂。

② 合成工艺

a. 将 A 组分的去离子水加入预乳化釜，把同组乳化剂 CO-458、CO-630 用水溶解后加入预乳化釜，再依次将 B 组分、C 组分、D 组分加入预乳化釜中，加完搅拌乳化约 30min。

  b. 将 E 组分去离子水加入反应釜，升温至 80℃。将 F 组分分别用水溶解后加入反应釜，待温度稳定至 80℃后，加入 G 组分过硫酸钠溶液。约 5min 将温度升至 83～85℃。

  c. 在 83～85℃同时滴加预乳液和 H 组分——引发剂溶液。

  d. 当预乳液滴加 2/3 后将 I 组分在搅拌下加入预乳液中，搅拌 5min 后继续滴加。

  e. 3h 加完后，保温 1h。

  f. 降温至 45℃加入氨水中和，调 pH 在 8.0 左右。搅拌 10min 后，用 80 目尼龙网过滤出料。

（2）内墙漆用叔丙乳液的合成

① 配方 内墙漆用叔丙乳液的合成配方见表 5-14。

表 5-14 内墙漆用叔丙乳液的合成配方

组分	原料	用量(质量份)	组分	原料	用量(质量份)
A 组分(底料)	去离子水	45.00	B 组分(预乳液)	N-羟甲基丙烯酰胺	1.328
	K-12	0.0440		丙烯酸	0.664
	OP-10	0.0890	C 组分(引发剂液)	过硫酸钾(初加)	0.100
	NaHCO₃	0.0990		去离子水(初加)	2.000
B 组分(预乳液)	去离子水	15.00		过硫酸钾(滴加)	0.232
	K-12	0.1770		去离子水(滴加)	15.00
	OP-10	0.3540	D 组分(后消除)	TBHP	0.0720
	甲基丙烯酸甲酯	34.023		去离子水	1.500
	丙烯酸丁酯	13.788		SFS(吊白块)	0.0600
	VV-10	16.601		去离子水	1.500

② 合成工艺 将底料加入反应瓶，升温至 78℃。取 B 组分的 10% 加入反应瓶打底，升温至 84℃，加入初加 KPS（过硫酸钾）溶液，待蓝光出现，回流不明显时同时滴加剩余预乳液及滴加用引发剂液，约 4h 滴完。保温 1h，降温为 65℃，后消除，保温 30min，降至 40℃，用氨水调 pH 为 7～8，过滤出料。

（3）苯丙弹性乳液的合成

① 配方 苯丙弹性乳液的合成配方见表 5-15。

表 5-15 苯丙弹性乳液的合成配方

组分	原料	用量(质量份)	组分	原料	用量(质量份)
A 组分(底料)	去离子水	1750	C 组分(引发剂液)	过硫酸钠(初加)	7.730
	2A1(陶氏化学)	1.000		去离子水(初加溶解用)	120.0
B 组分(预乳液)	去离子水	2350		过硫酸钠(滴加)	5.230
	2A1	68.80		去离子水(滴加溶解用)	162.0
	NP-10	62.90	D 组分(后消除)	TBHP(叔丁基过氧化氢)	3.320
	苯乙烯	1952		TBHP 溶解水	70.00
	丙烯酸丁酯	3783		SFS(吊白块)	2.600
	N-羟甲基丙烯酰胺	116.0		SFS 溶解水	70.00
	丙烯酸	1.328			

② 合成工艺 将底料加入反应釜，升至 81℃，加 416kg 预乳液，2min 后加入底料引发剂液，保温 10min，滴加剩余预乳液，控温 83～85℃，2h 后与预乳液同时滴加引发剂液，1.5h 滴完，总滴加时间为 3.5h，保温 1h，降至 75～70℃，用 45min 加入后消除氧化-还原引发体系，降至 60℃加氨水调 pH=7～8，降至 45℃以下，120 目尼龙网过滤。

③ 指标 固含量为 56%±1%，pH 为 7～8，黏度为 1000～3000cP。

（4）醋丙乳液的合成

① 配方　醋丙乳液的合成配方见表5-16。

表5-16　醋丙乳液的合成配方

组分	原料	用量(质量份)	组分	原料	用量(质量份)
A组分(底料)	去离子水	475.0	B组分(预乳液)	去离子水	15.00
	K-12	3.750		K-12	3.500
	NP-10	7.000		NP-10	15.00
	磷酸氢二钠	5.000		VAc	450.0
	VAc	30.00		MMA	150.0
	MMA	20.00		BA	25.00
	BA	15.00		丙烯酸	15.00
	AA	2.000	C组分(引发剂液)	过硫酸铵	4.800
				去离子水	200.0

② 合成工艺　室温下向反应釜中加入底料用水、阴离子型乳化剂、非离子型乳化剂和缓冲剂，30℃时加入釜底单体，升温至50℃，通入 N_2 ，加入引发剂液的1/4，此时将自然升温至70～75℃左右，加热至82～84℃，撤 N_2 ，开始滴加预乳液和剩余引发剂液，4.5～5h加完，保温1h，降至室温，80目尼龙网过滤出料。

（5）核-壳结构叔-丙乳液的合成

① 配方　核-壳结构叔-丙乳液合成配方见表5-17。

表5-17　核-壳结构叔-丙乳液合成配方

组分	原料	用量(质量份)
A组分(底料)	去离子水	50.0
	DS-10	0.118
	OP-10	0.473
	$NaHCO_3$	0.099
B组分(核预乳液)	DS-10	0.158
	OP-10	0.631
	去离子水	6.000
	MMA	19.727
	BA	1.841
	VV-10	4.472
	AA	0.263
C组分(壳预乳液)	DS-10	0.118
	OP-10	0.473
	去离子水	9.000
	MMA	13.936
	BA	11.817
	VV-10	11.967
	AA	0.395
	N-羟甲基丙烯酰胺	1.134
D组分(打底引发剂液)	过硫酸钾	0.0990
	溶解水	9.000
E组分(滴加引发剂液)	过硫酸钾	0.230
	溶解水	10.00
F组分(后消除)	TBHP(叔丁基过氧化氢)	0.0740
	TBHP溶解水	1.500
	SFS(吊白块)	0.0600
	SFS溶解水	1.500
G组分	氨水	适量(调pH)

注：DS-10为十二烷基苯磺酸钠。

② 合成工艺　底料加入 250mL 四口烧瓶并升温至 78℃，然后取预乳液的 8%～10% 打底，当 $T=84℃$ 时，一次性加入打底引发剂液，待体系出现蓝光时，即可同时滴加核预乳液及引发剂液，滴完保温 1h，再滴加壳预乳液及引发剂液，约 2.5h 滴完，保温 1h，再降至 65℃，后消除，保温 30min，最后降温至 40℃ 左右，用氨水调 pH 为 7～8，过滤出料。

5.5.2　水稀释型丙烯酸树脂的合成

5.5.2.1　水稀释型丙烯酸树脂合成的配方设计

水稀释型丙烯酸树脂的合成通常采用溶液聚合法，其溶剂应与水互溶。另外，在单体配方中往往含有羧基或叔氨基单体，前者用碱中和得到盐基，后者用酸中和得到季铵盐基，然后在强烈搅拌下加入水分别得到阴离子型和阳离子型水稀释型丙烯酸树脂。加水后若没有转相，则体系似真溶液，补水到某一数值，完成转相后，外观则似乳液。两种离子型水稀释型丙烯酸树脂中，阴离子型应用比较广泛。

阴离子型水稀释型丙烯酸树脂通常设计成共聚物，羧基型单体最常用的是丙烯酸或甲基丙烯酸，此外衣康酸、马来酸也有应用。为引入足够的羧基，实现良好的水可分散性，羧基单体用量一般在 8%～20%，树脂酸值为 40～60mg KOH/g（树脂）。其用量应在满足水分散性的前提下，尽量低些，以免影响耐水性。除羧基外，羟基、醚基、酰氨基对水稀释性亦有提高。另外，阴离子型水稀释型丙烯酸树脂通常设计成羟基型，以供同水性氨基树脂、封闭型水性多异氰酸酯配制烘漆，其羟值也是需要控制的一个重要指标。此外，N-羟甲基丙烯酰胺（NMA）可自交联，甲基丙烯酸缩水甘油酯与（甲基）丙烯酸可以加热交联以提高性能。

中和剂一般使用有机碱，如三乙胺（TEA）、二乙醇胺、二甲基乙醇胺（DMAE）、2-氨基-2-甲基丙醇（AMP）、N-乙基吗啉（NEM）等。其中三乙胺（TEA）挥发较快，对 pH 稳定不利；二甲基乙醇胺（DMAE）可能会和酯基发生酯交换，影响树脂结构和性能。2-氨基-2-甲基丙醇（AMP）、N-乙基吗啉（NEM）性能较好。另外，中和剂的用量应使体系的 pH 位于 7.0～7.5，不要太高，否则，氢键将使体系黏度剧增，影响固含量和施工性能。

助溶剂也是合成水稀释型丙烯酸树脂的重要组分，它不仅有利于溶液聚合的传质、传热，使聚合顺利进行，而且对加水分散及与氨基树脂的相容性和成漆润饰、流平性有关。综合考虑，醇醚类溶剂较好。因为乙二醇丁醚等溶剂对血液和淋巴系统有影响，同时严重损伤动物的生殖机能，造成畸胎、死胎。因此，应尽量不用乙二醇及其醚类溶剂。丙二醇及其醚类比较安全，可以用作助溶剂。正丁醇、异丙醇可以作为混合溶剂使用。

水稀释型丙烯酸树脂若作为羟基组分，其合成配方中应加入分子量调节剂，如巯基乙醇、十二烷基硫醇等。巯基乙醇转移后的引发、增长可以在大分子端基引入羟基，可提高羟值及改善羟基分布。

5.5.2.2　水稀释型丙烯酸树脂的合成工艺

水稀释型丙烯酸树脂的合成采用油性引发剂引发，用亲水性的醇醚及醇类作混合溶剂，混合单体以"饥饿"方式滴加，用分子量调节剂控制分子量。水性树脂经碱中和实现其水分散性，在强力搅拌下加入去离子水，即得到透明或乳样的水稀释型丙烯酸树脂。下面为水稀释型丙烯酸树脂的一个合成实例。

（1）合成化学原理　水稀释型丙烯酸树脂合成反应方程式如下：

$$n_1 CH_2=\underset{\underset{COOR^2}{|}}{C}-R^1 \; + \; n_2 CH_2=\underset{\underset{COOH}{|}}{C}-CH_3 \; + \; n_3 CH_2=CH-C_6H_5 \; + \; n_4 CH_2=CH-COOCH_2CHCH_3(OH) \; + \; n_5 CH_2=CH-CN$$

AIBN

$$\left[CH_2-\underset{\underset{COOR^2}{|}}{\overset{\overset{R^1}{|}}{C}} \right]_{n_1} \left[CH_2-\underset{\underset{COOH}{|}}{\overset{\overset{CH_3}{|}}{C}} \right]_{n_2} \left[CH_2-\underset{\underset{C_6H_5}{|}}{CH} \right]_{n_3} \left[CH_2-\underset{\underset{COOCH_2CHCH_3(OH)}{|}}{CH} \right]_{n_4} \left[CH_2-\underset{\underset{CN}{|}}{CH} \right]_{n_5}$$

DMAE

$$\left[CH_2-\underset{\underset{COOR^2}{|}}{\overset{\overset{R^1}{|}}{C}} \right]_{n_1} \left[CH_2-\underset{\underset{COONH(CH_3)_2C_2H_4OH}{|}}{\overset{\overset{CH_3}{|}}{C}} \right]_{n_2} \left[CH_2-\underset{\underset{C_6H_5}{|}}{CH} \right]_{n_3} \left[CH_2-\underset{\underset{COOCH_2CHCH_3(OH)}{|}}{CH} \right]_{n_4} \left[CH_2-\underset{\underset{CN}{|}}{CH} \right]_{n_5}$$

其中，$R^1=H$、$-CH_3$，$R^2=-CH_3$、$-C_4H_9$。

（2）合成配方　水稀释型丙烯酸树脂合成配方见表5-18。

表5-18　水稀释型丙烯酸树脂合成配方

序号	原料名称	用量（质量份）	序号	原料名称	用量（质量份）
1	甲基丙烯酸甲酯	15.00	9	巯基乙醇	1.000
2	丙烯酸丁酯	16.00	10	偶氮二异丁腈	1.500
3	甲基丙烯酸丁酯	12.00	11	正丁醇	19.22
4	丙烯酸-β-羟丙酯	28.00	12	乙醇	6.400
5	苯乙烯	8.000	13	追加引发剂液（2份正丁醇溶解）	0.300
6	丙烯腈	8.000	14	二甲基乙醇胺	10.58
7	甲基丙烯酸	10.00	15	水	66.30
8	甲基丙烯酸缩水甘油酯	3.000			

（3）合成工艺　将溶剂加入带有回流冷凝管、机械搅拌器的四口反应瓶中，升温使其回流。接着将全部单体、引发剂、链转移剂混合均匀后的20%加入反应瓶，保温0.5h，滴加剩余部分单体液，耗时3.5～4.0h。滴完后保温2h，其后加入追加引发剂液，继续保温2h。降温至60℃，在充分搅拌下用N,N-二甲基乙醇胺中和，在高剪切下加水，剧烈搅拌可制得水稀释型丙烯酸树脂。

5.5.3　丙烯酸树脂二级分散体的合成

单组分水性涂料由于热塑性，涂膜性能远远劣于热固性的水性双组分涂料。双组分水性聚氨酯涂料（2K WPU）涂层的交联密度高，表面性能可与溶剂性双组分聚氨酯涂料相媲美，能满足高档涂饰及高端保护性需求，在木器、工业防护和汽车涂饰等方面将凸现价值。水性2K PU涂料以水性羟基丙烯酸树脂二级分散体为甲组分，亲水改性的多异氰酸酯固化剂为乙组分，通过交联固化成膜。

丙烯酸树脂二级分散体是最新一代水性丙烯酸树脂，其酸值较低，不高于30mg KOH/g

（树脂），羟值较高为 120mg KOH/g（树脂）。另外，其 VOC 小于 150g/L，同时具有高固含量、低黏度、与水性固化剂易混合的特点。合成工艺与水稀释型体系相似。

目前市场上比较成熟的水性羟基丙烯酸树脂二级分散体有进口产品，如拜耳公司的 Bayhydrol 系列（Bayhydrol A 145、Bayhydrol XP 2470、Bayhydrol XP 2620 等）。国内联固化学、万华化学、双键化工、同德化工等公司的产品进步很大。

丙烯酸树脂二级分散体也可以同水性氨基树脂、封闭型水性多异氰酸酯配制单组分烘漆。

在 2K WPU 成膜过程中，存在两个反应：异氰酸酯基与羟基的反应（以下简称为—NCO/—OH 反应）和异氰酸酯基与水的反应（—NCO/H_2O 反应）。异氰酸酯基与水为副反应，该反应会产生 CO_2，使涂膜中产生气泡，导致涂膜外观缺陷。同时，副反应的发生会降低涂膜的光泽。

另外，由于—NCO/H_2O 反应会消耗异氰酸酯，一般的 2K WPU 配方中都要使异氰酸酯过量，然而水性多异氰酸酯的价格较高，这势必会增加涂料的成本。减少体系中—NCO 与 H_2O 反应已成为目前水性双组分聚氨酯涂料领域亟待解决的问题之一。

下面是一合成实例。

（1）合成配方 丙烯酸树脂二级分散体的合成配方见表 5-19。

表 5-19 丙烯酸树脂二级分散体的合成配方

组分	原料	用量/（质量份）	组分	原料	用量/（质量份）
溶剂	丙二醇丁醚	3.60	组分二	MMA	4.510
	二甲苯	5.40		BA	4.400
组分一	MMA	18.13		HEMA	5.985
	BA	9.785		AA	0.700
	HEMA	8.137		链转移剂	0.170
	链转移剂	0.469		AIBN	0.373
	AIBN	1.080	中和剂	DMEA	1.700
			其他	水	80.00

（2）合成工艺

① 溶剂进瓶，升温至 80℃，保温 15min；

② 进 20％组分一单体、引发剂液，打底 30min；

③ 滴加剩余组分一液，2h 加完，保温 1h；

④ 滴加组分二单体、引发剂液，1.5h 滴完，保温 1.5h；

⑤ 降温至 60℃，加入二甲基乙醇胺（DMEA）中和 0.5h；

⑥ 加水，分散 0.5h，200 目尼龙网过滤出料。

（3）指标 固含量为 40％，黏度为 150mPa·s，带蓝光乳液。可以用作氨基烘漆或水性 2KPU 的羟基组分。

5.6 结语

丙烯酸树脂是重要的涂料工业用成膜物质，其今后的发展仍将呈加速增长趋势。其中水性丙烯酸树脂（包括乳液型和水稀释型）的研究、开发、生产及应用将更加受到重视，要加强核-壳结构、互穿网络结构乳液的研究。高固体分丙烯酸树脂和粉末涂料用丙烯酸树脂也将占有一定的市场份额。同时，氟、硅改性，聚氨酯改性，环氧树脂改性以及醇酸树脂改性的丙烯酸树脂在一些高端及特殊领域的应用会得到进一步的推广。

第6章 聚氨酯树脂

6.1 概述

1937年，德国化学家 Otto Bayer 用多异氰酸酯和多羟基化合物通过聚加成反应合成了线形、支化或交联型聚合物，即聚氨酯，标志着聚氨酯的开发成功。其后的技术进步和产业化促进了聚氨酯科学和技术的快速发展。最初使用的是芳香族二异氰酸酯（甲苯二异氰酸酯），20世纪60年代以来，又陆续开发出了脂肪族二异氰酸酯。聚氨酯树脂在涂料、黏合剂及弹性体行业取得了广泛、重要的应用。

聚氨酯（polyurethane）大分子主链上含有许多氨基甲酸酯基（—NH—C(O)—O—）。它由二（或多）异氰酸酯与二（或多）元醇通过逐步聚合反应生成，除了氨基甲酸酯基（简称为氨酯基，—NH—C(O)—O—）外，大分子链上还含有醚基（—O—）、酯基（—C(O)—O—）、脲基（—NH—C(O)—NH—）、酰氨基（—NH—C(O)—）等基团，因此大分子间很容易生成氢键。

聚氨酯是综合性能优秀的合成树脂之一。由于其合成单体品种多、反应条件温和、专一、可控、配方调整余地大及其高分子材料的微观结构特点（如相分离），可广泛用于涂料、黏合剂、泡沫塑料、合成纤维以及弹性体，已成为人们衣、食、住、行以及高新技术领域必不可少的合成材料之一，其本身已经构成了一个多品种、多系列的材料家族，形成了完整的聚氨酯工业体系，这是其他树脂所不具备的。

6.2 聚氨酯化学

6.2.1 异氰酸酯的反应机理

异氰酸酯指结构中含有异氰酸酯（—NCO，即—N＝C＝O）基团的化合物。异氰酸酯基团具有如下的电子共振结构：

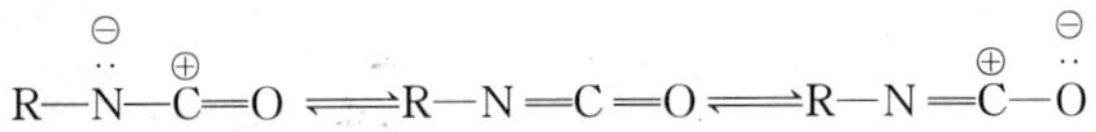

$$R—\overset{..}{\underset{..}{N}}—\overset{\ominus}{\underset{..}{C}}\overset{\oplus}{=O} \Longleftrightarrow R—N＝C＝O \Longleftrightarrow R—N＝\overset{\oplus}{C}—\overset{\ominus}{\underset{..}{O}}$$

根据异氰酸酯基团中 N、C、O 元素的电负性排序 O(3.5)＞N(3.0)＞C(2.5)，三者获得电子的能力是 O＞N＞C。另外，—C＝O 键能为 733kJ/mol，—C＝N—键能为 553kJ/mol，所以碳氧键比碳氮键稳定。

因此，由于诱导效应，在—N＝C＝O 基团中氧原子电子云密度最高，氮原子次之，碳原子最低，碳原子形成亲电中心，易受亲核试剂进攻，而氧原子形成亲核中心。当异氰酸酯与醇、酚、胺等含活性氢的亲核试剂反应时，—N＝C＝O 基团中的氧原子接受氢原子形成羟基，但不饱和碳原子上的羟基不稳定，经过分子内重排生成氨基甲酸酯基。反应如下：

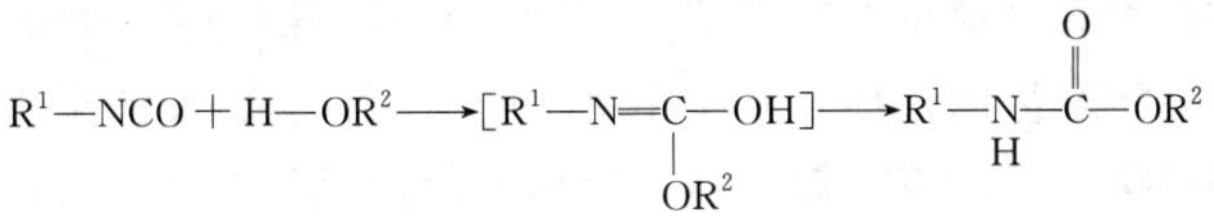

$$R^1—NCO + H—OR^2 \longrightarrow [R^1—\underset{\underset{OR^2}{|}}{N}＝C—OH] \longrightarrow R^1—\underset{H}{\overset{\overset{O}{||}}{N}}—C—OR^2$$

6.2.2 异氰酸酯的反应类型

异氰酸酯基团具有适中的反应活性，常用的反应有异氰酸酯基团与羟基的反应，与水的反应，与氨基的反应，与脲的反应，以及其自聚反应等。

其中多异氰酸酯同羟基化合物的反应尤为重要，其反应条件温和，可用于合成聚氨酯预聚体、多异氰酸酯的加和物以及羟基型树脂（如羟基丙烯酸树脂、羟基聚酯和羟基短油醇酸树脂等）的交联固化。

异氰酸酯基和水的反应机理如下

$$R-NCO + H_2O \longrightarrow R-\overset{H}{\underset{}{N}}-\overset{O}{\underset{}{C}}-OH$$

$$R-\overset{H}{\underset{}{N}}-\overset{O}{\underset{}{C}}-OH \longrightarrow R-NH_2 + CO_2$$

该反应是湿固化聚氨酯涂膜的主要反应，也用于合成缩二脲以及芳香族异氰酸酯基的低温扩链合成水性聚氨酯。脂肪族异氰酸酯基活性较低，低温下同水的反应活性较小。一般的聚氨酯化反应温度为 $50 \sim 100℃$，水的分子量又小，微量的水就会造成体系中—NCO 基团的大量损耗，造成反应官能团的摩尔比变化，影响聚合度的提高，严重时导致凝胶，因此聚氨酯化反应原料、盛器和反应器必须做好干燥处理。

异氰酸酯基和胺反应生成脲，反应如下：

$$R-NCO + H_2N-R' \longrightarrow R-\overset{H}{\underset{}{N}}-\overset{O}{\underset{}{C}}-\overset{H}{\underset{}{N}}-R'$$

取代脲氮原子上的活性氢可以继续与异氰酸酯基反应生成二脲、三脲等，聚脲通常为白色的不溶物，因此可用苯胺检验—NCO 的存在。反应温度对脲的生成影响较大，如在制备缩二脲时，反应温度应低于 $100℃$。异氰酸酯基和胺的反应常用于脂肪族水性聚氨酯合成时预聚体在水中的扩链，此时氨基的活性远大于水的活性，通过脲基生成高分子量的聚氨酯。另外，位阻胺（如 MOCA，即 $3,3'$-二氯-$4,4'$-二氨基二苯基甲烷）活性适中，可以同预聚体的—NCO 在室温反应。

芳香族异氰酸酯基在 $100℃$ 以上可以和聚氨酯化反应所生成的氨基甲酸酯基反应生成脲基甲酸酯，所以聚氨酯化反应的反应温度应低于 $100℃$，以防止脲基甲酸酯的生成而导致支化和交联。

$$R-NCO + R'-\overset{H}{\underset{}{N}}-\overset{O}{\underset{}{C}}-OR'' \longrightarrow R'-\overset{\overset{O}{\underset{}{C}}-OR''}{\underset{\overset{}{C}=O}{\underset{}{N}}}$$
$$\underset{NHR}{}$$

异氰酸酯还可以发生自聚反应。其中芳香族的异氰酸酯容易生成二聚体——脲二酮：

$$Ar-NCO + OCN-Ar \underset{加热}{\overset{}{\rightleftharpoons}} Ar-N\overset{\overset{O}{\underset{}{C}}}{\underset{\underset{O}{\underset{}{C}}}{}}N-Ar$$

该二聚反应是一个可逆反应，高温时可以解聚。

在催化剂存在下，二异氰酸酯会聚合成三聚体，其性质稳定、干性好，属于高端的双组分聚氨酯涂料的多异氰酸酯固化剂，预计其应用将不断增加。三聚反应是不可逆的，其合成催化剂主要有叔胺、三烷基膦、碱性羧酸盐等。二异氰酸酯合成三聚体时可以用一种单体也可以用混合单体，如德国 Bayer 公司的 Desmoder HL 就是 TDI 和 HDI 合成的混合型三聚体。

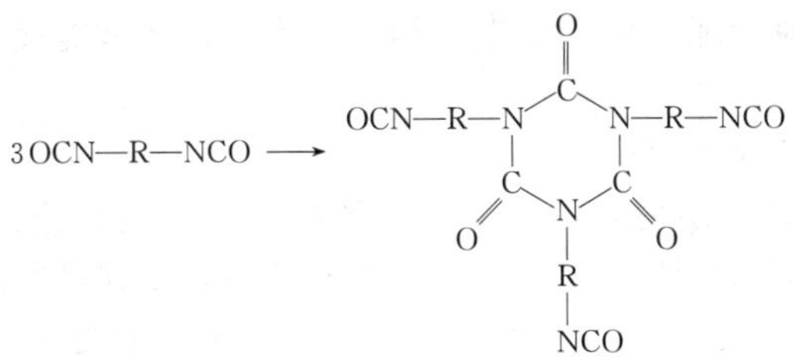

6.2.3 异氰酸酯的反应活性

异氰酸酯的反应活性主要受其取代基的电子效应和位阻效应的影响。

6.2.3.1 电子效应的影响

对 R—NCO 单体，当 R 为吸电性基团时，会增强—N═C═O 基团中碳原子的正电性，提高其亲电性，更容易同亲核试剂发生反应；反之，当 R 为给电性基团时，会增加—N═C═O 基团中碳原子的电子云密度，降低其亲电性，削弱同亲核试剂的反应。由此可以排出下列异氰酸酯的活性顺序：

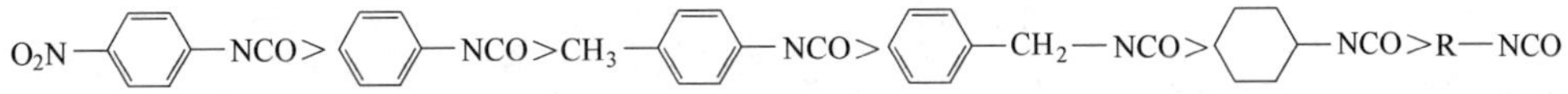

由于电子效应的影响，聚氨酯合成用的二异氰酸酯的活性往往大于单异氰酸酯。而当第一个—N═C═O 基团反应后，第二个的活性往往降低，如甲苯二异氰酸酯，两个—N═C═O 基团活性相差 2～4 倍。但当二者距离较远时，活性差别减小，如 MDI 上的两个—N═C═O 基团活性接近。

6.2.3.2 位阻效应的影响

位阻效应亦影响—N═C═O 基团的活性。甲苯二异氰酸酯有两个异构体，分别是 2,4-甲苯二异氰酸酯和 2,6-甲苯二异氰酸酯，前者的活性大于后者，其原因在于 2,4-甲苯二异氰酸酯中，对位上的—NCO 基团远离—CH$_3$ 基团，几乎无位阻；而在 2,6-甲苯二异氰酸酯中，两个—NCO 基团都在—CH$_3$ 基团的邻位，位阻较大。另外，甲苯二异氰酸酯中两个—NCO 基团的活性亦不同。2,4-甲苯二异氰酸酯中，对位—NCO 基团的活性大于邻位—NCO 的数倍，因此在反应过程中，对位的—NCO 基团首先反应，然后才是邻位的—NCO 基团参与反应。在 2,6-甲苯二异氰酸酯中，由于结构的对称性，两个—NCO 基团的初始反应活性相同，但当其中一个—NCO 基团反应之后，由于失去吸电子诱导效应，再加上空间位阻效应，剩下的—NCO 基团反应活性大大降低。

6.3 聚氨酯的合成单体

6.3.1 多异氰酸酯

根据异氰酸酯基与碳原子连接的结构特点，可以将多异氰酸酯分为芳香族多异氰酸酯（如甲苯二异氰酸酯，TDI），脂肪族多异氰酸酯（六亚甲基二异氰酸酯，HDI），芳脂族多异氰酸酯（即在芳基和多个异氰酸酯基之间嵌有脂肪烃基，常为多亚甲基，如间苯二亚甲基二异氰酸酯，即 XDI）和脂环族多异氰酸酯（即在环烷烃上带有多个异氰酸酯基，如异佛尔酮二异氰酸酯，即 IPDI）。芳香族多异氰酸酯合成的聚氨酯树脂户外耐候性差，易黄变和粉化，属于黄变性多异氰酸酯，但价格低，产量大，在我国应用广泛，如 TDI 常用于室内涂层用树脂。脂肪族多异氰酸酯耐候性好，不黄变，其应用不断扩大，在欧美等发达地区和国家已经成为主流的多异氰酸酯单体。芳脂族和脂环族多异氰酸酯接近脂肪族多异氰酸酯，也属于不黄变性多异氰酸酯。

6.3.1.1　芳香族多异氰酸酯

聚氨酯树脂中 90％以上使用芳香族多异氰酸酯。同芳基相连的异氰酸酯基团对水和羟基的活性比脂肪基异氰酸酯基团更活泼。基于二苯基甲烷二异氰酸酯（MDI）的聚氨酯由于高的苯环密度，其力学性能也较脂肪族多异氰酸酯的聚氨酯更为优异。以下是一些常用的产品。

（1）甲苯二异氰酸酯（toluene diisocyanate，TDI）　甲苯二异氰酸酯是开发最早、应用最广、产量最大的二异氰酸酯单体。根据其两个异氰酸酯（—NCO）基团在苯环上的位置不同，可分为 2,4-甲苯二异氰酸酯（2,4-TDI）和 2,6-甲苯二异氰酸酯（2,6-TDI）。

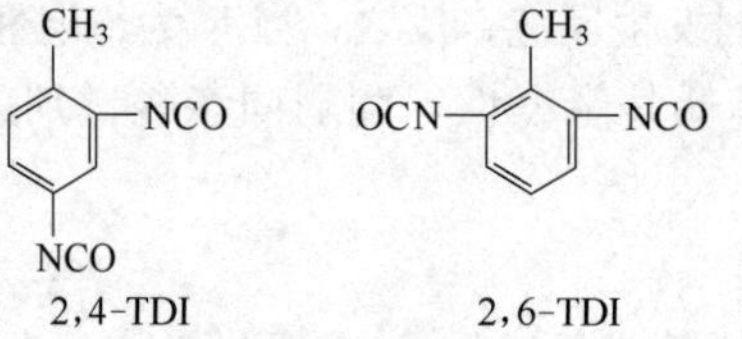

2,4-TDI　　　　2,6-TDI

室温下，甲苯二异氰酸酯为无色或微黄色透明液体，具有强烈的刺激性气味。市场上有 3 种规格的甲苯二异氰酸酯出售，T-65 为 2,4-TDI、2,6-TDI 两种异构体质量比为 65％∶35％的混合体；T-80 为 2,4-TDI、2,6-TDI 两种异构体质量比为 80％∶20％的混合体，其产量最高、用量最大，性价比高，涂料工业常用该牌号产品；T-100 为 2,4-TDI 含量大于 95％的产品，2,6-TDI 含量甚微，其价格较贵。德国 Bayer 公司 TDI 产品性能指标见表 6-1。2,4-TDI 其结构存在不对称性，由于—CH₃ 的空间位阻效应，4 位上的—NCO 的活性比 2 位上的—NCO 的活性大，50℃反应时相差约 8 倍，随着温度的提高，活性越来越靠近，到 100℃时，二者具有相同的活性。因此，设计聚合反应时，可以利用这一特点合成出结构规整的聚合物。TDI 的弱点是蒸气压大、易挥发、毒性大，通常将其转变成低聚物（oligomer）后使用，而且由其合成的聚氨酯制品存在比较严重的黄变性。黄变的原因在于芳香族聚氨酯的光化学反应，生成芳胺，进而转化成了醌式或偶氮结构的生色团。

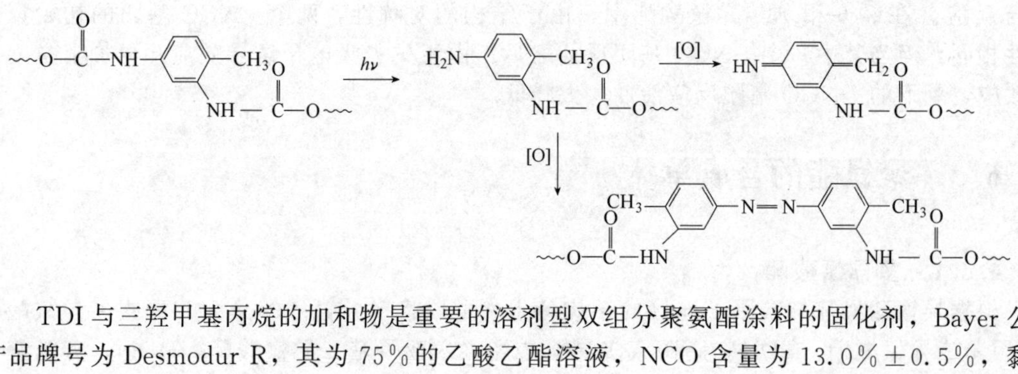

TDI 与三羟甲基丙烷的加和物是重要的溶剂型双组分聚氨酯涂料的固化剂，Bayer 公司产品牌号为 Desmodur R，其为 75％的乙酸乙酯溶液，NCO 含量为 13.0％±0.5％，黏度（20℃）为（2000±500）mPa·s。

128

表 6-1 德国 Bayer 公司 TDI 产品性能指标

项　　目	T-65	T-80	T-100
2,4-TDI 含量/%	65.5±1	79±1	≥97.5
TDI 纯度/%	>99.5	>99.5	>99.5
凝固点/℃	6～7	12～13	>20
水解氯量/%	<0.01	<0.01	≤0.01
酸度/%	<0.01	<0.01	≤0.004
总氯量/%	<0.1	<0.1	≤0.01
色度(AHPA)	<50	<50	20
相对密度 d_4^{25}	1.22	1.22	1.22
沸点/℃	246～247	246～247	251
黏度(25℃)/mPa·s	约3	约3	3
闪点/℃	127	127	127

（2）二苯基甲烷二异氰酸酯及聚合二苯基甲烷二异氰酸酯　二苯基甲烷二异氰酸酯（diphenylmethane-4,4'-diisocyanate，MDI）是继 TDI 以后开发出来的重要的二异氰酸酯。MDI 分子量大，蒸气压远远低于 TDI，对工作环境毒性小，单体可以直接使用，因此其产量不断提高，在聚氨酯泡沫塑料、弹性体方面的应用越来越广。MDI 中主要为 4,4'-MDI，此外还包括 2,4'-MDI 和 2,2'-MDI，其沸点、凝固点见表 6-2。

表 6-2　MDI 异构体的沸点和凝固点　　　　　　　　　单位：℃

异构体	沸点	凝固点
4,4'-MDI	183(400Pa)	39.5
2,4'-MDI	154(173Pa)	34.5
2,2'-MDI	145(173Pa)	46.5

聚二苯基甲烷二异氰酸酯（polyphenylmethane diisocyanate，聚合 MDI 或 PAPI）是 MDI 的低聚物，其结构式如下：

PAPI

PAPI 是一种不同官能度的多异氰酸酯的混合物，其中 $n=0$ 的二异氰酸酯（即 MDI）占混合物的 50% 左右，其余是 3～5 官能度、平均分子量为 320～420 的低聚合度多异氰酸酯。MDI 和 PAPI 的质量指标见表 6-3。

纯 MDI 室温下为白色结晶，但易自聚，生成二聚体和脲类等不溶物，使液体浑浊，产品颜色加深，影响使用和制品品质。加入稳定剂（如磷酸三苯酯、甲苯磺酰异氰酸酯及碳酰异氰酸酯等）可以提高其贮存稳定性，添加量为 0.1%～5%。

磷酸三苯酯　　　　　　　甲苯磺酰异氰酸酯　　　　　　碳酰异氰酸酯

129

表 6-3　MDI 和 PAPI 的质量指标

项　目	MDI	PAPI
分子量	250.3	131.5～140(胺当量)
外观	白色至浅黄色结晶	棕色液体
相对密度	1.19(d_4^{20})	1.23～1.25(d_4^{25})
黏度(25℃)/mPa·s	常温下为固体	150～250
凝固点/℃	≥38	<10
纯度/%	≥99.6	
水解氯量/%	≤0.005	≤0.1
酸度(以 HCl 计)/%	≤0.2	≤0.1
NCO 含量/%	约 33.4	30.0～32.0
沸点/℃	194～199(667Pa)	约 260(自聚放出 CO_2)
蒸气压(25℃)/Pa	约 1.33×10^{-3}	1.5×10^{-4}
色度(APHA)	30～50	
官能度	2	2.7～2.8
闪点/℃	199	>200

MDI 也属于黄变性多异氰酸酯，且比 TDI 的黄变性更大，其黄变机理是氧化生成了醌亚胺结构：

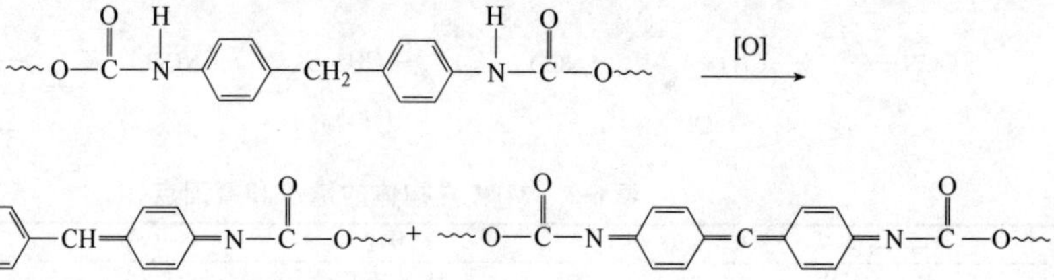

一醌亚胺　　　　　　　　二醌亚胺

另外，由于 MDI 常温下为固体，装桶后形成整块固体，只有熔融后才能计量使用，能耗大，使用不便，存在安全隐患。而且，MDI 活性大，稳定性差，其改性产品——液化（或改性）MDI 应用更广。

液化 MDI 主要包括三种类型。

① 氨基甲酸酯化 MDI　该法用大分子多元醇或小分子多元醇与大大过量的 MDI 反应生成改性的 MDI，常温下该产物为液体，NCO 含量约 20%，贮存稳定性也大大提高。

$$2OCN-R-NCO + HO\sim\sim OH \longrightarrow OCN-R-NH\overset{O}{\overset{\|}{C}}O\sim\sim O\overset{O}{\overset{\|}{C}}HN-R-NCO$$

② 混合型 MDI　该法系将 4,4′-MDI 与其他多异氰酸酯拼合而成。常用的拼合多异氰酸酯包括 2,4′-MDI、TDI、聚合 MDI 及氨基甲酸酯化 MDI 等。此法操作简单，但拼混原料规格、配比要求高。该产品 NCO 含量为 25%～45%。

③ 碳化二亚胺改性 MDI　MDI 在磷化物等催化剂存在下加热，发生缩合，脱除 CO_2，生成含有碳化二亚胺结构的改性 MDI。该产品 NCO 含量约为 30%。

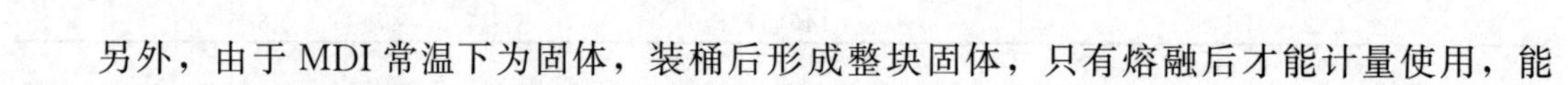

我国烟台万华聚氨酯股份有限公司是世界 MDI 的重要生产厂家。

6.3.1.2　脂肪族多异氰酸酯

(1) 六亚甲基二异氰酸酯（hexamethylene-1,6-diisocyanate，HDI）　HDI 属典型的脂肪

族二异氰酸酯，结构式为

$$OCN{+}CH_2{\rightarrow}_6 NCO$$

此产品为无色或淡黄色透明液体，蒸气压高，毒性大，有强烈的催泪作用，使用时应做好安全保护，另外，HDI 贮存时易自聚而变质。

HDI 的主要生产厂家为德国 Bayer 公司、法国 Rhodia 公司及日本聚氨酯公司等，国内烟台万华聚氨酯股份有限公司也已生产、销售。六亚甲基二异氰酸酯的质量指标见表 6-4。

表 6-4　六亚甲基二异氰酸酯的质量指标

项　目	指　标	项　目	指　标
分子量	168.2	总氯量/%	≤0.1
外观	无色或淡黄色透明液体	酸度(以 HCl 计)/%	≤0.2
密度(20℃)/(g/mL)	1.05	NCO 含量/%	约 33.4
黏度(20℃)/mPa·s	25	沸点/℃	120～125(1.33kPa)
凝固点/℃	−67	蒸气压(25℃)/Pa	约 1.33
纯度/%	≥99.5	闪点/℃	140
水解氯量/%	≤0.03		

由于 HDI 分子量小，蒸气压高，有毒，一般经过改性后使用，其改性产品主要有 HDI 缩二脲和 HDI 三聚体，其质量指标见表 6-5。

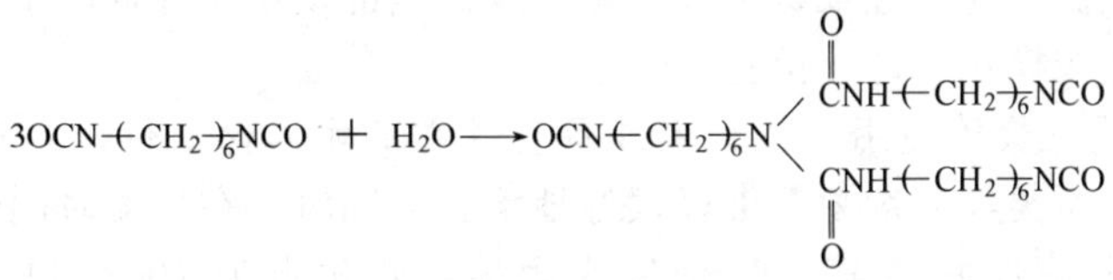

HDI缩二脲

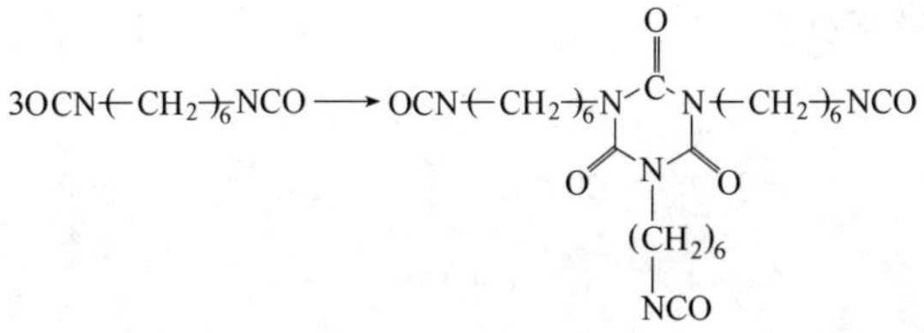

HDI三聚体

表 6-5　HDI 缩二脲（HDB）、三聚体（HDT）的质量指标（Rhodia 公司）

项　目	HDI 缩二脲(HDB)	HDI 三聚体(HDT)
分子量	478	504
色度(APHA)	≤40	≤40
密度(20℃)/(g/mL)	1.12	1.16
黏度(20℃)/mPa·s	9000±2000	2400±400
游离单体含量/%	0.3	0.2
NCO 含量/%	22.0±1.0	22.0±0.5
闪点/℃	170	166

从性能上讲，HDT 比 HDB 色浅、游离单体含量低、黏度低、稳定性好，而且其成膜硬度高，耐候性也好，因此具有更大的竞争性。使用时，HDB、HDT 可以用甲苯、二甲苯、重芳烃及酯类溶剂稀释调黏度，用作溶剂型双组分聚氨酯漆的固化剂。

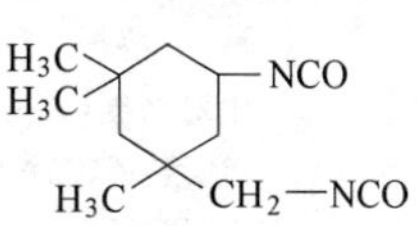

IPDI

（2）异佛尔酮二异氰酸酯（isophorone diisocyanate，IPDI）　异佛尔酮二异氰酸酯是1960年由赫斯（Hüls）公司首先开发成功，其学名为3-异氰酸甲基-3,5,5-三甲基环己基异氰酸酯，其质量指标见表6-6。

表6-6　异佛尔酮二异氰酸酯（IPDI）的质量指标

项　目	指　标	项　目	指　标
分子量	222.28	总氯量/10^{-6}	100～400
色度（APHA）	<30	NCO 含量/%	37.5～37.8
密度（20℃）/（g/mL）	1.058～1.064	沸点/℃	158（1.33kPa）
黏度（23℃）/mPa·s	13～15	蒸气压（20℃）/Pa	0.04
纯度/%	>99.5	闪点/℃	155
水解氯量/10^{-6}	80～200		

IPDI 是一种性能优秀的非黄变二异氰酸酯。其结构上含有环己烷结构，而且携带三个甲基，在逐步聚合（聚加成）过程中同体系的相容性好。

IPDI 有两个异氰酸酯基团，其中一个是脂环型，一个是脂肪型。由于邻位甲基及环己基的空间位阻作用，脂环型异氰酸酯基的活性是脂肪族异氰酸酯基的 10 倍。这一活性差别可以很好地用于聚氨酯预聚体的合成，合成出色浅、游离单体含量低、黏度低、稳定性非常好的产品。

IPDI 合成工艺复杂、路线较长，所以该产品价格较贵。但是，由于其不黄变、耐老化、耐热，以及良好的弹性、力学性能，近年来其市场份额不断上升。目前，IPDI 主要用于高档涂料，耐候、耐低温、高弹性聚氨酯弹性体以及高档的皮革涂饰剂的生产。烟台万华聚氨酯股份有限公司也已规模化生产、销售 IPDI。

IPDI 也可以制成三聚体使用，其三聚体具有优秀的耐候保光性，不黄变，而且溶解性好，在烃类、酯类、酮类等溶剂中都可以很好地溶解，同时，在配漆时同醇酸、聚酯、丙烯酸树脂等羟基组分混溶性好。IPDI 三聚体为固体，软化点为 100～115℃，NCO 含量为17%（质量分数），使用不便，因此一般配成 70% 不同的溶液体系使用。表6-7是德固赛（Degussa）公司产品的质量指标。

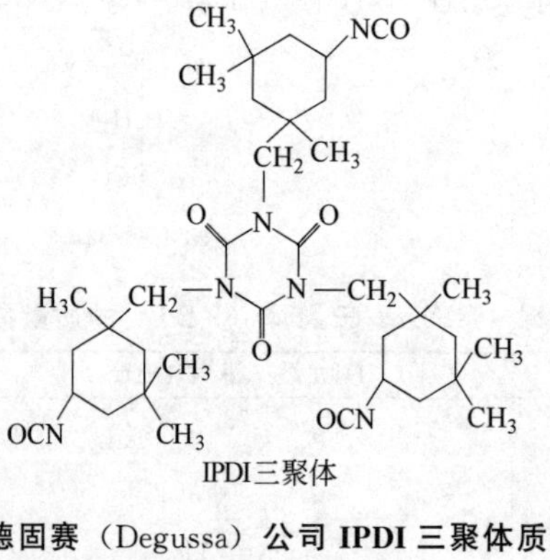

IPDI三聚体

表6-7　德固赛（Degussa）公司 IPDI 三聚体质量指标

项　目	VESTANAT T1890E	VESTANAT T1890S
固体分/%	70±1	70±1
NCO 含量/%	12.0±0.3	12.0±0.3
黏度（23℃）/mPa·s	900±250	1700±400
溶剂	醋酸正丁酯	醋酸正丁酯- SOLVESS-100（1：2）
相对密度（15℃）	1.06	1.06
色度（APHA）	≤150	≤150
闪点（闭杯）/℃	30	41
游离 IPDI 含量/%	<0.5	<0.5

132

（3）苯二亚甲基二异氰酸酯（xylylene diisocyanate，XDI） 苯二亚甲基二异氰酸酯是由混合二甲苯（71%间二甲苯、29%对二甲苯）用氨氧化成苯二甲腈，加氢还原成苯二甲胺，再经光气化而制成。XDI属芳脂族多异氰酸酯，其质量指标见表6-8。

XDI

表6-8 苯二亚甲基二异氰酸酯（XDI）质量指标

项　目	指　标	项　目	指　标
异构体	间位 70%～75%	密度(20℃)/(g/mL)	1.202
	对位 30%～25%	黏度(20℃)/mPa·s	4
凝固点/℃	5.6	沸点/℃	161(1.33kPa)
分子量	188.19	蒸气压(20℃)/Pa	0.04
外观	无色透明液体	闪点/℃	185

由其结构可知苯环和—NCO之间存在亚甲基，破坏了其间的共振现象，其聚氨酯制品具有稳定、不黄变的特点。

（4）4,4′-二环己基甲烷二异氰酸酯（4,4′-diisocyanatodicyclohexylmethane，$H_{12}MDI$） 4,4′-二环己基甲烷二异氰酸酯（$H_{12}MDI$）亦称为氢化MDI，由于MDI的苯环被氢化，属脂环族多异氰酸酯，它也不黄变，其活性比MDI明显降低，另外，$H_{12}MDI$蒸气压较高，毒性也较大。该产品Bayer公司现有生产，有关指标如表6-9所列。

（5）环己烷二亚甲基二异氰酸酯（H_6XDI） 环己烷二亚甲基二异氰酸酯（H_6XDI）即氢化苯二亚甲基二异氰酸酯。同XDI类似，由70%的间位和30%的对位异构体组成。日本武田药品公司生产XDI和H_6XDI。H_6XDI指标如表6-10所列。

表6-9 4,4′-二环己基甲烷二异氰酸酯（$H_{12}MDI$）的指标

项　目	指　标
分子量	262
相对密度(d_4^{25})	1.07±0.02
色度(APHA)	≤35
黏度(25℃)/mPa·s	30±10
水解氯量/%	0.005
蒸气压(25℃)/Pa	$9.33×10^{-2}$
闪点/℃	201

表6-10 环己烷二亚甲基二异氰酸酯（H_6XDI）的指标

项　目	指　标
分子量	194.2
相对密度(d_4^{25})	1.1
凝固点/℃	−50
黏度(25℃)/mPa·s	5.8
蒸气压(98℃)/Pa	53
闪点/℃	150

（6）四甲基苯二亚甲基二异氰酸酯（tetramethylxylylene diisocyanate，TMXDI） TMXDI是XDI的变体，XDI亚甲基上的两个氢原子被甲基取代而生成TMXDI。甲基的引入，强化了空间位阻效应，使其聚氨酯制品的耐候性和耐水解性大大提高，同时—NCO的活性也大大降低，由其合成的预聚体黏度低，TMXDI可直接用于水性体系，或用于零VOC水性聚氨酯的合成。TMXDI的产品指标如表6-11所列。

表6-11 四甲基苯二亚甲基二异氰酸酯（TMXDI）指标

项　目	指　标	项　目	指　标
外观	无色透明液体	黏度(20℃)/mPa·s	9
凝固点/℃	−10	沸点(0.4kPa)/℃	150
分子量	244.3	蒸气压(25℃)/Pa	0.39
NCO含量/%	34.4	自燃点/℃	450
密度(20℃)/(g/mL)	1.05	闪点/℃	93

6.3.2 多元醇低聚物

聚氨酯合成用多元醇低聚物（polyol）主要包括聚醚型、聚酯型两大类，它构成聚氨酯（PU）的软段，分子量通常在500～3000。不同的聚多醇与多异氰酸酯制备的PU性能各不相同。一般说来，聚酯型PU比聚醚型PU具有较高的强度和硬度，这归因于酯基的极性大，内聚能（12.2kJ/mol）比醚基的内聚能（4.2kJ/mol）高，软段分子间作用力大，内聚强度较大，机械强度就高，而且酯基和氨基甲酸酯键间形成的氢键促进了软、硬段间的相混。并且由于酯基的极性作用，聚醚型PU与极性基材的黏附力比聚醚型优良，抗热氧化性也比聚醚型好。为了获得较好的力学性能，应该采用聚酯作为PU的软段。然而，由于聚醚型PU醚基较易旋转，具有较好的低温柔顺性，并且聚醚中不存在易水解的酯基，其PU比聚酯型PU耐水解性好，尤其是其价格非常具有竞争力。

国内聚醚多元醇主要由环氧乙烷、环氧丙烷、四氢呋喃单体的开环聚合合成，聚合体系中除了上述单体外，还存在催化剂（KOH）和起始剂（多元醇或胺）以控制聚合速率、分子量及其官能度。聚合反应式可用通式表示为

$$Y(OH)_n + nx\ H_2C\underset{\displaystyle O}{\overset{\displaystyle R}{-\!\!\!\!\!-\!\!\!\!\!-}}CH \longrightarrow Y\!\!\left[O\!\!\left(CH_2\!-\!CH\!\!\overset{\displaystyle R}{-}\!O\right)_{\!x}H\right]_n$$

其中 $Y(OH)_n$ 为起始剂，常用的有多元醇，n 为官能度，x 为聚合度，R 为氢或甲基。由上式可知聚醚多元醇的官能度与起始剂的官能度相等，而且一个起始剂分子生成一个聚醚多元醇大分子。人们可以利用调节起始剂用量和官能度的方法以控制聚醚多元醇的分子量和官能度。三或四官能度以上的聚醚用于合成聚氨酯泡沫塑料。

聚环氧丙烷多元醇的聚合工艺为：将起始剂（如1,2-丙二醇）和强碱性催化剂（如KOH）加入不锈钢反应釜，升温至80～100℃，真空下脱除水得金属醇化物。将金属醇化物加入不锈钢聚合釜，升温至90～120℃，加入环氧丙烷，使釜压保持在0.07～0.35MPa聚合，分子量达标后回收环氧丙烷，经中和、过滤，精制得PPG。

聚氨酯合成常用的聚醚型二醇产品主要有：聚环氧乙烷二醇（聚乙二醇）（polyethylene glycol，PEG）、聚环氧丙烷二醇（聚丙二醇）（polypropylene glycol，PPG）、聚四亚甲基醚二醇（四氢呋喃二醇）（polytetramethylene glycol，PTMEG），其中PPG产量大、用途广，PTMEG综合性能优于PPG，PTMEG由阳离子引发剂引发四氢呋喃单体开环聚合生成，其产量近年来增长较快，国内已有厂家生产。

PPG的主要生产厂家有：金陵石化二厂、天津石化二厂、上海高桥石化三厂、锦西石化等。聚醚型水性聚氨酯低温柔顺性好、耐水解、价格低，但其耐氧化性和耐紫外线降解性差，强度、硬度也较低。聚环氧丙烷二醇（PPG）的质量指标见表6-12。

表6-12 聚环氧丙烷二醇（PPG）的质量指标

项　　目	PPG-700	PPG-1000	PPG-1500	PPG-2000	PPG-3000
官能度	2	2	2	2	2
羟值/(mg KOH/g)	155～165	109～115	72～78	54～58	36～40
酸值/(mg KOH/g)	≤0.05	≤0.05	≤0.05	≤0.05	≤0.05
数均分子量	约700	约1000	约1500	约2000	约3000
pH	6～7	5～8	5～8	5～8	5～8
水分/%	≤0.05	≤0.05	≤0.05	≤0.05	≤0.05
相对密度	1.006	1.005	1.003	1.003	1.002
色度(APHA)	≤50	≤50	≤50	≤50	≤50
总不饱和度/(mequiv/g)	≤0.01	≤0.01	≤0.03	≤0.04	≤0.1

表 6-13 为济南圣泉集团股份有限公司聚四氢呋喃二醇（PTMEG）系列产品质量指标。

表 6-13　济南圣泉集团股份有限公司 PTMEG 系列产品质量指标

项　目	PTMEG-1000	PTMEG-2000
外观	白色蜡状固体 （>40℃，无色油状液体）	白色蜡状固体 （>40℃，无色油状液体）
羟值/(mg KOH/g)	107～118	56±2
数均分子量	950～1050	1900～2100
水分/%	<0.02	<0.02
相对密度(40℃)	0.97	0.97
色度(APHA)	≤40	≤40
灰分含量/%	<0.003	<0.003

聚酯型多元醇从理论上讲品种是无限的。目前比较常用的有聚己二酸乙二醇酯二醇、聚己二酸-1,4-丁二醇酯二醇、聚己二酸己二醇酯二醇等。聚酯的国内生产厂家很多，但年生产能力大都在 1000 吨以下。生产规模比较大的生产厂家主要有：烟台万华合成革集团有限公司、辽阳化纤公司等。由 2-甲基-1,3-丙二醇（MPD）、新戊二醇（NPG）、2,2,4-三甲基-1,3-戊二醇（TMPD）、2-乙基-2-丁基-1,3-丙二醇（BEPD）、1,4-环己烷二甲醇（1,4-CHDM）、己二酸（adipic acid）、六氢苯酐（HHPA）、1,4-环己烷二甲酸（1,4-CHDA）、壬二酸（AZA）、间苯二甲酸（IPA）衍生的聚酯二醇耐水解性大大提高，为提高聚酯型水性聚氨酯的贮存稳定性提供了原料支持，但其价格较贵。目前，水性聚氨酯用耐水解型聚酯二醇主要为进口产品，国内相关企业应加大该类产品的研发，以满足水性聚氨酯产业的发展需求。此外，均缩聚物聚己内酯二醇（PCL）、聚碳酸酯二醇也可以用于聚氨酯的合成。表 6-14 和表 6-15 为聚仁化工的聚己内酯二醇（PCL）和日本旭化成的聚碳酸酯二醇（PC-DL）的质量指标。采用聚酯多元醇制备的聚氨酯由于结晶性较高，有利于提高涂膜强度，但其耐水解性往往不如聚醚型产品，不同种类的聚酯多元醇耐水解稳定性相差很大。

表 6-14　聚仁化工聚己内酯二醇（PCL）质量指标

型　号	分子量	羟值 /(mg KOH/g)	熔点 /℃	黏度 (65℃)/cP	酸值 /(mg KOH/g)	含水量 /%
2033	285	394	—	—	≤0.5	≤0.03
2044	400	280	—	38	≤0.5	≤0.03
2055	530	212	—	58	≤0.5	≤0.03
2083	830	135	35～40	95	≤0.5	≤0.03
2102	1000	112	35～50	125	≤0.5	≤0.03
2202	2000	56	45～55	380	≤0.5	≤0.03
2302	3000	37	50～58	830	≤0.25	≤0.03

表 6-15　日本旭化成聚碳酸酯二醇（PCDL）的质量指标

型　号	分子量	外观	羟值 /(mg KOH/g)	熔点 /℃	黏度 (50℃)/cP	酸值 /(mg KOH/g)	含水量 /%
L6002	2000	白色固体	51～61	40～50	6000～15000	≤0.05	≤0.05
L6001	1000	白色固体	100～120	40～50	1100～2300	≤0.05	≤0.05
L5652	2000	黏性液体	51～61	<-5	7000～16000	≤0.05	≤0.05
L5651	1000	黏性液体	100～120	<-5	1200～2400	≤0.05	≤0.05

6.3.3 扩链剂

为了调节大分子链的软、硬链段比例，同时也为了调节分子量，在聚氨酯合成中常使用扩链剂。扩链剂主要是多官能度的醇类。如乙二醇、一缩二乙二醇（二甘醇）、1,2-丙二醇、一缩二丙二醇、1,4-丁二醇（BDO）、1,6-己二醇（HD）、三羟甲基丙烷（TMP）或蓖麻油。加入少量的三羟甲基丙烷（TMP）或蓖麻油等三官能度以上单体可在大分子链上形成适量的分支，可以有效地改善力学性能，但其用量不能太多，否则预聚阶段黏度太大，极易凝胶。

6.3.4 溶剂

异氰酸酯基活性大，能与水或含活性氢（如醇、胺、酸等）的化合物反应，因此，若所用溶剂或其他单体（如聚合物二醇、扩链剂等）含有这些杂质，必将严重影响树脂的合成、结构和性能，严重时甚至导致事故，造成生命、财产损失。聚氨酯化用单体、溶剂的品质要求达到所谓的"聚氨酯级"。溶剂中能与异氰酸酯反应的化合物的量常用异氰酸酯当量来衡量，异氰酸酯当量为 1mol 异氰酸酯（常以苯基异氰酸酯为基准物）完全反应所消耗的溶剂的质量（g）。换句话说，溶剂的异氰酸酯当量愈高，即其所含的活性氢类杂质量愈低。用于聚氨酯化反应的溶剂的异氰酸酯当量应该大于 3000，折算为水的质量分数应在 10^{-4}，其原因就在于 1mol 水可以消耗 2mol 异氰酸酯基，若以常用的 TDI 为例，即 18g 水要消耗 2×174g TDI，换言之，1 质量份水要约消耗 20 质量份 TDI，可见其对水含量的要求很高。表 6-16 为一些聚氨酯树脂常用溶剂的异氰酸酯当量。

表 6-16 常用溶剂的异氰酸酯当量

溶　　剂	异氰酸酯当量	溶　　剂	异氰酸酯当量
丁酮	3800	乙酸乙酯	5600
甲基异丁酮	5700	乙酸丁酯	3000
甲苯	＞10000	醋酸溶纤剂	5000
二甲苯	＞10000		

6.3.5 催化剂

聚氨酯化反应通常使用的催化剂为有机锡化合物和一些叔胺类化合物。如二月桂酸二丁基锡（T-12，DBTDL）和辛酸亚锡。它们皆为黄色液体，前者毒性大，后者无毒。有机锡对—NCO 与—OH 的反应催化效果好，用量一般为固体分的 $0.01\% \sim 0.1\%$。其结构式如下：

$$(H_9C_4)_2Sn(OCOC_{11}H_{23})_2$$

DBTDL

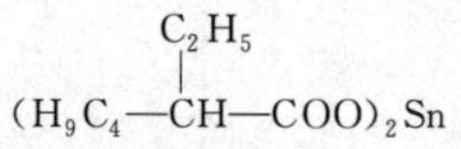

$$\begin{matrix} & & C_2H_5 \\ & & | \\ (H_9C_4 & —CH & —COO)_2Sn \end{matrix}$$

辛酸亚锡

叔胺类催化剂对—NCO 与—OH、H_2O、—NH_2 皆有强烈的催化作用，但相对而言，对—NCO 与—OH 的催化作用要小一些，没有有机锡好。叔胺类催化剂对—NCO 与 H_2O 催化作用特别好，一般用于制备聚氨酯泡沫塑料、发泡型聚氨酯胶黏剂及低温固化型、潮气固化型聚氨酯胶黏剂。叔胺类催化剂有四种类型：脂肪族类，如三乙胺；脂环族类，如亚乙基二胺；醇胺类，如三乙醇胺；芳香胺类。其中三亚乙基二胺最为常用。

三亚乙基二胺

三亚乙基二胺常温下为晶体，使用不便，可以将其配成 33％的一缩丙二醇溶液，易于操作。

6.4 聚氨酯的分类

聚氨酯可以从许多角度进行分类。其用途很广，性能优异，采用不同单体，选择不同工艺可以合成出性能迥异、表观形式各种各样的聚氨酯产品。有软质、硬质的泡沫塑料，有耐磨的橡胶，也有高弹的合成纤维，还有抗挠曲性能优异的合成革及粘接性能良好的黏合剂。在涂料树脂领域，聚氨酯树脂也是高性能的代表，由其形成的聚氨酯涂料形成了系列化产品，有非常重要的应用。涂料用聚氨酯树脂一般分为单组分聚氨酯涂料用树脂和溶剂型双组分聚氨酯涂料用树脂，下面依次加以介绍。

6.4.1 单组分聚氨酯树脂

单组分聚氨酯树脂主要包括线形热塑性聚氨酯、聚氨酯油、潮气固化聚氨酯和封闭型异氰酸酯。前三种树脂都可以单独成膜。热塑性聚氨酯具有热塑性，通过溶剂挥发成膜，涂膜柔韧性好，低温下柔韧性也能很好保持，主要用作手感涂料或皮革、织物的涂层材料。聚氨酯油通过氧化交联成膜，潮气固化聚氨酯通过水扩链交联成膜。封闭型异氰酸酯需要和羟基组分单罐包装，在加热条件下交联才能成膜，其热固性涂膜的性能远远优于热塑性涂膜。

6.4.1.1 线形热塑性聚氨酯

线形热塑性聚氨酯所配制的涂料仅靠溶剂挥发大分子聚集成膜，无交联固化，因此树脂本身应有比较大的分子量，而且大分子链上柔性的、长的嵌段和硬的、短的嵌段要仔细设计，只有这样涂膜才有良好的力学性能。

热塑性聚氨酯配制的涂料主要用于皮革和纺织品涂饰，其涂层耐磨、耐油、耐低温、手感好，在防雨布、帐篷、箱包、坐垫等产品上有一定应用。

热塑性聚氨酯配方简单，由聚合物二醇、小分子二元醇和二异氰酸酯通过溶液聚合合成。为改善性能也可以加入少量的聚合物三醇（如蓖麻油、聚己内酯三醇等）、小分子三元醇（如三羟甲基丙烷），即引入一些内交联单元使大分子带上少量分支。表 6-17 是一配方实例。

表 6-17　配方实例

原　　料	用量（质量份）	原　　料	用量（质量份）
聚己内酯二醇（$\overline{M}_n$ 为 2000）	2000	TDI(80/20)	348.0
1,6-己二醇	112.0	有机锡催化剂	1.2‰（单位总量）
三羟甲基丙烷	6.700	丁酮	1058

6.4.1.2 聚氨酯油

聚氨酯油也称为氨酯油，它首先由多元醇和干性或半干性油酯交换，然后将单脂肪酸多元醇酯同二异氰酸酯聚氨酯化反应合成。聚氨酯油大分子链上带有在钴、钙、锰等催干剂催化下可以氧化交联的干性或半干性油脂肪酸侧基，其干燥较醇酸树脂快，涂膜硬度高，耐磨、耐水、耐弱碱性好，可以视为醇酸树脂的升级产品，兼有醇酸树脂、聚氨酯树脂的一些优点。其合成原理如下

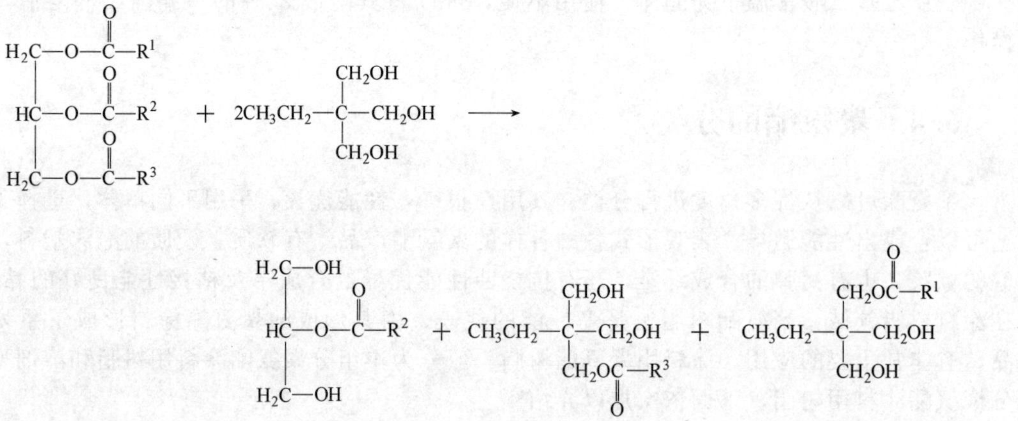

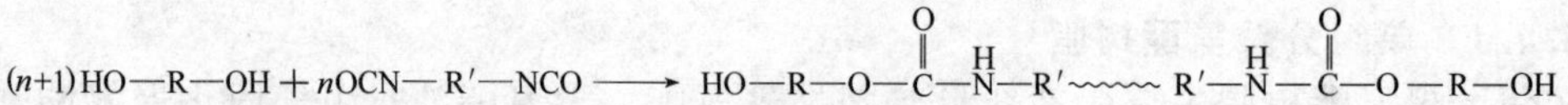

$$\text{(triglyceride with } R^1, R^2, R^3) + 2CH_3CH_2-C(CH_2OH)_3 \longrightarrow$$

$$\text{(monoglyceride)} + CH_3CH_2-C(CH_2OH)_3 + CH_3CH_2-C(CH_2OH)_2(CH_2OC-R^1)$$

$$(n+1)HO-R-OH + nOCN-R'-NCO \longrightarrow HO-R-O-\overset{O}{C}-\overset{H}{N}-R'\sim\sim\sim R'-\overset{H}{N}-\overset{O}{C}-O-R-OH$$

合成时，—NCO 基团与—OH 基团的摩尔比一般为 $0.90 \sim 0.95$，使羟基稍微过量；树脂的油度可高可低，一般 50% 左右，可根据性能、成本要求加以选择。如果使用芳香族二异氰酸酯合成聚氨酯油，则其黄变性比醇酸树脂更严重，使用豆油或脱水蓖麻油、较低的油度及脂肪族二异氰酸酯合成的聚氨酯油黄变性较小。

下面介绍聚氨酯油的合成实例。

(1) 实例 1

① 配方　实例 1 配方见表 6-18。

表 6-18　实例 1 配方

原　料	规　格	用量（质量份）
豆油	双漂	893
三羟甲基丙烷	工业级	268
环烷酸钙	金属含量 4%	0.2%（以油计）
二甲苯	聚氨酯级	100
异佛尔酮二异氰酸酯	工业级	559.4
二月桂酸二丁基锡	工业级	1.2‰（单体总量）
丁醇		5%（单体总量）

② 合成工艺

a. 依配方将豆油、三羟甲基丙烷、环烷酸钙加入醇解釜，通入 N_2 保护，加热使体系呈均相后开动搅拌；使温度升至 240℃；醇解约 1.5h，测醇容忍度，合格后降温至 180℃，加入 5% 的二甲苯共沸带水，至无水带出，将温度降至 60℃。

b. 在 N_2 的继续保护下，将配方量二甲苯的 50% 加入反应釜，将异佛尔酮二异氰酸酯滴入聚合体系，约 2h 滴完；用剩余二甲苯洗涤异佛尔酮二异氰酸酯滴加罐并加入反应釜。

c. 保温 1h，加入催化剂；将温度升至 90℃，保温反应；5h 后取样测 NCO 含量，当 NCO 含量小于 0.5% 时，加入正丁醇封端 0.5h。降温，调固含量，过滤，包装。

(2) 实例 2

① 醇酸树脂的合成

a. 醇酸树脂配方见表 6-19。

表 6-19　实例 2 配方

原　料	规　格	用量(质量份)
脱水蓖麻油酸	工业级	417.9
三羟甲基丙烷	工业级	201.0
新戊二醇	工业级	181.0
苯酐	工业级	254.0
二甲苯	工业级	53.00

b. 合成工艺　依配方将脱水蓖麻油酸、三羟甲基丙烷、新戊二醇、苯酐、二甲苯加入聚合釜，通入 N_2 保护，加热使体系呈均相后开动搅拌；使温度升至 150℃，保温脱水 1h；160℃，保温脱水 2h；180℃，保温脱水 2h；200℃，保温脱水 1h；测酸值，当酸值小于 8mg KOH/g（树脂）时，蒸出溶剂，降温至 60℃，过滤，包装。

② 聚氨酯油合成

a. 聚氨酯油合成配方见表 6-20。

表 6-20　实例 2 配方

原　料	规　格	用量(质量份)
醇酸树脂	上步合成产品	1000
二甲苯	聚氨酯级	620.0
甲苯二异氰酸酯	工业级	165.5
二月桂酸二丁基锡	分析醇	1.2‰(以固体分计)
丁醇		51

b. 合成工艺

ⅰ. 将上步合成的醇酸树脂、50%二甲苯加入反应釜，升温至 60℃，在 N_2 的继续保护下，将甲苯二异氰酸酯滴入聚合体系，约 2h 滴完；用剩余二甲苯洗涤甲苯二异氰酸酯滴加罐，并加入反应釜。

ⅱ. 保温 1h，加入催化剂；将温度升至 80℃，保温反应；5h 后取样测 NCO 含量，当 NCO 含量小于 0.5%时，加入正丁醇封端 0.5h。降温，调固含量，过滤，包装。

聚氨酯油在配漆时同醇酸树脂一样要加入干料和防结皮剂。

6.4.1.3　潮气固化聚氨酯

潮气固化聚氨酯是一种端异氰酸酯基的聚氨酯预聚体，它由聚合物（如聚酯、聚醚、醇酸树脂、环氧树脂）多元醇同过量的二异氰酸酯聚合而成。为了调节硬度及柔韧性也可以引入一些小分子二元醇，如丁二醇、己二醇、1,4-环己烷二甲醇等。合成配方中—NCO 基团与—OH 基团的摩尔比一般在 3 左右，使异氰酸酯基过量，聚氨酯预聚体上—NCO 基团的质量分数为 5%～8%。该类树脂配制的涂料施工后，大气中的水分起扩链剂的作用，预聚体通过脲键固化成膜。

潮气固化聚氨酯涂料具有聚氨酯涂料的优点。如涂层耐磨、耐腐蚀、耐水、耐油，附着力强、柔韧性好。该类涂料的特点是可以在高湿环境下使用，如地下室、水泥、金属、砖石的涂装。缺点是不能厚涂，否则容易形成气泡。另外，色漆配制工艺复杂，产品一般以清漆供应。

下面介绍潮气固化聚氨酯的合成实例。

(1) 实例 1——蓖麻油基潮气固化聚氨酯的合成

① 配方　实例 1 配方见表 6-21。

表 6-21　实例 1 配方

原　料	规　格	用量(质量份)
精炼蓖麻油	工业级	932.0
三羟甲基丙烷	工业级	134.0
环烷酸钙	金属含量 4%	0.2%(以油计)
二甲苯	聚氨酯级	1321
甲苯二异氰酸酯	工业级	1388
二月桂酸二丁基锡	化学纯	1.225

② 合成工艺

a. 依配方将精炼蓖麻油、三羟甲基丙烷、环烷酸钙加入醇解釜，通入 N_2 保护，加热使体系呈均相后开动搅拌；使温度升至 240℃；醇解约 1h，测醇容忍度，合格（85% 乙醇溶液，1∶4 透明）后，降温至 180℃，加入 5% 的二甲苯共沸带水，至无水带出，降低温度至 60℃。

b. 在 N_2 的继续保护下，将剩余二甲苯的 50% 加入反应釜，将甲苯二异氰酸酯滴入聚合体系，约 1.5h 滴完；用剩余二甲苯洗涤甲苯二异氰酸酯滴加罐，并加入反应釜。

c. 保温 2h，加入催化剂；将温度升至 80℃，保温反应；2h 后取样测 NCO 含量，当 NCO 含量稳定后（一般比理论值小 0.5%），降温，过滤，包装。

（2）实例 2——聚酯基潮气固化聚氨酯的合成

① 配方　实例 2 配方见表 6-22。

表 6-22　实例 2 配方

原　料	规　格	用量(质量份)
聚己内酯二醇	工业级($\overline{M}_n$ 为 1500)	3200
聚己内酯三醇	工业级($\overline{M}_n$ 为 500)	550.0
二月桂酸二丁基锡	化学纯	0.5‰(以固体分计)
二甲苯	聚氨酯级	2682
甲苯二异氰酸酯	工业级	1230

NCO 理论含量为 5.5%，NCO 平均官能度为 2.40。

② 合成工艺

a. 依配方将聚己内酯二醇和聚己内酯三醇加入聚合釜，加入 50% 的二甲苯共沸带水，至无水带出，通入 N_2 保护，将温度降至 60℃。

b. 在 N_2 的继续保护下，将甲苯二异氰酸酯滴入聚合体系，约 2.5h 滴完；用剩余二甲苯洗涤甲苯二异氰酸酯滴加罐，并加入反应釜。

c. 保温 2h，加入催化剂；将温度升至 80℃，保温反应；2h 后取样测 NCO 含量，当 NCO 含量稳定后（一般比理论值小 0.5%），降温，过滤，包装。

6.4.1.4　封闭型异氰酸酯

封闭型异氰酸酯是将多异氰酸酯用含有活性氢原子的化合物（如苯酚、乙醇、己内酰胺）先暂时封闭起来，使异氰酸酯基暂时失去活性，成为潜在的固化剂组分。该组分同聚酯、丙烯酸树脂等羟基组分在室温下没有反应活性，故可以包装于同一容器中，构成一种单组分聚氨酯涂料。使用时，将涂装后形成的涂膜经高温烘烤（80～180℃），封闭剂解封闭挥发，—NCO 基团重新恢复，通过与—OH 反应交联成膜。烘烤温度（即解封温度）同封闭剂和多异氰酸酯结构有关。另外，合成聚氨酯用的有机锡类、有机胺类催化剂对解封也有催化性，可以降低解封温度，从节能角度考虑，降低解封温度有利于节能。常用的封闭剂及其解封温度见表 6-23。

表 6-23　常用的封闭剂及其解封温度

封　闭　剂	解封温度/℃	封　闭　剂	解封温度/℃
乙醇	180～185	乙酰丙酮	140～150
苯酚	150～160	乙酰乙酸乙酯	140～150
间硝基苯酚	130	丙二酸二乙酯	130～140
邻苯二酚	160	甲乙酮肟	110～140
己内酰胺	150～160		

（1）封闭型异氰酸酯的合成实例

① 实例 1　TDI-TMP 加成物——苯酚封闭物的合成。

a. 配方见表 6-24。

表 6-24　实例 1 配方

原　料	规　格	用量（质量份）
TDI-TMP 加成物（配成 65％乙酸丁酯溶液）	工业级	656.0（纯固体）
苯酚	工业级	94.70
二月桂酸二丁基锡	化学纯	0.5‰（以固体分计）
乙酸乙酯	聚氨酯级	50.00

b. 合成工艺　依配方将苯酚、催化剂用乙酸乙酯溶解，在 N_2 保护下，加入甲苯二异氰酸酯-三羟甲基丙烷（TDI-TMP）加成物溶液，使温度升至 100℃；保温反应至 NCO 无检出（取样用丙酮稀释，加入苯胺无沉淀析出，即表示—NCO 已封闭完全），停止反应。若蒸出溶剂，产品是固体，软化点为 120～130℃，含 12％～13％有效—NCO。

② 实例 2　端异氰酸酯基聚酯型聚氨酯预聚物封闭物的合成。

a. 配方见表 6-25。

表 6-25　实例 2 配方

原　料	规　格	用量（质量份）
聚己二酸新戊二醇酯	工业级（$\overline{M}_n$ 为 1000）	62.77
三羟甲基丙烷	工业级	10.80
丁二醇	工业级	5.089
乙酸丁酯	聚氨酯级	42.00
异佛尔酮二异氰酸酯	工业级	89.34
二月桂酸二丁基锡	化学纯	0.2020
甲乙酮肟	化学醇	29.69

b. 合成工艺

ⅰ. 依配方将聚己二酸新戊二醇酯、三羟甲基丙烷、丁二醇加入聚合釜，升温至 80℃真空脱水 1h；通入 N_2 保护，加入 50％溶剂。

ⅱ. 在 N_2 的继续保护下，将异佛尔酮二异氰酸酯滴入聚合体系，约 1.5h 滴完；用剩余溶剂洗涤甲苯二异氰酸酯滴加罐，并加入反应釜。

ⅲ. 保温 1h，加入催化剂；继续保温反应；2h 后取样测 NCO 含量，当 NCO 含量稳定后（一般比理论值小 0.5‰），将甲乙酮肟加入聚合釜，升温至 95℃，保温约 5h；取样用丙酮稀释，加入苯胺无沉淀析出，即表示—NCO 基已封闭完全，停止反应，降温，过滤，包装。

产品 NCO 含量为 8.1％，f(NCO) 为 2.7。

（2）封闭型异氰酸酯的应用

封闭型异氰酸酯的应用特点是单包装，使用方便，同时由于—NCO 基已被封闭成为较为稳定的加和物，对水、醇、酸等活性氢类化合物不再敏感，对造漆用溶剂、颜料、填料无严格要求。施工时可以喷涂、浸涂，高温烘烤后交联成膜，漆膜具有优良的绝缘性能、力学性能、耐溶剂性能和耐水性能。缺点是必须高温烘烤才能固化，能耗较大，不能用于塑料、木材材质及大型金属结构产品。另外，解封剂的释放对环境有一定污染。封闭型异氰酸酯主要用于配制电绝缘漆、卷材涂料、粉末涂料和阴极电泳漆。

6.4.2 溶剂型双组分聚氨酯树脂

溶剂型双组分聚氨酯树脂是最重要的涂料产品，该类涂料产量大、用途广、性能优，可以配制清漆、各色色漆、底漆，对金属、木材、塑料、水泥、玻璃等基材都可涂饰，可以刷涂、辊涂、喷涂，可以室温固化成膜，也可以烘烤成膜。溶剂型双组分聚氨酯树脂为双罐包装，一罐为羟基组分，由羟基树脂、颜料、填料、溶剂和各种助剂组成，常称为甲组分；另一罐为多异氰酸酯的溶液，也称为固化剂组分或乙组分。使用时两个组分按一定比例混合，施工后由羟基组分大分子的—OH基团同多异氰酸酯的—NCO基团交联成膜。

6.4.2.1 羟基树脂

双组分聚氨酯树脂用羟基树脂有短油度不干性油的醇酸型、聚酯型、聚醚型和丙烯酸树脂型四种类型。作为羟基树脂首先要求它们与多异氰酸酯具有良好的相容性。另外，其羟基的平均官能度应该大于2，以便引入一定的交联度，提高漆膜综合性能。树脂合成工程师一般比较关注羟基含量（即羟值），实际上在分子设计时，羟基分布及其官能度和数均分子量也是非常重要的指标。

上述羟基树脂在前面各章节中已有介绍。其中醇酸型、聚醚型多元醇耐候性较差，可以用于室内物品的涂饰。而聚酯型、丙烯酸树脂型则室内、户外皆可以使用。下面再列举一些合成实例。

（1）实例1 羟基丙烯酸树脂的合成。

① 合成配方 配方见表6-26。

表6-26 实例1配方

原 料	规 格	用量(质量份)
丙二醇甲醚醋酸酯	聚氨酯级	111.0
二甲苯(1)	聚氨酯级	140.0
丙烯酸-β-羟丙酯	工业级	150.0
苯乙烯	工业级	300.0
甲基丙烯酸甲酯	工业级	100.0
丙烯酸正丁酯	工业级	72.00
丙烯酸	工业级	8.000
叔丁基过氧化苯甲酰(1)	工业级	18.00
叔丁基过氧化苯甲酰(2)	工业级	2.000
二甲苯(2)	聚氨酯级	100.0

② 合成工艺

a. 先将丙二醇甲醚醋酸酯、二甲苯（1）加入聚合釜中，通氮气置换反应釜中的空气，加热升温到130℃。

b. 将丙烯酸-β-羟丙酯、苯乙烯、甲基丙烯酸甲酯、丙烯酸正丁酯、丙烯酸和叔丁基过氧化苯甲酰（1）混合均匀，用4h滴入反应釜。

c. 保温2h，将叔丁基过氧化苯甲酰（2）用50%的二甲苯（2）溶解，用0.5h滴入反应釜，继续保温2h。最后加入剩余的二甲苯（2）调整固含量，降温，过滤，包装。

该树脂固含量为65%±2%，黏度为4000～6000mPa·s（25℃下的旋转黏度），酸值<10mg KOH/g，色度<1。主要性能是光泽及硬度高，丰满度好，流平性佳，可以用于高

档 PU 面漆与地板漆。

为降低溶剂用量,近年来,高固体分羟基丙烯酸树脂的研究日益受到重视。据报道,采用叔戊基过氧化物、叔丁基过氧化苯甲酰(TBPB)和叔丁基过氧化乙酰(TBPA)等引发剂引发,可以合成高固体含量丙烯酸聚合物,该类引发剂形成的初级自由基稳定性较高,抑制了向大分子的夺氢反应,使合成聚合物链的支化度降低,得到分子量为 3000～4000、窄分子量分布的低聚物。同采用常规引发剂(叔丁基过氧化物、偶氮类引发剂)得到的聚合物涂料相比,其交联涂膜在老化实验中显示了更高的光泽保持率。此外,链转移剂对聚合物分子量的影响也十分明显,以 3-巯基丙酸为链转移剂时获得最低的分子量和最窄的分子量分布,通过引入环氧基单体与体系中残留的链转移剂的巯基反应,消除难闻的气味。

(2)实例 2 羟基聚酯树脂的合成。

① 合成配方 配方见表 6-27。

表 6-27 实例 2 配方

原　料	规　格	用量(质量份)
新戊二醇	工业级	300.0
丁二醇	工业级	100.0
乙基丁基丙二醇	工业级	120.0
三羟甲基丙烷	工业级	200.0
邻苯二甲酸酐	工业级	300.0
间苯二甲酸	工业级	200.0
己二酸	工业级	350.0
催化剂	工业级	1.500
二甲苯	聚氨酯级	500.0
乙酸丁酯	聚氨酯级	435.0

② 合成工艺

a. 将新戊二醇、丁二醇、乙基丁基丙二醇、三羟甲基丙烷加热至 80℃时,在搅拌下依次加入邻苯二甲酸酐、己二酸、间苯二甲酸,升温,通入氮气,当温度达到 160℃时,分馏柱出现回流,在回流温度下保温 0.5 h,启用冷凝器,控制分馏柱顶温<105℃,让水分馏出。以 10℃/h 的速率升温至 210℃±5℃,当体系酸值<30mg KOH/g 时,加入催化剂,开动真空泵,真空缩聚,真空度从 0.050MPa 逐步提高到 0.095MPa,至酸值<5mg KOH/g(树脂),停止反应。

b. 降温至 95℃,将二甲苯、乙酸丁酯加入聚合釜中,混合 0.5h。降温至 60℃,过滤,包装。

该树脂固含量为 65%±2%,羟值为 108mg KOH/g,$f(OH)$ 为 4.5。

(3)实例 3 羟基短油度醇酸树脂的合成。

① 合成配方 配方见表 6-28。

表 6-28 实例 3 配方

原　料	规　格	用量(质量份)
新戊二醇	工业级	150.0
三羟甲基丙烷	工业级	400.0
邻苯二甲酸酐	工业级	480.0
间苯二甲酸	工业级	100.0
椰子油酸	工业级	380.0
催化剂	工业级	1.450
二甲苯(1)	工业级	75.50
二甲苯(2)	聚氨酯级	750.0

② 合成工艺

a. 将二甲苯（1）、新戊二醇、三羟甲基丙烷、椰子油酸加入反应釜，加热升温至 80℃，在搅拌下依次加入邻苯二甲酸酐、间苯二甲酸，通入氮气，加入催化剂，升温，当温度达到 160℃时，回流带水 2h，以 10℃/h 的速率升温至 210℃±5℃，当体系无水带出时，取样测酸值，至酸值＜8mg KOH/g（树脂），停止反应。

b. 降温至 95℃，将二甲苯（2）加入聚合釜中，混合 0.5h。降温至 60℃，过滤，包装。该树脂固含量为 65%±2%，油度为 27%，羟值为 92mg KOH/g，$f(OH)$ 为 4.0。

6.4.2.2 多异氰酸酯

在双组分聚氨酯涂料中，多异氰酸酯组分也称为固化剂或乙组分。最初，人们直接使用甲苯二异氰酸酯作固化剂同羟基组分配制聚氨酯漆，但甲苯二异氰酸酯等二异氰酸酯单体蒸气压高、易挥发，危害人们健康，应用受到限制。现在，将二异氰酸酯单体同多羟基化合物反应制成端异氰酸酯基的加和（成）物或预聚物，另外，二异氰酸酯单体也可以合成出缩二脲或通过三聚化生成三聚体，使分子量提高，降低挥发性，方便应用。

（1）多异氰酸酯加和物的合成　多异氰酸酯加和物是国内产量较大的固化剂品种，主要有 TDI-TMP 加和物和 HDI-TMP 加和物。

TDI-TMP 加和物的合成原理如下

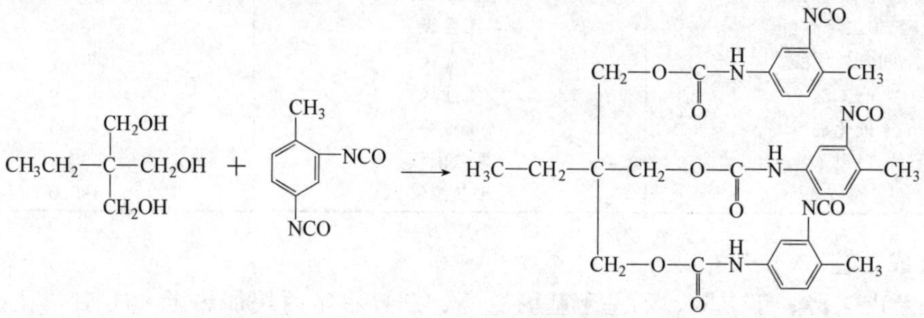

① 合成配方　TDI-TMP 加和物合成配方见表 6-29。

表 6-29　TDI-TMP 加和物合成配方

原　料	规　格	用量（质量份）
三羟甲基丙烷	工业级	13.40
环己酮	聚氨酯级	7.620
醋酸丁酯	聚氨酯级	61.45
苯	聚氨酯级	4.50
甲苯二异氰酸酯	工业级	55.68

② 合成工艺

a. 将三羟甲基丙烷、环己酮、苯加入反应釜，开动搅拌，升温使苯将水全部带出，降温至 60℃，得三羟甲基丙烷的环己酮溶液。

b. 将甲苯二异氰酸酯、80% 的醋酸丁酯加入反应釜，开动搅拌，升温至 50℃，开始滴加三羟甲基丙烷的环己酮溶液，3h 加完；用剩余醋酸丁酯洗涤三羟甲基丙烷的环己酮溶液配制釜。

c. 升温至 75℃，保温 2h 后取样测 NCO 含量。NCO 含量为 8%～9.5%、固体分为 50%±2% 为合格，合格后经过滤、包装，得产品。

TMP 加和物的问题在于二异氰酸酯单体的残留。目前，国外产品的固化剂中游离 TDI 含量都小于 0.5%，国标要求国内产品中游离 TDI 含量要小于 0.7%。为了降低 TDI 残留，可以采用化学法和物理法。化学法即三聚法，这种方法在加成反应完成后加入聚合型催化剂，使游离的 TDI 三聚化。物理法包括薄膜蒸发和溶剂萃取两种方法。国内已有相关工艺的应用。

（2）缩二脲多异氰酸酯的合成　缩二脲是由 3mol HDI 和 1mol H_2O 反应生成的三官能度多异氰酸酯。缩二脲的合成原理如下

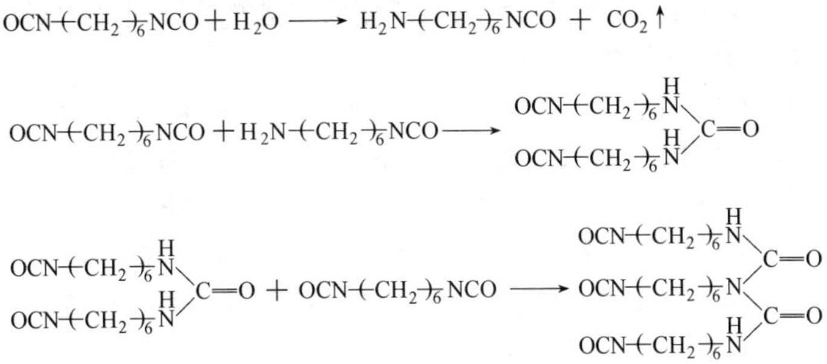

$$OCN{\leftarrow}CH_2{\rightarrow_6}NCO + H_2O \longrightarrow H_2N{\leftarrow}CH_2{\rightarrow_6}NCO + CO_2\uparrow$$

① 合成配方　缩二脲多异氰酸酯合成配方见表 6-30。

表 6-30　缩二脲多异氰酸酯合成配方

原　料	规　格	用量（质量份）
己二异氰酸酯	工业级	1124
水	工业级	18.00
丁酮	聚氨酯级	18.00

② 合成工艺

a. 将己二异氰酸酯加入反应釜，开动搅拌，升温至 98℃，用 6h 滴加丁酮-水溶液。

b. 升温至 135℃，保温 4h 后取样测 NCO 含量。合格后降温至 80℃，真空过滤，用真空蒸馏或薄膜蒸发回收过量的己二异氰酸酯，得透明、黏稠的缩二脲产品，加入醋酸丁酯将固体分稀释至 75%。

该多异氰酸酯固化剂属脂肪族，耐候性好、不黄变，广泛用于高端产品以及户外产品的涂饰。德国 Bayer 公司缩二脲 N-75 的主要产品规格为：外观是无色或浅黄色透明黏稠液体，固体含量为 75%，NCO 含量为 16.5%，游离 HDI 含量 <0.5%，溶剂为乙酸乙酯。

法国 Rhodia 公司缩二脲 HDB-75B 产品的主要规格为：外观是无色或浅黄色透明黏稠液体，固体含量为 75%±1.0%，NCO 含量为 16.5%±0.5%，游离 HDI 含量 <0.3%，黏度（25℃）为（150±100）mPa·s，溶剂为乙酸丁酯。

（3）HDI 三聚体的合成　HDI 三聚体是由 3mol HDI 三聚反应生成的三官能度多异氰酸酯。其合成原理如下

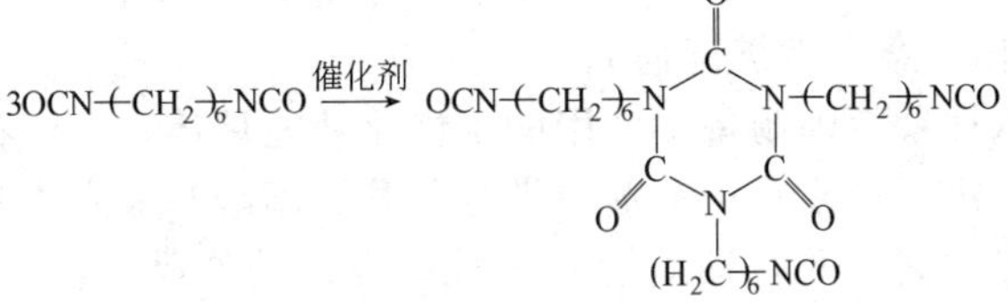

① 合成配方　HDI 三聚体合成配方见表 6-31。

表 6-31　HDI 三聚体合成配方

原　料	规　格	用量（质量份）
己二异氰酸酯	工业级	1000
二甲苯	聚氨酯级	300.0
催化剂（辛酸四甲基铵）		0.300

145

② 合成工艺

a. 将己二异氰酸酯、二甲苯加入反应釜，开动搅拌，升温至 60℃，将催化剂分四份，每隔 30min 加入一份，加完保温 4h。

b. 取样测 NCO 含量，合格后加入 0.2g 磷酸使反应停止。

c. 升温至 90℃，保温 1h。冷却至室温使催化剂结晶析出，过滤，经薄膜蒸发回收过量的己二异氰酸酯，得 HDI 三聚体。

HDI 三聚体优良性能，同缩二脲相比，具有如下特点：a. 黏度较低，可以提高施工固体分；b. 贮存稳定；c. 耐候、保光性优于缩二脲；d. 施工周期较长；e. 韧性、附着力与缩二脲相当，其硬度稍高。因此自 HDI 三聚体生产以来，其应用越来越广。德国 Bayer 公司 HDI 三聚体 N-3390 产品的主要规格为：外观是无色或浅黄色透明黏稠液体，固体含量为 90%，NCO 含量为 19.6%，游离 HDI 含量<0.15%，黏度（23℃）为（550±150）mPa·s，溶剂是乙酸乙酯。

法国 Rhodia 公司 HDI 三聚体 HDT-90B 产品的主要规格为：外观是无色或浅黄色透明黏稠液体，固体含量为 90%，NCO 含量为 20.0%±1.0%，游离 HDI 含量<0.2%，黏度（25℃）为（450±100）mPa·s，溶剂是乙酸丁酯。

异佛尔酮二异氰酸酯（IPDI）也可以三聚化生成三聚体，综合性能优于 HDI 三聚体，但价格较贵。德国 Bayer 公司 IPDI 三聚体 Z-4470 的主要规格为：外观是无色或浅黄色透明黏稠液体，固体含量为 70%±2.0%，NCO 含量为 11.9%±0.4%，游离 IPDI 含量<0.5%，黏度（23℃）为（1500±500）mPa·s。

6.5 水性聚氨酯

早期的聚氨酯都是油性的，溶剂型的聚氨酯涂料品种众多、用途广泛，在涂料产品中占有非常重要的地位。水性聚氨酯的研究始于 20 世纪 50 年代，60～70 年代，对水性聚氨酯的研究、开发迅速发展，70 年代开始工业化生产用作皮革涂饰剂的水性聚氨酯。进入 90 年代，随着人们环保意识的加强，环境友好的水性聚氨酯的研究、开发日益受到重视，其应用已由皮革涂饰剂不断扩展到涂料、黏合剂等领域，正在逐步占领溶剂型聚氨酯的市场，代表着涂料、黏合剂的发展方向。在水性树脂中，水性聚氨酯仍然是优秀树脂的代表，是现代水性树脂研究的热点之一。

6.5.1 水性聚氨酯的合成单体

水性聚氨酯合成用聚合物多元醇及小分子多元醇同油性聚氨酯，多异氰酸酯主要选择 IPDI、TDI 和 HDI。此外，要引入亲水单体，由其携带的亲水基团实现水分散性。

6.5.1.1 亲水单体（亲水性扩链剂）

亲水性扩链剂是水性聚氨酯制备中使用的水性化功能单体，它能在水性聚氨酯大分子主链上引入亲水基团。阴离子型亲水扩链剂中带有羧基、磺酸基等亲水基团，结合有此类基团的聚氨酯预聚体经碱中和离子化，即呈现水溶性。常用的产品有：二羟甲基丙酸（dimethylol propionic acid，DMPA）、二羟甲基丁酸（dimethylol butanoic acid，DMBA）、1,4-丁二醇-2-磺酸钠。目前阴离子型水性聚氨酯合成的水性单体主要选用 DMPA，DMBA 活性比 DMPA 大，熔点低，溶解性好，可用于无助溶剂水性聚氨酯的合成。DMPA、DMBA 为白色结晶（或粉末），使用方便。合成叔胺型阳离子水性聚氨酯时，应在聚氨酯链上引入叔胺基团，再进行季铵盐化（中和）。而季铵化工序较为复杂，这是阳离子水性聚氨酯发展落后于阴离子水性聚氨酯的原因之一。阳离子型扩链剂有二乙醇胺、三乙醇胺、N-甲基二乙醇胺（MDEA）、N-乙基二乙醇胺（EDEA）、N-丙基二乙醇胺（PDEA）、N-丁基二乙醇胺（BDEA）、二甲基乙醇胺、双（2-羟乙基）苯胺（BHBA）、双（2-羟丙基）苯胺（BHPA）等，国内大多数采用 N-甲基二乙醇胺（MDEA）。非离子型水性聚氨酯的水性单体主要选用聚乙二醇，数均分子量通常大于 1000。

水性单体品种、用量对水性聚氨酯的性能具有非常重要的影响。其用量越大，水分散体粒径愈细，外观愈透明，稳定性愈好，但对耐水性不利，因此在设计合成配方时，应该在满足稳定性的前提下，尽可能降低水性单体的用量。

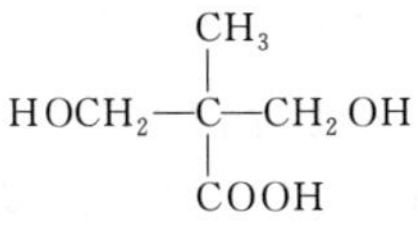

DMPA

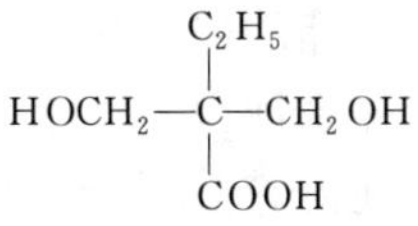

DMBA

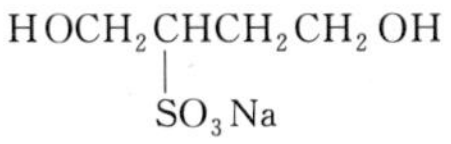

1,4-丁二醇-2-磺酸钠

N-甲基二乙醇胺

6.5.1.2 中和剂（成盐剂）

中和剂是一种能和羧基、磺酸基或叔氨基成盐的化合物，二者作用所形成的盐基才能使水性聚氨酯具有水中的可分散性。阴离子型水性聚氨酯使用的中和剂是三乙胺（TEA）、二甲基乙醇胺（DMEA）、氨水，一般室温干燥树脂使用三乙胺，烘干树脂使用二甲基乙醇胺，中和度一般为 80%～95%，低于该区间时影响分散体的稳定性，高于此区间时外观变好，但影响耐水性；阳离子型水性聚氨酯使用的中和剂是盐酸、醋酸、硫酸二甲酯、氯代烃等。中和剂对体系稳定性、外观以及最终漆膜性能有重要的影响，使用时其品种、用量应做好优选。

6.5.2 水性聚氨酯的分类

水性聚氨酯原料繁多，配方多变，制备工艺也各不相同，为方便研究、应用，常对其进行适当分类。

（1）按外观分　水性聚氨酯可分为聚氨酯水溶液、聚氨酯水分散液和聚氨酯乳液。其性能差别见表 6-32。

表 6-32　水性聚氨酯的形态分类

项　目	水溶液	水分散液	乳　液
外观	透明	半透明	乳白
粒径/nm	<1	1～100	>100
分子量	1000～10000	10^3～10^5	>5000

（2）按亲水性基团的电荷性质（或水性单体）分　水性聚氨酯可分为阴离子型水性聚氨酯、阳离子型水性聚氨酯和非离子型水性聚氨酯。其中阴离子型产量最大、应用最广。阴离子型水性聚氨酯又可分为羧酸型和磺酸型两大类。近年来，非离子型水性聚氨酯在大分子表面活性剂、缔合型增稠剂方面的研究越来越多。阳离子型水性聚氨酯渗透性好，具有抗菌、防霉性能，主要用于皮革涂饰剂。

（3）按合成用单体分　水性聚氨酯可分为聚醚型、聚酯型、聚碳酸酯型和聚醚、聚酯混合型。依照选用的二异氰酸酯的不同，水性聚氨酯又可分为芳香族、脂肪族、芳脂族和脂环族，或具体分为 TDI 型、IPDI 型、MDI 型等。芳香族水性聚氨酯同油性聚氨酯类似，具有明显的黄变性，耐候性较差，属于低端普及型产品；脂肪族水性聚氨酯则具有很好的保色性、耐候性，但价格高，属于高端产品；芳脂族和脂环族水性聚氨酯的性能居于二者之间。

（4）按产品包装形式分　水性聚氨酯可分为单组分水性聚氨酯和双组分水性聚氨酯。单组分水性聚氨酯包括单组分热塑型、单组分自交联型和单组分热固型三种类型。单组分热塑型水性聚氨酯为线形或简单的分支形，属第一代产品，使用方便，价格较低，贮存稳定性好，但涂膜综合性能较差；单组分自交联型、热固型水性聚氨酯是新一代产品，通过引入硅交联单元或者干性油脂肪酸结构形成自交联体系，通过水性聚氨酯的羟基和氨基树脂（HMMM）可以组成单组分热固型水性聚氨酯。自交联基团在加热（或室温）条件下可反应交联，使涂膜综合性能得到极大提高，其耐水、耐溶剂、耐磨性能完全可以满足应用，该类产品是目前水性聚氨酯的研究主流。双组分水性聚氨酯包括两种类型，一种由水性聚氨酯主剂和交联剂组成，如水性聚氨酯上的羧基可用多氮丙啶化合物进行外交联；另一种由水性羟基组分（可以是水性丙烯酸树脂、水性聚酯或水性聚氨酯）和水性多异氰酸酯固化剂组成，使用时将两组分混合，水挥发后，通过室温（或中温）下可反应基团的反应，形成高度交联的涂膜，提高综合性能。其中后者是主导产品。

6.5.3　水性聚氨酯的合成原理

目前，阴离子型水性聚氨酯最为重要，芳香族水性聚氨酯合成的化学原理可用下列反应式表示：

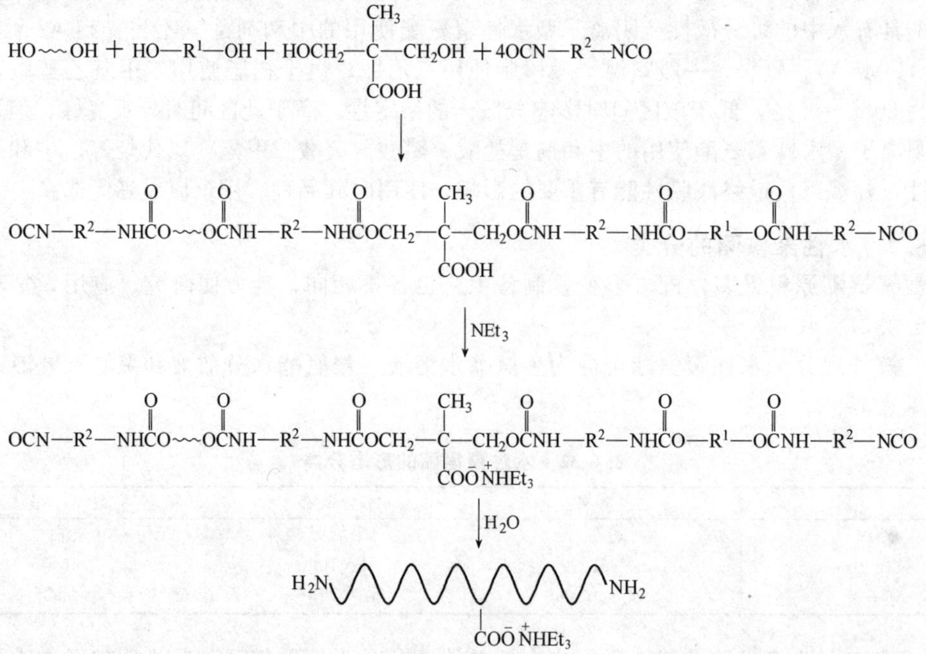

在中和之后加水乳化的同时，水也起到扩链剂的作用，扩链后大分子的端—NCO 基团转变为—NH_2，进一步同—NCO 反应，通过脲基（—NH—CO—NH—）使水性聚氨酯的分子量进一步提高。

脂肪族水性聚氨酯使用脂肪族二异氰酸酯（如 IPDI、TMXDI）为单体，其活性较低，因此，其在水中的扩链是通过加入乙二胺、肼或二乙烯三胺（多乙烯多胺）进行。此法溶剂用量低，无须脱除溶剂，工艺更可靠，可以实现真正意义上的绿色工艺生产。

6.5.4　水性聚氨酯的合成工艺

水性聚氨酯的合成可分为两个阶段。第一阶段为预逐步聚合，即由低聚物二醇、扩链剂、水性单体、二异氰酸酯通过溶液（或本体）逐步聚合生成分子量为 10^3 量级的水性聚氨酯预聚体；第二阶段为中和后预聚体在水中的分散和扩链。

早期水性聚氨酯的合成采用强制乳化法，即先制备一定分子量的聚氨酯聚合物，然后在强力搅拌下将其分散于加有一定乳化剂的水中。该法需要外加乳化剂，乳化剂用量大，而且乳液粒径大、分布宽、稳定性差，目前已经很少使用。

现在，水性聚氨酯的乳化主要采用内乳化法，该法利用水性单体在聚氨酯大分子链上引入亲水的离子化基团或亲水嵌段—$\overset{-}{C}OO\overset{+}{N}HEt_3$、—$\overset{-}{S}O_3\overset{+}{N}a$、—$\overset{+}{N}\overset{-}{A}c$，—$(OCH_2CH_2)_n$—等，在搅拌下自乳化而成乳液（或分散体）。这种乳液稳定性好，质量稳定。根据扩链反应的不同，自乳化法主要有丙酮法和预聚体分散法。

6.5.4.1 丙酮法

该法在预聚中期、后期用丙酮或丁酮降低黏度，经过中和，高速搅拌下加水分散，减压脱除溶剂，得到水性聚氨酯分散体。该法工艺简单，产品质量较好，缺点是溶剂需要回收，回收率低，且难以重复利用。目前，我国主要使用该法合成普通型芳香族水性聚氨酯。

6.5.4.2 预聚体分散法

即先合成带有—NCO端基的预聚体，通常加入少量的 N-甲基吡咯烷酮调整黏度，高速搅拌下将其分散于溶有二（或多）元胺的水中，同时扩链得高分子量的水性聚氨酯。美国等发达国家主要利用该法合成高档脂肪族水性聚氨酯。

6.5.5 水性聚氨酯的合成实例

6.5.5.1 非离子型水性聚氨酯的合成

目前，对于阴离子型聚氨酯乳液研究得较多，而对非离子型聚氨酯乳液的研究相对较少。疏水改性多嵌段非离子聚氨酯分散体是最新一代水性涂料用缔合型增稠剂。与阴离子聚氨酯乳液和阳离子聚氨酯乳液相比，非离子型聚氨酯乳液具有较好的耐酸、耐碱、耐盐稳定性。非离子型水性聚氨酯的制备方法有：①普通聚氨酯预聚体或聚氨酯有机溶液在乳化剂存在下进行高剪切力强制乳化；②制成分子中含有非离子型水性链段或亲水性基团聚氨酯，亲水性链段一般是中低分子量聚环氧乙烷。前者为外乳化法，后者为内乳化法。目前以内乳化法为主。

美国有专利介绍：将240g 聚乙二醇（PEG，数均分子量为6000）和20g 聚四氢呋喃二醇（PTMEG，数均分子量为2000）加入500mL 反应瓶中真空脱水，然后加入12.46g 四甲基苯二亚甲基二异氰酸酯（TMXDI）。搅拌反应5h，NCO含量降至0.06%，加入水（以20%固含量计），可得非离子型聚氨酯分散体。黏度为8000mPa·s，可用作水性增稠剂。

6.5.5.2 阴离子型水性聚氨酯的合成

（1）实例1

① 合成配方　配方见表6-33。

表6-33　阴离子型水性聚氨酯合成实例1配方

原　　料	规　　格	用量（质量份）
聚己二酸新戊二醇酯	工业级（$\overline{M}_n$ 为1000）	230.0
二羟甲基丙酸	工业级	30.63
异佛尔酮二异氰酸酯（IPDI）	工业级	112.3
N-甲基吡咯烷酮	聚氨酯级	65.7
丙酮	聚氨酯级	50.00
二月桂酸二丁基锡	工业级	0.0200
三乙胺	工业级	25.12
乙二胺	工业级	5.600
水		481.7

② 合成工艺

a. 预聚体的合成：在氮气保护下，将聚己二酸新戊二醇酯、二羟甲基丙酸、二月桂酸二丁基锡、N-甲基吡咯烷酮加入反应釜中，升温至60℃，开动搅拌使二羟甲基丙酸溶解，从恒压漏斗滴加IPDI，1h加完，保温1h，然后升温至80℃，保温4h。

b. 中和、分散：取样测NCO含量，当其含量达标后降温至60℃，加入三乙胺中和，反应30min，加入丙酮调整黏度，降温至20℃以下，在快速搅拌下加入冰水、乙二胺，继续高速分散1h，减压脱除丙酮，得带蓝色荧光的半透明状水性聚氨酯分散体。

（2）实例2

① 合成配方　配方见表6-34。

表6-34　阴离子型水性聚氨酯合成实例2配方

原　　料	规　　格	用量（质量份）
聚己内酯二醇	工业级（$\overline{M}_n$为2000）	94.5
聚四氢呋喃二醇	工业级（$\overline{M}_n$为2000）	283.5
1,4-丁二醇	工业级	27.16
二羟甲基丙酸	工业级	25.4
异佛尔酮二异氰酸酯	工业级	98.9
4,4'-二环己基甲烷二异氰酸酯（$H_{12}MDI$）	工业级	122.6
N-甲基吡咯烷酮	聚氨酯级	158.3g
丙酮	聚氨酯级	50.00
二月桂酸二丁基锡	工业级	0.0200
三乙胺	工业级	17.7
乙二胺	工业级	28.5
水		990

② 合成工艺

a. 将聚己内酯二醇、聚四氢呋喃二醇（数均分子量皆为2000）、二羟甲基丙酸、1,4-丁二醇（BDO）加入反应瓶中，N_2保护下，120℃脱水0.5h。

b. 加入140.6g N-甲基吡咯烷酮（NMP），降温至70℃，搅拌下加入异佛尔酮二异氰酸酯和4,4'-二环己基甲烷二异氰酸酯（$H_{12}MDI$），升温至80℃搅拌反应使NCO含量降至2.5%。降温至60℃，加入三乙胺，继续搅拌15min，加强搅拌，将40℃的水加入反应瓶，搅拌5min，加入乙二胺，强力搅拌20min，慢速搅拌2h得产品。

（3）实例3　核-壳型水性丙烯酸-聚氨酯的合成。

采用丙烯酸树脂对水性聚氨酯（PUD）进行改性通常有两种方法：物理改性和化学改性。前者主要是将所需性能的丙烯酸酯类乳液和PUD进行物理拼混，以提高PUD的力学性能（硬度、拉伸强度），改善丙烯酸乳液的成膜性能，同时降低生产成本。采用此种方法改性所用的丙烯酸乳液的离子稳定性以及对溶剂的亲和性要好，否则可能影响涂膜性能甚至会破乳。化学改性主要是制备以丙烯酸酯为核、聚氨酯为壳的无皂核壳乳液。该方法主要是先制备端—NCO预聚物，经封端引入端不饱和键，中和、加水得聚氨酯表面活性大单体。然后通过自由基引发聚合制得丙烯酸改性的聚氨酯水分散体。由于丙烯酸酯类单体不溶于水中，而被包封在聚氨酯粒子中，通过聚氨酯中被中和的羧基提供乳化稳定作用，这样可制得一种以丙烯酸酯为核、聚氨酯为壳的无游离乳化剂的水分散体，兼具聚氨酯和聚丙烯酸树脂两者的优点，同时又降低了成本，因此被誉为"最新一代水性聚氨酯"。此合成技术是PUD以及丙烯酸乳液合成技术上的创新和一大突破。

聚合用的丙烯酸单体中可以复合乙烯基硅氧烷单体和氟单体，对丙烯酸树脂进行氟、硅改性，以进一步提高树脂性能，如耐高温、耐水性、耐候性、透气性等。

① 配方

a. 大单体合成：大单体的合成配方见表6-35。

表6-35　大单体的合成配方

序号	1	2	3	4	5	6	7	8	9	10
原料	PPG	HDO	DMPA	TDI	DBTDL	NMP	HEA	乙醇	三乙胺(TEA)	水
用量(质量份)	18.00	2.761	2.475	13.88	0.400(10%溶液)	10.58	2.382	0.909	1.867	84.71

b. 杂化体配方：杂化体的合成配方见表6-36。

表6-36　杂化体合成配方

序号	1	2	3	4	5	6	7	8	9
原料	大单体水分散体	MMA	BA	HEA	MAA	交联单体	$K_2S_2O_8$	水	三乙胺(TEA)
用量/g	40.00	10.08	6.3	0.360	0.360	0.900	0.218	20(分成两份分别稀释大单体和溶解引发剂)	适量

② 合成工艺

a. 水性聚氨酯大单体制备：向带有搅拌装置、温度计、N_2入口和冷凝回流的四口玻璃烧瓶中加入PPG、HDO、DMPA，100℃下真空干燥脱水2h，降温至80℃，加入N-甲基吡咯烷酮，搅拌使DMPA全部溶解后，开始滴加TDI和丁酮（50：50，质量比）混合液，约1h滴完，向其中加入二月桂酸二丁基锡（DBTDL），持续搅拌反应4h，冷却至60℃，加入对苯二酚，滴加HEA，20min滴完，保温反应4h，加入乙醇，反应1h，加入TEA中和0.5h，加入水，强烈分散0.5h，旋转蒸出丁酮，得半透明水性聚氨酯大单体（WPU），固含量30%（质量分数）。

b. 核-壳结构水性丙烯酸-聚氨酯杂化体制备：取上述WPU大单体溶液加入带有搅拌装置、温度计、冷凝管和恒压滴液漏斗的四口玻璃烧瓶中，将MMA、BA、HEA和MAA混合，取其30%加入反应瓶，升温至85℃，搅拌30min溶胀胶粒，将$K_2S_2O_8$配成5%的溶液，取其20%加入反应瓶，搅拌聚合1h，从滴液漏斗同时滴加单体溶液和引发剂溶液，3.5h滴加完毕，在85℃继续反应1h，升温至90℃，继续反应1h后，冷却至60℃，加TEA调整pH为8.0～8.5，降温至室温，400目网过滤，即得到水性丙烯酸-聚氨酯杂化乳液。

（4）实例4　水性聚氨酯油的合成。

首先用醇解法并经萃取合成出甘油一酸酯，再经水性聚氨酯化反应合成出单组分自交联水性聚氨酯油。

① 合成配方　水性聚氨酯油合成配方见表6-37。

表6-37　水性聚氨酯油合成配方

序号	1	2	3	4	5	6	7
原料名称	助溶剂	三羟甲基丙烷(TMP)	DMPA	IPDI	三羟甲基丙烷一酸酯	中和剂	去离子水	扩链剂
用量(质量份)	5.0	1.5	5.5	35.0	35.0	4.5	55.0	0.5

② 合成工艺

a. 将妥尔油投入釜中并升温，加入甘油醇解，萃取得甘油一酸酯。

b. 将 N-甲基吡咯烷酮（助溶剂）、TMP、DMPA 投入反应釜，100℃真空脱水 1h，降温至 60℃，然后用 2h 加入 IPDI，60℃反应 1h，分批加入甘油一酸酯，缓慢升温至 80℃，保温至 NCO 含量到理论值。

c. 将体系降温至 60℃，加入中和剂反应 20min，调整搅拌速度，在 1min 内加水，匀化 5min，加入扩链剂，继续搅拌 1h，过滤出料。

由其配制的涂料硬度可达 1H，具有良好的耐水性、耐乙醇性和耐丙酮性。

6.5.6 水性聚氨酯的改性

（1）内交联法 为提高涂膜的力学性能和耐水性，可直接合成具有适度交联度的水性聚氨酯，通常可采用以下方法加以实现：①在合成预聚物时，引入适量的多官能度（通常为三官能度）的多元醇和多异氰酸酯，常用的物质为 TMP、HDI 三聚体、IPDI 三聚体等；②脂肪族水性聚氨酯可以采用适量多元胺进行扩链，使形成的大分子具有微交联结构，常用的多元胺为二乙烯三胺、三乙烯四胺等；③同时采用①和②两种方法。

对水性聚氨酯进行内交联改性，关键要掌握好内交联度，内交联度太低，改性效果不明显，若太高将影响其成膜性能。

（2）自交联法 所谓自交联法是指水性聚氨酯成膜后，能自动进行化学反应实现交联，提高涂膜的交联度，改善涂膜的性能。因此必须对水性聚氨酯的大分子结构进行改性。例如可以引入干性油脂肪酸（双键结构）以及多烷氧基硅单元等方法加以实现，使得其在成膜后能发生自动氧化交联反应和水解缩合反应，提高综合性能。该法应用较广，市场上已有相关产品应市。

（3）外加交联剂法 采用自乳化法制备的阴离子型水性聚氨酯成膜后仍含有大量的羧基，使涂膜的耐水性变差。同溶剂型双组分 PU 一样，水性聚氨酯在施工前可添加外交联剂，成膜后涂膜中的羧基和外交联剂的可反应基团反应，消除涂膜的亲水基团，可大幅度提高涂膜的耐水性，同时也对涂膜的力学性能有一定改善。常用的交联剂有多氮丙啶，碳化二亚胺，以及水可分散多异氰酸酯、环氧树脂、氨基树脂、环氧硅氧烷等。

① 硅偶联剂的交联 一些硅偶联剂可以作为水性聚氨酯的交联剂。有机硅型水性聚氨酯的交联剂主要带有环氧基和硅氧烷基。环氧基可以同羧基反应，将硅氧烷基引入大分子链，再通过硅氧烷基的水解、硅羟基的缩合实现其交联。添加该类交联剂的体系具有以下特点：改善耐溶剂性、耐冲击性和耐划伤性；优异的湿态和干态附着力；坚硬而仍具有弹性的涂层；对固化后涂膜的透明性和颜色没有副作用；老化后光泽保留率高。如下列产品：

$CH_2CHCH_2OCH_2CH_2CH_2Si(OCH_3)_3$

γ-缩水甘油醚氧丙基三甲氧基硅烷

（Crompton 公司牌号：A-187；信越公司牌号：KBM-403）

$CH_2CH_2Si(OCH_2CH_3)_3$

β-（3,4-环氧环己基）乙基三乙氧基硅烷

（Crompton 公司牌号：1770）

$CH_2CHCH_2OCH_2CH_2CH_2Si(OC_2H_5)_3$

γ-缩水甘油醚氧丙基三乙氧基硅烷

（信越公司牌号：KBE-403）

$CH_2CH_2Si(OCH_3)_3$

β-（3,4-环氧环己基）乙基三甲氧基硅烷

（信越公司牌号：KBM-303）

交联的化学机理涉及环氧硅烷的两个官能团。分子的环氧基同树脂羧基反应，而烷氧基

部分在水解后通过缩聚而交联成硅氧硅键，烷氧基水解形成的羟基也可以同基材表面反应改善涂料的湿态附着力，或改善颜料同树脂的结合。该机理可表示如下：

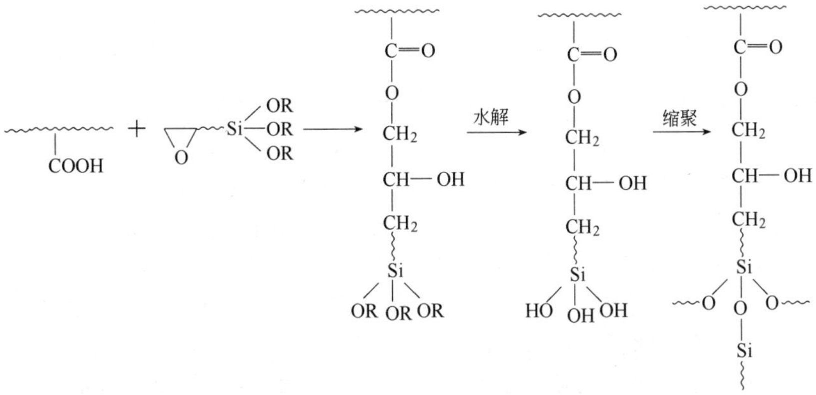

A-187、1770 的质量指标见表 6-38。

其中 A-187 活性较大，一般用于配制双组分体系，使用时进行混合；1770 活性较低，可用于配制单组分体系，其用量可由树脂酸值进行计算。一般取 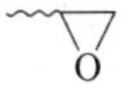 与—COOH 摩尔比为 0.5～0.8。

表 6-38　A-187、1770 的质量指标

项　　目	A-187	1770
外观	淡黄色液体	浅草黄色透明液体
分子量	236.4	288.46
活性成分	100%	100%
相对密度	1.069	1.00
沸点/℃	290	300
闪点(密封杯)/℃	110	104
溶解性	溶于水，并水解放出甲醇。可溶于醇、丙酮和大多数脂肪酸酯类	

② 多氮丙啶（polyaziridine）的交联　多氮丙啶类化合物应用于涂料、纺织和医疗等领域已有多年，近几年才作为水性聚氨酯的室温交联剂使用，它能与羧基、羟基等反应，而且在酸性环境中还可自聚，但在碱性环境中相当稳定。通常配成双组分体系，使用时进行混合。其交联膜的耐水性、耐化学品性、耐高温性以及对底材的附着力都有明显改善，若给予烘烤性能更佳。加有该类交联剂的涂料室温下应该在 3～5d 内用完，以免发生水解，丧失活性。多氮丙啶（polyaziridine）与水性聚氨酯的交联机理如下

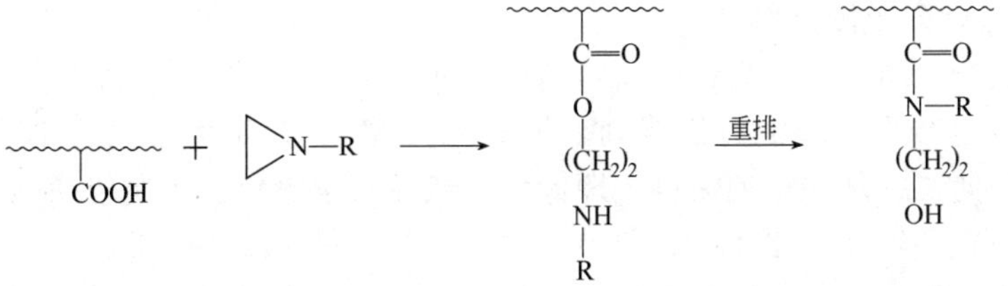

DSM 公司的产品 Crosslinker CX-100 为多官能度氮丙啶类交联剂，其质量指标见表 6-39。

表 6-39　Crosslinker CX-100 多氮丙啶类交联剂的质量指标

项　目	Crosslinker CX-100	项　目	Crosslinker CX-100
外观	黄色透明液体	pH(25℃)	8～10.5
固含量/%	＞99	稳定性	6个月
黏度(20℃)/mPa·s	200	溶解性	在异丙醇、丙酮、二甲苯中完全溶解
密度(20℃)/(g/mL)	1.08		

Crosslinker CX-100 官能度为 3，其式量为 166，配漆时氮丙啶基与羧基的摩尔比为 (1～0.6)：1。一般加入量为乳液量的 1%～3%，加入方法为 1：1 用水稀释后加入。因为其水溶性很好，手工搅拌即可使用。但该类交联剂具有一定的毒性，而且价格较高，影响了其推广。

③ 水性多异氰酸酯的交联　异氰酸酯单体的选择是决定涂膜性能的因素，脂肪族异氰酸酯单体，如 1,6-己二异氰酸酯（HDI）和异佛尔酮二异氰酸酯（IPDI）合成的固化剂涂膜外观好，干燥速度和活化期具有良好的平衡性。HDI 具有长的亚甲基链，其固化剂黏度较低，容易被多元醇分散，涂膜易流平，外观好，具有较好的柔韧性和耐刮擦性。IPDI 固化剂具有脂肪族环状结构，其涂膜干燥速度快，硬度高，具有较好的耐化学品性和耐磨性。但 IPDI 固化剂黏度较高，不易被多元醇分散，其涂膜的流平性和光泽不及 HDI 固化剂。二异氰酸酯的三聚体是聚氨酯涂料常用的固化剂，环状的三聚体具有稳定的六元环结构及较高的官能度，黏度较低，易于分散，因此涂膜性能较好；而缩二脲由于黏度较高，不易直接用于水性双组分聚氨酯涂料。为了提高多异氰酸酯固化剂在水中的分散性，常采用亲水基团对其进行改性，适合的亲水组分有离子型、非离子型或二者拼用，这些亲水组分与多异氰酸酯具有良好的相容性，作为内乳化剂有助于固化剂分散在水相中，降低混合剪切能耗。其缺点在于亲水改性消耗了固化剂的部分—NCO 基，降低了固化剂的官能度。新一代改性的亲水固化剂必须降低亲水改性剂的含量，提高固化剂的—NCO 基官能度，增强固化剂在水中的分散性。偏四甲基苯基二异氰酸酯与三羟甲基丙烷的加成物，其—NCO 基为叔碳原子上的—NCO 基，反应活性较低，与水反应的速度非常慢。因此用该固化剂配制的双组分涂料，—NCO 基与水发生副反应的程度非常小，可制备无气泡涂膜，但其玻璃化温度高，需玻璃化温度较低和乳化能力较强的多元醇与其配制双组分涂料。

6.5.7　水性聚氨酯的应用

6.5.7.1　皮革涂饰剂

水性聚氨酯的基本用途是作皮革涂饰剂，我国已有规模生产。

聚氨酯树脂柔韧、耐磨，可用作天然皮革及人造革的涂层剂及补伤剂。水性聚氨酯涂饰剂克服了丙烯酸乳液涂饰剂"热黏冷脆"的弱点，其处理的皮革手感柔软、滑爽、丰满、光亮，真皮感极强，可极大提高皮具档次，增强市场竞争力。

早期的水性聚氨酯是线形的，具热塑性。为了提高其强度、硬度、耐水性、耐溶剂性，可通过引入三官能度单体形成适当的分支或外加交联剂。

6.5.7.2　水性聚氨酯涂料

溶剂型聚氨酯涂料是一种高档的涂料品种，20 世纪 90 年代产量提高很快，但常规的溶剂型聚氨酯涂料含有约 40% 的有机溶剂，因此涂料 VOC 带给大气的污染非常巨大。21 世纪涂料的发展方向之一是环保型涂料，即低污染或无污染涂料。主要包括高固体分涂料、水性涂料、粉末涂料和辐射固化涂料。其中，水性涂料是最重要的一类。

目前，以水性聚氨酯分散体为基料的涂料在发达国家发展很快，适用于木材、金属及塑料等底材的水性聚氨酯产品不断投放市场，其中有些产品已经进入我国市场。根据组分数不同，水性聚氨酯可分为单组分和双组分两大类。

（1）单组分水性聚氨酯涂料　单组分水性聚氨酯涂料只有一个组分，其分子骨架可以是线形的或分支的，也可以是热塑型的或自发、光致、热致交联型的。其特点是施工方便，不存在贮存胶化的危险，但漆膜性能（如硬度、耐磨性、耐化学品性）不及双组分水性聚氨酯。

目前单组分水性聚氨酯涂料树脂是一种改性的水性聚氨酯。改性方法很多，如用丙烯酸接枝、环氧树脂及干性油改性等。

光固化水性聚氨酯指用紫外线作用实现交联的涂料体系。其固化速率快、生产效率高，特别适合流水线作业。

含有封闭异氰酸酯的水性聚氨酯涂料属热致交联型水性聚氨酯。这类涂料含有封闭异氰酸酯基的水性聚氨酯及低聚物多元醇或多元胺交联剂。在热作用下封端基解封，—NCO 基团再生，进而实现交联。常用的封闭剂有：己内酰胺、苯酚、乙酰乙酸乙酯、甲乙酮肟以及亚硫酸氢钠。其中，亚硫酸氢钠的脱封温度约 70℃，其余约 150℃。

此外，六甲氧基甲基三聚氰胺（HMMM）在加热条件下可以同水性聚氨酯分散体的羟基、氨基、氨基甲酸酯基或脲基上的活性氢发生化学反应，可配制烘烤型单组分水性聚氨酯涂料。

（2）双组分水性聚氨酯涂料　热塑性水性聚氨酯耐水性、抗溶剂性及抗化学品性欠佳；烘烤型单组分体系综合性能很好，但施工条件苛刻，不适合大型制件，而且有些材质（木材、塑料等）不耐高温。因此，室温固化型双组分水性聚氨酯涂料在水性聚氨酯涂料中占据越来越重要的地位。

该涂料体系组分之一是经亲水性处理的多异氰酸酯。通常选择脂肪族二异氰酸酯三聚体，用非离子型表面活性剂（如聚环氧乙烷）进行接枝改性，官能度为 3～4，固含量可达100%，也可用酯、酮、芳烃及醚酯类溶剂适当稀释。施工时，该组分在手工搅拌下可以很容易分散到另一组分即羟基组分中。

双组分水性聚氨酯涂料的羟基组分包括水性短油度醇酸树脂、水性聚酯、水性丙烯酸树脂及水性聚氨酯，它们常以水分散体的形式供应市场。数均分子量为 10^3 量级，羟值约 100mg KOH/g（树脂）。两种可反应官能团（—NCO、—OH）的摩尔比为（1.2～1.6）：1，施工时限约 4h。

目前，一些知名公司的双组分水性聚氨酯涂料的综合性能已接近溶剂型聚氨酯的水平，通过单体品种、配方的调整可用于木材、金属、塑料等所有材质的涂饰，前景无限。

6.5.7.3　水性聚氨酯黏合剂

同溶剂型聚氨酯黏合剂相比，水性聚氨酯黏合剂是一种绿色、环保型产品，可用于许多领域、多种基材，具有很大的发展潜力。

以木材加工为例。我国复合板材的生产主要使用"三醛树脂"，即酚醛树脂、脲醛树脂和三聚氰胺甲醛树脂。这些产品因存在甲醛残留、环境污染问题，社会影响不好。近些年来，水性聚氨酯黏合剂发展很快，该类黏合剂称为乙烯基聚氨酯乳液，常为丙烯酸改性的水性聚氨酯，也包括单组分、双组分两类产品。

6.6　结语

以上对聚氨酯的合成单体、化学原理及合成工艺做了介绍。聚氨酯在涂料领域具有重要的应用，市场份额还将不断增加，为了进一步促进聚氨酯涂料的发展，必须加强对聚氨酯树脂的研究和开发，主要有以下方面课题：①基本原材料的开发（包括异氰酸酯单体的清洁生产、脂肪族多异氰酸酯的成本降低等）；②羟基组分的高固体化（包括高固体分丙烯酸树脂、聚酯树脂和短油度醇酸树脂等）、结构和性能优化；③氟、硅改性的高端聚氨酯树脂的开发；④水性聚氨酯的性能提高和推广；⑤多异氰酸酯固化剂中残留单体的脱除新工艺研究。

第7章 环氧树脂

7.1 概述

环氧树脂（epoxy resin）是指分子结构中含有 2 个或 2 个以上环氧基并在适当的化学试剂存在下能形成三维网状固化物的化合物的总称，是一类重要的热固性树脂。环氧树脂既包括含环氧基的低聚物，也包括含环氧基的小分子化合物。环氧树脂作为胶黏剂、涂料和复合材料等的树脂基体，广泛应用于机械、电子、家电、汽车、船舶及航空航天等领域。

7.1.1 环氧树脂及其固化物的性能特点

① 力学性能高。环氧树脂具有很强的内聚力，材料结构致密，其力学性能高于酚醛树脂和不饱和聚酯等通用型热固性树脂。

② 附着力强。环氧树脂固化体系中含有活性较大的环氧基、羟基以及醚键、胺键、酯键等极性基团，赋予环氧固化物对金属、陶瓷、玻璃、混凝土、木材等极性基材以优良的附着力。

③ 固化收缩率小。固化收缩率一般为 $1\%\sim2\%$，是热固性树脂中固化收缩率最小的品种之一（酚醛树脂为 $8\%\sim10\%$，不饱和聚酯树脂为 $4\%\sim6\%$，有机硅树脂为 $4\%\sim8\%$）。线胀系数也很小，一般为 $6\times10^{-5}℃^{-1}$。所以固化后体积变化不大。

④ 工艺性好。环氧树脂固化时基本上不产生小分子挥发物，所以可低压成型或接触压成型。能与各种固化剂配合制造无溶剂、高固体、粉末涂料及水性涂料等环保型涂料。

⑤ 电绝缘性优良。环氧树脂是热固性树脂中介电性能最好的品种之一。

⑥ 稳定性好，耐化学品性优良。不含碱、盐等杂质的环氧树脂不易变质。只要贮存得当（密封、不受潮、不遇高温），其贮存期为 1 年。超期后若检验合格仍可使用。环氧固化物具有优良的化学稳定性。其耐碱、酸、盐等多种介质腐蚀的性能优于不饱和聚酯树脂、酚醛树脂等热固性树脂。因此环氧树脂大量用作防腐蚀底漆，又因环氧树脂固化物呈三维网状结构，又能耐油类等的浸渍，大量应用于油槽、油轮、飞机的整体油箱内壁衬里等。

⑦ 环氧固化物的耐热性一般为 $80\sim100℃$。环氧树脂的耐热品种可达 200℃ 或更高。

环氧树脂也存在一些缺点，比如耐候性差，通用环氧树脂中含有芳香醚键，固化物经日光照射后易降解断链，所以通常的双酚 A 型环氧树脂固化物在户外日晒，易失去光泽，逐渐粉化，因此不宜用作户外的面漆基料。另外，环氧树脂低温固化性能差，一般需在 10℃ 以上固化，在 10℃ 以下则固化缓慢，对于大型物体如船舶、桥梁、港湾、油槽等寒季施工十分不便。

7.1.2 环氧树脂发展简史

环氧树脂的研究始于 20 世纪 30 年代。1934 年德国 I. G. Farben 公司的 P. Schlack 发现用胺类化合物可使含有多个环氧基团的化合物聚合成高分子化合物，生成低收缩率的塑料，从而获得德国专利。随后，瑞士 Gebr. de Trey 公司的 Pierre Castan 和美国 Devoe & Raynolds 公司的 S. O. Greelee 用双酚 A 和环氧氯丙烷经缩聚反应制得环氧树脂，用有机多元胺或邻苯二甲酸酐均可使树脂固化，并具有优良的粘接性。不久之后，瑞士的 Ciba 公司、美国的 Shell 公司以及 Dow Chemical 公司都开始了环氧树脂的工业化生产及应用开发研究。进入 20 世纪 50 年代，在普通双酚 A 环氧树脂生产应用的同时，一些新型的环氧树脂相继问世。1960 年前后，相继出现了热塑性酚醛环氧树脂、卤代环氧树脂、聚烯烃环氧树脂。

中国研制环氧树脂始于 1956 年，在沈阳、上海两地先获得成功。1958 年上海、无锡开始了环氧树脂的工业化生产。20 世纪 60 年代中期开始研究一些新型的脂环族环氧-酚醛环氧树脂、聚丁二烯环氧树脂、缩水甘油酯环氧树脂、缩水甘油胺环氧树脂等，到 70 年代末期中国已形成了从单体、树脂到辅助材料，从科研、生产到应用的完整的工业体系。近年来我国环氧树脂开发和应用研究发展迅速，产量不断增加，质量不断提高，新品种不断涌现。

7.2 环氧树脂分类

环氧树脂种类较多，且新品种不断增加，有许多分类方案。

7.2.1 按化学结构分类

根据化学结构的差异，环氧树脂可分为缩水甘油类环氧树脂和非缩水甘油类环氧树脂两大类。

7.2.1.1 缩水甘油类环氧树脂

缩水甘油类环氧树脂可看成缩水甘油（CH_2—CH—CH_2—OH，含环氧基）的衍生化合物，主要有缩水甘油醚类、缩水甘油酯类和缩水甘油胺类 3 种。

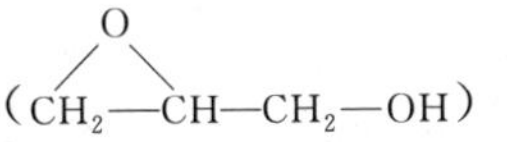

（1）缩水甘油醚类　缩水甘油醚类环氧树脂是指分子中含缩水甘油醚的化合物，常见的主要有以下几种。

① 双酚 A 型环氧树脂（简称 DGEBA 树脂）　是目前应用最广的环氧树脂，约占实际使用环氧树脂中的 85% 以上。其化学结构式为

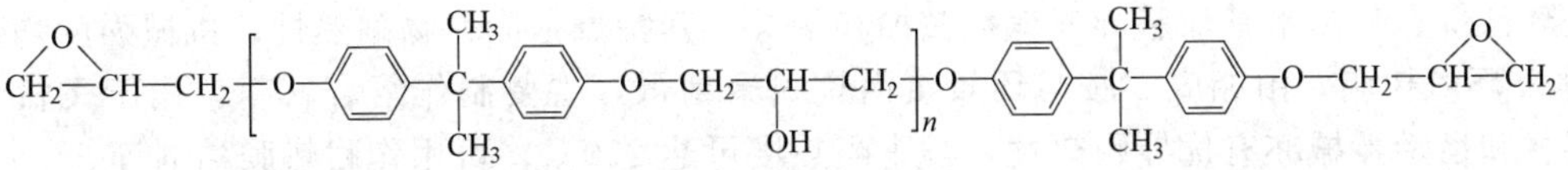

② 双酚 F 型环氧树脂（简称 DGEBF 树脂）

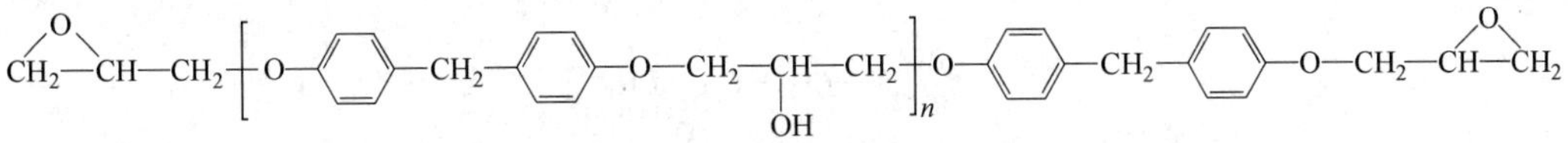

③ 双酚 S 型环氧树脂（简称 DGEBS 树脂）

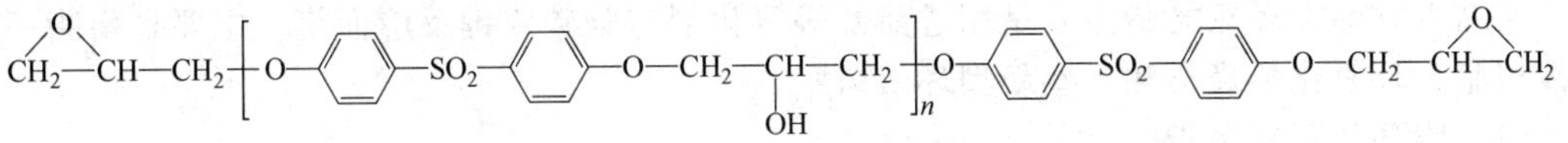

④ 氢化双酚 A 型环氧树脂

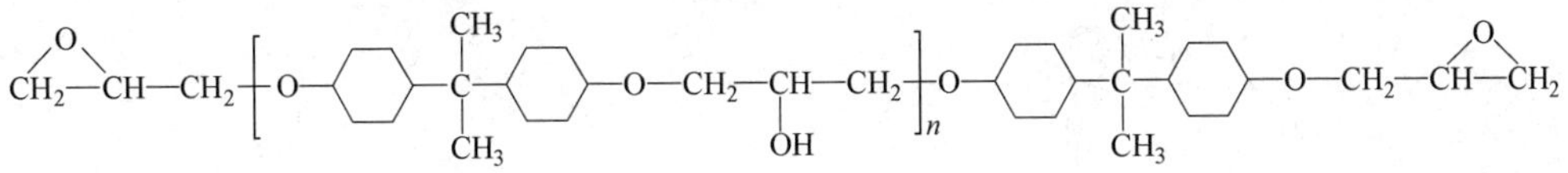

⑤ 线形酚醛型环氧树脂

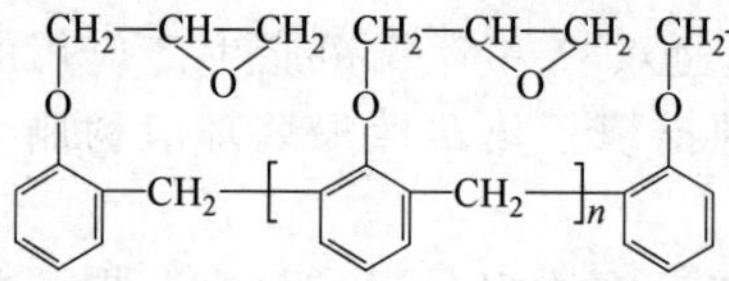

⑥ 脂肪族缩水甘油醚树脂

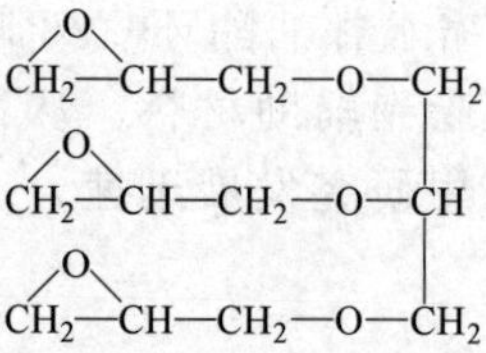

⑦ 四溴双酚 A 环氧树脂

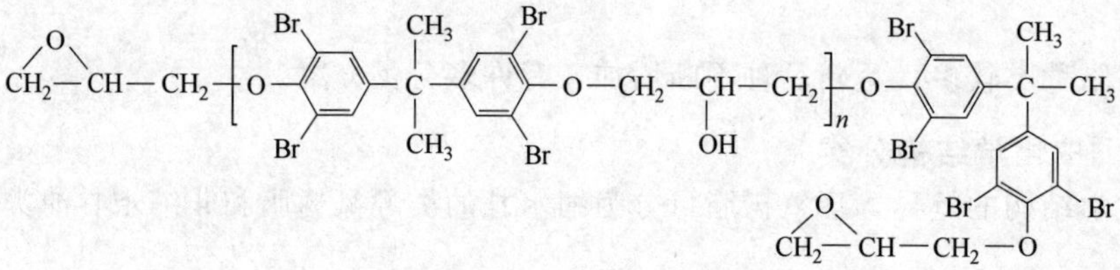

（2）缩水甘油酯类　如邻苯二甲酸二缩水甘油酯，其化学结构式为

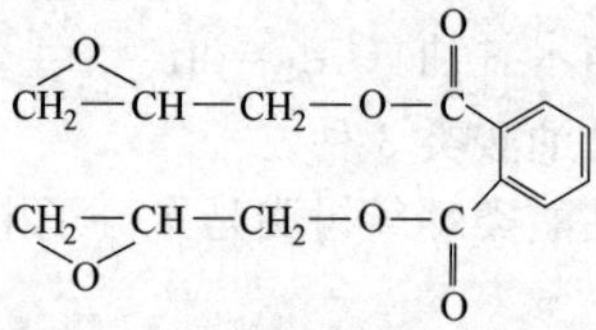

（3）缩水甘油胺类　分子链含有缩水甘油胺的一类环氧树脂。主要品种有二氨基二苯甲烷四缩水甘油胺（TGDDM）、三缩水甘油基对氨基苯酚（TGPAP）和四缩水甘油-1,3-双氨甲基环己烷、三缩水甘油基异三聚氰胺加和物等。其特点是固化物耐热性、机械强度均优于双酚 A 环氧树脂，由相应二胺与环氧氯丙烷缩聚制得，主要制作复合材料，用于飞机、航天器材和运动器械亦有优异耐热性，马丁耐热度可达 250℃，可用作耐热胶黏剂等。

如

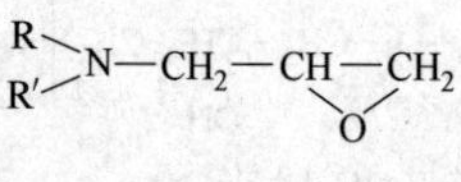

7.2.1.2　非缩水甘油类环氧树脂

非缩水甘油类环氧树脂主要是用过醋酸等氧化剂与碳碳双键反应而得。主要是指脂环族环氧树脂、环氧化烯烃类和一些新型环氧树脂。

（1）脂环族环氧树脂

如

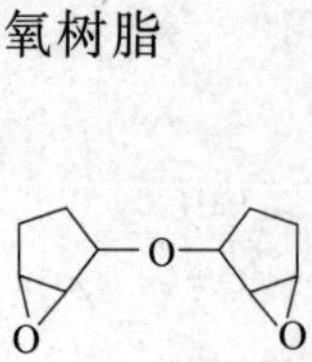

双(2,3-环氧基环戊基)醚(ERR-0300) 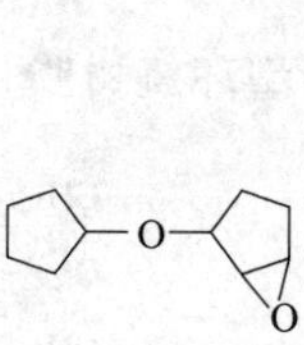　　2,3-环氧基环戊基环戊基醚(ERLA-0400)

158

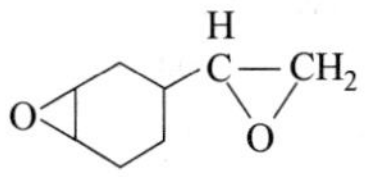

乙烯基环己烯二环氧化物(ERL-4206)

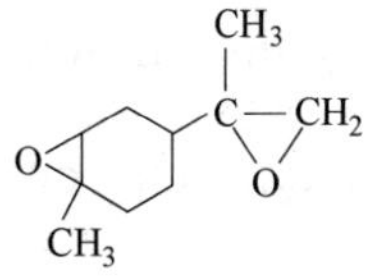

二异戊二烯二环氧化物(ERL-4269)

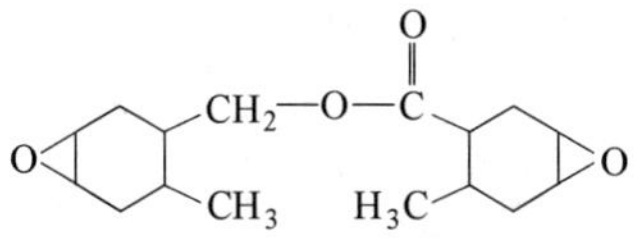

3,4-环氧基-6-甲基环己基甲酸-3′,4′-环氧
基-6′-甲基环己基甲酯(ERL-4201)

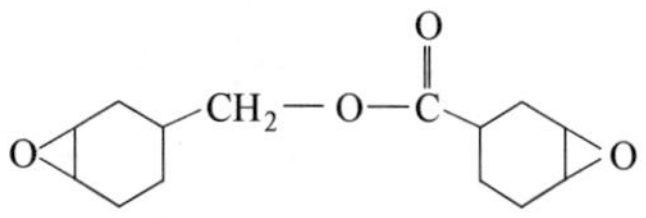

3,4-环氧基环己基甲酸-3′,4′-环氧基
环己基甲酯(ERL-4221)

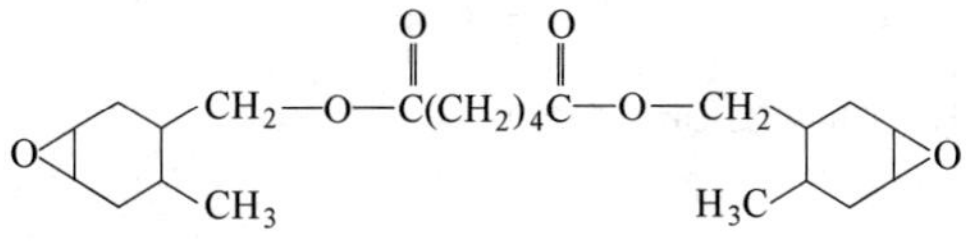

己二酸二(3,4-环氧基-6-甲基环己基甲酯)(ERL-4289)

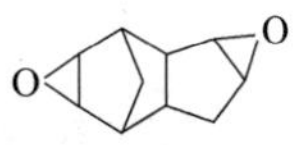

二环戊二烯二环氧化物(EP-207)

（2）环氧化烯烃类

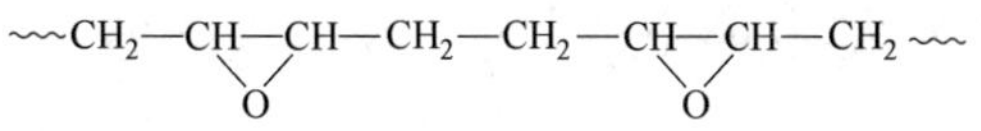

（3）新型环氧树脂

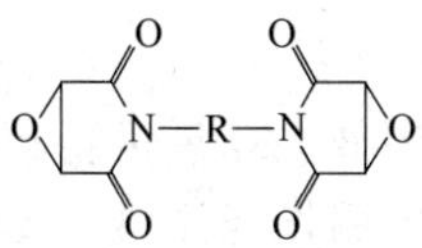

此外，还有混合型环氧树脂，即分子结构中同时具有两种不同类型环氧基的化合物。

7.2.2　按官能团的数量分类

按分子中官能团的数量，环氧树脂可分为双官能团环氧树脂和多官能团环氧树脂。对反应性树脂而言，官能团数的影响是非常重要的。典型的双酚 A 型环氧树脂属于双官能团环氧树脂。多官能团环氧树脂是指分子中含有 2 个以上环氧基的环氧树脂。几种有代表性的多官能团环氧树脂如下：

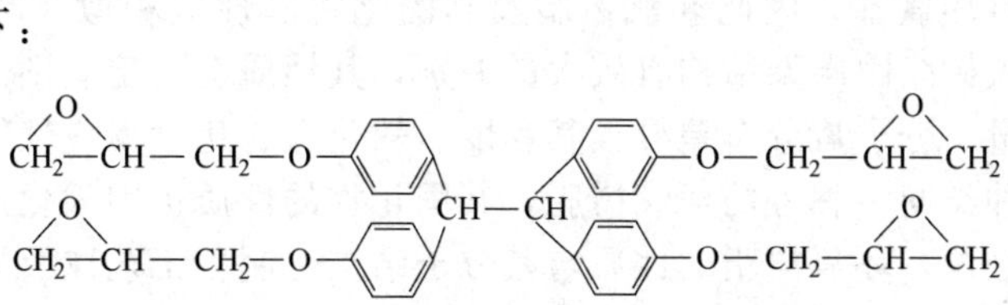

四缩水甘油醚基四苯基乙烷(tetra-PGEE)

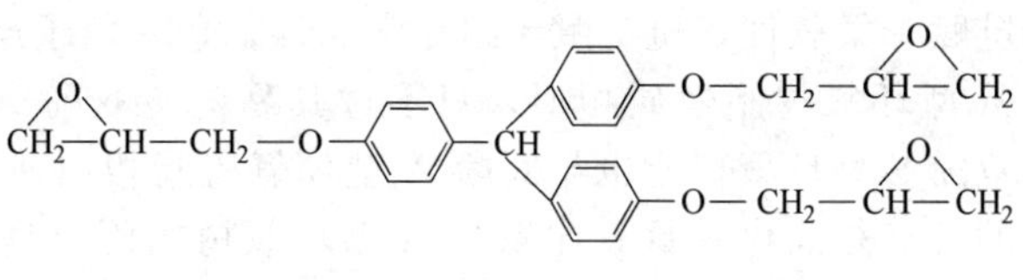

三苯基缩水甘油醚基甲烷(tri-PGEM)

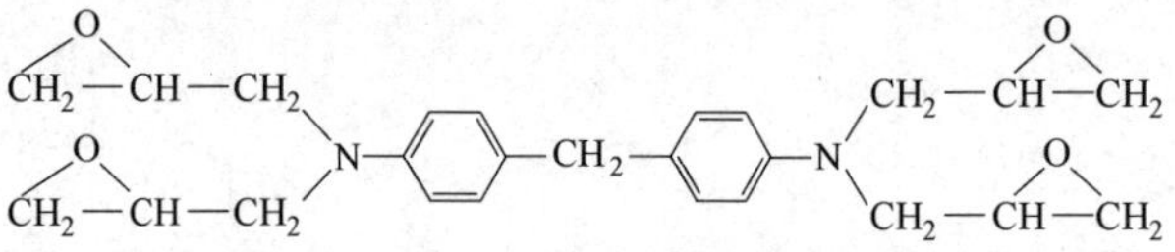

四缩水甘油基二甲苯二胺(tetra-GXDA)

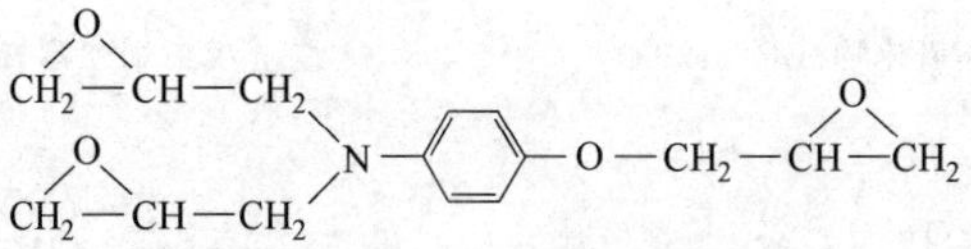

三缩水甘油基-P-氨基苯酚(tri-PAP)

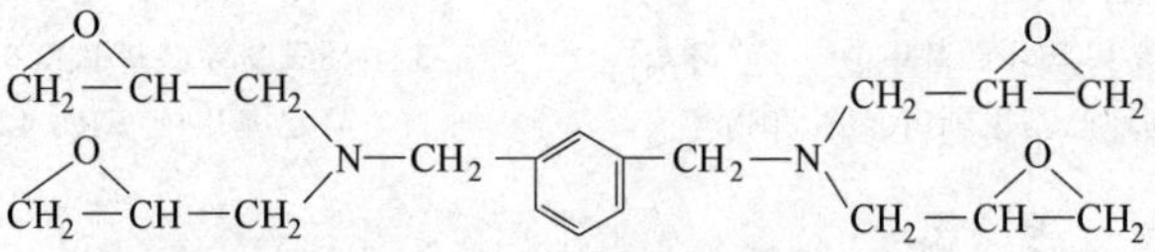

四缩水甘油基二氨基二亚甲基苯(tetra-GDDM)

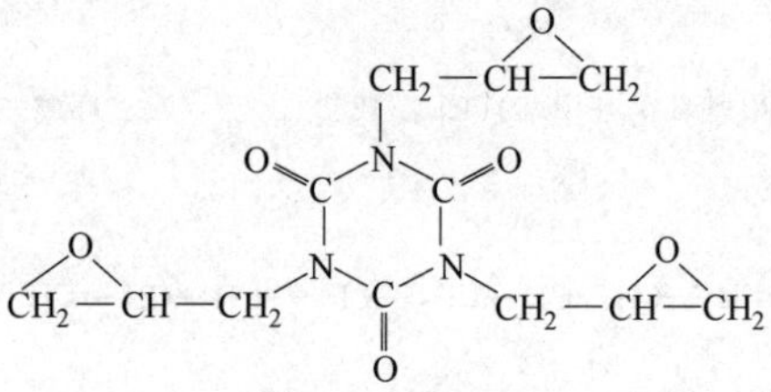

三缩水甘油基三聚异氰酸酯(tri-GIC)

7.2.3　按状态分类

按室温下的状态，环氧树脂可分为液态环氧树脂和固态环氧树脂。这在实际使用时很重要。液态树脂指分子量较低的树脂，可用作浇注料、无溶剂胶黏剂和涂料等。固态树脂是分子量较大的环氧树脂，是一种热塑性的固态低聚物，可用于粉末涂料和固态成型材料等。

7.3　环氧树脂的性质与特性指标

7.3.1　环氧树脂的性质

环氧树脂都含有环氧基，因此环氧树脂及其固化物的性能相似，但环氧树脂的种类繁多，不同种类的环氧树脂因碳架结构有较大的差别，其性质有一定差别。同一种类不同牌号的环氧树脂因分子量、分子量分布差异，其黏度、软化点、化学反应性等理化性质也有一定差异。即使是同一种类同一牌号的环氧树脂，其固化物的性质也因固化剂及固化工艺的不同而有所不同。也就是说，环氧树脂的性质与其分子结构、制备工艺以及树脂组成有关，固化物的性质还与固化剂的种类及分子结构、固化工艺等有关。

一般来说，作为目前应用最广的双酚A型环氧树脂，其结构中的双酚A骨架提供强韧性和耐热性，亚甲基链赋予柔软性，醚键赋予耐化学品性，羟基赋予反应性和粘接性。双酚F型环氧树脂与双酚A型环氧树脂性质相似，只不过其黏度比双酚A型环氧树脂低得多，适合作无溶剂涂料。双酚S型环氧树脂也与双酚A型环氧树脂相似，其黏度比双酚A型环氧树脂略高，其最大的特点是固化物具有比双酚A型环氧树脂固化物更高的热变形温度和更好的耐热性能。氢化双酚A型环氧树脂的特点是树脂的黏度非常低，但凝胶时间比双酚A型环氧树脂凝胶时间长两倍多，其固化物的最大特点是耐候性好，可用于耐候性的防腐

160

蚀涂料。酚醛环氧树脂主要包括苯酚线形酚醛环氧树脂和邻甲酚线形酚醛环氧树脂，其特点是每个分子的环氧官能度大于 2，涂料的交联密度大，固化物耐化学品性、耐腐蚀性以及耐热性比双酚 A 型环氧树脂好，但漆膜较脆，附着力稍低，且常常需要较高的固化温度，常用作集成电路和电子电路、电子元器件的封装材料。溴化环氧树脂因分子中含有阻燃元素，因此其阻燃性能好，可作为阻燃型环氧树脂使用，常用于印刷电路板、层压板等。

脂环族环氧树脂因为其环氧基直接连在脂环上，因此其固化物比缩水甘油型环氧树脂固化物更稳定，表现为热稳定性良好、耐紫外线性好、树脂本身的黏度低，缺点是固化物的韧性较差，这类树脂在涂料中应用较少，主要用作防紫外线老化涂料。

7.3.2 环氧树脂的特性指标

环氧树脂有多种型号，各具不同的性能，其性能可由特性指标确定。

(1) 环氧当量（或环氧值） 环氧当量（或环氧值）是环氧树脂最重要的特性指标，表征树脂分子中环氧基的含量。环氧当量是指含有 1mol 环氧基的环氧树脂的质量（g），以 EEW 表示。而环氧值是指 100g 环氧树脂中环氧基的物质的量（mol）。

$$环氧当量 = \frac{100}{环氧值}$$

环氧当量的测定方法有化学分析法和光谱分析法。国际上通用的化学分析法有高氯酸法，其他的还有盐酸丙酮法、盐酸吡啶法和盐酸二氧六环法。盐酸丙酮法方法简单，试剂易得，使用方便。其方法是：准确称量 0.5～1.5g 树脂置于具塞的三角烧瓶中，用移液管加入 20mL 的盐酸丙酮溶液（1mL 相对密度 1.19 的盐酸溶于 40mL 丙酮中），加塞摇荡，使树脂完全溶解，在阴凉处放置 1h，盐酸与环氧基作用生成氯醇，之后加入甲基红指示剂 3 滴，用 0.1mol/L 的 NaOH 溶液滴定过量的盐酸至红色褪去变成黄色时为终点。同样操作，不加树脂，做一空白试验。由树脂消耗的盐酸的量即可计算出树脂的环氧当量。

(2) 羟值（羟基当量） 羟值是指 100g 环氧树脂中所含的羟基的物质的量（mol）。而羟基当量是指含 1mol 羟基的环氧树脂的质量（g）。

$$羟基当量 = \frac{100}{羟值}$$

羟基的测定方法有两种：一是直接测定环氧树脂中的羟基含量；二是打开环氧基形成羟基，并进一步测定羟基含量的总和。前一种方法是根据氢化铝锂能和含有活泼氢的基团进行快速、定量反应的原理，用于直接测定环氧树脂中的羟基，是一种较可靠的方法。后一种方法是以乙酸酐、吡啶混合后的乙酰化试剂与环氧树脂进行反应，即可测定环氧树脂中的羟基含量即羟值。

(3) 酯化当量 酯化当量是指酯化 1mol 单羧酸（60g 醋酸或 280g C_{18} 脂肪酸）所需环氧树脂的质量（g）。环氧树脂中的羟基和环氧基都能与羧酸进行酯化反应。酯化当量可表示树脂中羟基和环氧基的总含量。

$$酯化当量 = \frac{100}{环氧值 \times 2 + 羟值}$$

(4) 软化点 环氧树脂的软化点可以表示树脂的分子量，软化点高的分子量大，软化点低的分子量小。

低分子量环氧树脂	软化点<50℃	聚合度<2
中分子量环氧树脂	软化点 50～95℃	聚合度 2～5
高分子量环氧树脂	软化点>100℃	聚合度>5

(5) 氯含量 氯含量是指环氧树脂中所含氯的物质的量（mol），包括有机氯和无机氯。无机氯主要是指树脂中的氯离子，无机氯的存在会影响固化树脂的电性能。树脂中的有机氯

含量标志着分子中未起闭环反应的那部分氯醇基团的含量，有机氯含量应尽可能地降低，否则也会影响树脂的固化及固化物的性能。

（6）黏度　环氧树脂的黏度是环氧树脂实际使用中的重要指标之一。不同温度下，环氧树脂的黏度不同，其流动性能也就不同。黏度通常可用杯式黏度计、旋转黏度计、毛细管黏度计和落球式黏度计来测定。

7.3.3　国产环氧树脂的牌号

国产环氧树脂的牌号及规格见表 7-1。双酚 A 型环氧树脂的数均分子量可以用通式表示为 $340+284n$，n 为重复单元聚合度，亦为羟基的平均官能度。

表 7-1　国产环氧树脂的牌号及规格

国家统一型号		旧牌号	规格				
			软化点/℃（黏度/Pa·s）	环氧值/(mol/100g)	有机氯含量/(mol/100g)	无机氯含量/(mol/100g)	挥发分/%
双酚A型	E-54	616	(6~8)	0.55~0.56	≤0.02	≤0.001	≤2
	E-51	618	(<2.5)	0.48~0.54	≤0.02	≤0.001	≤2
		619	液体	0.48	≤0.02	≤0.005	≤2.5
	E-44	6101	12~20	0.41~0.47	≤0.02	≤0.001	≤1
	E-42	634	21~27	0.38~0.45	≤0.02	≤0.001	≤1
	E-39-D		24~28	0.38~0.41	≤0.01	≤0.001	≤0.5
	E-35	637	20~35	0.30~0.40	≤0.02	≤0.005	≤1
	E-31	638	40~55	0.23~0.38	≤0.02	≤0.005	≤1
	E-20	601	64~76	0.18~0.22	≤0.02	≤0.001	≤1
	E-14	603	78~85	0.10~0.18	≤0.02	≤0.005	≤1
	E-12	604	85~95	0.09~0.14	≤0.02	≤0.001	≤1
	E-10	605	95~105	0.08~0.12	≤0.02	≤0.001	≤1
	E-06	607	110~135	0.04~0.07			≤1
	E-03	609	135~155	0.02~0.045			≤1
酚醛型	F-51		28(≤2.5)	0.48~0.54	≤0.02	≤0.001	≤2
	F-48	648	70	0.44~0.48	≤0.08	≤0.005	≤2
	F-44	644	10	约0.44	≤0.1	≤0.005	≤2
	F$_J$-47		35	0.45~0.5	≤0.02	≤0.005	≤2
	F$_J$-43		65~75	0.40~0.45	≤0.02	≤0.005	≤2

注：F$_J$-47 和 F$_J$-43 为邻甲酚醛环氧树脂。

7.4　环氧树脂的固化反应及固化剂

7.4.1　环氧树脂的固化反应

环氧树脂本身很稳定，如双酚 A 型环氧树脂即使加热到 200℃也不发生变化。但环氧树脂分子中含有活泼的环氧基、羟基，具有反应性，能与固化剂发生固化反应生成网状大分子。

7.4.1.1　环氧基与含活泼氢的化合物反应

（1）与伯胺、仲胺反应

$$\sim\!\!CH\!-\!CH_2 + H_2N\!-\!R \longrightarrow \sim\!\!CH\!-\!CH_2\!-\!NH\!-\!R$$
$$\underset{O}{} \qquad\qquad \underset{OH}{}$$

$$\sim\!\!CH\!-\!CH_2 + HN\!\!\begin{array}{c}R\\R'\end{array} \longrightarrow \sim\!\!CH\!-\!CH_2\!-\!N\!\!\begin{array}{c}R\\R'\end{array}$$
$$\underset{O}{} \qquad\qquad\qquad \underset{OH}{}$$

叔胺不与环氧基反应，但可催化环氧基开环，使环氧树脂自身聚合。

（2）与酚类反应

$$\sim\!\!CH\!-\!CH_2 \;+\; HO\!-\!\!\bigodot \;\longrightarrow\; \sim\!\!CH\!-\!CH_2\!-\!O\!-\!\!\bigodot$$
$$\underset{O}{\diagup} \qquad\qquad\qquad\qquad \underset{OH}{|}$$

（3）与羧酸反应

$$\sim\!\!CH\!-\!CH_2 \;+\; RCOOH \;\longrightarrow\; \sim\!\!CH\!-\!CH_2\!-\!O\!-\!\overset{O}{\overset{\|}{C}}\!-\!R$$
$$\underset{O}{\diagup} \qquad\qquad\qquad\qquad \underset{OH}{|}$$

（4）与无机酸反应

$$\sim\!\!CH\!-\!CH_2 \;+\; H_3PO_4 \;\longrightarrow\; O\!=\!P\!\big(\!-\!O\!-\!CH_2\!-\!\underset{OH}{\underset{|}{CH}}\!\sim\big)_3$$

（5）与巯基反应

$$\sim\!\!CH\!-\!CH_2 \;+\; HS\!-\!R \;\longrightarrow\; \sim\!\!CH\!-\!CH_2\!-\!S\!-\!R$$
$$\underset{O}{\diagup} \qquad\qquad\qquad\qquad \underset{OH}{|}$$

（6）与醇羟基反应　反应需要在催化和高温下发生。常温下，环氧基与醇羟基反应极微弱。

$$\sim\!\!CH\!-\!CH_2 \;+\; HO\!-\!R \xrightarrow{\text{催化}} \sim\!\!CH\!-\!CH_2\!-\!O\!-\!R$$
$$\underset{O}{\diagup} \qquad\qquad\qquad\qquad\qquad \underset{OH}{|}$$

7.4.1.2　环氧树脂中羟基的反应

（1）与酸酐反应

$$-\!\underset{OH}{\underset{|}{CH}}\!- \;+\; \text{（邻苯二甲酸酐）} \;\longrightarrow\; \text{（邻羧基苯甲酸酯）}$$

（2）与羧酸反应

$$-\!\underset{OH}{\underset{|}{CH}}\!- \;+\; RCOOH \;\longrightarrow\; -\!\underset{O-\overset{\|}{C}-R}{\underset{|}{CH}}\!- \;+\; H_2O$$

（3）与羟甲基或烷氧基反应

$$-\!\underset{OH}{\underset{|}{CH}}\!- \;+\; HO\!-\!CH_2\!-\!\!\bigodot\!\!-\!OH \;\longrightarrow\; -\!\underset{O-CH_2}{\underset{|}{CH}}\!-\!\!\bigodot\!\!-\!OH \;+\; H_2O$$

$$-\!\underset{OH}{\underset{|}{CH}}\!- \;+\; RO\!-\!CH_2\!-\!NH\!-\!\overset{O}{\overset{\|}{C}}\!-\!NH\!\sim \;\longrightarrow\; -\!\underset{O-CH_2-NH-\overset{O}{\overset{\|}{C}}-NH\sim}{\underset{|}{CH}}\!- \;+\; ROH$$

（4）与异氰酸酯反应

$$-\!\underset{OH}{\underset{|}{CH}}\!- \;+\; OCN\!-\!R \;\longrightarrow\; -\!\underset{O-\overset{\;}{\underset{O}{\overset{\|}{C}}}-NH-R}{\underset{|}{CH}}\!-$$

163

（5）与硅醇或其烷氧基缩合

$$\underset{OH}{-CH-} + HO\underset{CH_3}{\overset{CH_3}{Si}}-O- \longrightarrow HC-O-\underset{CH_3}{\overset{CH_3}{Si}}-O- + H_2O$$

$$\underset{OH}{-CH-} + RO\underset{CH_3}{\overset{CH_3}{Si}}-O- \longrightarrow HC-O-\underset{CH_3}{\overset{CH_3}{Si}}-O- + ROH$$

7.4.2 环氧树脂固化剂

环氧树脂的固化反应是通过加入固化剂，利用固化剂中的某些基团与环氧树脂中的环氧基或羟基发生反应来实现的。固化剂种类繁多，按化学组成和结构的不同，常用的固化剂可分为胺类固化剂、酸酐类固化剂、合成树脂类固化剂。

7.4.2.1 胺类固化剂

胺类固化剂包括多元胺类固化剂、叔胺和咪唑类固化剂、硼胺配合物及带氨基的硼酸酯类固化剂。胺类固化剂的用量与固化剂的分子量、分子中活泼氢原子数以及环氧树脂的环氧值有关。

$$100g\text{ 环氧树脂胺类固化剂的用量} = \frac{\text{胺的分子量}}{\text{胺分子中活泼氢原子数}} \times \text{环氧值}$$

或

$$\text{胺类固化剂的用量} = \frac{\text{活泼氢当量}}{\text{环氧当量}} \times \text{环氧树脂量}$$

胺类固化剂中活性氢的含量用活泼氢当量表示。

$$\text{活泼氢当量} = \text{胺的分子量}/\text{胺分子中活泼氢原子数}$$

（1）多元胺类固化剂

单一的多元胺类固化剂有脂肪族多元胺类固化剂、聚酰胺多元胺类固化剂、脂环族多元胺类固化剂、芳香族多元胺类固化剂及其他胺类固化剂。

① 脂肪族多元胺类固化剂　能在常温下使环氧树脂固化，固化速度快，黏度低，可用来配制常温下固化的无溶剂或高固体分涂料，常用的脂肪族多元胺类固化剂有乙二胺、二亚乙基三胺、三亚乙基四胺、四亚乙基五胺、己二胺、间苯二甲胺等。

一般用直链脂肪胺固化的环氧树脂产物韧性好，粘接性能优良，且对强碱和无机酸有优良的耐腐蚀性，但漆膜的耐溶剂性较差。

此外，脂肪族多元胺类固化剂还有以下缺点：固化时放热量大，一般配漆不能太多，施工时间短；活泼氢当量很低，配漆称量必须准确，过量或不足会影响性能；有一定蒸气压，有刺激性，影响工人健康；有吸潮性，不利于在低温高湿下施工，且易吸收空气中的 CO_2 变成碳酰胺；高极性，与环氧树脂的混溶性欠佳，易引起漆膜缩孔、橘皮、泛白等。

② 聚酰胺多元胺类固化剂　一种改性的多元胺，是用植物油脂肪酸与多元胺缩合而成的，含有酰氨基和氨基：

$$RCOOH + H_2N-(CH_2)_2-NH-(CH_2)_2-NH_2 \longrightarrow R\overset{O}{\overset{\|}{C}}-NH-(CH_2)_2-NH-(CH_2)_2-NH_2$$

产物中有 3 个活泼氢原子，可与环氧基反应。对环境湿度不敏感，对基材有良好的润湿性。

③ 脂环族多元胺类固化剂　色泽浅，保色性好，黏度低，但反应迟缓，往往需与其他固化剂配合使用，或加促进剂，或制成加成物，或需加热固化。如：

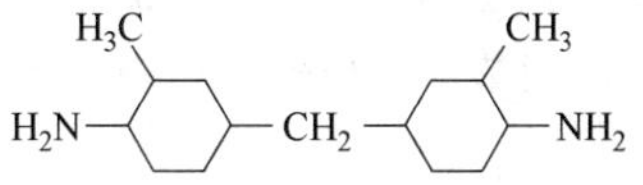

双（4-氨基-3-甲基环己基）甲烷 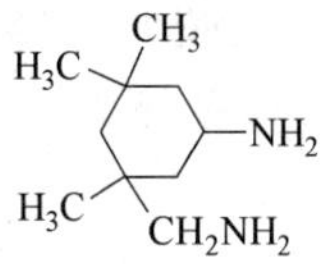　　　　异佛尔酮二胺

④ 芳香族多元胺类固化剂　芳香族多元胺中氨基与芳环直接相连，与脂肪族多元胺相比，碱性弱，反应受芳香环空间位阻影响，固化速度大幅度下降，往往需要加热才能进一步固化。但固化物比脂肪胺体系的固化物在耐热性、耐化学品性方面性能优良。芳香族多元胺必须经过改性，制成加成物等，或加入催化剂，如苯酚、水杨酸、苯甲醇等，才能配成良好的固化剂，能在低温下固化，漆混合后的发热量不高，耐腐蚀性优良，耐酸及耐热水，广泛应用于工厂的地坪涂料，耐溅滴、耐磨。芳香族多元胺类固化剂主要有 4,4′-二氨基二苯甲烷、4,4′-二氨基二苯基砜、间苯二胺等。固化剂 NX-2045 的结构式为

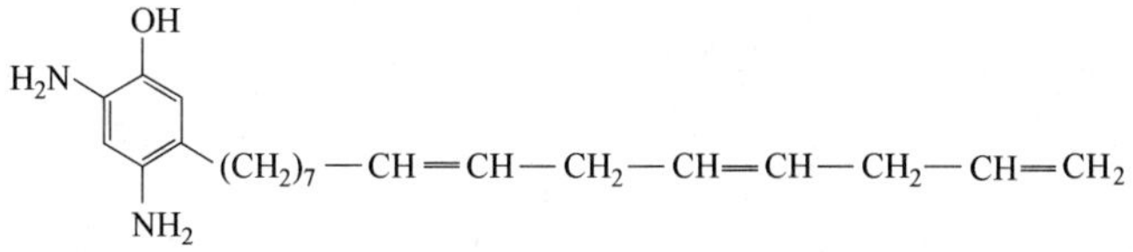

该固化剂的分子结构上带有憎水性优异且常温反应活性高（带双键）的柔性长脂肪链，还带有抗化学腐蚀的苯环结构，使其既有一般酚醛胺的低温、潮湿快速固化特性，又有一般低分子聚酰胺固化剂的长使用期。

⑤ 其他胺类固化剂

a. 双氰胺　结构式为 $H_2N-\overset{NH}{\underset{}{C}}-NHCN$，白色结晶粉末，可溶于水、醇、乙二醇和二甲基甲酰胺，几乎不溶于醚和苯，不可燃，干燥时稳定。很早就被用作潜伏性固化剂应用于粉末涂料、胶黏剂等领域。双氰胺在 $145\sim165℃$ 能使环氧树脂在 30min 内固化，但在常温下是相对稳定的，将固态的双氰胺充分粉碎分散在液体树脂内，其贮存稳定性可达 6 个月。与固体树脂共同粉碎，制成粉末涂料，贮存稳定性良好。

b. 己二酰二肼　结构式为 $H_2NHN-\overset{O}{\underset{}{C}}-(CH_2)_4-\overset{O}{\underset{}{C}}-NHNH_2$，在常温下与环氧树脂的配合物贮存稳定，在加热后才缓慢溶解发生固化反应，也可加入叔胺、咪唑等促进剂加快其固化反应。

c. 酮亚胺类化合物　结构式为 $\overset{R'}{\underset{R''}{C}}=N-R-N=\overset{R'}{\underset{R''}{C}}$，是一种潜伏性固化剂。当与环氧树脂混合制成的漆膜暴露于空气中时，酮亚胺类化合物会吸收空气中的水分产生多元胺，从而使漆膜迅速固化。

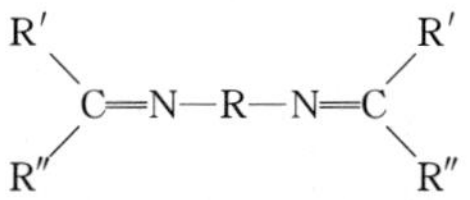

d. 曼尼希加成多元胺　曼尼希（Mannich）反应是酚、甲醛及多元胺三者的缩合反应。

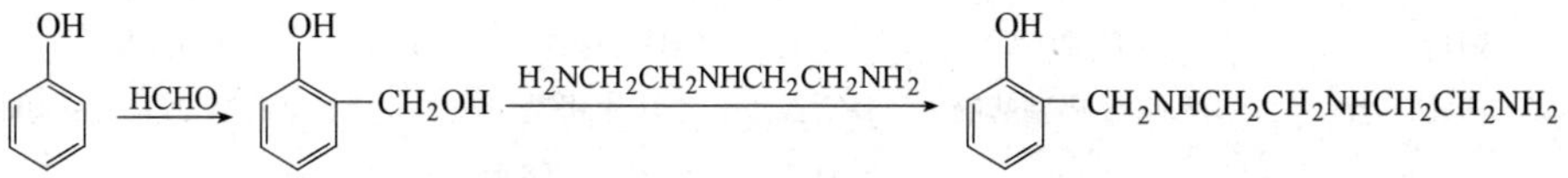

分子中有酚羟基，能促进固化。其特点是即使在低温、潮湿的环境下也能固化。常用于寒冷季节时需快速固化的环氧树脂漆。

（2）叔胺和咪唑类固化剂

① 叔胺类固化剂　叔胺属于路易斯碱，其分子中没有活泼氢原子，但氮原子上仍有一对孤对电子，可对环氧基进行亲核进攻，引发环氧树脂自身开环固化。固化反应机理如下：

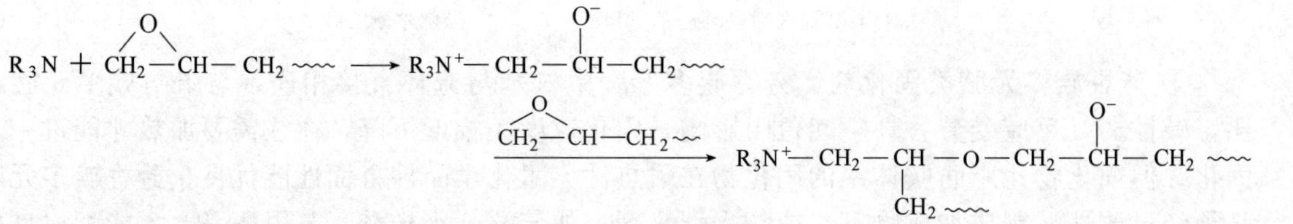

$$R_3N + CH_2\text{—}CH\text{—}CH_2\diagdown\diagdown \longrightarrow R_3N^+\text{—}CH_2\text{—}CH\text{—}CH_2\diagdown\diagdown$$

$$\xrightarrow{\quad CH_2\text{—}CH\text{—}CH_2\diagdown\diagdown \quad} R_3N^+\text{—}CH_2\text{—}CH\text{—}O\text{—}CH_2\text{—}CH\text{—}CH_2\diagdown\diagdown$$

是阴离子型的连锁聚合反应。叔胺类固化剂具有固化剂用量、固化速度、固化产物性能变化较大，且固化时放热量较大的缺点，因此不适用于大型浇铸。

最典型的叔胺类固化剂为 DMP-30（或 K-54）固化剂，其结构式如下：

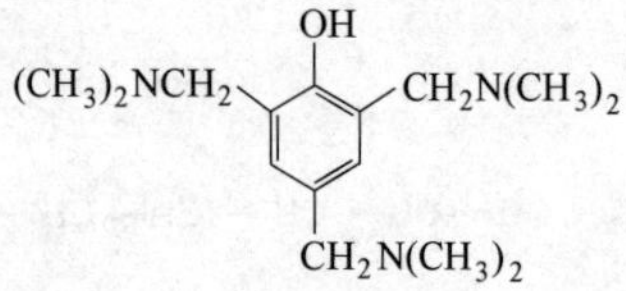

$$(CH_3)_2NCH_2\text{（苯环，OH）}CH_2N(CH_3)_2$$
$$CH_2N(CH_3)_2$$

该化合物分子中氨基上没有活泼氢原子，不能与环氧基结合，但它能促进聚酰胺、硫醇等与环氧基交联。

其他代表性的叔胺类固化剂有：

$N(CH_2CH_2OH)_3$
三乙醇胺

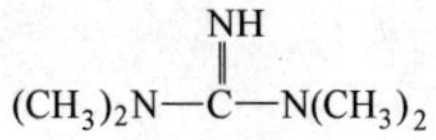

$(CH_3)_2N\text{—}C(=NH)\text{—}N(CH_3)_2$
四甲基胍

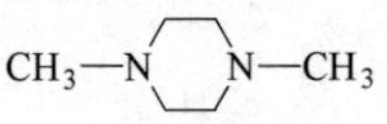

$CH_3\text{—N（哌嗪）N—}CH_3$
N,N'-二甲基哌嗪

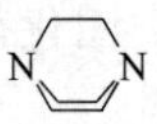

三亚乙基二胺

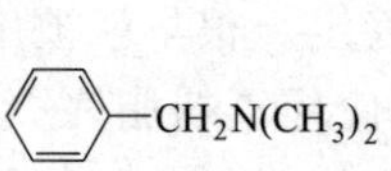

$\text{（苯环）—}CH_2N(CH_3)_2$
苄基二甲胺

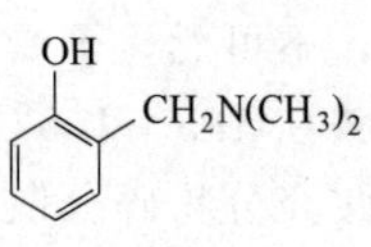

$\text{（苯环，OH）—}CH_2N(CH_3)_2$
DMP-10

② 咪唑类固化剂　咪唑类固化剂是一种新型固化剂，可在较低的温度下使环氧树脂固化，并得到耐热性优良、力学性能优异的固化产物。咪唑类固化剂主要是一些1位、2位或4位取代的咪唑衍生物，典型的咪唑类固化剂如下：

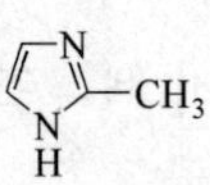

2-甲基咪唑 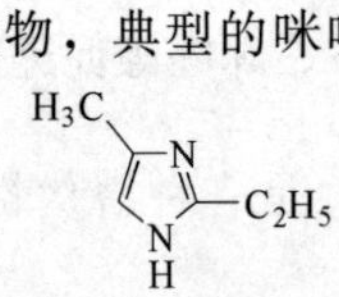　　2-乙基-4-甲基咪唑 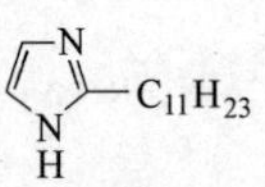　　2-十一烷基咪唑 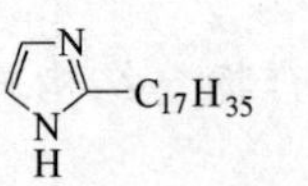　　2-十七烷基咪唑 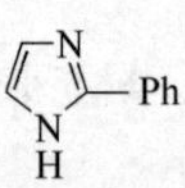　　2-苯基咪唑

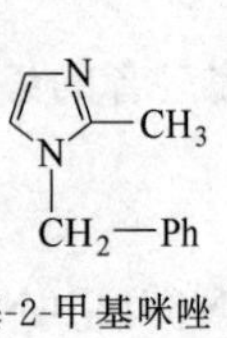

1-苄基-2-甲基咪唑 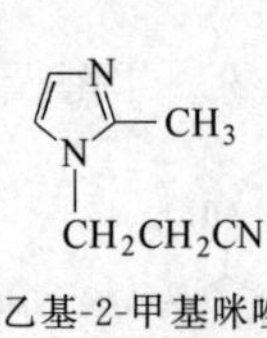　　1-氰乙基-2-甲基咪唑 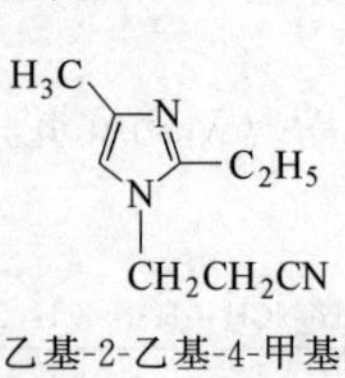　　1-氰乙基-2-乙基-4-甲基咪唑 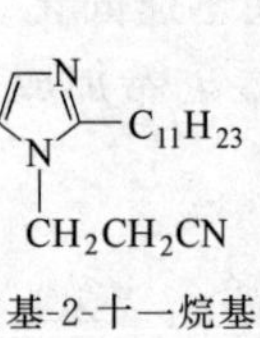　　1-氰乙基-2-十一烷基咪唑

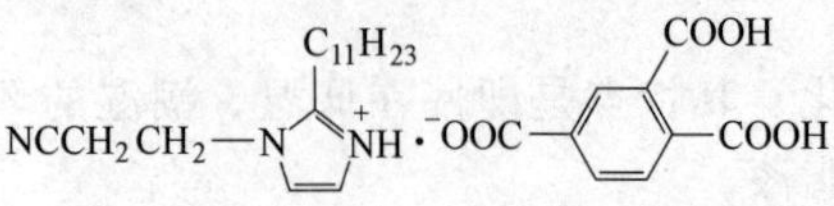

偏苯三酸-1-氰乙基-2-十一烷基咪唑盐

166

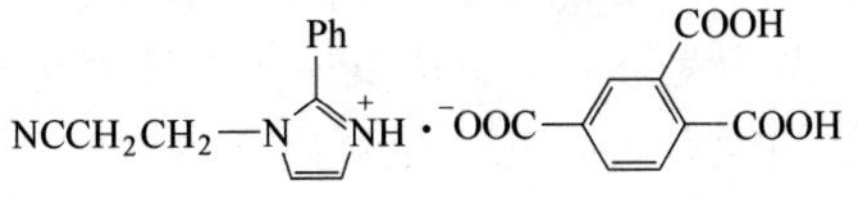

偏苯三酸-1-氰乙基-2-苯基咪唑盐

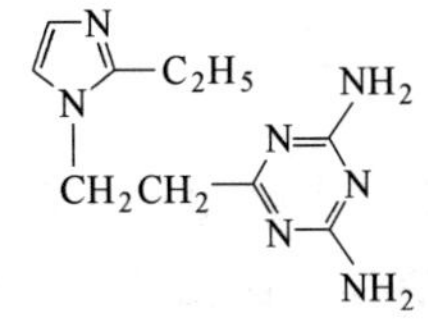

2,4-二氨基-6-[2′-乙基咪唑基]乙基顺式三嗪 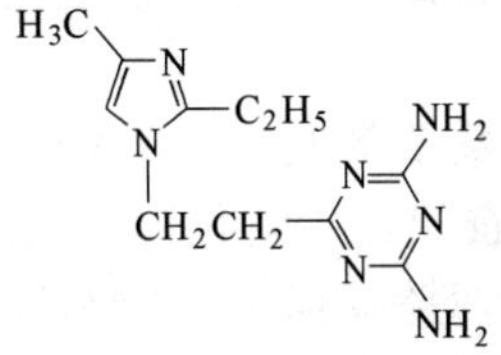　　　2,4-二氨基-6-[2′-乙基-4′-甲基咪唑基]乙基顺式三嗪

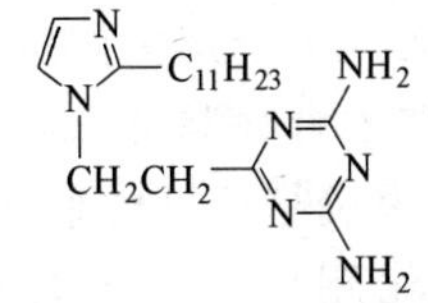

2,4-二氨基-6-[2′-十一烷基咪唑基]乙基顺式三嗪 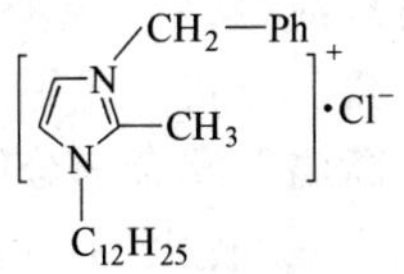　　1-十二烷基-2-甲基-3-苄基咪唑盐酸盐

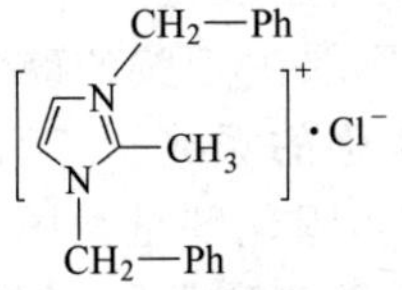

1,3-二苄基-2-甲基咪唑盐酸盐

咪唑类固化剂与环氧树脂的固化反应机理如下：

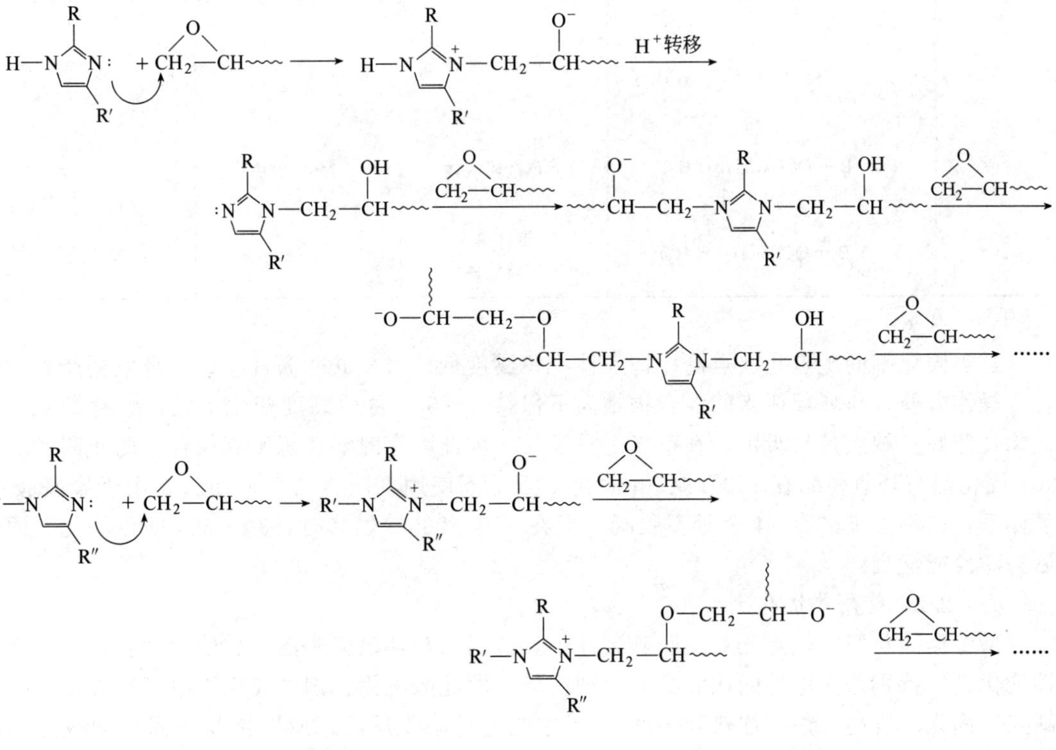

167

咪唑类固化剂的结构不同，其性质也有所不同。一般来说，咪唑类固化剂的碱性越强，固化温度就越低。咪唑环内有两个氮原子，1位氮原子的孤对电子参与环内芳香大π键的形成，而3位氮原子的孤对电子则没有，因此3位氮原子的碱性比1位氮原子的强，起催化作用的主要是3位氮原子。1位氮上的取代基对咪唑类固化剂的反应活性影响较大，当取代基较大时，1位氮上的孤对电子不能参与环内芳香大π键形成，此时1位氮的作用相当于叔胺。

(3) 硼胺配合物及带氨基的硼酸酯类固化剂

① 三氟化硼-胺配合物固化剂　三氟化硼分子中的硼原子缺电子，易与富电子物质结合，因此三氟化硼属路易斯酸，能与环氧树脂中的环氧结合，催化环氧树脂进行阳离子聚合。三氟化硼活性很大，在室温下与缩水甘油酯型环氧树脂混合后很快固化，并放出大量的热，且三氟化硼在空气中易潮解并有刺激性，因此一般不单独用作环氧树脂的固化剂。通常是将三氟化硼与路易斯碱结合成配合物，以降低其反应活性。所用的路易斯碱主要是单乙胺，此外还有正丁胺、苄胺、二甲基苯胺等。三氟化硼-胺配合物与环氧树脂混合后在室温下是稳定的，但在高温下配合物分解产生三氟化硼和胺，很快与环氧树脂进行固化反应。

最具有代表性的三氟化硼-胺配合物固化剂是三氟化硼单乙胺配合物，其结构式为 $BF_3NH_2—CH_2CH_3$，在常温下与环氧树脂混合后稳定，但加热至100℃以上时，该配合物分解成三氟化硼和乙胺，进而引发环氧树脂固化。

三氟化硼-胺配合物的反应活性主要取决于胺的碱性，对于碱性弱的苯胺、单乙胺，其配合物的反应起始温度低，而对于碱性强的哌啶、三乙胺，其配合物的反应起始温度就高。

② 带氨基的硼酸酯类固化剂　该类固化剂是我国20世纪70年代研制成功的带氨基的环状硼酸酯类化合物。常见的带氨基的硼酸酯类固化剂见表7-2。

表 7-2　常见的带氨基的硼酸酯类固化剂

型号	化学结构	外观	沸点/℃	黏度(20℃)/mPa·s
901	H_3C 结构 $B—OCH_2CH_2N(CH_3)_2$	无色透明液体		2~3
595	结构 $B—OCH_2CH_2N(CH_3)_2$	无色透明液体	240~250	3~6
594	结构 $B—OCH_2CH_2N(CH_3)_2$	橙红色黏稠液体	>250	30~50[①]

① 单位为 s。

这类固化剂的优点是沸点高、挥发性小、黏度低、对皮肤刺激性小，与环氧树脂相容性好，操作方便，与环氧树脂的混合物常温下保持4~6个月后黏度变化不大，贮存期长，固化物性能好。缺点是易吸水，在空气中易潮解，因此贮存时要注意密封保存，防止吸潮。如901固化剂与环氧树脂在150℃烘5h固化，常温下使用期限为两个星期。如用于聚酰胺-环氧体系，在常温下贮存14个月不胶凝，但在190~260℃烘烤时，30~60s即可固化。固化后力学性能优良。

7.4.2.2　酸酐类固化剂

酸酐类固化剂的优点是对皮肤刺激性小，常温下与环氧树脂混合后使用期长，固化物的性能优良，特别是介电性能比胺类固化剂优异，因此酸酐固化剂主要用于电气绝缘领域。其缺点是固化温度高，往往加热到80℃以上才能进行固化反应，所以比其他固化剂成型周期长，并且改性类型也有限，常常被制成共熔混合物使用。

在无促进剂存在条件下，酸酐类固化剂与环氧树脂中的羟基作用，产生含有一个羧基的单酯，后者再引发环氧树脂固化。固化反应速率与环氧树脂中的羟基有关，羟基浓度很低的环氧树脂固化反应速率很慢，羟基浓度高的则固化反应速率快。酸酐类固化剂用量一般为环氧基的物质的量的 0.85 倍。

用叔胺作促进剂时，固化反应机理如下

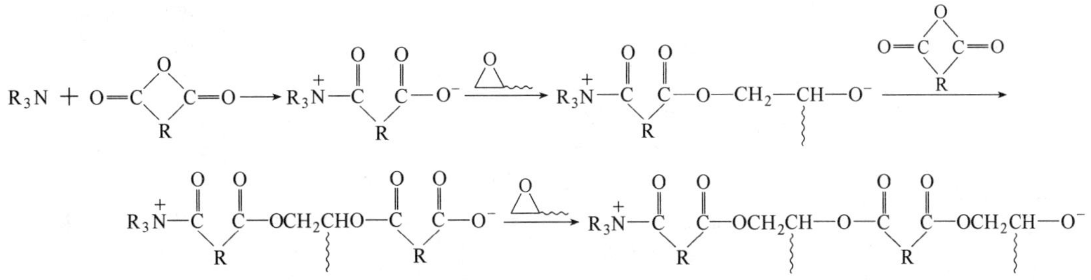

可以看出，固化反应速率取决于叔胺的浓度，叔胺浓度越大，固化反应速率则越快。每一个酸酐分子对应于一个环氧基，酸酐的用量等于环氧基的化学计量。

叔胺是酸酐固化环氧树脂最常用的促进剂。由于活性较强，叔胺通常是以羧酸复盐的形式使用。常用的叔胺促进剂有三乙胺、三乙醇胺、苄基二甲胺、二甲氨基甲基苯酚、三（二甲氨基甲基）苯酚、2-乙基-4-甲基咪唑等。除叔胺外，季铵盐、金属有机化合物如环烷酸锌、辛酸锌也可作酸酐/环氧树脂固化反应的促进剂。

酸酐类固化剂种类很多，按化学结构不同可分为直链脂肪族酸酐、芳香族酸酐和脂环族酸酐。按酸酐官能团数量不同可分为单官能团酸酐、双官能团酸酐。还可按分子中是否含游离羧基进行分类。酸酐类固化剂的种类不同，其性质和用途也有差异，常用的酸酐类固化剂种类、特点和用途见表 7-3。

表 7-3　常用酸酐类固化剂的种类、特点和用途

类别	名　称	特　点		用　途
		优点	缺点	
单官能团酸酐	邻苯二甲酸酐	价格便宜，固化时放热少，耐化学品性优良	易升华，与环氧树脂不易混合	适于大型浇铸，涂料
	四氢邻苯二甲酸酐	不升华，固化时放热少，耐化学品性优良	着色，与环氧树脂不易混合	很少单独使用，一般与其他酸酐混用
	六氢邻苯二甲酸酐	黏度低，适用期长，耐热性、耐漏电痕迹性、耐候性优良	有吸湿性	熔化后黏度低，可与环氧树脂制成低黏度配合物
	甲基四氢邻苯二甲酸酐	黏度低、工艺性优良	价格较贵	使用广泛，适于层压、浇铸
	甲基六氢邻苯二甲酸酐	无色透明，适用期长，色相稳定，耐漏电痕迹性、耐候性优良	价格较贵	适于层压、浇铸、浸渍
	甲基纳迪克酸酐	适用期长，工艺性优良，固化时收缩率小，耐热性、耐化学品性优良	耐碱性差	使用广泛，适于层压、浇铸、浸渍、涂料
	十二烷基琥珀酸酐	工艺性优良，韧性好	耐化学品性差	适于层压、浇铸、浸渍
	氯茵酸酐	耐热性、阻燃性好，电性能优良	操作工艺差	适于层压、浇铸

类别	名　称	特　点		用　途
		优点	缺点	
双官能团酸酐	均苯四甲酸酐	耐热性、耐化学品性好	操作工艺性差,固化物具有脆性	通常不单独使用,而与甲基四氢邻苯二甲酸酐混合使用,适于层压、浇铸、涂料
	苯酮四酸二酐	耐热性、耐化学品性好,耐高温性、耐老化性优良	溶解性不良	通常不单独使用,适于成型、层压、浇铸、涂料
	甲基环己烯四酸二酐	耐热性好,耐漏电性优良	价格贵	适于成型、层压、浇铸、涂料
	二苯醚四酸二酐	操作工艺性好,耐热性优良	价格贵	适于成型、层压、浇铸
游离酸酐	偏苯三酸酐	固化速度快,电性能、耐热性、耐化学品性优良	使用期短,操作工艺性差	适于层压、浇铸、涂料
	聚壬二酸酐	固化物伸长率高,热稳定性好	易吸水降解,固化物耐热性差	适于层压、浇铸、浸渍

此外,顺丁烯二酸酐也可用作环氧树脂的固化剂,100g 双酚 A 环氧树脂,顺丁烯二酸酐的用量为 30~40g。顺丁烯二酸酐酸性强,其固化环氧树脂的速度较快。顺丁烯二酸酐还可和各种共轭双烯加成,生成多种重要的液体酸酐。如顺丁烯二酸酐与丁二烯可合成 70 酸酐。70 酸酐是一种液体酸酐,毒性低,挥发性小,其用量为环氧树脂计量的 80%,固化条件是 150℃、4h 或 180℃、2h。用桐油改性顺丁烯二酸酐可制得液体桐油酸酐(308 酸酐),每 100g 双酚 A 树脂,其用量是 200g,固化条件是 100~120℃、4h,固化物柔软,伸长率好,但热变形温度低。647 酸酐是一种低熔点混合酸酐,它是由环戊二烯与顺丁烯酸酐的加成物以及部分未反应的顺丁烯二酸酐组成的,其熔点低于 40℃,实际用量为计算值的 80%~90%,固化条件为 150~160℃、4h,固化物的热变形温度为 150℃。

7.4.2.3　合成树脂类固化剂

许多分子中含有酚羟基、醇羟基或其他活泼氢的涂料用合成树脂,在高温(150~200℃)下可使环氧树脂固化,从而交联成性能优良的漆膜。这些合成树脂类固化剂主要有酚醛树脂固化剂、聚酯树脂固化剂、氨基树脂固化剂和液体聚氨酯固化剂等。改变树脂的品种和配比,可得到具有不同性能的涂料。

(1)酚醛树脂固化剂　酚醛树脂中含有大量的酚羟基,在加热条件下可以使环氧树脂固化,形成高度交联的、性能优良的酚醛-环氧树脂漆膜。漆膜既保持了环氧树脂良好的附着力,又保持了酚醛树脂的耐热性,因而具有优良的耐酸碱性、耐溶剂性、耐热性。但漆膜颜色较深,不能做浅色漆。主要用于涂装罐头、包装桶、贮罐、管道的内壁,以及化工设备和电磁线等。

(2)聚酯树脂固化剂　聚酯树脂分子末端含有羟基或羧基,可与环氧树脂中的环氧基反应,使环氧树脂固化。该固化物柔韧性、耐湿性、电性能和粘接性都十分优良。

(3)氨基树脂固化剂　氨基树脂主要是指脲醛树脂和三聚氰胺甲醛树脂。脲醛树脂和三聚氰胺甲醛树脂分子中都含有羟基和氨基,它们都可与环氧基反应,使环氧树脂固化,得到具有较好的耐化学品性和柔韧性的漆膜,漆膜颜色浅、光泽强。适于涂装医疗器械、仪器设备、金属或塑料表面罩光等。丁醇醚化的脲醛树脂与环氧树脂有很好的混溶性,丁醇醚化的三聚氰胺甲醛树脂和环氧树脂可混溶。环氧树脂与氨基树脂的质量配比为 70∶30 时漆膜的性能最好。当环氧树脂比例增加时，漆膜的柔韧性和附着力提高。而当氨基树脂的比例增加时，漆膜的硬度和抗溶剂性提高。

（4）液体聚氨酯固化剂　聚氨酯分子中既含有氨基，又含有异氰酸酯基，它们可以和环氧树脂中的环氧基或羟基反应，而使环氧树脂固化，所得漆膜具有优越的耐水性、耐溶剂性、耐化学品性以及柔韧性，可用于涂装耐水设备或化工设备等。

7.5　环氧树脂的合成

环氧树脂的种类繁多，不同类型的环氧树脂的合成方法不同。环氧树脂的合成方法主要有两种：

① 由多元酚、多元醇、多元酸或多元胺等含活泼氢原子的化合物与环氧氯丙烷等含环氧基的化合物缩聚生成；

② 由链状或环状双烯类化合物的双键与过氧酸环氧化生成。

本节主要介绍双酚 A 型环氧树脂、酚醛型环氧树脂、部分脂环族环氧树脂的合成方法。

7.5.1　双酚 A 型环氧树脂的合成

（1）合成原理　双酚 A 型环氧树脂又称为双酚 A 缩水甘油醚型环氧树脂，因原料来源方便、成本低，所以在环氧树脂中应用最广，产量最大，约占环氧树脂总产量的 85% 以上。双酚 A 型环氧树脂是由双酚 A 和环氧氯丙烷在氢氧化钠催化下反应制得的，双酚 A 和环氧氯丙烷都是二官能度化合物，所以合成所得的树脂是线形结构，数均分子量通式为 $284n+340$。其综合反应式如下：

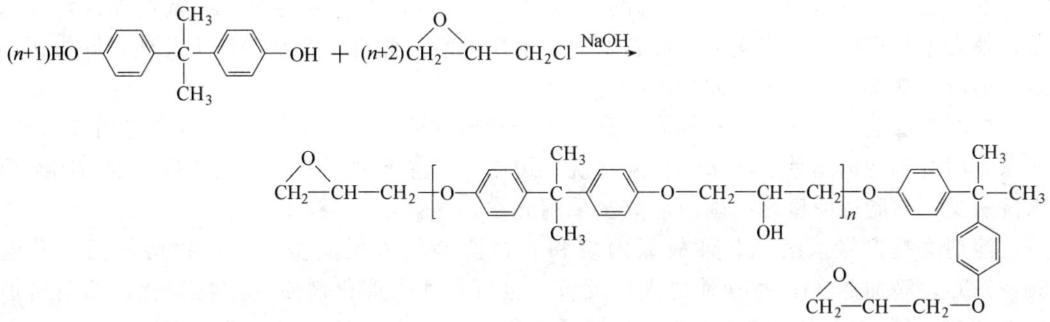

双酚 A 型环氧树脂的聚合度取决于双酚 A 与环氧氯丙烷的摩尔比。其反应原理比较特殊，由一系列的开环、闭环反应组成：

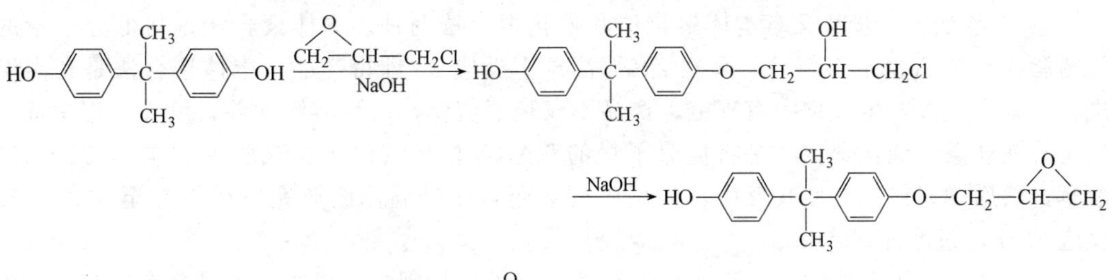

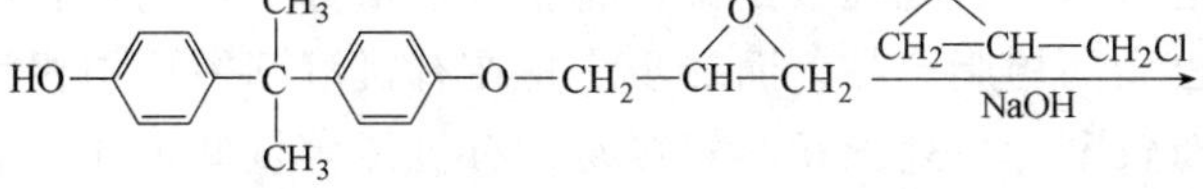

171

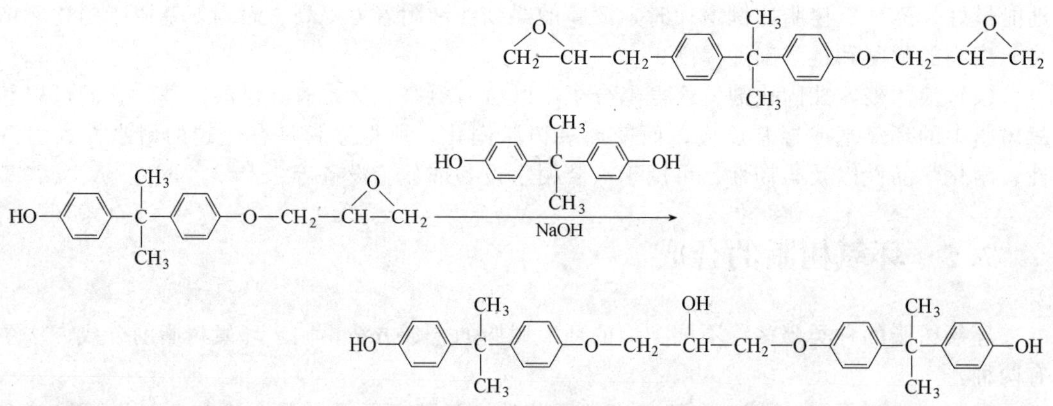

$$\text{（环氧树脂合成反应式）}$$

可以看出，环氧氯丙烷与双酚 A 的摩尔比必须大于 1∶1 才能保证聚合物分子末端含有环氧基。环氧树脂的分子量随双酚 A 和环氧氯丙烷的摩尔比的变化而变化，一般说来，环氧氯丙烷过量越多，环氧树脂的分子量越小。工业上环氧氯丙烷的实际用量一般为双酚 A 化学计量的 2～3 倍。

(2) 合成工艺　工业上，双酚 A 型环氧树脂的生产方法主要有一步法和二步法两种。低、中分子量的树脂一般用一步法合成，而高分子量的树脂既可用一步法，也可用二步法合成。

① 一步法　一步法是将一定摩尔比的双酚 A 和环氧氯丙烷在 NaOH 作用下进行缩聚，用于合成低、中分子量的双酚 A 型环氧树脂。国产的 E-51、E-44、E-20、E-14 和 E-12 等环氧树脂均是采用一步法生产的。一步法又可分为水洗法、溶剂萃取法和溶剂法。

水洗法是先将双酚 A 溶于 10% 的 NaOH 水溶液中，在一定温度下一次性加入环氧氯丙烷，使之进行反应，反应完毕后静置，除去上层碱液，然后用沸水洗涤十几次，除去树脂中残存的碱和盐类，最后脱水即得产品。

溶剂萃取法与水洗法基本相同，只是后处理时在除去上层碱水后，不是先用沸水洗涤，而是先用溶剂将树脂萃取出来，再经水洗、过滤和脱除溶剂得产品。此法生产的树脂杂质比水洗法少，树脂透明度好。国内厂家多采用此法。

溶剂法是先将双酚 A、环氧氯丙烷和有机溶剂投入反应釜中，搅拌溶解后，升温到 50～75℃，滴加 NaOH 溶液使之进行反应。也可先加入催化剂使反应物醚化，然后再加入 NaOH 溶液脱 HCl 进行闭环反应。到达反应终点后加入大量的溶剂进行萃取，之后进行水洗、过滤，脱除溶剂后即得产品。本法反应温度易于控制，树脂透明度好，杂质少，收率高。

② 二步法　二步法又有本体聚合法和催化聚合法两种。本体聚合法是将低分子量的环氧树脂和双酚 A 加热溶解后，再在 200℃ 高温下反应 2h 即得产品。本体聚合法是在高温下进行，副反应多，生成物中有支链，产品不仅环氧值低，而且溶解性差，反应过程中甚至会出现凝锅现象。催化聚合法是将低分子量的双酚 A 型环氧树脂和双酚 A 加热到 80～120℃ 溶解，然后加入催化剂使其反应，因反应放热而自然升温，放热完毕后冷却至 150～170℃ 反应 1.5h，过滤即得产品。

一步法是在水介质中呈乳液状态进行的，后处理较困难，树脂分子量分布较宽，有机氯含量高，不易制得环氧值高、软化点也高的树脂产品。而二步法是在有机溶剂中呈均相状态进行的，反应较平稳，树脂分子量分布较窄，后处理相对较容易，有机氯含量低，环氧值和软化点可通过原料配比和反应温度来控制。二步法具有工艺简单、操作方便、投资少，以及工时短、无三废、产品质量易控制和调节等优点，因而日益受到重视。

（3）合成实例

① 低分子量 E-44 环氧树脂的合成

a. 原料配比见表 7-4。

表 7-4　低分子量 E-44 环氧树脂合成原料配比

原　料	用量/kg(或物质的量/mol)	原　料	用量/kg(或物质的量/mol)
双酚 A	1.0(4.38596)	第一份 NaOH(30％水溶液)	1.43
环氧氯丙烷	2.7(29.18919)	第二份 NaOH(30％水溶液)	0.775
苯	适量		

注：环氧氯丙烷与双酚 A 的摩尔比为 6.66，大分子链上结构单元之比为 1.77，6.66/1.77＝3.76。

b. 操作过程：将双酚 A 投入溶解釜中，加入环氧氯丙烷，开动搅拌，用蒸汽加热至 70℃溶解。溶解后，将物料送至反应釜中，在搅拌下于 50～55℃，4h 内滴加完第一份 NaOH 溶液，在 55～60℃下继续维持反应 4h。在 85℃、21.33kPa 下减压回收过量的环氧氯丙烷。回收结束后，加苯溶解，搅拌加热至 70℃。然后在 68～73℃下，于 1h 内滴加第二份 NaOH 溶液，在 68～73℃下维持反应 3h。然后冷却静置分层，将上层树脂苯溶液移至回流脱水釜，下层的水层可加苯萃取一次后放掉。在回流脱水釜中回流至蒸出的苯中无水时停止、冷却、静置、过滤后送至脱苯釜脱苯，先常压脱苯至液温达 110℃以上，然后减压脱苯，至液温 140～143℃无液体馏出时，出料包装。

② 中分子量 E-12 环氧树脂的合成

a. 原料配比见表 7-5。

表 7-5　中分子量 E-12 环氧树脂合成原料配比

原　料	用量/kg(或物质的量/mol)	原　料	用量/kg(或物质的量/mol)
双酚 A	1.0(4.38596)	苯	适量
环氧氯丙烷	1.145(12.37838)	NaOH(30％水溶液)	1.185

注：双酚 A 和环氧氯丙烷的摩尔比为 2.82，大分子链上结构单元之比为 1.18，2.82/1.18＝2.39。

b. 操作过程：将双酚 A 和 NaOH 溶液投入溶解釜中，搅拌加热至 70℃溶解，趁热过滤，滤液转入反应釜中冷却至 47℃时一次加入环氧氯丙烷，然后缓缓升温至 80℃。在 80～85℃反应 1h，再在 85～95℃维持至软化点合格为止。加水降温，将废液水放掉，再用热水洗涤数次，至中性和无盐，最后用去离子水洗涤。先在常压脱水，液温升至 115℃以上时，减压至 21.33kPa，逐步升温至 135～140℃。脱水完毕，出料冷却，即得固体环氧树脂。

③ 高分子量环氧树脂的合成　将低分子量环氧树脂（预含叔胺催化剂）及双酚 A 投入反应釜，通氮气，加热至 110～120℃，此时反应开始放热，控制釜温至 177℃左右，注意用冷却水控制反应，使之不超过 193℃以免催化剂失效。在 177℃所需保温的时间，取决于制得的环氧树脂的分子量：环氧当量在 1500 以下，保持 45min；环氧当量在 1500 以上，保持 90～120min。

7.5.2　酚醛型环氧树脂的合成

酚醛型环氧树脂主要有苯酚线形酚醛型环氧树脂和邻甲酚线形酚醛型环氧树脂两种。酚醛型环氧树脂的合成方法与双酚 A 型环氧树脂相似，都是利用酚羟基与环氧氯丙烷反应来合成的，所不同的是前者是利用线形酚醛树脂中酚羟基与环氧氯丙烷反应来合成的，而后者是利用双酚 A 中的酚羟基与环氧氯丙烷反应来合成。酚醛型环氧树脂的合成分两步进行，第一步，由苯酚与甲醛合成线形酚醛树脂，第二步，由线形酚醛树脂与环氧氯丙烷反应合成酚醛型环氧树脂，反应原理如下：

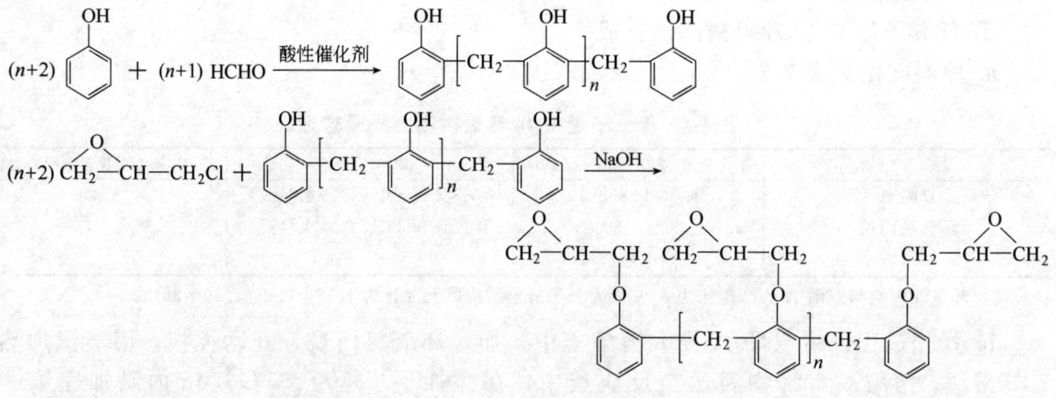

合成线形酚醛树脂所用的酸性催化剂一般为草酸或盐酸。为防止生成交联型酚醛树脂，甲醛的物质的量必须小于苯酚的物质的量。

工业上的生产过程一般是将工业苯酚、甲醛以及水依次投入反应釜中，在搅拌下加入适量的草酸，缓缓加热至反应物回流并维持一段时间后冷却至 70℃ 左右，再补加适量 10% HCl，继续加热回流一段时间后，冷却，以 10% 氢氧化钠溶液中和至中性。以 60～70℃ 的温水洗涤树脂数次，以除去未反应的酚和盐类等杂质，蒸去水分，即得线形酚醛树脂。然后在温度不高于 60℃ 的情况下，向合成好的线形酚醛树脂中加入一定量的环氧氯丙烷，搅拌，分批加入约 10% 的氢氧化钠，保持温度在 90℃ 左右反应约 2h，反应完毕用热水洗涤至洗涤水溶液 pH 为 7～8。脱水后即得棕色透明酚醛型环氧树脂。

7.5.3　部分脂环族环氧树脂的合成

（1）

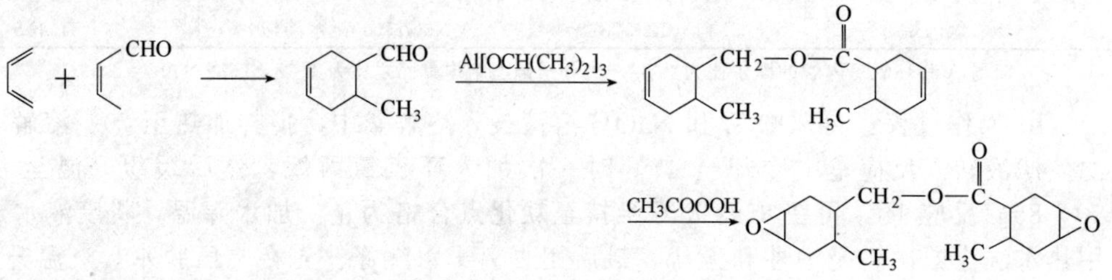

（2）

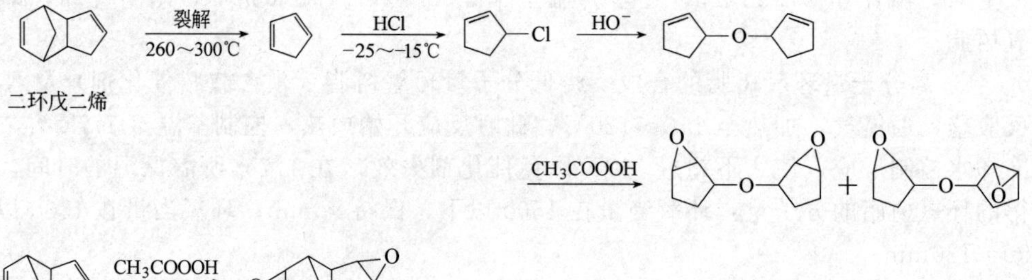

二环戊二烯

（3）

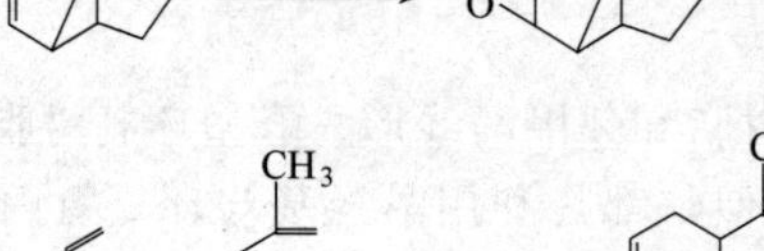

（4）

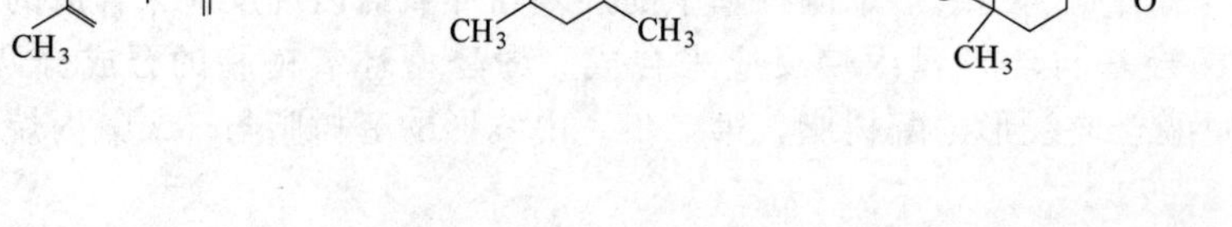

（5）

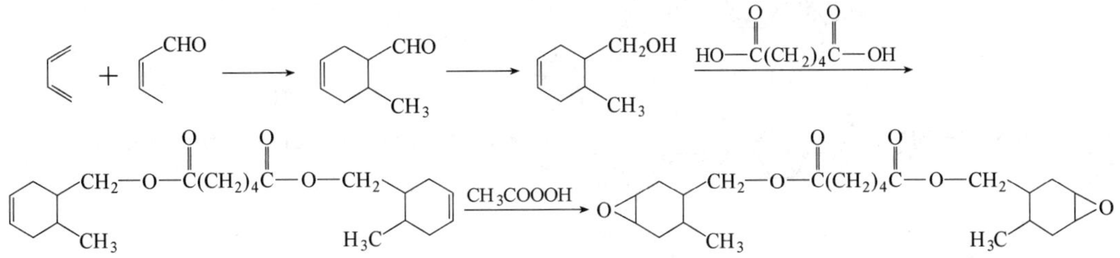

（6）

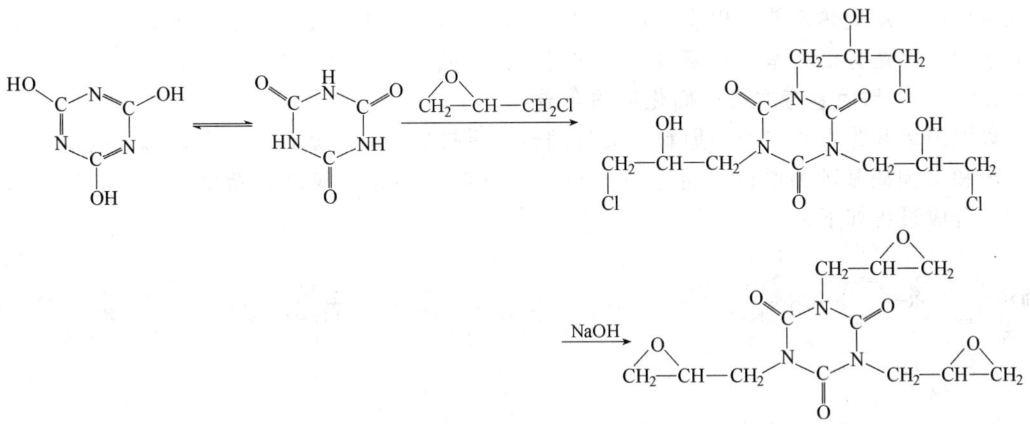

7.6　新型环氧树脂固化剂的合成

7.6.1　改性多元胺固化剂的合成

为了克服胺类固化剂的脆性、不良的耐冲击性、欠佳的耐候性、高的挥发性以及毒害作用，必须对胺类固化剂进行改性，以便获得无毒或低毒、可在室温条件下固化的胺类固化剂。

7.6.1.1　氰乙基己二胺固化剂的合成

等物质的量的己二胺与丙烯腈反应，主要生成氰乙基己二胺：

$$H_2N(CH_2)_6NH_2 + CH_2 {=\!=} CH {-\!-} CN \longrightarrow H_2N(CH_2)_6NHCH_2CH_2CN$$

反应产物中，含有伯氨基、仲氨基和氰基。固化环氧树脂时，伯氨基、仲氨基先后反应，固化速度缓和，固化物有优良的力学、物理性能。氰乙基己二胺是一种中温固化剂，可以在 60~100℃ 固化环氧树脂，固化后的树脂热变形温度较高，耐热性和芳胺固化的树脂相当。此固化剂挥发性低，毒性较小，有着较宽的用量范围。

7.6.1.2　双马来酰亚胺改性芳香胺固化剂的合成

先以二苯甲烷双马来酰亚胺和芳香二胺为原料，以二甲基甲酰胺为溶剂合成二苯甲烷双马来酰亚胺改性的芳香二胺，然后以单官能环氧化合物丁基缩水甘油醚对该改性芳香二胺进行化学增韧改性，得到一种新型固化剂，合成原理如下：

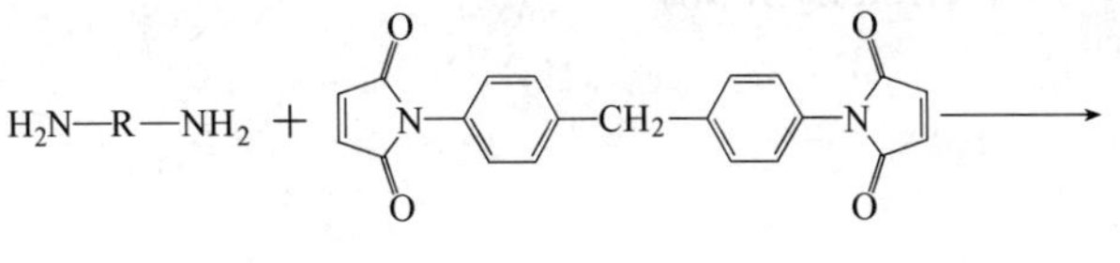

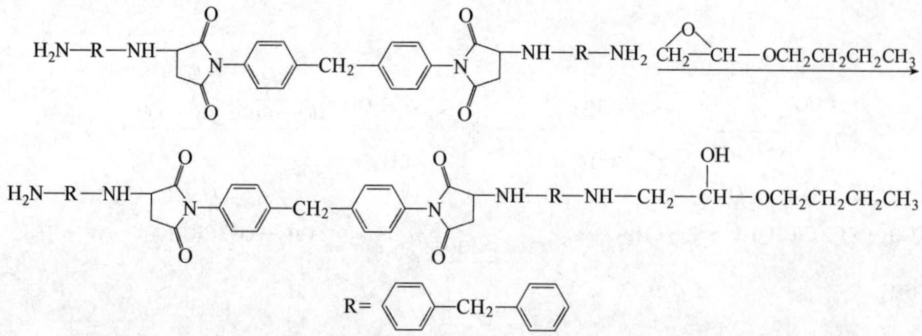

由于分子中引入了双马来酰亚胺结构和部分脂肪族环氧醚，因此该固化剂与环氧树脂的固化物既有较好的耐湿热性能，也有一定柔韧性，固化体系高温流变性能得到改善，同时该固化剂分子中还保留有伯氨基、仲氨基，因此仍可在较低温度下使环氧树脂固化。

7.6.1.3 烯丙基芳香二胺固化剂的合成

以溴丙烯和芳香族二酚为原料，通过缩合、重排反应制备烯丙基二酚，以所合成的烯丙基二酚和 4-溴硝基苯为原料，通过 Williamson 反应和还原反应制备新型烯丙基取代二胺固化剂。合成过程如下：

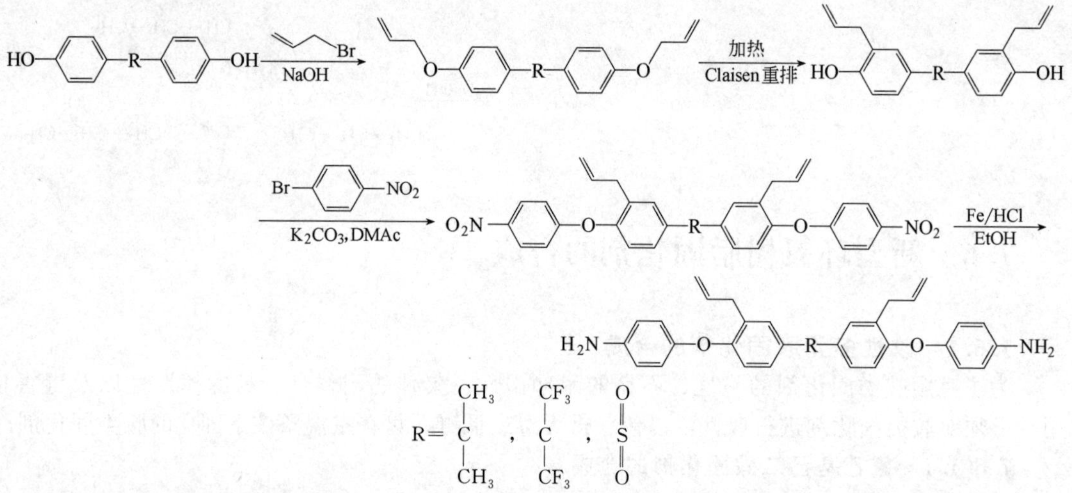

这类固化剂对于环氧树脂以及双马来酰亚胺树脂均具有较好的固化效果，固化物具有良好的耐热性能和耐溶剂性能。

7.6.1.4 树枝状多氨基大分子固化剂的合成

以三羟甲基丙烷三丙烯酸酯和乙二胺为原料，以甲醇为溶剂和催化剂，进行 Michael 加成反应，可合成外围带多个活泼氢原子的树枝状大分子环氧树脂固化剂。合成原理如下：

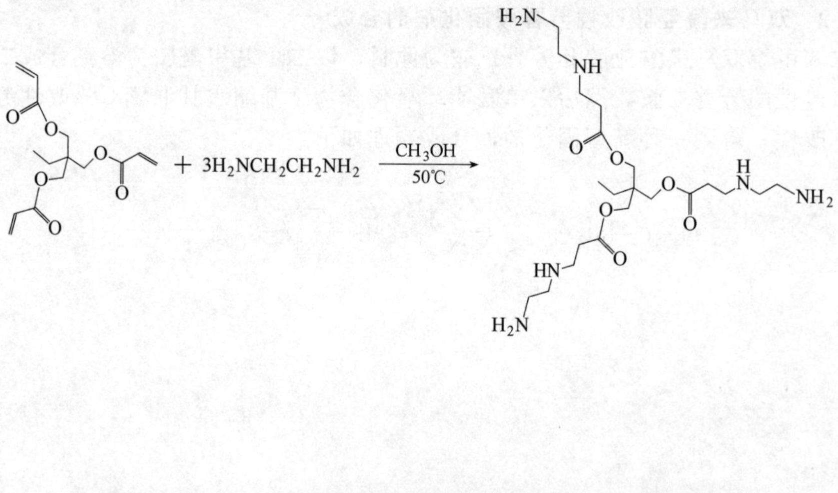

176

该树枝状多氨基大分子固化剂挥发性小、毒性小，很容易与环氧树脂混匀，用来固化 E-44 双酚 A 型环氧树脂时，室温下体系使用期和凝胶时间分别是用乙二胺作固化剂时的体系的 4.0 倍和 1.6 倍，而在加热固化时，其固化速度又比乙二胺作为固化剂的体系快得多。这是因为较低温度时，该大分子固化剂分子体积庞大，运动不如乙二胺分子自如，因此其所在体系的使用期、凝胶时间都较长，而温度升高时，分子运动加快，树枝状大分子有多个活泼氢，且这些活泼氢都在大分子外围，所以固化反应速率大大加快。用该固化剂的环氧树脂体系在低温下有较长的可使用时间，能方便操作和施工，但在较高的温度下又能很快固化，提高工作效率。

若以含有 8 个碳碳双键的化合物和乙二胺为原料，甲醇为溶剂和催化剂，则可合成结构更加复杂的树枝状多氨基化合物。

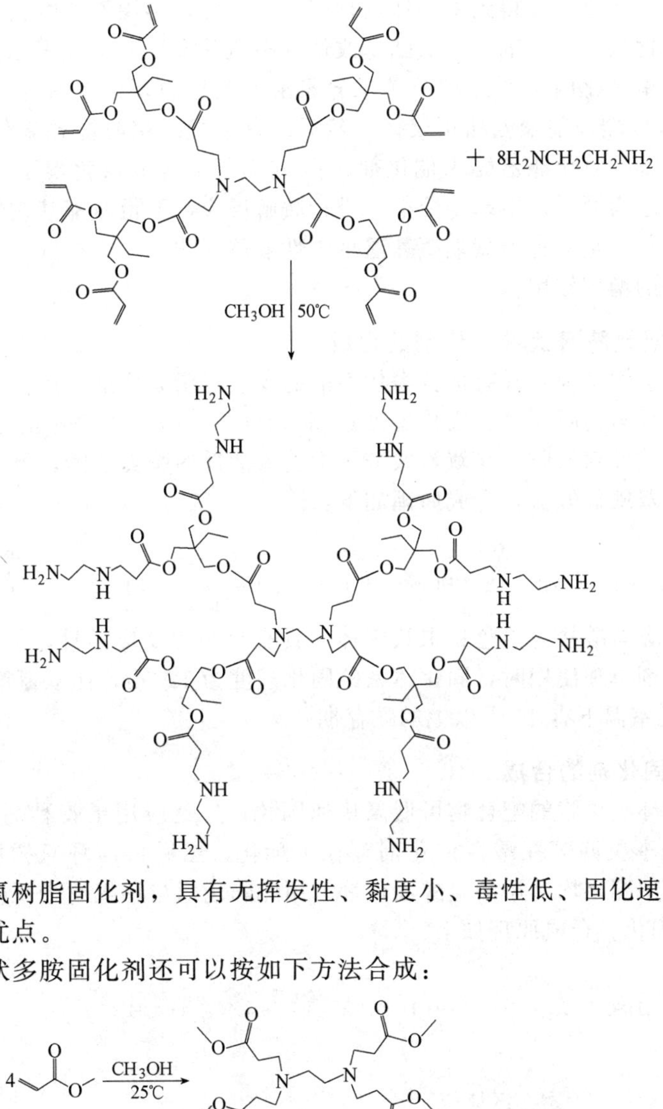

将该产物作为环氧树脂固化剂，具有无挥发性、黏度小、毒性低、固化速度快、固化时间缩短、适用期长等优点。

此外，树枝状多胺固化剂还可以按如下方法合成：

该化合物用作环氧树脂固化剂时，其合适用量在理论用量附近。与常用固化剂乙二胺相比，该化合物不但挥发性小、低污染、与环氧树脂相容性好，而且体系使用期和凝胶时间长，加热时固化速度快。在固化过程中热量分两个阶段逐渐放出，放热过程比较缓和，固化产物热稳定性较好。

7.6.1.5　改性脂肪族、脂环族胺类环氧树脂柔性固化剂的合成

脂肪族胺类、脂环族胺类通过改性引入长链、醚键等官能团结构能提高固化物的韧性。如己二胺与 $C_3 \sim C_{11}$ 脂肪族单缩水甘油酯和 $C_1 \sim C_9$ 烷基酚单缩水甘油醚反应制成的液态固化剂有良好的贮存稳定性，对皮肤刺激性小，固化物具有挠曲性、耐低温性和耐化学品性。

以甲苯二异氰酸酯和聚环氧丙烷二醇为原料，合成端羟基聚氨酯预聚体，该预聚体同环氧氯丙烷进行开环加成反应，得到中间体氯化聚醚二元醇，再用乙二胺胺解后，可制得一种新型端氨基遥爪柔性液体固化剂——氨酯基改性的端氨基聚醚型柔性固化剂。反应是通过三步进行的，即先以聚氧化丙烯二醇和甲苯二异氰酸酯为原料，以二月桂酸二丁基锡为催化剂，在80℃加热合成端羟基聚氨酯预聚体，然后以该端羟基聚氨酯预聚体和环氧氯丙烷为原料，甲苯为溶剂，三氟化硼乙醚为催化剂，在50℃下，合成氯化聚醚二醇，最后以该氯化聚醚二醇、乙二胺为原料，甲苯为溶剂，进行胺解反应，即得氨酯基改性的端氨基聚醚型柔性固化剂，该固化剂是一种新型端氨基遥爪柔性液体固化剂，为棕红色透明黏稠液体，对环氧树脂具有良好的增韧作用。

7.6.2　改性双氰胺潜伏性固化剂的合成

双氰胺是一种应用广泛且具有优良潜伏性能的环氧树脂固化剂，但在其应用中存在一定的缺点，比如难与环氧树脂相容、固化温度过高（180℃）等，因而不能适应许多生产工艺要求。用对甲苯胺改性双氰胺，在双氰胺分子中引入活性的胺类基团，可制备一种新型固化剂——对甲基苯基双胍盐酸盐，合成原理如下：

$$CH_3 \text{——} \bigcirc \text{——} NH_2 + H_2N\text{—}C\text{—}NHCN + HCl \longrightarrow CH_3 \text{——} \bigcirc \text{——} NH\text{—}C\text{—}NH\text{—}C\text{—}NH_3^+ \cdot Cl^-$$

对甲基苯基双胍盐酸盐为白色粉末状固体，具有较高的反应活性，易与环氧树脂相容，作为环氧树脂固化剂单独使用时，固化体系的固化温度为122℃，比双氰胺体系固化温度降低了近60℃，并且室温下有40天以上的贮存期。

7.6.3　硫醇固化剂的合成

硫醇固化剂与环氧树脂的配合物可低温快速固化，广泛应用于胶黏剂领域。实验表明，选用 β-巯基丙酸与季戊四醇在酸性催化剂存在下酯化，然后再与环氧树脂进行扩链反应，可以制得黏度和使用配比均适用的硫醇固化剂。用此固化剂与环氧树脂及叔胺混合后，能在5℃以下数分钟内固化。合成原理如下：

$$4HSCH_2CH_2COOH + C(CH_2OH)_4 \xrightarrow[\triangle]{催化剂} C(CH_2OCCH_2CH_2SH)_4$$

$$CH_2\text{—}CH\text{—}R\text{—}CH\text{—}CH_2 + C(CH_2OCCH_2CH_2SH)_4 \xrightarrow{\triangle}$$

$$(HSCH_2CH_2COCH_2)_3CCH_2OCCH_2CH_2S\text{—}CH_2\text{—}CH\text{—}R\text{—}CH\text{—}CH_2\text{—}SCH_2CH_2COCH_2C(CH_2OCCH_2CH_2SH)_3$$

该产品黏度适中，与环氧树脂相容性好，低温固化快，固化物无色透明。

7.6.4 非卤阻燃型固化剂的合成

环氧树脂的阻燃性较差，为改善其阻燃性，通常在环氧树脂中引入卤素、氮、磷、硼和硅等阻燃元素。卤系阻燃剂在燃烧过程中可能会产生苯并呋喃等有害气体，限制了其应用。因此大力开发非卤阻燃型固化剂成为阻燃型固化剂发展的方向。

7.6.4.1 含磷阻燃型固化剂的合成

磷系阻燃剂具有低烟、低毒和低添加量的优点。将磷引入环氧树脂中的方法有两种：一是将添加型含磷阻燃剂通过物理共混的方法添加到环氧树脂中，该方法经济、方便，但存在阻燃剂和环氧树脂的相容性差、阻燃效果不持久、环氧树脂的力学性能降低等问题；二是将反应型含磷阻燃剂（包括含磷的环氧树脂或含磷的环氧树脂固化剂）通过固化反应添加到环氧树脂中，该方法制得的环氧树脂的阻燃效果持久，对环氧树脂原有的热学性质和力学性能影响不大，因此受到研究者的关注。用含磷固化剂来固化环氧树脂以提高固化物的阻燃性是较为常用的方法。含磷固化剂主要有胺类含磷固化剂、含磷羟基类固化剂及二亚磷酸酯类固化剂三类。

（1）胺类含磷固化剂的合成　胺类含磷固化剂主要有：

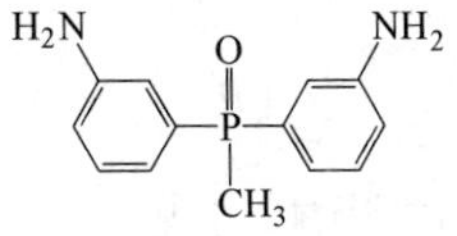

BAMP 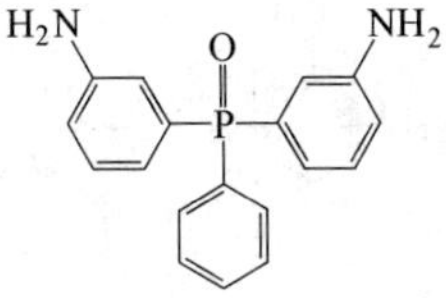　　　BAPP 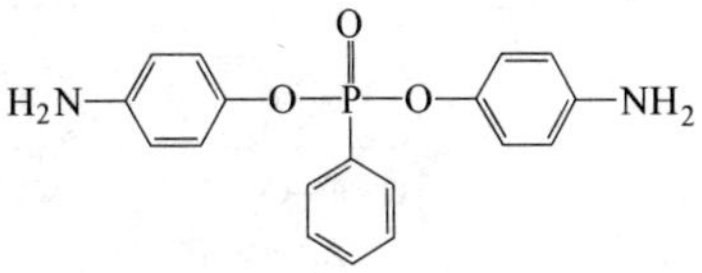　　　BAOP

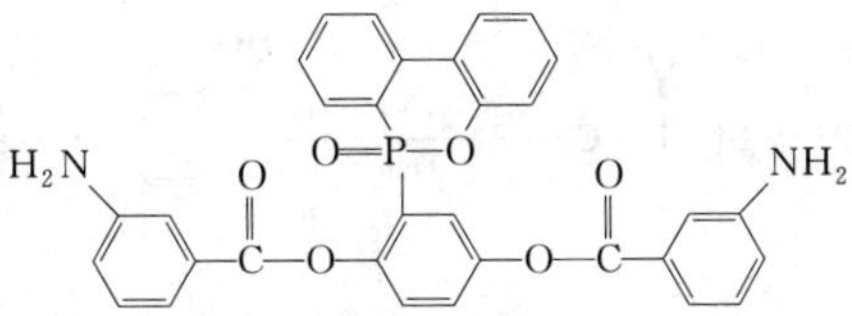

这类固化剂制备原理较为相似，都是由相应的化合物经硝化反应生成硝基化合物，再氢化还原得到胺类化合物。如 BAOP 的合成原理如下：

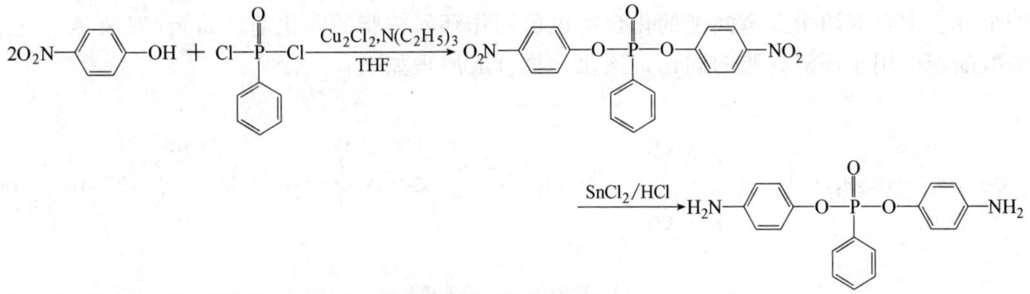

（2）含磷羟基类固化剂的合成　这类固化剂主要有：

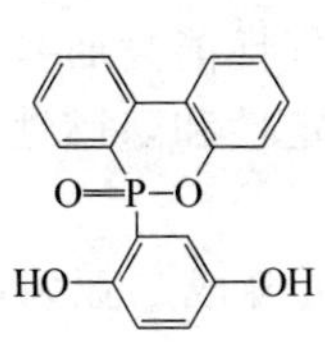

ODOPB 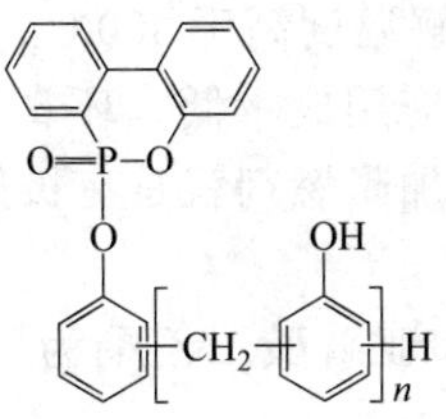　　　OD-PN 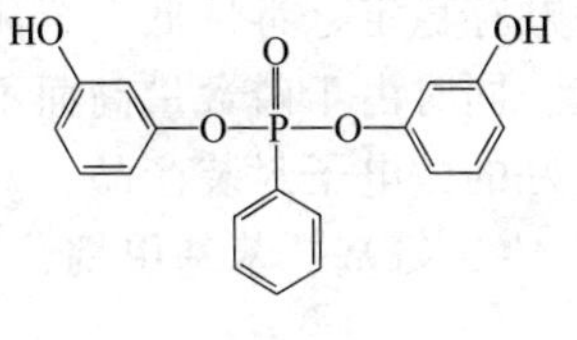　　　BHPP

ODOPB 与 OD-PN 合成原理相似，而 BHPP 是由苯基二氯氧磷和间苯二酚反应合成的。合成原理如下：

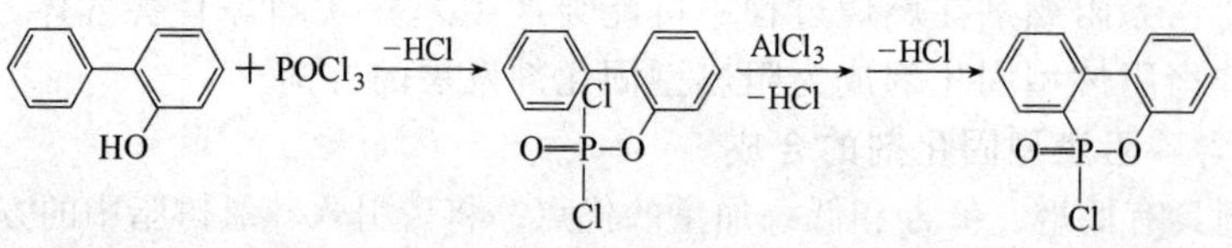

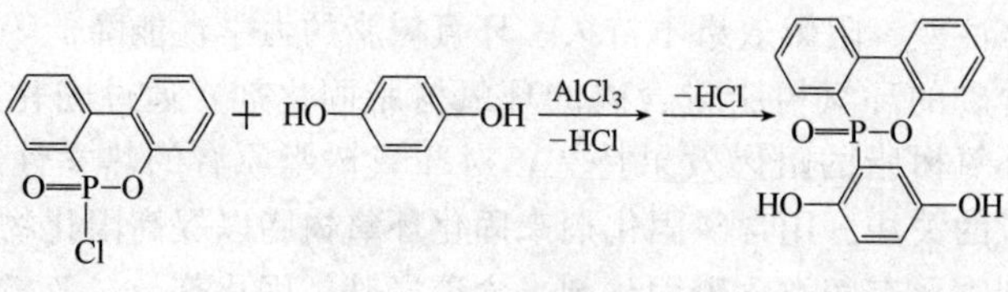

ODOPB

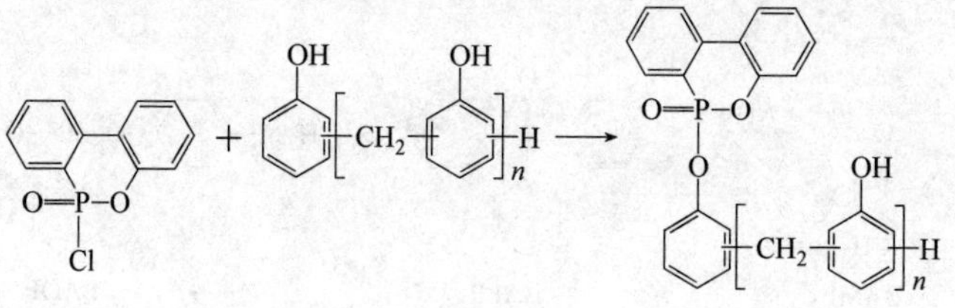

OD-PN

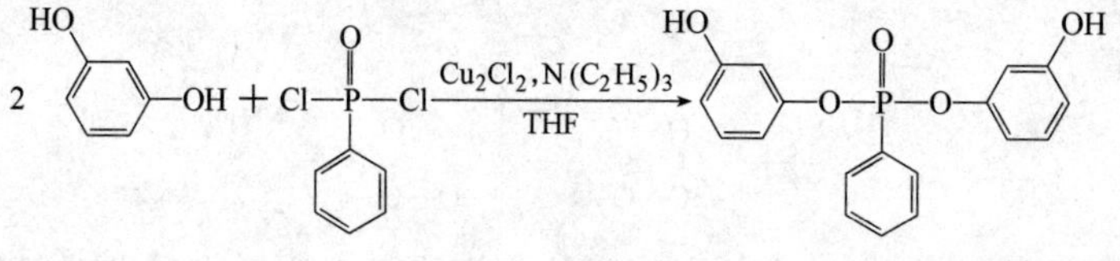

BHPP

（3）二亚磷酸酯类固化剂的合成　由于亚磷酸酯受热及有水存在下可以生成磷酸，所以一个分子中含有两个亚磷酸酯的化合物也可用作环氧树脂的固化剂，如聚（双酚 A-二乙基亚磷酸酯）可用于环氧树脂的固化，该化合物合成原理如下：

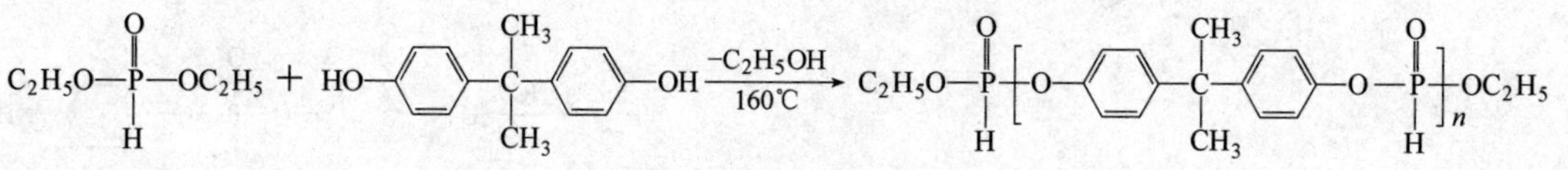

聚（双酚 A-二乙基亚磷酸酯）

聚（双酚 A-二乙基亚磷酸酯）起始降解温度高于 300℃，可作为潜伏型环氧树脂固化剂，因常温下贮存稳定、毒性低、合成简易、应用成本低，环氧固化物电气性能高而具有很高的商业价值。同时由于磷含量高而不必另添加阻燃剂就具有极好的热稳定性和阻燃性，有望用于环境友好的微电子封装产品。

以 4,4′-二氨基二苯基甲烷、苯甲醛和亚磷酸二乙酯为原料，也可合成二亚磷酸酯类固化剂：

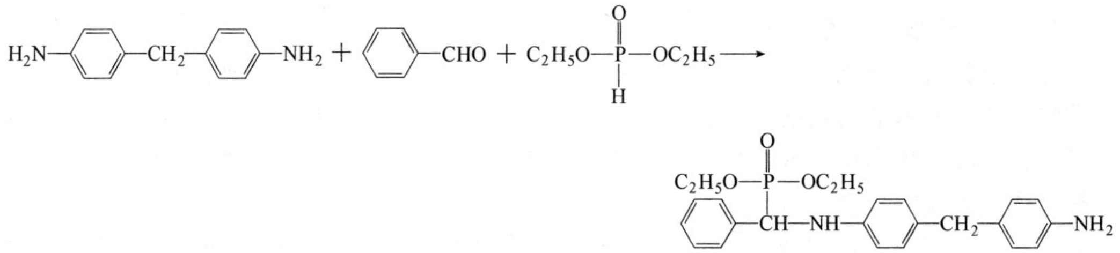

7.6.4.2 其他非卤阻燃型固化剂的合成

（1）氮系阻燃型固化剂的合成　氮系阻燃剂中，三嗪环结构可有效地赋予材料阻燃性能，但大部分氮系阻燃剂是添加型的，从而造成环氧树脂固化物综合性能下降。将三嗪结构通过化学键的形式引入到环氧体系中，不仅能够起到很好的阻燃效果，而且还能提高材料的热学、力学等性能。利用三聚氰胺、甲醛、苯酚等即可合成一种含氮固化剂——2,4,6-三（羟基苯基亚甲基胺）均三嗪：

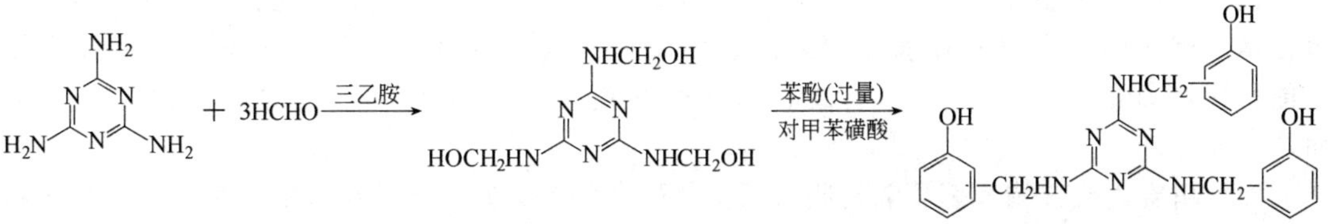

该固化剂与含磷环氧树脂配合使用，所得固化物具有优良的热稳定性以及优良的阻燃性能。

（2）含硅阻燃型固化剂的合成　芳香二胺与二（4-酰氯苯基）甲基硅烷反应可制备一系列含硅阻燃型固化剂：

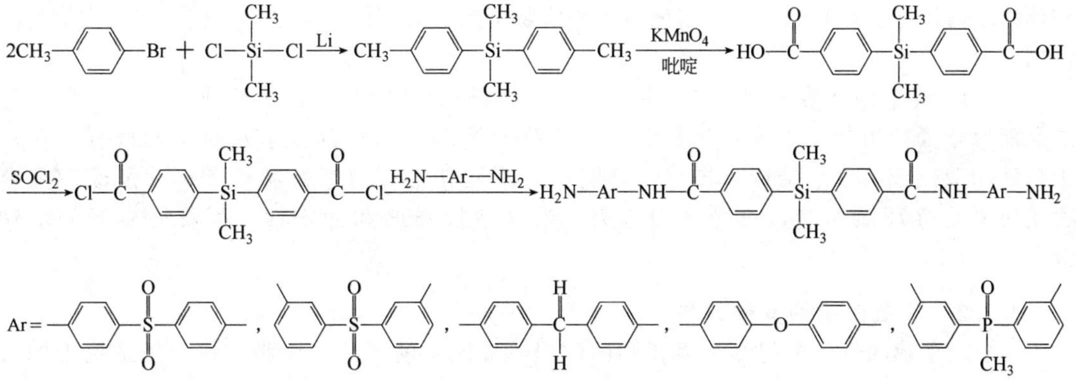

7.7　环氧树脂的改性

环氧树脂作为一种热固性树脂因具有良好的电绝缘性、化学稳定性、粘接性、加工性等特点而被广泛应用于建筑、机械、电子电气、航天航空等领域。但环氧树脂含有大量的环氧基团，固化后交联密度大，内应力高，质脆，耐冲击性、耐开裂性、耐候性和耐湿热性较差，因而难以满足工程技术的要求，其应用受到一定的限制。近年来，结构粘接材料、封装材料、纤维增强材料、层压板、集成电路材料等方面要求环氧树脂材料具有更好的综合性能，如韧性好，内部应力低，耐热性、耐水性、耐候性优良等，所以对环氧树脂的改性已成为一个研究热点。

7.7.1　环氧树脂的增韧改性

为了增加环氧树脂的韧性，最初人们采用的方法是加入一些增塑剂、增柔剂，但这些低分子物质会大大降低材料的耐热性、硬度、模量及电性能。从 20 世纪 60 年代开始，国内外普遍开展了环氧树脂增韧改性的研究工作，以期在热性能、模量及电性能下降不太大的情况下提高环氧树脂的韧性。

（1）橡胶弹性体增韧环氧树脂　环氧树脂增韧用的橡胶弹性体一般是反应性液态聚合物，分子量在 1000～10000，在端基或侧基上带有可与环氧基反应的官能团。用于环氧树脂增韧的反应性橡胶弹性体品种主要有：端羧基丁腈橡胶、端羟基丁腈橡胶、聚硫橡胶、液体无规羧基丁腈橡胶、丁氰基-异氰酸酯预聚体、端羟基聚丁二烯、聚醚弹性体、聚氨酯弹性体等。近些年来，由于互穿网络聚合物技术的应用，橡胶弹性体增韧环氧树脂有了新发展，同步法合成的聚丙烯酸丁酯-环氧树脂互穿网络聚合物，在提高环氧树脂韧性方面取得了令人满意的效果。

（2）热塑性树脂增韧环氧树脂　用于环氧树脂增韧改性的热塑性树脂主要有聚砜、聚醚砜、聚醚酮、聚醚酰亚胺、聚苯醚、聚碳酸酯等。这些聚合物一般是耐热性及力学性能都比较好的工程塑料，它们或者以热熔化的方式，或者以溶液的方式掺混入环氧树脂。

（3）超支化聚合物增韧环氧树脂　超支化聚合物是近些年来才出现的一种新型高分子材料，它是一种以低分子为生长点，通过逐步控制重复反应而得到的一系列分子质量不断增长的结构类似的化合物。超支化聚合物具有独特的结构和良好的相容性、低黏度等特性，所以可用作环氧树脂的改性剂。超支化聚合物应用于增韧改性环氧树脂还具有下列优点：①超支化聚合物的球状三维结构能降低环氧固化物的收缩率；②超支化聚合物的活性端基能直接参与固化反应形成立体网状结构，众多的末端官能团能加快固化速度；③超支化聚合物的尺寸和球状结构杜绝了在其他传统的增韧体系中所观察到的有害的粒子过滤效应，起到内增韧的作用。

（4）核-壳结构聚合物增韧环氧树脂　核-壳结构聚合物是指由 2 种或 2 种以上单体通过乳液聚合而获得的一类聚合物复合粒子。粒子的内部和外部分别富集不同成分，显示出特殊的双层或者多层结构，核与壳分别具有不同功能，通过控制粒子尺寸及改变聚合物组成来改性环氧树脂，可减少内应力，提高粘接强度和冲击性，可获得显著的增韧效果。

7.7.2　环氧树脂的其他改性

（1）耐湿热改性　要提高环氧树脂的耐湿热性能，就要减少树脂基体分子结构中的极性基团，使树脂基体与水的相互作用减弱，从而降低树脂基体的吸水率；同时优化复合材料的成型工艺，减少复合材料在成型过程中产生的微孔、微裂纹、自由体积等也能提高其耐湿热性能。增大交联度，引入耐热基团如引入亚氨基、异氰酸酯基、噁唑烷酮等，形成互穿聚合物网络，都是提高耐热性的最重要手段。用含有端氨基的苯胺二苯醚树脂作固化剂改性环氧树脂，得到的复合材料在空气气氛中的初始分解温度高，耐湿热性能好。

（2）阻燃改性　环氧树脂的阻燃性较差，为改善其阻燃性，通常在环氧树脂中引入卤素、氮、磷、硼和硅等阻燃元素。引入的方法可以是使用阻燃型固化剂，如含卤素、磷、硼以及硅的固化剂来固化环氧树脂，也可以对环氧树脂进行结构改性，在环氧树脂分子中引入阻燃元素。溴化的酚醛型环氧树脂可作为封装材料用环氧树脂的反应性阻燃剂。由于氟原子电负性大，与碳原子结合键能高，氟原子间的斥力很大，高分子键内旋转困难，因此含氟环氧树脂具有优异的耐腐蚀性、电绝缘性、憎水性、抗污性，对被粘物浸润性好。9,10-二氢-9-氧杂-10-磷杂菲-10-氧化物（DOPO）作为新型阻燃改性单体已经进入实际应用阶段。DO-PO与双酚A型环氧树脂反应得到含磷环氧树脂，由于其具有优异的阻燃性能、对环境友好等特点而备受青睐。

（3）化学改性　通过改变环氧树脂的结构，在环氧树脂分子中引入一些化学基团，来改进环氧树脂的性能，拓宽其应用的范围。如用丙烯酸或甲基丙烯酸与环氧树脂中的部分环氧基反应，在分子保留部分环氧基的同时引入碳碳双键，使改性后的环氧树脂既具有光敏特性，又保留环氧树脂的一些优良特性。或在分子中引入一些亲水性基团，将环氧树脂改性为水性环氧树脂，使改性后的环氧树脂具有水分散性。

7.8　水性环氧树脂

传统的环氧树脂难溶于水，只能溶于芳烃类、酮类及醇类等有机溶剂，必须用有机溶剂作为分散介质，将环氧树脂配成一定浓度、一定黏度的树脂溶液才能使用。用有机溶剂作分散介质来稀释环氧树脂不仅成本高，而且在使用过程中，VOC对操作工人身体危害极大，对环境也会造成污染，为此，许多国家先后颁布了严格的限制VOC排放的法规。开发具有环保效益的环氧树脂水性化技术成为各国研究的热点。从20世纪70年代起，国外就开始研究具有环境友好特性的水性环氧树脂体系。为适应环保法规对VOC的限制，我国从20世纪90年代初开始水性环氧体系和水性环氧涂料的研究开发。水性环氧树脂第一代产品是直接用乳化剂进行乳化，第二代水性环氧体系是采用水溶性固化剂乳化油溶性环氧树脂，第三代水性环氧体系是由美国壳牌公司多年研究开发成功的，这一体系的环氧树脂和固化剂都接上了非离子型表面活性剂，乳液体系稳定，由其配制的涂料漆膜可达到或超过溶剂型涂料的漆膜性能指标。

7.8.1　水性环氧树脂的制备

水性环氧树脂的制备方法主要有机械法、相反转法、固化剂乳化法和化学改性法。

机械法也称直接乳化法，通常是将环氧树脂用球磨机、胶体磨、均质器等磨碎，然后加入乳化剂水溶液，再通过超声振荡、高速搅拌将粒子分散于水中，或将环氧树脂与乳化剂混合，加热到一定温度，在激烈搅拌下逐渐加入水而形成环氧树脂乳液。机械法制备水性环氧树脂乳液的优点是工艺简单、成本低廉、所需乳化剂的用量较少。但是，此方法制备的乳液中环氧树脂分散相微粒的尺寸较大，$10\mu m$左右，粒子形状不规则，粒度分布较宽，所配得的乳液稳定性一般较差，并且乳液的成膜性能也不太好，而且由于非离子型表面活性剂的存在，会影响涂膜的外观和一些性能。

相反转法即通过改变水相的体积，将聚合物从油包水（W/O）状态转变成水包油（O/W）状态，是一种制备高分子树脂乳液较为有效的方法，几乎可将所有的高分子树脂借助于外加乳化剂的作用通过物理乳化的方法制得相应的乳液。相反转原指多组分体系中的连续相在一定条件下相互转化的过程，如在油/水/乳化剂体系中，当连续相从油相向水相（或从水相向油相）转变时，在连续相转变区，体系的界面张力最小，因而此时的分散相的尺寸最小。通过相反转法将高分子树脂乳化为乳液，制得的乳液粒径比机械法小，稳定性也比机械法好，其分散相的平均粒径一般为$1\sim2\mu m$。

固化剂乳化法不外加乳化剂，而是利用具有乳化效果的固化剂来乳化环氧树脂。这种具有乳化性质的固化剂一般是改性的环氧树脂固化剂，它既具有固化又具有乳化低分子量液体环氧树脂的功能。乳化型固化剂一般是环氧树脂-多元胺加成物。在普通多元胺固化剂中引入环氧树脂分子链段,并采用成盐的方法来改善其亲水亲油平衡值,使其成为具有与低分子量液体环氧树脂相似链段的水可分散性固化剂。由于固化剂乳化法中使用的乳化剂同时又是环氧树脂的固化剂,因此固化所得漆膜的性能比需外加乳化剂的机械法和相反转法要好。

化学改性法又称自乳化法,是目前水性环氧树脂的主要制备方法。化学改性法是通过打开环氧树脂分子中的部分环氧键,引入极性基团,或者通过自由基引发接枝反应,将极性基团引入环氧树脂分子骨架中,这些亲水性基团或者具有表面活性作用的链段能帮助环氧树脂在水中分散。由于化学改性法是将亲水性的基团通过共价键直接引入环氧树脂的分子中,因此制得的乳液稳定,粒子尺寸小,多为纳米级。化学改性法引入的亲水性基团可是阴离子型、阳离子型或非离子型的亲水链段。

(1)引入阴离子 通过酯化、醚化、胺化或自由基接枝改性法在环氧聚合物分子链上引入羧基、磺酸基等功能性基团,中和成盐以后,环氧树脂就具备了水分散的性质。酯化、醚化和胺化是利用环氧基与羧基、羟基或氨基反应来实现的。

酯化是利用氢离子先将环氧基极化,酸根离子再进攻环氧环,使其开环,得到改性树脂,然后用胺类水解、中和。如利用环氧树脂与丙烯酸反应生成环氧丙烯酸酯,再用丁烯二酸(酐)和环氧丙烯酸酯上的碳碳双键通过加成反应而生成富含羧基的化合物,最后用胺中和成水溶性树脂;或与磷酸反应成环氧磷酸酯,再用胺中和也可得到水性环氧树脂。

醚化是由亲核性物质直接进攻环氧基上的碳原子,开环后改性剂与环氧基上的仲碳原子以醚键相连得到改性树脂,然后水解、中和。比较常见的方法是环氧树脂与对羟基苯甲酸甲酯反应后水解、中和,也可将环氧树脂与巯基乙酸进行醚化反应而后水解中和。两种方法都可在环氧树脂分子中引入阴离子。

胺化是利用环氧基团与一些低分子的扩链剂如氨基酸、氨基苯甲酸、氨基苯磺酸(盐)等化合物上的氨基反应,在链上引入羧基、磺酸基团,中和成盐后可分散于水中。如用对氨基苯甲酸改性环氧树脂,使其具有亲水亲油两种性质,以改性产物及其与纯环氧树脂的混合物制成水性涂料,涂膜性能优良,保持了溶剂型环氧涂料在抗冲击强度、光泽度和硬度等方面的优点,而且附着力提高,柔韧性大为改善,涂膜耐水性和耐化学品性能优良。

自由基接枝改性方法是利用双酚 A 型环氧树脂分子上的亚甲基在过氧化物作用下易于形成自由基并与乙烯基单体共聚的性质,将(甲基)丙烯酸、马来酸(酐)等单体接枝到环氧树脂上,再用中和剂中和成盐,最后加入水分散,从而得到水性环氧树脂。

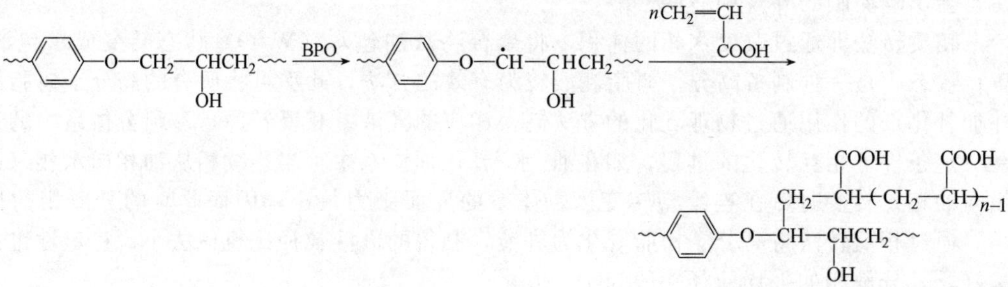

将丙烯酸单体接枝到环氧分子骨架上,制得不易水解的水性环氧树脂。反应为自由基聚合机理,接枝位置为环氧分子链上的脂肪碳原子,接枝率低于 100%,最终产物为未接枝的

环氧树脂、接枝的环氧树脂和聚丙烯酸的混合物，这三种聚合物分子在溶剂中舒展成线形状态，加入水后，由于未接枝共聚物和水的不混溶性，在水中形成胶束，接枝共聚物的环氧链段和与其相混溶的未接枝环氧树脂处于胶束内部，接枝共聚物的丙烯酸共聚物羧酸盐链段处于胶束表层，并吸附了与其相混溶的丙烯酸共聚物的羧酸盐包覆于胶束表面，颗粒表面带有电荷，形成了极稳定的水分散体系。

还可先用磷酸将环氧树脂酸化得到环氧磷酸酯，再用环氧磷酸酯与丙烯酸接枝共聚，制得比丙烯酸与环氧树脂直接接枝的产物稳定性更好的水基分散体。并且发现：水性体系稳定性随制备环氧磷酸酯时磷酸的用量、丙烯酸单体用量和环氧树脂分子量的增大而提高，其中丙烯酸单体用量是影响其水分散体稳定性的最重要因素。

以双酚 A 型环氧树脂与丙烯酸反应合成具有羟基侧基的环氧丙烯酸酯，再用甲苯二异氰酸酯与丙烯酸羟乙酯的半加成物对上述环氧丙烯酸酯进行接枝改性，再用酸酐引入羧基，经胺中和后，可得较为稳定的自乳化光敏树脂水分散体系。

（2）引入阳离子　含氨基的化合物与环氧基反应生成含叔胺或季铵碱的环氧聚合物，用酸中和后得到阳离子型的水性环氧树脂。

$$\sim\!\!CH\!\!-\!\!CH_2 + HNR_2 \longrightarrow \sim\!\!CH\!\!-\!\!CH_2\!\!-\!\!NR_2 \xrightarrow{HX} \sim\!\!CH\!\!-\!\!CH_2\!\!-\!\!\overset{+}{\underset{H}{N}}R_2 + X^-$$

用酚醛型多官能度环氧树脂 F-51 与一定量的二乙醇胺发生加成反应（每个 F-51 分子中打开了一个环氧基）引入亲水基团，再用冰醋酸中和成盐，加水制得改性 F-51 水性环氧树脂。该方法使树脂具备了水溶性或水分散性，同时每个改性树脂分子中又保留了 2 个环氧基，使改性树脂的亲水性和反应活性达到合理的平衡。固化体系采用改性 F-51 水性环氧树脂与双氰胺配合，由于双氰胺在水性环氧树脂体系中具有良好的溶解性和潜伏性，贮存 6 个月不分层，黏度无变化，可形成稳定的单组分配方。该体系起始反应温度比未改性环氧/双氰胺体系降低了 76℃，固化工艺得到改善。固化物具有良好的力学性能，层压板弯曲强度达 502.93MPa，剪切强度达 36.6MPa，固化膜硬度达 6H，附着力 100%，吸水率 47%，具有良好的应用前景。

由于环氧固化剂通常是含氨基的碱性化合物，两者混合后，体系容易失去稳定性而影响使用性能，因此这类树脂在实际中应用较少。

（3）引入非离子型的亲水链段　非离子型水性环氧树脂是本体型水性环氧树脂合成的主流路线。通过聚氧化乙烯或其嵌段共聚物上的羟基或含聚氧化乙烯链上的氨基与环氧基的反应将亲水链段引入环氧树脂大分子链上，得到含非离子型亲水链段的 EP-PEG-EP 嵌段型水性环氧树脂，该类水性环氧树脂可以作为反应性乳化剂用于环氧树脂乳化制备水性环氧树脂乳液。该反应通常在催化剂存在下进行，常用的催化剂有三氟化硼络合物、三苯基膦。

$$\sim\!\!CH\!\!-\!\!CH_2 + HO\!\!\left[CH_2\!\!-\!\!CH_2\!\!-\!\!O\right]_n\!\!H \xrightarrow{催化剂} \sim\!\!CH\!\!-\!\!CH_2\!\!-\!\!O\!\!\left[CH_2\!\!-\!\!CH_2\!\!-\!\!O\right]_n\!\!H$$

这种本体型水性环氧树脂同水性环氧固化剂可以在室温交联固化成膜，由于高的交联密度可以达到相应溶剂型双组分环氧涂层的性能，常用于金属重防腐的成膜物质。

7.8.2　水性环氧树脂的合成实例

（1）单组分水性环氧乳液的合成　在装有搅拌器、冷凝管、氮气导管、滴液漏斗的 250mL 四口烧瓶中加入一定量环氧树脂和按一定质量比配制的正丁醇和乙二醇单丁醚混合溶剂，加热升温至105℃。当投入的环氧树脂充分溶解后开动搅拌，2h内匀速缓慢滴加甲基丙烯酸、丙烯酸丁酯、苯乙烯和过氧化苯甲酰的混合溶液，继续搅拌反应3h，后降温至50℃，加入 N,N-二甲基乙醇胺和去离子水的混合溶液中和，中和度100%，搅拌下继续反应30min，加水高速分散制成固含量约为30%的环氧树脂-丙烯酸接枝共聚物乳液。反应原理如下：

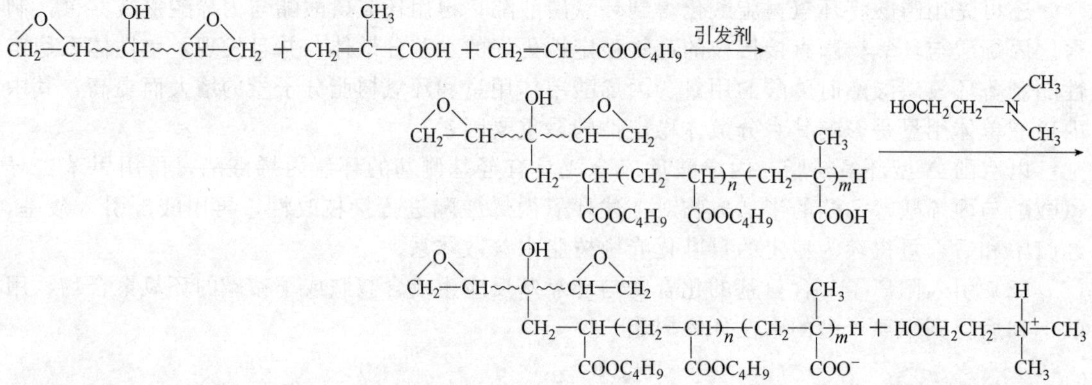

在该乳液中按质量比10∶1加入25%氨基树脂R-717的溶液，高速分散并滴加去离子水将乳液稀释至固含量为20%，得到单组分水性环氧乳液。

环氧树脂分子量、功能单体甲基丙烯酸用量和引发剂过氧化苯甲酰用量是影响环氧-丙烯酸接枝共聚乳液性能的三个关键因素。随着环氧树脂平均分子量增加，合成的环氧乳液稳定性提高，乳液黏度也随之增大。增加甲基丙烯酸用量，乳液粒径减小，但用量过大使漆膜耐水性变差。引发剂的用量直接影响反应接枝率，当引发剂的用量过低时，制备的乳液贮存稳定性差，过低的引发剂浓度导致反应的接枝率较低，聚合物的亲水性差，乳液不稳定。引发剂的浓度增加，反应接枝率增加，环氧树脂亲水性提高，乳液粒子粒径减小，乳液粒子形状规整。但引发剂的用量过高会使单体之间的共聚反应增加，降低体系稳定性。另外，引发剂浓度过高会促使引发剂产生诱导分解，也就是自由基向引发剂的转移反应，结果消耗了引发剂而自由基数量并未增加，导致接枝效率下降。实验表明，将环氧树脂E-06和E-03配合使用，当甲基丙烯酸单体含量为44%，过氧化苯甲酰用量为单体总质量的8.4%时，合成的环氧乳液具有良好的贮存稳定性、黏度适中、粒径小，适用于工业涂装。

(2) 水性二乙醇胺改性E-44环氧树脂的合成　环氧树脂中的环氧基可与胺反应，因此可用二乙醇胺来改性E-4环氧树脂，在树脂分子中引入亲水性羟基和氨基，之后再滴加冰醋酸成盐，即可制得水性二乙醇胺改性的E-44环氧树脂。反应原理如下：

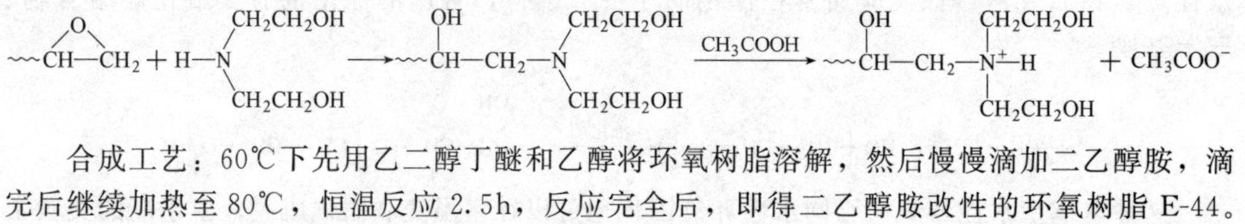

合成工艺：60℃下先用乙二醇丁醚和乙醇将环氧树脂溶解，然后慢慢滴加二乙醇胺，滴完后继续加热至80℃，恒温反应2.5h，反应完全后，即得二乙醇胺改性的环氧树脂E-44。最后向制得的改性树脂中滴加冰醋酸，中和成盐，再加入一定量水，搅拌，即得改性环氧树脂的水性体系。改性环氧树脂的亲水性强弱与树脂分子中引入的二乙醇胺和滴加的冰醋酸的多少有关，二乙醇胺和冰醋酸用量增加，改性树脂亲水性增强而环氧值降低。通过改变两者的用量，可制得一系列具有不同环氧值的水溶液或水乳液。

（3）水性甘氨酸改性环氧树脂的合成　　将一定比例的 E-44 环氧树脂、水、表面活性剂及预先用水溶解的甘氨酸投入三口烧瓶中，在温度为 80～85℃时反应 3h，制得水性环氧树脂。反应原理如下：

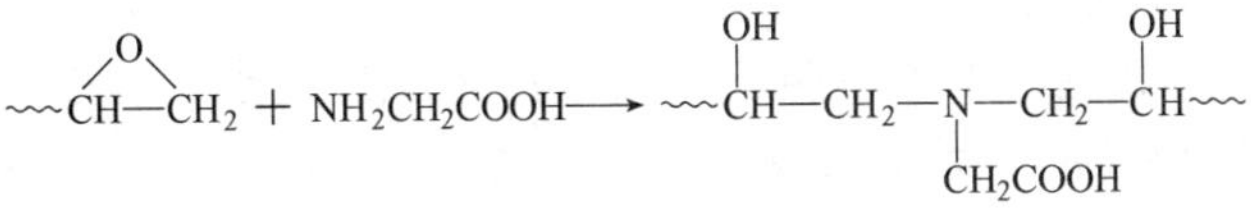

$$\sim\sim CH{-}CH_2 + NH_2CH_2COOH \longrightarrow \sim\sim CH{-}CH_2{-}N{-}CH_2{-}CH \sim\sim$$

将制得的水性环氧树脂先用计量的氢氧化钠水溶液中和，再用高剪切分散乳化机将其乳化，制得稳定的水性环氧乳液。制得的水性环氧树脂在有机溶剂中的溶解性变差，在碱性水溶液中的溶解性增强，作为水性环氧涂料，其固化物具有优良的涂膜性能。

（4）本体型水性环氧树脂乳液的合成

① 非离子反应型乳化剂的合成　　在 500mL 四口烧瓶中投入 120g PEG 4000 与 10.09g MHHPA，氮气置换后在 110℃、负压 0.05MPa 条件下脱除体系水分约 1h，再于 110℃保温反应 3h，然后投入 22.2g E-51 和 1.22g 催化剂（用量为 1%）于 100℃保温反应 3h，最后降温出料制得酸值 2mg KOH/g 以下、环氧值 0.04mol/100g 左右的非离子反应型乳化剂（简称 NR-EM）。合成路线如下：

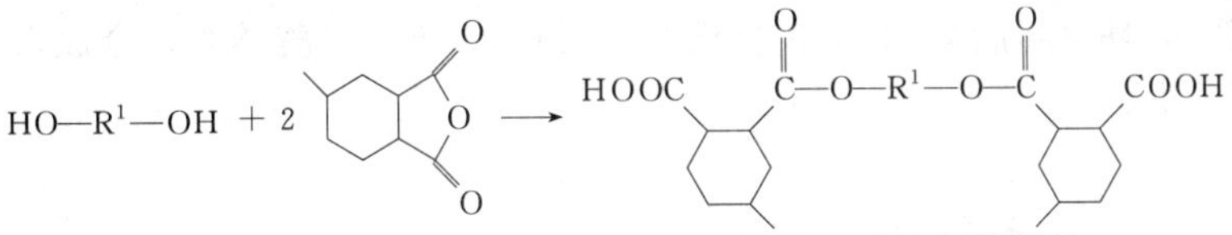

$$R^1 = {+} O {\longleftarrow}_n, \quad R^2 = {+} O {-}\bigcirc{-}\!\!\!\!\!\!\times\!\!\!\!\!\!{-}\bigcirc{-}O{-}CH_2{-}CH{-}CH_2{-}O{-}\bigcirc{-}\!\!\!\!\!\!\times\!\!\!\!\!\!{-}\bigcirc{-}O{\longleftarrow}_n$$

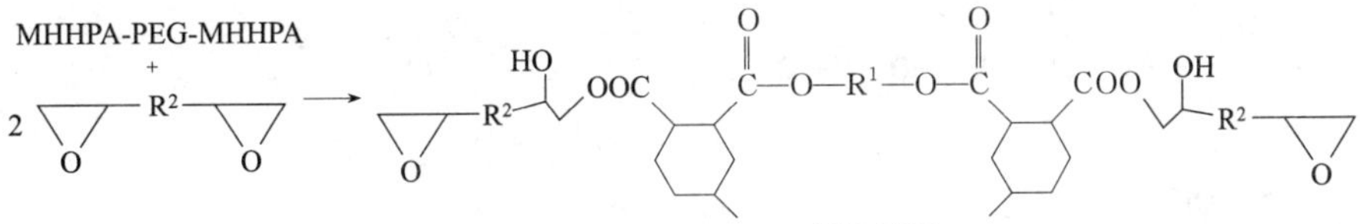

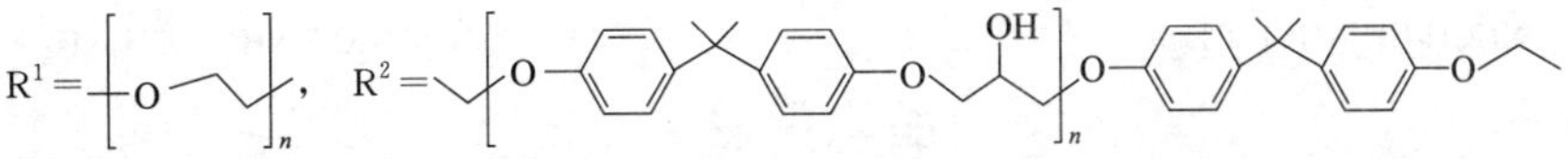

② E-20 乳液的合成　　向 500mL 四口烧瓶中投入 100g 环氧树脂 E-20 与 10g 乳化剂 NR-EM（乳化剂用量为 10%），加热到 65℃，待乳化剂 NR-EM 完全溶解与 E-51 混合均匀之后以 3000r/min 搅拌向体系中缓慢滴加预热至 65℃的去离子水 110g，该过程中体系由油包水（W/O）转变为水包油（O/W）状态，体系黏度突然降低时即为发生相反转现象，再继续滴加剩余的去离子水，滴加时间约 1h，最后降至室温后即制得固含量为 50%的非离子型水性环氧树脂乳液。

7.8.3　水性环氧树脂固化剂的合成

水性环氧树脂固化剂是指能溶于水或能被水乳化的环氧树脂固化剂。一般的多元胺类固化剂都可溶于水，但在常温下挥发性大，毒性大，固化偏快，配比要求太严，且亲水性强，易保留水分而使得涂膜泛白，甚至吸收二氧化碳降低效果。实际使用水性环氧树脂固化剂对传统的胺类固化剂进行改性，它克服了未改性胺类固化剂的缺点，且不影响涂膜的物理和化学性能。常用的水性环氧树脂固化剂大多为多乙烯多胺改性产物，改性方法有以下三种：①与单脂肪酸反应制得酰胺化多胺；②与二聚酸进行缩合而生成聚酰胺；③与环氧树脂加成得到多胺-环氧加成物。这三种方法均采用在多元胺分子链中引入非极性基团的方法，使得改性后的多胺固化剂具有两亲性结构，以改善与环氧树脂的相容性。由于酰胺类固化剂固化后的涂膜的耐水性和耐化学品性较差，现在研究的水性环氧树脂固化剂主要是封端的环氧-多乙烯多胺加成物。下面举几个合成实例。

（1）E-44 环氧树脂改性三亚乙基四胺水性环氧树脂固化剂的合成　将一定比例的 E-44、三乙烯四胺（三亚乙基四胺）、无水乙醇投入三口烧瓶中，在温度 55～60℃下反应 6h，减压蒸馏除去乙醇制得。反应原理如下：

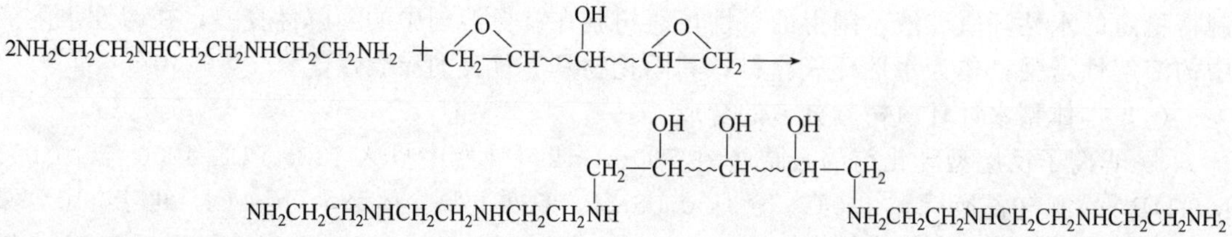

$$2NH_2CH_2CH_2NHCH_2CH_2NHCH_2CH_2NH_2 + CH_2\!-\!CH\!\sim\!\sim\!CH\!\sim\!\sim\!CH\!-\!CH_2 \longrightarrow$$

（此处为结构式：上部含 O、OH、O 基团；下部产物含 OH OH OH 及 $NH_2CH_2CH_2NHCH_2CH_2NHCH_2CH_2NH$ 两端结构）

制备的水性环氧树脂固化剂的亲水性较低，用于制备水性环氧树脂漆，得到的漆膜性能可达到使用要求。

（2）聚醚型水性环氧树脂固化剂的合成　采用多乙烯多胺与低分子量环氧树脂反应，并在其中引入聚醚和环氧树脂 CYD-128 合成的 CYD-128 改性聚醚链段，合成聚醚型水性固化剂。合成原理如下：

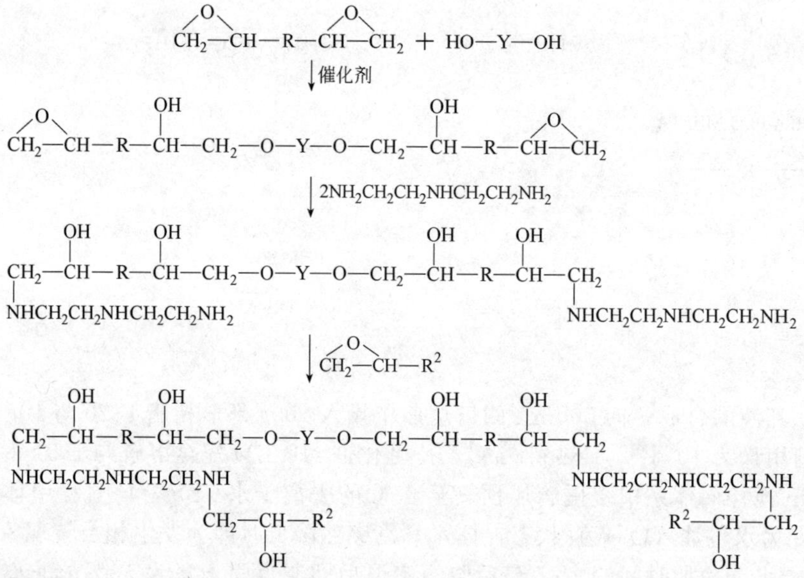

$$CH_2\!-\!CH\!-\!R\!-\!CH\!-\!CH_2 + HO\!-\!Y\!-\!OH$$

↓催化剂

$$CH_2\!-\!CH\!-\!R\!-\!CH\!-\!CH_2\!-\!O\!-\!Y\!-\!O\!-\!CH_2\!-\!CH\!-\!R\!-\!CH\!-\!CH_2$$

↓$2NH_2CH_2CH_2NHCH_2CH_2NH_2$

（含 OH 基团的中间产物，两端为 $NHCH_2CH_2NHCH_2CH_2NH_2$）

↓$CH_2\!-\!CH\!-\!R^2$

（最终产物结构式，含 $CH_2\!-\!CH\!-\!R^2$ 及 $R^2\!-\!CH\!-\!CH_2$ 支链，端基含 OH）

最佳配方与工艺：选择分子量为 1500 的聚醚，环氧树脂与聚醚的摩尔比为 2:1，催化剂选用 BF_3，60℃时加入。与现有文献中报道的固化物性能相比，该水性固化剂固化环氧体系的柔韧性和附着力有大幅提高，硬度、光泽度和强度改变不大。

（3）水性柔性环氧树脂固化剂的合成　以三乙烯四胺（TETA）和液体环氧树脂（EPON828）为原料，在物料摩尔比（TETA/EPON828）为 2.2:1，反应温度为 65℃，反应时间为 4h 的工艺条件下合成 EPON828-TETA 加成物。然后用具有多支链柔韧性链段的 $C_{12}\sim$ C_{14} 叔碳酸缩水甘油酯（CARDURA E-10）在反应温度为 70℃、反应时间为 3h 的工艺条件下对 EPON828-TETA 加成物进行封端改性，制得 CARDURA E-10 改性的水性环氧树脂固化剂。

$$2NH_2(CH_2CH_2NH)_2CH_2CH_2NH_2 + \begin{array}{c} O \\ CH_2-CH\sim\sim CH-CH_2 \end{array} \longrightarrow$$

$$\begin{array}{c}
OH \quad OH \\
CH_2-CH\sim\sim CH-CH_2 \\
NH_2(CH_2CH_2NH)_2CH_2CH_2NH \qquad NH(CH_2CH_2NH)_2CH_2CH_2NH_2
\end{array} \xrightarrow{\quad 2R^2-\overset{R^1}{\underset{R^3}{C}}-COOCH_2-\overset{O}{CH}-CH_2 \quad}$$

$$\begin{array}{c}
OH \quad OH \\
CH_2-CH\sim\sim CH-CH_2 \\
NH_2(CH_2CH_2NH)_2CH_2CH_2NH \qquad NH(CH_2CH_2NH)_2CH_2CH_2NH \\
CH_2-CH-OH \quad R^1 \qquad R^1 \; HO-CH \quad CH_2 \\
CH_2OOC-\underset{R^3}{\overset{|}{C}}-R^2 \qquad R^2-\underset{R^3}{\overset{|}{C}}-COOCH_2
\end{array}$$

与液体环氧树脂在室温下固化所形成的涂膜性能良好，其柔韧性和耐冲击性优于用传统封端改性剂 BGE 或 CGE 改性水性环氧树脂固化剂所形成的涂膜。

（4）水性聚氨酯改性环氧树脂固化剂的合成　在 500mL 三口烧瓶中投入环氧树脂、甲苯二异氰酸酯（TDI）、改性处理的表面活性剂、阻聚剂，加热搅拌反应至终点（反应物溶于丙酮，滴入亚硝酸钠饱和水溶液不变黄色）。1000mL 四口烧瓶中投入三乙烯四胺，控制反应温度缓慢加入上述反应物进行加成反应。滴加丁基缩水甘油醚对加成物进行封端，用醋酸调节亲水亲油平衡值，加入蒸馏水稀释到 50% 固含量，即得水性聚氨酯改性环氧树脂固化剂。TDI 的用量对固化剂的性能有较大影响。当 TDI 含量低于 3.0% 时，表面活性剂含量太小，不能很好地乳化环氧树脂，不能形成稳定的漆液及平整的涂膜；当 TDI 含量大于 10.0% 时，小分子胺加成物含量相应提高，虽然乳化性能好，但体系的极性增大，表面张力太大，同样不能形成连续的涂膜。TDI 的质量分数为 4.0%～8.0% 时，合成的水性固化剂稳定性好，配漆使用期长，配漆性能、涂膜表观性能以及漆膜力学性能均较好，配制的水性环氧地板漆性能优良。

7.9　环氧树脂的应用

环氧树脂具有优良的粘接性、热稳定性以及优异的耐化学品性，作为胶黏剂、涂料和复合材料等的树脂基体，广泛应用于机械、电子、家电、汽车及航空航天等领域。作为涂料用的环氧树脂约占环氧树脂总量的 35%。按环氧树脂固化方式的不同，环氧树脂涂料可分为常温固化型、自然干燥型、烘干型以及阳离子电泳型。

常温固化型环氧树脂涂料由环氧树脂和常温固化剂两部分组成，以双组分包装形式使用，其主要应用对象是不能进行烘烤的大型钢铁构件和混凝土结构件。常温固化型环氧树脂涂料的优点是在 10℃ 以上的温度下即能形成 3H 铅笔硬度的耐化学品性涂膜，缺点是涂膜易黄变，易粉化。

自然干燥型环氧树脂涂料是由不饱和脂肪酸和松香酸等与环氧树脂酯化得到的酯化产物制备的涂料。它与普通的醇酸树脂涂料一样也有规定的酸的种类和用量。按油长分类，可分成长油型（干性）、中油型（半干性）和短油型（不干性）三种，油长不同，涂料的性能也有差异。在该类环氧树脂涂料中加入了一定量的环烷酸钴等金属盐催干剂，调制成单组分的涂料供应市场。这类涂料的固化机理与醇酸树脂涂料类似，在空气中氧的作用下，树脂分子内不饱和双键交联，其耐久性大幅度提高。这种涂料的用途与醇酸树脂涂料相类似，且保留了环氧树脂的一些特性，所以形成的漆膜比醇酸树脂涂料形成的漆膜耐化学品性更为优越，但也易黄变且有粉化的趋势。

烘干型环氧树脂涂料在常温下不能固化，必须经烘烤才能固化。烘干型环氧树脂涂料一般是以酚醛树脂、脲醛树脂、三聚氰胺甲醛树脂、醇酸树脂和多异氰酸酯，或以热固性丙烯酸树脂作为固化剂，烘烤温度视固化剂官能团种类不同而异。采用含羟甲基的酚醛树脂、脲醛树脂、三聚氰胺甲醛树脂为固化剂时，烘烤温度非常低，而以含羧基或羟基的热固性丙烯酸树脂和醇酸树脂作固化剂时，烘烤温度居前两者之间。烘干型环氧树脂涂料既可用作以保护功能为主要目的的底漆，又可用作以装饰功能为主的面漆，不过大多数情况是利用其优良的耐腐蚀性来作为底漆使用。

阳离子电泳环氧树脂涂料是以环氧树脂作为成膜物质的阳离子电沉积涂料，它比通常的阳离子电泳涂料具有更优越的防腐蚀性能，专门用于大量生产的钢铁制品的底涂涂料。阳离子电泳环氧树脂涂料由作为粘料的阳离子化的聚酰胺树脂、作为交联剂的嵌段多异氰酸酯以及作为颜料分散剂的鎓盐化环氧树脂所组成。电沉积涂装的原理实质上就是电泳原理，被涂物为阴极，对应极为阳极，带正电的涂料粒子在阴极上析出，沉积在被涂物的表面，形成60%以上的高浓度涂膜，然后用通常的烘烤方法进行烘干，使嵌段多异氰酸酯与羟基发生交联固化反应，最终形成所需要的涂膜。电沉积涂装方法效率较高，主要用于大量涂装的场合，其典型的用途是汽车底涂和铁架的涂装。

环氧树脂涂料在防腐蚀、电气绝缘、交通运输、木土建筑及食品容器等领域有着广泛的应用。本节主要介绍防腐蚀环氧树脂涂料，电气绝缘环氧树脂涂料，汽车、船舶等交通工具用环氧树脂涂料以及食品容器用环氧树脂涂料。

7.9.1 防腐蚀环氧树脂涂料

金属的腐蚀主要是由金属与接触的介质发生化学或电化学反应而引起的，它使金属结构受到破坏，造成设备报废。金属腐蚀在国民经济中造成了大量的资源和能源浪费。涂装防腐涂料作为最有效、最经济、应用最普遍的防腐方法，受到了国内外广泛的关注和重视。随着建筑、交通、石化、电力等行业的发展，防腐涂料的市场规模已经仅次于建筑涂料而位居第二位。环氧树脂涂料是最具代表性的、用量最大的高性能防腐涂料品种。主要有以下几种。

(1) 纯环氧树脂涂料　纯环氧树脂涂料是以低分子量的环氧树脂为基础的、树脂和固化剂分开包装的双组分涂料，可以制成无溶剂或高固体分涂料。环氧树脂主要以 E-44、E-42、E-20 为主，这类涂料室温下干燥，养护期在 1 周以上。这类涂料主要包括改性脂肪胺固化环氧树脂防腐蚀涂料、己二胺固化环氧树脂防腐蚀涂料、聚酰胺固化环氧树脂防腐蚀涂料。

(2) 环氧煤焦油沥青防腐蚀涂料　煤焦油沥青有很好的耐水性，价格低廉，与环氧树脂混溶性良好。将环氧树脂和沥青配制成涂料可获得耐酸碱、耐水、耐溶剂、附着力强、机械强度大的防腐涂层，且价格比环氧树脂涂料价格低。因此该类涂料已广泛应用于化工设备、水利工程构筑物、地下管道内外壁的涂层。其特殊的优点是具有突出的耐水性，良好的耐酸、耐碱和耐油性，优良的附着力和韧性，以及可配成厚浆和高固体分涂料，但不耐高浓度的酸和苯类溶剂，不能做成浅色漆，不耐日光长期照射，也不能用于饮用水设备上。

(3) 无溶剂环氧树脂防腐蚀涂料　无溶剂环氧树脂防腐蚀涂料是一种不含挥发性有机溶剂、固化时不产生有机挥发分的环氧树脂涂料，这种涂料本身是液态的，施工时可喷涂、刷涂或浸涂。其主要组成有环氧树脂、固化剂、活性稀释剂、颜料和辅助材料。相对于溶剂型环氧树脂涂料，具有较为明显的优点，如在空间狭窄、封闭的场所进行涂料涂装时，若使用溶剂型涂料，就有可能发生施工人员中毒、溶剂滞留和涂层固化不充分的问题，而使用无溶剂型涂料可以避免上述这些问题。另外无溶剂涂料可以厚涂、快干，能起到堵漏、防渗、防腐蚀的作用。

（4）环氧酚醛防腐蚀涂料 环氧酚醛防腐蚀涂料是以酚醛树脂为固化剂的一种环氧树脂涂料。酚醛树脂中含有酚羟基和羟甲基，在高温下可引起环氧树脂固化，而在常温下两者的混合物很稳定，因此可制成稳定的单组分涂料。这种涂料既具有环氧树脂良好的附着力，又具有酚醛树脂良好的耐酸性、耐热性，因此是一种较好的防腐蚀涂料。

7.9.2 电气绝缘环氧树脂涂料

绝缘涂料是电机、电器制造必不可少的材料，其质量对电工设备的技术经济指标和运行寿命起着关键的作用。电气绝缘涂料是绝缘材料中的重要组成部分，主要包括漆包线绝缘漆、浸渍绝缘漆、覆盖绝缘漆、硅钢片绝缘漆、黏合绝缘漆等。电气绝缘涂料必须具有较好的综合性能，如一般涂料的力学性能、防腐蚀性能，以及优异的绝缘性能。环氧树脂或改性后的环氧树脂具有这些综合性能，因此可作为电气绝缘涂料使用。

电气绝缘环氧树脂涂料主要包括环氧树脂漆包线绝缘漆、环氧树脂浸渍绝缘漆、环氧树脂覆盖绝缘漆、环氧树脂硅钢片绝缘漆等。环氧树脂漆包线绝缘漆是漆包线绝缘漆中的小品种，一般是采用高分子量的环氧树脂 E-05、E-06，固化剂为醇溶性酚醛树脂，主要用于潜水电机、化工厂用电机、冷冻机电机、油浸式变压器的绕组和线圈。环氧漆包线绝缘漆主要是利用环氧树脂优良的耐化学品性、耐湿热性、耐冷冻性，但缠绕性、耐热冲击性有限，因此其应用领域受到限制。环氧树脂浸渍绝缘漆是浸渍漆中的一大品种，主要包括环氧树脂烘干绝缘漆、无溶剂环氧树脂绝缘漆、沉浸型无溶剂漆、滴浸型无溶剂漆等。

7.9.3 汽车、船舶等交通工具用环氧树脂涂料

汽车车身用环氧树脂涂料主要是离子电泳涂料，它一般是以水作分散剂的水性环氧树脂涂料，多采用电沉积法进行涂装，其耐腐蚀性能非常优越，专门用于大型生产如汽车车身等的钢铁制品的底漆涂料。

船舶用涂料主要是指船只、舰艇，以及海上石油钻采平台、码头的钢柱及钢铁结构件免受海水腐蚀的专用涂料，主要有车间底漆、船底防锈漆、船壳漆、甲板漆以及压载水舱漆、饮水舱漆、油舱漆等。

车间底漆主要用于车间内成批钢铁材料的预处理，是造船预涂保养钢板的主要底漆，一般为环氧树脂富锌底漆，通常为 3 罐装，甲组分为超细锌粉，其用量以干膜中锌粉含量 82%～85%为宜，乙组分为 E-20 环氧树脂液中加入氧化铁及膨润土、气相二氧化硅，丙组分为聚酰胺固化剂液，其胺值为 200mg KOH/g。

船底防锈漆是指涂刷在船舰水线以下，长期浸在水中的船用防锈涂料，也可用于深水码头钢柱，海上钻采石油，天然气平台等的钢柱及钢铁结构。环氧树脂沥青防锈涂料及纯环氧树脂防锈涂料能经受长期海水浸泡、干湿交替、阴暗潮湿的环境，是船底防锈漆中的佼佼者。船壳漆是指涂刷在水线之上的船用防锈涂料，要求附着力强、耐水性好、耐磨、耐候性好。室温固化环氧-聚酰胺涂料固化后能得到坚韧、附着力强、耐水、耐磨的涂层，所以能作为长效的船壳漆。为提高漆的耐候性，配方中加入耐候性好的颜料。

甲板漆除要求有耐水、耐晒、耐磨、耐洗刷外，还要求耐石油、机油及具有防滑作用。

环氧树脂类甲板漆由底漆、中间漆和面漆三组涂料组成，底漆为环氧树脂富锌底漆，中间漆为环氧树脂云母氧化铁底漆，面漆为环氧树脂甲板漆。

7.9.4 食品容器用环氧树脂涂料

食品容器是指贮存食品的罐、桶等容器，至今金属容器仍占首位，主要有白铁、马口铁、铝箔等金属品种。为了防止在长期的贮存期内金属容器在食品的条件下发生腐蚀，就必须在金属容器内壁涂上涂料。由于食品是一种特殊商品，必然要求涂料固化后对金属的附着力强，涂膜保色性好，耐焊药性强，耐腐蚀性好（尤其是针对罐装液体食品），且必须符合食品卫生标准。环氧树脂通常是和其他树脂并用后才用作食品罐头内壁涂料的。主要有环氧树脂/酚醛树脂涂料，环氧树脂-甲酚甲醛树脂涂料、环氧树脂-氨基树脂涂料、环氧树脂-聚酰胺树脂涂料等。

7.10 结语

环氧树脂是一类应用广泛的热固性树脂，具有许多独特的优点，对金属、木材、混凝土等极性基材有很强的附着力，耐化学品性优良，但耐候性和韧性较差。对环氧树脂进行改性或将环氧树脂与其他树脂进行复配并用，可提高其耐候性和柔韧性，拓展其应用领域。随着人们环保意识的增强，开发水性环氧树脂、高固体分环氧树脂、无溶剂环氧树脂是环氧树脂未来的发展方向。

第8章 氨基树脂

8.1 概述

氨基树脂是指含有氨基的化合物与醛类（主要是甲醛）经缩聚反应制得的热固性树脂。氨基树脂在模塑料、粘接材料、层压材料以及纸张处理剂等方面有广泛的应用。

用于涂料的氨基树脂必须经醇改性，才能溶于有机溶剂，并与主要成膜树脂有良好的混溶性和反应性。

8.1.1 涂料用氨基树脂的发展简史

19世纪末德国掌握福尔马林的工业制法后，各国相继研究了尿素与甲醛间的反应。20世纪30年代初，发现丁醇改性的脲醛树脂可与醇酸树脂混合制成涂料，从此氨基树脂开始进入涂料领域。

20世纪30年代工业化生产三聚氰胺的方法获得成功，许多国家开始研究三聚氰胺和甲醛的反应，1940年制得了用于涂料的丁醇改性的三聚氰胺甲醛树脂。由于丁醇改性的三聚氰胺甲醛树脂许多性能优于脲醛树脂，在涂料领域发展很快，不久成为氨基树脂的主要品种。

苯代三聚氰胺是1911年由奥斯特罗戈维奇（Ostrogovich）首先制得的，德国巴斯夫（BASF）公司第一个将它用于氨基树脂中，以苯代三聚氰胺制备的氨基树脂进一步提高了涂膜的光泽和耐化学品性，目前其在涂料工业已占有一定的地位。

随着石油工业的发展，20世纪50年代中期许多国家将石油化工提供的异丁醇作为醚化剂生产氨基树脂。由于异丁醇来源丰富，氨基树脂的品种进一步扩大。

甲醚化的氨基树脂从20世纪30年代开始应用于织物整理行业，而它在涂料领域中一直未获发展。直至60年代，为了减少涂料施工中有机溶剂对环境的污染，以及节省资源，开发了各种水性涂料和高固体分涂料后，甲醚化的氨基树脂作为涂料的交联剂才得到发展，并出现了系列化产品，但就总产量而言，丁醚化的氨基树脂仍占首位。

我国从20世纪50年代开始研制丁醚化脲醛树脂和三聚氰胺甲醛树脂，20世纪70年代初自制苯代三聚氰胺，合成了丁醚化苯代三聚氰胺甲醛树脂，不久又开发了异丁醚化的产品。目前这些树脂的生产已达到一定的规模，质量与国外公司产品相当。随着我国高固体分涂料、水性涂料、电泳涂料、卷材涂料等新型涂料的开发，甲醚化氨基树脂的研究、开发和生产越来越重要。

8.1.2 涂料用氨基树脂的特点

在涂料中，由氨基树脂单独加热固化所得的涂膜硬而脆，且附着力差，因此氨基树脂常与其他树脂如醇酸树脂、聚酯树脂、环氧树脂等配合，组成氨基树脂漆。氨基树脂在氨基树脂漆中主要作为交联剂，它提高了基体树脂的硬度、光泽、耐化学品性以及烘干速度，而基体树脂则克服了氨基树脂的脆性，改善了附着力。氨基树脂漆在一定的温度经过短时间烘烤后，即形成强韧的三维结构涂层。

与醇酸树脂漆相比，氨基树脂漆的特点是：清漆色泽浅，光泽高，硬度高，有良好的电绝缘性；色漆外观丰满，色彩鲜艳，附着力优良，耐老化性好，具有良好的抗性；干燥时间短，施工方便，有利于涂漆的连续化操作。尤其是三聚氰胺甲醛树脂，它与不干性醇酸树脂、热固性丙烯酸树脂、聚酯树脂配合，可制得保光保色性极佳的高级白色或浅色烘漆。这类涂料目前在车辆、家用电器、轻工产品、机床等方面得到了广泛的应用。

8.1.3　涂料用氨基树脂的分类

涂料用氨基树脂既可按醚化剂分类，又可按母体化合物分类，还可按醚化程度分类。按醚化剂的不同，可分为丁醚化氨基树脂、甲醚化氨基树脂以及混合醚化氨基树脂（甲醇和乙醇混合醚化、甲醇和丁醇混合醚化的氨基树脂）；按母体化合物的不同，可分为脲醛树脂、三聚氰胺甲醛树脂、苯代三聚氰胺甲醛树脂以及共缩聚树脂（三聚氰胺尿素共缩聚树脂、三聚氰胺苯代三聚氰胺共缩聚树脂）。按醚化程度的不同，可分为聚合型部分烷基化氨基树脂、聚合型高亚氨基高醚化氨基树脂以及单体型高烷基化氨基树脂。

按结构分类，丁醚化氨基树脂主要属于聚合型部分烷基氨基树脂，这类树脂羟甲基含量较高，醚化程度低，分子量较高。

8.2　氨基树脂的性能

氨基树脂的性能既与母体化合物的性能有关，又与醚化剂及醚化程度有关。树脂的醚化程度一般通过测定树脂对 200 号油漆溶剂的容忍度来控制。测定容忍度应在规定的不挥发分含量及规定的溶剂中进行，测定方法是称 3g 试样于 100mL 烧杯中，在 25℃时搅拌下以 200 号油漆溶剂进行滴定，至试样溶液显示乳浊并在 15s 内不消失为终点。1g 试样可容忍 200 号油漆溶剂的质量（g）即为树脂的容忍度。容忍度也可用 100g 试样能容忍的溶剂的质量（g）来表示。

8.2.1　脲醛树脂的性能

脲醛树脂有如下特性：价格低廉，来源充足；分子结构上含有极性氧原子，与基材的附着力好，可用于底漆，亦可用于中间层涂料；用酸催化时可在室温固化，故可用于双组分木器涂料；以脲醛树脂固化的涂膜改善了保色性，硬度较高，柔韧性较好，但对保光性有一定的影响；用于锤纹漆时有较清晰的花纹。但因脲醛树脂溶液的黏度较大，故贮存稳定性较差。

用甲醇醚化的脲醛树脂仍可溶于水，它具有快固性，可用作水性涂料交联剂，也可与溶剂型醇酸树脂并用。用乙醇醚化的脲醛树脂可溶于乙醇，固化速度慢于甲醚化脲醛树脂。以丁醇醚化的脲醛树脂在有机溶剂中有较好的溶解度。一般来说，单元醇的分子链越长，醚化产物在有机溶剂中的溶解性越好，但固化速度越慢。

丁醚化脲醛树脂在溶解性、混溶性、固化性、涂膜性能和成本等方面都较理想，且原料易得，生产工艺简单，所以与溶剂型涂料相配合的交联剂常采用丁醚化氨基树脂。丁醚化脲醛树脂是水白色黏稠液体，主要用于和不干性醇酸树脂配制氨基醇酸烘漆，以提高醇酸树脂的硬度、干性等。因脲醛树脂的耐候性和耐水性稍差，因此大多用于内用漆和底漆。

大多数实用的甲醚化脲醛树脂属于聚合型部分烷基化的氨基树脂，这类树脂有良好的醇溶性和水溶性。甲醚化脲醛树脂具有快固性，对金属有良好的附着力，成本较低，可作高固体分涂料、无溶剂涂料交联剂。工业甲醚化脲醛树脂有两种规格，一种分子量较低，和各种醇酸树脂、环氧树脂、聚酯树脂有良好的混溶性；另一种具有较高的分子量，适合与干性或不干性短油醇酸树脂配合使用，以芳香烃和醇类的混合物为溶剂，涂膜有良好的光泽和耐冲击性。

8.2.2 三聚氰胺甲醛树脂的性能

三聚氰胺甲醛树脂简称三聚氰胺树脂，是多官能度的聚合物，常和醇酸树脂、热固性丙烯酸树脂等配合，制成氨基烘漆。

与丁醚化脲醛树脂相比，丁醚化三聚氰胺树脂的交联度较大，其热固化速度、硬度、光泽、抗水性、耐化学品性、耐热性和电绝缘性都较脲醛树脂优良，且过度烘烤时能保持较好的保光保色性，用它制漆不会影响基体树脂的耐候性。丁醚化三聚氰胺树脂可溶于各种有机溶剂，不溶于水，可用于各种溶剂型烘烤涂料，固化速度快。

甲醚化的三聚氰胺树脂可分为3类，第一类是聚合型部分甲醚化三聚氰胺树脂，这类树脂游离羟甲基较多，甲醚化度较低，分子量较高，水溶性较好；第二类为聚合型高亚氨基高甲醚化三聚氰胺树脂，这类树脂游离羟甲基少，甲醚化度较第一类高，分子量较第一类低，分子中保留了一定量的亚氨基，可溶于水和醇类溶剂；第三类是单体型高甲醚化三聚氰胺树脂，该类树脂游离羟甲基最少，甲醚化度高，分子量最小，基本上是单体，需要助溶剂才能溶于水。

甲醚化氨基树脂中产量最大、应用最广的是六甲氧基甲基三聚氰胺树脂（HMMM），它是一个六官能度单体化合物，属于单体型高甲醚化三聚氰胺树脂。HMMM可溶于醇类、酮类、芳烃、酯类、醇醚类溶剂，部分溶于水。工业级HMMM分子结构中含极少量的亚氨基和羟甲基，它作交联剂时固化温度高于通用型丁醚化三聚氰胺树脂，有时还需加入酸性催化剂帮助固化，固化涂膜硬度高、柔韧性好。HMMM可与醇酸、聚酯、热固性丙烯酸树脂、环氧树脂中羟基、羧基、酰氨基进行交联反应，也可作织物处理剂、纸张涂料，或用于油墨、高固体分涂料。

聚合型部分甲醚化三聚氰胺树脂可溶于醇类，也具有水溶性，可用于水性涂料。树脂中的反应基团主要是甲氧基甲基和羟甲基。它与醇酸树脂、环氧树脂、聚酯树脂、热固性丙烯酸树脂配合作交联剂时，易与基体树脂的羟基进行缩聚反应，同时也进行自缩聚反应，产生性能优良的涂膜。基体树脂的酸值可有效地催化固化反应，增加配方中氨基树脂的用量，涂膜的硬度增加，但柔韧性下降。与丁醚化三聚氰胺相比，它具有快固性，有较好的耐化学品性，可代替丁醚化三聚氰胺树脂应用于通用型磁漆及卷材涂料中。

聚合型高亚氨基高甲醚化三聚氰胺树脂的分子量比部分甲醚化的三聚氰胺树脂低，易溶于芳烃溶剂、醇和水，适于作高固体分涂料，以及需要高温快固的卷材涂料交联剂。与聚合型部分甲醚化三聚氰胺树脂不同之处在于树脂中保留了一定量的未反应的活性氢原子。由于醚化反应较完全，经缩聚反应后树脂中残余的羟甲基较少，但它能像部分烷基化的氨基树脂一样在固化时能进行交联反应，也能进行自缩聚反应。增加涂料配方中氨基树脂的用量可得到较硬的涂膜。这类树脂与含羟基、羧基、酰氨基的基体树脂反应时，基体树脂的酸值可有效地催化交联反应，外加弱酸催化剂如苯酐、烷基磷酸酯等可加速固化反应。由于树脂中亚氨基含量较高，有较快的固化性。在低温（120℃以下）固化时，其自缩聚反应速率快于交联反应而使涂膜过分硬脆，性能下降。在较高温度（150℃以上）固化时，由于进行自缩聚的同时进行了有效的交联反应，故能得到有优良性能的涂膜。以它交联的涂料固化时释放甲醛较少，厚涂层施工时不易产生缩孔，并且在烘烤后涂料的保护性也较好。

聚合型部分丁醚化三聚氰胺树脂、聚合型部分甲醚化三聚氰胺树脂和聚合型高亚氨基高甲醚化三聚氰胺树脂三种聚合型三聚氰胺树脂的对比见表8-1。

表 8-1　三种聚合型三聚氰胺树脂的对比

项　　目	聚合型部分烷基化三聚氰胺树脂		聚合型高亚氨基高甲醚化三聚氰胺树脂
	丁醚化树脂	甲醚化树脂	
外观	无色透明液体	无色透明液体	无色透明液体
主要反应性基团	$-CH_2OH, -CH_2OC_4H_9$	$-CH_2OH, -CH_2OCH_3$	$-NH-, -CH_2OCH_3$
固化用催化剂	弱酸性催化剂	不需外加催化剂	弱酸性催化剂
固化性	中	大	大
溶解性	溶于有机溶剂,不溶于水	部分溶于醇,溶于水	溶于醇、芳烃、水
分子量	较高	中	较低
应用范围	溶剂型涂料	溶剂型涂料、水性涂料、卷材涂料、纸张涂料	高固体分涂料、卷材涂料

8.2.3　苯代三聚氰胺甲醛树脂的性能

苯代三聚氰胺分子中引入了苯环,与三聚氰胺相比,降低了整个分子的极性。因此与三聚氰胺相比,苯代三聚氰胺在有机溶剂中的溶解性增大,与基体树脂的混溶性也大为改善。以苯代三聚氰胺交联的涂料初期有高度的光泽,其耐碱性、耐水性和耐热性也有所提高。但由于苯环的引入,降低了官能度,因而涂料的固化速度比三聚氰胺树脂慢,涂膜的硬度也不及三聚氰胺,耐候性较差。一般来说,苯代三聚氰胺适用于内用漆。

实用的甲醚化苯代三聚氰胺树脂大多属于单体型高烷基化氨基树脂。由于苯环的引入,这类树脂具有亲油性,在脂肪烃、芳香烃、醇类中有良好的溶解性,涂膜具有优良的耐化学品性,它已应用于溶剂型涂料、高固体分涂料、水性涂料。在电泳涂料中,它作为交联剂,与基体树脂配合,还显示出优良的电泳共进性。

8.2.4　共缩聚树脂的性能

共缩聚树脂主要有三聚氰胺尿素共缩聚树脂、三聚氰胺苯代三聚氰胺共缩聚树脂。

以尿素取代部分三聚氰胺,可提高涂膜的附着力和干性,成本降低,如取代量过大,则将影响涂膜的抗水性和耐候性。

以苯代三聚氰胺取代部分三聚氰胺,可以改进三聚氰胺树脂和醇酸树脂的混溶性,显著提高涂膜的初期光泽、抗水性和耐碱性,但对三聚氰胺树脂的耐候性有一定的影响。

8.3　氨基树脂的合成原料

用于生产氨基树脂的原料主要有氨基化合物、醛类、醇类。

8.3.1　氨基化合物

氨基化合物主要有尿素、三聚氰胺和苯代三聚氰胺。

8.3.1.1　尿素

尿素（urea）又称碳酰二胺,其分子式为 $CO(NH_2)_2$,分子量为 60.06,结构式为

$$H_2N-\overset{\overset{\displaystyle O}{\|}}{C}-NH_2$$。纯尿素呈白色,无臭、无味,为针状或棱柱状结晶。熔点 132.7℃,密度（20℃）为 $1.335g/cm^3$。在水中溶解热为 241.8kJ/kg。尿素易溶于水和液氨,也能溶于醇类,微溶于乙醚及酯类。尿素在水中溶解度随温度升高而增大,25℃时溶解度为 121g/100g（H_2O）,100℃时为 726g/100g（H_2O）。

尿素化学性质稳定。在强酸性溶液中呈弱碱性,能与酸作用生成盐类,如磷酸尿素

$[CO(NH_2)_2 \cdot H_3PO_4]$、硝酸尿素 $[CO(NH_2)_2 \cdot HNO_3]$。尿素与盐类相互作用生成络合物，如尿素硝酸钙 $[Ca(NO_3)_2 \cdot 4CO(NH_2)_2]$、尿素氯化铵 $[NH_4Cl \cdot CO(NH_2)_2]$。

尿素能与醛类如与甲醛缩合生成脲醛树脂，在酸性作用下与甲醛作用生成羟甲基脲，在中性溶液中与甲醛作用生成二羟甲基脲。

尿素有农用肥料和工业用原料两种，工业用尿素的性能指标见表8-2。

表8-2 工业用尿素的性能指标

指 标 名 称	产 品 级 别		
	优等品	一等品	合格品
颜色	白色	白色	白色
氮(N)含量/%	≥46.3	≥46.3	≥46.3
缩二脲含量/%	≤0.5	≤0.9	≤1.0
水分含量/%	≤0.3	≤0.5	≤0.7
铁含量(以 Fe^{3+} 计)/%	≤0.005	≤0.005	≤0.01
碱度(以 NH_3 计)/%	≤0.01	≤0.02	≤0.03
硫酸盐含量(以 SO_4^{2-} 计)/%	≤0.005	≤0.01	≤0.02
水不溶物含量/%	≤0.05	≤0.01	≤0.04
粒度($\phi 0.85 \sim 2.8mm$)/%	90	90	90

8.3.1.2 三聚氰胺

三聚氰胺（melamine）又称三聚氰酰胺、蜜胺、2,4,6-三氨基-1,3,5-三嗪。其结构式如下：

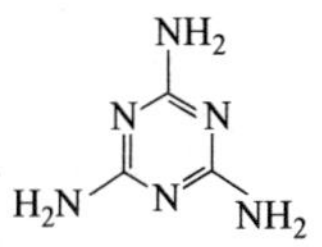

分子量为126.12。三聚氰胺为白色单斜棱晶，熔点347℃，密度$1.573g/cm^3$，微溶于水、热乙醇、甘油及吡啶，不溶于乙醚、苯、四氯化碳。三聚氰胺在不同溶剂中的溶解度见表8-3。

表8-3 三聚氰胺在不同溶剂中的溶解度

溶剂	乙醇	丙酮	二甲基甲酰胺	乙基溶纤剂	水
溶解度(30℃)/[g/100g(溶剂)]	0.06	0.03	0.01	1.12	0.5

三聚氰胺在不同温度下水中的溶解度见表8-4。

表8-4 三聚氰胺在不同温度下水中的溶解度

温度/℃	0	10	20	30	40	50	60	70	80	90	100
溶解度/[g/100g(水)]	0.13	0.23	0.32	0.48	0.69	1.05	1.27	2.05	2.78	3.79	5.10

三聚氰胺有一对称的结构，由一个对称的三嗪环和三个氨基组成，三嗪环很稳定，除非在很激烈的条件下，一般不易裂解，较多的化学反应是发生在氨基上。将三聚氰胺加热至300℃以上，而氨分压又降低时，三聚氰胺会放出氨气而生成一系列的脱氨产物。三聚氰胺的氨基可和无机酸及碱发生水解反应。水解反应是逐渐进行的，最终结果是三个氨基全部水解变成羟基而得三聚氰酸。

三聚氰胺是一种弱碱，和许多有机酸及无机酸都能生成盐类，如磷酸三聚氰胺盐 $[C_3N_3(NH_2)_3 \cdot H_3PO_4]$、硝酸三聚氰胺 $[C_3N_3(NH_2)_3 \cdot HNO_3]$、醋酸三聚氰胺 $[C_3N_3(NH_2)_3 \cdot C_2H_4O_2]$、苦味酸三聚氰胺 $[C_3N_3(NH_2)_3 \cdot (NO_2)_3C_6H_2OH]$，这些盐类在水中的溶解度很低，其中苦味酸三聚氰胺溶解度极低，被广泛用于定量分析中。

三聚氰胺和甲醛反应生成一系列的树脂状产物，这是三聚氰胺在工业中最重要的应用。三聚氰胺分子中 3 个氨基上的 6 个氢原子可分别逐个被羟甲基所取代，反应可在酸性或碱性介质中进行，生成不同程度的羟甲基三聚氰胺聚合物，最后生成三维状聚合物——三聚氰胺-甲醛树脂。

工业上，三聚氰胺有两种生产方法，一种是双氰胺法，另一种是尿素法。尿素法又可分为高压法和低压法。低压法生产三聚氰胺时副反应少，产品纯度高，目前已成为三聚氰胺的主要生产方法。我国三聚氰胺质量指标采用国家标准 GB/T 9567—2016，见表 8-5。

表 8-5　三聚氰胺中国国家标准 GB/T 9567—2016

项目	指标	
	优等品	合格品
三聚氰胺含量/%	≥99.5	≥99.0
水分含量/%	≤0.10	≤0.20
pH	7.5～9.5	
甲醛水溶解性试验		
色度/Hazen 单位(铂-钴号)	≤20	≤30
浊度/度(高岭土)	≤20	≤30
灰分/%	≤0.03	≤0.05

8.3.1.3　苯代三聚氰胺

三聚氰胺分子中的一个氨基或氨基上的一个氢原子被其他基团取代的化合物称为烃基三聚氰胺。取代基可以是芳香烃或脂肪烃。三聚氰胺分子中的一个氨基被苯基取代的化合物称为苯代三聚氰胺。其结构式如下：

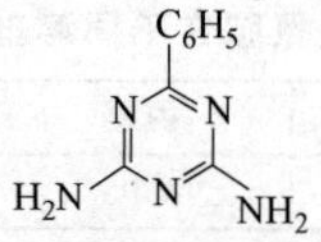

苯代三聚氰胺，俗称苯鸟粪胺，又称 2,4-二氨基-6-苯基-1,3,5-三嗪，分子量为187.17。苯代三聚氰胺是一种弱碱，熔点 227℃，20℃时水溶性小于 0.005g/100mL。苯代三聚氰胺的主要用途是涂料，约占产量的 70%，其次是塑料与三聚氰胺并用制层压板或蜜胺餐具，约占产量的 20%。另外在织物处理剂、纸张处理剂、胶黏剂、耐热润滑剂的增稠剂等方面也有少量应用。苯代三聚氰胺在各种溶剂中的溶解度见表 8-6。

工业上，苯代三聚氰胺由苯甲腈和双氰胺在碱性催化剂存在下，以丁醇为溶剂制得。

表 8-6　苯代三聚氰胺在各种溶剂中的溶解度

溶剂	水	苯	乙醚	醋酸丁酯	二氯甲烷	甲醇	丙酮	四氢呋喃	二甲基甲酰胺	甲基溶纤剂
溶解度/[g/100g(溶剂)]	0	0.04	0.2	0.7	0.08	1.4	1.8	8.8	12.0	13.7

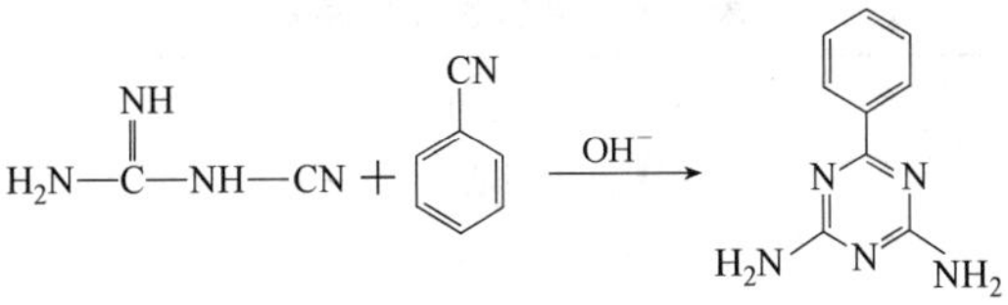

苯代三聚氰胺的性能指标见表 8-7。

表 8-7 苯代三聚氰胺的性能指标

项　目	指　标	项　目	指　标
外观	白色	水分含量/%	≤0.5
氮含量/%	37.0~38.07	游离碱/%	≤0.05
熔点/℃	224~228	灰分/%	≤0.05

8.3.2　醛类

用于生产氨基树脂的醛类化合物主要有甲醛及其聚合物——多聚甲醛。

8.3.2.1　甲醛

甲醛（formaldehyde）分子式为 CH_2O，分子量为 30.03，结构式为 $H-\overset{O}{\underset{}{C}}-H$。常温下，纯甲醛是一种具有窒息性的无色气体，有特殊的刺激性气味，特别是对眼睛和黏膜有刺激作用，能溶于水。纯甲醛气体是可燃性气体，着火温度为 430℃，与空气混合能形成爆炸混合物，爆炸极限为 7.0%~73.0%。

纯甲醛气体在 -19℃ 时能液化成液体，它在极低的温度下能与非极性溶剂（如甲苯、醚、氯仿、醋酸乙酯等）以任何比例混溶，其溶解度大小随温度的升高而减少。纯气态甲醛和液态甲醛在温度低于 80℃ 时都易聚合。为防止其聚合，最好的贮存温度为 100~150℃。

甲醛能无限溶解于水，甲醛水溶液的沸点基本上不随其浓度的改变而变化。在 1atm（1atm=101325Pa）下，含甲醛 55%（质量分数）以下的甲醛水溶液其沸点在 99~100℃，25%（质量分数）甲醛水溶液的沸点为 99.1℃，而 35%（质量分数）的甲醛水溶液的沸点为 99.9℃。

甲醛水溶液是一种共聚物的混合物，主要是甲二醇 $[CH_2(OH)_2]$、聚氧亚甲基二醇 $[HO(CH_2O)_nH]$ 和半缩醛 $[HO(CH_2O)_{n-1}H]$ 组成的复杂的平衡混合物，游离的单体甲醛很少。紫外光谱研究表明，在较高浓度的甲醛水溶液中单体甲醛的浓度小于 0.04%（质量分数），在较低浓度的甲醛水溶液中其单体甲醛的含量也不超过 0.1%（质量分数）。

由于坎尼扎罗反应，甲醛水溶液呈酸性，pH 为 2.5~4.4。含甲醇的甲醛水溶液可在相对低的温度下贮存，不会有聚合物沉淀出现。

甲醛可与伯胺、仲胺发生加成反应生成烷氨基甲醇，后者在加热或碱性条件下进一步缩合生成取代亚甲基胺。甲醛与叔胺不反应。

在中性或碱性条件下，甲醛与酰胺加成反应生成相对稳定的一羟甲基和二羟甲基衍生物。工业上，甲醛与尿素的加成反应生成羟甲基脲。在酸存在下羟甲基脲之间以及羟甲基脲和尿素之间进一步缩聚生成脲醛树脂。甲醛还可与苯酚或甲基苯酚反应生成酚醛树脂。在碱性条件下，于 50~70℃，甲醛与氨缩合生成六亚甲基四胺（乌洛托品）。

工业甲醛一般含甲醛 37%~55%（质量分数）、甲醇 1%~8%（质量分数），其余的为水，通常甲醛含量为 40%，俗称福尔马林。工业甲醛是无色透明的液体，具有窒息性臭味。甲醛的性能指标见表 8-8。

表 8-8 甲醛的性能指标

指标名称	37％甲醛水溶液	50％甲醛水溶液
外观	无色透明液体	无色透明液体
甲醛含量/(g/100g)	36.5~37.4	49.0~50.5
甲醇含量/(g/100g)	双方商定	双方商定
甲酸含量/(g/100mL)	≤0.04	≤6.07
铁含量/(g/100mL)	≤0.0005	≤0.0010
灼烧残渣含量/(g/100mL)	≤0.005	≤0.1

甲醛有毒，低含量甲醛对人体的主要影响是刺激眼睛和黏膜，小于 $0.05mg/m^3$ 的低含量甲醛对人体无影响。甲醛含量为 $1mg/m^3$ 时，一般可感受到甲醛气味，但有的人可以觉察到 $0.05mg/m^3$ 的甲醛含量。$5mg/m^3$ 含量的甲醛会引起咳嗽、胸闷。$20mg/m^3$ 时即会引起明显流泪，超过 $50mg/m^3$ 时即会发生严重的肺部反应，有时甚至会造成死亡。为了减少甲醛对人体的危害，各国对居室内甲醛允许浓度都做了严格规定。部分国家居室内甲醛允许含量见表 8-9。

表 8-9 部分国家居室内甲醛允许含量　　　　　　单位：mg/m^3

国别	居室内甲醛允许含量	国别	居室内甲醛允许含量
丹 麦	0.12	瑞 士	0.2
芬 兰	0.12	加拿大	0.1
意大利	0.1	德 国	0.1
荷 兰	0.1	美 国	0.4
瑞 典	0.4~0.7	中 国	0.08

8.3.2.2 多聚甲醛

多聚甲醛为无色结晶固体，具有单体甲醛的气味，熔点随聚合度 n 的增大而增高，其熔点范围为 120~170℃；闪点 71℃，着火温度 370~410℃。常温下，多聚甲醛会缓慢分解成气态甲醛，加热会加速分解过程。

多聚甲醛能缓慢溶于冷水，形成低浓度的甲二醇，但在热水中会迅速溶解并能水解或解聚成甲醛水溶液，其性质与普通的甲醛水溶液相同。加入稀碱或稀酸会加速多聚甲醛的溶解速度，在 pH=2~5 时溶解速度最小，当 pH 高于 5 或低于 2 时，其溶解速度迅速增加。多聚甲醛同样可溶于醇类、苯酚和其他极性溶剂，并能发生解聚。多聚甲醛的性能指标见表 8-10。

表 8-10 多聚甲醛的性能指标

名　称	指　标	名　称	指　标
外观	白色至微黄色粉末有刺激性气味	灼烧残渣含量/(g/100mL)	≤0.1
甲醛含量/(g/100g)	93~95	熔程/℃	120~170
铁含量/(g/100mL)	≤0.005	闪点/℃	71.1

8.3.3 醇类

氨基树脂必须用醇类醚化后才能应用于涂料，所用的醇类主要有甲醇、工业无水乙醇、乙醇、异丙醇、正丁醇、异丁醇和辛醇。醇类原料的性能指标见表 8-11。

表 8-11 醇类原料的性能指标

指标名称	甲醇	工业无水乙醇	乙醇	异丙醇	正丁醇	异丁醇	辛醇
外观	无色透明液体	无色透明液体	无色透明液体	无色透明液体	无色透明液体	无色透明液体	无色透明液体
相对密度(d_4^{20})	0.791~0.792	≤0.792	—	0.784~0.788	0.809~0.813	0.802~0.807	0.817~0.823
馏程 蒸馏范围(101.3247kPa,绝对压力)/℃	64.0~65.5	—	77~85	81.5~83	117.2~118.2	105~110	192~198
馏程 馏出体积/%	≥98.8	—	≥95	≥99.5	≥95	≥95	≥90
游离酸(以乙酸计)含量/%	≤0.003	—	—	≤0.003	≤0.003	≤0.01	—
酸度(50mL,以 0.01mol/L NaOH 计)/mL	—	≤1.8	≤1.8	—	—	—	—
乙醇含量(体积分数)/%	—	≥99	≥95	—	—	—	—
水分含量/%	≤0.08	≤1	—	≤0.2	—	—	—
丙酮含量/%	—	—	≤1	—	—	—	—
不挥发物含量/%	—	—	—	≤0.005	≤0.0025	≤0.005	—
游离碱(以 NH_3 计)含量/%	≤0.001	—	—	—	—	—	—

8.4 氨基树脂的合成

改变氨基树脂母体化合物和醚化剂的类型、醚化度、缩聚度以及树脂中亚氨基含量,可制得各种不同的氨基树脂。

8.4.1 脲醛树脂的合成

8.4.1.1 合成原理

脲醛树脂是尿素和甲醛在碱性或酸性条件下缩聚而成的树脂,反应可在水中进行,也可在醇溶液中进行。尿素和甲醛的摩尔比、反应介质的 pH、反应时间、反应温度等对产物的性能有较大影响。反应包括弱碱性或微酸性条件下的加成反应、酸性条件下的缩聚反应以及用醇进行的醚化反应。

(1) 加成反应(羟甲基化反应) 尿素和甲醛的加成反应可在碱性或酸性条件下进行,在此阶段主要产物是羟甲基脲,并依甲醛和尿素摩尔比的不同,可生成一羟甲基脲、二羟甲基脲或三羟甲基脲。

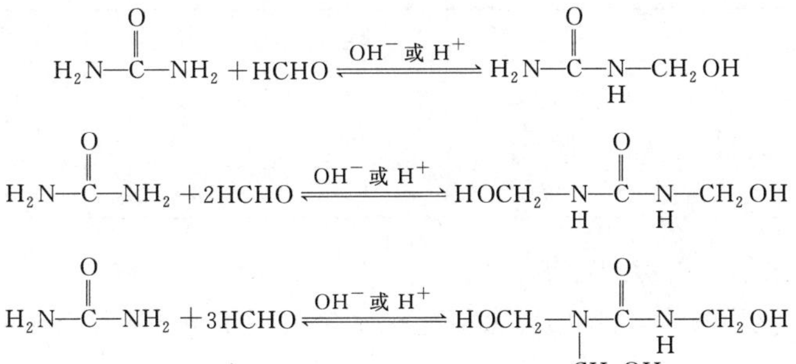

（2）缩聚反应　在酸性条件下，羟甲基脲与尿素或羟甲基脲与羟甲基脲之间发生羟基与羟基或羟基与酰氨基间的缩合反应，生成亚甲基。

$$\text{HOCH}_2-\underset{\text{H}}{\text{N}}-\overset{\overset{\text{O}}{\|}}{\text{C}}-\text{NH}_2 + \text{HOCH}_2-\underset{\text{H}}{\text{N}}-\overset{\overset{\text{O}}{\|}}{\text{C}}-\text{N}-\text{CH}_2\text{OH} \underset{}{\overset{\text{H}^+,\ -\text{H}_2\text{O}}{\rightleftharpoons}} \text{HOCH}_2-\underset{\text{H}}{\text{N}}-\overset{\overset{\text{O}}{\|}}{\text{C}}-\underset{\text{H}}{\text{N}}-\text{CH}_2-\underset{\text{H}}{\text{N}}-\overset{\overset{\text{O}}{\|}}{\text{C}}-\text{N}-\text{CH}_2\text{OH}$$

$$\text{HOCH}_2-\underset{\text{H}}{\text{N}}-\overset{\overset{\text{O}}{\|}}{\text{C}}-\underset{\text{H}}{\text{N}}-\text{CH}_2\text{OH} + \text{HOCH}_2-\underset{\text{H}}{\text{N}}-\overset{\overset{\text{O}}{\|}}{\text{C}}-\text{NH}_2 \underset{}{\overset{\text{H}^+,\ -\text{H}_2\text{O}}{\rightleftharpoons}} \text{HOCH}_2-\underset{\text{H}}{\text{N}}-\overset{\overset{\text{O}}{\|}}{\text{C}}-\underset{\text{H}}{\text{N}}-\text{CH}_2-\text{O}-\text{CH}_2-\underset{\text{H}}{\text{N}}-\overset{\overset{\text{O}}{\|}}{\text{C}}-\text{NH}_2$$

通过控制反应介质的酸度、反应时间可以制得分子量不同的羟甲基脲低聚物，低聚物间若继续缩聚就可制得体形结构聚合物。

（3）醚化反应　羟甲基脲低聚物具有亲水性，不溶于有机溶剂，因此不能用作溶剂型涂料的交联剂。用于涂料的脲醛树脂必须用醇类醚化改性，醚化后的树脂中具有一定数量的烷氧基，使树脂的极性降低，从而使其在有机溶剂中的溶解性增大，可用作溶剂型涂料的交联剂。

用于醚化反应的醇类，其分子链越长，醚化产物在有机溶剂中的溶解性越好。用甲醇醚化的树脂仍具有水溶性，用乙醇醚化的树脂有醇溶性，而用丁醇醚化的树脂在有机溶剂中则有较好的溶解性。

醚化反应是在弱酸性条件下进行的，此时发生醚化反应的同时，也发生缩聚反应。如

$$\text{HOCH}_2-\underset{\text{H}}{\text{N}}-\overset{\overset{\text{O}}{\|}}{\text{C}}-\underset{\text{H}}{\text{N}}-\text{CH}_2\text{OH} + \text{C}_4\text{H}_9\text{OH} \underset{}{\overset{\text{H}^+,\ -\text{H}_2\text{O}}{\rightleftharpoons}} \text{C}_4\text{H}_9\text{OCH}_2-\underset{\text{H}}{\text{N}}-\overset{\overset{\text{O}}{\|}}{\text{C}}-\text{N}-\text{CH}_2$$

制备丁醚化树脂时一般使用过量的丁醇，这有利于醚化反应的进行。弱酸性条件下，醚化反应和缩聚反应是同时进行的。

8.4.1.2　合成工艺

（1）丁醚化脲醛树脂的合成工艺　尿素分子中有 2 个氨基，为四官能度化合物，甲醛为二官能度化合物，故一般生产配方中，尿素、甲醛、丁醇的摩尔比为 1：（2～3）：（2～4）。

尿素和甲醛先在碱性条件下进行羟甲基化反应，然后加入过量的丁醇，反应物的 pH 调至微酸性，进行醚化和缩聚反应，控制丁醇和酸性催化剂的用量，使两种反应平衡进行。在羟甲基化过程中也可加入丁醇。脲醛树脂的醚化速度较慢，故酸性催化剂用量略多，随着醚化反应的进行，树脂在脂肪烃中的溶解度逐渐增加。醚化反应过程中，通过测定树脂对 200 号油漆溶剂油的容忍度来控制醚化程度。

丁醚化脲醛树脂的原料配方示例见表 8-12。

表 8-12　丁醚化脲醛树脂的原料配方示例

原　料	尿素	37％甲醛	丁醇（一）	丁醇（二）	二甲苯	苯酐
分子量	60	30	74	74		
物质的量/mol	1	2.184	1.09	1.09		
质量份	14.5	42.5	19.4	19.4	4.0	0.3

丁醚化脲醛树脂的生产过程如下：

① 将甲醛加入反应釜中，用 10％氢氧化钠水溶液调节 pH 至 7.5～8.0，加入已破碎的尿素；

② 微热至尿素全部溶解后，加入丁醇（一），再用10%氢氧化钠水溶液调节pH=8.0；

③ 加热升温至回流温度，保持回流1h；

④ 加入二甲苯、丁醇（二），以苯酐调节pH至4.5～5.5；

⑤ 回流脱水至105℃以上，测容忍度达1∶2.5为终点；

⑥ 蒸出过量丁醇，调整黏度至规定范围，降温，过滤。

丁醚化脲醛树脂的质量规格见表8-13。

表8-13　丁醚化脲醛树脂的质量规格

项目	外观	黏度(涂-4杯)/s	色号(铁-钴比色计)	容忍度	酸值/(mg KOH/g)	不挥发分/%
指标	透明黏稠液体	80～130	≤1	1∶(2.5～3)	≤4	60±2

（2）甲醚化脲醛树脂的合成工艺　大多数实用的甲醚化脲醛树脂属于聚合型部分烷基化的氨基树脂，有两种规格，一种是低分子量甲醚化脲醛树脂，另一种是高分子量甲醚化脲醛树脂。以下主要介绍高分子量甲醚化脲醛树脂合成过程。

高分子量甲醚化脲醛树脂的原料配方示例见表8-14。

表8-14　高分子量甲醚化脲醛树脂的原料配方示例

原料	尿素	93%多聚甲醛	甲醇	异丙醇
分子量	60	30	32	
物质的量/mol	1	3	3	
质量份	23.7	38.3	38.0	适量

其生产过程如下：

① 将甲醇、多聚甲醛加入反应釜中，开动搅拌，用三乙胺调pH至9.0～10.0，加热升温至50℃，保温至多聚甲醛全部溶解；

② 加入尿素，升温回流30min，用甲酸调pH至4.5～5.5，再回流3h；

③ 降温至25℃，用浓硝酸调pH至2.0～3.0，在25～30℃保温1h；

④ 用30%氢氧化钠溶液调pH至8.0，真空蒸除挥发物，直到100℃，93kPa真空度时基本无液体蒸出；

⑤ 用异丙醇稀释至规定的不挥发分，过滤。

高分子量甲醚化脲醛树脂的质量规格见表8-15。

表8-15　高分子量甲醚化脲醛树脂的质量规格

项目	色号(铁-钴比色计)	不挥发分/%	黏度/Pa·s	游离甲醛/%	溶解性
指标	≤1	88±2	1.5～3.2	≤2	溶于醇和水

8.4.2　三聚氰胺甲醛树脂的合成

8.4.2.1　合成原理

（1）羟甲基化反应　三聚氰胺分子上有3个氨基，共有6个活泼氢原子，在酸或碱作用下，每个三聚氰胺分子可和1～6个甲醛分子发生加成反应，生成相应的羟甲基三聚氰胺，反应速率与原料配比、反应介质pH、反应温度以及反应时间有关。一般来说，当pH=7时，反应较慢；pH>7时，反应加快；当pH=8～9时，生成的羟甲基衍生物较稳定。通常可使用10%或20%的氢氧化钠水溶液调节溶液的pH，也可用碳酸镁来调节。碳酸镁碱性较弱，微溶于甲醛，在甲醛溶液中大部分呈悬浮状态，它可抑制甲醛中的游离酸，使调整后的 pH 较稳定。

1mol 三聚氰胺和 3.1mol 甲醛反应，以碳酸钠溶液调节 pH 至 7.2，在 50～60℃反应 20min 左右，反应体系成为无色透明液体，迅速冷却后可得三羟甲基三聚氰胺的白色细微结晶。此反应速率很快，且不可逆。

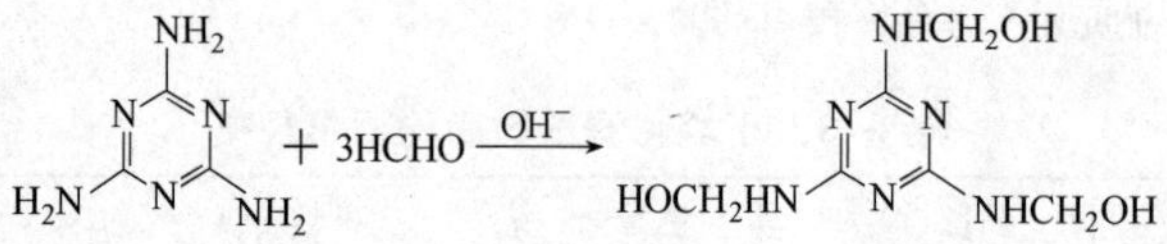

在过量的甲醛存在下，可生成多于 3 个羟甲基的羟甲基三聚氰胺，此时反应是可逆的。甲醛过量越多，三聚氰胺结合的甲醛就越多。一般 1mol 三聚氰胺和 3～4mol 甲醛结合，得到处理纸张和织物的三聚氰胺树脂；和 4～5mol 甲醛结合，经醚化后得到用于涂料的三聚氰胺树脂。

（2）缩聚反应　在弱酸性条件下，多羟甲基三聚氰胺分子间的羟甲基与未反应的活泼氢原子之间或羟甲基与羟甲基之间可缩合成亚甲基：

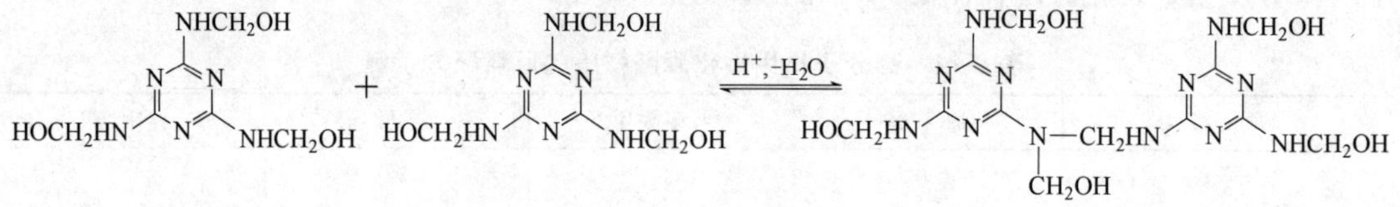

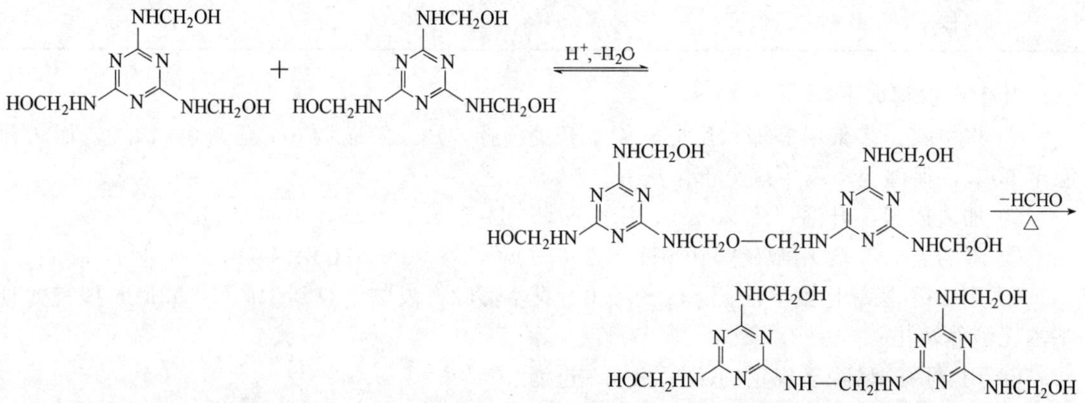

多羟甲基三聚氰胺低聚物具有亲水性，应用于塑料、胶黏剂、织物处理剂和纸张增强剂等方面，经进一步缩聚，成为体形结构产物。

（3）醚化反应　多羟甲基三聚氰胺不溶于有机溶剂，必须通过醇类经醚化改性，才能用作溶剂型涂料交联剂。醚化反应是在微酸性条件下，在过量醇中进行的，同时也进行缩聚反应，形成多分散性的聚合物。

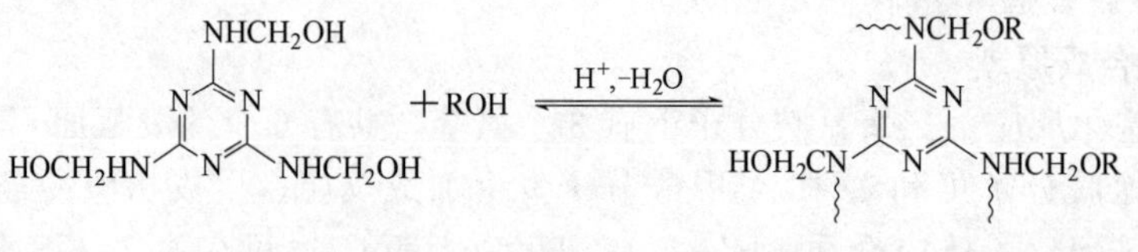

在微酸性条件下，醚化和缩聚是两个竞争反应，若缩聚快于醚化，则树脂黏度高，不挥发分低，与中长油度醇酸树脂的混溶性差，树脂稳定性也差；若醚化快于缩聚，则树脂黏度

低，与短油度醇酸树脂的混溶性差，制成的涂膜干性慢，硬度低。所以必须控制条件，使这两个反应均衡进行，并使醚化略快于缩聚，达到既有一定的缩聚度，使树脂具有优良的抗性，又有一定的烷氧基含量，使其与基体树脂有良好的混溶性。

8.4.2.2 合成工艺

（1）丁醇醚化三聚氰胺树脂的合成工艺　丁醇醚化三聚氰胺树脂的生产过程分为反应、脱水和后处理3个阶段。

① 反应阶段　有一步法和二步法两种。一步法在合成树脂的反应过程中，将各种原料投入后，在微酸性介质中同时进行羟甲基化反应、醚化反应和缩聚反应。二步法在反应过程中，物料先在微碱性介质中主要进行羟甲基化反应，反应到一定程度后，再转入微酸性介质中进行缩聚和醚化反应。一步法工艺简单，但需严格控制反应介质的pH，二步法反应较平稳，生产过程易于控制。

② 脱水阶段　将水分及时地排出，有利于醚化反应和缩聚反应正向进行。脱水有蒸馏法和脱水法两种方式。蒸馏法一般是加入少量的苯类溶剂进行苯类溶剂-丁醇-水三元恒沸蒸馏，苯类溶剂中苯毒性较大，一般是采用甲苯或二甲苯，其加入量约为丁醇量的10%，采用常压回流脱水，通过分水器分出水分，丁醇返回反应体系。脱水法是在蒸馏脱水前先将反应体系中部分水分离出去，以降低能耗，缩短工时。

③ 后处理阶段　包括水洗和过滤两个处理过程。通过水洗，除去亲水性物质，提高产品质量，增加树脂贮存稳定性和抗水性。而过滤，是为了除去树脂中未反应的三聚氰胺以及未醚化的羟甲基三聚氰胺低聚物、残余的催化剂等。

水洗方法是在树脂中加入20%～30%的丁醇，再加入与树脂等量的水，然后加热回流，静置分层后，减压回流脱水，待水脱尽后，再将树脂调整到规定的黏度范围，冷却过滤后即得透明而稳定的树脂。

丁醇醚化三聚氰胺树脂的生产配方示例见表8-16。

表 8-16　丁醇醚化三聚氰胺树脂的生产配方示例

原　料		三聚氰胺	37%甲醛	丁醇（一）	丁醇（二）	碳酸镁	苯酐	二甲苯
分子量		126	30	74	74	—	—	—
低醚化度	物质的量/mol	1	6.3	5.4	—	—	—	—
	质量份	11.6	46.9	36.8	—	0.04	0.04	4.6
高醚化度	物质的量/mol	1	6.3	5.4	0.8	—	—	—
	质量份	10.9	44.2	34.7	5.8	0.03	0.04	4.3

其生产过程如下：

① 将甲醛、丁醇（一）、二甲苯投入反应釜中，搅拌下加入碳酸镁、三聚氰胺；

② 搅匀后升温，并回流2.5h；

③ 加入苯酐，调整pH至4.5～5.0，再回流1.5h；

④ 静置，分出水层；

⑤ 开动搅拌，升温回流出水，直到102℃以上，树脂对200号油漆溶剂油容忍度为1：（3～4）；

⑥ 蒸出部分丁醇，调整黏度至规定范围，降温过滤。

要生产高醚化度三聚氰胺树脂，可在上述树脂中加入丁醇（二），继续回流脱水，直至容忍度达到1：（10～15），蒸出部分丁醇，调整黏度至规定范围，降温过滤。

丁醇醚化三聚氰胺树脂的质量规格见表8-17。

表 8-17 丁醇醚化三聚氰胺树脂的质量规格

项 目		低醚化度三聚氰胺树脂	高醚化度三聚氰胺树脂
色号(铁-钴比色计)		≤1	≤1
不挥发分/%		60±2	60±2
黏度(涂-4 杯)/s		60~100	50~80
混溶性	1:4(纯苯)	透明	透明
	1:1.5(50%油度蓖麻油醇酸树脂)	透明	—
	1:1.5(44%油度豆油醇酸树脂)	—	透明
容忍度(200 号油漆溶剂油)		1:(2~7)	1:(10~20)
酸值/(mg KOH/g)		≤1	≤1
游离甲醛/%		≤2	≤2

（2）异丁醇醚化三聚氰胺树脂的合成工艺 异丁醇醚化三聚氰胺树脂的合成工艺与丁醇醚化三聚氰胺树脂的合成工艺相似，只不过异丁醇的醚化反应速率较正丁醇慢。因此在容忍度相同时，异丁醇醚化树脂的异丁氧基含量较低，反应时间较长。

异丁醇醚化三聚氰胺树脂的生产配方示例见表 8-18。

表 8-18 异丁醇醚化三聚氰胺树脂的生产配方示例

原 料	三聚氰胺	37%甲醛	异丁醇	碳酸镁	苯酐	二甲苯
分子量	126	30	74			
物质的量/mol	1	6.3	6.9			
质量份	10.6	42.8	42.8	0.05	0.07	3.7

其生产过程如下：

① 将甲醛、异丁醇投入反应釜中，搅拌下加入碳酸镁、三聚氰胺；

② 搅匀后升温，并回流 3h；

③ 加入苯酐，调整 pH 至 4.4~4.5，再回流 2h；

④ 加入二甲苯，搅匀后静置，分出水层；

⑤ 常压回流出水，直到 104℃以上，树脂对 200 号油漆溶剂油容忍度为 1:4；

⑥ 蒸出过量异丁醇，调整黏度至规定范围，冷却过滤。

异丁醇醚化三聚氰胺树脂的质量规格见表 8-19。

（3）甲醇醚化三聚氰胺树脂的合成工艺 甲醇醚化三聚氰胺树脂有 3 种：单体型高甲醚化三聚氰胺树脂、聚合型部分甲醚化三聚氰胺树脂、聚合型高亚氨基高甲醚化三聚氰胺树脂。

① 单体型高甲醚化三聚氰胺树脂 单体型高甲醚化三聚氰胺树脂中用量最大、应用最广的是六甲氧基甲基三聚氰胺（HMMM）。

表 8-19 异丁醇醚化三聚氰胺树脂的质量规格

项 目		指 标
色号(铁-钴比色计)		≤1
不挥发分/%		60±2
黏度(涂-4 杯)/s		100~120
混溶性	1:4(纯苯)	透明
	1:1.5(50%油度蓖麻油醇酸树脂)	透明
容忍度(200 号油漆溶剂油)		1:(4~10)
游离甲醛/%		≤2

六甲氧基甲基三聚氰胺属于单体型高烷基化三聚氰胺树脂，是一种六官能度单体化合物。其结构式如下：

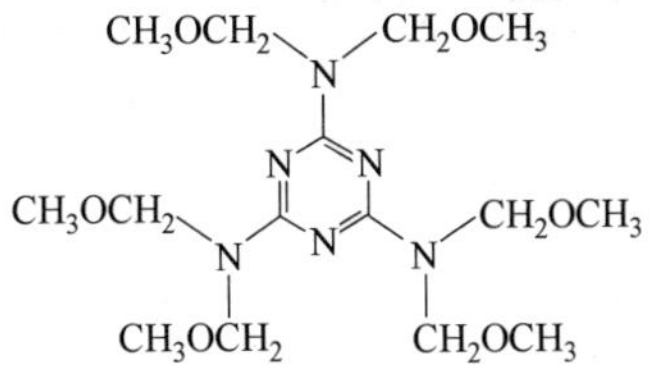

与丁醚化三聚氰胺树脂的合成工艺稍有不同，HMMM 的合成分两步进行，第一步，在碱性介质中，三聚氰胺与过量的甲醛进行羟甲基化反应，生成六羟甲基三聚氰胺晶体；第二步，除去游离甲醛和水分的六羟甲基三聚氰胺在酸性介质中和过量的甲醇进行醚化反应，得到 HMMM。

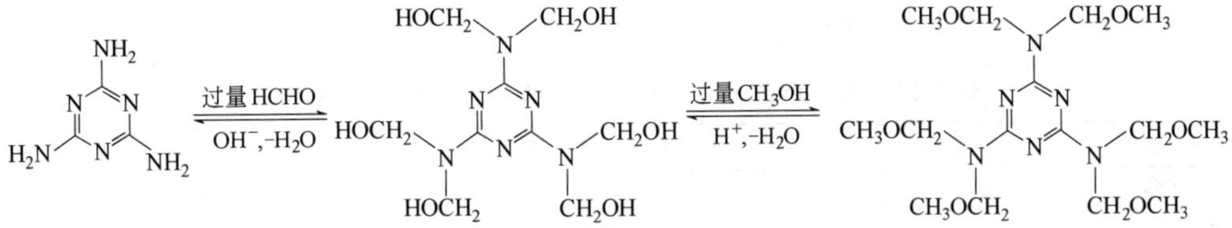

第一步羟甲基化阶段，反应介质的 pH 一般为 7.5～9.0，反应温度一般为 55～65℃，反应时间一般为 3～4h，甲醛用量一般为三聚氰胺物质的量的 8～12 倍。

第二步醚化反应是可逆反应，六羟甲基三聚氰胺晶体中含有水分，不利于醚化，而有利于缩聚。为避免缩聚和降低树脂中游离甲醛的含量，在醚化前必须除去水分和游离甲醛，使结晶体中含水量在 15% 以下。醚化阶段，反应介质的 pH 一般为 2～3.5，反应温度一般为 30～40℃，甲醇用量一般为六羟甲基三聚氰胺物质的量的 14～20 倍。用于醚化的酸性催化剂可以是硫酸、硝酸、盐酸，也可用强酸阳离子交换树脂。

HMMM 的生产配方示例见表 8-20。

表 8-20　HMMM 的生产配方示例

原　料	三聚氰胺	37%甲醛	水	甲醇（一）	甲醇（二）	丁醇
分子量	126	30		32	32	
物质的量/mol	1	10		18	18	
质量份	5.7	36.5	5.8	26.0	26.0	适量

其生产过程如下：

a. 将甲醛和水投入反应釜中，搅拌，用碳酸氢钠调节 pH 至 7.6，缓缓加入三聚氰胺；

b. 升温到 60℃，待三聚氰胺溶解后，调节 pH 至 9.0，待六羟甲基三聚氰胺结晶析出后，静置保温 3～4h；

c. 降温，由反应瓶底部吸滤除去过剩的甲醛水溶液；

d. 将甲醇（一）投入湿的六羟甲基三聚氰胺晶体，开动搅拌，在 30℃用浓硫酸调 pH 至 2.0，晶体溶解后，用碳酸氢钠中和至 pH＝8.5；

e. 在 75℃以下减压蒸除挥发物；

f. 在 75℃，90kPa（真空度）蒸出残余水分；

g. 加入甲醇（二），重复进行醚化操作；

h. 用丁醇稀释到规定的不挥发分，过滤。

HMMM 的质量规格见表 8-21。

表 8-21　HMMM 的质量规格

项　目	指　标	项　目	指　标
色号(铁-钴比色计)	≤1	游离甲醛/%	≤3
不挥发分/%	70±2	溶解性	溶于醇,部分溶于水
黏度(涂-4 杯)/s	30		

　　单体型高烷基三聚氰胺树脂中除六甲氧基甲基三聚氰胺外,还有六丁氧基甲基三聚氰胺(HBMM),其制备方法与 HMMM 的制备方法基本相同,在此不做介绍。

　　② 聚合型部分甲醚化三聚氰胺树脂的合成工艺　这类树脂的合成原理与聚合型部分丁醚化三聚氰胺树脂相似,也包括羟甲基化反应、缩聚反应和醚化反应,两者的合成工艺也相似。

　　聚合型部分甲醚化三聚氰胺树脂的生产配方示例见表 8-22。

表 8-22　聚合型部分甲醚化三聚氰胺树脂的生产配方示例

原　料	三聚氰胺	37%甲醛	93%多聚甲醛	甲醇(一)	甲醇(二)	丁醇
分子量	126	30	30	32	32	
物质的量/mol	1	4	1.5	10	10	
质量份	11.2	28.5	4.2	28.05	28.05	适量

　　其生产过程如下:

　　a. 将 37%甲醛、多聚甲醛和甲醇(一)投入反应釜中,搅拌,用 20%氢氧化钠溶液调节 pH 至 8.0~9.0,保温至体系透明;

　　b. 加入三聚氰胺,升温到 60℃,并保温 4~5h;

　　c. 加入甲醇(二),降温,用浓硫酸调 pH 至 3.0~4.0,在 35~40℃保温到体系透明;

　　d. 用 30%氢氧化钠溶液调 pH 至 9.0~10.0,真空蒸除挥发物,直至在 70℃、93kPa(真空度)无液体蒸出为止;

　　e. 用丁醇稀释到规定的不挥发分,过滤。

　　聚合型部分甲醚化三聚氰胺树脂的质量规格见表 8-23。

表 8-23　聚合型部分甲醚化三聚氰胺树脂的质量规格

项　目	指　标	项　目	指　标
色号(铁-钴比色计)	≤1	游离甲醛/%	≤3
不挥发分/%	60±2	溶解性	溶于醇,溶于水
黏度(涂-4 杯)/s	30~80		

　　③ 聚合型高亚氨基高甲醚化三聚氰胺树脂的合成工艺　这类树脂与聚合型部分甲醚化三聚氰胺树脂不同之处在于,树脂中保留了一定量的未反应活泼氢原子,醚化反应较完全。其合成工艺与聚合型部分甲醚化三聚氰胺树脂相似,只不过原料配比不同,表现在甲醛的用量相对减少,部分活泼氢原子未发生羟甲基化反应,而甲醇用量增多,醚化反应较完全。其具体的合成方法在此不做介绍。

8.4.3　苯代三聚氰胺甲醛树脂的合成

8.4.3.1　合成原理

苯代三聚氰胺甲醛树脂的合成原理与三聚氰胺甲醛树脂基本相同。苯代三聚氰胺与甲醛在碱性条件下先进行羟甲基化反应，然后在弱酸性条件下，羟甲基化产物与醇类进行醚化反应的同时也进行缩聚反应。只不过由于苯环的引入，降低了官能度，分子中氨基的反应活性也有所降低。苯代三聚氰胺的反应性介于尿素与三聚氰胺之间。

8.4.3.2 合成工艺

（1）丁醚化苯代三聚氰胺甲醛树脂的合成工艺　苯代三聚氰胺的官能团比三聚氰胺少，合成树脂时，甲醛和丁醇的用量也减少。一般配方中，苯代三聚氰胺、甲醛、丁醇的摩尔比为 1:（3～4）:（3～5）。

制备时分两步进行，第一步在碱性介质中进行羟甲基化反应，第二步在微酸性介质中进行醚化和缩聚反应。水分可用分水法或蒸馏法除去。

丁醚化苯代三聚氰胺甲醛树脂的生产配方示例见表 8-24。

表 8-24　丁醚化苯代三聚氰胺甲醛树脂的生产配方示例

原料	苯代三聚氰胺	37%甲醛	丁醇	二甲苯	苯酐
分子量	187	30	74		
物质的量/mol	1	3.2	4		
质量份	22.8	32.9	36.2	8.1	0.07

其生产过程如下：

a. 将甲醛投入反应釜中，搅拌，用 10%氢氧化钠调节 pH 至 8.0；

b. 加入丁醇和二甲苯，缓缓加入苯代三聚氰胺；

c. 升温，常压回流至出水量约为 10 份；

d. 加入苯酐，调节 pH 至 5.5～6.5；

e. 继续回流出水至 105℃以上，取样测纯苯混溶性达 1:4 透明为终点；

f. 蒸出过量丁醇，调整黏度到规定的范围，冷却过滤。

丁醚化苯代三聚氰胺甲醛树脂的质量规格见表 8-25。

（2）甲醚化苯代三聚氰胺甲醛树脂的合成工艺　实用的甲醚化苯代三聚氰胺甲醛树脂大多属于单体型高烷基化氨基树脂。甲醚化苯代三聚氰胺甲醛树脂的合成原理与甲醚化三聚氰胺甲醛树脂相似。

甲醚化苯代三聚氰胺甲醛树脂的生产配方示例见表 8-26。

表 8-25　丁醚化苯代三聚氰胺甲醛树脂的质量规格

项目	色号(铁-钴比色计)	不挥发分/%	黏度(涂-4杯)/s	干性(与44%油度豆油醇酸树脂)	容忍度(200号油漆溶剂油)	游离甲醛/%	酸值/(mg KOH/g)
指标	≤1	60±2	20～50	120℃×1h	1:（3～7）	≤3	≤2

表 8-26　甲醚化苯代三聚氰胺甲醛树脂的生产配方示例

原料	苯代三聚氰胺	93%多聚甲醛	甲醇(一)	甲醇(二)
分子量	187	30	32	32
物质的量/mol	1	3	2.7	17.1
质量份	20.4	10.6	9.4	59.6

其生产过程如下：

a. 将甲醇（一）、多聚甲醛投入反应釜中，开动搅拌，用 20%氢氧化钠调节 pH 至 8.6～8.8，升温至 50℃，待多聚甲醛溶解后，加入苯代三聚氰胺；

b. 升温至 70℃保温 1h，加入甲醇（二），降温；

c. 以浓盐酸调节 pH 至 1.0～2.0，在 40℃保温 2h，以 30％氢氧化钠调节 pH 至 9.0；

d. 真空蒸除挥发物，直至 70℃、93kPa（真空度）时无液体蒸出为止，冷却过滤。

甲醚化苯代三聚氰胺甲醛树脂的质量规格见表 8-27。

表 8-27　甲醚化苯代三聚氰胺甲醛树脂的质量规格

项目	色号(铁-钴比色计)	不挥发分/%	黏度(涂-4 杯)/s	游离甲醛/%	溶解性
指标	≤1	≥98	3.0～5.5	≤0.5	溶于醇类、芳烃类

8.4.4　共缩聚树脂的合成

8.4.4.1　丁醚化三聚氰胺脲醛共缩聚树脂的合成

丁醚化三聚氰胺树脂是使用最广泛的交联剂，但其附着力较差，固化速度较慢。以尿素取代部分三聚氰胺合成丁醚化三聚氰胺脲醛共缩聚树脂，既可提高涂膜的附着力和干性，又可降低成本。

丁醚化三聚氰胺脲醛共缩聚树脂的生产配方示例见表 8-28。

表 8-28　丁醚化三聚氰胺脲醛共缩聚树脂的生产配方示例

原　料	三聚氰胺	尿素	37％甲醛	丁醇	二甲苯	苯酐
分子量	126	60	30	74		
物质的量/mol	0.75	0.25	5.5	5.5		
质量份	15.3	2.4	7.2	66.0	6.5	2.6

其生产过程如下：

① 将丁醇、甲醛、二甲苯投入反应釜中，开动搅拌，用 10％氢氧化钠调节 pH 至 8.0～8.5，加入三聚氰胺；

② 升温至 50℃，待三聚氰胺溶解后，加入尿素；

③ 升温回流出水，待出水量达 30 份左右，加入苯酐，调节 pH 至微酸性；

④ 回流出水至 105℃以上，测树脂对 200 号油漆溶剂油容忍度达 1∶2 时终止反应；

⑤ 蒸出部分丁醇，调整黏度至规定范围，冷却过滤。

丁醚化三聚氰胺脲醛共缩聚树脂的质量规格见表 8-29。

表 8-29　丁醚化三聚氰胺脲醛共缩聚树脂的质量规格

项目	色号(铁-钴比色计)	不挥发分/%	黏度(涂-4 杯)/s	容忍度(对 200 号油漆溶剂油)	酸值/(mg KOH/g)
指标	≤1	60±2	50～120	1∶(2～8)	≤2

8.4.4.2　丁醚化三聚氰胺苯代三聚氰胺共缩聚树脂的合成

以苯代三聚氰胺取代部分三聚氰胺合成丁醚化三聚氰胺苯代三聚氰胺共缩聚树脂，可改进三聚氰胺树脂和醇酸树脂的混溶性，提高涂膜的初期光泽、抗水性和耐碱性，但对树脂的耐候性有些不利影响。

丁醚化三聚氰胺苯代三聚氰胺共缩聚树脂的生产配方示例见表 8-30。

表 8-30　丁醚化三聚氰胺苯代三聚氰胺共缩聚树脂的生产配方示例

原　料	三聚氰胺	苯代三聚氰胺	37％甲醛	丁醇	二甲苯	碳酸镁	苯酐
分子量	126	187	30	74			
物质的量/mol	0.75	0.25	5.5	5.0			
质量份	9.3	4.6	44.0	36.5	5.5	0.04	0.06

其生产过程如下：

① 将甲醛、丁醇、二甲苯投入反应釜中，开动搅拌，加入碳酸镁、三聚氰胺、苯代三聚氰胺；

② 回流出水，待出水量达 18 份左右，加入苯酐；

③ 继续回流出水至 105℃ 以上，测树脂对 200 号油漆溶剂油容忍度达 1:2 时终止反应；

④ 蒸出部分丁醇，调整黏度至规定范围，冷却过滤。

丁醚化三聚氰胺苯代三聚氰胺共缩聚树脂的质量规格见表 8-31。

表 8-31　丁醚化三聚氰胺苯代三聚氰胺共缩聚树脂的质量规格

项目	色号(铁-钴比色计)	不挥发分/%	黏度(涂-4 杯)/s	容忍度(对 200 号油漆溶剂油)	混溶性(纯苯 1:4)
指标	≤1	50±2	20～30	1:(2～7)	透明

8.5　氨基树脂的应用

涂料工业使用的氨基树脂在涂料固化过程中起交联剂的作用。氨基树脂与基体树脂可进行共缩聚反应，其本身也进行自缩聚反应，使涂料交联固化。氨基树脂中含有烷氧基甲基、羟甲基和亚氨基等基团。烷氧基甲基是交联反应的主要基团，羟甲基既是交联反应的基团，也是自缩聚的基团，其反应能力比烷氧基甲基大，亚氨基主要是自缩聚的基团，易与羟甲基进行自缩聚反应。

聚合型部分烷基化的氨基树脂主要含有烷氧基甲基和羟甲基，聚合型高亚氨基氨基树脂主要含有烷氧基甲基和亚氨基，单体型高烷基化氨基树脂主要含有烷氧基甲基。

醇酸树脂、热固性丙烯酸树脂、聚酯树脂和环氧树脂中含有羟基、羧基，这些树脂作为基体树脂与氨基树脂配合，在涂膜中发挥增塑作用。基体树脂的羟基、羧基与氨基树脂的烷氧基甲基、羟甲基和亚氨基等基团进行共缩聚反应。这是固化时的主要反应，羧基主要起催化作用，它催化交联反应，同时也催化氨基树脂的自缩聚反应。

为满足涂料的性能要求，常将几种树脂混合，通过改变混合比调节性能，达到优势互补的作用。涂膜性能较大程度上取决于基体树脂和氨基树脂交联剂间的混溶性。在交联反应体系，混溶性不仅与基体树脂和交联剂的种类性能有关，还与它们之间的混合分散状态、相互反应程度、分子立体构型、分子量及其分布等有很大关系。

当两种树脂混合时往往会出现下列现象。

① 两种树脂混溶性好，烘干后涂膜透明，附着力好，光泽高。

② 两种树脂能混溶，但溶液透明稍差，涂膜烘干后透明。这种情况，是两种树脂本质上能混溶，只是溶剂不理想。

③ 两种树脂能混溶，但涂膜烘干后表面有一层白雾。这是两者混溶性不佳的最轻程度。

④ 两种树脂能混溶，但涂膜烘干后皱皮、无光。出现这种情况是因为两者本质上不能混溶，只是能溶于同一种溶剂。

⑤ 两种树脂不能混溶，放在一起体系浑浊，严重时分层析出。

一般涂膜的必要条件是透明且附着力好。上述几种情况中只有出现①、②两种情况的树脂才能配合使用。

通用的丁醚化三聚氰胺树脂为聚合型结构，分子量一般不超过 2000，分子结构中主要有羟甲基和丁氧基，前者极性高于后者。不干性油醇酸树脂油度短，羟基过量较多，极性较大，它易与低丁醚化三聚氰胺树脂混溶；半干性油（或干性油）醇酸树脂油度较长，羟基过量较少，极性较小，易与高丁醚化三聚氰胺树脂相容。高醚化氨基树脂可得到较高的应用固体分，但固化速度慢，涂膜硬度低，所以选择氨基树脂时，在达到一定混溶性的前提下，醚化度不要太高。

聚酯树脂极性高于醇酸树脂。热固性丙烯酸树脂主要是（甲基）丙烯酸（酯）单体和多种乙烯基单体的共聚物，分子量一般为 10000～20000，分子链上带有羟基、羧基等，极性也高于醇酸树脂。这两类树脂易与自缩聚倾向小、共缩聚倾向大的低丁醚化三聚氰胺树脂、甲醚化三聚氰胺树脂相容。热固性丙烯酸树脂用醇酸改性后，可改善与低丁醚化三聚氰胺树脂的混溶性。

异丁醇醚化氨基树脂比容忍度相同的丁醇醚化氨基树脂的极性大，分子量分布宽，与极性较大的醇酸树脂有更好的混溶性。

丁醚化苯代三聚氰胺树脂比丁醇醚化三聚氰胺树脂极性低，与多种醇酸树脂有优良的混溶性。

丁醚化脲醛树脂易与短、中油度醇酸树脂相容。

丁醚化氨基树脂的烃容忍度是涉及混溶性的一个重要技术指标，但不是决定混溶性的唯一指标。容忍度是选择混溶性的一个最方便的工具。

甲醚化氨基树脂，不论单体型还是聚合型，分子量一般都比丁醚化氨基树脂低，极性比丁醚化氨基树脂高。它们共缩聚倾向大于自缩聚，与醇酸树脂、聚酯树脂、热固性丙烯酸树脂、环氧树脂都有良好相容性，可产生固化快、耐溶剂、硬度高的涂膜，但它们更倾向于与低分子量的基体树脂相容。

8.5.1 丁醚化氨基树脂的应用

8.5.1.1 氨基醇酸磁漆

氨基醇酸磁漆中大都选用油度在 40％左右的醇酸树脂，生产短油度醇酸树脂通常多元醇需过量较多。基体树脂中保留的羟基有利于与氨基树脂的交联，但羟基过多会影响涂膜的抗水性。油度短的醇酸树脂涂膜硬度较高，因此氨基树脂用量可适当减少。若氨基树脂的用量增加，则可降低烘烤温度或缩短烘烤时间。

氨基烘漆中主要使用半干性油和不干性油改性的醇酸树脂。最常用的半干性油是豆油和茶油，这类醇酸树脂常用于色漆配方中，氨基树脂和醇酸树脂的比例一般为 1∶（4～5）。不干性油主要有椰子油、蓖麻油和花生油，这类醇酸树脂的保光保色性比豆油醇酸树脂好得多，特别是蓖麻油醇酸树脂，附着力优良，这类醇酸树脂常用于浅色或白色烘漆配方中，氨基树脂和醇酸树脂的比例一般为 1∶（2.5～3）。

以十一烯酸、合成脂肪酸（主要是 C_5～C_6 低碳酸和 C_{10}～C_{20} 中碳酸）等碳链较短的不干性油制得的醇酸树脂与氨基树脂制得的涂膜耐水性、光泽、硬度、保光保色性都有提高，但丰度不如豆油改性醇酸树脂好。氨基树脂和醇酸树脂的比例一般为 1∶（2.8～3）。

聚丙烯酸酯（主要是甲基丙烯酸酯）改性的醇酸树脂制得的氨基烘漆的干性好，保光保色性优良，可做罐头外壁涂料或用于对保光保色性要求较高的场合。

8.5.1.2 清烘漆和透明漆

清烘漆中常用豆油醇酸树脂、蓖麻油醇酸树脂、十一烯酸改性醇酸树脂。三者相比较，豆油醇酸树脂黄变性较大，但施工性能好，涂膜丰满度好。蓖麻油醇酸树脂抗黄变性和附着力比豆油醇酸树脂好。十一烯酸改性醇酸树脂，涂膜的耐水性、耐光保色性都较好。椰子油醇酸树脂有突出的抗黄变性，但涂膜硬度和附着力较差。

氨基树脂较醇酸树脂色泽浅、硬度大、不易黄变，在罩光用的清烘漆中，氨基树脂用量可适当增加。交联剂都选用醚化度低的三聚氰胺树脂。

透明漆和清烘漆相似，透明漆是在清烘漆中加入少量的颜料或醇溶性染料。透明漆大都用豆油醇酸树脂，氨基树脂和醇酸树脂的比例一般为 1∶3 左右，110℃烘 1.5h 可固化。

醇溶火红 B 是桃紫色结晶型粉末，具有一定的耐光、耐热性能，有很好的醇溶性，常用于透明烘漆中。酞菁绿、酞菁蓝也是透明漆中常用的颜料。

8.5.1.3 半光漆和无光漆

半光和无光氨基醇酸树脂漆和一般磁漆配方一样，除颜料外再加些滑石粉、碳酸钙等体质颜料，半光漆少加些、无光漆多加些。滑石粉的消光作用较显著，但用量多则影响涂膜的流平性。氨基树脂的用量在半光漆中可和磁漆相仿，但在无光漆中由于颜料含量高，涂膜的弹性和耐冲击强度较差，所以氨基树脂的比例应适当减少。120℃烘 2h 可固化。

8.5.1.4 快干氨基醇酸磁漆

氨基醇酸烘漆中如果加入部分干性油醇酸树脂，漆的烘烤时间可缩短至 1h。但桐油、亚麻油醇酸树脂易黄变，故只能在深色漆中使用。在醇酸树脂中引入部分苯甲酸进行改性，可缩短树脂的油度，提高涂膜的干性和硬度，且不会影响抗黄变性。37％油度苯甲酸改性脱水蓖麻油醇酸可在 110℃烘 1h 固化。如果用三羟甲基丙烷代替甘油，缩短油度，适当增加氨基树脂的用量，干燥时间则为 130℃烘 20～30min。若改用高活性的异丁醇醚化氨基树脂，烘烤温度还可进一步降低，干燥时间可进一步缩短。

8.5.1.5 氨基醇酸绝缘烘漆

氨基醇酸绝缘烘漆是中油度干性油改性醇酸树脂与低醚化度三聚氰胺树脂混合后溶于二甲苯中的溶液。价格适宜，具有较高的附着力、抗潮性和绝缘性，稳定性良好。适用于中小型电机、电器、变压器线圈的浸渍绝缘，耐热温度为 130℃。

8.5.1.6 酸固化氨基清漆

氨基树脂漆的固化可以用酸性催化剂加速，配方中加入相当数量的酸性催化剂，涂膜不经烘烤也能够固化成膜。这种配方的酸固化氨基清漆可作木器清漆使用。所用的氨基树脂中脲醛树脂较多，基体树脂都用半干性油、不干性油改性中油度或短油度醇酸树脂，酸性催化剂可以用磷酸、磷酸正丁酯、硫酸、盐酸、对甲苯磺酸等。酸性催化剂溶解于丁醇中分别包装，在使用时按规定的比例在搅拌下加入清漆中，稀释剂用沸点较低、较易挥发的溶剂。这种涂料干性好，可与硝基漆相比，且涂膜硬度高、光泽好、坚韧耐磨。酸性催化剂的量不可过多，否则干燥虽快，但漆膜易变脆，甚至日久产生裂纹。加入催化剂后使用期通常仅为 24h 左右。

8.5.1.7 氨基聚酯烘漆

聚酯树脂是由多元酸、一元酸和多元醇缩聚而成，多元醇常用具有伯羟基的新戊二醇、季戊四醇、三羟甲基丙烷。多元酸则用苯酐、己二酸、间苯二甲酸。一元酸用苯甲酸、十一烯酸等。选择合适的原料，调整它们官能度的比例后制得的聚酯和氨基树脂配合，加入专用溶剂（丙二醇丁醚、二丙酮醇等），可得到光泽、硬度、保色性极好，能耐高温（180～200℃）短时间烘烤的涂膜。氨基树脂烘漆一般 140℃烘 1h 固化。

8.5.1.8 氨基环氧醇酸烘漆

在氨基醇酸烘漆中加入环氧树脂能提高烘漆的耐湿性、耐化学品性、耐盐雾性和附着力，但增加了涂膜的黄变性。环氧树脂一般不超过 20％。氨基环氧醇酸烘漆主要用作清漆，在金属表面起保护和装饰作用。这种清漆可在 150℃烘 45～60min，得到硬度高、光泽高、附着力强及耐磨性、耐水性优良的涂层，常用于钟表外壳、铜管乐器及各种金属零件的罩光。

8.5.1.9　氨基环氧酯烘漆

环氧酯由环氧树脂和脂肪酸酯化而成。环氧树脂一般用 E-12，脂肪酸用各种植物油脂肪酸，可以是干性、半干性和不干性油脂肪酸。环氧酯的性能随所用油的种类和油度的不同而有所不同。用豆油酸或豆油酸和亚麻油酸混合，可制成烘干型环氧酯。环氧酯可以单独用作涂料，也可以和氨基树脂配合使用，其耐潮、耐盐雾和防霉性能比氨基醇酸烘漆好，适用于在湿热带使用的电器、电机、仪表等外壳的涂装。环氧酯的耐化学品性虽不如未酯化环氧树脂涂料，但装饰性要好于环氧树脂涂料，而略逊于氨基醇酸烘漆。氨基环氧酯烘漆一般 120℃烘 2h 固化，如用桐油酸、脱水蓖麻油酸环氧酯，则 120℃烘 1h 固化。

8.5.1.10　氨基环氧漆

环氧树脂和氨基树脂配合可制成色漆、底漆和清漆。氨基环氧漆有较好的耐湿性和耐盐雾性，其底漆性能比醇酸底漆、氨基醇酸底漆和氨基环氧酯底漆都好。由于环氧树脂中与氨基树脂反应的主要基团是仲羟基，因此固化温度较高。常用的固化催化剂为对甲苯磺酸。为提高涂料的贮存稳定性，可用封闭型催化剂，如对甲苯磺酸吗啉盐。

8.5.1.11　醇酸底漆和硝基漆

在铁红醇酸底漆和硝基漆中，常加入极少量的丁醚化三聚氰胺树脂，以增加涂膜硬度和打磨性。

8.5.2　甲醚化氨基树脂的应用

8.5.2.1　六甲氧基甲基三聚氰胺（HMMM）的应用

工业级 HMMM 黏度低、交联度高，与各种油度醇酸树脂、聚酯树脂、热固性丙烯酸树脂、环氧树脂都有良好的混溶性，可应用于溶剂型装饰涂料、卷材涂料、罐头涂料、高固体涂料、粉末涂料、水性涂料，也可用于油墨工业、造纸工业等。HMMM 固化时温度较高，但涂膜的力学强度也较高。

（1）溶剂型氨基醇酸烘漆　在氨基树脂配方中，若以 HMMM 代替丁醇醚化三聚氰胺树脂与醇酸树脂配合，HMMM 用量约为丁醚化三聚氰胺树脂用量的一半，即可达到相同的涂膜性能。

（2）卷材涂料　在加工前金属板材上涂有的涂料称为卷材涂料。由于涂装的金属板材还要经过一系列的加工过程，所以要求涂膜除了有通常的涂膜性能外，还应具有良好的力学性能。卷材涂料的面漆中，主要使用聚酯树脂、塑溶胶、有机硅改性聚酯、热固性丙烯酸树脂和氟树脂共 5 种。其中聚酯树脂由于硬度、附着力和保光保色性突出，在家用电器等装饰性要求高的场合使用较多。聚酯树脂需要用甲醚化三聚氰胺树脂作交联剂。

（3）高固体分涂料　一般高固体分涂料的固体分为 $60\%\sim80\%$，施工时固体分较通用型涂料高 $15\%\sim25\%$。高固体分涂料中基体树脂是分子量比通用型树脂低的低聚物。目前高固体分涂料较常用的品种有氨基醇酸漆、氨基丙烯酸漆和氨基聚酯漆。

由于高固体分涂料中基体树脂分子小，固化时要求有较高的交联密度，为此交联剂应选择自缩聚倾向较小的品种。HMMM 黏度低，自缩聚倾向小，是高固体分涂料中较理想的交联剂。在高固体分涂料中，常需加入强酸性催化剂帮助固化，常用的催化剂有甲基磺酸、对甲苯磺酸、十二烷基苯磺酸、二壬基萘磺酸、二壬基萘二磺酸等。

HMMM 的极性比丁醚化三聚氰胺树脂大，在湿膜中有较高的表面张力。涂料的固含量越高，湿膜的表面张力越大，因此 HMMM 作交联剂的配方，尤其是高固体分涂料配方中，常需加入适量的甲基硅油等表面活性剂，以克服涂膜的表面缺陷。

（4）粉末涂料　粉末涂料与一般涂料形态完全不同，它是细微粉末。由于不使用溶剂，施工中飞散的粉末还可回收利用，因此这种涂料无公害、高效率、省资源。粉末涂料分为热固性和热塑性两大类。热固性聚酯树脂、热固性丙烯酸树脂可采用改性的甲醚化三聚氰胺树脂作交联剂。改性的目的是提高氨基交联剂的玻璃化温度，克服涂料易结块的缺点。这类涂料耐候性、装饰性、耐污染性都很好，但耐结块性还不理想，故目前实际应用不多。

（5）水性涂料　HMMM 在水性涂料中作交联剂。

8.5.2.2　甲醚化苯代三聚氰胺树脂的应用

甲醚化苯代三聚氰胺树脂可用于高固体分涂料，也可用于电泳漆中。以它为交联剂的电泳涂料，经长期电泳涂装后，电泳槽中它和基体树脂的比例可保持基本恒定，使涂膜质量稳定。

8.5.2.3　甲醚化脲醛树脂的应用

甲醚化脲醛树脂可溶于有机溶剂和水，在色漆和清漆中，其固化速度比 HMMM 和丁醚化脲醛树脂快。在溶剂型磁漆中用丁醚化脲醛树脂一半的量，就达到与丁醚化树脂同样的硬度，并有较高光泽和耐冲击性的涂膜。此外，它也可制备高固体分涂料及快固的水性涂料。

8.6　结语

氨基树脂的应用面很广，特别是氨基醇酸漆和氨基丙烯酸漆，性能优良，它们是目前热固性涂料的主要品种。随着高固体分涂料、粉末涂料和水性涂料等环保型涂料品种的不断发展，氨基树脂必将迎来更好的发展前景。

第9章 氟树脂和硅树脂

9.1 氟树脂

9.1.1 概述

氟树脂又称氟碳树脂，是指由氟烯烃或氟烯烃与其他单体共聚而得到的含氟聚合物。以这类氟树脂为成膜物质配制的涂料称氟树脂涂料或氟碳涂料，氟碳涂料是近年来发展较快的新型涂料品种。目前，用于涂料的氟树脂共有三大类，即聚四氟乙烯树脂（PTFE）、聚偏二氟乙烯树脂（PVDF）和热固性氟碳树脂（FEVE）。

第一种是以美国杜邦公司为代表生产的热熔型氟涂料——特氟龙系列不粘涂料，主要用于不粘锅、不粘餐具及不粘模具等方面；第二种是美国阿托菲纳公司生产的聚偏二氟乙烯树脂（PVDF）为主要成分的建筑氟涂料，具有超强耐候性，主要用于铝幕墙板；第三种是1982年日本旭硝子公司推出的Lumiflon牌号的热固性氟碳树脂FEVE，FEVE由三氟氯乙烯（CTFE）和烷基乙烯基醚共聚制得，其涂料可常温和中温固化。这种常温固化型氟碳涂料不需烘烤，可在建筑及野外露天大型物件上现场施工操作，从而大大拓展了氟碳漆的应用范围，主要用于建筑、桥梁、电视塔等难以经常维修的大型结构装饰性保护等，具有施工简单、防护效果好和防护寿命长等特点。1995年以后，杜邦公司开发了氟弹性体（氟橡胶），后来又发展了液态（包括水性）氟碳弹性体，生产了溶剂型和水性氟弹性体涂料。至此，具有不同用途的热塑性、热固性及弹性体氟碳树脂涂料，品种齐全，溶剂型、水性、粉末氟树脂涂料都在发展，拓宽了氟树脂涂料的应用领域。

氟树脂之所以有许多独特的优良性能，在于氟树脂中含有较多的C—F键。氟元素是一种性质独特的化学元素，在元素周期表中，其电负性最强、极化率最低、原子半径仅次于氢。氟原子取代C—H键上的H，形成的C—F键极短，键能高达486kJ/mol（C—H键能为413kJ/mol，C—C键能为347kJ/mol），因此，C—F键很难被热、光以及化学因素破坏。F的电负性大，F原子上带有较多的负电荷，相邻F原子相互排斥，含氟烃链上的氟原子沿着锯齿状的C—C链做螺线形分布，C—C主链四周被一系列带负电的F原子包围，形成高度立体屏蔽，保护了C—C键的稳定。因此，氟元素的引入，使含氟聚合物化学性质极其稳定，氟树脂涂料则表现出优异的热稳定性、耐化学品性以及超耐候性，是迄今发现的耐候性最好的户外用涂料，耐用年数在20年以上（一般的高装饰性、高耐候性的丙烯酸聚氨酯涂料、丙烯酸有机硅涂料，耐用年数一般为5～10年，有机硅聚酯涂料最高也只有10～15年）。

9.1.2 氟树脂的合成单体

合成氟树脂的单体主要有四氟乙烯、三氟氯乙烯、偏氟乙烯、六氟丙烯、全氟代烷基乙烯基醚等。

9.1.2.1 四氟乙烯

四氟乙烯（TFE）是一种无色无嗅的气体，沸点－76.3℃，熔点－142.5℃，临界温度33.3℃，临界压力4.02MPa，临界密度0.58g/cm³，在空气中0.1MPa下的燃烧极限为

216

14%～43%（体积分数）。纯四氟乙烯极易自动聚合，即使在黑暗的金属容器中也是如此，而且这种聚合是剧烈的放热反应，这种现象称为暴聚。在室温下处理四氟乙烯很不安全，运输时更是如此。为防止四氟乙烯在贮存时发生自聚，通常在四氟乙烯单体中加入一定量的三乙胺之类的自由基清除剂。

四氟乙烯的主要生产方法是以氟石（萤石）为原料，使之与硫酸作用生成氟化氢，氟化氢与三氯甲烷作用生成二氟一氯甲烷，高温下二氟一氯甲烷裂解生成四氟乙烯，再经脱酸、干燥、提纯即得四氟乙烯。

$$CaF_2 + H_2SO_4 \longrightarrow 2HF + CaSO_4$$
$$CHCl_3 + 2HF \longrightarrow CHClF_2 + 2HCl$$
$$2CHClF_2 \xrightarrow{\text{裂解}} CF_2 =\!\!= CF_2 + 2HCl$$

9.1.2.2 三氟氯乙烯

三氟氯乙烯（CTFE）在室温下是无色气体，有醚类气味，具中等毒性，沸点 $-27.9℃$，熔点 $-157.5℃$，临界温度 $105.8℃$，临界压力 $4.06MPa$，临界密度 $0.55g/cm^3$。三氟氯乙烯遇 HCl 就生成 1,1-二氯-1,2,2-三氟乙烷。

$$CFCl =\!\!= CF_2 + HCl \longrightarrow CFCl_2 - CHF_2$$

氧气和液态三氟氯乙烯在较低温度下反应生成过氧化物，可以成为 CTFE 剧烈聚合的引发剂，因此在 CTFE 安全贮存和运输时，若不加入阻聚剂就要除尽氧气。

三氟氯乙烯可由 1,1,2-三氯-1,2,2-三氟乙烷在 $500～600℃$ 下气相裂解脱氯，或催化脱氯合成。而 1,1,2-三氯-1,2,2-三氟乙烷由六氯乙烷与氟化氢反应制得：

$$CCl_3 - CCl_3 + 3HF \xrightarrow{SbCl_xF_y} CCl_2F - CClF_2 + 3HCl$$
$$CCl_2F - CClF_2 + Zn \xrightarrow[\text{甲醇}]{50～100℃} CFCl =\!\!= CF_2 + ZnCl_2$$

在合成三氟氯乙烯的过程中会有许多副产物，包括一氯二氟乙烯、三氟乙烯、二氯三氟乙烷、氯甲烷、二甲基醚及三氟氯乙烯的二聚体等，因此要通过一系列的净化、蒸馏操作来提纯。

9.1.2.3 偏氟乙烯

偏氟乙烯（VDF）室温下是可燃气体，无色无嗅，其分子量为 64.05，沸点（0.1MPa）$-84℃$，熔点 $-144℃$，密度（23.6℃）为 $0.617g/cm^3$，临界温度为 $30.1℃$，临界压力为 $4.434MPa$，临界密度为 $0.417g/cm^3$。在空气中爆炸极限（体积分数）为 $5.8\%～20.3\%$。偏氟乙烯在大于它的临界温度和临界压力时能发生高放热的聚合反应。

偏氟乙烯的合成方法中最为常用的有 3 种。

① 三氟乙烷脱 HF。

$$CF_3 - CH_3 \longrightarrow HF + CF_2 =\!\!= CH_2$$

将 1,1,1-三氟乙烷气体通入镀铂的铁镍合金管中，加热到 1200℃，接触 0.01s 后通入装有氟化钠的装置中脱去 HF，然后收集在液氮槽中。偏氟乙烯的沸点为 $-84℃$，可通过低温蒸发把它分离出来。未反应的三氟乙烷升温至 $-47.5℃$ 回收。

② 乙炔与 HF 加成，然后氯化，最后脱 HCl。

$$CH \equiv CH + 2HF \longrightarrow CHF_2 - CH_3$$
$$CHF_2 - CH_3 + Cl_2 \longrightarrow CClF_2 - CH_3 + HCl$$
$$CClF_2 - CH_3 \longrightarrow CF_2 =\!\!= CH_2 + HCl$$

③ 偏氯乙烯与 HF 加成，再脱 HCl。

$$CCl_2 =\!\!= CH_2 + 2HF \longrightarrow CClF_2 - CH_3 + HCl$$

$$CClF_2\text{—}CH_3 \longrightarrow CF_2\text{=}CH_2 + HCl$$

将偏氯乙烯和 HF 通入真空下加热到 300℃ 的 $CrCl_3 \cdot 6H_2O$ 催化剂层中，使气体的颜色从暗绿变成紫色，冷凝生成气体，在低温下分离偏氟乙烯。

9.1.2.4　六氟丙烯

六氟丙烯（HFP）在室温下是无色气体，具中等毒性。沸点 −29.4℃，熔点 −156.2℃，密度 1.58g/mL（−40℃），临界温度 85℃，临界压力 32.5MPa，临界密度 0.60g/mL。

六氟丙烯（HFP）的合成方法很多，可通过二氟一氯甲烷裂解、三氟甲烷裂解、四氟乙烯（TFE）裂解、六氟一氯丙烷热分解、全氟丁酸的碱金属盐脱二氧化碳、八氟环丁烷热分解、四氟乙烯与八氟环丁烷共热分解和聚四氟乙烯热分解合成。工业上常通过四氟乙烯（TFE）的热分解来制取。把 TFE 以 500g/(L·h) 的速率通过镍铬铁的合金管道，加热至 850℃，于 8kPa 压力下进行热解即可得到质量分数 75% 以上的 HFP，然后通过蒸馏得精制 HFP。

$$CF_2\text{=}CF_2 \xrightarrow[\text{8kPa}]{850℃} CF_3\text{—}CF\text{=}CF_2$$

$$CF_2\text{=}CF_2 \xrightarrow[\text{水蒸气}]{850℃} CF_3\text{—}CF\text{=}CF_2$$

9.1.2.5　全氟代烷基乙烯基醚

全氟代烷基乙烯基醚（PAVE）是四氟乙烯（TFE）共聚物中改善其性能、扩大用途的重要共聚单体，它能有效地抑制聚四氟乙烯（PTFE）的结晶过程，降低其分子量而有良好的力学性能。PAVE 作为改性剂优于 HFP 的原因是，它有更好的热稳定性。PAVE 与 TFE 的共聚物具有与 PTFE 同样优良的热稳定性。

全氟代烷基乙烯基醚（PAVE）的合成以六氟丙烯（HFP）为原料，要经历以下 3 步。

① 六氟丙烯与氧化剂，如 H_2O_2 在碱性溶液中，在 50~250℃，一定的压力下反应生成六氟环氧丙烷（HFPO）：

$$CH_3\text{—}CF\text{=}CF_2 + H_2O_2 \longrightarrow CF_3\text{—}\overset{\displaystyle O}{\overset{\displaystyle \diagup\diagdown}{CF\text{—}CF_2}} + H_2O$$

② 六氟环氧丙烷与全氟代酰基氟反应生成全氟代-2-烷氧基丙酰氟，是一个电化学反应过程：

$$CF_3\text{—}\overset{O}{\overset{\diagup\diagdown}{CF\text{—}CF_2}} + R_F\text{—}\overset{O}{\overset{\|}{C}}\text{—}F \longrightarrow R_FCF_2O\text{—}\underset{F_3C}{\overset{O}{\overset{\|}{CF\text{—}C}}}\text{—}F$$

R_F=全氟烃基

③ 全氟代-2-烷氧基丙酰氟与含氧的碱性盐，如 Na_2CO_3、Li_2CO_3、$Na_4B_2O_7$ 等在高温下反应合成全氟代烷基乙烯基醚，反应温度与碱性盐种类有关。

$$R_FCF_2O\text{—}\underset{F_3C}{\overset{O}{\overset{\|}{CF\text{—}C}}}\text{—}F + Na_2CO_3 \longrightarrow R_FCF_2O\text{—}CF\text{=}CF_2 + 2CO_2 + 2NaF$$

R_F=全氟烃基

全氟代烷基乙烯基醚中最常见的是全氟代丙基乙烯基醚（PPVE），其分子量 266，沸点（0.1MPa）36℃，闪点 −20℃，密度（23℃）1.53g/cm³，蒸气密度（75℃）0.2g/cm³，临界温度 423.58K，临界压力 1.9MPa，临界摩尔体积 435mL/mol。在空气中可燃极限体积分数为 1%。

9.1.3 氟树脂的合成

氟树脂主要包括聚四氟乙烯（PTFE）、聚三氟氯乙烯（PCTFE）、聚偏氟乙烯（PVDF）、聚全氟乙丙烯（FEP）、乙烯-四氟乙烯共聚物（ETFE）、四氟乙烯-全氟烷基乙烯基醚共聚物（PFA）等。

9.1.3.1 聚四氟乙烯的合成

聚四氟乙烯（PTFE）由四氟乙烯（TFE）单体聚合而成，聚合机理属自由基聚合。

$$n\,CF_2{=}CF_2 \xrightarrow{\text{引发剂}} \left[CF_2{-}CF_2\right]_n$$

聚合过程一般在水介质中进行，既可在30℃以下的低温下用氧化-还原体系引发，也可在较高温度下用过硫酸盐来引发。以过硫酸钾（$K_2S_2O_8$）作引发剂时，聚合机理如下。

① 过硫酸钾加热分解成自由基：

② 四氟乙烯溶解在水相中，$SO_4^-\cdot$ 与四氟乙烯反应生成新的自由基：

③ 链增长：

$$^-O_3SO{-}CF_2{-}\dot{C}F_2 + n\,CF_2{=}CF_2 \longrightarrow {}^-O_3SO\left[CF_2{-}CF_2\right]_n CF_2{-}\dot{C}F_2$$

④ 自由基水解成羟端基和羧端基自由基：

$$^-O_3SO\left[CF_2{-}CF_2\right]_m CF_2{-}\dot{C}F_2 + H_2O \longrightarrow HO\left[CF_2{-}CF_2\right]_m CF_2{-}\dot{C}F_2 + HSO_4^-$$

$$HO\left[CF_2{-}CF_2\right]_m CF_2{-}\dot{C}F_2 + H_2O \longrightarrow HOOC\left[CF_2{-}CF_2\right]_m \dot{C}F_2 + HF$$

⑤ 链增长终止，最终生成端羧基聚合物：

$$HOOC\left[CF_2{-}CF_2\right]_m \dot{C}F_2 + \dot{C}F_2\left[CF_2{-}CF_2\right]_m COOH \longrightarrow HOOC\left[CF_2{-}CF_2\right]_{n+m+1} COOH$$

可见，用过硫酸盐作引发剂，生成端羧基聚四氟乙烯。聚四氟乙烯的分子量可通过控制引发剂的用量，或加入调聚物及链转移剂等加以控制。

工业上，一般采用悬浮聚合、乳液聚合或溶液聚合来制备聚四氟乙烯，且都是以单釜间歇聚合的方式进行的。

（1）悬浮聚合 悬浮聚合是在脱氧的去离子水介质中，在一定的温度和压力以及强烈搅拌下进行的。聚合时采用恒定的压力，以控制聚合物的分子量及分布。聚合温度保持在10～50℃，聚合压力由恒速地加入单体来控制。引发剂既可用离子型的无机引发剂，如过硫酸铵、过硫酸钾或过硫酸锂，也可用有机过氧化物如双（β-羧丙酰基）过氧化物作引发剂。引发剂的用量是水质量的 $2\times10^{-6}\sim5\times10^{-4}$，确切的量取决于聚合条件。当其他条件恒定时，引发剂用量越多，则聚合物的分子量越小，但引发剂的用量太少时产量降低。聚合时放出大量的热量，聚合温度一般通过夹套冷却水来控制。为了操作安全，也为了减少或避免聚合物在釜壁和搅拌器上黏结，加入缓冲剂磷酸盐和硼酸盐等，控制溶液的 pH=6.5～9.5，在0.06～0.4MPa 压力下聚合。

利用悬浮聚合得到的聚四氟乙烯树脂悬浮液，经过滤、清洗和干燥后即可包装。这种树脂的平均粒径为 150～250μm，可直接用于模压或挤出加工。该粒度树脂经过气流粉碎，可以获得平均粒径为 25～50μm 的细软和表观密度小的树脂，适合于制备薄膜制品、薄壁制品和填充聚四氟乙烯制品等。

（2）乳液聚合　乳液聚合也在水相中进行，除单体外，需加入乳化剂（质量分数为 0.1%～3% 的全氟辛酸铵、2,2,ω-三氢全氟戊醇的磷酸酯、ω-氢全氟庚酸或 ω-氢全氟壬酸钾等），引发剂（水中质量分数为 0.1%～0.4% 的丁二酸、戊二酸的过氧化物或过硫酸铵等），抗胶粒凝结的助剂（液体石蜡、氟氯油或 C_{12} 以上的饱和烃，可提高胶粒在搅拌时的稳定性），以及用作改性剂的共聚单体［六氟丙烯、全氟甲基乙烯基醚（PMVE）、全氟乙基乙烯基醚（PEVE）、全氟丙基乙烯基醚（PPVE）及全氟丁基乙烯基醚（PBVE）］。如用过硫酸盐引发，在 60℃ 进行聚合，若用过氧化二琥珀酸引发，则在 85～99℃ 进行聚合，聚合压力一般为 2.75MPa。乳液聚合物的质量和加工性能不仅取决于聚合物的分子量及分布，而且在很大程度上受初级粒子形状、大小及分布的影响。聚合时，控制乳化剂的加入量和加入时间，使形成的聚合物粒子始终在适当的乳化剂的包围中，将预先聚合好的分散液加入聚合体系中作为种子，单体在聚合种子上继续聚合，随着反应的进行，粒子不断增大，粒子数目没有增加。用这种方法得到适当大且均匀的球状聚四氟乙烯。

作为改性剂的共聚单体可在聚合过程的任何时间加入，例如在 TFE 消耗掉 70% 时加入，此时的 PTFE 颗粒内芯是高分子量的 PTFE，而外壳是较低分子量的改性 PTFE，因此，有 30% 质量的外壳是共聚改性的 PTFE。改性过的 PTFE 熔融黏度可比未改性的降低 50%。

乳液聚合得到的聚四氟乙烯悬浮粒子为球状、疏水、带负电的粒子，粒径为 0.2～0.4μm，含量为 14%～30%。

（3）溶液聚合　为改善 PTFE 均聚物的溶解性，引入羟基官能团，方便应用及提高性能。可以采用溶液聚合的方法。下面是一羟基型四氟乙烯-乙烯基醚共聚物的合成示例。

向安装有搅拌器的 2500mL 的不锈钢制耐压反应器中投入甲基异丁基甲酮 200g、乙基乙烯基醚 206g、2-羟乙基乙烯基醚 129g、正丁基乙烯基醚 208g，KH-570 偶联剂 6g，三甲氧基硅烷 2g，引发剂偶氮二异丁腈 30g，抽空，氮气置换容器中的氧，直到氧含量降至 20mg/kg 以下，最后加入 700g 四氟乙烯，缓慢升温，维持温度 60℃ 反应，20h 后，将反应器水冷而终止反应，室温后吹扫出未反应单体，放料，得到无色或微黄透明的均匀黏稠液体。

9.1.3.2　聚三氟氯乙烯的合成

三氟氯乙烯（CTFE）可通过悬浮聚合和乳液聚合法在水相或非水液体中进行均聚，也可与其他单体共聚（如乙烯和偏氟乙烯等），聚合方法可以是本体聚合、悬浮聚合、溶液聚合和乳液聚合。聚三氟氯乙烯（PCTFE）是三氟氯乙烯的均聚物，聚合机理与聚四氟乙烯相似。

$$n\mathrm{CFCl}\!=\!\mathrm{CF_2} \xrightarrow{\text{引发剂}} \unicode{x2015}\hspace{-0.3em}[\mathrm{CFCl}\!-\!\mathrm{CF_2}]\hspace{-0.3em}\unicode{x2015}_n$$

三氟氯乙烯的乳液聚合在水介质中进行，选用碱金属过硫酸盐为引发剂，用银盐作促进剂，添加促进剂是为了在不降低聚合物熔融黏度的前提下提高聚合速度。用 5～20 个碳的全氟羧酸作乳化剂，加入二氯苯或丙烯酸甲酯，可以得到 0.18μm 的胶乳。反应体系的配方为：150 份去离子水、1 份全氟辛酸、1 份过硫酸钾、0.1 份七水合硫酸亚铁、0.4 份硫酸钠。冷却至 -195℃ 并严格排除空气，通入三氟氯乙烯，然后升温至 25℃，连续反应 21h 得到产物，产物经后处理即得纯净的聚三氟氯乙烯。

三氟氯乙烯的本体聚合，用 0.01%～0.55% 的三氟乙酰基过氧化物作引发剂，聚合温度为 0～60℃，聚合速度与引发剂浓度的 0.7～0.8 次方成正比关系，聚合活化能为 71.2J/mol。三氟氯乙烯的悬浮聚合与四氟乙烯基本相同，用过硫酸钾和亚硫酸氢钠氧化-还原体系作引发剂，聚合速度与引发剂初始浓度的 0.8 次方成正比关系。

三氟氯乙烯同其他乙烯基醚类单体共聚，可以改善其均聚物的溶解性，用作热塑性溶剂型氟树脂或热固性羟基型氟树脂（FEVE）。下面是一合成实例。

将 258.2g 乙基乙烯基醚、238.1g 环己基乙烯基醚、121.4g 羟乙基乙烯基醚、3.4g 丙烯酸二甲氨基乙酯、2000g 二甲苯、8g 过氧化二碳酸二异丙酯依次加入高压反应釜中，对反应釜进行 3 次抽真空、氮气置换，置换合格后备用，对聚合釜夹套通冷冻盐水降温，待温度降至 0℃ 以下，向聚合釜中加入 900g 三氟氯乙烯单体，对反应釜进行搅拌和加热，控制反应釜内温度为 60℃，反应时间 6h，聚合结束后，停止搅拌并降温至常温，回收残余的三氟氯乙烯单体，放出聚合物料至浓缩釜，对树脂溶液进行浓缩，浓缩至固含量 50％ 左右得到成品，即羟基型三氟氯乙烯-乙烯基醚共聚物。

下面是一个三氟氯乙烯-乙烯基醚共聚物乳液的合成实例。

将 141.50g 醋酸乙烯酯、46.91g 叔碳酸乙烯酯（Veova10）、47.58g 丙烯酸丁酯、9.25g 顺丁烯二酸二乙酯撑基双（癸烷基二甲基氯化铵）、104.53g 去离子水投入容器中经分散乳化 20～30min 制成预乳化单体液。

取 1.72g 偶氮二异丁脒盐酸盐（AIBA）水溶液加入 89.10g 去离子水中制成引发剂水溶液。

取 6.38％ 预乳化单体溶液、20％ 引发剂溶液、2.71g 顺丁烯二酸二乙酯撑基双（癸烷基二甲基氯化铵）与 188.10g 去离子水一同加入带有机械搅拌、热电偶、加热及冷却管的反应釜中，抽真空，充氮气，再抽真空，反复 3 次后，加入 76g 三氟氯乙烯，在 300～500r/min 转速下分散 30min，升温到 70℃，反应 30min 后，滴加占乳化单体液总量 93.62％ 的乳化单体液和占引发剂溶液总量 60％ 的引发剂水溶液，3h 内加完，15min 后补加剩余的引发剂溶液，继续反应 4h，降温，获得抗菌型水性氟树脂。

经检测本实例制备的抗菌型水性氟树脂黏度为 55mPa·s，固含量为 44.37％，氟含量为 11.74％，转化率为 97.90％，凝胶率为 0.02％。

9.1.3.3　聚偏氟乙烯的合成

聚偏氟乙烯（PVDF）又称聚偏二氟乙烯，是由偏氟乙烯聚合而成。

$$n CF_2{=\!=}CH_2 \xrightarrow{\text{引发剂}} \text{—}[CF_2\text{—}CH_2]_{\overline{n}}$$

偏氟乙烯聚合能生成头-头、尾-尾和头-尾结合的 3 种构型。偏氟乙烯可按乳液聚合、悬浮聚合、溶液聚合及本体聚合法制得聚合物。本体聚合主要用于偏氟乙烯与乙烯及卤代乙烯单体的共聚反应。引发剂主要为有机过氧化物。用有机过氧化物作引发剂得到的聚偏氟乙烯的热稳定性较高。温度升高或压力降低都能使聚合物的分子量降低，但是对聚合物的链结构影响不明显。

（1）乳液聚合　偏氟乙烯的乳液聚合一般采用氟系表面活性剂，如 5～15 个碳的全氟羧酸盐、ω-氯全氟羧酸盐、全氟磺酸盐、全氟苯甲酸类和全氟邻苯二甲酸类等。另外还需加入链转移剂和引发剂，链转移剂起调节聚合物分子量和聚合介质 pH 的作用，引发剂可以是水溶性的过硫酸盐，也可以是有机过氧化物，如二叔丁基过氧化物。

偏氟乙烯在搅拌反应器中进行聚合反应后，通常生成粒径为 0.25μm 的球状粒子，在反应液中加入石蜡起稳定聚偏氟乙烯胶束的作用。待反应结束后，倾倒石蜡过滤，清洗，干燥，最后得到聚集成团、粒径为 2～5μm 的聚偏氟乙烯粉料。通过熔融挤出，再把这种聚偏氟乙烯粉料造粒成丸粒或方形的粒料。

合成实例：在 300mL 的高压釜中加入 100mL 去离子水及 0.4g 丁二酸过氧化物，抽掉高压釜中的空气，用液氮冷却后加入35g偏氟乙烯，随后加入表面活性剂及由纯氧化铁还原而成的铁0.7mg，加料结束后密闭高压釜，并置于电热夹套之内，再把整个装置放在水平摇动的设备上，于80℃和527kPa压力下保温，进行聚合反应。聚合反应结束后冷却高压釜并抽空。得到稳定的分散液后使聚合物颗粒沉淀，过滤，并用水和甲醇洗涤，最终放入真空烘箱内干燥。

(2) 悬浮聚合　间歇式悬浮聚合偏氟乙烯的主要目的为限制在反应器壁上沉积聚偏氟乙烯。以水溶性聚合物，如纤维素衍生物和聚乙烯醇作悬浮剂，在聚合时起减缓聚合物颗粒结团的作用。有机过氧化物作聚合反应的引发剂，链转移剂控制聚偏氟乙烯的分子量，反应生成的聚合物浆液中含有粒径为30～100μm的聚偏氟乙烯粉料，经过滤与水分离，再洗涤和干燥即得聚偏氟乙烯树脂。

合成实例：容积为10L的带搅拌器不锈钢反应器内装有挡板和冷凝盘管，往反应器内加入2470mL水、908g偏氟乙烯、30g水溶性甲基羟丙基纤维素溶液、5g过氧化三甲基乙酸叔丁酯，25℃下升压至5.5MPa，此时液相单体的密度为0.69g/mL。将反应器升温至55℃，升压至13.8MPa，在4h的反应时间内往反应器压入800mL水，以保持恒定的压力。反应结束后冷却反应器，离心分离出聚合物，再用水洗净，于真空烘箱内干燥，得到平均粒径50～120μm的球形颗粒。单体的转化率可达91%（质量分数），聚偏氟乙烯的分子量为$5×10^4～3×10^5$。

不同的引发剂对聚偏氟乙烯的产率影响不大，但对它的分子量有较大影响。异丙醇类链转移剂的加入，可明显降低聚偏氟乙烯分子量。过氧化三甲基乙酸叔戊酯作为引发剂的效果不及过氧化碳酸二异丙酯，因为其聚合物产率低。异丙醇特别是甲乙酮对偏氟乙烯的聚合反应有负面影响，碳酸二乙酯作为链转移剂对聚合物的产率没有明显影响。

(3) 溶液聚合　偏氟乙烯能在饱和的全氟代或氟氯代烃溶剂中聚合，这类溶剂能溶解偏氟乙烯和有机过氧化物引发剂，在均相中进行聚合反应而生成的聚偏氟乙烯不溶于溶剂，容易与溶剂分离。所用的溶剂沸点必须大于室温，又能溶解单体和引发剂。含10个或更少碳原子的全氟代烃或氟氯代烃，不论是单组分还是它们的混合物，都有生成自由基的倾向。为了尽量降低聚合时的压力，所选溶剂的沸点必须大于室温，合适的溶剂有一氟三氯甲烷、三氟一氯乙烷、三氟三氯乙烷等。引发剂的质量分数为单体的0.2%～2.0%。可用的有机过氧化物有二叔丁基过氧化物、叔丁基氢过氧化物及过氧化苯甲酰，聚合反应温度为90～120℃，压力为0.6～3.5MPa。

合成实例：在装有磁性搅拌器的1L高压反应釜内，加入含十二烷酰过氧化物的三氟三氯乙烷500g，用N_2置换反应釜后排空，加入160g VDF单体，在室温下达到1.2MPa压力，加热到120～125℃，保持20h并搅拌。在聚合过程中最大压力为3.5MPa，最小压力为0.6MPa，单体的转化率达99.1%。生成的PVDF熔点达169℃。

偏氟乙烯可与六氟丙烯（HFP）在水溶液中进行共聚反应，根据反应混合物的组成和聚合条件的不同，在VDF/HFP共聚物中HFP的摩尔分数可在1%～13%内变化。HFP的摩尔分数达15%以上时，共聚物为无定形结构。它在很宽的温度范围内呈现出没有脆性的橡胶特性。

偏氟乙烯与六氟丙烯共聚实例：在500mL的高压釜中用N_2置换，按顺序加入含0.3g偏亚硫酸钠的水溶液15mL，含0.75g全氟辛酸钾的水溶液90mL（用质量分数5%的KOH调节其pH至12），含0.75g过硫酸钾的水溶液45mL（pH＝7）。往反应釜中加入12.4g（摩尔分数10%）HFP和47.6g（摩尔分数90%）VDF。密闭后反应釜装在有机械摇动的设备上摇动，并在50℃下绝热共聚反应24h。待反应结束后抽出未反应的单体，在液氮下凝集胶乳，随后用热水冲洗，湿饼在35℃的真空烘箱中干燥。取得的共聚物中含6％（摩尔分数）HFP和94％（摩尔分数）VDF，经X射线衍射测得它呈高结晶性；有良好的耐有机溶剂性能，在体积比为3∶7的甲苯和异辛烷混合液中，于25℃下7d仅溶胀4％，在发烟硝酸中25℃下浸泡7d也仅溶胀4％。

偏氟乙烯树脂可以配成溶剂可溶型涂料、溶剂分散型涂料、水性涂料和粉末涂料。聚偏氟乙烯树脂涂料是当前应用最广泛的氟树脂涂料。美国杜邦公司在20世纪40年代首先研制成功聚偏二氟乙烯，美国Elf Atochem公司是首先向涂料（涂装）工业和熔融加工业提供聚偏氟乙烯树脂的公司之一，品牌为Kynar 500。

利用Kynar树脂配制涂料时，主要为有机溶剂分散型，其配方包括Kynar树脂、丙烯酸树脂、改性剂、颜料、有机溶剂和其他助剂等。

9.1.3.4　聚全氟乙丙烯的合成

聚全氟乙丙烯，也称氟塑料46（F46、FEP），是四氟乙烯和六氟丙烯的共聚物。

$$nx\,CF_2{=}CF_2 + ny\,CF_2{=}\underset{\underset{CF_3}{|}}{CF} \xrightarrow{\text{引发剂}} \left[\left(CF_2{-}CF_2\right)_x\left(CF_2{-}\underset{\underset{CF_3}{|}}{CF}\right)_y\right]_n$$

聚全氟乙丙烯最早由美国杜邦公司于1956年开始推销，商品名为Teflon FEP树脂（FEP为氟化乙烯-丙烯）。聚全氟乙丙烯可以采用本体聚合、溶液聚合和γ射线引发下的高压共聚合，但工业上多用悬浮聚合和乳液聚合。

（1）悬浮聚合　四氟乙烯和六氟丙烯的高温悬浮液聚合，可在采用桨式搅拌的不锈钢高压釜中进行，聚合介质为脱氧去离子水，引发剂为过硫酸盐，如过硫酸钾、过硫酸铵等。

合成实例：圆柱形卧式高压反应釜中加入去离子水，反应釜中装有桨式搅拌器和可通冷热水的夹套，釜内抽真空；将水加热到95℃，往水中加入质量分数为0.1％的过硫酸铵作引发剂。往反应釜充入HFP至1.7MPa，保持95℃，待HFP和TFE成1∶3的混合物时，釜内充压到4.5MPa，搅拌15min，再补充新配制的过硫酸铵，将其注射入釜。混合液在95℃下搅拌80min后，停止搅拌，终止反应。抽空反应釜中的气体，得含固体4.6％（质量分数）的浆液，过滤后干燥。干燥时把树脂放在深度为50mm的铝盘中，在350℃下加热3h，产物即是TFE和HFP的共聚物FEP，该FEP的熔点为280℃，熔体黏度为7×10^{-3}Pa·s。

（2）乳液聚合　四氟乙烯和六氟丙烯的乳液聚合，以全氟辛酸盐或ω-氢全氟壬酸钾为乳化剂。聚合液组成：过硫酸钾引发剂3g、乳化剂2g、脱氧去离子水800mL和混合单体730～840g（六氟丙烯85％～89％，四氟乙烯11％～15％），用氢氧化钾调节pH为3.9～4.1，在聚合过程中补充四氟乙烯单体350～410g。聚合温度为66～67℃，聚合压力为2.5MPa，搅拌速度为80r/min，产物含六氟丙烯15％～17％。

对乳液聚合，调节乳液酸度和机械搅拌方式与速度，使聚合物凝聚成细粉。加入固体聚合物20％～25％的辛烷基苯酚聚氧乙烯醚（TX-10）非离子表面活性剂，混合均匀后加热至表面活性剂浊点以上时，保持一定时间，可以看到含TX-10的乳液慢慢地沉降分层，得到浓缩的聚全氟乙丙烯乳液，从不锈钢釜底阀门放出。浓缩乳液的相对密度为1.38～1.42，含量大于50％，用氨水调节pH为10左右，再用去离子水稀释至50％备用。

在采用过硫酸盐为引发剂时，在四氟乙烯和六氟丙烯的共聚过程中，由于链的引发和终止阶段会产生大量端羧基，这些末端基团的稳定性很低，聚合物在加工温度下会产生带腐蚀性的气体HF等，不仅使产品内有气泡影响产品质量，而且腐蚀加工设备。为了避免和减少上述现象的产生，必须对共聚物进行后处理，以脱除低分子化合物和末端不稳定基团。具体方法如下。

① 湿热处理　这是一种较早使用的方法。聚全氟乙丙烯树脂与热水作用能脱去不稳定的端羧基—COOH，生成稳定的—CF$_2$H端基。若在聚全氟乙丙烯树脂的热水浴中加入碱或碱性盐，则可加速—CF$_2$H的生成。可选用在热水温度下仍是稳定的碱性化合物，如NH$_3$、碱金属及碱土金属的氢氧化物。它们的用量取FEP树脂质量的$(1 \times 10^{-4}) \sim (6 \times 10^{-4})$。

② 选用链转移剂　在以过氧化物为引发剂的聚合过程中，选用合适的链转移剂，如异戊烷等，不仅可以提高共聚物的分子量，而且可以使离子型末端基团与异戊烷反应生成非离子型末端基团，从而改善了共聚物的热稳定性和加工性，由此得到的聚全氟乙丙烯具有很好的柔性。

9.1.3.5　乙烯-四氟乙烯共聚物的合成

乙烯-四氟乙烯共聚物（ETFE）是继聚四氟乙烯和聚全氟乙丙烯后开发的第三大氟树脂品种，也是第二种含四氟乙烯的可熔融加工聚合物，是乙烯（E）和四氟乙烯（TFE）共聚产物。

合成实例：四氟乙烯与乙烯容易以接近等量的比例共聚。在高压釜中加入1960质量份叔丁醇和40质量份水，釜内充N$_2$，加入1质量份过硫酸铵，密闭反应釜后把质量分数分别为88.5%和11.5%的四氟乙烯和乙烯混合气体压入反应釜内，升压至1.4MPa，搅拌并加热到50℃。在整个反应过程中补加四氟乙烯78%（质量分数）的混合气体，使釜内压力保持在2.1MPa，反应1h后停加单体，冷却反应釜并释放残留的气体。在反应介质中生成的产物是膏状的聚合物，蒸馏除去叔丁醇，过滤，150℃下干燥，最后可得到细分散的乙烯-四氟乙烯粉末共聚物，内含四氟乙烯79.1%（质量分数）。

乙烯-四氟乙烯共聚物的熔点随四氟乙烯比例的增大而降低，熔体流动质量速率却增加，同时四氟乙烯比例增大后共聚物的拉伸强度降低，表示共聚物的分子量有所降低。

乙烯与四氟乙烯容易形成交替共聚物，共聚物的熔点接近热分解温度，在加工过程中容易氧化分解，引起聚合物变色、起泡和龟裂。为了改善乙烯与四氟乙烯共聚物的热稳定性，需用第三单体改性。常用的第三单体是乙烯基单体，如全氟代烷基乙烯基醚、全氟代烷基乙烯等。乙烯-四氟乙烯共聚物的最低熔融黏度于300℃下，必须大于0.5kPa·s，才有一定的拉伸强度，但为了能热熔性加工，在300℃下熔融黏度不得大于500kPa·s。含有48.8%四氟乙烯、48.8%乙烯和2.4%（摩尔分数）全氟代丙基乙烯基醚（PPVE）的乙烯-四氟乙烯共聚物其熔点为255℃，在300℃时的熔融黏度为73kPa·s。弯曲疲劳寿命16300次。

9.1.3.6　四氟乙烯-全氟代烷基乙烯基醚共聚物的合成

四氟乙烯与全氟丙基乙烯基醚共聚物（PFA）被公认为是聚四氟乙烯的可熔加工的最好替代品，它的许多性能除与聚全氟乙丙烯类似外，还具有熔点较高（290～310℃）、加工性好和在较高的使用温度下力学性能优良等优点。另外，还具有耐应力龟裂和屈挠寿命长等特点。

四氟乙烯与全氟丙基乙烯基醚反应很容易得到高分子量的共聚物，在共聚物中全氟代烷基乙烯醚通常仅含百分之几。共聚反应分为溶液聚合、乳液聚合和悬浮液聚合三种，目前工业上多采用乳液聚合法。

（1）溶液聚合

合成实例：四氟乙烯和全氟烷基乙烯基醚在含H、Cl和F的卤代溶剂中共聚，所用的溶剂必须在聚合时呈液体状，有F11（CCl$_3$F）、F12（CCl$_2$F$_2$）、F22（CClF$_2$H）、F112（CCl$_2$FCCl$_2$）、F113（CCl$_2$FCClF$_2$）和F114（CClF$_2$CClF$_2$），其中F113的效果最好。使用一种低温引发剂，溶于单体溶剂溶液内需在85℃以下，若超过85℃溶剂就会起调聚剂的作用。连续地加入四氟乙烯和共聚单体，维持釜内一定的压力，在搅拌下进行反应。以双全氟代丙酰基过氧化物作引发剂。

（2）乳液聚合　四氟乙烯和全氟烷基乙烯基醚在水溶液中的共聚反应需加入少量的氟碳溶剂，否则聚合物的性能很差，而且氟碳溶剂的加入能提高聚合速度，但聚合物的分子量分布较宽。在聚合反应时加入气相的链转移剂，如甲烷、乙烷和氢气等，一方面使分子量分布变窄，另一方面使分子链末端生成二氟甲基而不是羧基，提高聚合物的热稳定性。聚合反应的引发剂可用过硫酸铵，表面活性剂用全氟辛酸铵。聚合反应在不锈钢高压釜中进行。

合成实例：将高压釜密闭抽真空，并用四氟乙烯置换空气后在反应釜中加入去离子水、碳酸铵和乳化剂，乳化剂为10％的全氟-2,5-二甲基-3,6-二氧杂壬酸铵盐的水溶液。搅拌，升温，达到温度后用四氟乙烯将全氟丙基乙烯基醚和三氟三氯乙烷压入反应釜，加压至比预定压力低1.96MPa为止。待温度和压力稳定后，再用四氟乙烯将引发剂压入反应釜，加压到预定压力。反应中，压力每降低0.098MPa，用四氟乙烯补充压力，重复30次以后停止搅拌，排除未反应的单体，开釜，吸出乳液。用机械搅拌法使乳液凝聚得到白色粉末，然后用去离子水清洗、烘干，在380℃加热2～3h，可以得到白色发泡状的烧结共聚物。

9.1.4　氟树脂的应用

经过多年的发展，氟树脂涂料已形成一系列以聚四氟乙烯（PTFE）、聚偏氟乙烯（PVDF）、聚全氟乙丙-氟烯烃共聚物等氟树脂为基料的多种牌号和用途的氟碳涂料。按形态的不同可分为：水分散型、溶剂分散型、溶剂溶解型、可交联固化溶液型、可交联固化水分散型、粉末涂料型。按固化温度的不同可分为：高温固化型（180℃以上）、中温固化型、常温固化型。按组成涂料树脂的不同可分为：聚四氟乙烯（PTFE）涂料、聚三氟氯乙烯（PCTFE）涂料、聚偏氟乙烯（PVDF）涂料、三氟氯乙烯-烷基乙烯基醚共聚物（FEVE）涂料、聚全氟丙烯（FEP）涂料、乙烯-四氟乙烯共聚物（ETFE）涂料、乙烯-三氟氯乙烯共聚物（ECTFE）涂料、氟橡胶涂料及各种改性氟树脂涂料。

聚四氟乙烯分散液通过喷涂、浸渍、涂刷和电沉积等方式可以在金属、陶瓷、木材、橡胶和塑料等材料表面上形成涂层，使这些材料表面具有防粘、低摩擦系数和防水的优异性能，以及良好的电性能和耐热性能，大大拓宽了这些材料的应用领域，提高了材料的使用效率。另外，聚四氟乙烯分散液还可以浇在光滑平面，经干燥烧结后形成浇铸薄膜。因此，聚四氟乙烯涂层的应用日益广泛，如用于生活中的蒸锅、灶具和电熨斗等，橡胶工业上的脱模器具等。聚四氟乙烯涂料本身对渗透和吸附物理过程的抵抗能力比其他涂料好，但由于聚四氟乙烯涂料不能熔融流动，其涂层致密性较差，孔隙率高，腐蚀介质可通过孔隙侵蚀基材。因此聚四氟乙烯涂料还不能用于制造防腐蚀涂层，但可用作防腐蚀涂层的底漆。

聚全氟乙丙烯涂料主要作为耐化学药品侵蚀涂料和防粘涂料，如用于化工、医疗器械、医药工业设备、管道、阀门、储槽和机械等防护涂装。乙烯-四氟乙烯共聚物涂料的应用与其涂层或薄膜的特性有关，无针孔的厚涂膜适用于防腐蚀领域，电气性能好的薄膜适用于电子计算机等绝缘设备，具有耐紫外线和耐候性的涂膜可用于长期保护高速公路的隔音壁等。聚四氟乙烯-全氟烷基乙烯基醚共聚物涂料具有优异的耐蚀性能、不粘性能、电性能和耐候性能等，在化工和石油化工等行业中，用于强腐蚀介质，特别是在高温（200～250℃）和强酸、强碱、强氧化剂以及强极性溶剂介质条件下，管道、阀门、贮罐和其他设备的防腐处理，取得了令人满意的效果。作为防粘涂料，广泛应用于复印机热辊及食品加工模具等。

聚偏氟乙烯的耐腐蚀性不如聚四氟乙烯。聚偏氟乙烯基本不溶于所有非极性溶剂，但能溶于烷基酰胺等强极性溶剂中，另外还可溶于酮类和酯类溶剂中。聚偏氟乙烯树脂既可制成粉末涂料，直接用粉末静电喷涂和流化床浸涂等方法涂覆，也可以将聚偏氟乙烯树脂配成分散液进行涂覆。聚偏氟乙烯涂料可作为一种耐候性涂料使用，涂层具有很长的使用寿命，是一种超耐候性涂料，广泛应用于建筑铝板和再成型（二次成型）钢板（也称金属卷材）。

聚三氟氯乙烯涂料可以制成分散液涂料和粉末涂料，主要用于反应釜、热交换器、管道、阀门、泵、储槽等化工设备的防腐蚀处理以及纺织、造纸等工业用各类滚筒的防粘处理。三氟氯乙烯-烷基乙烯基醚共聚物涂料是溶剂挥发型涂料的成膜树脂，其羟基型树脂可以和氨基树脂或多异氰酸酯固化剂配制热固性涂料，施工方便，应用广泛。

9.2 硅树脂

9.2.1 概述

硅树脂又称有机硅树脂，是指具有高度交联网状结构的聚有机硅氧烷，是以 Si—O 键为分子主链，并具有高支链度的有机硅聚合物。

有机硅树脂以 Si—O 键为主链，其耐热性好。这是由于：①在有机硅树脂中 Si—O 键的键能比普通有机高聚物中的 C—C 键键能大，热稳定性好；②Si—O 键中硅原子和氧原子的相对电负性差值大，因此 Si—O 键极性大，有 51% 离子化倾向，对 Si 原子上连接的烃基有偶极感应影响，提高了所连接烃基对氧化作用的稳定性，也就是说 Si—O—Si 键对这些烃基基团的氧化，能起到屏蔽作用；③有机硅树脂中硅原子和氧原子形成 d-p π 键，增加了高聚物的稳定性、键能，也增加了热稳定性；④普通有机高聚物的 C—C 键受热氧化易断裂为低分子物，而有机硅树脂中硅原子上所连烃基受热氧化后，生成的是高度交联的更加稳定的 Si—O—Si 键，能防止其主链的断裂降解；⑤在受热氧化时，有机硅树脂表面生成了富有 Si—O—Si 键的稳定保护层，减轻了对高聚物内部的影响。例如聚二甲基硅氧烷在 250℃ 时仅轻微裂解，Si—O—Si 主链要到 350℃ 时才开始断裂，而一般有机高聚物早已全部裂解，失去使用性能。因此有机硅高聚物具有特殊的热稳定性。

有机硅产品含有 Si—O 键，在这一点上基本与形成硅酸和硅酸盐的无机物结构单元相同；同时又含有 Si—C 键（烃基），而具有部分有机物的性质，是介于有机和无机聚合物之间的聚合物。由于这种双重性，有机硅聚合物除具有一般无机物的耐热性、耐燃性及坚硬性等特性外，又有绝缘性、热塑性和可溶性等有机聚合物的特性，因此被人们称为半无机聚合物。

硅元素熔点为 1420℃，是世界上分布最广的元素之一，地壳中约含 25.75%。主要以二氧化硅和硅酸盐存在，自然界中常见的化合物有石英石、长石、云母、滑石粉等耐热难熔的硅酸盐材料。二氧化硅熔点为 1710℃。在元素周期表中硅与碳同属 IVA 族的主族元素，因此碳、硅两元素具有许多相似的化学性能。19 世纪下叶，当化学家们正竞相研究有机化合物时，C. Friedel、J. M. Crafts、A. Ladenberg、F. S. Kipping 等已注意到了硅和硅碳化合物，并进行了广泛深入的研究，特别是 F. S. Kipping 的工作奠定了有机硅化学的基础。鉴于当时航天工业对新型耐热合成材料的需要，美国道康宁公司（DOW-CORNING CO.）的 G. F. Hyde、通用电气公司（G. E. CO.）的 W. J. Patnode、E. G. Rochow 和苏联的 Б. Н. Дolroв、К. А. Андрианов 等化学家联想到天然硅酸盐中硅氧键结构的优异耐热性，并考虑到引入有机基团的优越性，于是在 F. S. Kipping 研究的基础上，继续进行研究，1943 年开发出耐热新型有机硅聚合物材料，并得到了广泛应用。

现在有机硅聚合物的发展已超出耐热高聚物的范围。有机硅产品不仅能耐高温、低温，而且具有优良的电绝缘性、耐候性、耐臭氧性、表面活性，又有无毒、无味及生理惰性等特殊性能。按照不同要求，制成各种制品：从液体油到弹性橡胶，从柔性树脂涂层到刚性塑料，从水溶液到乳液型的各种处理剂，以满足现代工业的各种需要。从人们的衣、食、住、行到国民经济生产各部门都能找到有机硅产品。有机硅产品正朝着高性能、多样化的方向发展。

有机硅树脂涂料是以有机硅树脂及有机硅改性树脂（如醇酸树脂、聚酯树脂、环氧树脂、丙烯酸酯树脂、聚氨酯树脂等）为主要成膜物质的涂料，与其他有机树脂相比，具有优异的耐热性、耐寒性、耐候性、电绝缘性、疏水性及防粘脱模性等，因此，被广泛用作耐高低温涂料、电绝缘涂料、耐热涂料、耐候涂料、耐烧蚀涂料等。

9.2.2 硅树脂的合成单体

按官能团的种类的不同，硅树脂的合成单体可分为有机氯硅烷单体、有机烷氧基硅烷单体、有机酰氧基硅烷单体、有机硅醇、含有机官能团的有机硅单体等。

9.2.2.1 有机氯硅烷单体

有机氯硅烷单体通式为 $R_n SiCl_{4-n}$（$n=1\sim3$），主要有一甲基三氯硅烷（CH_3SiCl_3）、二甲基二氯硅烷 [$(CH_3)_2SiCl_2$]、一甲基二氯氢硅烷（CH_3SiHCl_2）、二甲基氯硅烷 [$(CH_3)_2HSiCl$]、四氯硅烷（$SiCl_4$）、三甲基一氯硅烷 [$(CH_3)_3SiCl$]、一苯基三氯硅烷（$C_6H_5SiCl_3$）、二苯基二氯硅烷 [$(C_6H_5)_2SiCl_2$]、甲基苯基二氯硅烷 [$(CH_3)C_6H_5SiCl_2$] 等，大多数有机氯硅烷单体为无色、刺激性液体，单体和空气中的水分接触，极易发生水解，放出氯化氢。单体接触人体皮肤，有腐蚀作用。大多数氯硅烷单体的相对密度都大于1。所有氯硅烷单体均易溶于芳香烃类、卤代烃类、醚类、酯类等溶剂。

有机氯硅烷分子中含有极性较强的 Si—Cl 键，活性较强，能发生以下化学反应。

① 水解反应 有机氯硅烷与水能发生水解反应，生成硅醇，并放出氯化氢气体。硅醇不稳定，在酸或碱的催化作用下，易脱水缩聚，生成 Si—O—Si 为主链的线形有机硅聚合物或环体聚有机硅烷。生成的环体中，以 $x=3,4,5$ 的环体的量最多，也较稳定。

$$nR_2SiCl_2 + 2nH_2O \longrightarrow nR_2Si(OH)_2 + 2nHCl\uparrow$$

硅醇

$$nR_2Si(OH)_2 \longrightarrow HO{\left[\begin{matrix}R\\|\\Si-O\\|\\R\end{matrix}\right]}_{n-x}H + {\left(\begin{matrix}R\\|\\Si-O\\|\\R\end{matrix}\right)}_{x} + (n-1)H_2O$$

$$x=3\sim9$$

② 与醇类反应 生成烷基烷氧基单体。

$$R_2SiCl_2 + 2R'OH \longrightarrow R_2Si(OR')_2 + 2HCl\uparrow$$

③ 酰氧基化反应 酰氧基化反应如下：

$$R_2SiCl_2 + 2(CH_3CO)_2O \longrightarrow (CH_3COO)_2SiR_2 + 2CH_3COCl$$

④ 与氨（或胺类）反应 生成有机硅胺类单体。

$$2(CH_3)_3SiCl + 3NH_3 \longrightarrow (CH_3)_3Si-NH-Si(CH_3)_3 + 2NH_4Cl$$

9.2.2.2 有机烷氧基硅烷单体

有机烷氧基硅烷单体通式为 $R_n Si(OR')_{4-n}$（$n=1\sim3$），可由有机氯硅烷单体与醇类反应生成，是合成有机硅树脂中除有机氯硅烷外的重要单体，常用的单体有甲氧基或乙氧基硅烷。有机烷氧基硅烷进行水解、缩聚反应生成 Si—O—Si 键聚合物时，不产生 HCl 的腐蚀性副产物。有机烷氧基硅烷能发生以下化学反应。

① 当与其他连在硅原子上的官能团反应时，生成 Si—O—Si 键。

$$-\overset{|}{\underset{|}{Si}}-OR+HO-\overset{|}{\underset{|}{Si}}- \longrightarrow -\overset{|}{\underset{|}{Si}}-O-\overset{|}{\underset{|}{Si}}-$$

$$-\overset{|}{\underset{|}{Si}}-OR+CH_3COO-\overset{|}{\underset{|}{Si}}- \longrightarrow -\overset{|}{\underset{|}{Si}}-O-\overset{|}{\underset{|}{Si}}-+CH_3COOR$$

$$-\overset{|}{\underset{|}{Si}}-OR+Cl-\overset{|}{\underset{|}{Si}}- \longrightarrow -\overset{|}{\underset{|}{Si}}-O-\overset{|}{\underset{|}{Si}}-+RCl$$

② 与有机化合物（或树脂）中的—OH 结合。这是利用含有—OR 基团的有机硅来改性普通树脂的途径。

$$-\overset{|}{\underset{|}{Si}}-OR+HO-R' - \longrightarrow -\overset{|}{\underset{|}{Si}}-O-R' +ROH$$

③ 在酸或碱的存在下，进行水解及脱水缩聚。

$$-\overset{|}{\underset{|}{Si}}-OR+H_2O \longrightarrow -\overset{|}{\underset{|}{Si}}-OH+ROH$$

$$-\overset{|}{\underset{|}{Si}}-OH+HO-\overset{|}{\underset{|}{Si}}- \longrightarrow -\overset{|}{\underset{|}{Si}}-O-\overset{|}{\underset{|}{Si}}-+H_2O$$

9.2.2.3 有机酰氧基硅烷单体

有机酰氧基硅烷单体通式为 $R_n Si(OOCR')_{4-n}$（$n=1\sim3$），主要为乙酰氧基单体，包括二甲基二乙酰氧基硅烷 $[(CH_3COO)_2 Si(CH_3)_2]$、甲基三乙酰氧基硅烷 $[(CH_3COO)_3 SiCH_3]$、二苯基二乙酰氧基硅烷 $[(CH_3COO)_2 Si(C_6 H_5)_2]$ 等。有机酰氧基硅烷单体易水解，放出醋酸，比氯硅烷单体水解放出的氯化氢腐蚀性小。一般用作室温硫化硅橡胶中的交联剂。它们在隔绝空气的贮存条件下稳定。一旦暴露于空气中，即被空气中的潮气（水分）所水解，进而脱水缩聚，生成 Si—O—Si 键化合物。

$$CH_3COO-\overset{|}{\underset{|}{Si}}-+H_2O \longrightarrow HO-\overset{|}{\underset{|}{Si}}-+CH_3 COOH$$

$$-\overset{|}{\underset{|}{Si}}-OH+HO-\overset{|}{\underset{|}{Si}}- \longrightarrow -\overset{|}{\underset{|}{Si}}-O-\overset{|}{\underset{|}{Si}}-+H_2O$$

作为制备有机硅高聚物的原料，它也可和有机烷氧基硅烷单体反应，生成 Si—O—Si 键聚合物。

$$-\overset{|}{\underset{|}{Si}}-OR+CH_3COO-\overset{|}{\underset{|}{Si}}- \longrightarrow -\overset{|}{\underset{|}{Si}}-O-\overset{|}{\underset{|}{Si}}-+CH_3COOR$$

9.2.2.4 有机硅醇

硅烷水解时形成有机硅醇，硅醇自发缩聚或强制缩聚而或快或慢地转化成硅氧烷。自发缩聚的倾向取决于它们的分子结构及水解条件。随着硅原子上—OH数目的减少，以及有机基团数量及体积增大，对—OH的空间屏蔽作用增大，硅醇的缩合倾向降低。在中性水解条件下易于制备有机硅醇。有机硅醇具有以下化学性质。

① 与有机氯硅烷、有机烷氧基硅烷、有机酰氧基硅烷等作用，形成 Si—O—Si 键。

$$-\overset{|}{\underset{|}{Si}}-OH + Cl-\overset{|}{\underset{|}{Si}}- \longrightarrow -\overset{|}{\underset{|}{Si}}-O-\overset{|}{\underset{|}{Si}}- + HCl\uparrow$$

$$-\overset{|}{\underset{|}{Si}}-OH + RO-\overset{|}{\underset{|}{Si}}- \longrightarrow -\overset{|}{\underset{|}{Si}}-O-\overset{|}{\underset{|}{Si}}- + ROH$$

$$-\overset{|}{\underset{|}{Si}}-OH + NH_2-\overset{|}{\underset{|}{Si}}- \longrightarrow -\overset{|}{\underset{|}{Si}}-O-\overset{|}{\underset{|}{Si}}- + NH_3\uparrow$$

$$-\overset{|}{\underset{|}{Si}}-OH + H-\overset{|}{\underset{|}{Si}}- \longrightarrow -\overset{|}{\underset{|}{Si}}-O-\overset{|}{\underset{|}{Si}}- + H_2\uparrow$$

$$-\overset{|}{\underset{|}{Si}}-OH + CH_3COO-\overset{|}{\underset{|}{Si}}- \longrightarrow -\overset{|}{\underset{|}{Si}}-O-\overset{|}{\underset{|}{Si}}- + CH_3COOH$$

② 在浓碱溶液的作用下，生成硅醇的碱金属盐。硅醇的碱金属盐在水溶液中稳定，但遇酸重新生成硅醇，并进行缩聚。

$$-\overset{|}{\underset{|}{Si}}-OH + NaOH \longrightarrow -\overset{|}{\underset{|}{Si}}-O-Na + H_2O$$

$$-\overset{|}{\underset{|}{Si}}-ONa + HCl \longrightarrow -\overset{|}{\underset{|}{Si}}-OH + NaCl$$

$$-\overset{|}{\underset{|}{Si}}-OH + HO-\overset{|}{\underset{|}{Si}}- \longrightarrow -\overset{|}{\underset{|}{Si}}-O-\overset{|}{\underset{|}{Si}}- + H_2O$$

9.2.2.5　含有机官能团的有机硅单体

此类单体既含有与硅原子直接相连的官能团，又含有与硅原子直接相连的烃基上的官能团，如乙烯基三氯硅烷（$CH_2 = CHSiCl_3$）、甲基乙烯基二氯硅烷 [$CH_2 = CHSi(CH_3)Cl_2$]、乙烯基三乙氧基硅烷 [$CH_2 = CHSi(OC_2H_5)_3$]、甲基乙烯基二乙氧基硅烷 [$CH_2 = CHSi(CH_3)(OC_2H_5)_2$]、三氟丙基甲基二氯硅烷 [$CF_3CH_2CH_2(CH_3)SiCl_2$]、氰丙基三氯硅烷（$NCCH_2CH_2CH_2SiCl_3$）等，因此既具有常规有机硅单体官能团特有的反应性能，又具有一般有机官能团的反应性能，是一种特殊有机硅单体，其类型、品种正在不断发展。

9.2.2.6　有机硅单体形成高聚物的一些特性

按单体中官能团的数量不同，硅树脂的合成单体可分为单官能度单体、二官能度单体、三官能度单体和四官能度单体。

单官能度单体主要有三烃基氯硅烷、三烃基烷氧基硅烷、三烃基酰氧基硅烷等，二官能度单体主要有二烃基氯硅烷、二烃基烷氧基硅烷、二烃基酰氧基硅烷等，三官能度单体主要有一烃基氯硅烷、一烃基烷氧基硅烷、一烃基酰氧基硅烷等，四官能度单体主要有四氯硅烷、四烷氧基硅烷等。不同官能度的单体互相结合能形成不同结构的高聚物。单官能度单体互相结合，只能生成低分子化合物；二官能度单体互相结合，可以生成线形高聚物或低分子 $(D)_n$ 环体（$n=3\sim9$，以 $n=3$，4，5 较多）；三官能度单体互相结合，可以生成低分子 $(D)_n$ 环体（$n=4\sim8$），或不溶、不熔的三维空间交联的高分子聚合物；四官能度单体互相结合，可生成不溶、不熔的无机物质，如 $(SiO_2)_n$ 结构的高聚物；单官能度单体和二官能度单体互相结合，依据两者摩尔比的不同，可以生成不同链长的低分子至高分子的线形聚合物；单官能度单体与三官能度或四官能度单体互相结合，可生成低聚物至不溶、不熔的高度交联的高聚物；二官能度单体与三官能度或四官能度单体互相结合，可以生成具有分支结构的高聚物或不溶、不熔的三维空间高度交联结构的高聚物。

一般说来，在有机硅树脂中，三、四官能度单体提供交联点，二官能度单体增进柔韧性，单官能度单体在高聚物形成中有止键作用或调节作用。配方中二甲基单体的摩尔分数不宜太高，过高将显著增加固化后的柔韧性，而且没有交联的低分子环体也增多。在漆膜热老化时由于环体的挥发，漆膜脆性增加。二苯基单体的引入，可以增加漆膜在高温时的坚韧性和硬度，但由于二苯基二羟基硅烷反应活性差，不易全部进入树脂结构中，低分子物也易挥发，因此二苯基单体用量也不宜过多。甲基苯基单体现在已广泛用于有机硅树脂生产中，给予树脂柔韧性，而不会像二甲基单体那样使树脂硬度降低。

甲基含量高的树脂性能为柔韧性好、耐电弧性好、憎水性好、保光性好、高温时失重小、耐热冲击性能好、耐化学品性好、固化速度快、对紫外线的稳定性好。苯基含量高的树脂性能为热稳定性好、柔韧性好、热塑性好、耐空气中氧的氧化作用的稳定性好，在热老化时能长期保持柔韧性，在室温下溶剂挥发后，能表面干燥，对有机溶剂的抵抗力弱，与普通有机树脂相容性好，贮存稳定性好，但若引进的苯基太多，则相应地增加了漆膜受热时的热塑性。

9.2.3 硅树脂的合成原理

有机硅树脂的合成途径很多，合成单体有有机氯硅烷单体、有机烷氧基硅烷单体、有机酰氧基硅烷单体、有机硅醇、含有机官能团的有机硅单体等，目前工业生产中普遍采用有机氯硅烷水解法来合成，原因主要是该方法简单可行，且有机氯硅烷价格较便宜，合成容易。因此涂料工业中使用的有机硅树脂一般是以有机氯硅烷单体为原料，经水解、浓缩、缩聚及聚合等步骤合成的。

9.2.3.1 单体水解

有机氯硅烷单体与水作用，发生水解转变为硅醇：

$$
\overset{|}{\underset{|}{-Si}}-Cl + H_2O \longrightarrow \overset{|}{\underset{|}{-Si}}-OH + HCl
$$

单体的水解速度随硅原子上氯原子的数目增加而增加，但也受硅原子上有机基团的类型和数目的影响。有机基团越多或基团的体积越大，水解速度越慢；有机基团的电负性大，使它和水的反应活性降低，水解速度减慢；苯基氯硅烷由于苯基基团的电负性大和体积大的联合效应，因此其比相应的甲基氯硅烷难以水解。

水解过程中还副产盐酸。由于 Si—C 键具有弱极性，在酸性较强的条件下，Si—C 键有可能发生断裂、水解。饱和烃类与硅所构成的键通常不会发生变化，但电负性大的苯基及带有电负性大的取代基的有机基团，其 Si—C 键在强酸性条件下易于断裂。因此在水解过程中，水层中 HCl 的浓度不宜超过 20%。氯硅烷单体水解后，生成的硅醇，除继续缩聚成线形或分枝结构的低聚物外，在缩聚过程中分子本身也可自行缩聚成环体，尤其是在酸性介质中水解时。环体的生成消耗了水解组分中总的官能度，减少了组分各分子间交联的机会，故不利于共缩聚体的生长。水解后组分中环体越多，分子结构的不均匀性越大，最后产品的性能相差也越大。因此可以在 pH 稳定的条件下进行水解。有时在中性介质中，在 $CaCO_3$、$MgCO_3$ 等存在下进行氯硅烷的水解，以中和水解过程中产生的 HCl，可以得到主要以羟基为端基的缩合物。或在过量的 NaOH 等存在下，主要生成带有羟基及 NaO—端基的高聚物，可以封闭一些分子的官能团，减少自缩聚倾向，便于共缩聚体的生成。

含有 Si—OR 键的单体水解时，可加少量酸、碱，以促进其水解作用。

含有 Si—H 键单体在水解时，要尽可能减少与酸水接触的时间，降低水解的温度，以防止 Si—H 键的断裂。

制备有机硅树脂，一般多用两种或两种以上的单体进行水解，如 CH_3SiCl_3、$(CH_3)_2SiCl_2$、$C_6H_5SiCl_3$、$(C_6H_5)_2SiCl_2$、$C_6H_5(CH_3)SiCl_2$ 等共同水解。最理想的情况是：选择适当的水解条件，使各种单体组分均能同时水解，能共缩聚成结构均匀的共缩聚体，以获得较好而又稳定的性能。但实际上水解中各个单体组分的水解速度并不一样，有些单体水解后生成的硅醇分子本身又有自行缩聚成环状低分子的倾向，易导致水解中间产物中各分子结构杂乱无章和分子量分布范围过宽。因此水解过程是有机硅树脂生产中的一个特别重要的环节。

一般水解方法是将有机氯硅烷与甲苯、二甲苯等惰性而又不溶或微溶于水的溶剂混合均匀，控制一定温度，在搅拌下缓慢加入过量的水中进行水解。由于水解产物被溶剂萃取出来，减少了受酸水继续作用的影响，可抑制三官能度及四官能度单体水解缩聚的胶凝现象。水解完毕后，静置至硅醇液和酸水分层，然后放出酸水，再用水将硅醇液洗至中性。然后在减压下进行脱水，并蒸出一部分溶剂，进行浓缩，至固体含量为 50%～60% 为止。为减少硅醇进一步缩合，真空度愈大愈好。浓缩温度应不超过 90℃。

9.2.3.2 缩聚和聚合

浓缩后的硅醇液大多是低分子的共缩聚体及环体，羟基含量高，分子量低，力学性能差，贮存稳定性不好，使用性能也差，必须进行缩聚，消除最后有缩合能力的组分，建立和重建聚合物的骨架，达到最终结构，成为稳定的、力学性能好的高分子聚合物。

现在进行缩聚和聚合时一般都加入催化剂。催化剂既能使硅醇间羟基脱水缩聚，又能使低分子环体开环，在分子中重排聚合，以提高分子量，并使分子量及结构均匀化，即将各分子的 Si—O—Si 键打断，再形成高分子聚合物，如低分子的环体的聚合反应为

$$x \left[\begin{matrix} R \\ | \\ Si-O \\ | \\ R \end{matrix} \right]_n + x \left(\begin{matrix} R' \\ | \\ Si-O \\ | \\ R' \end{matrix} \right)_n \longrightarrow \left[\begin{matrix} R & & R' \\ | & & | \\ Si-O-Si-O \\ | & & | \\ R & & R' \end{matrix} \right]_{nx}$$

端基为羟基的低分子物的缩聚反应为

$$-\overset{|}{\underset{|}{Si}}-OH + HO-\overset{|}{\underset{|}{Si}}- \longrightarrow -\overset{|}{\underset{|}{Si}}-O-\overset{|}{\underset{|}{Si}}- + H_2O$$

在制备涂料用有机硅树脂时，一般采用碱金属的氢氧化物或金属羧酸盐作催化剂。

（1）碱催化法　将 KOH、NaOH 或四甲基氢氧化铵等溶液加入浓缩的硅醇液中（加入量为硅醇固体的 0.01%～2%），在搅拌及室温下进行缩聚及聚合，达到一定反应程度时，

加入稍过量的酸，以中和体系中的碱，过量的酸再以 $CaCO_3$ 等中和除去。此法生产的成品微带乳光，工艺较复杂。若中和不好，遗留微量的酸或碱，都会对成品的贮存稳定性、热老化性和电绝缘性能带来不良影响。

碱催化的机理为

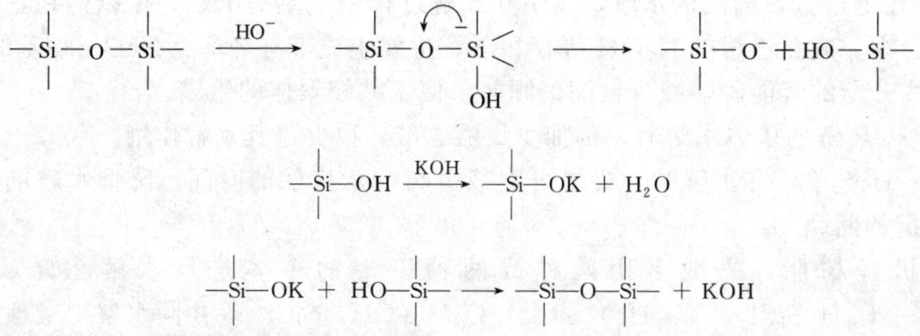

$$-Si-O-Si- \xrightarrow{HO^-} -Si-O-Si< \longrightarrow -Si-O^- + HO-Si-$$

$$-Si-OH \xrightarrow{KOH} -Si-OK + H_2O$$

$$-Si-OK + HO-Si- \longrightarrow -Si-O-Si- + KOH$$

各种碱金属氢氧化物的催化活性按下列次序递减：$CsOH > KOH > NaOH > LiOH$，氢氧化锂几乎无效。

（2）金属羧酸盐法　此法特别适用于涂料工业。将一定量的金属羧酸盐加入浓缩的硅醇内，进行环体开环聚合、羟基间缩聚及有机基团间的氧化交联，以形成高分子聚合物。反应活性强的为 Pb、Sn、Zr、Al、Ca 和碱金属的羧酸盐。反应活性弱的为 V、Cr、Mn、Fe、Co、Ni、Cu、Zn、Cd、Hg、Ti、Th、Ce、Mg 的羧酸盐。一般常用的羧酸为环烷酸或 2-乙基己酸。

此类催化剂的作用随反应温度高低而变化，反应温度越高，作用越快。一般均先保持一定温度，使反应迅速进行，至接近规定的反应程度后，适当降低反应温度以便易于控制反应，然后加溶剂进行稀释。此工艺过程较简便，反应催化剂也不需除去，产品性能好。

9.2.4　硅树脂的合成

9.2.4.1　有机硅树脂配方的拟订

涂料用常规有机硅树脂的制备，大多数使用如 CH_3SiCl_3、$(CH_3)_2SiCl_2$、$C_6H_5SiCl_3$、$(C_6H_5)_2SiCl_2$、$C_6H_5(CH_3)SiCl_2$ 等单体为原料，而且大多是两种或多种单体并用。按照产品性能和要求进行配方设计时，一般先考虑单体的摩尔分数、组成及树脂中烃基平均取代程度，然后制备树脂，检验其性能，再根据测试结果，逐步调整配方，直至达到所需性能及要求。

烃基平均取代程度（DS）是指在有机硅高聚物中每一硅原子上所连烃基（脂烃及芳烃）的平均数目。其计算公式如下：

$$DS = \sum 某组分单体的摩尔分数 \times 该单体分子中烃基数$$

由烃基平均取代程度可以估计这种树脂的固化速度、线形结构程度、耐化学品性及柔韧性等。DS$\leqslant$1 时，表明这种树脂交联程度很高，系网状结构，甚至是体形结构，室温下为硬脆固体，加热不易软化，在有机溶剂中不易溶解，大多应用于层压塑料方面。所用单体多数是三官能度的，甚至有四官能度的。DS＝2 或稍大于 2，则是线形油状体或弹性体，即硅油或硅橡胶产品。DS＝2 表示树脂系用二官能度单体合成；DS 稍大于 2，除二官能度单体外，还使用了少量单官能度单体作封头剂。

9.2.4.2　合成实例

（1）原料配方　200℃固化有机硅树脂，可以配制耐热绝缘漆，其漆膜柔韧性好、耐热性优良。其树脂参考配方见表 9-1。该配方烃基平均取代程度 DS＝1.535，二甲苯溶剂用量为单体总质量的 2 倍，其中稀释单体用 1.5 倍，余下 0.5 倍量的溶剂加入水解水中。水解用的水量为单体总质量的 4 倍。

表 9-1 常规有机硅耐热绝缘涂料原料参考配方

物料名称	单体用量(摩尔分数)/%	100%纯度单体用量(质量份)	纯度/%	实际投料量(质量份)
CH_3SiCl_3	17.1	25.56	96.83	26.39
$(CH_3)_2SiCl_2$	35.8	46.20	99.98	46.21
$C_6H_5SiCl_3$	29.4	62.20	97.33	63.90
$(C_6H_5)_2SiCl_2$	17.7	44.82	96.29	46.54
二甲苯(稀释用)				274.58
二甲苯(水解用)				91.53
水				732.21

（2）合成工艺

① 水解及水洗

a. 将配方中用作稀释剂的二甲苯加入混合釜内，然后再加入各类单体，搅拌混合均匀待用。

b. 在水解釜内加入水解用的二甲苯及水，在搅拌下从混合釜内将混合单体滴加入水解釜，温度在 30℃以下 4～5h 加完。加完后静置分层，除去酸水，得硅醇。

c. 以硅醇体积一半的水进行水洗 5～6 次，直至水层呈中性，然后静置分出水层。

d. 硅醇以高速离心机过滤，除去杂质。称量硅醇液，测固含量。

② 硅醇浓缩　过滤后硅醇放入浓缩釜内，在搅拌下缓慢加热，开动真空泵，并调节真空度，使溶剂逐渐蒸出。最高温度不得超过 90℃，真空度在 0.0053MPa 以下，越低越好。浓缩后硅醇固含量控制在 55%～65%范围内。

③ 缩聚及聚合

a. 将测定固含量后的浓缩硅醇加入缩聚釜内，开动搅拌，加入计量的 2-乙基己酸锌催化剂，充分搅匀。

其中，2-乙基己酸锌用量 $= \dfrac{\text{浓缩后硅醇量} \times \text{浓缩后硅醇固含量（%）}}{\text{2-乙基己酸锌中锌含量（%）}} \times 0.003$

b. 开动真空泵，升温蒸溶剂。溶剂蒸完后取样在 200℃胶化板上测定胶化时间。

c. 升温至 160～170℃，保温进行缩聚。将试样胶化时间达到 1～2min/200℃ 作为控制终点的标准。在此以前可预先降低反应温度 5～7℃，以控制反应速率。

d. 到达终点后，立即加入二甲苯稀释，边搅拌边迅速冷却。二甲苯加入量按成品固含量为 50%±1%，进行控制。当温度降到 50℃以下，用高速离心机过滤，并测定固含量。调整固含量后，检验合格，即为成品。

该清漆可用于电机线圈、柔性玻璃布、柔性云母板、玻璃丝套管的浸渍和耐热绝缘涂层。清漆或加有颜料的磁漆也可作为耐热涂料使用。

9.2.5 硅树脂的应用

有机硅树脂作为成膜物质用于配制有机硅涂料。有机硅涂料主要包括有机硅耐热涂料、有机硅绝缘涂料、有机硅耐候涂料以及一些其他涂料品种。

9.2.5.1 有机硅耐热涂料

有机硅耐热涂料是耐热涂料的一个主要品种。它是以有机硅树脂为基料，配以各种耐热颜填料制得，主要包括有机硅锌粉漆、有机硅铝粉漆以及有机硅陶瓷漆等。

有机硅锌粉漆由有机硅树脂液、金属锌粉、氧化锌、石墨粉和滑石粉等组成，能长期耐400℃高温，用作底漆对钢铁具有防腐蚀作用。为防止产生氢气，颜料部分和漆料部分应分罐包装，临用时调匀。漆膜在200℃需固化2h。

有机硅铝粉漆由有机硅改性树脂液（固体分中有机硅含量为55%）、铝粉浆（浮型，65%）组成，漆料与铝粉浆应分罐包装，临用时调匀。漆膜在150℃固化2h，能长期耐400℃温度，在500℃时100h漆膜完整，且仍具有保护作用。

有机硅陶瓷漆以有机硅改性环氧树脂为基料，以氨基树脂为交联剂，由耐热颜料及低熔点陶瓷粉组成。其耐热温度高达900℃。

9.2.5.2 有机硅绝缘涂料

在电机和电器设备的制造中有机硅绝缘材料占有极重要地位。高性能有机硅绝缘材料和漆的研制和生产，可以满足电气工业对耐高温、高绝缘等特殊性能的需求。

有机硅绝缘涂料的耐热等级是180℃，属于H级绝缘材料。它可和云母、玻璃丝、玻璃布等耐热绝缘材料配合使用；具有优良的电绝缘性能，介电常数、介质损耗、电击穿强度、绝缘电阻在很宽的温度范围内变动不大（−50～250℃），在高、低频率范围内均能使用，而且具有耐潮湿、耐酸碱、耐辐射、耐臭氧、耐电晕、阻燃、无毒等特性。

按其在绝缘材料中的用途，有机硅绝缘漆可分为以下几类。

（1）有机硅黏合绝缘涂料　主要用来黏合各种耐热绝缘材料，如云母片，云母粉、玻璃丝、玻璃布、石棉纤维等层压制品。这类漆要求固化快、粘接力强、机械强度高，不易剥离及耐油、耐潮湿。

（2）有机硅绝缘浸渍涂料　适用于浸渍电机、电器、变压器内的线圈、绕组及玻璃丝包线、玻璃布及套管等。要求黏度低、渗透力强，固体含量高、粘接力强，厚层干燥不易起泡，有适当的弹性和机械强度。

（3）有机硅绝缘覆盖磁漆　用于各类电机、电器的线圈、绕组外表面及密封的外壳作为保护层，以提高抗潮湿性、绝缘性、耐化学品性、耐电弧性及三防（防霉、防潮、防盐雾）性能等。有机硅绝缘涂料分为清漆及磁漆，有烘干型及常温干型两种。烘干型的性能比较优越，常温干型一般作为电气设备绝缘涂层修补漆。

（4）有机硅钢片用绝缘涂料　涂覆于硅钢片表面，具有耐热、耐油、绝缘、防止硅钢片叠合体间隙中产生涡流等优点。

（5）有机硅电器元件用涂料

① 电阻、电容器用涂料　用于电阻、电容器等表面，具有耐潮湿、耐热、绝缘、耐温度交变、漆膜力学强度高、附着力好、耐摩擦、绝缘电阻稳定等优点。色漆可作标志漆。

有机硅绝缘漆的耐热性及电绝缘性能优良，但耐溶剂性、机械强度及粘接性能较差，一般可以加入少量环氧树脂或耐热聚酯加以改善。若配方工艺条件适当不会影响其耐热性能。

有机硅改性聚酯或环氧树脂漆可作为F级绝缘漆使用，长期耐热155℃，具有高的抗电晕性、耐潮性，对底层附着力好，耐化学品性好，力学强度也高。耐热性能比未改性的聚酯或环氧树脂有所提高。

② 半导体元件用有机硅高温绝缘保护漆料　具有高的介电性能，纯度高、附着力强、热稳定性好、耐潮湿、保护半导体，适用于高温、高压场所。

③ 印刷线路板、集成电路、太阳能电池用有机硅绝缘保护涂料　漆膜坚韧、介电性能好、耐候、耐紫外线、防灰尘污染、耐潮、能常温干、光线透过力强，适用于印刷线路板、集成电路及太阳能电池绝缘保护。

④ 有机硅防潮绝缘涂料　常温干型有机硅清漆具有优良的耐热性、电绝缘性、憎水性、耐潮性，漆膜的力学性能好，耐磨、耐刮伤，常被用作有机或无机电气绝缘元件或整机表面的防潮绝缘漆，以提高这些制品在潮湿环境下工作的防潮绝缘能力。

9.2.5.3　有机硅耐候涂料

有机硅涂料在室外长期暴晒，无失光、粉化、变色等现象，漆膜完整，其耐候性非常优良。涂料工业中利用有机硅树脂的这种特性，来改良其他有机树脂，制造长效耐候性和装饰性能优越的涂料，很有成效。近年来改性工作进展很大，是现在研制涂料用有机硅树脂的主要方向之一。这类有机硅改性树脂漆比有机硅树脂漆价格便宜，能够常温干燥，施工简便，在耐候性、装饰性以及耐热、绝缘、耐水等性能方面较原来未改性的有机树脂漆有很大的提高。被改性的树脂品种有醇酸树脂、聚酯树脂、丙烯酸酯树脂、聚氨酯树脂等。

改性树脂的耐候性与配方中有机硅含量成正比，一般常温干燥型的改性树脂中有机硅的含量为 20%～30%；烘干型改性树脂中有机硅含量可达 40%。改性树脂的耐候性还与用作改性剂的有机硅低聚物组成有关。有机硅低聚物中 Si—O—Si 键数量越多，耐候性越好。Si—O—Si 键的数量是树脂耐候性的决定因素。因此在配方设计时，具有相同含量的有机硅耐候树脂中以选取比值（甲基基团数目/苯基基团数目）大的有机硅低聚物为好。

有机硅改性常温干型醇酸树脂漆的耐候性比一般未改性醇酸树脂漆性能要提高 50% 以上，保光性、保色性增加两倍。耐候性能的提高，可以减少 75% 的设备维修费用，所以比使用未改性的醇酸树脂漆经济。常温干型有机硅改性醇酸树脂漆多用作重防腐蚀漆，适用于永久性钢铁构筑物及设备，如高压输电线路铁塔、铁路桥梁、石油钻探设备、动力站、农业机械等涂饰保护，并适用于严酷气候条件下，如航海船舶、水上建筑的涂装。使用 10 年后其漆膜仍然完整，外观良好。

有机硅改性聚酯树脂漆是一种烘干型漆。主要用于金属板材、建筑预涂装金属板及铝质屋面板等的装饰保护。它具有优越的耐候性、保光性、保色性，不易褪色、粉化，涂膜坚韧，耐磨损、耐候性优良。经户外使用 7 年，漆膜完好。

有机硅改性丙烯酸树脂具有优良的耐候性、保光性、保色性，不易粉化，光泽好。大量用于金属板材及机器设备等的涂装。有机硅改性丙烯酸树脂涂料分为常温干型（自干型）及烘干型两种，就耐候性能来讲，烘干型优于自干型。

有机硅树脂的特殊结构决定了其具有良好的保光性、耐候性、耐污性、耐化学品性和柔韧性等，将其引入丙烯酸主链或侧链，制得兼具两者优点的有机硅丙烯酸乳液，进而得到理想的有机硅丙烯酸外墙涂料，可常温固化且快干，光泽好、施工方便。

以纯有机硅树脂为主要成膜物的外墙涂料可有效防止潮湿破坏，它们在建筑材料表面形成稳定、高耐久、三维空间的网络结构，抗拒来自外界液态水的吸收，但允许水蒸气自由通过。这意味着外界的水可以被阻挡在墙体外面，而墙体里的潮气可以很容易地逸出。

9.2.5.4　其他涂料品种

（1）有机硅脱模漆　固化后的有机硅树脂涂膜是一种半永久性脱膜剂，可以连续使用数百次以上，因此受到人们重视。

（2）有机硅防粘涂料　经加有固化剂的有机硅溶液热处理的纸张具有不粘性，可作为压敏胶带或自粘性商标的中间隔离层或包装黏性物品用纸。家庭烹调用不锈钢烤盘可涂上有机硅树脂涂层，防止食品黏附。

（3）塑料保护用有机硅涂料　有机硅涂料具有优良的耐候性、耐水性、电绝缘性，抗潮湿、抗高低温变化性能好，涂装于塑料表面可以改善外观，增加装饰性、耐久性，延长其使用寿命。

9.3 结语

有机氟树脂、硅树脂具有许多优异的性能，主要表现为耐候性、耐水性、耐化学品性、不粘性能优越。随着新材料的不断研究开发和改进，有机氟、硅树脂的研究将越来越深入，性能也将更优异，应用领域将不断拓展。与此同时，随着人们环保意识的增强，有机氟、硅树脂涂料也将朝着无污染、绿色环保型的方向不断发展。作为性能最佳的涂料品种，有机氟、硅树脂涂料必将越来越引起人们的重视，并在特定领域内得到广泛的、深层次的应用。水性氟、硅涂料既具有含氟、硅树脂优良的耐候、耐污、耐腐蚀等性能，又具有水性涂料环保、安全等性能，因而正日益引起世界各国的极大关注，是今后涂料工业发展的一个重要方向。

第 10 章　光固化树脂

10.1　概述

光固化树脂又称光敏树脂，是一种受光线照射后，能在较短的时间内迅速发生物理和化学变化，进而交联固化的低聚物。光固化树脂是一种分子量较低的感光性树脂，具有可进行光固化的反应性基团，如不饱和双键或环氧基等。光固化树脂是光固化涂料的基体树脂，它与光引发剂、活性稀释剂以及各种助剂复配，即构成光固化涂料。光固化涂料具有以下优点：

① 固化速度快，生产效率高；
② 能量利用率高，节约能源；
③ 有机挥发分（VOC）少，环境友好；
④ 可涂装各种基材，如纸张、塑料、皮革、金属、玻璃、陶瓷等。

因此，光固化涂料是一种快干、节能的环境友好型涂料。

光固化涂料是 20 世纪 60 年代末由德国拜耳公司开发的一种环保型节能涂料。我国从 20 世纪 80 年代开始进入光固化涂料领域。近年来随着人们节能环保意识的增强，光固化涂料性能不断提高，应用领域不断拓展，产量快速增大，呈现出迅猛的发展势头。目前，光固化涂料不仅大量应用于纸张、塑料、皮革、金属、玻璃、陶瓷等多种基材，而且成功应用于光纤、印刷电路板、电子元器件封装等材料。

光固化涂料的固化光源一般为紫外线（光固化）、电子束（EB）和可见光，由于电子束固化设备较为复杂，成本高，而可见光固化涂料又难以保存，因此，目前最常用的固化光源依然是紫外线，光固化涂料一般是指紫外光固化涂料（curing coating）。

光固化树脂是光固化涂料中比例最大的组分之一，是光固化涂料中的基体树脂，一般具有在光照条件下进一步反应或聚合的基团，如碳碳双键、环氧基等。按溶剂类型的不同，光固化树脂可分为溶剂型光固化树脂和水性光固化树脂两大类。溶剂型树脂不含亲水基团，只能溶于有机溶剂，而水性树脂含有较多的亲水基团或亲水链段，可在水中乳化、分散或溶解。

10.2　溶剂型光固化树脂的合成

常用的溶剂型光固化树脂主要包括：不饱和聚酯、环氧丙烯酸酯、聚氨酯丙烯酸酯、聚酯丙烯酸酯、聚醚丙烯酸酯、纯丙烯酸树脂丙烯酸酯、环氧树脂、有机硅低聚物。其合成方法分别介绍如下。

10.2.1　不饱和聚酯的合成

不饱和聚酯（unsaturated polyester，UPE）是指分子链中含有可反应碳碳双键的直链状或支链状聚酯大分子，主要由不饱和二元酸或酸酐与二元醇经缩聚反应制得。不饱和二元酸或酸酐主要有马来酸或酸酐、富马酸或酸酐等。为了改善不饱和聚酯的弹性，减少体积收缩，增加聚酯的塑性，还需加入一定量的邻苯二甲酸酐、丁二酸、丁二酸酐、己二酸酐等饱和二元酸或酸酐，但这样会影响树脂的光固化速度。二元醇主要有乙二醇、多缩乙二醇、丙二醇、多缩丙二醇、1,4-丁二醇等。

合成原理如下：

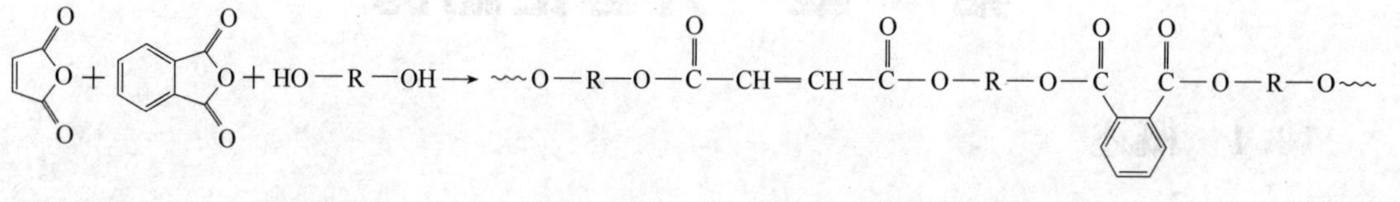

合成工艺：将二元酸（酐）、二元醇加入反应器中，通入氮气，搅拌升温到150℃，用5h升温至200℃，至酸值小于10mg KOH/g（树脂）时，停止反应，降温至80℃左右，加入20%～30%活性稀释剂（苯乙烯或丙烯酸酯类活性稀释剂）和适量阻聚剂，出料。

10.2.2 环氧丙烯酸酯的合成

环氧丙烯酸酯（epoxy acrylate，EA）是由环氧树脂和丙烯酸或甲基丙烯酸经开环酯化而制得，是目前应用最广泛、用量最大的光固化低聚物。按环氧树脂主体结构类型的不同，环氧丙烯酸酯可分为双酚 A 型环氧丙烯酸酯、酚醛型环氧丙烯酸酯、改性环氧丙烯酸酯和环氧化油类丙烯酸酯。其中最常用的是双酚 A 型环氧丙烯酸酯。环氧丙烯酸酯合成原理如下：

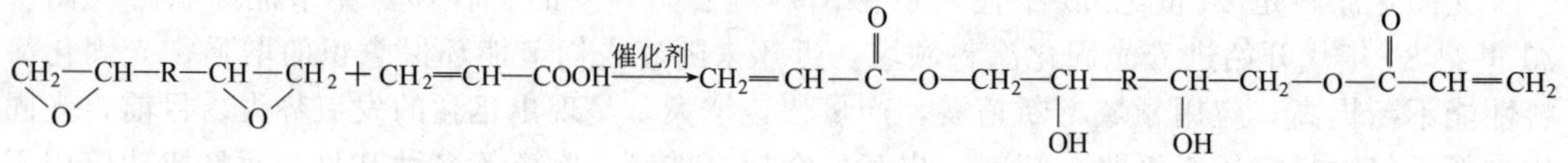

为了得到光固化速度快的环氧丙烯酸酯，要选择环氧值高和黏度低的环氧树脂，这样可引入更多的丙烯酸酯基，因此双酚 A 型环氧丙烯酸酯一般选用 E-51 或 E-44，酚醛型环氧树脂选用 F-51 或 F-44。催化剂一般用叔胺、季铵盐，常用三乙胺、N,N-二甲基苄胺、N,N-二甲基苯胺、三甲基苄基氯化铵、三苯基膦、三苯基锑、乙酰丙酮铬、四乙基溴化铵等，用量（质量分数）为 0.1%～3%。三乙胺价廉，但催化活性相对较低，产品稳定性稍差；季铵盐催化活性稍强，但成本稍高；三苯基膦、三苯基锑、乙酰丙酮铬催化活性高，产物黏度低，但色泽较深。

丙烯酸与环氧基开环酯化是放热反应，因此反应初期控制温度非常重要，通常将环氧树脂加热至80～90℃，滴加丙烯酸、催化剂和阻聚剂混合物，控制反应温度100℃，同时取样测定酸值，到反应后期升温至110～120℃，使酸值降至小于5mg KOH/g（树脂）停止反应，冷却到80℃出料。由于环氧酸酯黏度较大，可以在冷至80℃时加入20%活性稀释剂和适量阻聚剂。常用的活性稀释剂为三丙三醇二丙烯酸酯、三羟甲基丙烷三丙烯酸酯，常用的阻聚剂为对甲氧基苯酚、对苯二酚、2,5-二甲基对苯二酚、2,6-二叔丁基对甲酚等，阻聚剂加入量约为树脂质量的 0.01%～1%。

丙烯酸和环氧树脂投料摩尔比为 1∶(1～1.05)，环氧树脂稍微过量，可以防止残存的丙烯酸对基材和固化膜有不良影响，但残留的环氧基也会影响树脂的贮存稳定性。

10.2.3 聚氨酯丙烯酸酯的合成

聚氨酯丙烯酸酯（polyurethane acrylate，PUA）是一种重要的光固化低聚物，是用多异氰酸酯、长链二醇和丙烯酸羟基酯经两步反应合成的。由于多异氰酸酯和长链二醇品种较多，选择不同的多异氰酸酯和长链二醇可得到不同结构的产品，因此聚氨酯丙烯酸酯是目前光固化树脂中产品牌号最多的低聚物，广泛应用于光固化涂料、油墨、胶黏剂中，其用量仅次于环氧丙烯酸酯。

聚氨酯丙烯酸酯是利用异氰酸酯中异氰酸根与长链二醇和丙烯酸羟基酯中的羟基反应，形成氨酯键而制得的。

10.2.3.1　合成原料

聚氨酯丙烯酸酯的合成原料主要有多异氰酸酯、长链二醇、（甲基）丙烯酸羟基酯以及催化剂。

（1）多异氰酸酯　用于合成聚氨酯丙烯酸酯的多异氰酸酯为二异氰酸酯，分为芳香族二异氰酸酯和脂肪族二异氰酸酯两大类，芳香族二异氰酸酯主要有甲苯二异氰酸酯（TDI）、二苯基甲烷二异氰酸酯（MDI）、苯二亚甲基二异氰酸酯（XDI），脂肪族二异氰酸酯主要有六亚甲基二异氰酸酯（HDI）、异佛尔酮二异氰酸酯（IPDI）、二环己基甲烷二异氰酸酯（HMDI）。

2,4-TDI

2,6-TDI

MDI

m-XDI

p-XDI

HDI

IPDI

HMDI

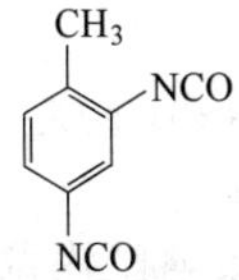

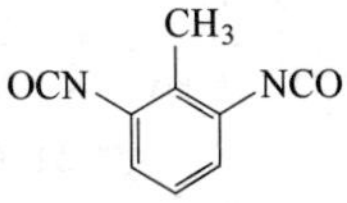

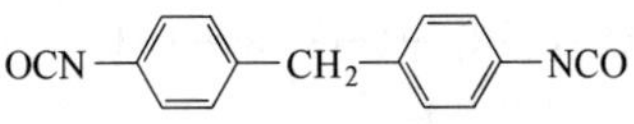

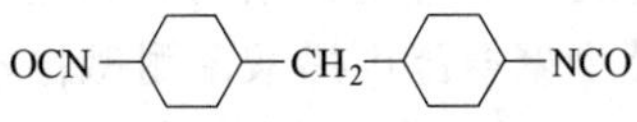

甲苯二异氰酸酯是最常用的芳香族二异氰酸酯。它有2,4-体和2,6-体两种异构体，商品TDI有TDI-80（80%2,4-体和20%2,6-体）、TDI-65（65%2,4-体和35%2,6-体）、TDI-100（100% 2,4-体）三种。TDI价格较低，反应活性高，所合成的聚氨酯硬度高，耐化学品性优良，耐磨性较好，但耐黄变性较差，其原因是在光老化中会形成有色的醌或偶氮。TDI有强烈的刺激性气味，对皮肤、眼睛和呼吸道有强烈刺激作用，毒性较大。

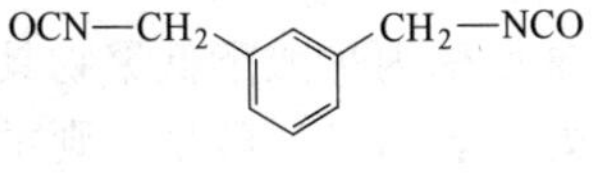

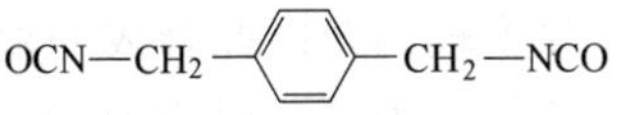

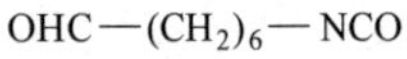

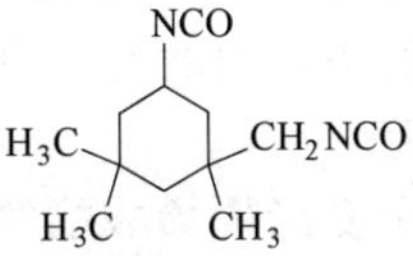

二苯基甲烷二异氰酸酯在室温下易生成不溶解的二聚体，颜色变黄，需低温贮存，且是固体，使用不方便。商品化产品有液体二苯基甲烷二异氰酸酯供应，NCO含量为28.0%～30.0%。MDI毒性比TDI低，由于结构对称，故制成的涂料涂膜强度、耐磨性、弹性优于TDI，但其耐黄变性比TDI更差，在光老化中更易生成有色的醌式结构。

苯二亚甲基二异氰酸酯由71%间位XDI和29%对位XDI组成。XDI虽为芳香族二异氰酸酯，但苯基与异氰酸基之间有亚甲基间隔，因此不会像TDI和MDI那样易黄变，其反应活性比TDI高，但耐黄变性和保光性比HDI稍差，但比TDI好。

六亚甲基二异氰酸酯是最常用的脂肪族二异氰酸酯，反应活性较低，所合成的聚氨酯丙烯酸有较高的柔韧性和较好的耐黄变性。

异佛尔酮二异氰酸酯属脂环族二异氰酸酯，所合成的聚氨酯丙烯酸酯有优良的耐黄变性、良好的硬度和柔顺性。

二环己基甲烷二异氰酸酯属脂环族二异氰酸酯，其反应活性低于TDI，所合成的聚氨酯丙烯酸酯具有优良的耐黄变性、良好的挠性和硬度。

二异氰酸酯中异氰酸酯基—NCO 与醇羟基—OH 的反应活性与二异氰酸酯结构有关。芳香族二异氰酸酯反应活性比脂肪族二异氰酸酯要高。—NCO 的邻位若有—CH$_3$ 等其他基团，空间位阻效应使反应活性降低，TDI 中 4 位—NCO 活性明显高于 2 位—NCO。二异氰酸酯中，第一个—NCO 反应活性高于第二个—NCO。

（2）长链二醇　用于合成聚氨酯丙烯酸酯的长链二醇主要有聚醚二醇和聚酯二醇两大类。其中聚醚二醇主要有聚乙二醇、聚丙二醇、环氧乙烷-环氧丙烷共聚物、聚四氢呋喃二醇等。

$$HO \text{—}(CH_2CH_2O)_n\text{—}OH$$
聚乙二醇

$$HO \text{—}(CH_2CH_2CH_2CH_2O)_n\text{—}OH$$
聚四氢呋喃二醇

$$HO \text{—}(CH_2CHO)_n\text{—}OH \quad | \quad CH_3$$
聚丙二醇

$$HO \text{—}(CH_2CH_2O)_n(CH_2CHO)_m\text{—}OH \quad | \quad CH_3$$
环氧乙烷-环氧丙烷共聚物

聚酯二醇主要由二元酸和二元醇缩聚制得，或由己内酯开环聚合所得。

$$HO\text{—}R_2\text{—}O\text{—}\underset{O}{\overset{O}{C}}\text{—}R_1\text{—}\underset{O}{\overset{O}{C}}\text{—}O\text{—}R_2)_n OH$$
聚酯二醇

$$H\text{—}[O\text{—}(CH_2)_5\text{—}C\text{—}O\text{—}R\text{—}O\text{—}C\text{—}(CH_2)_5\text{—}O]_m H$$
聚己内酯二醇

由于聚醚中的醚键内聚能低，柔韧性好，因此合成的聚醚型聚氨酯丙烯酸酯低聚物黏度较低，固化膜的柔性好，但是力学性能和耐热性稍差。

聚酯键一般机械强度较高，因此合成的聚酯型聚氨酯丙烯酸酯低聚物具有优异的拉伸强度、模量、耐热性。若聚酯为苯二甲酸型，则硬度好；若为己二酸型，则柔韧性优良。若酯中二元醇为长链二元醇，则柔韧性好；若用短链的三元醇或四元醇代替二元醇，则可得到具有高度交联能力的刚性支化结构，固化速度快，硬度高，力学性能更好。但聚酯遇碱易发生水解，故聚酯型聚氨酯丙烯酸酯耐碱性较差。

（3）（甲基）丙烯酸羟基酯　用于合成聚氨酯丙烯酸酯的（甲基）丙烯酸羟基酯主要有丙烯酸羟乙酯（HEA）、丙烯酸羟丙酯（HPA）、甲基丙烯酸羟乙酯（HEMA）、甲基丙烯酸羟丙酯（HPMA）、三羟甲基丙烷二丙烯酸酯（TMPDA）、季戊四醇三丙烯酸酯（PETA）。

$$CH_2\!=\!CH\text{—}\underset{O}{\overset{O}{C}}\text{—}OCH_2CH_2OH$$
丙烯酸羟乙酯（HEA）

$$CH_2\!=\!CH\text{—}\underset{O}{\overset{O}{C}}\text{—}OCH_2CH_2CH_2OH$$
丙烯酸羟丙酯（HPA）

$$CH_2\!=\!\underset{CH_3}{\overset{}{C}}\text{—}\underset{O}{\overset{O}{C}}\text{—}OCH_2CH_2OH$$
甲基丙烯酸羟乙酯（HEMA）

$$CH_2\!=\!\underset{CH_3}{\overset{}{C}}\text{—}\underset{O}{\overset{O}{C}}\text{—}OCH_2CH_2CH_2OH$$
甲基丙烯酸羟丙酯（HPMA）

三羟甲基丙烷二丙烯酸酯（TMPDA）

季戊四醇三丙烯酸酯（PETA）

240

由于丙烯酸酯光固化速度要比甲基丙烯酸酯快得多，故绝大多数用丙烯酸羟基酯。异氰酸酯基与醇羟基的反应活性顺序为：伯醇＞仲醇＞叔醇，相对反应速率为 V（伯醇）：V（仲醇）：V（叔醇）＝1：0.3：(0.003～0.007)，因此大多用丙烯酸羟乙酯与异氰酸酯反应，而很少用丙烯酸羟丙酯。

为了制备多官能度的聚氨酯丙烯酸酯，需用三羟甲基丙烷二丙烯酸酯或季戊四醇三丙烯酸酯代替单丙烯酸羟基酯与异氰酸酯反应。

（4）催化剂　二异氰酸酯中—NCO 与—OH 虽然反应活性高，容易进行反应，但为了缩短反应时间，引导反应沿着预期的方向进行，反应中需加入少量催化剂，常用的催化剂有叔胺类、金属化合物和有机磷。不同催化剂的催化活性不同，叔胺对芳香族 TDI 有显著催化作用，但对脂肪族 HDI 催化作用极弱；金属化合物对芳香族和脂肪族异氰酸酯都有强烈的催化作用，但环烷酸锌对芳香族 TDI 催化作用弱，对脂肪族 HDI 作用较强。实际上，常用催化剂为月桂酸二丁基锡，其用量为总投料量的 0.01%～1%。

10.2.3.2　合成路线

聚氨酯丙烯酸酯的合成分两步进行，有两条合成路线可供选择。第一条合成路线是将二异氰酸酯先与长链二醇反应，再与丙烯酸羟基酯反应。

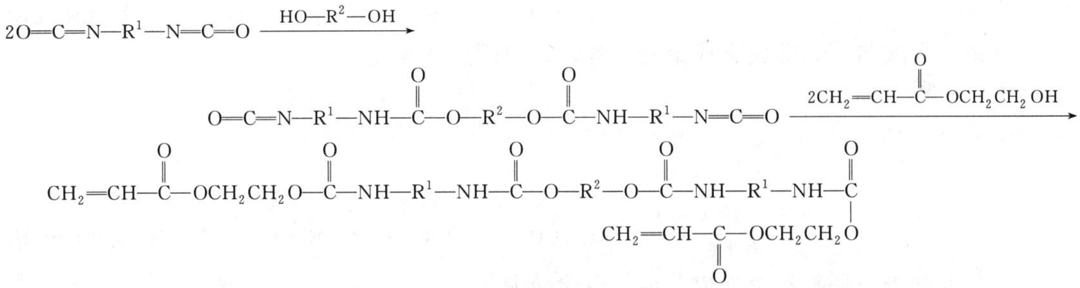

第二条合成路线是二异氰酸酯先与丙烯酸羟基酯反应，再与长链二醇反应。

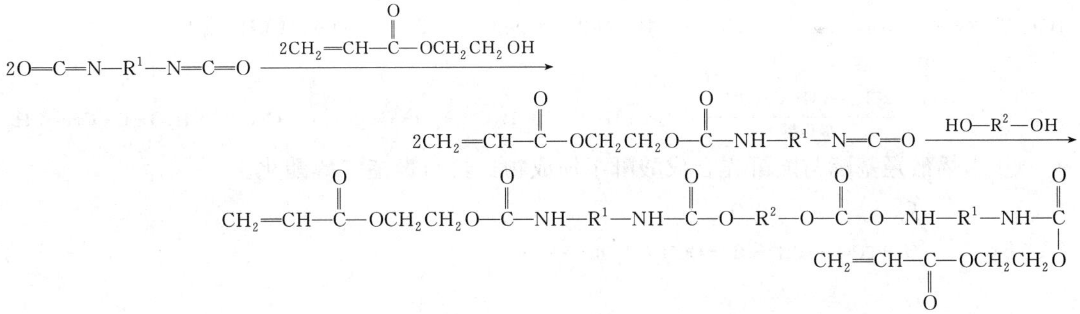

由于第一条合成路线是先异氰酸酯扩链，再丙烯酸酯酯化，这样丙烯酸酯在反应釜内停留时间较短，有利于防止丙烯酸酯受热时间过长而聚合、凝胶。而第二条合成路线，由于二异氰酸酯先与丙烯酸羟基酯反应生成丙烯酸酯，再与二醇反应，丙烯酸酯受热聚合可能性增大，需加入更多阻聚剂，这对产品的色度和光聚合反应活性产生不良影响。

对芳香族 2,4-TDI 来讲，由于 4 位—NCO 基团反应活性远高于 2 位—NCO 基团活性，可以在较低温度下与二醇反应，生成 4 位半加成物，再在较高温度下，2 位—NCO 基团与丙烯酸羟基酯反应制得分子结构和分子量较均匀的聚氨酯丙烯酸酯。

由于异氰酸基团与羟基反应是放热反应，为避免因放热而使反应温度升高，以致发生凝胶化，故反应物要采取滴加方法，将二醇慢慢滴加到含有催化剂的二异氰酸酯中。异氰酸基团也极易与水反应，生成胺，胺可继续与异氰酸酯反应，形成缩脲结构。在碱性条件下，二异氰酸酯与二醇生成的氨基甲酸酯会继续与—NCO 基团反应。为避免这两个副反应的发生，防止发生交联凝胶化，所用二醇和丙烯酸羟基酯都需进行脱水处理，并清除微量碱离子。

10.2.3.3　合成工艺

将 2mol 二异氰酸酯和一定量的月桂酸二丁基锡加入反应器中，升温到 40～50℃，慢慢滴加 1mol 二醇，反应 1h 后，升温到 60℃，测定 NCO 值，加入 2mol 丙烯酸羟基酯和一定量的阻聚剂对苯二酚，升温至 70～80℃，直至 NCO 值为零。鉴于—NCO 有较大毒性，反应时可以适当使丙烯酸羟基酯稍微过量，使—NCO 基团反应完全。

10.2.4　聚酯丙烯酸酯的合成

聚酯丙烯酸酯（polyester acrylate，PEA）也是一种常见的光固化低聚物，它是由低分子量的聚酯二醇经丙烯酸酯化而制得的，合成方法主要有以下几种。

① 丙烯酸、二元酸与二元醇一步酯化。

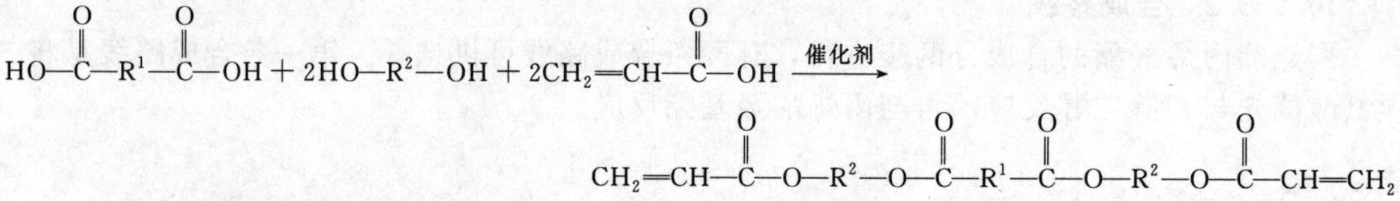

② 由二元酸与二元醇先合成聚酯二醇，再与丙烯酸酯化。

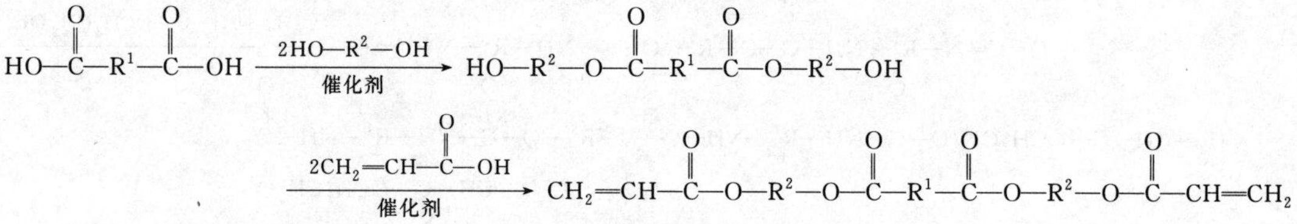

③ 二元酸先与环氧乙烷加成，再与丙烯酸酯化。

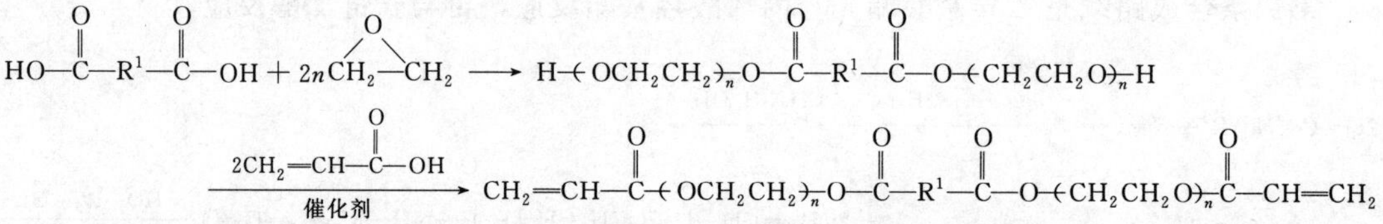

④ 丙烯酸羟基酯与酸酐先合成酸酐半加成物，再与聚酯二醇酯化。

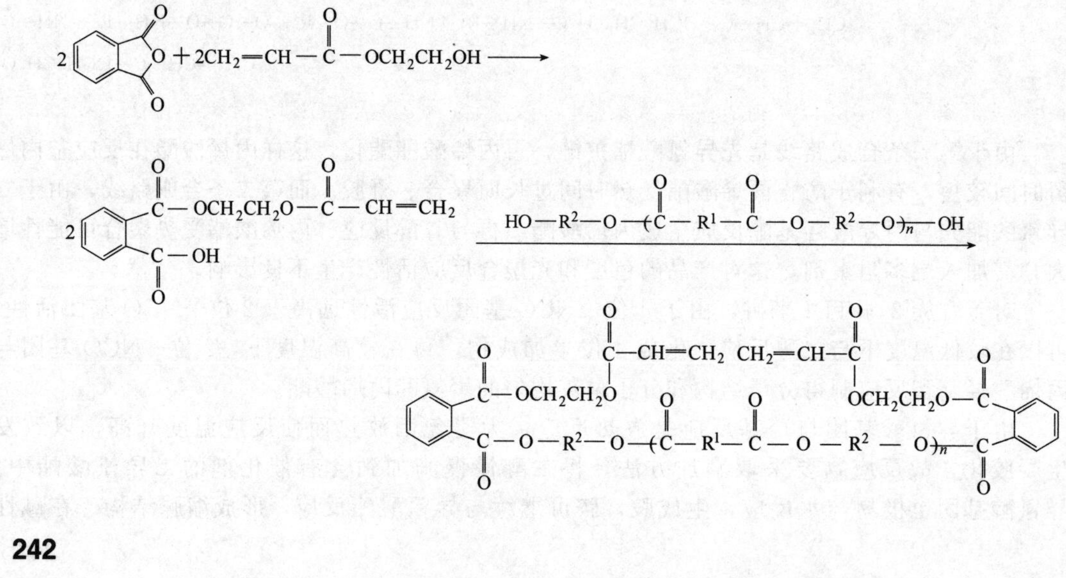

242

⑤ 聚酯二元酸与（甲基）丙烯酸缩水甘油酯反应。

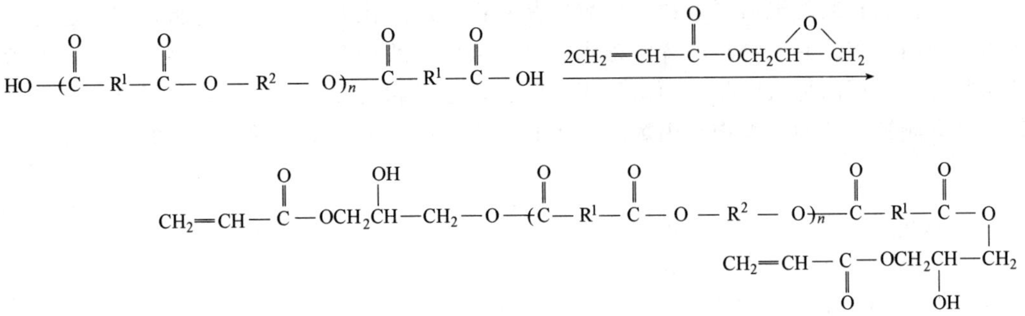

⑥ 以少量三元醇（或三元酸）代替部分二元醇（或二元酸）合成支化多官能度聚酯。

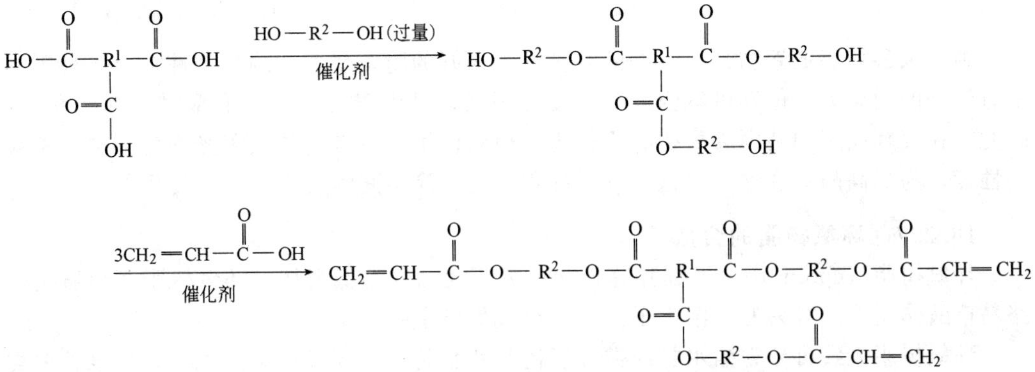

聚酯丙烯酸酯的最大特点是价格便宜、黏度低。由于黏度低，聚酯丙烯酸酯既可作为低聚物，也可作为活性稀释剂使用。此外，聚酯丙烯酸酯大多具有低气味、低刺激性、较好的柔韧性和颜料润湿性，适用于色漆和油墨。为了提高光固化速度，可以制备四官能度的聚酯丙烯酸酯。采用胺改性的聚酯丙烯酸酯，不仅可以减少氧阻聚的影响，提高光固化速度，还可以改善附着力、光泽和耐磨性等。

10.2.5 聚醚丙烯酸酯的合成

聚醚丙烯酸酯（polyether acrylate）是光固化涂料低聚物的一种，主要指聚乙二醇和聚丙二醇结构的丙烯酸酯。这些聚醚丙烯酸酯是由环氧乙烷或环氧丙烷与二元醇或多元醇在强碱中经阴离子开环聚合，得到端羟基聚醚，再经丙烯酸酯化得到的。由于酯化反应要在酸性条件下进行，而醚键对酸敏感，会被破坏，所以都用酯交换法来制备聚醚丙烯酸酯。一般将端羟基聚醚与过量的丙烯酸乙酯及阻聚剂混合加热，在催化剂（如钛酸三异丙酯）作用下发生酯交换反应，产生的乙醇和丙烯酸乙酯形成共沸物而蒸馏出来，经分馏塔，丙烯酸乙酯馏分重新回到反应釜，而乙醇分馏出来，使酯交换反应进行彻底，再把过量的丙烯酸乙酯真空蒸馏除去。

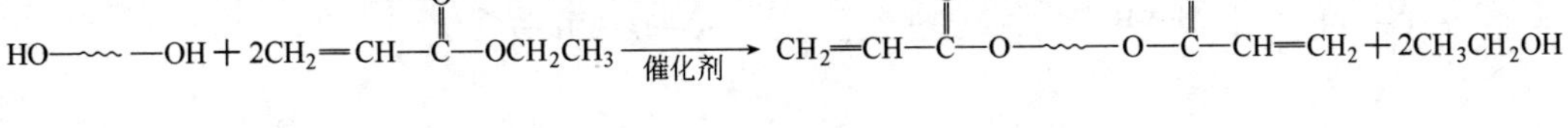

聚醚丙烯酸酯的柔韧性和耐黄变性好，但机械强度、硬度和耐化学品性差，因此，在光固化涂料、油墨中不作为主体树脂使用，但其黏度低、稀释性好，所以用作活性稀释剂。

10.2.6 纯丙烯酸树脂丙烯酸酯的合成

光固化涂料用的纯丙烯酸树脂低聚物是指丙烯酸酯化的聚丙烯酸树脂，它是通过带有官能团的聚丙烯酸酯共聚物与丙烯酸缩水甘油酯或丙烯酸羟基酯反应，在侧链上接上丙烯酰氧基而制得。如用丙烯酸甲酯、丙烯酸正丁酯、苯乙烯和丙烯酸在过氧化苯甲酰引发下共聚制备的含有侧链羧基的共聚物与丙烯酸缩水甘油酯反应，可制得丙烯酸酯化的聚丙烯酸树脂。

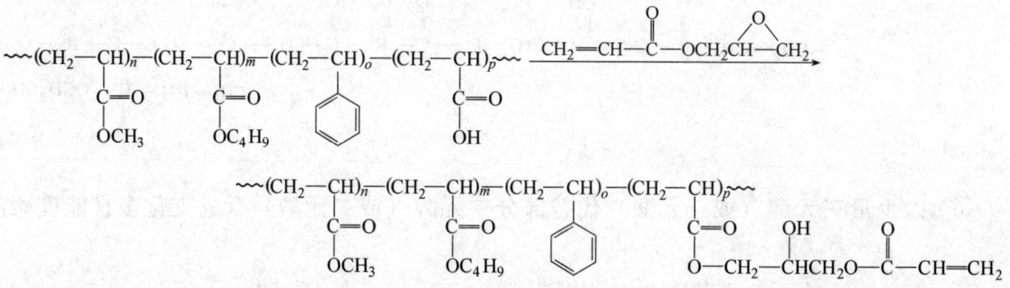

纯丙烯酸树脂低聚物具有良好的柔韧性，极好的耐黄变性和耐溶剂性，对各种不同基材都有较好的附着力，但其机械强度和硬度都很低，且由于分子中含有酯键，其耐酸碱性差。因此，在实际应用中纯丙烯酸树脂不作主体树脂使用，只是为了改善光固化涂料、油墨的某些性能，为提高耐黄变性、增进对基材的附着力和涂层间附着力而配合使用。

10.2.7 环氧树脂的合成

环氧树脂（epoxy resin）是用作阳离子光固化涂料的低聚物。环氧树脂在超强质子酸或路易斯酸作用下，容易发生阳离子聚合，形成聚醚主链。

环氧树脂大致可分为缩水甘油类环氧树脂和脂肪族类环氧树脂两大类。缩水甘油类环氧树脂包括缩水甘油醚型、缩水甘油酯型和缩水甘油胺型环氧树脂，这类环氧树脂阳离子光聚合活性低、聚合速度慢，且黏度较高，因此使用不多。脂肪族环氧树脂黏度低，反应活性高，固化膜收缩率低，耐候性好，有优异的柔韧性和耐磨性，是适合阳离子光聚合的最重要的一类环氧树脂，主要包括氧化环己烯衍生物，如 3,4-环氧环己基甲酸-3,4-环氧环己基甲酯，己二酸双（3,4-环氧环己基甲酯）。

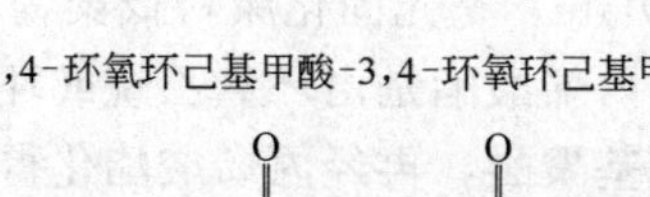

3,4-环氧环己基甲酸-3,4-环氧环己基甲酯

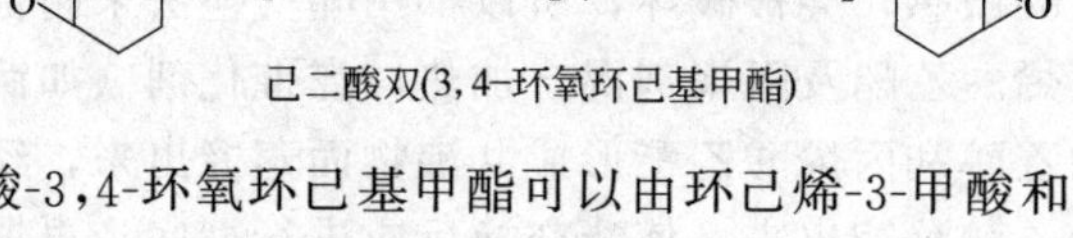

己二酸双(3,4-环氧环己基甲酯)

3,4-环氧环己基甲酸-3,4-环氧环己基甲酯可以由环己烯-3-甲酸和环己烯-3-甲醇先酯化，再用过氧乙酸对碳碳双键环氧化而制得。

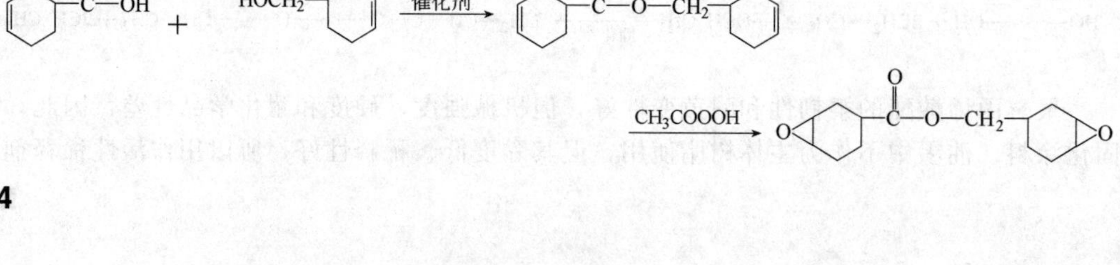

产物可能含有少量的低聚物，商品一般为黏稠液，商品牌号主要有 CY179（Ciba）、Photomer1500（Cognis）、光固化 R6110（UCC）。它因较高的反应活性、优良的固化膜性能和可以承受的价格而成为阳离子光固化领域最受青睐的主体树脂。

己二酸双（3,4-环氧环己基甲酯）可由环己烯-3-甲醇与己二酸先酯化，再用过氧乙酸环氧化而制得。商品牌号为光固化 R6128（UCC）。

阳离子光固化用脂环族环氧树脂具有气味低、毒性低、黏度低和收缩率低的优点，固化膜柔韧性、耐磨性和透明度好，对塑料和金属有优异的附着力，主要用于软硬包装材料的涂料，如罐头罩光漆，塑料、纸张涂料，电器、电子用涂料，丝印、胶印油墨，胶黏剂和灌封料等。

10.2.8 有机硅低聚物的合成

光固化有机硅低聚物是以聚硅氧烷中重复的 Si—O 键为主链结构的聚合物，并具有丙烯酰氧基、乙烯基或环氧基等可进行聚合、交联的反应基团。从目前光固化的应用上看，主要为带有丙烯酰氧基的有机硅丙烯酸酯低聚物。在聚硅氧烷中引入丙烯酰氧基主要有下列几种方法。

① 用二氯二甲基硅烷单体和丙烯酸羟乙酯在碱催化下水解缩合。

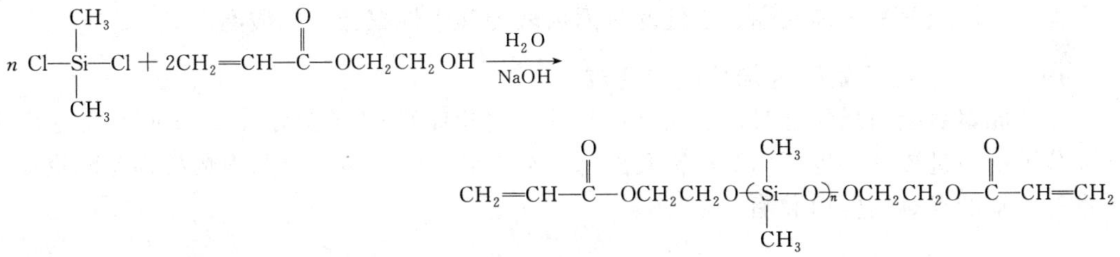

② 由二乙氧基硅烷和丙烯酸羟乙酯经酯交换反应。

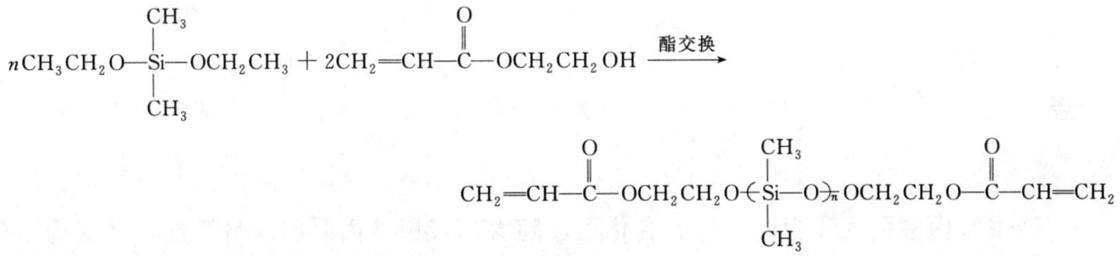

③ 利用端羟基硅烷与丙烯酸酯化。

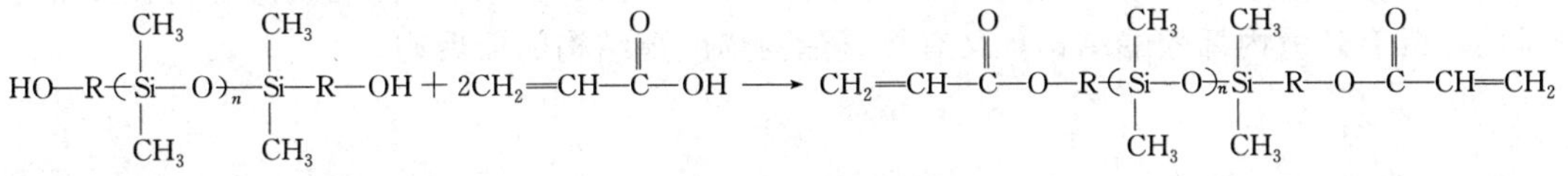

④ 用端羟基硅烷与二异氰酸酯反应，再与丙烯酸羟乙酯反应。

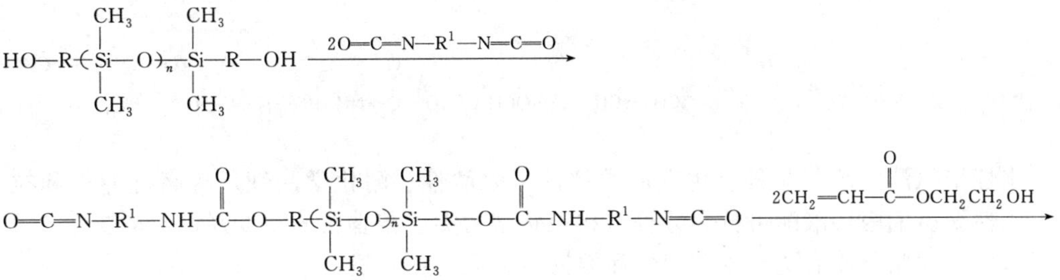

$$\text{CH}_2\!=\!\text{CH}\!-\!\overset{\text{O}}{\overset{\|}{\text{C}}}\!-\!\text{OCH}_2\text{CH}_2\text{O}\!-\!\overset{\text{O}}{\overset{\|}{\text{C}}}\!-\!\underset{\text{H}}{\text{N}}\!-\!\text{R}^1\!-\!\text{NH}\!-\!\overset{\text{O}}{\overset{\|}{\text{C}}}\!-\!\text{O}\!-\!\text{R}\!-\!\underset{\underset{\text{CH}_3}{|}}{\overset{\overset{\text{CH}_3}{|}}{\text{Si}}}\!-\!\text{O}\!-\!\underset{\underset{\text{CH}_3}{|}}{\overset{\overset{\text{CH}_3}{|}}{\text{Si}}}\!-\!\text{R}\!-\!\text{O}\!-\!\overset{\text{O}}{\overset{\|}{\text{C}}}\!-\!\text{NH}\!-\!\text{R}^1\!-\!\underset{\text{H}}{\text{N}}\!-\!\overset{\text{O}}{\overset{\|}{\text{C}}}$$

也可先用二异氰酸酯与丙烯酸羟乙酯反应生成二异氰酸酯-丙烯酸羟乙酯的半加成物，然后再用半加成物与端羟基硅烷来合成。

有机硅低聚物主链为硅氧键，有极好的柔韧性、耐低温性、耐湿性、耐候性和电性能，常用作保护涂料，如电器和电子线路的涂装保护和密封，特别是用作光纤保护涂料，此外，也能用作玻璃和石英材质光学器件的胶黏剂。

10.3　水性光固化树脂的合成

水性光固化树脂是指可溶于水或可用水分散的光固化树脂，分子中既含有一定数量的强亲水基团，如含有羧基、羟基、氨基、醚基、酰胺基等，又含有不饱和基团，如丙烯酰基、甲基丙烯酰基或烯丙基。水性光固化树脂可分为乳液型、水分散型和水溶型三类。主要包括三大类：水性聚氨酯丙烯酸酯、水性环氧丙烯酸酯和水性聚酯丙烯酸酯。

10.3.1　水性聚氨酯丙烯酸酯的合成

在合成聚氨酯丙烯酸酯时，加入一定量的二羟甲基丙酸（DMPA），从而在聚氨酯丙烯酸酯分子中引进羧基。也可用二异氰酸酯与二羟甲基丙酸反应，再与丙烯酸羟基酯反应，制得带有羧基的聚氨酯丙烯酸酯。

二羟甲基丙酸引入量少时，得到乳化型，随着二羟甲基丙酸引入量增加，就变为水分散型，当用氨和有机胺中和后就变成羧酸铵盐，此时为水溶型光固化树脂。

由二异氰酸酯-丙烯酸羟乙酯半加成物与部分酸酐化的环氧丙烯酸酯反应，可制得带有羧基的，既有环氧丙烯酸酯结构，又有聚氨酯丙烯酸酯结构的低聚物。

水性聚氨酯丙烯酸酯具有优良的柔韧性、耐磨性、耐化学品性，有高抗冲击和拉伸强度。水性聚氨酯丙烯酸酯可分为芳香型和脂肪型两类。芳香族的硬度好，耐黄变性差，主要用于室内；而脂肪族有优异耐黄变性和柔韧性，但价格较贵。

246

10.3.2　水性环氧丙烯酸酯的合成

① 利用环氧丙烯酸酯中的羟基与酸酐反应来合成。

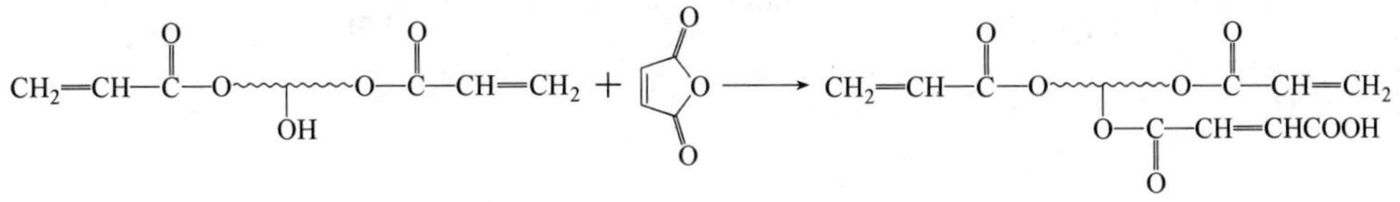

再用有机胺中和后变成羧酸铵盐，就成为水溶性光固化树脂低聚物。酸酐用量增加，引入羧基量增加，水溶性增强；有机胺中和程度增加，水溶性也增强。

　　用丙烯酸与酚醛环氧树脂的部分环氧基反应，然后利用产物中的羟基与琥珀酸酐反应，也可合成碱溶性的环氧丙烯酸酯。

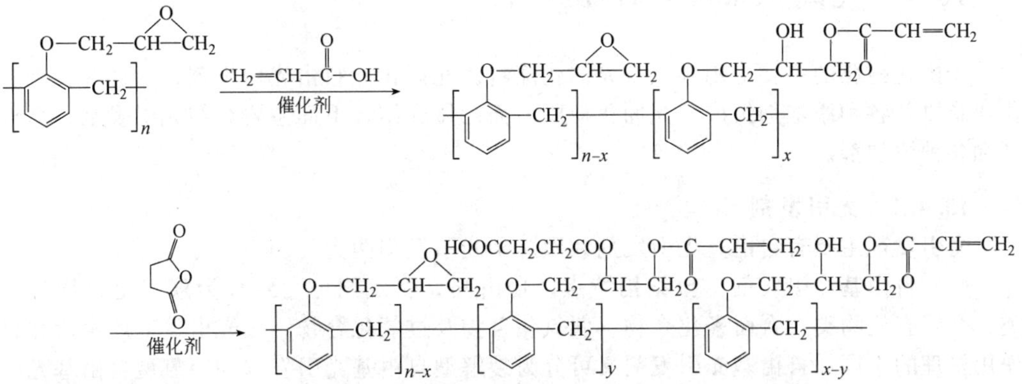

该产物既含有环氧基，又含有丙烯酰氧基，还含有羧基，因而既具有碱溶性，又具有光固化特性，同时保留有环氧树脂的优良特性。用氨或有机胺中和羧基，即可得到水溶性环氧丙烯酸酯。

　　② 先用叔胺与酚醛环氧树脂中部分环氧基反应，再用丙烯酸酯化。

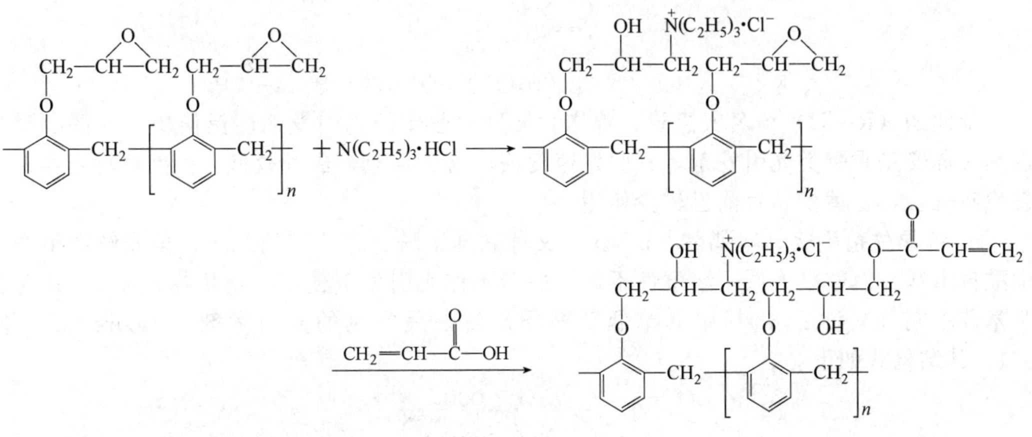

水性环氧丙烯酸酯具有良好的耐热性能。

10.3.3　水性聚酯丙烯酸酯的合成

用偏苯三甲酸酐或均苯四甲酸二酐与二元醇反应，制得带有羧基的端羟基聚酯，再与丙

247

烯酸反应，得到带羧基的聚酯丙烯酸酯，最后用氨或有机胺中和成羧酸铵盐，成为水溶性聚酯丙烯酸酯。

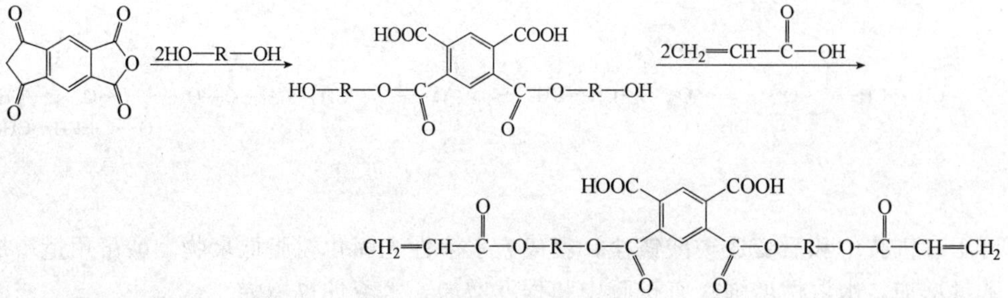

水性聚酯丙烯酸酯价廉、易制备、涂膜丰满、光泽度好。

10.4　光固化涂料的其他原料

光固化树脂的主要应用领域是光固化涂料。光固化涂料由光引发剂、活性稀释剂、光固化树脂以及各种添加剂组成。光固化树脂前面已做介绍，下面主要介绍光引发剂、活性稀释剂和各种添加剂。

10.4.1　光引发剂

光引发剂主要有自由基光引发剂和阳离子光引发剂两大类。

（1）自由基光引发剂　按结构特点，自由基光引发剂可大致分为羰基化合物类、染料类、金属有机物类、含卤素化合物、偶氮化合物及过氧化合物。按光引发剂产生活性自由基作用机理的不同，自由基光引发剂又可分为裂解型自由基光引发剂和夺氢型自由基光引发剂两种。

①　裂解型自由基光引发剂　裂解型自由基光引发剂主要有苯偶姻及其衍生物、苯偶酰衍生物、二烷氧基苯乙酮、α-羟烷基苯酮、α-胺烷基苯酮、酰基膦氧化物。

a. 苯偶姻及其衍生物。苯偶姻（benzoin）及其衍生物的结构式如下

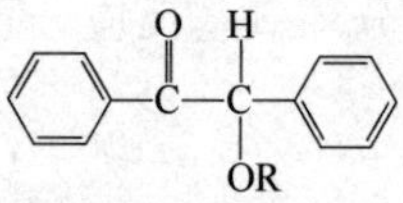

$$R=H,-CH_3,-C_2H_5,-CH(CH_3)_2,-CH_3CH(CH_3)_2,-C_4H_9$$

苯偶姻（R＝H）俗名安息香，曾作为最早商业化的光引发剂广泛使用。苯偶姻醚光引发剂又称安息香醚类光引发剂，其引发速度快，易于合成，成本较低，但因热稳定性差，易发生暗聚合，易黄变，目前已较少使用。

b. 苯偶酰衍生物。苯偶酰（benzil）又称联苯甲酰、二苯基乙二酮，可光解产生两个苯甲酰自由基，但效率太低，溶解性不好，一般不作光引发剂使用。衍生物 α,α'-二甲氧基-α-苯基苯乙酮（又称 α,α'-二甲基苯偶酰缩酮）就是最常见的光引发剂 Irgacure 651，简称651。其结构式如下

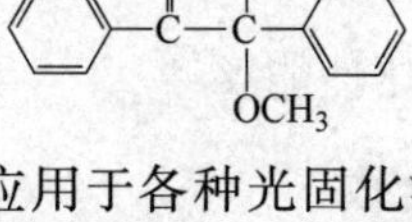

651有很高的光引发活性，广泛应用于各种光固化涂料、油墨中。651的热稳定性优良，合成容易，价格较低，但易黄变，不能在清漆中使用。

248

c. 二烷氧基苯乙酮。二烷氧基苯乙酮结构式如下

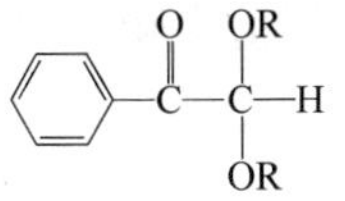

$$R = -C_2H_5, -CH(CH_3)_2, -CH(CH_3)CH_2CH_3, -CH_2CH(CH_3)_2$$

其中作为光引发剂的最主要的为 α,α'-二乙氧基苯乙酮（DEAP）。DEAP 活性高，不易黄变，但热稳定性差，价格相对较高，在国内较少使用。DEAP 主要用于各种清漆，也可与 ITX 等配合用于光固化色漆或油墨中。

d. α-羟烷基苯酮。α-羟烷基苯酮类光引发剂是目前开发应用最成功的一类光引发剂。已商品化的主要有

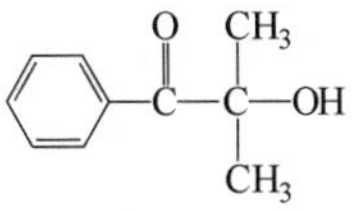

| Darocure 1173 (HMPP) | Darocure 2959 (HHMP) | Darocure 184 (HCPK) |

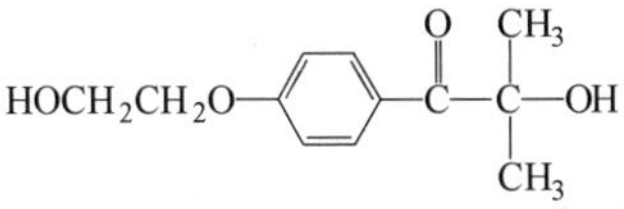

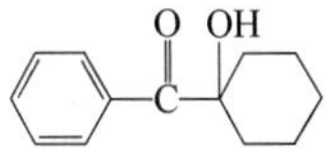

其中，Darocure 2959 是目前最重要的水性光固化引发剂。

α-羟烷基苯酮类光引发剂热稳定性非常优良，有良好的耐黄变性，是耐黄变性要求高的光固化清漆的主引发剂，也可与其他光引发剂配合用于光固化色漆中。其缺点是光解产物中有苯甲醛，有不良气味。

e. α-胺烷基苯酮。α-胺烷基苯酮是一类反应活性很高的光引发剂，已商品化的主要有

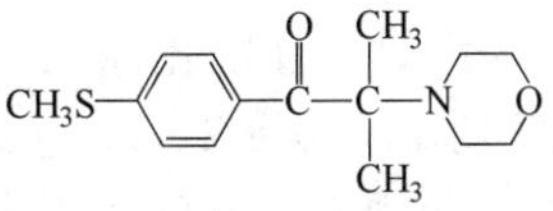

| Irgacure 907 (MMMP) | Irgacure 369 (BDMB) |

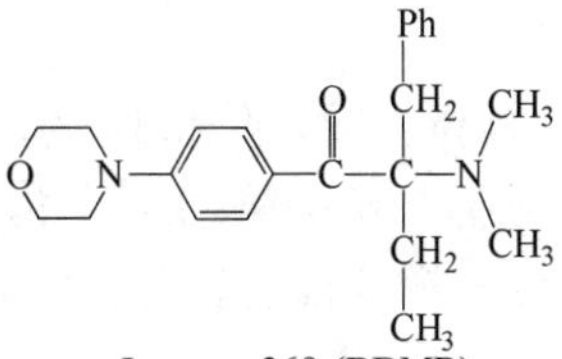

α-胺烷基苯酮类光引发剂引发活性高，常与硫杂蒽酮类光引发剂配合使用。但耐黄变性差，故不能在光固化清漆和白漆中使用。

f. 酰基膦氧化物。酰基膦氧化物光引发剂是一类引发活性较高、综合性能较好的光引发剂。已商品化的主要有

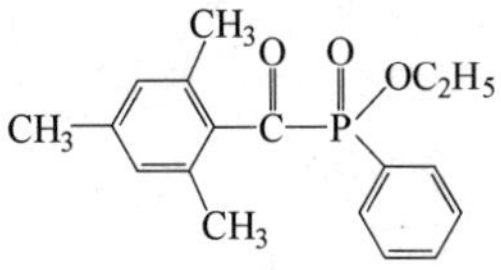

| TEPO | TPO | Irgacure 819 (BAPO) |

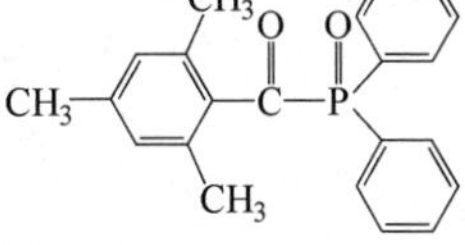

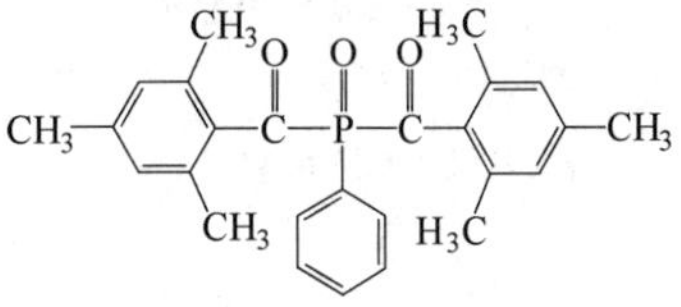

酰基膦氧化物光引发剂热稳定性优良，贮存稳定性好，适用于厚涂层的光固化。这类光引发剂对日光或其他短波可见光敏感，调制配方或贮运时应注意避光。

② 夺氢型自由基光引发剂　夺氢型自由基光引发剂由夺氢型光引发剂和助引发剂组成。夺氢型光引发剂都是二苯酮或杂环芳酮类化合物，主要有二苯甲酮及其衍生物、硫杂蒽酮类、蒽醌类等。与夺氢型光引发剂配合使用的助引发剂——氢供体主要为叔胺类化合物，如脂肪族叔胺、乙醇胺类叔胺、叔胺型苯甲酸酯、活性胺等。夺氢型光引发剂分子吸收光能后，经激发和系间窜跃至激发三线态，与作为氢供体的叔胺类化合物发生双分子作用，经电

子转移产生活性自由基，进而引发低聚物或活性稀释剂交联聚合。

作为夺氢型光引发剂的二苯甲酮及其衍生物主要有

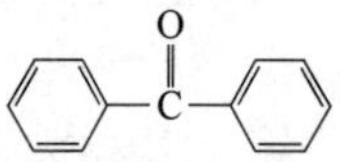

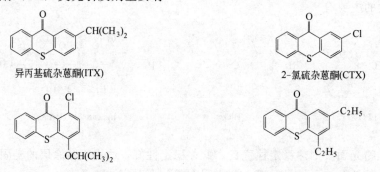

二苯甲酮(BP) 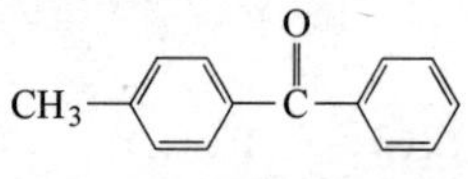   4-甲基二苯甲酮

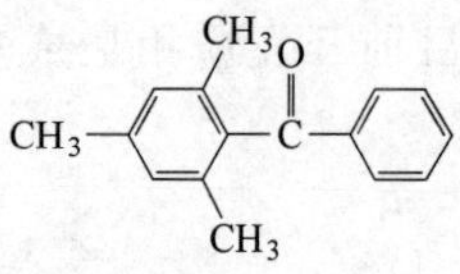

2,4,6-三甲基二苯甲酮 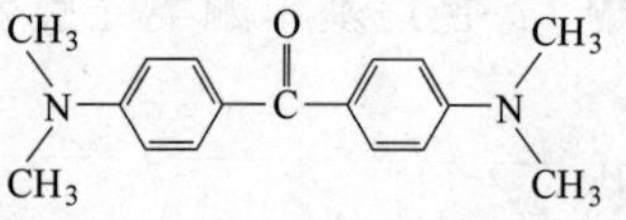   四甲基米氏酮(MK)

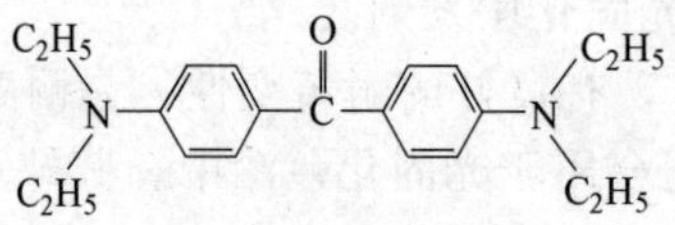

四乙基米氏酮(DEMK) 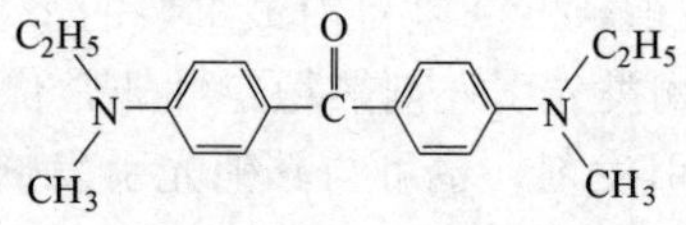   甲乙基米氏酮(MEMK)

BP 结构简单，容易合成，价格便宜，但光引发活性低，且固化涂层易泛黄。2,4,6-三甲基二苯甲酮和 4-甲基二苯甲酮的混合物即为光引发剂 Esacure TZT。TZT 为无色透明液体，与低聚物和活性稀释剂混溶性好，与助引发剂配合使用有很好的光引发效果，可用于各种光固化清漆。

MK 本身有叔胺结构，单独使用就是很好的光引发剂，若与 BP 配合使用，用于丙烯酸酯的光聚合，引发活性远远高于 MK-叔胺体系和 BP-叔胺体系。但 MK 被确定为致癌物，使用时需要注意。

硫杂蒽酮（TX）类光引发剂主要有

异丙基硫杂蒽酮(ITX)   2-氯硫杂蒽酮(CTX)

1-氯-4-丙氧基硫杂蒽酮(CPTX)   2,4-二乙基硫杂蒽酮(DETX)

硫杂蒽酮类光引发剂必须与适当活性胺配伍才能发挥高效光引发活性，4-(N,N-二甲氨基)苯甲酸乙酯（EDAB）是迄今最适合与硫杂蒽配合使用的活性胺助引发剂，它不仅活性高，而且黄变不严重。硫杂蒽酮类引发剂中应用最广、用量最大的是 ITX，它在活性稀释剂和低聚物中溶解性较好。ITX 也常与阳离子光引发剂二芳基碘鎓盐配合作用。

250

与夺氢型光引发剂配合的助引发剂叔胺类化合物分子中至少要有一个 α-H，如脂肪族叔胺、乙醇胺类叔胺、叔胺型苯甲酸酯、活性胺等。脂肪族叔胺中最早使用的是三乙胺，其价格低，相容性好，但挥发性太大，臭味太重，现已不再使用。乙醇胺类叔胺主要有三乙醇胺、N-甲基乙醇胺、N,N-二甲基乙醇胺以及 N,N-二乙基乙醇胺等。三乙醇胺成本低，活性高，但亲水性太强，影响涂层性能，黄变严重，故不能使用。叔胺型苯甲酸酯助引发剂活性高，溶解性好，黄变性低，主要有

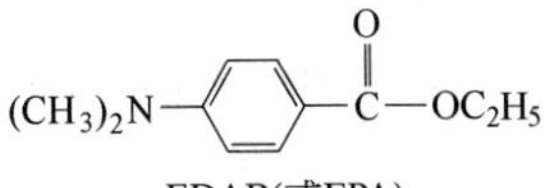

与夺氢型光引发剂配合的助引发剂叔胺类化合物

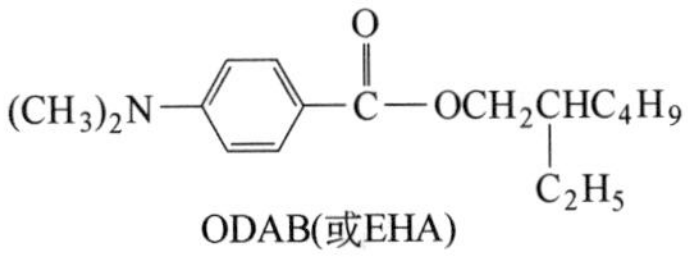

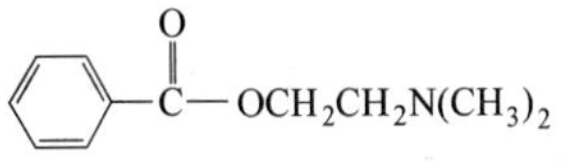

EDAB在紫外区有较强的吸收，对光致电子转移有促进作用，有利于提高反应活性，但价格较贵，主要与TX类光引发剂配合，用于高附加值油墨中。

活性胺类助引发剂属叔胺丙烯酸酯类化合物，是由二乙胺或二乙醇胺等仲胺与二官能团丙烯酸酯或多官能团丙烯酸酯经迈克尔加成反应直接制得的。这类助引发剂相容性好，气味低，刺激性小，效率高，且不会发生迁移。

（2）阳离子光引发剂　阳离子光引发剂是又一类非常重要的光引发剂，它吸收光能后至激发态，发生光解反应，产生超强酸，即超强质子酸或路易斯酸，从而引发环氧树脂和乙烯基醚类树脂等低聚物以及活性稀释剂进行阳离子聚合。阳离子光引发剂可分为锑盐类、金属有机物类、有机硅烷类，其中以二芳基碘锑盐、三芳基硫锑盐和芳基茂铁盐最具有代表性。

二芳基碘锑盐合成方便，热稳定性好，光引发活性高，是一类重要的阳离子光引发剂。部分已商品化的二芳基碘锑盐光引发剂如下

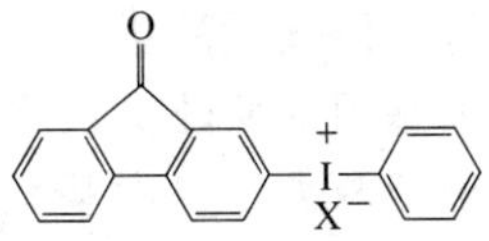

$X^- = SbF_6^-$，AsF_6^-，PF_6^-，BF_4^-
咕吨酮基苯基碘锑盐

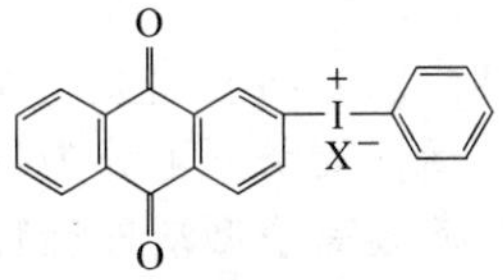

$X^- = SbF_6^-$，AsF_6^-，PF_6^-，BF_4^-
蒽酮基苯基碘锑盐

阴离子的种类对碘锑盐吸光性没有影响，但对聚合活性有较大影响。阴离子为 SbF_6^- 时，引发活性最高，因为 SbF_6^- 亲核性最弱，对增长链碳正离子中心的阻聚作用最小。阴离子为 BF_4^- 时，碘锑盐引发活性最弱，因为 BF_4^- 易释放出亲核性较强的 F^-，导致碳正离子活性中心与 F^- 结合，终止聚合。

二芳基碘锑盐吸收光能后，可同时发生均裂和异裂，既产生超强酸，又产生自由基，因此碘锑盐除可引发阳离子光聚合外，还可同时引发自由基聚合。这是碘锑盐和硫锑盐的共同特点。

三芳基硫锑盐比二芳基碘锑盐热稳定性更好，与活性稀释剂混合加热也不会引发聚合，故体系的贮存稳定性极好，光引发活性高。结构简单的三苯基硫锑盐吸光波长太短，无法利用中压汞灯的几个主要发射谱线。对三苯基硫锑盐的苯环进行适当取代，可显著增加吸收波长。部分已商品化的三芳基硫锑盐如下

X⁻ 部分:

$X^- = SbF_6^-$、PF_6^-

双（4,4′-硫醚三苯基硫鎓）盐　　　苯硫基苯基二苯基硫鎓盐

三苯基硫鎓盐在活性稀释剂中溶解性不好，所以商品化的三苯基硫鎓盐都是 50％碳酸丙烯酯溶液。

芳基茂铁盐阳离子光引发剂中最具代表性的是 η^6-异丙苯茂铁（Ⅱ）六氟磷酸盐，商品名为 Irgacure 261。

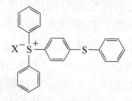

Irgacure 261 在远紫外区和近紫外区都有较强吸收，在可见光区也有吸收。其吸光发生分解后，产生异丙苯和茂铁路易斯酸，引发阳离子聚合。

10.4.2　活性稀释剂

活性稀释剂是指具有可聚合的反应性官能团，能参与光固化交联反应，并对光固化树脂起溶解、稀释、调节黏度作用的有机小分子。通常将活性稀释剂称为单体或功能性单体。活性稀释剂可参与光固化反应，因此减少了光固化涂料有机挥发分（VOC）的排放，这赋予了光固化涂料的环保特性。

按反应性官能团的种类，活性稀释剂可分为（甲基）丙烯酸酯类、乙烯基类、乙烯基醚类和环氧类等。其中以丙烯酸酯类光固化活性最大，甲基丙烯酸酯类次之。

按固化机理，活性稀释剂可分为自由基型和阳离子型两类。自由基型活性稀释剂主要为丙烯酸酯类单体，而阳离子型活性稀释剂为具有乙烯基醚或环氧基的单体。乙烯基醚类单体也可参与自由基光固化，因此可作为两种光固化体系的活性稀释剂。

按分子中反应性官能团的多少，活性稀释剂则可分为单官能团活性稀释剂、双官能团活性稀释剂和多官能团活性稀释剂。活性稀释剂含有的可反应性官能团越多，则光固化反应活性越高，光固化速度越快。

单官能团活性稀释剂主要有丙烯酸酯类和乙烯基类。丙烯酸酯类活性稀释剂有丙烯酸正丁酯（BA）、丙烯酸异辛酯（2-EHA）、丙烯酸异癸酯（IDA）、丙烯酸月桂酯（LA）、（甲基）丙烯酸羟乙酯、（甲基）丙烯酸羟丙酯，以及一些带有环状结构的（甲基）丙烯酸酯，

甲基丙烯酸缩水甘油酯(GMA)　　　　　　　　甲基丙烯酸异冰片酯(IBOA)

甲基丙烯酸四氢呋喃甲酯(THFMA)　　　　　　丙烯酸苯氧基乙酯(POEA)

如乙烯类活性稀释剂有苯乙烯（St）、醋酸乙烯酯（VA）以及 *N*-乙烯基吡咯烷酮（NVP）等。单官能团活性稀释剂一般分子量小，因而挥发性较大，气味大、毒性大，其使用受到一定限制。

　　双官能团活性稀释剂含有两个可参与光固化反应的活性基团，因此光固化速度比单官能团活性稀释剂快，成膜时交联密度增加，有利于提高固化膜的力学性能和耐抗性。因分子量增大，黏度相应增加，但仍保持良好的稀释性，其挥发性较小，气味较低，因此，双官能团活性稀释剂大量应用于光固化涂料中。双官能团活性稀释剂主要有乙二醇类二丙烯酸酯、丙二醇类二丙烯酸酯和其他二醇类二丙烯酸酯。应用较广泛的主要有

$$CH_2=CH-\overset{\overset{O}{\parallel}}{C}-O-(CH_2)_6-O-\overset{\overset{O}{\parallel}}{C}-CH=CH_2$$

1,6-己二醇二丙烯酸酯（HDDA）

$$CH_2=CH-\overset{\overset{O}{\parallel}}{C}-O-CH_2-\overset{\overset{CH_3}{|}}{\underset{\underset{CH_3}{|}}{C}}-CH_2-O-\overset{\overset{O}{\parallel}}{C}-CH=CH_2$$

新戊二醇二丙烯酸酯（NPGDA）

$$CH_2=CH-\overset{\overset{O}{\parallel}}{C}-O-CH_2-\overset{\overset{CH_3}{|}}{C}H-O-\overset{\overset{CH_3}{|}}{C}H-CH_2-O-\overset{\overset{O}{\parallel}}{C}-CH=CH_2$$

二缩丙二醇二丙烯酸酯（DPGDA）

$$CH_2=CH-\overset{\overset{O}{\parallel}}{C}-O-CH_2-\overset{\overset{CH_3}{|}}{C}H-O-CH_2-\overset{\overset{CH_3}{|}}{C}H-O-CH_2-\overset{\overset{CH_3}{|}}{C}H-O-\overset{\overset{O}{\parallel}}{C}-CH=CH_2$$

三缩丙二醇二丙烯酸酯（TPGDA）

　　HDDA 是一种低黏度的双官能团活性稀释剂，稀释能力强，对塑料有极好的附着力，但皮肤刺激性较大，价格较高。NPGDA 黏度低，稀释能力强，活性高，光固化速度快，对塑料附着力好，但皮肤刺激性较大。DPGDA 和 TPGDA 均是低黏度、稀释能力强、光固化速度快的活性稀释剂。TPGDA 相对于 DPGDA 多一个丙氧基，柔韧性较好，体积收缩较小，皮肤刺激性也较小，是目前光固化涂料中最常用的活性稀释剂。

　　多官能团活性稀释剂含有 3 个或 3 个以上的可参与光固化反应的活性基团，光固化速度快，交联密度大，固化膜的硬度高，脆性大，耐抗性优异。由于分子量大，黏度高，稀释效果相对较差；沸点高，挥发性低，收缩率大。因此多官能团活性稀释剂通常主要不是用来降低体系黏度，而是用于针对使用要求调节某些性能，如加快固化速度，增加干膜的硬度，提高其耐刮性等。常用的多官能团活性稀释剂主要有

三羟甲基丙烷三丙烯酸酯(TMPTA)　　　　季戊四醇三丙烯酸酯(PETA)

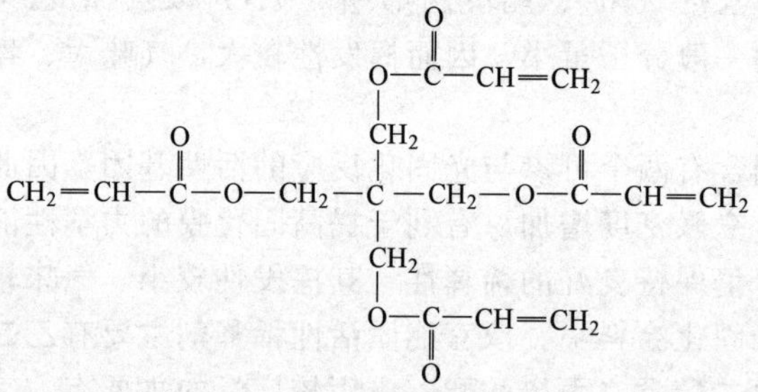

季戊四醇四丙烯酸酯(PETTA)

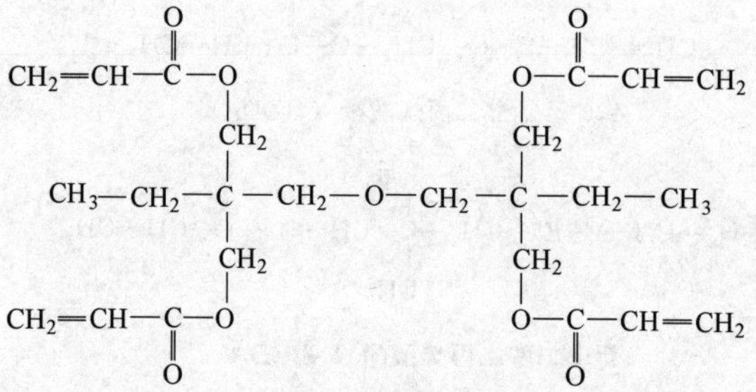

二缩三羟甲基丙烷四丙烯酸酯(DTMPTTA)

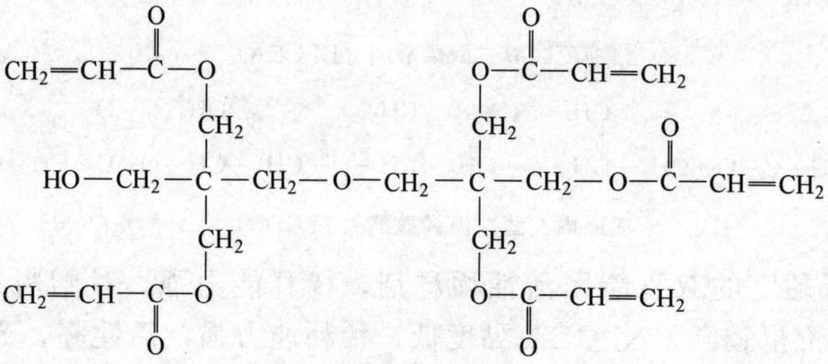

二季戊四醇五丙烯酸酯(DPPA)

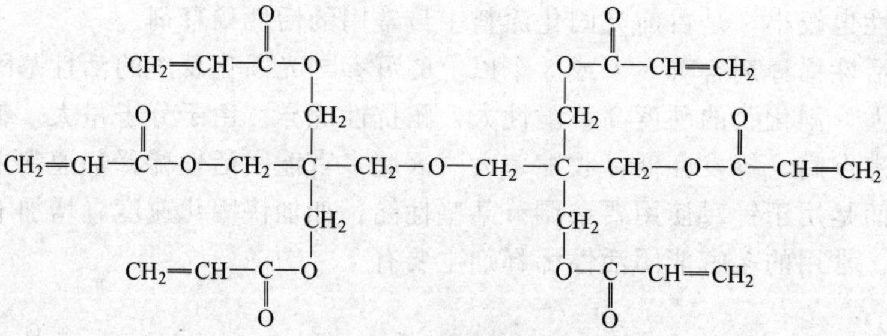

二季戊四醇六丙烯酸酯(DPHA)

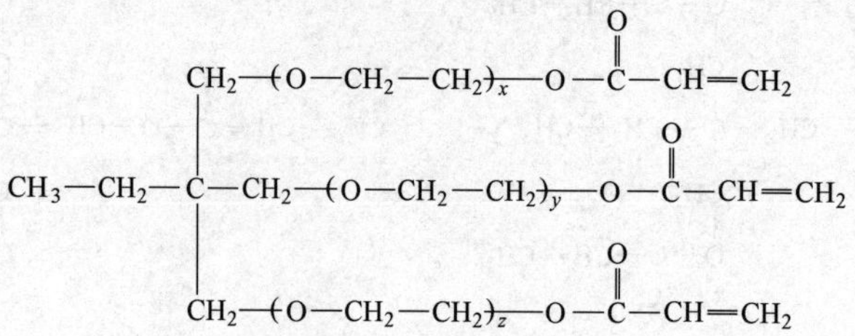

乙氧基化的三羟甲基丙烷三丙烯酸酯[TMP(EO)TA]

254

TMPTA 光固化速度快，交联密度大，固化膜坚硬而脆，耐抗性好，黏度比其他多官能团活性稀释剂小，价格也较便宜，是目前光固化涂料中最常用的多官能团活性稀释剂。

阳离子光固化体系常采用脂环族环氧树脂，其本身黏度较低，可以不另外加入活性稀释剂而直接使用。但当采用黏度较高的双酚 A 环氧树脂时，必须加入低分子量的环氧化合物（如苯基缩水甘油醚）作活性稀释剂，另外乙烯基醚也可作为阳离子固化体系的活性稀释剂。

10.4.3　各种添加剂

对于光固化涂料来说，最基本的组成通常包括光固化树脂、光引发剂和活性稀释剂，除此之外，往往还需要加入各种添加剂，以达到使用要求。这些添加剂包括颜料、填料、助剂。

颜料的作用是为涂层提供一定的颜色，并对底材有遮盖力，同时改善涂层的某些性能，如提高涂层强度和附着力，增加涂层光泽，增强涂层的耐光性和耐候性等。白色颜料主要有二氧化钛、氧化锌、锌钡白、铅白等。黑色颜料主要有炭黑、石墨、氧化铁黑、苯胺黑等，炭黑价格低，实用性好，所以光固化涂料中主要用炭黑作黑色颜料。彩色颜料包括红色、黄色、蓝色、绿色、橙色、紫色、棕色等多种颜料。红色颜料主要有金光红（PR21）、立索尔大红（PR49）、颜料红 G（PR37）、氧化铁红等；黄色颜料主要有耐晒黄 G（PY1，又称汉沙黄 G）、汉沙黄 R（PY10）、永固黄 GR（PY13）、颜料黄（PY129）、铁黄等；蓝色颜料主要有酞菁蓝（PB15）、靛蒽酮（PB60）、射光蓝浆 AG（PB61）、群青等；绿色颜料主要有酞菁绿 G（PG7）、颜料绿（PG8）、黄光铜钛菁（PG36）、氧化铬绿等；橙色颜料主要有永固橙 G（PO13）和永固橙 HL（PO36）；紫色颜料主要有喹吖啶酮紫（PV19）、永固紫 RL（PV23）、锰紫（PV16）等；棕色颜料主要有永固棕 HSR（PBr25）、氧化铁棕（PBr6）等。

填料又称体积颜料或惰性颜料，其化学性质稳定，价格便宜，来源广泛。加入的目的主要是降低涂料的成本，同时对涂料的流变性和力学性能也有重要影响，可以增加涂层的厚度，提高涂层的耐磨性和耐久性。常用填料有碳酸钙、硫酸钡（又称钡白）、二氧化硅（又称白炭黑）、氢氧化铝、高岭土、滑石粉等，它们的折射率与低聚物和活性稀释剂接近，所以对基材无遮盖力。

助剂是为了在光固化涂料生产制造、施工应用和运输贮存过程中完善涂料某些性能而使用的添加剂，通常有消泡剂、流平剂、润湿分散剂、消光剂、阻聚剂等。

消泡剂是一种能抑制、降低或消除涂料中气泡的助剂。涂料所用原料如流平剂、润湿剂、分散剂等表面活性剂会产生气泡，消泡剂的作用与表面活性剂相反，它具有与体系不相容性、高度的铺展性、渗透性以及低表面张力特性，消泡剂加入体系后，能很快分散成微小的液滴，与表面活性剂结合，并渗透到双分子膜中，快速铺展，使双分子膜弹性显著降低，导致双分子膜破裂，同时降低气泡周围的液体表面张力，使小的气泡聚集成大的气泡，最终使气泡破裂。常用的消泡剂有低级醇（如乙醇、正丁醇），有机改性化合物（如磷酸三丁酯、金属皂），矿物油，有机聚合物（聚醚、聚丙烯酸酯），有机硅树脂（聚二甲基硅油、改性聚硅氧烷）等，最常用的消泡剂是有机聚合物和有机硅树脂。消泡剂的加入量一般为光固化涂料总量的 0.05%～1.0%。

流平剂是一种用来提高涂料的流动性，使涂料能够流平的助剂。一般来说，涂料的黏度越低，流动性越好，流平性也越好。底材表面粗糙，不利于流平；溶剂挥发快，不利于流平；施工时，环境温度越高，越有利于流平；干燥时间长，有利于流平。流平剂种类繁多，用于光固化涂料的流平剂主要有聚丙烯酸酯、有机硅树脂和氟表面活性剂三大类。

润湿分散剂是用来提高颜料在涂料中悬浮稳定性的助剂，大多为表面活性剂，由亲颜料的基团和亲树脂的基团组成。常用的润湿分散剂主要有天然高分子类（如卵磷脂）、合成高分子类（如长链聚酯的酸与多氨基盐）、多价羧酸盐、硅系和钛系偶联剂等。

消光剂是能使涂膜表面产生预期粗糙度，明显降低其表面光泽的助剂。消光剂的折射率应尽量接近成膜树脂的折射率，这样配制的消光清漆透明、无白雾，其颗粒大小应为 $3\sim5\mu m$。常用的消光剂有金属皂（硬脂酸铝、锌、钙盐等），改性油（桐油），蜡（聚乙烯蜡、聚丙烯蜡、聚四氟乙烯蜡），功能性填料（硅藻土、气相 SiO_2）。光固化涂料中使用的消光剂主要是 SiO_2 和高分子蜡。

阻聚剂是阻止光固化涂料中的低聚物、活性稀释剂发生聚合反应的助剂，它能终止全部自由基，使聚合反应完全停止。常用的阻聚剂有酚类、醌类、芳胺类、芳烃硝基化合物等，空气中氧也是很好的阻聚剂。光固化涂料中使用的阻聚剂主要为酚类，如对羟基苯甲醚、对苯二酚和 2,6-二叔丁基对甲苯酚等，由于对苯二酚的加入有时会引起体系颜色变深，往往不被采用。酚类阻聚剂必须在有氧气存在的条件下才能表现出阻聚效应，因此光固化涂料中除了要加酚类阻聚剂外，还必须注意存放涂料的容器内，涂料不能盛得太满，以保证有足够的氧气。

10.5　光固化涂料的应用

近年来，随着光固化技术的不断发展和进步，以及人们节能环保意识的增强，光固化涂料得到迅速发展，应用领域不断拓展，不仅大量应用于木器、纸张、塑料、皮革、金属、玻璃、陶瓷等多种基材，而且已成功应用于光纤、印刷电路板、电子元器件封装等材料，出现了光固化木器涂料、塑料涂料、纸张上光涂料、金属涂料、光纤涂料、皮革涂料、粉末涂料以及水性涂料。

（1）光固化木器涂料

光固化木器涂料是光固化涂料产品中产量较大的一类。光固化涂料在木器制品上的应用包括三个方面，即浸涂（塑木合金）、填充（密封和腻子）和罩光。按使用场合与质量要求，光固化木器涂料可分为拼木地板涂料和装饰板材涂料。按光泽度高低又分为高光、亚光等多种类型。涂装方式绝大多数以辊涂为主，也有部分喷涂、淋涂、刮涂等。就施工方面而言，光固化木器涂料包括光固化腻子漆、光固化底漆和光固化面漆。

① 光固化腻子漆　光固化腻子漆通常用于表面较粗糙的木基材料，如刨花板、纤维板等，其作用是填充底材小孔及微细缺陷，密封底材表面，使随后涂装的装饰性涂料不会被吸入而引起表观不平整，从而为粗材质材料提供光滑的表面。

光固化腻子漆通常为膏状物，除了含有光引发剂、低聚物、活性稀释剂等光固化涂料基本组分外，还含有较高比例的无机填料。合适的填料可提高涂层硬度、抗冲击性能，降低固化收缩率，提高附着力。光固化腻子漆中所用的无机填料包括滑石粉、重质和轻质碳酸钙、重晶石粉、白云石粉等。不饱和聚酯体系光固化腻子漆价格便宜，但由于需使用大量苯乙烯作为稀释剂，该体系光固化速度较慢，聚合收缩率也较大，因此不饱和聚酯体系已基本淡出光固化涂料市场。丙烯酸酯化的各类树脂光聚合速率快，而且配方灵活多变，容易调制出满足多种性能要求的涂料，但丙烯酸酯化的树脂成本太高，因此光固化涂料中成本相对较低的双酚 A 环氧丙烯酸酯树脂最受欢迎。

② 光固化底漆　光固化底漆与光固化腻子漆的使用场合和作用不同，光固化腻子漆常用于表面粗糙、光滑度较差的木材，而光固化底漆则应用于表面较为光滑平整的木材。光固化底漆与光固化腻子漆相比，所含无机填料较少，黏度较低。光固化底漆中所添加的无机填

料与光固化腻子漆中加入填料的品种和作用相同。另外，光固化底漆中有时还加入少量硬脂酸锌，它可起到润滑作用，还可防止在打磨涂层表面时产生过多的"白雾"。

③ 光固化面漆　光固化面漆不含无机填料，这是光固化面漆与光固化腻子漆和光固化底漆在成分上的主要区别。若要获得亚光或磨砂效果，也可以适当添加硅粉类消光剂。光固化面漆广泛用于天然木材或木饰面，产生高光泽闭纹的涂饰效果。根据不同的用途可配制各种不同的丙烯酸型涂料，如高光泽或消光型涂料，有色或无色涂料，辊涂、淋涂、喷涂涂料，家具、硬木地板或软木板涂料等。一般光固化面漆较难配制完全无光的漆面，常选粒径 $25\mu m$ SiO_2 用作消光剂。

（2）光固化塑料涂料

塑料成型加工过程中不可避免会产生缺陷，导致表面光泽度较低，美观程度较差。多数常规塑料制品耐刮伤、耐溶剂、防老化等性能不高，需要对塑料表面进行装饰和保护。塑料基材的种类较多，常见的有聚苯乙烯、聚甲基丙烯酸甲酯、聚氯乙烯、聚乙烯、聚丙烯、聚酯、聚碳酸酯、ABS 塑料等。塑料种类不同，其化学性质和物理性质也各不相同，如聚酯、聚甲基丙烯酸甲酯、聚碳酸酯等材质的塑料表面具有一定的极性，光固化涂料在其上的黏附性问题容易解决，而聚乙烯和聚丙烯材料表面极性很低，与光固化涂料的附着性一般较差，常常需要采取一些特殊手段，如进行火花放电、腐蚀等极性化处理，或在光固化涂料配方中添加附着力促进剂，如氯化树脂对增强聚丙烯的附着力有改善作用。成分相同或相近的塑料在物理性能方面也可能有所差别，如聚乙烯包括较硬的高密度聚乙烯和较软的低密度聚乙烯。塑料基材的性质不同，所适用的光固化涂料的配方也有所区别。不同形状的涂料型材，光固化涂料的涂装方法也不同，对于平面状塑料型材（包括管件），可采用辊涂方式；而对于异型塑料型材，宜采用喷涂方式。涂层的作用、使用要求和目的不同，光固化塑料涂料的配方也不同，如对耐磨、抗刮擦性能要求较高的涂层，应选用固化后较硬的低聚物及活性稀释剂，合理调整硬度组分与柔韧性组分比例，并添加合适的无机填料及纳米材料。光固化塑料涂料的黏度不高，为便于涂装过程的流水化作业，提高涂装效率，常常在涂料配方中添加少量硅氧烷类的流平助剂，以赋予涂料良好的流平性。

光固化塑料涂料在汽车工业有较为广泛的应用，如前灯透镜、前灯反射灯罩、车轮塑料盖盘、保险杠、尾灯灯箱、汽车内衬塑料等的涂覆。

汽车前灯透镜主要为聚碳酸酯材料，它加工容易，折射率和透光性高，抗震性能好。但聚碳酸酯透镜材料不耐磨，易刮花起雾。配制前灯透镜光固化涂料需考虑涂层应具有较高硬度，且耐磨性、抗刮伤性、附着力、耐雾度、光泽度、冲击强度要较好。加入聚硅氧烷增滑剂可以提高抗裂伤效果，并可减少吸附灰尘的可能；添加受阻胺光稳定剂和短波紫外线吸收剂，可保证涂层耐光老化性。

汽车前灯反射灯罩大多用 ABS 塑料注塑成型，内表面有很多孔粒结构，不够光滑，缺乏光泽，如果直接用气相沉积法沉积一层铝膜，仍然得不到光滑表面，难以形成有效的反射镜面。光固化涂料可解决这一问题。先在灯罩内表面喷涂一层光固化涂料作底漆，固化后在非常光滑的表面再镀铝膜，形成高度平滑的反射镜面，再在铝膜上喷涂一层保护性光固化面漆，阻隔氧气和潮气向铝膜渗透。

车轮外侧的塑料盖盘由 ABS 塑料制成，本身耐磨性不高，涂装保护是必需工序。传统涂料是聚氨酯双组分体系，含有大量溶剂，烘烤工序耗时、耗能。采用光固化涂料高效、环保、节能。该类涂料应重点解决附着力、耐磨、耐候、抗冲击问题。

汽车前后保险杠由工程塑料制成，可以用色母粒获得各种颜色的产品，但其表面美观程度、抗刮擦性能和防光老化等方面存在不足，涂覆光固化防光老化涂料进行保护装饰。尾灯灯箱的光固化涂料涂覆保护应具有抗刮擦、防光老化等性能。汽车内衬塑料的涂覆保护宜采用更加环保的水性光固化涂料。

（3）光固化纸张上光涂料

光固化纸张涂料是一种罩光清漆，适用于书刊封面、广告宣传画、商品外包装纸盒、装饰纸袋、标签、卡片、金属化涂层等纸质基材的涂装，提高基材表面的光泽度，保护罩印面油墨图案和字样以增强涂饰美感，并且防水防污。传统的覆膜技术是在纸张上黏附一层聚乙烯或聚丙烯薄膜，因施工技术要求高，生产效率低，易出现覆膜脱层问题。溶剂型和水性纸张上光涂料均存在基材浸润变形、干燥时间较长等问题，不能形成规模，所以光固化纸张涂料已成为光固化涂料中产量最大的品种之一，而高光型光固化纸张清漆为纸张上光涂料产量最大的品种。光固化纸张涂料的应用基材多为软质易折的纸质材料，要求固化后涂层必须具有较高柔顺性，聚氨酯丙烯酸酯虽可提供优良的柔韧性，但成本偏高；乙氧基化和丙氧基化改性的丙烯酸酯单体可基本满足固化膜的柔顺性要求，同时保证光固化速率；环氧丙烯酸酯树脂可赋予固化涂层足够的附着力及硬度等性能。

（4）光固化金属涂料

光固化金属涂料目前最大的应用领域之一是金属罐体涂装，包括食品罐、饮料罐等，此外，光固化金属涂料在金属标牌装饰、金属饰板制造、彩涂钢板、铝合金门窗保护及钢管临时涂装保护等方面也有广泛的应用。大多金属均存在易腐蚀的问题，且金属表面的耐磨、抗刮伤性能较差，用光固化涂料涂装后既美观又可以保护金属表面。一般情况下在涂饰光固化涂料之前金属表面已产生一层氧化膜，由于金属氧化物的表面能降低，影响了光固化涂料的附着力。和传统涂料涂装相似，在金属涂装之前，往往需要对金属表面进行某种形式的预处理，如蒸汽去油、喷砂、氧化铝真空喷射等物理方法，或采用化学预处理，以改善金属表面状况，提高涂层的附着力。另外，也可在光固化涂料配方中添加附着力促进剂，包括带有羧基的树脂、含羧基的丙烯酸酯单体、丙烯酸酯化的酸性磷酸酯、长链硫醇、硅氧烷偶联剂、钛酸酯偶联剂等。

尽管自由基聚合型光固化金属涂料可以通过添加附着力促进剂来增强涂层对多种金属基材的附着力，但固化膜的收缩内应力依然存在，特别在需要对涂装好的金属板材或卷材进行切割、冲压成型的场合，例如冰箱、洗衣机等家电金属外壳的生产加工，金属导线绝缘保护涂料，金属罐外壁的涂装保护等，自由基聚合型的光固化涂料很难满足工艺要求，而阳离子光固化涂料则可有效解决固化膜体积收缩的问题，从而提高光固化膜对多种金属的附着力。

（5）光固化光纤涂料

光纤有石英玻璃光纤和塑料光纤两类。由于石英玻璃光纤透光性能优异，光信号在其中的衰减较小，适用于远距离光信号传输，而塑料光纤透光性能不好，传送距离短，因此，石英玻璃光纤仍占绝对地位。由于玻璃裸纤又细又脆，非常容易折断，因此，必须涂装光纤涂料保护裸纤表面，强化力学性能，增强抗弯能力。通常光纤涂料包括内涂层和外涂层两层，具有较高的折射率、适当的附着力、较低的模量和较宽的玻璃化温度和良好的防水功能。外层涂层具有较高的模量和玻璃化温度、较好的耐老化性。内柔外硬的光纤双涂层保证了光信号的传输、足够的力学性能、良好的耐化学品性及长久的使用寿命。

光固化光纤涂料通常采用的低聚物有聚氨酯丙烯酸酯、聚硅氧烷丙烯酸酯、改性环氧丙烯酸酯和聚酯丙烯酸酯。芳香族的聚氨酯丙烯酸酯在保持固化膜良好柔韧性的同时，以其芳环结构赋予固化膜适当的硬度和拉伸强度；聚硅氧烷丙烯酸酯具有优越的综合性能，在柔韧性、防潮、隔氧、抗侵蚀、耐老化等方面性能突出，但成本较高，作为普通光纤涂装应用受限制；改性环氧丙烯酸酯在柔韧性方面得到改善，其母体聚合速率快、黏附力强、高抗冲击强度等特性得以保持；聚酯丙烯酸酯，特别是聚己内酯丙烯酸酯，具有较好的柔韧性和拉伸强度。光引发剂和活性稀释剂也多采用两种以上复合体系，并选择体积收缩小的活性稀释剂以免造成膜层对光纤的不均衡应力，使光纤传输质量下降。此外，灰尘及凝胶粒子的存在将严重影响光纤质量，涂料使用前最好经超细过滤处理，将粒径 $1\mu m$ 以上的粒子去除干净。

（6）光固化皮革涂料　目前，国内皮革涂饰剂的品种仍以大量的溶剂型涂饰剂和一定量的水性聚氨酯涂饰剂为主导产品。溶剂型涂饰剂含有大量的有机挥发分，对环境造成危害。即使是水性涂饰剂，一般仍有5%左右的有机溶剂。光固化皮革涂料凸显出环保、高效、高性能的优势。

光固化皮革涂料既可用于真皮，也可用于人造革，涂装效果有高光、磨砂、绸面等多个品种，使皮革的美观程度大大提高。真皮材料为极性表面，渗透性较强，有利于与光固化皮革涂料的附着力，但鞣革剂的存在会影响与涂层的附着力，需要添加与鞣革剂相容的组分改善附着力。对于人造革制品，如果要求保留皮革表面原始的孔粒结构，只要喷涂光固化面漆即可；如果需要填补皮革表面的坑凹结构，最终获得很平滑的革面，需要先辊涂一层光固化底漆（光固化底漆通常含有较多的颜料粒子），然后再涂覆光固化面漆。光固化皮革涂层要具有柔顺性、耐磨、抗刮伤性能。

（7）光固化粉末涂料　光固化粉末涂料是一项将传统粉末涂料与 UV 固化技术相结合的新技术。与传统粉末涂料的最大区别在于，光固化粉末涂料在涂装固化过程中分为明显的两个阶段，涂层在熔融流平阶段不会发生树脂的早期固化，从而为涂层的充分流平和驱除气泡提供了充裕的时间，而传统的热固化粉末涂料的熔融流平和固化开始阶段有一定重叠，涂层有可能出现平整度的缺陷，如缩孔、橘皮等现象。另外，光固化粉末涂料固化过程的温度较低，使其适于各类热敏性基材，而热固化粉末涂料固化温度高，固化时间长，只能用于金属等耐热基材。光固化粉末涂料与光固化涂料液体相比，也有较大优势：光固化粉末涂料无活性稀释剂，涂膜收缩率低，与基材附着力高。

光固化粉末涂料一般是由主体树脂、光引发剂、颜料、填料、助剂等组成。

主体树脂是光固化涂料里的主要成膜物质，是决定涂料性质和涂料性能的主要成分。在选择主体树脂时，应考虑以下因素：树脂除了具备一般光固化树脂的特点外，还必须在加热熔融过程中不发生分解，具有较好的稳定性；在加热熔融后，具有较低的熔融黏度，以保证涂料在光固化之前和光固化过程中具有良好的流动性和流平性。目前应用于光固化涂料的主体树脂主要有不饱和聚酯、乙烯基醚树脂、不饱和聚酯丙烯酸酯、聚氨酯丙烯酸酯、环氧树脂丙烯酸酯、环氧树脂以及超支化聚酯丙烯酸酯等。

光引发剂是光固化涂料中的关键组分。一般要求光引发剂具有高的光固化活性，消光系数高，光裂解产物无毒，贮存稳定，能与其他原料尤其是主体树脂相容，无迁移趋势等。光固化涂料中的光引发剂主要为自由基型引发剂，包括 BP、TPO、Irgacure 184、Irgacure 651、Irgacure 907、Darocur 907、BAPO 等。

许多颜料，如炭黑、氧化铁黄等对紫外线有吸收和散射作用，一般来说，黄色影响最大，而红色和蓝色相对来说影响较小，因此，对于着色体系的光固化粉末涂料，在选择颜色时必须慎重，要注意颜料与主体树脂、光引发剂、助剂等的匹配。

常用的助剂包括流平剂、消泡剂、消光剂、紫外线吸收剂、涂膜增光剂、边角覆盖力改性剂、粉末松散剂和固化促进剂等。

（8）光固化水性涂料　相对于溶剂型光固化涂料，光固化水性涂料具有如下优点：①以水作稀释介质，廉价易得，不易燃，安全、无毒；②可用水或增稠剂方便地控制流变性，适用于辊涂、淋涂、喷涂等各种涂装方式；③不必借助活性稀释剂来调节黏度，可解决 VOC 及毒性、刺激性的问题，对环境无污染，对人体健康无影响；④可避免由活性稀释剂引起的固化收缩；⑤设备、容器等易于清洗；⑥光固化前已可指触，可堆放和修理。当然，水性光固化涂料也有些缺点：①光泽度较低、耐洗涤性差；②体系的稳定性较差；③光固化前一般要对湿膜进行干燥除水，造成能耗增加、生产时间延长、生产效率下降。光固化水性涂料由水性光固化树脂、光引发剂、助剂和水组成。

水性光固化树脂是光固化水性涂料最重要的组分，它决定固化膜的力学性能，如硬度、柔韧性、强度、黏附性、耐磨性、耐化学品性等，也影响光固化速度。水性光固化树脂主要有水性聚氨酯丙烯酸酯、水性环氧丙烯酸酯、水性聚酯丙烯酸酯等。

光引发剂是任何紫外光固化体系中不可缺少的成分，它对固化体系的光固化速度起决定性作用。由于水性光固化涂料所用稀释剂主要是水，水不参与光固化反应，必须在光固化之前或光固化过程中除去。因此，必须选择挥发性低，与水性光固化树脂相容性好，在水介质中光活性高，引发效率高，且安全、无毒的引发剂。水性光固化涂料所用的光引发剂可分为分散型和水溶型两类。分散型光引发剂为油溶性，需借助乳化剂和少量单体才能分散到水基光固化体系中。它们存在相容性问题，影响成膜性能和引发效率。而水溶型光引发剂克服了这一问题，它是在常用的油溶性光引发剂结构中引入阴、阳离子基团或亲水性的非离子基团而制得的。

常用的助剂有流平剂、消泡剂、阻聚剂、稳定剂、颜料、填料等。使用助剂时，应考虑其对其他组分的影响。

光固化水性涂料的开发应用尚处于初级阶段，目前已用作塑料清漆、罩印清漆、光聚合印刷版、丝网印刷油墨、凹版及平版印刷油墨、金属涂料等。光固化水性涂料在木器、木材涂饰行业也有较高的应用价值。

10.6　结语

光固化树脂是光固化涂料的基体树脂，品种多，应用广泛。随着全球范围内对环境问题的日益重视，光固化树脂必将随着光固化涂料的发展而快速发展。开发出更加环保、综合性能更加优良的水性光固化树脂是未来化学家们的努力方向。

第 11 章 涂 料 助 剂

11.1 概述

随着我国国民经济的发展和科学技术的进步，涂料应用越来越广、性能要求越来越高，涂料助剂在其中发挥了重要作用。涂料助剂可以改进生产工艺，提高生产效率，改善贮存稳定性，改善施工条件，防止涂料"病态"，提高产品质量，赋予涂膜特殊功能，虽然用量很少（一般单一助剂用量约占涂料配方总量的 1%），但已成为涂料不可或缺的重要组成部分。

涂料助剂品种繁多，应用广泛，无论是建筑涂料、工业涂料还是功能性涂料，无论是溶剂型涂料、水性涂料、高固体分涂料、光固化涂料还是粉末涂料，都必须使用助剂才能得到优秀性能。涂料助剂以涂料树脂化学和物理为基础，同时又与高分子科学、流变学、色彩学、力学、电学、磁学、生物学、微生物学以及仿生学等学科紧密联系，是一门正蓬勃发展的交叉学科和边缘技术。

涂料助剂按照其使用和功能可分为以下几类：

① 涂料生产用助剂，如润湿剂、分散剂、消泡剂；

② 涂料贮存用助剂，如触变助剂（或增稠剂）、防结皮剂、防霉剂、防腐剂、冻融稳定剂；

③ 涂料施工用助剂，如触变助剂（或增稠剂）、流平剂、消泡剂；

④ 涂料成膜用助剂，如催干剂、流平剂、光引发剂、固化促进剂、成膜助剂；

⑤ 改善涂膜性能用助剂，如附着力促进剂、防滑剂、防霉剂、抗划伤助剂、消光剂、光稳定剂；

⑥ 功能性助剂，如缓蚀剂、抗菌剂、阻燃剂、防污剂、抗静电剂、导电剂。

11.2 润湿分散剂

涂料制备的中心环节是颜填料分散，即以机械方式把粉体制造过程中干燥而导致的颜填料凝聚颗粒分散开来，成为细小的原始颗粒，均匀地分布到连续介质相中，以得到一个稳定的悬浮体。颜填料分散不仅需要树脂、颜填料、溶剂的相互配合，还需使用润湿分散剂提高分散效率并改善贮存稳定性，防止颜填料在贮存期间沉降、结块。此外，颜填料的良好分散性还能够提高涂料的着色性能、光泽、遮盖力、透明度和流变性等。

润湿分散剂是能使固-液悬浮体中的固体粒子快速、稳定分散于液相介质中的表面活性剂。其作用主要作用表现为：

① 吸附于固体颗粒的表面，使凝聚的固体颗粒表面易于湿润；

② 高分子型的分散剂可以在固体颗粒的表面形成吸附层，通过立体阻碍稳定体系；

③ 使固体粒子表面形成双电层结构，分散剂外层极性端与水有较强亲和力，增加了固体粒子被水润湿的程度，固体颗粒之间因静电斥力而分离、稳定；

④ 使体系均匀，悬浮性能增加，不沉淀，使整个体系物化性质一致。

11.2.1 分散剂分散机理

（1）双电层原理 分散剂溶解于介质中，它们被选择性地吸附到粉体与溶剂（或水）的界面上。目前，常用的是阴离子型（少量阳离子型、非离子型）分散剂，具有表面活性，可以被粉体表面吸附。粉状粒子表面吸附分散剂后形成双电层，被粒子表面紧密吸附的离子，称为表面离子，在介质中带相反电荷的离子称为反离子，它们被表面离子通过静电吸附。一部分反离子与表面离子结合得比较紧密，称为束缚反离子，它们和介质一起运动；另一部分反离子则包围在周围，被溶剂化，称为自由反离子，形成扩散层。

粉体粒子和自由反离子之间形成的双电层，可以构成动电电位。动电电位可以起分散作用。如果介质中增大反离子的浓度，而扩散层中的自由反离子会由于静电斥力被迫进入束缚反离子层，这样双电层被压缩，动电电位下降，当全部自由反离子变为束缚反离子后，动电电位为零，称之为等电点。没有电荷排斥，体系就会发生絮凝。

（2）位阻效应 一个稳定的分散体系的形成，除了利用静电斥力，即吸附于粒子表面的负电荷互相排斥，以阻止粒子与粒子之间吸附/聚集形成大颗粒而分层/沉降之外，还要利用空间位阻效应，即在已吸附负电荷的粒子互相接近时，使它们互相滑动错开，这类起空间位阻作用的表面活性剂一般是非离子表面活性剂。

高分子吸附层有一定的厚度，依靠高分子的溶剂化层，可以有效地阻挡粒子的相互吸附，当粉体表面吸附层达 8～9nm 时，它们之间的排斥力可以保护粒子不致絮凝。

11.2.2 涂料用分散剂的选择

在涂料生产过程中，颜料分散是一个很重要的生产环节，它直接关系到涂料的贮存、施工、外观以及漆膜的性能等，所以合理地选择分散剂是一项很重要的工作。分散剂的选择是一个系统工程，需要考虑诸多因素。

（1）根据树脂选择 涂料树脂，尤其是研磨用树脂，在制备色浆时起着关键的作用，原因是：①参加对颜料的分散和锚定；②参加已经分散隔离的颜料粒子的稳定。树脂的上述作用，可以通过一些实验验证。长油醇酸树脂、聚酰胺树脂、氨基树脂及低分子量羟基丙烯酸树脂都表现出对颜料很好的润湿能力，而低羟值丙烯酸树脂、热塑性丙烯酸树脂、聚酯树脂、乙烯基共聚树脂及聚烯烃树脂等对颜料表现出较差的润湿性。同样的颜料，在不同的树脂体系得到的色相也不同。因此，选择合适的分散剂，不仅用来分散和稳定颜料，而且用来调整颜料最终达成需要的颜色。

分散剂与树脂的配合包括：相容性（取样检测，去除溶剂后检查相容性）、分散剂在该树脂体系中对确定颜料的降黏行为（旋转黏度计检测）、展色行为（刮涂比色）、贮存稳定性（热储存）。

通常，很难总结出一个简单的应用原则。分散剂的选择必须同时考虑树脂类型和颜填料性质。

（2）根据炭黑和有机颜料选择 涂料用颜料品种繁多，通常分为有机颜料和无机颜料。在涂料行业，炭黑和有机颜料属于难分散颜料。

难分散颜料可以按其氢键的强度进行细分。实验发现：对特定树脂体系，如果一个分散剂能对炭黑分散有很好的表现，它常常对酞菁系颜料同时有效，相反，对 DPP 红等其他有机颜料表现出弱的分散性能。反过来，如果一个分散剂能很好地分散稳定 DPP 红等有机颜料，用它来分散炭黑通常得到不正常的棕红色相，对酞菁系颜料的降黏能力也不足。

极少有分散剂能同时对上述两大类难分散颜料都表现出好的性能。

一般认为这是因为颜料自身的氢键结构和作用不同。

炭黑、酞菁蓝等颜料,其颜料之间的相互作用力并非氢键占主导,而是其他作用力,例如炭黑层间的偶合作用、酞菁结构的偶合作用、卤素的作用。

以 DPP 为代表的有机红、永固紫类颜料,其颜料自身结构中带有很强的氢键。这种氢键作用提高了颜料的性能,也直接影响了分散剂对颜料的作用,其界面的极性基团参与了颜料自身的氢键作用。

据此,可以解释单用一种结构的分散剂不容易同时在两大类有不同内在作用的颜料中同时达到最佳效果的原因。根据这个理论,也能够通过颜料结构判断它应该隶属的种类,例如异吲哚啉酮类颜料应该属于炭黑-酞菁系,而甲苯胺红应该倾向于后者。

(3) 主分散剂的确定　对一个确定的树脂和溶剂系统,推荐采用这样的方法筛选一种合适的主分散剂:可有效分散高色素炭黑、钛白、DPP 红三种颜料。

评估该分散剂对这三种常规色浆的制备有无困难,例如降黏行为是否足够,评估展色强度,评估贮存稳定性。

若一个分散剂能在一个特定系统里,对上述颜料表现出好的分散能力,那么它基本能胜任其他颜料的分散,即可被选作这个系统的主分散剂。

(4) 分散剂的用量　分散剂用量太少,不能充分发挥作用;过多的用量也会影响研磨的稳定性。这主要因为过于拥挤的分散剂在颜料表面不能完全把分散剂的溶剂化链充分伸展开来,另外,大量的游离分散剂会对涂膜产生负面影响。在实际操作过程中,可先按理论值计算分散剂的大致用量,然后以此为中点上下浮动,观察分散体系的黏度、涂膜光泽和着色力等性能指标随分散剂用量的变化关系,确定最佳用量。

11.2.3　润湿分散剂的分类

润湿分散剂按分子量可分成低分子润湿分散剂和高分子润湿分散剂。

低分子润湿分散剂一般指分子量在数百以下的低分子量化合物,通常为表面活性剂,可分为离子型和非离子型两大类。离子型又可分为阳离子型、阴离子型和两性型。

高分子润湿分散剂是指分子量在数千乃至几万的具有表面活性的高分子化合物。高分子中必须含有在溶剂或树脂溶液中能够溶解伸展开的链段,发挥空间稳定化作用。高分子中还必须含有能够牢固地吸附在颜料粒子表面上的吸附基团。

水性涂料是以水为溶剂或分散介质,水的介电常数大,所以水性涂料主要是通过双电层静电斥力来保持稳定。

用于水性体系的润湿分散剂可分为三类:无机盐类润湿分散剂、低分子润湿分散剂和高分子润湿分散剂。

目前使用最多的无机润湿分散剂主要有磷酸盐、硅酸盐等,如六偏磷酸钠、多聚磷酸钠、三聚磷酸钾(KTPP)和焦磷酸四钾(TKPP)等。其作用机理是通过氢键和化学吸附,起静电斥力稳定作用。优点是用量低,约 0.1%,对无机颜料和填料分散效果好。但也存在不足之处:一是随着 pH 和温度的升高,磷酸盐容易水解,造成长期贮存稳定性不良;二是磷酸盐在乙二醇、丙二醇等二醇类溶剂中不完全溶解,会影响有光乳胶漆的光泽。表 11-1～表 11-3 是常用的一些厂家的润湿分散剂。

表 11-1　BYK 常用润湿分散剂

品名	成分	应用体系	产品特点	推荐应用
BYK-P 104 S	低分子量不饱和多元羧酸聚合物与聚硅氧烷共聚物的溶液	溶剂型	用作溶剂型中到高极性涂料的受控絮凝型润湿分散剂;防止钛白粉和彩色颜料混用时的浮色发花;含有机硅以改善浮色发花行为	特别适用于中到高极性涂料体系

品名	成分	应用体系	产品特点	推荐应用
DISPERBYK-110	含酸性基团的共聚物溶液	溶剂型、无溶剂型	该助剂通过空间位阻作用使颜料解絮凝。解絮凝的颜料颗粒很小，可获得高光泽，增进颜色强度，增加透明度和遮盖力。该助剂可降低黏度，改善流动性并可提高颜料添加量。用于无机颜料涂料的静电高速旋转涂装时，可显著降低雾影	推荐用于溶剂型和无溶剂型涂料和印刷油墨，它的阴离子特性使之很适合用于酸催化体系
DISPERBYK-161	含颜料亲和基团的高分子嵌段共聚物溶液	溶剂型	该高分子助剂通过空间位阻作用使颜料解絮凝并稳定，使多颜料体系不会产生浮色和发花。该助剂的解絮凝性能可增加涂料的光泽、颜色强度、透明性和遮盖力，同时降低研磨料的黏度	汽车涂料、工业涂料和颜料浓缩浆，特别是在双组分聚氨酯和烘烤体系中用于稳定极细炭黑和有机颜料
DISPERBYK-2163	含颜料亲和基团的高分子嵌段共聚物溶液	溶剂型	该助剂通过空间位阻作用使颜料解絮凝并稳定。对颜料颗粒提供相同的电荷，产生的排斥力和位阻稳定作用可有效避免可能的共絮凝，使多颜料体系不会产生浮色和发花。该助剂的解絮凝性能可增加涂料的光泽、颜色强度、透明性和遮盖力，同时降低研磨料的黏度	可稳定各类颜料，适用于以醛酯或丙烯酸树脂为研磨树脂的溶剂型通用颜料浓缩浆
DISPERBYK-170	含颜料亲和基团的高分子嵌段共聚物溶液	溶剂型	该助剂通过空间位阻作用而使颜料解絮凝并稳定。由于解絮凝的颜料粒径微小，因此能够获得高光泽，以及增进颜色强度，透明颜料的透明度和不透明颜料的遮盖力也得到提高。由于黏度降低，流动性能得到改善，并能提高颜料的含量。对无机和有机颜料表现出出色的稳定性能	稳定无机和有机颜料，应用于酸催化和酸固化涂料体系
DISPERBYK-180	含酸性基团共聚物的烷羟基铵盐	水性体系、溶剂型、无溶剂型	该助剂通过空间位阻作用而使颜料解絮凝。由于解絮凝的颜料粒径微小，能够获得高光泽，以及增进颜色强度。透明颜料的透明度和不透明颜料的遮盖力也得到提高。由于黏度的降低，流动性能得到改善，并能提高颜料的含量	所有的水性、溶剂型和无溶剂型体系，以稳定无机颜料尤其是钛白粉
DISPERBYK-184	多官能聚合物的烷羟基铵盐溶液	水性体系	该助剂通过空间位阻作用而使颜料解絮凝。由于解絮凝的颜料粒径微小，能够获得高光泽，以及增进颜色强度。透明颜料的透明度和不透明颜料的遮盖力也得到提高。由于黏度的降低，流动性能得到改善，并能提高颜料的含量	用于在水性体系中提高色浆的颜色接受性
DISPERBYK-190	含颜料亲和基团高分子量嵌段共聚物溶液	水性体系	该助剂通过空间位阻作用而使颜料解絮凝。由于解絮凝的颜料粒径微小，因此能够获得高光泽，以及增进颜色强度。颜料的透明度和不透明颜料的遮盖力也得到提高。由于黏度的降低，流动性能得到改善，并能提高颜料的含量	特别适用于生产稳定的无树脂颜料浓缩浆
DISPERBYK-2009	结构化丙烯酸共聚物溶液	无溶剂、光固化	特别适用于无溶剂光固化印刷油墨中颜料的稳定	特别推荐用于无溶剂光固化印刷油墨中颜料的稳定，也适用于制备颜料浓缩浆

表 11-2　巴斯夫 EFKA 常用润湿分散剂

产品名称	成分	应用体系	产品特点	推荐应用
Efka® PU 4050	改性聚氨酯	溶剂型	提高光泽和鲜映性(DOI),减少浮色问题,较高的着色力,较低的黏度	通用性好,适合高品质工业涂料,包括汽车 OEM 漆,修补漆及微树脂色浆
Efka® FA 4620	酸性聚醚	溶剂型,无溶剂水性体系	对填料、功能性填料和无机颜料,特别是 TiO$_2$,有高效的润湿分散能力。增大颜料/填料承载量。缩短研磨分散时间,提高效率	汽车修补漆,水性工业涂料,溶剂型工业涂料,卷材涂料,水性建筑涂料,溶剂型建筑涂料
Efka® FA 4665	与高相容性的有机硅氧烷拼用的高分子量不饱和羧酸	溶剂型	有助于降低亲水颜料或填料和树脂之间的界面张力	适用于聚氨酯涂料及烤漆,也用于 CAB 汽车底漆中铝粉定向
Efka® PX 4310	可控自由基聚合(CFRP)的丙烯酸嵌段共聚物	溶剂型	提高有机颜料的展色性,最适宜用于炭黑的最佳分散,有效降低高浓度色浆在研磨阶段的黏度,赋予最终涂片以优异的光泽	特别适用于针对各种溶剂型工业涂料和汽车涂料而设计的无树脂色浆
Efka® PX 4320	可控自由基聚合的丙烯酸嵌段共聚物	溶剂型	比 Efka® PX 4310 极性更强。提高有机颜料的展色性,适用于优化炭黑的分散,有效降低高浓度色浆在研磨阶段的黏度	特别适用于为各种溶剂型工业涂料和汽车涂料而设计的无树脂色浆
Dispex® Ultra FA 4416	离子和非离子表面活性剂的混合物	水性体系	适用于各种基料类型,与无机和有机颜料一起使用时能提高光泽和展色性	用于高光、高着色强度和优异耐擦拭性的水性涂料
Dispex® Ultra PA 4560	改性聚丙烯酸酯	水性体系	提高光泽,提高颜料着色力,防止聚凝,防止浮色发花问题	无机颜料,有机颜料和炭黑的分散
Dispex® Ultra PX 4275	亲水嵌段共聚物水溶液	水性体系	对无机和有机颜料都有很好的润湿性,能提高光泽和色强度。即使用于苛刻的颜料中,涂料也有优异的耐擦拭性	具有优异的润湿分散性,适用于水性涂料树脂和无溶剂色浆
Dispex® Ultra PX 4575	可控自由基聚合丙烯酸嵌段聚合物	水性体系	较高的研磨效率和广泛相容性,分散无机颜料性能出众,防止浮色发花问题	有机和无机颜料,无树脂的颜料浓缩浆,含少量树脂的颜料浓缩浆,水性建筑原厂调色色浆,高性能水性涂料
Dispex® Ultra PX 4585	可控自由基聚合丙烯酸嵌段聚合物	水性体系	特别适合于水性涂料中颜料的分散,对高色素炭黑和透明有机颜料有优异的分散效果,广泛的相容性	有机和无机颜料,无树脂的颜料浓缩浆,含少量树脂的颜料浓缩浆,水性建筑色浆

表 11-3　Tego 常用润湿分散剂

品名	成分	应用体系	产品特点	推荐应用
Tego Dispers 670	高分子聚合物溶液	溶剂型	牛顿流动特性、快速展色性、配合无机颜料降低黏度	喷墨打印机油墨、交通涂料、一般工业漆、颜料浓缩浆
Tego Dispers 675	高分子聚合物溶液	溶剂型	100% 活性成分,颗粒,多种溶剂选择	一般工业漆、交通涂料、罐听涂料、卷材涂料
Tego Dispers 676	高分子聚合物溶液	溶剂型	相容性好,降黏效果好	高固含工业涂料、木器涂料、颜料浓缩浆

品名	成分	应用体系	产品特点	推荐应用
Tego Dispers 689	高分子聚合物溶液	溶剂型	在辐射固化配方中有助于消光粉的加入,增强其消光效果	辐射固化体系、高固体分体系
Tego Dispers 690	高分子聚合物溶液	溶剂型	确保在低黏度下具有较高的颜料荷载能力,稳定油性柔印油墨中的颜料	颜料浓缩浆、高固含工业涂料、印刷油墨
Tego Dispers 715W	聚丙烯酸钠盐溶液	水性体系	良好的相容性,高效降黏作用	木器涂料、建筑涂料
Tego Dispers 752W	含高颜料亲和基团共聚物的水溶液	水性体系	高颜料荷载,对透明氧化铁提供出色透明度	交通涂料、木器涂料、颜料浓缩浆
Tego Dispers 760W	含高颜料亲和基团的聚合物与表面活性物质的水溶液	水性体系	具有极佳的着色强度和降黏效果,分散炭黑时可提高添加量、黑度和长效稳定性	颜料浓缩浆、一般工业漆、印刷油墨、柔印和凹印油墨、喷墨墨水、工业涂料、皮革涂料

11.3 流平剂

涂料施工后,有一个流平、干燥成膜过程,然后才能形成平整、光滑的涂膜。在实际施工过程中,由于流平性不好,刷涂时出现刷痕,辊涂时产生辊痕,喷涂时出现橘皮,在干燥过程中相伴出现缩孔、针孔、流挂等现象,都称之为流平性不良,这些现象降低了涂料的装饰和保护功能。

影响涂料流平性的因素很多,如溶剂的挥发梯度和溶解性能、涂料的表面张力、湿膜厚度和表面张力梯度、涂料的流变性、施工工艺和环境等,其中最重要的因素是涂料的表面张力、成膜过程中湿膜产生的表面张力梯度。改善涂料的流平性需要考虑调整配方和加入合适的助剂,使涂料具有合适的表面张力并降低表面张力梯度。涂料在润湿基材后,控制其流动、流平的助剂称为流平剂。

流平示意图见图 11-1。

t=0,开始   完全流平

图 11-1 流平示意图

11.3.1 流平机理

涂料施工后,会出现新的界面,即涂料与底材之间的液/固界面和涂料与空气之间的液/气界面。如果涂料与底材之间的液/固界面的界面张力高于底材的表面张力,涂料就无法在底材上铺展,就会产生鱼眼、缩孔等流平缺陷。

漆膜干燥过程中溶剂的挥发会使漆膜表面与内部之间产生温度、密度和表面张力差,这些差异导致漆膜内部的湍流运动,形成所谓贝纳德(Benard)旋涡(图 11-2),Benard 旋涡会导致产生橘皮。对含多种颜填料的体系,颜填料粒子的运动性存在一定差异,Benard 旋涡还很可能导致浮色和发花,垂直面施工会导致丝纹。

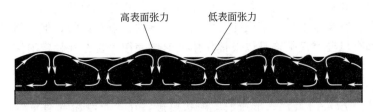

图 11-2　Benard 旋涡模型

漆膜干燥过程中有时会产生一些不溶性的胶粒，不溶性胶粒会导致形成表面张力梯度，在漆膜中导致缩孔的产生。例如，在交联固化型涂料体系中，配方可能含有不止一种树脂，在漆膜的干燥过程中，随着溶剂的挥发，溶解性较差的树脂就可能形成不溶性胶粒。另外，在含有表面活性剂的配方中，如果表面活性剂与体系不相容，或在干燥过程中随着溶剂的挥发，溶解性发生变化，形成不相容的液滴，也会形成表面张力差，这些都可能会导致缩孔的产生。

涂料在施工和成膜过程中，如果存在外界污染物，也可能会导致缩孔、鱼眼等流平缺陷。这些污染物通常是来自空气、施工工具和底材的油污、尘埃、漆雾、水汽等。

涂料本身的性质，如施工黏度、干燥时间等，也会对漆膜的最终流平产生显著影响。过高的施工黏度和过短的干燥时间，通常会产生流平不良的表面。

因此，必须添加流平剂，通过对涂料在施工和成膜过程中发生的一些变化及涂料性质进行调整，帮助涂料获得良好的流平。

11.3.2　流平剂分类

流平剂大致分为两大类。一类是通过调整漆膜黏度和流平时间发挥作用，这类流平剂大多是一些高沸点的有机溶剂或其混合物，如异佛尔酮、二丙酮醇、Solvesso150（四甲苯）等。

另一类是通过调整漆膜表面性质起作用，流平剂大多是指这一类。这类流平剂通过有限的相容性迁移至漆膜表面，影响漆膜界面张力等表面性质，使漆膜获得良好的流平。根据化学结构的不同，这类流平剂目前主要有三大类：丙烯酸类、有机硅类和氟碳化合物类。

（1）丙烯酸类流平剂　丙烯酸类流平剂包括纯丙烯酸流平剂和改性丙烯酸流平剂。

纯丙烯酸流平剂包括传统的非反应性丙烯酸流平剂和含官能团的反应性丙烯酸流平剂。这是一类分子量不等的丙烯酸均聚物或共聚物，这类流平剂仅轻微降低涂料的表面张力，但能够平衡漆膜表面张力差异，获得平整的、镜面似的漆膜表面。如果分子量足够高，这类流平剂还具有脱气和消泡的作用。传统的非反应性丙烯酸流平剂的缺点是：高分子量产品可能会在漆膜中产生雾影，低分子量产品又有可能降低漆膜表面硬度。含官能团的反应性丙烯酸流平剂能解决这一矛盾。

改性丙烯酸流平剂主要的品种为氟改性丙烯酸流平剂和磷酸酯改性丙烯酸流平剂。与纯丙烯酸流平剂不同，改性丙烯酸流平剂可以显著降低涂料的表面张力，在具有流平性的同时具有良好的底材润湿性。

（2）有机硅类流平剂　有机硅类流平剂有两个显著特性。一是可以显著降低涂料的表面张力，提高涂料对底材的润湿能力和流动性、消除 Benard 旋涡从而防止发花。另一个显著特性是能改善涂层的平滑性、抗刮伤性和抗粘连性。这类流平剂的缺点是可能存在稳定泡沫、影响层间附着力的倾向，有些还对施工环境如烘炉产生污染。其结构目前主要有三类，分别为聚二甲基硅氧烷、聚甲基烷基硅氧烷、有机改性聚硅氧烷，以有机改性聚硅氧烷最为重要，纯聚二甲基硅氧烷由于与涂料体系的相容性差，现已很少使用。

（3）氟碳化合物类流平剂　氟碳化合物类流平剂的特点是高效，但价格昂贵，一般在丙烯酸类流平剂和有机硅类流平剂难以发挥作用的时候使用，也存在稳定泡沫、影响层间附着力的倾向。

根据应用的角度，流平剂通常也可以分为短波流平剂和长波流平剂。短波流平不好是指漆膜表面留下的由 Benard 旋涡所形成的旋涡状痕迹，在含有哑粉（消光粉）的体系中就比较明显，表现为哑粉发花（也是表面看得出有旋涡状的痕迹），可能整个漆膜仍表现平整。根据漆膜干燥的原理，Benard 旋涡经常形成于漆膜中溶剂挥发的初期，所以要消除 Benard 旋涡，必须要求所添加的流平剂在初期即可以很快地迁移到漆膜的表面。根据常见的有机硅类流平剂和丙烯酸类流平剂的比较，由于有机硅类流平剂具有比丙烯酸类流平剂更低的表面张力和更差的相容性，故有机硅类流平剂相对于丙烯酸类流平剂能够更快地迁移到漆膜的表面来达到消除 Benard 旋涡的作用，所以有机硅类流平剂更多地被用来提高短波流平效果，帮助哑粉定向。前面提到，短波流平解决的并不是漆膜平坦性的问题，所以有机硅类流平剂经常又被称为表面控制助剂。

长波流平性指的就是漆膜的平坦性，如果流平剂能帮助漆膜达到良好的平坦效果，就认为该流平剂的长波流平效果好。推动漆膜流平的动力是漆膜的表面张力，漆膜达到完全平整需要的时间与表面张力的大小成反比，也就是说表面张力越大，流平效果越好。对添加了流平剂的体系，漆膜的表面张力其实就是流平剂的表面张力，因为丙烯酸类流平剂的表面张力比有机硅流平剂要高，故丙烯酸类流平剂可以提供更好的平坦效果，也就是长波流平效果更好。

涂料配方中流平剂最好是将有机硅类与丙烯酸类搭配起来使用，既可以满足前期流平又可以满足后期流平，也就是所谓的短波与长波流平。同时使用混合溶剂，注意溶解度参数和挥发梯度，也是解决流平性的重要方法。

11.3.3　流平剂的应用

对于一个确定的配方体系，应根据配方的性质和希望流平剂所达到的性能，来选择合适的流平剂品种。

（1）溶剂型涂料体系　在底漆和中涂层漆配方中，通常采用丙烯酸类流平剂。如果需要脱气性和底材润湿性，宜选择中等分子量或高分子量丙烯酸流平剂。在底漆中，如果需要更强的底材润湿性，可考虑选用能显著降低表面张力的有机硅类流平剂和改性丙烯酸流平剂（如氟改性丙烯酸流平剂和磷酸酯改性丙烯酸流平剂），如果有机硅类流平剂和氟改性丙烯酸流平剂出现稳泡、影响层间附着力等副作用，应采用磷酸酯改性丙烯酸流平剂。

在面漆和透明漆配方中，对漆膜外观要求较高，一般可选用低分子量丙烯酸流平剂，这样将获得良好的流平性，且不易产生雾影。对于交联固化型体系，选用含反应性官能团的丙烯酸流平剂常常能获得更好的流平性，同时提高漆膜的物理化学性能。如果需要漆膜具有更好的流动性或需要滑爽性和抗刮伤性，有机硅流平剂是必需的，这种情况下最好是有机硅类流平剂和丙烯酸流平剂配伍使用。

应当指出的是，在垂直面施工时，有机硅类流平剂提供流平性能的同时，可有效降低涂层的流挂倾向。另外，在金属闪光漆配方中，应慎用有机硅类流平剂，因为可能导致片状铝颜料的不均匀排列而出现漆膜颜色不均。

（2）粉末涂料体系　粉末涂料的流平过程分为两个阶段。第一个阶段是粉末粒子的熔化，第二个阶段是粉末粒子熔化后流动成为平整的漆膜。粉末涂料不含溶剂，在成膜过程不会产生表面张力梯度，流平更多的是与底材润湿有关。

粉末涂料常采用丙烯酸类流平剂。如果流平剂呈液态，一般要预先制成母料才能使用。也有制成粉体的丙烯酸类流平剂，专门用于粉末涂料，这类产品是将液态的丙烯酸类流平剂吸附在二氧化硅粉体上，一些低档流平剂用碳酸钙吸附。

如果粉末涂料需要滑爽性和抗划伤性，就要采用有机硅类流平剂，已有制成粉体的专门用于粉末涂料的有机硅类流平剂。

（3）水性涂料体系　水性涂料体系分为水溶性体系和乳胶体系。

在水溶性体系中，需要降低体系的表面张力，最常用的是有机硅类流平剂和氟碳化合物类流平剂，所起作用与它们应用于溶剂型涂料体系相同。当然如果需要真正平整的表面，应选用用于水性体系的丙烯酸类流平剂。

而对于乳胶体系，成膜机理则完全不同，黏度也不随溶剂的挥发而改变。配方中采用流平剂会提高涂料的底材润湿性，丙烯酸流平剂可以提高漆膜平整度，但涂料的主要流动性能，更多的是通过添加流变控制剂来进行控制和调整的。

水性涂料体系表面张力更大，配方中流平剂的选择更显重要。常用流平剂如表 11-4 所示。

表 11-4　常用流平剂

商品名称	组成	应用	生产商
BYK-306	聚醚改性有机硅	强烈降低表面张力，溶剂型涂料中增进底材润湿，防止缩孔，改善流平，增光，增滑，增进消光粉定向效果，改善抗流挂性	德国毕克
BYK-310	聚醚改性有机硅	强烈降低表面张力，在溶剂型自干漆和烘烤漆中增进底材润湿，防止缩孔，改善流平，增光，增滑，耐热达 230℃，烘烤漆重涂时不影响层间附着力，不产生表面缺陷	德国毕克
BYK-346	聚醚改性硅氧烷	通过强烈降低表面张力而增进流平和基材润湿性，没有或者稍有稳定泡沫的作用，不降低重涂性，不增加表面滑爽性	德国毕克
Efka® SL 3200	聚硅氧烷共聚物	通用无溶剂滑爽流平剂，适用于水性、溶剂型及 UV 涂料	德国巴斯夫
Efka® FL 3600	氟化聚丙烯酸酯	显著降低各类溶剂型和无溶剂型自干漆及烘烤漆的表面张力，增进底材润湿有效地防止缩孔，改善流动和流平，不影响重涂性和层间附着力	德国巴斯夫
Efka® FL 3745	丙烯酸酯共聚物	可用于非水性涂料体系以及粉末涂料，改善粉末涂料的表面张力，可形成平滑完美的漆膜，有较高的漆膜光泽	德国巴斯夫
Efka® FL 3776	氟碳改性的聚合物	用于溶剂型卷材、OEM 漆及工业涂料，具有优异的相容性，低泡，底材润湿及流平好	德国巴斯夫
Tego Flow 425	聚醚硅氧烷聚合物	适合水性、油性和 UV 涂料，重涂性好，可复涂，高相容性	德国迪高
Tego Glide 410	聚醚改性有机硅	溶剂型、无溶剂型和水性涂料中强烈地增进表面滑爽，抗划伤，抗粘连，防缩孔，增进消光粉定向效果	德国迪高
Tego Wet 270	聚醚硅氧烷聚合物	高效基材润湿剂，具有优异的防缩孔作用，用于水性基材润湿配方，也适用于辐射固化润湿剂、溶剂型润湿剂和无溶剂型润湿剂（双组分）配方	德国迪高

流平剂是提高涂装效果的一类重要助剂，品种较多、应用广泛，尤其用于高性能涂料。使用时需要注意其应用范围、用量以及和其他助剂的配伍性，使用前，应对不同的品种、用

量进行筛选试验，以求得最佳品种及最宜用量。另外，对添加方式，也应该通过试验选择最佳工艺。

流平剂加入后，对于涂料流平性能的提高一般采用目测判断，也可以采用间接法，如测试涂膜光泽度法间接判断。

11.4　消泡剂

泡沫是一种大量气泡分散在液体中而形成的分散体系，其分散相为气体，连续相为液体。其中起泡液体的体积分数可能很小，泡沫占有很大的体积。气体被连续的液膜分隔开，形成大小不等的气泡，堆积而成泡沫（图 11-3）。

涂料中产生气泡的原因主要有以下几种：

① 现代涂料配方中大量采用各种助剂，这些助剂品种大多属于表面活性剂，都能改变涂料的表面张力，使涂料本身就存在着易起泡或使泡沫稳定的因素；

② 涂料制造过程中需要使用的各种高速混合分散机械以及涂料涂装时所用的各种施工方法都会不同程度地增加涂料体系的自由能，帮助产生泡沫；

③ 双组分涂料，在施工前混合时，搅拌混入的空气产生气泡；

图 11-3　泡沫

④ 被涂物（木器或水泥基材）的孔隙较多，涂料的渗入空气被赶出形成气泡；

⑤ 化学反应产生的气泡，比如双组分 PU 涂料中的多异氰酸酯与微量水反应会产生二氧化碳。

11.4.1　消泡机理

泡沫本身是不稳定的，它的破除要经过三个过程，即气泡的再分布、膜厚的减薄和膜的破裂。但是，一个比较稳定的泡沫体系，要经过这三个过程达到自然消泡需要很长时间，所有生产中大多使用消泡剂。消泡剂是不溶于起泡介质的物质，它能以液滴、包裹固体质点的液滴或固体质点的形式分散到起泡的介质中。消泡剂比起泡介质有更低的表面张力，能自发地进入液膜而使气泡破裂。消泡机理如图 11-4 所示。

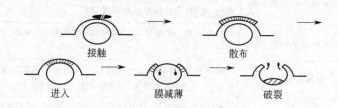

图 11-4　消泡机理

一种优秀的消泡剂必须同时兼顾消泡、抑泡作用，即不但能迅速破坏泡沫，而且能在相当长的时间内防止泡沫生成。

11.4.2 消泡剂分类

消泡剂主要由活性成分、乳化剂、载体和乳化助剂复合而成。其中,活性成分为核心部分,起到减小表面张力、破泡作用;乳化剂能使活性成分分散成小颗粒,以便于更好地分散到油相或者水相中;载体在消泡剂中占较大比例,其表面张力并不高,主要起支持介质的作用,对抑泡、消泡效果有利,能降低成本;乳化助剂能提高乳化效果。

涂料工业目前常用的消泡剂有四大类:矿物油类、有机硅类、聚醚类、聚醚改性聚硅氧烷类。

(1) 矿物油类消泡剂 矿物油类消泡剂的基本组成是矿物油、疏水粒子和乳化剂等。其基本制备工艺是将矿物油和疏水粒子在高温下混合,以便于疏水粒子在矿物油中的分散,从"二次聚集"恢复成"一次聚集",然后,在温度较低时加入乳化剂,以达到消泡剂在水中能自乳化分散的目的。

矿物油类消泡剂的疏水粒子为蜡和/或二氧化硅。典型的蜡是亚乙基双硬脂酰胺(EBS)、石蜡、酯蜡和脂肪醇蜡。

矿物油类消泡剂的制备原料易得、环保、生产成本低,但对致密型泡沫的消泡效率较低,且专用性较强。

(2) 有机硅类消泡剂 聚二甲基硅氧烷(也叫作硅油)是有机硅类消泡剂的主要成分。和水、普通油类相比,硅油表面张力更小,既适用于水基起泡体系,又适用于油性起泡体系。在水、普通油类中,硅油活性高、溶解度低,其化学性质稳定、使用范围广泛、挥发性低、无毒,且消泡能力比较突出等,是一类广泛应用的消泡剂。缺点是抑泡性能较差。

这一类消泡剂的种类主要包括固体型、乳液型、溶液型。

(3) 聚醚类消泡剂 聚醚类消泡剂是环氧乙烷、环氧丙烷的共聚物,主要是利用不同温度下其溶解性不同的特性达到消泡作用。低温下,聚醚分散到水中,当温度不断升高时,聚醚亲水性逐渐降低,直到浊点时,聚醚成为不溶解状态,这样才发挥消泡作用。在制备过程中通过调节聚醚的种类及原料的比例就可改变其浊点,从而可以在不同行业应用。聚醚类消泡剂具有抑泡能力强、耐高温等优良性能,缺点是有一定毒性,使用条件受温度限制,破泡速率不高,使用领域窄。泡沫如果产生的数量较多,其无法迅速消灭泡沫,必须有消泡剂重新加入其中,消泡效果才能体现出来。

(4) 聚醚改性聚硅氧烷类消泡剂 聚醚改性聚硅氧烷类消泡剂是利用聚醚链段和聚硅氧烷链段接枝改性后获得的硅醚共聚物,它是将两者的优点有机结合起来的一种新型高效消泡剂,具有分散性好、抑泡能力强、稳定、无毒、挥发性低、消泡效力强等优点。

水性涂料配方中乳化剂、润湿分散剂、流平剂和增稠剂等助剂的存在,不仅生产大量泡沫,而且还能够稳定泡沫。泡沫的存在使生产操作困难,漆膜留下的气泡造成表面缺陷,既有损外观,又影响涂膜的防腐性、耐候性等。

水性涂料消泡剂一般分为三大类:有机消泡剂、聚硅氧烷类消泡剂和聚醚类消泡剂。

常用的有机消泡剂一般是由水溶性差、表面张力低的液体组成,破泡作用很强,但抑泡作用很差。有机消泡剂包括:矿物油类,如液体石蜡;胺类及酰胺类,如二戊胺、卤化脂肪酰胺;醇类,如椰子醇、己醇。其中,矿物油类消泡剂使用比较普遍,主要用于平光和半光乳胶漆中。

聚硅氧烷类消泡剂表面张力低,消泡和抑泡能力强,不影响光泽,但使用不当时,会造成涂膜缩孔和重涂性不良等缺陷。常用聚硅氧烷类消泡剂包括乳液型聚硅氧烷消泡剂和聚醚改性聚硅氧烷消泡剂。乳液型聚硅氧烷消泡剂,俗称有机硅消泡剂,通过乳化甲基硅油制得,它在水相中易分散,用量小,消泡快;聚醚改性聚硅氧烷消泡剂由聚甲基硅氧烷和聚醚两种链段组成，通过改变硅氧烷、环氧乙烷、环氧丙烷的比例，可以调节消泡能力。

聚醚类消泡剂是高分子链中含有大量醚键的聚合物，通过环氧乙烷和环氧丙烷共聚制备，改变二者的比例，就可以调节聚醚对水的亲和性，制成一系列消泡剂。

传统水性涂料消泡剂与水不相容，因此容易产生涂膜表面缺陷。近几年，开发了分子级消泡剂。这种消泡剂是将消泡活性物质直接接枝在载体物质上形成聚合物。该聚合物分子链上含有具有湿润作用的羟基，消泡活性物质分布在分子四周，活性物质不易聚集，与涂料体系相容性良好。

常用消泡剂如表 11-5～表 11-7 所示。

表 11-5　BYK 常用消泡剂

产品名称	产品成分	产品特性
BYK-014	破泡聚合物和憎水颗粒的混合物	不含有机硅和 VOC，低添加量下仍具有优秀的消泡效果
BYK-024	破泡聚硅氧烷和憎水颗粒在聚乙二醇中的混合物	不含 VOC，用于水性乳胶漆、印刷油墨、罩光清漆以及乳液胶黏剂，相容性好、多用途、易添加
BYK-055	破泡聚合物溶液，不含有机硅	高光聚酯以及辐射固化聚酯体系的木器和家具涂料中非常有效
BYK-066N	破泡聚硅氧烷溶液	用于无溶剂和溶剂型工业涂料、印刷油墨、建筑涂料、胶黏剂，以及基于环氧树脂和聚氨酯的常温固化塑料体系。标准有机硅消泡剂，可用于所有溶剂型体系。良好的消泡性/相容性平衡
BYK-093	破泡聚硅氧烷和憎水颗粒在聚二元醇中的混合物	不含 VOC，用于水性木器漆、建筑涂料、工业涂料、印刷油墨和胶黏剂，易添加，用途极广。适合各种体系，成品漆在涂料体系中高温和低温下能保持长效稳定性，适合清漆和色漆以及各种常见的施工方式

表 11-6　巴斯夫常用消泡剂

产品名称	产品成分	产品特性
Efka®PB 2001	不含硅消泡剂	非硅脱泡剂，用于非水性环氧、聚氨酯及不饱和聚酯
Efka®PB 2035	含硅消泡剂	优异的相容性和消泡能力平衡，适合各类体系和各种施工工艺，尤其是淋涂、辊涂等
Foamaster®MO NXZ	矿物油消泡剂	水性涂料及砂浆通用消泡剂，特别适合平光水性涂料，相容性好，不会产生缩孔、鱼眼等弊病
Foamaster®SI 2250	改性硅氧烷消泡剂	用于高剪切下水性涂料和颜料色浆，高效消泡剂
Foamaster®SI 2280	改性聚二甲基硅氧烷消泡剂	与体系的相容性好，对漆膜光泽无影响，用于各种常见体系，不易产生缩孔
Foamaster®ST 2410	超支化聚合物共混物	比传统矿物油消泡剂使用量少 30％～50％，拥有出色的持久性，消泡迅速
Foamaster®ST 2454	星型聚合物消泡剂	不含硅，尤其适合水性木器、工业及汽车涂料，优异的长效稳定性，在 PUR 乳液表现优异

表 11-7　Tego 常用消泡剂

产品名称	产品成分	产品特性
Tego Airex_900	有机改性聚硅氧烷，含气相二氧化硅	适用于高固体分、高膜厚环氧地坪涂料及丝网油墨、UV 光固化涂料油墨
Tego Airex_920	改性聚合物，不含有机硅	普遍用于清漆及色漆、辐射固化配方体系，主要防止涂料中微泡及针孔的产生，在高黏度和高固体分涂料中是非常重要的，在无气喷涂中更是必不可少
Tego Foamex 10	聚醚硅氧烷共聚物乳液，不含二氧化硅	适合中等至高 PVC 制剂、经生态标签认证的配方，可用作矿物油消泡剂替代品

产品名称	产品成分	产品特性
Tego Foamex 805N	聚醚硅氧烷共聚物乳液,不含二氧化硅	非常适合清漆,易于混合,非常适合敏感性水性制剂
Tego Foamex 825	有机改性聚硅氧烷乳液	强消泡性,也适用于丙烯酸聚氨酯体系,与 Tego Foamex 810 结合使用会有相当好的效果
Tego Foamex N	二甲基聚硅氧烷,含气相二氧化硅	适合色浆配方,无溶剂,效果出色。对溶剂型、辐射固化和高固含涂料中的大泡和微泡最为高效

11.4.3 消泡剂的选择

在涂料配方中有许多因素对起泡和稳泡有影响。

(1) 表面张力 涂料表面张力对消泡剂的性能有较大的影响,消泡剂的表面张力必须比涂料的表面张力低,不然就无法起消泡和抑泡作用。

(2) 其他助剂 在涂料中使用的表面活性剂多数是与消泡剂趋向于功能不相容,特别是乳化剂、润湿分散剂、流平剂、增稠剂等会对消泡剂的效果产生影响。

(3) 烘烤温度 涂料在常温进入高温烘烤,开始瞬间黏度会下降,气泡可移动到表面,然而由于溶剂的挥发、涂料的固化、表面黏度的增加,泡膜更趋向于稳定,留在表面会产生缩孔和针孔,所以烘烤温度、固化速度、溶剂挥发速率对消泡剂的效果也有影响。

(4) 涂料的固含量、黏度、弹性 高固体分厚涂膜,高黏度、高弹性涂料都是非常难消泡的,在这些涂料中消泡剂扩散困难,微泡变大泡速度缓慢,泡沫向表面迁移能力下降,泡沫膜黏弹性大等不利消泡因素很多。这些涂料中的泡沫相当难消除,最好选用消泡剂和脱泡剂配合使用。

(5) 涂装方法和施工温度 涂料施工涂装方法很多,如刷涂、辊涂、淋涂、刮涂、高压无气喷涂、丝网印刷等。采用的涂装方法不同涂料的起泡程度也不相同。刷涂、辊涂泡沫多于喷涂和刮涂,泡沫最多的是油墨的丝网印刷,而且不好消除。温度高比温度低时泡沫多,但温度高时泡沫比温度低时好消除。

11.4.4 消泡剂的应用

消泡剂的用量不大,但它专用性强,选择消泡剂,一方面要达到消泡的目的并保持消泡能力的持久性,另一方面要注意避免颜料凝聚、缩孔、针孔、失光等副作用。应用时应注意以下几点:

① 抑泡和消泡性能要保持平衡以保持消泡能力的持久性,注意和其他助剂的配伍性。

② 一般用量为体系的 $0.1\%\sim0.5\%$,最终用量要通过实验确定。用量过多易引起缩孔、缩边、再涂性差等弊病;用量少,则无法消除泡沫。

③ 使用前充分搅拌并在搅拌情况下加入涂料中。

④ 分批加入消泡剂,即颜料分散研磨工序和调漆工序分别加入部分消泡剂。研磨分散工序需要抑泡效果强的消泡剂,调漆工序需要破泡效果强的消泡剂。

⑤ 消泡剂加入后需要 24h 才能达到消泡与缩孔、缩边的平衡,因此,测试涂料性能应在 24h 后进行。

选择消泡剂时,一般采用量筒法、高速搅拌法、鼓泡法、振动法、循环法对其进行性能测试,高速搅拌法应用面较广,结果比较准确。此外还需要进行涂装实验和贮存稳定性实验对涂膜性能进行测试。

11.5　触变剂

在外力作用下，流体会发生变形或流动，研究流体在外力作用下流动或变形规律的科学，称为流变学。涂料生产的各个阶段，从原料选择、涂料生产、贮存、应用施工直到固化成膜，都涉及流变性能。研究涂料的流变性有助于提高涂料性能、保持贮存稳定性、指导配方设计和施工。

11.5.1　流体类型

根据剪切应力和剪切速率之间的关系［流动（黏度）特性曲线］，液体可分为牛顿型和非牛顿型两大类。

（1）牛顿型流体　在给定的温度下，在广泛的剪切速率范围黏度保持不变的流体称为牛顿型流体。许多涂料原料，如水、溶剂和少量树脂溶液属牛顿型流体。

（2）非牛顿型流体　当一个流体的黏度随着剪切速率的变化而变化时，就称为非牛顿型流体。非牛顿型流体又可分成假塑性流体、胀塑流性流体和触变性流体等。假塑性流体的黏度随着剪切速率的增加而减小（即剪切变稀），胀塑性流体的黏度随着剪切的速率的增加而增大（即剪切变稠），触变性流体的黏度随着剪切时间的延长而降低。

剪切应力必须超过某一最低点 A，流体才开始流动，A 点称为屈服值或塑变点。剪切应力低于屈服值时，流体如同弹性固体，仅变形而不流动，通常称为宾汉流体。剪切应力一旦超过屈服值，液体开始流动，可以是假塑型、胀塑型或触变型。

触变型流体的黏度与剪切历程有关，经受剪切的时间越长，其黏度越低，直到某一下限值。一旦释去剪切力，黏度又回升，由于原始结构已遭破坏，必须经过一定的时间才能恢复到原始值。涂料体系在施工时的高剪切速率下有较低黏度，有助于流动并易于施工；在施工后的低剪切速率下，有较高黏度，可防止颜料沉降和湿膜流挂。

11.5.2　触变剂的作用机理

为了使涂料在低剪切速率下具有触变性，最常用的方法是加入触变剂。触变剂也称为流变剂。

涂层流挂和流平是两个相互矛盾的现象。良好的涂膜流平性要求在足够长的时间内将黏度保持在最低点，有充分的时间使涂膜充分流平，形成平整的涂膜。这样就往往会出现流挂问题。反之，要求完全不出现流挂，涂料黏度必须保持特别高，它将导致较少或完全没有流动性。

为此需要优良的流变剂，使涂料流挂和流平性能取得适当平衡，即在施工条件下，涂料黏度暂时降低，并在黏度的滞后回复期间保持在低黏度下，显示良好的涂膜流平性；一旦流平后，黏度又逐步回复，这样就起防止流挂的作用。

涂料在贮存时，流变剂在其内部形成疏松的结构。为了破坏其内部结构并使之流动，必须施加外力。当这个力超过该涂料的屈服值时，其内部结构遭到完全破坏，涂料变为极易流动的流体而便于流平，到一定阶段后，疏松网状结构又得以形成，有利防止流挂。

高剪切速率区，溶剂型涂料的流动行为主要受基料、溶剂和颜填料的影响，在低剪切速率区，涂料的流动行为主要由流变剂决定。

在涂料体系中添加流变剂能够形成胶体结构，使涂料具备触变性，同时能保持良好的颜填料分散，还保证了颜填料悬浮。

11.5.3 常用触变剂

涂料中使用触变剂可以防止贮存时颜料沉降或使沉降软化以提高再分散性,防止涂装时流挂,调整涂膜厚度,改善涂刷性能,防止涂料渗入多孔性基材,消除刷痕,提高流平性。常用的触变剂主要为有机膨润土、气相二氧化硅、聚酰胺蜡、蓖麻油衍生物、聚乙烯蜡、触变性树脂。

有机膨润土触变剂用于涂料工业已有 30 年历史。原料来自天然蒙脱土,主要有水辉石和膨润土两种。

球形气相二氧化硅表面上含有憎水性硅氧烷单元和亲水性硅醇基团,由于相邻颗粒的硅醇基团的氢键,可形成三维结构,三维结构能被剪切力破坏,黏度由此下降。静置条件下,三维结构自行回复,黏度又上升,因此使体系具有触变性。在完全非极性液体中,黏度回复时间只需几分之一秒;在极性液体中,回复时间长达数月之久,取决于气相二氧化硅浓度和其分散程度。气相二氧化硅在非极性液体中有良好的增稠效应。

氢化蓖麻油衍生物分子中含有极性基团,其脂肪酸结构容易溶剂化,在溶胀时溶胀粒子间可发生氢键作用,形成触变结构。氢化蓖麻油衍生物主要应用于氯化橡胶涂料、高固体分涂料、环氧涂料,赋予触变结构,改善颜料悬浮性能,控制流变而不牺牲流平性。

分子量1500~3000 的乙烯共聚物统称聚乙烯蜡,使之溶解和分散于非极性溶剂中,制成凝胶体,可作涂料触变剂用。聚乙烯蜡改善颜料悬浮性能而不明显增稠,改善流变控制而流平性能好,在金属闪光漆中还可控制金属颜料定向。

11.6 增稠剂

水性涂料体系的流变助剂称为增稠剂,加入增稠剂能使水性涂料增稠。对水性涂料,其低剪切速率下的黏度(低剪黏度)及高剪黏度,都需要增稠剂进行调节。其作用具体表现为:

① 生产阶段 在乳液聚合过程中作保护胶体,提高乳液的稳定性。在颜填料的分散阶段,提高分散物料的黏度和分散效率。

② 贮存阶段 将乳胶漆中的颜填料微粒包覆在增稠剂的单分子层中,改善涂料的贮存稳定性,防止颜填料的沉底结块和水层分离。

③ 施工阶段 能调节乳胶漆的黏稠度,并呈良好的触变性。

11.6.1 增稠剂的作用机理

溶剂型涂料的黏度取决于成膜树脂的分子量,而合成乳液的黏度与其分子量无关,取决于连续介质——水的黏度。目前对乳胶漆增稠的作用机理有多种学说,一般可归纳为 3 种理论,即水合增稠机理、静电排斥增稠机理和缔合增稠机理。

(1)水合增稠机理 纤维素分子是一个由脱水葡萄糖组成的大分子链,分子内或分子间可形成氢键,也可以通过水合作用和分子链的缠绕实现水相黏度的提高,纤维素增稠剂溶液呈现假塑型流变特性,静态时纤维素分子的支链和部分缠绕处于理想无序状态而使体系呈现高黏性。随着外力的增加,剪切速率梯度增大,分子平行于流动方向做有序的排列,易于相互滑动,体系表现为剪切变稀。这种增稠机理与所用的基料、颜料和助剂无关,只需选择合适分子量的纤维素和调整增稠剂浓度即可得到需要的黏度,应用广泛。

（2）静电排斥增稠机理　丙烯酸类增稠剂，包括水溶性聚丙烯酸盐及碱增稠的丙烯酸酯共聚物两种类型。这类高分子增稠剂高分子链上带有大量的羧基，当加入氨水或碱时，不易电离的羧基转化为离子化的羧酸铵（钠）盐，沿着聚合物大分子链的阴离子中心产生静电排斥作用，使大分子链扩张与伸展，同时大分子链段间又可吸收大量水分子，大大减少了溶液中的自由水。由于大分子链的伸展、扩张及自由态水的减少，液层间相互间运动阻力加大，从而使乳液变稠。

（3）缔合增稠机理　缔合型增稠剂是在亲水的聚合物链段中，引入疏水性单体的聚合物链段，从而使这种分子呈现出一定的表面活剂的性质。当它在水溶液中的浓度超过特定浓度时，形成胶束。同一个缔合型增稠剂分子可连接几个不同的胶束，这种结构抑制了水分子的迁移，因而提高了水相黏度。另外，每个增稠剂分子的亲水端与水分子以氢键缔合，亲油端可以与乳胶粒、颜料粒子缔合形成网状结构，以致体系黏度增加。随着剪切力的施加，其立体网状结构逐渐解离，便于涂料的流平。

增稠剂的增稠可以是某种增稠机理单独起作用，如非离子型纤维素增稠剂、丙烯酸类增稠剂、聚氨酯增稠剂，也可同时存在多种增稠机理，如憎水改性丙烯酸类乳液、憎水改性羟乙基纤维素。

11.6.2　常用增稠剂

乳胶漆用增稠剂根据作用机理可分为缔合型和非缔合型，按其组成主要有四类：无机类、纤维素类、丙烯酸类、聚氨酯类。

（1）无机类增稠剂　无机类增稠剂是一类可以吸水膨胀而具备触变性的凝胶矿物，主要有水性膨润土、气相二氧化硅等。水性膨润土在水性涂料中不但起到增稠作用，而且还可以防沉、防流挂、防浮色发花，但保水性、流平性差，常与纤维素醚配合使用或者用于底漆及厚浆涂料。

（2）纤维素类增稠剂　纤维素类增稠剂是应用历史较长、适用面较广的一类重要增稠剂，主要包括羟甲基纤维素、羟乙基纤维素、羟丙基纤维素，其中羟乙基纤维素使用最为广泛。

与其他增稠剂相比，纤维素类增稠剂具有增稠效率高、与涂料体系相容性好、贮存稳定性优良、抗流挂性能高、黏度受 pH 影响小、不影响附着力的优点，但纤维素类增稠剂的使用也存在较大的缺陷，主要表现在以下四个方面：

① 抗霉菌性差。纤维素类增稠剂属天然高分子化合物，易受霉菌攻击，导致黏度下降，对生产和贮存环境要求严格。

② 流平性差。以纤维素类增稠的乳胶涂料在剪切应用力作用下，增稠剂与水之间的水合层被破坏，易于施工，涂布完成后，水合层的破坏即行终止，黏度迅速恢复，涂料无法充分流平，造成刷痕或辊痕。

③ 雾化和飞溅。在高速辊涂施工时，辊筒和基材的出口间隙处常会产生涂料小颗粒，称为雾化；在手工低速辊涂时则称为飞溅。

④ 容易导致乳胶粒子的絮凝和相分离。影响涂料稳定性，产生胶水收缩现象。

（3）丙烯酸类增稠剂　丙烯酸类增稠剂有碱溶型和碱溶胀型两种。它们主要依靠在碱性条件下解离出来的羧酸根离子的静电斥力使分子链伸展成棒状增稠，需要保证 pH 高于7.5。丙烯酸类增稠剂是阴离子型，其耐水、耐碱性一般。与纤维素类增稠剂相比，流平性好且抗溅落，对光泽影响小，可用于有光乳胶漆。

（4）聚氨酯类增稠剂　与前述纤维素类增稠剂和丙烯酸类增稠剂相比，聚氨酯类增稠剂有以下优点：

① 既有好的遮盖力又有良好的流平性;

② 分子量低,辊涂时不易产生飞溅;

③ 能与乳胶粒子缔合,不会产生体积限制性絮凝,因而可使涂膜具有较高的光泽;

④ 疏水性、耐擦洗稳定性、耐划伤性及生物稳定性好。

聚氨酯类增稠剂对配方组成比较敏感,适应性不如纤维素类增稠剂,使用时要充分考虑各种因素的影响。聚氨酯类增稠剂的结构及增稠机理如图 11-5 所示。

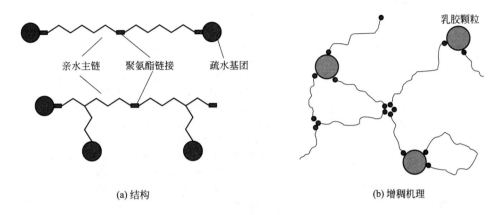

(a) 结构　　　　　　　　　　(b) 增稠机理

图 11-5　聚氨酯类增稠剂的结构及增稠机理

增稠剂品种繁多,选择使用时首先考虑其增稠效率和对流变性的影响,其次要考虑对施工性能、涂膜外观的影响以及稳定性。

常用的增稠剂见表 11-8。

表 11-8　常用的触变剂/增稠剂

产品名称	产品描述	产品特点及应用	制造商
Rheovis® HS 1152	缔合型增稠剂:疏水改性碱溶胀(HASE)	低剪切增稠剂,用于涂料和浆料,防流挂,可延长开放时间	BASF
Rheovis® PU 1190	非离子缔合型增稠剂:疏水改性聚氨酯(HEUR)	强烈低剪切增稠,强假塑性	
Attagel® 50	凹凸棒土	水性凝胶增稠剂,有效提高罐内分水分层,提高抗流挂和飞溅性能,不能用于高光体系	
Efka® RM 1469	聚酰胺蜡	预活化的聚酰胺蜡增稠剂;优异的抗流挂及防沉性,用于溶剂型 OEM、修补漆以及木器涂料;对颜色和光泽的影响最小	
Efka® RM 1506	聚乙烯蜡	用于溶剂型体系的防沉、防结块剂;聚乙烯蜡分散于二甲苯中的膏状物;非常适用于溶剂型浸涂、喷涂和气溶胶喷涂	
Efka® RM 1900	改性氢化蓖麻油	非水性体系增稠剂,耐温性好	
Tego ViscoPlus 3000	非离子缔合型聚氨酯	不含 APEO,不含锡,适用于多种水性涂料,提供近似牛顿型流体表现	德国迪高
Tego ViscoPlus 3010	非离子缔合型聚氨酯	不含 APEO,不含锡,一种与 pH 值无关的缔合型增稠剂,具有牛顿流体的流动特性,专为高剪力增稠	
Tego ViscoPlus 3030	非离子缔合型聚氨酯	不含 APEO,不含锡,适用于多种水性涂料,提供假塑性流动特性	

产品名称	产品描述	产品特点及应用	制造商
BYK-420	改性脲溶液	用于水性体系,在涂料体系中搅拌后,该助剂形成一个三维网状结构,用于防沉降并协同增加抗流挂性,而不损害流平。易处理,加入过程中无需特定调节 pH 或控制温度	德国毕克
BYK-430	高分子量脲改性的中等极性聚酰胺溶液	在颜料和填料的辅助作用下,该助剂产生三维网状结构,高分子量聚合物的缠结可形成假塑性流变行为	
CLAYTONE 40	有机膨润土	在中低极性的溶剂型涂料体系中用作触变增稠剂和防沉降剂,需添加活化剂来充分发挥功效	
AQUATIX 8421	非离子型的改性乙烯-醋酸乙烯共聚物蜡(EVA)乳液	改善颜料的定向并减少云块状色斑/花斑,同时减少涂料在贮存和加工中的沉降。与聚氨酯增稠剂相比,该助剂展现了更低的共溶剂敏感性;与膨润土和丙烯酸增稠剂相比,更易加入和处理(即刻使用)。非常适合改善流变特性和使用无共溶剂效应颜料浆的亮度	
AEROSIL 200	气相二氧化硅	作为流体改变剂和抗沉降剂有很好的性能,作为有效的稳定剂,可防止活性成分的沉降,确保产品的长期稳定性	德国赢创德固赛
AEROSIL 300	气相二氧化硅	作为流体改变剂和抗沉降剂有很好的性能,作为有效的稳定剂,防止活性成分的沉降,确保产品的长期稳定性	
Natrosol 250GR	羟乙基纤维素(HEC)	增稠效率高,与涂料体系相容性好,贮存稳定性优良,抗流挂性能高,黏度受 pH 影响小,不影响附着力	美国亚仕兰
Natrosol HE10K	疏水改性羟乙基纤维素	增稠效率高,与涂料体系相容性好,贮存稳定性优良,抗流挂性能高,黏度受 pH 影响小,不影响附着力	

11.7　光稳定剂

当涂料在室外使用时,由于太阳光线中含有约 5% 紫外线,其波长约 290~460nm,含有大量的能量,这些紫外线通过光化学作用使涂层劣化,这种光化学过程也称为光氧化降解。光氧化降解产生涂层黄变、褪色、变色、光泽降低、脆化、龟裂、粉化、降解等现象,力学性能亦会显著下降,是涂料涂层失效的最主要因素之一。

光氧化降解包括两个重要过程。第一个是光解过程,这是比较复杂的过程,包括吸收紫外线,然后打开分子键形成自由基。第二个是氧化过程,在光解中形成的自由基与氧发生反应产生过氧化自由基。因此为了发挥涂层的装饰和保护功能,通常需要添加光稳定剂。光稳定剂的作用原理是吸收紫外线能量阻止分子键被打开形成自由基;捕捉活性自由基,抑制进一步与氧反应。

11.7.1　涂料用光稳定剂的主要种类

(1) 光屏蔽剂　这是一类能够遮蔽或反射紫外线的物质,使光不能透入涂料树脂高分子内部,从而起到保护涂层的作用。涂料中使用的各类颜料都有一定的作用,其中炭黑和氧化铁颜料效果最明显。

(2) 紫外线吸收剂　可选择性地吸收高能量的紫外线,使之变成无害的能量而释放或消耗，以抵抗紫外线劣化反应，使树脂聚合物降解速率大大减缓，以增强耐候性，增加涂膜的保护时效，延长其使用寿命。它本身具有良好的热稳定性和光稳定性。按其化学结构主要可以分为：邻羟基二苯甲酮类、苯并三唑类、水杨酸酯类、三嗪类、取代丙烯腈类。由于涂料树脂聚合物的种类不同，使其劣化的紫外线波长也不相同，不同的紫外线吸收剂可吸收不同波长的紫外线，使用时，应根据聚合物的种类选择紫外线吸收剂。

（3）自由基捕获剂（受阻胺光稳定剂）　这类光稳定剂能捕获高分子中所生成的活性自由基，从而抑制光氧化过程，达到光稳定目的。主要是受阻胺光稳定剂（HALS），受阻胺光稳定剂不吸收紫外光，但却是非常有效的紫外线稳定剂。这类助剂都具有一个受阻活性胺基团，通过捕获光降解链式反应中产生的自由基，有效抑制光降解化学反应发生，可以在较低的浓度情况下达到极佳的防老化效果。通常情况下受阻胺类光稳定剂会和紫外线吸收剂一起配合使用，通过协调保护效应以达到最佳的防护效果。

11.7.2　光稳定剂的选择

涂料用光稳定剂在选择时要考虑以下方面：

① 根据树脂体系的光裂解敏感波长与紫外线吸收剂的吸收波长选择吸收性强的紫外线吸收剂；

② 光稳定剂的热稳定性，避免因涂料加热成膜时光稳定剂受热失效、挥发、变色等；

③ 化学稳定性和混溶性，避免与涂料中其他组分产生体系冲突；

④ 低毒性、低气味、无色，并且在户外使用不会析出气味和变色；

⑤ 不溶或难溶于水，耐浸洗，避免户外雨水冲刷降低性能。

在遴选光稳定剂时通常是在实验室中通过紫外线加速老化试验箱进行测试，紫外线老化测试实验是评估新产品耐紫外线光照性能的一类测试方法。另外还会配合自然曝晒实验。

常见的光稳定剂/紫外线吸收剂见表11-9。

表 11-9　常见的光稳定剂/紫外线吸收剂

通用品名	全称	CAS 号	氰特牌号	巴斯夫牌号	松原牌号
UV-531	2-羟基-4-正辛氧基二苯甲酮	1843-05-6	Cyasorb UV-531	Chimassorb 81	SONGSORB 8100
UV-327	2-(2'-羟基-3',5'-二叔苯基)-5-氯化苯并三唑	3864-99-1	Cyasorb UV-5357	Tinuvin 327	SONGSORB 3270
UV-328	2-(2'-羟基-3',5'-二特戊基苯基)苯并三唑	21615-49-6	Cyasorb UV-2337	Tinuvin 328	SONGSORB 3280
UV-329	2-(2'-羟基-5'-叔辛苯基)苯并三唑	3147-75-9	Cyasorb UV-5411	Tinuvin 329	SONGSORB 3290

11.8　水性助剂

随着人们环境意识的加强，环保涂料日益受到重视，水性涂料是其中的重要一员，水性涂料除了上述的润湿分散剂、流平剂、消泡剂、增稠剂外，因其体系中存在大量的分散介质——水，经常要用到的助剂还有成膜助剂、防腐剂、防霉剂、缓蚀剂、pH调节剂、冻融稳定剂、开放时间延长剂等。

11.8.1　成膜助剂

乳胶漆能形成连续涂膜的最低温度称为最低成膜温度（MFT），若低于此温度施工，乳胶漆中水分挥发后，树脂不能聚结形成连续的涂膜，而呈粉末状或裂纹状。为了满足涂膜性能的要求,如一定的硬度、耐磨性、耐沾污性,乳胶涂膜的玻璃化温度不能太低,最低成膜温度常常高于室温,为调节涂膜物理性能和成膜性能之间的平衡,需添加使高聚物微粒软化的成膜助剂来辅助成膜。

成膜助剂又称凝聚剂、聚结剂,它能促进乳胶粒子的流动,改善其聚结性能,能在广泛的温度范围内成膜。成膜助剂通常为高沸点溶剂,会在涂膜形成后慢慢挥发,因而最终的涂膜不会因其加入而太软和太黏。

乳胶粒的融合过程中,如果聚合物颗粒过硬,乳胶粒不会变形,也就不能成膜。因此,成膜首先需要使乳胶粒变软,即降低聚合物的玻璃化温度,成膜助剂通过对乳胶粒子的溶解作用,降低乳胶粒子的玻璃化温度。一旦乳胶漆粒变形与成膜过程完成后,成膜助剂会从涂膜中挥发,从而使聚合物玻璃化温度恢复到初始值,成膜助剂起一种"临时"增塑剂作用。

理想的成膜助剂应该是聚合物的强溶剂,具有同树脂良好的相容性,达到降低聚合物玻璃化温度的目的,具有适宜的水溶解性,具有适宜的挥发速度,成膜前保留在乳胶漆涂层中,水分挥发后,成膜助剂不能残留在干涂膜中,且具有良好的水解稳定性。

成膜助剂大都为微溶于水的强溶剂,有醇类、醇酯类、醇醚及其酯类等。传统的成膜助剂有松节油、松油、十氢萘、1,6-己二醇、1,2-丙二醇、乙二醇醚及其醋酸酯,这些溶剂都有一定的毒性,正逐渐为低毒性低气味的更环保的产品所代替。

从成膜助剂的主要生产厂商和主要产品来看,具有代表性的有德国巴斯夫公司的 Loxanol CA 5308(原 Lusolvan FBH),法国索尔维公司的 DIB,美国陶氏化学公司的 Dowanol PPH(丙二醇苯醚)、Dalpad C、Dalpad D、DPNB、COASOL(己二酸二异丁酯、戊二酸二异丁酯和丁二酸二异丁酯的混合物),伊士曼化学公司的 TEXANOL、EEH、OE300、OE400,英国海名斯化学公司的 SER-AD FX510、SER-AD FX511 等。

尽管成膜助剂对乳胶漆的成膜有很大作用,但成膜助剂是有机溶剂,对环境有一定影响,所以发展的方向是环境友好型产品,如降低气味、降低挥发性有机物含量、低毒性、安全、易生物降解的以及生物来源成膜助剂产品等。

常见低气味成膜助剂见表 11-10。

表 11-10　常见低气味成膜助剂

品名	沸点/℃	闪点/℃	特点	制造商
Loxanol CA 5308	260	131	极低气味的成膜助剂,提高耐擦洗性	巴斯夫
Loxanol CA 5310	284	141	低气味,环保可再生成膜助剂,耐刮擦	巴斯夫
COASOL	274	131	极低的气味,具有良好的耐洗性和耐磨性能	陶氏
Dalpad C	274	126	能生物降解,低气味	陶氏
Rhodiasolv® DIB	275~295	100	低气味高效成膜助剂	索尔维
Rhodoline® CL1301	293	113	高沸点低气味成膜助剂	索尔维
TEXANOL	255	120	醇酯十二,通用的高效成膜助剂	伊士曼
Optifilm Enhancer 300	281	138	高效,低气味,低毒性的乳胶漆成膜助剂	伊士曼
Optifilm Enhancer 400	344	199	低气味,具有良好的性能	伊士曼

11.8.2　防腐剂和防霉剂

在水性涂料中,树脂、酪蛋白、大豆蛋白质、纤维素衍生物等为微生物养料,微生物包括细菌、病毒、真菌和少数藻类等。微生物在适当的温度条件下可以繁殖,导致涂料 pH 变化、黏度降低、变色、发臭等腐败现象，使涂料失效。在水性涂料中加入适量罐内防腐剂可以抑制包装罐内微生物的生长和繁殖，保护涂料在使用前有足够的贮存时间。涂膜的成膜物质可能含有营养物，为微生物生产发育提供良好的营养条件。加入适量的干膜防霉剂，可以在涂装后抑制漆膜表面微生物的生长，避免成膜的有机物被微生物降解使漆膜劣化失效。

防腐剂、防霉剂主要通过阻碍微生物的新陈代谢，干扰微生物细胞壁的合成和遗传，阻碍脂质的合成，阻断光合作用等方面发挥灭杀和抑制作用。

针对水性涂料的特点，理想的防腐剂、防霉剂应与涂料中各种组分的相容性良好，加入后不会引起颜色、气味、稳定性等方面的变化，具备良好的贮存稳定性，此外还应具有良好的生物降解性和较低的环境毒性。

水性涂料里防腐剂、防霉剂从化学结构上分，大致有以下几类：异噻唑啉酮类、苯并咪唑类、取代芳烃类、释放甲醛类、有机溴类、三嗪类、有机胺类、重金属类等。其中，异噻唑啉酮类最为普遍。还有一些天然植物提取物也有一些应用。在粉末涂料中通常使用银系抗菌剂，主要是因为其足够高的耐温特性。

罐内防腐剂和防霉剂常用活性物见表 11-11 和表 11-12。

表 11-11　罐内防腐剂常用活性物

活性成分	全称	CAS 号	结构式	优点	缺点
MI(MIT)	2-甲基-4-异噻唑啉-3-酮	2682-20-4	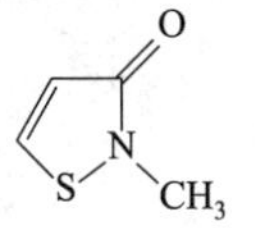	对细菌高效，长效性好，稳定性好	对霉菌效果较弱，灭杀速度慢，GB/T 35602—2017 中限制≤200mg/kg
CMI(CIT、CMIT)	5-氯-2-甲基-4-异噻唑啉-3-酮	26172-55-4	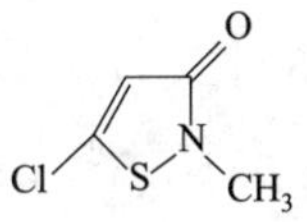	对细菌、霉菌均高效，灭杀速度比较快	在碱性环境、高温(>60℃)下不稳定，还原剂和胺类物质存在时不稳定
CMI/MIT(3:1)	卡松	55965-84-9	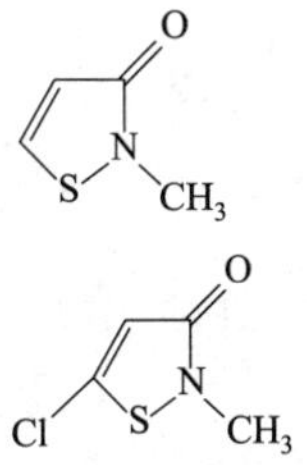	广谱杀菌，对细菌、霉菌高效，灭杀速度比较快兼顾长效性；在碱性环境、高温>60℃下不稳定；还原剂和胺类物质存在时不稳定；稳定性与稳定盐等有关	还原剂和胺类物质存在时不稳定，GB/T 35602—2017 中限制≤15mg/kg
BIT	1,2-苯并异噻唑啉-3-酮	2634-33-5	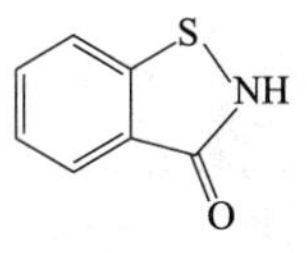	对大多数细菌、部分霉菌高效，长效性好，耐温性好(100℃)，高碱性耐受(pH≤11)，低气味	霉谱缺陷，对假单胞菌类效果弱，对一些霉菌效果弱，灭杀速度较慢，氧化剂存在时不稳定，酸性条件下效果较弱，GB/T 35602—2017 中限制≤500mg/kg
Bronopol	2-溴-2-硝基-1,3-丙二醇(布罗波尔)	52-51-7	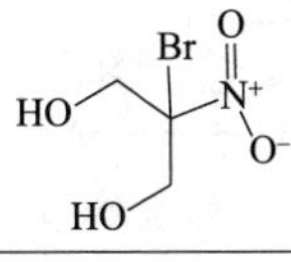	辅助性活性物，对细菌有效，灭杀速度非常快，促使 CIT 更稳定	对霉菌效果弱，非常不稳定，会释放少量甲醛
HCHO	甲醛	50-00-0	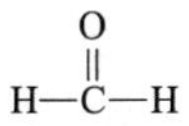	可作为辅助性活性物，对大多数细菌、部分霉菌高效，灭杀速度非常快，较稳定、易挥发，促使 CIT 更稳定	对大部分霉菌效果弱，蛋白质存在时不稳定，大多数国家限量使用

活性成分	全称	CAS号	结构式	优点	缺点
DBNPA	2,2-二溴-3-次氮基丙酰胺	10222-01-2	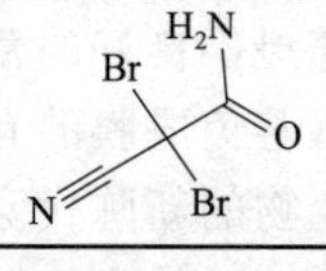	杀菌速度极快,效率高,最小抑菌浓度低	高浓度对大多数金属有腐蚀性,易引起变色

表11-12 防霉剂常用活性物

活性成分	全称	CAS号	结构式	优点	缺点
OIT	2-正辛基-4-异噻唑啉-3-酮	26530-20-1	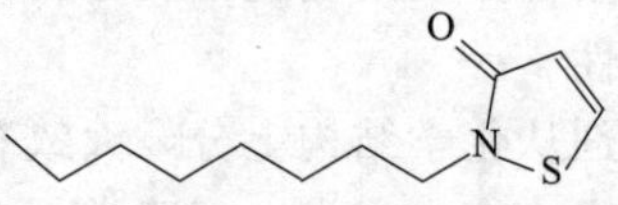	高效广谱酸碱适应性强(pH 2～10),高水溶性,无变色风险	对细菌效果弱
DCOIT	4,5-二氯-2-正辛基-3-异噻唑啉酮	64359-81-5	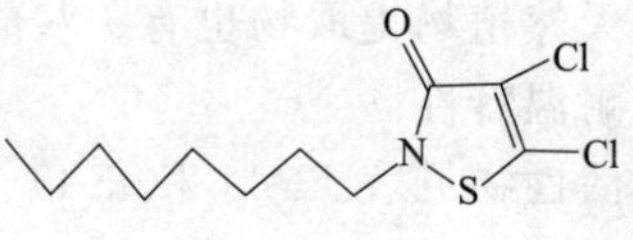	广谱,比较高效,提供持久保护,在海洋油漆中稳定	在水中易水解,水溶性较低,有变色风险,GB/T 35602—2017 中限制≤500mg/kg
IPBC	3-碘-2-丙炔基丁基氨基甲酸酯	55406-53-6	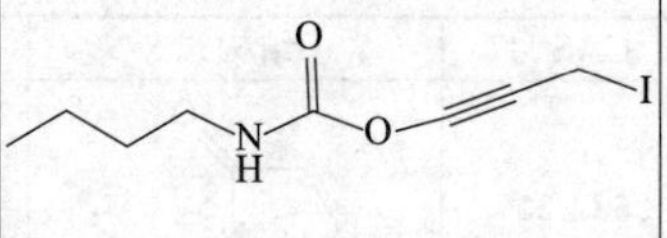	广谱高效,较高的水溶性	紫外线照射易变色,尤其是漆膜表面,GB/T 35602—2017 中限制≤1500mg/kg
ZPT	吡啶硫酸锌	13463-41-7	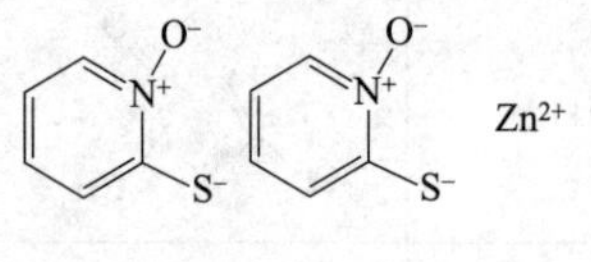	较高效,应用广泛	菌谱存在一些灭杀缺陷,体系中有铁或铜存在时易变色,GB/T 35602—2017 中限制≤1500mg/kg
Diuron (敌草隆)	3-(3,4-二氯苯基)-1,1-二甲基脲	330-54-1	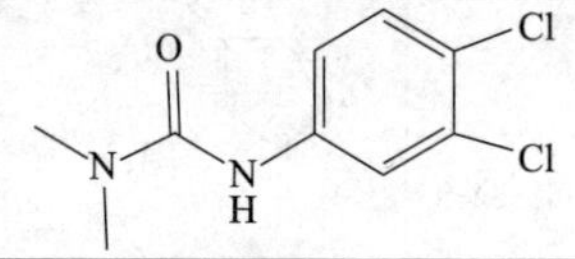	非常高效,广谱	碱性环境不稳定,水溶性低,GB/T 35602—2017 中规定不得添加
Terbutryn (特丁净)	2-甲硫基-4-乙氨基-6-特丁氨基-1,3,5-三嗪	886-50-0	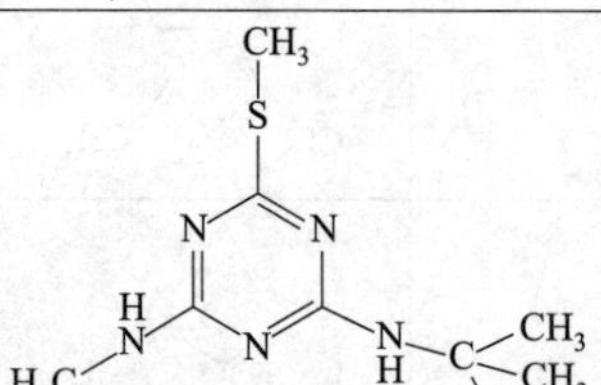	非常高效,水溶性低,广谱无杀灭缺陷,比较稳定	较难自然降解,蓄积毒性
BCM (Carbendazim, 多菌灵)	N-(2-苯并咪唑基)-氨基甲酸甲酯	10605-21-7	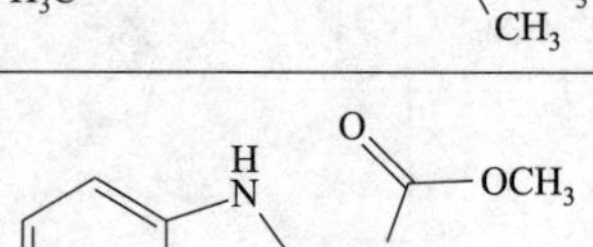	高效,广谱,化学性质稳定,水溶性低	难以自然降解,对链格孢属霉菌有杀灭缺陷,GB/T 35602—2017 中规定不得添加

目前应用的防腐剂、防霉剂大都由一种或多种活性成分进行复配,复配的活性成分不仅保证杀菌谱线的全面性,而且可以避免微生物对某种活性成分产生耐药性。另外,随着环保要求的进一步提升,各种不同的法规对防腐剂、防霉剂的使用进行了一定的限制,多种有效成分复配,是规避法规限制的有效手段。在选择防腐剂、防霉剂的时候,要了解其有效活性成分和杀菌效果以及各种有效成分的协同效应或者冲突,并根据涂料产品要应对的法规对相

关成分的限制情况综合考虑。以 GB/T 35602—2017《绿色产品评价 涂料》为例，对多种常用的活性物成分进行了限制，包括最常用的 CMI/MI（3∶1）卡松被限定在≤15mg/kg，这对防腐效果及搭配使用带来了一定的挑战。国际性防腐剂厂商如温克（舒美）等有着长久的技术储备，提供了一些解决方案如 Parmetol MBX 等。同时日益严苛的法规限制，也促使原本应用于日化等行业的相关产品被引入涂料产品的应用中。

11.8.3　缓蚀剂

缓蚀剂可以防止或减缓腐蚀作用，在金属表面使用水性涂料，干燥过程中金属表面与涂料中水的接触容易发生闪锈等腐蚀现象，引入缓蚀剂，能有效避免金属腐蚀。

根据电化学理论，缓蚀剂可分为抑制阳极型缓蚀剂和抑制阴极型缓蚀剂。

抑制阳极型缓蚀剂多为无机强氧化剂，如铬酸盐、钼酸盐、钨酸盐、钒酸盐、亚硝酸盐、硼酸盐等。它们的作用是在金属表面阳极区与金属离子作用，生成氧化物或氢氧化物氧化膜覆盖在阳极上形成保护膜。这样就抑制了金属向水中溶解。阳极反应被控制，阳极被钝化。硅酸盐也可归到此类，也是通过抑制腐蚀反应的阳极过程来达到缓蚀目的。抑制阳极型缓蚀剂要求有较高的浓度，以使全部阳极都被钝化，一旦剂量不足，将在未被钝化的部位造成点蚀。

锌的碳酸盐、磷酸盐和氢氧化物，钙的碳酸盐和磷酸盐为抑制阴极型缓蚀剂。抑制阴极型缓蚀剂能与水中、与金属表面的阴极区反应，其反应产物在阴极沉积成膜，随着膜的增厚，阴极释放电子的反应被阻挡。在实际应用中，由于钙离子、碳酸根离子和氢氧根离子在水中是天然存在的，所以只需向水中加入可溶性锌盐或可溶性磷酸盐。

另外，吸附理论认为，缓蚀剂之所以能阻止、延缓金属的腐蚀，是由于缓蚀剂通过物理化学作用吸附在金属表面，减小了介质与金属表面接触的可能性，从而达到缓蚀的效果。成膜理论认为，缓蚀剂与酸性介质中的某些离子形成难溶的物质，沉积在金属表面，阻止金属的腐蚀。

缓蚀剂可分为无机缓蚀剂、有机缓蚀剂、聚合物类缓蚀剂。①无机缓蚀剂：无机缓蚀剂主要包括亚硝酸钠、钼酸钠、铬酸锶、苯甲酸钠等传统产品，这类产品价格便宜、效果明显、用量较低，仍然有相当的竞争力，但缺点是不环保。②有机缓蚀剂：有机缓蚀剂的作用是靠化学吸附、静电吸附或 π 键的轨道吸附，主要包括二壬基萘磺酸盐、有机氮化物锌盐、螯合物助剂（苯并三唑、苯并咪唑等）、胺与铵盐（二苯胺、二甲基乙醇胺、三乙醇胺或其盐类等）等。③聚合物类缓蚀剂：主要包括聚乙烯类、膦酰基羧酸共聚物（POCA）、聚天冬氨酸等一些低聚物。

瑞宝（Raybo）、海明斯德谦（Elementis）、亚仕兰（Ashland）是国际知名的缓蚀剂生产商。

FA 179 是海明斯德谦的一款腐蚀抑制剂，为透明液体，pH 为 8.0～9.0（5％的水溶液），密度约 1080kg/m³，黏度≤250mPa·s(20℃)，分散于水中，组成为有机锌螯合物与混合溶剂，可用于各种类型水稀释型涂料体系，如水稀释型醇酸树脂、丙烯酸乳液、环氧树脂乳液涂料及分散型涂料，可防止水性涂料在铁基材上干燥期间产生锈蚀，从而提高漆膜的防腐蚀性能，同时可有效防止罐内腐蚀。它也可用作金属表面的临时防腐剂，为此可在金属表面喷上含 2％ FA 179 的乳化液。特征是：基于有机锌的络合物，对铁底材表现出强烈的亲和性，防止闪锈；适合于酸性体系，尽管具有水分散性，但在干燥过程中转变成水不溶性锌络合物，形成阴离子钝化层，在涂膜干燥以后能提供缓蚀功能；可用作罐内抑锈剂。FA 179 可在涂料生产过程中的调漆阶段加入，其准确添加量视具体情况而定，并应通过实验确定。一般情况下，基于配方总量的 0.3％～1.0％即可提供良好的效果。

瑞宝（Raybo）60 闪锈抑制剂为有机-无机复配物，比如金属有机螯合物或者多官能团的磷酸盐螯合物，可同时达到缓蚀、钝化与屏蔽的效果，是综合性价比非常高的闪锈抑制剂，能阻止铁质金属底材表面发生阴极反应，阻止铁的离子化，阻止电化学反应的发生，不让锈蚀产生，同时可提高漆膜的长期耐水性、罐内防腐性。

T 710 是一款霍夫曼防闪锈剂，淡黄色到棕色透明液体，可分散于水中，对各种基材均有出色的闪锈抑制性能，提供优异的接触和气相保护，漆膜干燥后形成阴离子钝化膜提供长期保护，改善漆膜耐水性，与各种类型乳液相容，不会引起漆膜敏感性问题，使用量低，性能高。

11.8.4 pH 调节剂

pH 调节剂的主要功能是调节或控制涂料的 pH。大多数乳液在使用前的 pH 小于 7，由于大多数乳液属于阴离子乳液，其在碱性条件下能够更稳定存在，而且许多增稠剂需要在碱性条件下才能够发挥作用，此外，乳胶漆配方中使用的阴离子分散剂也必须在碱性条件下才有效。由上可知，从乳液稳定性、颜料分散效果以及增稠效果等方面来看，pH 调节剂在乳液配方中不可缺少。

pH 调节剂应该是挥发性的物质，否则在树脂成膜后会残留在涂膜中，影响涂膜的耐水等性能，另外低气味、低 VOC 也是今后发展的方向。

常用的 pH 调节剂见表 11-13。

表 11-13　常用的 pH 调节剂

品名	活性成分	应用	供应商
AMP-95	2-氨基-2-甲基-1-丙醇	乳胶漆多功能助剂，除了可以用作高效共分散剂之外，还可以用来代替氨水，有效控制涂料的 pH	美国安格斯
AEPD VOX 1000	2-氨基-2-甲基-1,3-丙二醇	低气味、零 VOC 的多功能助剂，有效控制 pH 值	美国安格斯
DeuAdd MA-95	醇胺类有机物	低气味多功能胺中和剂，促进漆膜光泽展现，提高罐内的防腐蚀能力，同时具有良好的颜料分散性	海明斯德谦
Vantex-T	烷基醇胺类有机中和剂	低气味多功能中和剂，具有耐水白、抗分水性，具有防锈功能	美国伊士曼
RHODOLINE AN130	有机胺中和剂	性价比优，更低气味的胺中和剂，提高 pH 的稳定性，同时也可作为助润湿分散剂使用。在建筑涂料中可以代替氨水和 2-氨基-2-甲基-1-丙醇（AMP）	法国索尔维
Alpamine N41	有机胺中和剂	多功能水基系统稳定剂，中和能力强，低气味，低表面张力，有湿润效能	法国阿科玛
DMAE	N,N-二甲基乙醇胺	有效调节体系 pH，并赋予体系很好的 pH 稳定性，用于水性体系中，不但有成盐作用，而且还兼具辅助溶剂的作用，同时还可以作为水性聚氨酯、环氧树脂固化体系有效的干燥促进剂	巴斯夫、陶氏、索尔维

11.8.5 冻融稳定剂和开放时间延长剂

在北方，涂料很多情况下可能会被贮存于较低的温度条件下，由于水性涂料中大量水的存在，当聚合物乳液贮存温度降至冰点以下时水会结冰，溶解或混合在水中的物质会被析出，同时冰的体积较水更大，析出物和混合物会受到挤压，胶粒会更聚集，再遇到气温回升又会重新融化，冻结融化后，如果乳液不能恢复到原来的稳定状态，会造成乳液表观黏度上升，甚至乳液因凝聚破乳。冻融稳定性是指乳液经受冻结和融化交替变化时的稳定性。为了提高冻融稳定性，阻止涂料在冻融循环条件下产生不可逆的凝聚，使涂料有更宽泛的贮存条件，时常会添加抗冻融稳定剂。

在涂料施工过程中，有时表面干燥太快，成膜时间过短，容易造成深层水分无法继续挥发，使漆膜成膜不良，影响涂料性能，添加开放时间延长剂可以延续水分的挥发，增加漆膜的弹性，提高成膜质量，得到好的漆膜性能。

常用冻融稳定剂和开放时间延长剂见表 11-14。

表 11-14　常用冻融稳定剂和开放时间延长剂

品名	产品特性	应用说明	制造厂商
Ethylan EF60	冻融稳定剂	延长贮存时间,延长开放时间,提高颜色相容性,优化添加量降低成本	诺力昂（原阿克苏）
Rhodoline® FT-100Xtrim	冻融稳定剂	不含 APEO,不含 VOC,改善乳胶漆的成膜性能,可延长开放时间,改进涂层的展色性等	索尔维
Rhodoline® OTE-400	开放时间延长剂	不含 APEO,不含 VOC,低气味,提高光泽,改善耐沾污性,提高耐擦洗性,改善冻融稳定性,阴离子,钾盐	索尔维
Rhodoline® OTE-500	开放时间延长剂	不含 APEO,不含 VOC,低气味,提高光泽,改善耐污性,提高耐擦洗性,改善冻融稳定性,阴离子,铵盐	索尔维
Loxanol® OT 5853	开放时间延长剂	防止或减少树脂基砂浆开裂,改善贮存稳定性,改善冻融稳定性	巴斯夫

11.9　结语

涂料助剂是涂料组成中非常重要的组分，虽然添加量较少，但却是涂料产品的"味精"，在涂料生产、贮存、施工过程、成膜性能中发挥着重要作用，同时对涂料成本也造成重要影响。据国外相关机构的调查预测，到 2025 年全球涂料助剂市场规模将达到 80 亿美金。中国作为现今世界上涂料产量最大的国家，助剂消耗的价值也很惊人。我国涂料助剂行业起步较晚，随着涂料工业的蓬勃发展，一批国内本土的助剂厂商开始崭露头角，同时我们也应该看到，目前为止，还是以仿品和基础结构合成为主，在产品系列化、对助剂结构的作用机理及应用研究和多种活性成分的组合效应等方面积累不足，与国际厂商尚有不小的差距，已经成为行业发展的瓶颈。因此，涂料科研、生产单位应加强联合，以加快助剂产品的研究、开发和生产。

第12章 涂料配方设计

12.1 概述

涂料是一种多组分的复合材料,但不能单独作为材料使用,必须涂装在工件表面与被涂产品一起使用,由于工件和使用环境不同,对涂膜的性能也提出种种不同的要求,而涂料配方中各组分的种类、用量又对涂料的生产、贮存、施工性能(如流平性、干燥性等)和涂膜性能(如光泽、硬度、耐化学品性等)产生极大的影响,对涂料必须进行科学的配方设计方能满足各方面要求。

涂料配方设计是指根据基材、涂装目的、涂膜性能、使用环境、施工环境等诸多因素进行涂料各组分的选择并确定用量,并在此基础上提出合理的生产工艺、施工工艺和固化方式。总的来说,涂料配方设计需要考虑的因素包括:基材、性能、施工环境、应用环境、安全性、成本等。

由于影响涂料性能的因素众多且存在强烈耦合,建立一个符合实际使用要求的涂料配方是一个复杂的课题,尚没有成熟理论指导,需要坚实的理论基础、丰富的实践经验和充分的实验工作才能得到综合性能优秀的涂料配方。

12.2 涂料基本组成

涂料一般由成膜物、颜填料、溶剂或水和助剂组成,涂料施工后,随着溶剂或水的挥发,成膜物干燥成膜。成膜物可以单独成膜,也可以黏结颜填料等物质共同成膜,所以成膜物也称黏结剂。它是涂料的基础,也称为基料、漆料和漆基。涂料的基本组成见表12-1。

表12-1 涂料的基本组成

组成		原料
成膜物	油脂	鲨鱼肝油、带鱼油、牛油、豆油、蓖麻油、桐油等
	树脂	天然树脂:虫胶、松香、天然沥青等
		合成树脂:醇酸树脂、丙烯酸树脂、环氧树脂、聚氨酯树脂、酚醛树脂、有机硅树脂、氟碳树脂等
颜填料	颜料	无机颜料:钛白、氧化锌、铬黄、铁蓝、铬绿、氧化铁红、炭黑等
		有机颜料:甲苯胺红、酞菁蓝、耐晒黄等
	填料	滑石粉、碳酸钙、硫酸钡、石英粉等
助剂		润湿分散剂、消泡剂、流平剂、增塑剂、催化剂、稳定剂、防沉剂等
溶剂		石油溶剂、甲苯、二甲苯、醋酸丁酯、醋酸乙酯、丙酮、环己酮、丁醇、乙醇、卤代烃等

12.2.1 树脂

随着石油工业的发展,合成树脂已经取代油料和天然树脂广泛应用于涂料工业,常用的合成树脂包括醇酸树脂、丙烯酸树脂、聚酯、聚氨酯、环氧树脂及有机硅树脂等。选择涂料用树脂主要基于树脂的结构和性能、基材的性质、使用环境、施工条件、成本等因素。

(1)醇酸树脂 醇酸树脂系指由多元醇、多元酸与植物油(或脂肪酸)制备的改性聚酯树脂。醇酸树脂的原料易得、工艺简单,而且在干燥速率、附着力、光泽、硬度和耐候性等方面远远优于以前的油性漆。而且还可以进行化学改性或者与聚酯树脂、丙烯酸酯树脂、环氧树脂、有机硅树脂并用，以降低这些树脂的成本，提高和改善某些涂料性能。

长油度醇酸树脂、中油度醇酸树脂主要用于配制单组分气干性醇酸树脂漆；短油度醇酸树脂可以和氨基树脂配制单组分烘漆或与多异氰酸酯配制双组分室温自干型或低温烘烤型聚氨酯漆。

醇酸树脂通过苯乙烯接枝改性可以具备更快的干燥速度、更好的耐水性及硬度，但是漆膜耐溶剂性和耐刮伤性差，主要用作底漆；丙烯酸酯改性醇酸树脂具有更好的耐候性、保光性以及耐刮伤性。醇酸树脂聚氨酯漆干燥快、漆膜硬度高、弹性好、耐磨，且耐水性能和耐化学品性好，主要用于室内用漆。

（2）丙烯酸树脂　丙烯酸树脂是指由（甲基）丙烯酸酯类单体共聚得到的聚合物，包括热塑性和热固性丙烯酸树脂。

丙烯酸树脂在涂料树脂中的比重不断增大，一方面得益于丙烯酸酯单体资源丰富、品种多、性能各异，另一方面是因为丙烯酸树脂具有色浅、透明度高、耐光、耐候、使用温度范围宽的特点。

热塑性丙烯酸树脂的成膜通过溶剂挥发、链段扩散、大分子链相互缠绕密排进行，涂膜性能主要取决于聚合单体的选择和分子量大小。

热固性丙烯酸树脂的成膜通过溶剂挥发和官能团的交联固化进行，树脂的分子量较热塑性丙烯酸树脂低，因而其固含量更高，可溶解的溶剂种类更多，交联固化涂膜具有更好的光泽、硬度、耐磨性及耐化学品性。

丙烯酸酯涂料已广泛用于汽车、家用电器、卷材、机械、仪表电器、建筑、家具等生产领域。

（3）聚氨酯树脂　在分子结构中含有大量氨基甲酸酯官能团的高分子化合物称为聚氨酯树脂，由多异氰酸酯和多元醇通过氢转移加成聚合而成。

常用的多异氰酸酯有甲苯二异氰酸酯（TDI）、二苯甲烷二异氰酸酯（MDI）、六亚甲基二异氰酸酯（HDI）。二异氰酸酯官能度、分子量较低，蒸气压较高，一般要经过预聚、加成或三聚化制成固化剂供双组分聚氨酯涂料使用。

芳香族多异氰酸酯的最大缺点是涂膜长期暴露在阳光下易黄变。脂肪族多异氰酸酯不黄变，但活性较芳香族低，漆膜硬度不及芳香族聚氨酯漆膜。

由于聚氨酯分子中具有强极性氨基甲酸酯基团，大分子间存在氢键，聚合物具有高强度、耐磨、耐溶剂等特点。同时，还可以通过改变多羟基组分的结构、分子量等参数，在较大范围内调节聚氨酯的性能，此外，聚氨酯与其他树脂共混性好，可与多种树脂并用，制备适应不同性能要求的涂料新品种。

聚氨酯涂料通常是双组分体系：一个组分为羟基组分，一个组分为多异氰酸酯组分。羟基组分有多种，为聚酯、醇酸树脂、丙烯酸树脂及环氧树脂；多异氰酸酯组分为缩二脲、三聚体、三羟甲基丙烷-二异氰酸酯加和物或低聚物型多异氰酸酯。施工时将二者混合通过羟基与异氰酸酯基的加成交联固化。该反应可以在室温或低温烘烤条件下进行，固化温度范围较宽，所形成热固性涂膜综合性能较好，因此广泛用于家具、汽车、飞机、金属设备等装饰和保护。

（4）环氧树脂　环氧树脂（epoxy resin）泛指含有两个或两个以上环氧基，以脂肪族、脂环族或芳香族链段为主链的聚合物。涂料用环氧树脂环氧当量大多在180～3000之间。环氧当量在180～475之间的环氧树脂主要用于双组分低温固化体系；环氧当量在700～1000之间的环氧树脂主要用于环氧酯体系；环氧当量为1500～3000的环氧树脂主要用作高温烤漆。

目前市面上环氧树脂主要是双酚 A 型环氧树脂，即双酚 A 缩水甘油醚（DGEBA），由双酚 A（DDP）与环氧氯丙烷（ECH）反应制得，目前实际使用的环氧树脂中 80% 以上属于这种环氧树脂，其结构如下：

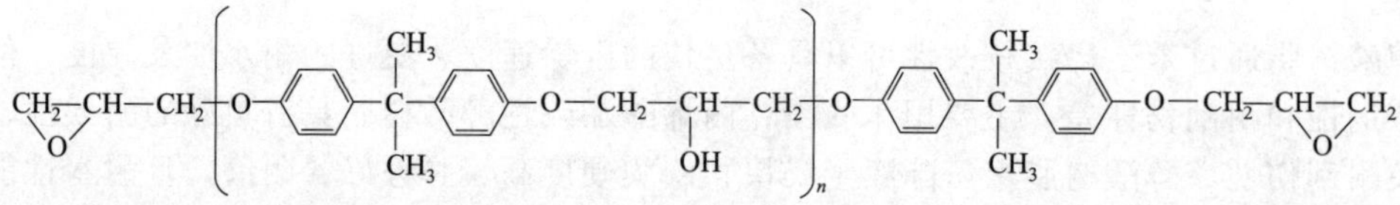

双酚 A 型环氧树脂的数均分子量可以用通式表示为 $340+284n$，n 为重复单元聚合度，即为羟基的平均官能度。

从化学结构中可以看出，双酚 A 型环氧树脂的大分子具有以下特征：

① 两端为反应活性很强的环氧基；

② 大分子主链上有许多醚键；

③ 重复单元中有许多仲羟基，可以看成一种长链的多元醇；

④ 大分子链上有大量苯环、亚甲基和异丙基。

环氧树脂稳定性好，未加入固化剂可放置一年以上，能溶于芳烃、酯、酮及醇醚等多种溶剂。双酚 A 型环氧树脂固化物有较好的耐化学品性，尤其是耐碱性；对各种基材有极好的黏结性，黏结强度高；固化物机械强度高，极好的硬度，可用作结构材料；固化收缩率低，小于 2%，是热固性塑料中收缩率最小的一种。但环氧树脂固化物耐候性差，在紫外线照射下会降解，性能下降，限制了其在户外使用，而且固化物脆性大，冲击强度低，不耐高温。

大多数环氧树脂需要与固化剂反应形成网状结构才能得到高性能的涂膜，交联反应可以通过固化剂与环氧基团或羟基基团的反应实现。

（5）有机硅树脂　硅树脂以 Si—O—Si 为主链，而硅原子上连接有有机基团的交联型的半无机高聚物，既具备无机物的耐候、耐高温性能，又具备有机树脂的可加工性和柔韧性。

有机硅树脂的突出优点是耐高温性、耐水性、耐候性和电绝缘性，其突出的耐候性，是任何一种有机树脂所望尘莫及的，即使在紫外线强烈照射下，硅树脂也不泛黄、不降解。硅树脂还具有优异的介电性能，在广阔的温度、湿度及频率范围内保持稳定，以及耐氧化、耐电弧、耐辐照、防烟雾、防霉菌等特性。

有机硅树脂单独用作涂料时膜太软，常用醇酸树脂、聚氨酯树脂、环氧树脂和丙烯酸树脂等进行改性以改善漆膜的硬度，有机硅树脂则赋予漆膜保色性。

有机硅树脂及改性树脂广泛用作电机设备的线圈浸渍漆、粘接云母用的绝缘漆，用于玻璃丝、玻璃布及石棉布浸渍的绝缘漆，耐热、耐候的防腐涂料，透明涂料，防潮涂料，耐辐射涂料。

（6）氟碳树脂　氟碳树脂是指由氟烯烃聚合或氟烯烃和其他单体共聚合成的树脂，由于 C—F 键的键能较大，氟碳树脂的化学稳定性高，以其制备的涂料耐腐蚀性、耐化学品性、耐候性、热稳定性较好，具有极好的耐紫外线照射和核辐射性能，电性能和阻燃性能优异，目前已经广泛用于重防腐领域，如海洋防腐、桥梁防腐等。

12.2.2　溶剂

溶剂是涂料配方中的一个重要组成部分，虽然没有最终形成干膜，但溶剂的溶解力、挥发速率等因素极大地影响着涂料的生产、贮存、施工及涂料膜光泽、附着力、表面状态等多方面物化性能。

在常规液态涂料中溶剂约占 30%~50%（质量份）。溶剂在涂料中的主要作用包括：

① 溶解或分散涂料中树脂，并调节其黏度和流变性，使其易于涂装；

② 提高涂料贮存稳定性；

③ 改善涂膜外观，如光泽、丰满度等；

④ 增加涂料对被涂基材的润湿性，提高附着力；

⑤ 挥发速率的梯度组合能赋予涂料最佳的流动性和流平性。

不同的成膜树脂只能溶于不同种类的溶剂中，在同一涂料配方中，有时采用多种树脂，就需要多种溶剂复合才可实现较佳的综合溶解性能。

涂料用混合溶剂，可以细分为两大类：真溶剂类和稀释剂类。酯类、酮类、芳烃类等能溶解涂料树脂的溶剂是真溶剂；醇类、石油溶剂通常不能单独溶解树脂，但可以稀释涂料树脂溶液，称之为稀释剂。

尽管为满足日益苛刻的环保要求，低 VOC 的水性涂料、UV 光固化涂料及粉末涂料得到了迅速的发展，但溶剂型涂料以其性能和施工优势仍在涂料产品中占有相当重要的地位，仍是当今涂料产品的主流。为了更合理地使用各类溶剂，以达到性能-成本平衡，以下几点应引起足够重视。

12.2.2.1 溶剂的选择原则

溶剂对树脂的溶解力，可以从溶成一定浓度溶液的溶解速度、黏度以及真溶剂对填充溶剂（稀释剂）的容忍度（稀释比值）等方面来表示。

聚合物的溶解过程一般是从小的溶剂分子慢慢地渗入聚合物链间开始，而大分子溶入溶剂的速率较慢，因此聚合物的溶解首先表现为体积不断膨胀，即溶胀过程，最后经过链段扩散以及大分子扩散形成大分子真溶液。溶剂选择应遵从以下原则：

（1）相似相溶原则　可简记为"极性相似，相亲相溶"。高分子化合物如为极性分子，就必须使用极性溶剂使之溶解；如果高分子化合物是非极性的，就溶于非极性溶剂中，这就是相似相溶的规律。如聚酯具有较强的极性，能溶于酯类、酮类等极性溶剂，而不溶于脂肪烃类等非极性溶剂。

（2）溶解度参数相近原则　溶解度参数也称为溶度参数，是分子间作用力的一种量度。使分子聚集在一起的作用能称为内聚能。单位体积的内聚能叫作内聚能密度（CED），CED 的平方根 $(CED)^{1/2}$ 定义为溶解度参数，用 δ 或 SP 表示。

溶解度参数可作为选择溶剂的参考指标，对于非极性高分子或极性不很强的高分子，当其溶解度参数与某一溶剂的溶解度参数相等或相差不超过 ±1.5 时，该聚合物便可溶于此溶剂中，否则不溶。高聚物和溶剂的溶解度参数可以测定或计算出来，单位为 $(cal/cm^3)^{0.5}$。常见聚合物的溶解度参数见表 12-2。

表 12-2　常见聚合物的溶解度参数

聚合物	$SP/(cal/cm^3)^{0.5}$	聚合物	$SP/(cal/cm^3)^{0.5}$
聚二甲基硅氧烷	7.3~7.6	硝酸纤维素	10.6~11.5
LDPE	8.0	天然橡胶	7.9~8.35
PP	7.9~8.1	聚甲基丙烯酸甲酯	9.3
乙丙橡胶	7.9~8.0	聚醋酸乙烯酯	9.4
聚异丁烯	8.05	聚碳酸酯	9.5
PS	8.5~9.1	PVC	9.5~9.7
PA-66、PA-6	13.06~13.7	PPO	9.8

聚合物	SP/(cal/cm³)$^{0.5}$	聚合物	SP/(cal/cm³)$^{0.5}$
聚氨酯	9.5～10.5	聚甲基丙烯酸正丁酯	8.7
环氧树脂	9.7～10.9	醋酸纤维素	10.7～11.4
三聚氰胺甲醛树脂	9.6～10.1	酚醛树脂	9.5～12.7
聚对苯二甲酸乙二醇酯	10.7		

(3) 混合溶剂原则　选择溶剂，除了使用单一溶剂外，为调整溶解性、挥发速率及成本，通常使用混合溶剂。有时两种单独溶剂都不能溶解的聚合物，如将两种溶剂按一定比例混合起来，却能使同一聚合物溶解，混合溶剂具有协同效应。确定混合溶剂的比例，可按下式进行计算，使混合溶剂的溶解度参数接近聚合物的溶解度参数，再由实验验证最后确定。

$$SP_m = SP_1 \Phi_1 + SP_2 \Phi_2 + \cdots + SP_n \Phi_n$$

式中，Φ_1，Φ_2，…，Φ_n 分别表示每种纯溶剂的体积分数；SP_1，SP_2，…，SP_n 是每种纯溶剂的溶解度参数；SP_m 为混合溶剂的溶解度参数。

(4) 溶剂的溶解力　溶剂对高分子化合物的溶解力，可由配制的一定浓度溶液的溶解速度、黏度以及此溶液对非溶剂的容忍度（稀释比值）等方面来表示。稀释比值就是指一份溶剂可以容忍非溶剂的最高份数，超过此值，溶解力将完全丧失。在油漆中，除真溶剂之外还常适当地掺用一些非溶剂（稀释剂）以降低成本，当然在掺用非溶剂时，除了选择适当的品种外还要控制其用量，以保证混合溶剂有足够的溶解力。

(5) 溶剂的挥发速率　溶剂是挥发性液体，热塑性丙烯酸漆、氯化橡胶漆的干燥就是通过溶剂挥发来完成的，所以溶剂的挥发速率对漆膜外观及质量都有极大的影响。在施工时往往希望漆膜干得快些，但是干燥过快会影响漆膜的流平性、光泽等指标，干得慢些可以保证漆膜的流平及防止橘皮、泛白等。

溶剂的挥发速率取决于溶剂本身的沸点、分子量及分子结构三大因素。

通常将溶剂划分为低沸点溶剂、中沸点溶剂和高沸点溶剂。低沸点溶剂是指沸点在100℃以下的溶剂，中沸点在100～145℃之间，高沸点在145～170℃之间，170℃以上的则称为特高沸点溶剂。

醇类溶剂分子量较对应酯类低，在挥发同样分子数时其质量要小得多。此外，分子间氢键作用使其挥发速率降低。

溶剂的挥发速率用一定时间内受检溶剂挥发量与醋酸丁酯挥发量之比来表示。该数值愈大表示挥发得愈快。挥发速率可用下式表示：

挥发速率＝（相同时间内挥发的受检溶剂的质量）/（相同时间内挥发的醋酸丁酯的质量）

同一种类型溶剂的相对挥发速率与其沸点有正相关关系，但不同类型溶剂的沸点与其相对挥发速率无对应关系。如：乙醇的沸点（79℃）比苯的沸点（80℃）稍低，但乙醇的相对挥发速率（1.6）却远低于苯的相对挥发速率（6.3）；同样，正丁醇的沸点（117℃）比醋酸丁酯的沸点（127℃）稍低，但正丁醇的相对挥发速率（0.4）却远低于醋酸丁酯的相对挥发速率（1.0），这与醇类溶剂含强氢键有关。

(6) 真溶剂、稀释剂的选择　并不是所有溶剂都可溶解聚合物：将对聚合物具备溶解能力的有机溶剂称为真溶剂（活性溶剂），对聚合物不具备或仅有微弱溶解能力的有机溶剂称为稀释剂（填充溶剂）。

活性溶剂特点：多数带极性基团，普遍价格较高。主要有下列四大类：

① 酮类　丙酮、丁酮、甲戊酮、甲基异丁基酮及环己酮等。

② 酯类　醋酸乙酯、醋酸丁酯及醋酸异丙酯等。

③ 醇类　乙醇、正丁醇、异丙醇等。

④ 带多个官能团的溶剂　乙二醇丁醚（BCS）及丙二醇甲醚醋酸酯（PMA）等。

醇、酮、酯和醇醚这四类活性溶剂也常被统称为含氧溶剂，含氧溶剂就是分子中含有氧原子的溶剂。它们能提供范围很宽的溶解力和挥发性，很多树脂不能溶于烃类溶剂中，但能溶于含氧溶剂。

对于醇类溶剂，由于醇带有羟基，具高极性和强氢键作用。非极性烃链和羟基之间的关系决定了醇的溶解力。低级醇对强极性树脂如醇酸树脂、脲醛树脂、硝化棉等有很强的溶解力。醇对极性强的树脂的溶解力随着烃链长度的增加而下降，所以高级醇不是硝化棉等极性树脂的溶剂，但高级醇溶解性能温和，非常适宜用作面漆的溶剂，因为它不会软化底漆而发生咬底现象。特别在塑料用涂料中，醇类溶剂仅会对塑料表面溶胀，而不会软化塑料。

生产船舶涂料和重防腐涂料的企业多采用溶解能力强、相对挥发速率较低的正丁醇作为主活性溶剂；酯类溶剂目前主要被用于硝基涂料中，如在硝基木器涂料中，醋酸正丁酯被大量作为活性溶剂使用。

酯类溶剂可被用于更多类型的涂料中，如作为丙烯酸型（尤其是羟基丙烯酸型）塑胶涂料的主活性溶剂更多地选用酯类（醋酸乙酯、醋酸正丁酯）。酯类溶剂的极性比醇类低，但对极性树脂有非常好的溶解力。随着酯中醇和酸基基团中碳链的增长，其对极性树脂的溶解力会下降，但对低极性树脂的溶解力反而会增强。例如：醋酸正丁酯对硝化棉、丙烯酸树脂和醇酸树脂等有良好的溶解力，它属于中等挥发速率溶剂。在配方中，醋酸正丁酯常同芳烃溶剂一道使用，由于具有较低黏度，特别适用于高固含量涂料，它也是聚氨酯涂料中使用最广的溶剂。

酮类溶剂化学稳定性好，由于羰基的存在，酮为氢键受体溶剂，具备优异的溶解力。例如最常用的丁酮，相对挥发速率稍低于丙酮，是木器涂料（硝基及聚氨酯）、丙烯酸树脂涂料和乙烯树脂涂料常用的溶剂。由于挥发速率过快，丙酮和丁酮极少用于船舶涂料和重防腐涂料中。选择二丙酮醇作为主活性溶剂能在充分溶解树脂基础上使涂膜具有良好的流平性。

在油性涂料制造中，除活性溶剂外还适当地掺用一些填充溶剂，多数为非极性烷烃及芳烃溶剂。烷烃溶剂有脱芳烃 D-系列、120 号溶剂油及 200 号溶剂油等；芳烃溶剂有甲苯，二甲苯，混合芳烃 S-100、S-150 及 S-200 等。烷烃溶剂与众多活性溶剂混溶性欠佳。

聚合物一般不溶于填充溶剂中，填充溶剂主要被用于降低成本，调节油性涂料黏度便于施工。

如船舶涂料和重防腐涂料中二甲苯及混合芳烃 S-100 作为填充溶剂可与正丁醇充分互溶并有效降低成本。当然，甲苯和二甲苯仍是主要填充溶剂，辅之以混合芳烃 S-100 及 S-150 调节黏度和挥发速率；而在以聚酯树脂为基材的卷材涂料中，拥有良好综合溶解性能的乙二醇丁醚一直被用作主活性溶剂，由于毒性等原因，现在部分被二丙酮醇等替代，这类涂料一般选用混合芳烃 S-100 及 S-150 作为填充溶剂。

作为填充溶剂，不能忽略脂肪烃溶剂，其代表溶剂为 200 号溶剂油，它们化学性质稳定，被用于醇酸树脂涂料中既可有效地降低成本，还对醇酸树脂具备一定溶解力。200 号溶剂油被广泛用于以醇酸树脂为基料的木器涂料中。为了使成品油涂料具备较轻气味，有些厂家采取加氢方式去掉部分不饱和烃，在国内，加氢 200 号溶剂油又称 3 号溶剂油。

12.2.2.2　涂料中溶剂发展的方向

（1）低毒甚至无毒化　美国在 1990 年列出了要减少使用的有害空气污染物（HAP）清单，其中包括 MIBK、BCS、芳烃、甲醇、乙二醇及乙二醇醚等。

苯属中毒性溶剂，会导致造血系统的病害，不能用于涂料中，中国及国际上多数国家对溶剂中苯含量都有严格的限制；乙二醇醚及其酯类溶剂〔尤其是乙二醇乙醚醋酸酯（CAC）〕属高毒溶剂，应禁止使用。某些溶剂对于涂料来说仍必不可少，如甲苯、二甲苯、混合芳烃 S-100、MIBK 及乙二醇丁醚等。目前人们正积极寻找新的不在 HAP 清单上的溶剂。欧盟已通过立法对与人接触的产品中的某些物质设限，其中包含多环芳香烃（PAHs）。混合芳烃 S-100 及 S-150 肯定含 PAHs。

（2）使用高效溶剂　多数厂家在选择活性溶剂时一般按习惯选用：醇类一般选正/异丁醇、异丙醇；酮类为丁酮、丙酮；酯类首选乙酸丁酯、乙酸乙酯。其实还有不少性能优良的溶剂可以考虑：醇类中的正丙醇；将甲戊酮（2-庚酮）用于硝基涂料中可有效地改善涂料膜延展性、防潮性和光泽性；三甲基环己酮在涂料中可用作气干和烘干体系的流平剂，可以减少气泡和缩孔的生成，提高流动性和光泽。目前，多数以聚酯树脂为基料的卷材涂料为改善涂料的流平性，都会加入具有较高的沸点、很低吸湿性、较慢相对挥发速率（0.02）和突出溶解能力的异佛尔酮；而将二异丁基酮（DIBK）用于以聚酯树脂为基料的卷材涂料和罐头涂料中可有效改进涂料的涂膜性能。

以下三类高效溶剂将得到重视：

① 二丙酮醇　其分子中含一个酮基和一个羟基。其沸点为 166℃，由于强氢键作用，相对挥发速率为 0.15。二丙酮醇不仅可以应用于乙烯基树脂涂料，塑胶涂料甚至卷材涂料也可大量采用，实际上，二丙酮醇对纤维素醚、醇酸树脂、丙烯酸树脂、环氧树脂都有非常强的溶解力。

② 醇醚类溶剂　醇醚类溶剂是一种含氧溶剂，主要是乙二醇和丙二醇的低碳醇醚。组成中既有醚键，又有羟基。前者具有亲油性，可溶解憎水化合物；后者具有亲水性，可溶解水溶性化合物。醇醚类溶剂在溶剂型涂料中与其他溶剂混合使用，特点是在大多数溶剂挥发后仍能保持涂膜的流平性。乙二醇醚类溶剂由于毒性原因正被其他低毒溶剂所取代。目前，丙二醇醚类溶剂在涂料中正被广泛使用。

③ 醚酯类溶剂　醚酯类溶剂是一种多官能团的中、高沸点含氧溶剂。分子中既含有醚键，又含有酯键和烷基。同一分子中的极性部分和非极性部分既相互制约排斥，又各自起到其固有的作用。它对多种树脂的高溶解力，对其他溶剂的高比例混溶性以及挥发速率较慢等综合性能，可使涂料在大多数溶剂挥发后，仍能保持良好的流动性，使涂膜均匀，光泽和附着力得到相应提高。涂料用的醚酯溶剂主要是二醇醚的醚及烷氧基丙酸酯〔如 3-乙氧基丙酸乙酯（EEP）〕。目前应用最广泛的是丙二醇甲醚醋酸酯（PMA）。

（3）无苯化　应努力减少芳烃溶剂的用量，即减少甲苯、二甲苯及混合芳烃用量。

12.2.2.3 涂料常用溶剂的性质

表 12-3 列出了一些溶剂的挥发速率、相对密度、闪点、表面张力、沸程等数据。

表 12-3　涂料常用溶剂的性质

溶剂名称	缩写	挥发速率（BAC=1）	相对密度（20℃）	闪点（TCC）/℃	表面张力/$(10^{-5}\mathrm{N/cm})$	沸程（1atm）/℃
丙酮	ACT	6.3	0.792	-20	22.3	55.5~57.1
丁酮	MEK	3.8	0.802	-9	24.6	79.6
环己酮	CYC	0.3	0.948	44	27.7	155.7
二丙酮醇	DAA	0.12	0.940	52	28.9	145.2~172
异佛尔酮		0.02	0.922	82	32.3	210~218
N-甲基吡咯烷酮		0.04	1.027	96	40.7	202
乙酸乙酯	EAC	4.1	0.901	-4	23.9	75.5~78.5

溶剂名称	缩写	挥发速率 （BAC=1）	相对密度 （20℃）	闪点 （TCC）/℃	表面张力 /(10⁻⁵N/cm)	沸程 （1atm）/℃
乙酸正丙酯	PAC	2.3	0.889	13	24.3	99～103
乙酸异丁酯	IBAC	1.4	0.870	21	23.7	112～119
乙酸正丁酯	BAC	1.0	0.883	27	25.1	122～129
3-乙氧基丙酸乙酯	EEP	0.12	0.950	58	27.0(23℃)	165～172
丙二醇甲醚	PM	0.7	0.923	32	28.3	120
丙二醇丁醚	PNB	0.08	0.884	59	27.4	170.2
丙二单苯基醚		0.002	1.063	116	38.1	242.7
二丙二醇甲醚		0.02	0.951	79	28.8	188.3
丙二醇甲醚乙酸酯	PMA	0.4	0.970	46	26.4	140～150
乙二醇乙醚乙酸酯	CAC	0.2	0.973	54	28.2	150～160
乙二醇丙醚	EP	0.2	0.913	49	27.9	149.5～153.5
乙二醇丁醚	BG	0.09	0.902	62	26.6	169～172.5
二乙二醇甲醚		0.02	1.023	88	34.8	191～198
二乙二醇乙醚		0.02	0.990	91	32.2	198～204
二乙二醇丙醚		0.01	0.967	93	32.3	210～220
二乙二醇乙醚乙酸酯		0.008	1.012	107	31.7	214～221
二乙二醇丁醚		0.003	0.955	111	30.0	227～235
乙二醇丁醚乙酸酯		0.03	0.941	71	30.3	186～194
乙醇	EA	1.8	0.805	10	22.4	74～82
异丙醇	IPA	1.7	0.786	13	21.3	80.8～83.8
正丙醇		1.0	0.804	23	23.8	96～98
2-丁醇		0.9	0.810	22	24.0	98～101
正丁醇	NBA	0.5	0.811	36	24.6	116～119
甲苯	TOL	1.9	0.871	7	28.5	228～233
石脑油		1.6	0.753	7	—	244～282
石脑油		1.6	0.753	7	—	244～282
二甲苯	XYL	0.7	0.865	28	28.7	275～290
100 号溶剂油	S-100	0.29	0.873	42	29.0	313～343
150 号溶剂油	S-150	0.06	0.895	66	30.0	362～410
150 号溶剂油	S-150	0.06	0.895	66	30.0	362～410
200 号溶剂油	S-200	<0.001	1.000	—	35.9	439～535
SGSK-D40	D40	—	0.783	38	—	158.4～184.8
SGSK-D60	D60	—	0.808	64	—	185～220
SGSK-D80	D80	—	0.814	85	—	210～243

注：表面张力测试的温度为20℃，灰色阴影标注部分的测试温度为25℃。

12.2.3 颜填料

颜填料是分散在涂料中从而赋予涂料遮盖、填充等性质的粉体材料。按照其在涂料中的功能和作用分为着色颜料、防腐颜料、填料等。

色泽、着色力、遮盖力、耐光性、耐候性是着色颜料的基本特性。在涂料工业中，通常采用高速分散或研磨的方法使颜料均匀地分散在涂料体系中，并使其保持稳定悬浮状态或者沉降后容易被分散。

12.2.3.1 着色颜料

着色颜料主要是提供颜色和遮盖力，满足装饰性要求。着色颜料可分为无机颜料和有机颜料两类。

（1）白色颜料　涂料中使用的白色颜料主要包括二氧化钛、立德粉、氧化锌、锑白等，其中钛白粉应用最为广泛。

钛白粉即二氧化钛，质地柔软的无嗅无味的白色粉末，遮盖力和着色力强，熔点1560～1580℃。不溶于水、稀无机酸、有机溶剂、油，微溶于碱，溶于浓硫酸。遇热变黄色，冷却后又变白色。钛白粉有三种不同的结晶形态；金红石型（R型）、锐钛型（A型）和板钛型，板钛型为不稳定晶型，无工业应用。涂料工业中应用的金红石型和锐钛型钛白粉具有无毒、白度高、遮盖力强的特点，前者有较高的折射率、耐光性、耐热性、耐候性、耐久性和耐化学品性，以其制备的涂料保光、保色性强，不易发黄和粉化降解，因此多用于制备户外涂料，后者在光照下易粉化，多用于制备室内涂料。纳米级的二氧化钛还可用于光催化自洁涂料。

立德粉又称锌钡白（$BaSO_4 \cdot ZnS$），由硫化锌和硫酸钡共沉淀物煅烧而得，耐碱性好，遇酸分解放出硫化氢。其遮盖力强，但遇光易变暗，耐候性差，多用于制备室内涂料。

锑白即三氧化二锑，有较强的遮盖力，不粉化，耐光，耐热，阻燃，无毒，在防火涂料中应用较多。

（2）红色颜料　红色颜料主要有氧化铁红、钼铬红、镉红等。

氧化铁红（Fe_2O_3）是最重要的氧化铁系颜料，也是最常用的红色颜料，有天然氧化铁红与合成氧化铁红两种类型，合成氧化铁红根据晶体结构分为α-铁红和γ-铁红。在涂料中作为颜料应用的是α-铁红，它具有较高的着色力，耐光，耐候，耐碱，耐稀酸，其价格低廉，应用广泛。随着纳米技术的发展，透明氧化铁红也已经投入工业化生产并用于制备高透明的装饰涂料，如金属闪光涂料、云母钛珠光颜料等。

（3）黄色颜料　主要的黄色颜料有氧化铁黄、铬酸铅、镉黄（硫化镉）等。氧化铁黄具有优异的颜料性能，着色力和遮盖力高，耐光、耐候性好，无毒价廉，多用于室外涂料。镉黄耐高温、耐碱，色坚牢度好，常做烘烤型面漆。

（4）绿色颜料　绿色颜料有铬绿、铅铬绿、钴绿等。铬绿即三氧化二铬，耐高温，对酸、碱有较好的稳定性，但遮盖力低，宜作耐化学品涂料。铅铬绿有良好的遮盖力，耐酸但不耐碱。钴绿化学稳定性好，耐光，耐高温，耐候，着色力强，但色饱和度差。

（5）蓝色颜料　铁蓝即亚铁氰化铁，有较高的着色力，色坚牢度好，并有良好的耐酸性，但遮盖力差，遇碱分解。群青为天然产品，色坚牢度好，耐光、热和碱，但可被酸分解，着色力和遮盖力低。群青加入白色漆中，可以消除漆膜的黄色色相。

（6）黑色颜料　用量最大的黑色颜料是炭黑，根据着色力分为高色素、中色素及低色素炭黑，其吸油量大，色纯，是颜料产品中遮盖力最强的品种，耐光，耐酸、碱，但较难分散。此外还有氧化铁黑（Fe_3O_4），它们主要用作底漆和二道漆的着色剂。

（7）有机颜料　有机颜料的色泽鲜艳，着色力较强，色谱齐全，但遮盖力、耐热性、耐候性、耐有机溶剂较差。常用的有机颜料有耐晒黄、联苯胺黄、颜料绿、酞菁蓝、甲苯胺红、芳酰胺红、DPP红、永固紫等。

12.2.3.2　防腐颜料

防腐颜料用于保护金属底材免受腐蚀，按照防腐蚀机理可分为物理防腐颜料、化学防腐颜料和电化学防腐颜料三类。物理防腐颜料具有化学惰性，通过屏蔽作用发挥防腐功能，如铁系和片状防腐颜料；化学防腐颜料具有化学活性，借助化学反应发挥作用，如铅系化合物、铬酸盐、磷酸盐等；电化学防腐颜料通常是金属颜料，具有比保护金属还低的电位，起阴极保护作用，如锌粉。

化学防腐颜料多为无机盐，具有缓蚀性，含有用水可浸出的阴离子，能钝化金属表面或阻断腐蚀过程。它们主要是含铅和铬的盐类，因其毒性和污染问题，目前有被其他颜料替代的趋势。

（1）铅系颜料　红丹属于化学和电化学防腐颜料，能对钢材表面提供有效的保护，但因具有毒性，限制了它在现代涂料工业中的应用。

碱式硅铬酸铅是一种使用广泛的铅系颜料，它利用形成的缓蚀性铅盐和浸出的铬酸盐离子使金属底材得到防腐保护，其毒性要比传统的红丹颜料低，此外还有碱式硫酸铅，常用于防腐涂料；铅酸钙常用作镀锌铁的底漆。

（2）锌系颜料　锌系颜料主要有铬酸锌（锌铬黄、锌黄）、磷酸锌和四盐基铬酸锌。铬酸锌耐碱，但不耐酸；磷酸锌是一种无毒的中性颜料，对漆料的选择范围较广；四盐基铬酸锌常用作轻金属或钢制品的磷化底漆。

（3）其他颜料　物理防腐颜料主要有氧化铁红、云母氧化铁、玻璃鳞片、石墨粉。

金属颜料包括铝、不锈钢、锌和铅。锌粉常用作富锌保护底漆，可发挥先蚀性阳极作用；不锈钢颜料不但具有防腐功能，而且还具有装饰作用；铝粉因表面存在氧化铝膜而具有保护作用，特别是经过表面改性的漂浮型铝粉，能在漆膜表面发生定向排列，起到隔离大气的作用，同时还具有先蚀性阳极的作用。铝粉通常加工成铝银浆使用。

铝银浆主要由铝粉、溶剂、助剂构成，可分为浮型及非浮型两大类。浮型银浆因其低表面张力而漂浮于涂膜表面，铝银浆具有极高的反光性及镀铬效果，但铝片易从漆膜表面脱落，造成重涂困难，应用于防腐、屋面、槽罐等场合；非浮型铝银浆能被涂料完全润湿，均匀地分布在整个漆膜中，并具有下沉的趋势，涂膜坚实稳定，还可重涂罩光，大量应用于交通工具、家具、电子产品、卷材等各种场合。铝银浆通常也可分为仿电镀银、闪银、细白银。细白银平均颗粒直径最小，亮度最低；闪银平均颗粒直径最大，亮度最高；仿电镀银平均颗粒直径在细白银和闪银中间，亮度也介于细白银和闪银中间。

近年来研制的低毒性防腐颜料包括铬酸钙、钼酸钙、磷酸镁、磷酸钙、钼酸锌、偏硼酸钡、铬酸钡等，可以单独使用或与传统的缓蚀颜料搭配使用。

通常是不同防腐机理的防腐颜料共同使用，发挥协同效应，提高防腐蚀效果。

12.2.3.3　填料

填料亦称体质颜料，大多是白色或稍有颜色的粉体，不具备着色力和遮盖力，但具有增加漆膜的厚度、调节流变性能、改善机械强度、提高漆膜的耐久性和降低成本等作用，主要是碱土金属的盐类、硅酸盐类和铝镁等轻金属盐类。常用填料有以下五种：

（1）碳酸钙　涂料用的主要填料，包括重质碳酸钙（天然石灰石经研磨而成）和轻质碳酸钙（人工合成）两类，广泛用于各类涂料。

（2）滑石粉　一种天然存在的层状或纤维状无机矿物。它能提高漆膜的柔韧性，降低其透水性，还可以消除涂料固化时的内应力。

（3）重晶石（天然硫酸钡）和沉淀硫酸钡　稳定性好，耐酸、碱，但密度高，主要用于调合漆、底漆和腻子。

（4）二氧化硅　分为天然产品和合成产品两类。天然二氧化硅又称石英粉，可以提高涂膜的力学性能。合成二氧化硅按照生产工艺分为沉淀二氧化硅和气相二氧化硅，气相二氧化硅在涂料中起到增稠、触变、防流挂等作用。瓷土（$Al_2O_3 \cdot 2SiO_2 \cdot 2H_2O$），也称高岭土，是天然存在的水合硅酸铝，它具有消光作用，能作二道漆或面漆的消光剂，也适用于乳胶漆。

（5）云母　天然存在的硅铝酸盐，呈薄片状，能降低漆膜的透气、透水性，减少漆膜的开裂和粉化，多用于户外涂料。

12.2.4　助剂

助剂用量虽少，但对涂料的生产、贮存、施工、成膜过程及最终涂层的性能有很大影响，有时甚至可起关键作用。随着涂料工业的发展，助剂的种类日趋繁多，应用愈来愈广，地位也日益重要。

常用助剂包括颜料润湿分散剂、消泡剂、流平剂、催干剂、流变剂、增塑剂、防霉剂、抗结皮剂、防紫外线剂等。

催干剂常用于氧化交联涂料体系中，能显著提高漆膜的固化速度，使用较为广泛的催干剂是环烷酸、辛酸、松香酸和亚油酸的铅盐、钴盐和锰盐，稀土催干剂的使用正在增加。一般认为，催干剂能促进涂料中干性油分子主链双键的氧化，形成过氧键，过氧键分解产生自由基，从而加速交联固化；或者是催干剂本身被氧化生成过氧键，从而产生自由基引发干性油分子中双键的交联。钴催干剂是一种表面催干剂，最常见的是环烷酸钴，其特点是表面干燥快，单独使用时易发生表面很快结膜而内层长期不干的现象，造成漆膜表面不平整，常与铅催干剂配合使用。其用量以金属钴计，一般在0.1%以下。锰催干剂也是一种表面催干剂，但催干速度不及钴催干剂，因此有利于漆膜内层的干燥，但其颜色深，不宜用于白色或浅色漆，且有黄变倾向，常用的锰催干剂有环烷酸锰，其用量多在3%以下。铅催干剂是一种漆膜内层催干剂，主要有环烷酸铅，其用量为0.5%～1.0%。

增塑剂的作用是降低树脂的玻璃化温度从而起到提高漆膜的韧性、伸长率、渗透性和附着力的作用。增塑作用可通过内增塑或外增塑的方法来达到。所谓内增塑，就是利用共聚法（如醋酸乙烯酯与氯乙烯共聚、丙烯酸酯的共聚等）来提高漆膜的弹性和附着力。这种方法在涂料树脂的合成中被广泛使用。外增塑法是采用相容性好的非挥发性液体（称增塑剂）或柔性高分子量树脂来增塑另一种树脂，常用的低分子增塑剂有氯化石蜡、邻苯二甲酸二酯，醇酸树脂常用来增塑氨基树脂和氯化橡胶等。

功能性助剂可以赋予涂膜特定的功能，如导静电性能、防滑、抗划伤、增强手感、抗汗渍等。

12.3　成膜机理

涂料只有在基材表面形成一层薄膜后才能发挥其功能，传统型涂料首先是一种流动的液体，在涂布完成之后才逐渐从液态变为固态，形成连续有附着力的薄膜。按照成膜过程中树脂基料的结构是否发生变化，成膜机理可以分为物理成膜和化学成膜，物理成膜主要通过溶剂挥发和分子链缠结成膜或者水的挥发乳胶粒凝聚成膜以及热熔成膜，化学成膜主要通过树脂基料发生交联反应形成体形结构的涂膜。

12.3.1　挥发成膜

热塑性高分子只在较高的分子量时其涂膜才能呈现出较好的物理和化学性能，但分子量升高，溶液黏度随之升高，必须用足够量的溶剂将体系的黏度降低，足够溶剂可使溶液流动和方便涂布，在涂布以后溶剂挥发，大分子链扩散而紧密缠结形成固体薄膜。溶剂的挥发分为三个阶段：

阶段Ⅰ：表面溶剂挥发；

阶段Ⅱ：内部溶剂扩散至表面挥发；

阶段Ⅲ：残留溶剂扩散挥发。

溶剂的挥发速率和溶解性能对涂膜的外观、微观结构及其他性能有很大的影响，溶剂挥发太快，表面聚合物浓度很快升高导致漆膜不平整，在不良溶剂中的聚合物分子卷曲成团，而在良溶剂中的聚合物分子呈舒展松弛状态，最后形成的漆膜的微观结构有很大差异，从而导致性能不同。

12.3.2　反应成膜

反应成膜是指涂料涂覆在基材表面以后，在室温或加热条件下，基料大分子与固代剂分子间发生交联反应形成三维网状结构而转变为坚韧的薄膜的过程，是热固性涂料的成膜方式，其中如含干性油或者半干性油的醇酸树脂涂料等通过和氧气发生氧化交联反应成膜，环氧树脂与多元胺或者酸酐反应交联成膜，多异氰酸酯与含羟基低聚物如聚醚多元醇反应生成聚氨酯成膜，光固化涂料通过自由基或阳离子聚合成膜。

12.3.3　乳胶漆的成膜

乳胶漆的基料通过自由基乳液聚合制备，其黏度和聚合物的分子量无关，乳胶漆涂布以后，随着水分的蒸发，聚合物乳胶粒互相靠近、挤压变形，颗粒间界面逐渐消失，聚合物链段相互扩散，由粒子状态的聚集变成分子状态的凝聚而形成连续均匀的涂膜。乳胶是否能成膜与乳胶本身的性质特别是它的玻璃化温度和干燥条件有关。乳胶漆的成膜机理，有多种说法，目前还没有取得一致的结论，尚在发展之中。

目前，将乳胶漆的成膜过程细分为三个阶段：首先聚合物乳液中的水分挥发，当乳胶颗粒占胶层的74%体积时，乳胶颗粒相互靠近而达到密集的充填状态，水和水溶性物质充满在乳胶颗粒的空隙之间；然后，水分进一步挥发，聚合物颗粒表面吸附的保护层被破坏，间隙越来越小，直至形成毛细管，毛细管作用迫使乳胶颗粒变形，毛细管压力高于聚合物颗粒的抗变形力，颗粒间产生压力，随着水分的继续挥发，压力不断增大，乳胶颗粒逐渐变形融合，逐渐由球形变为斜方形十二面体，直至颗粒间的界面消失；最后，水分继续挥发，直到压力能使每个乳胶颗粒中的聚合物链段开始相互扩散，逐渐形成连续均匀的乳胶涂膜。

乳胶漆成膜示意图见图 12-1。

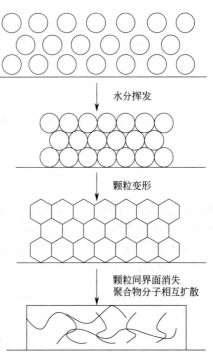

水分挥发

颗粒变形

颗粒间界面消失
聚合物分子相互扩散

图 12-1　乳胶漆成膜示意图

12.3.4　成膜过程表征

目前，红外光谱、原子力显微镜、动态热机械分析、差示扫描量热分析、透射电子显微镜、扫描电子显微镜、小角度中子散射、直接无辐射能量转移、动态二次离子质谱、激光共聚焦荧光显微技术等已经用于成膜过程表征。透射电子显微镜可以观察涂膜形态研究胶乳成膜过程，差示扫描量热分析可以测定树脂的玻璃化温度以及研究固化动力学确定固化机理，原子力显微镜可在立体三维上观察涂膜的形貌。

12.4　颜料体积浓度

颜料体积浓度（PVC）是表征涂料最重要、最基本的参数。涂料配方通常是以质量为单位计算，早期普遍采用质量比或颜基比描述涂料配方中各种原料用量对涂膜性能的影响，因为所使用的各种颜料、填料和基料的密度相差甚远，因此构成干膜的各个组分之间的体积比或颜料体积浓度更能科学反映各种原料用量对性能的影响，颜料体积浓度已成为科学研究和实际生产中制订和描述涂料配方的最重要参数。

12.4.1 颜基比

涂料配方中颜料（包括填料）与黏结剂的质量比称为颜基比。对乳胶漆等性能要求不高的涂料，可根据颜基比制订涂料配方，表征涂料的性能。一般来说，面漆的颜基比约为 $(0.25\sim0.9):1.0$，而底漆的颜基比大多为 $(2.0\sim4.0):1.0$，室外乳胶漆颜基比为 $(2.0\sim4.0):1.0$，室内乳胶漆颜基比为 $(4.0\sim7.0):1.0$。要求具有高光泽、高耐久性的涂料，不宜采用高颜基比的配方，特种涂料或功能涂料则需要根据实际情况采用合适的颜基比。

12.4.2 颜料体积浓度与临界颜料体积浓度

颜料体积浓度指干膜中颜填料体积所占颜填料和成膜树脂总体积的比例，用 PVC 表示，即

$$PVC = \frac{V_{颜填料}}{V_{颜填料}+V_{树脂}} \tag{12-1}$$

当基料逐渐加入颜填料中时，树脂被颜料粒子表面吸附，同时颜填料粒子表面空隙中的空气逐渐被基料取代，随着基料的不断加入，颜料粒子空隙不断减少，树脂完全覆盖了颜填料粒子表面且恰好填满全部空隙时的颜料体积浓度定义为临界颜料体积浓度，用 CPVC 表示。

CPVC 可以通过 CPVC 瓶法、密度法、颜料的吸油值求算。

12.4.3 颜料吸油值

100g 的颜料（填料）形成颜料糊时所需的精亚麻仁油的量称为该颜料（填料）的吸油值，该值反映了颜料的润湿特性，用 OA 表示，单位为 g/100g。颜料的吸油值与颜料对亚麻仁油的吸附、润湿、毛细作用以及颜料的粒度、形状、表面积、粒子堆砌方式、粒子的结构与质地等性质有关。

将 OA 转化为体积分数，可以求出 CPVC：

$$CPVC = \frac{\dfrac{100}{\rho}}{\dfrac{OA}{0.935}+\dfrac{100}{\rho}} = \frac{1}{1+\dfrac{OA\rho}{93.5}} \tag{12-2}$$

式中，ρ 为颜料的密度；0.935 为亚麻仁油的密度数值。实际应用中，由于树脂与亚麻仁油的物化性质不同，本公式求算的结果仅供参考。

多种颜填料共用时，CPVC 计算式如下：

$$CPVC = \frac{1}{1+\sum\dfrac{OA_i\rho_i V_i}{93.5}} \tag{12-3}$$

式中，V_i 为某种粉体占粉体总体积的分数。

[例 12-1] 在某个配方中金红石钛白 100kg，重质碳酸钙 200kg，硅灰石 100kg，硫酸钡 80kg。计算该颜填料组成的 CPVC。

① 各种粉料的体积：金红石钛白体积为 100/4.2＝23.8L；重质碳酸钙体积为 200/2.7＝

74L；硅灰石体积为 100/2.75＝36.4L；硫酸钡体积为 80/4.47＝17.9L。

② 粉体总体积：23.8＋74＋36.4＋17.9＝152.1L。

③ 各种粉体的体积分数：金红石钛白为 23.8/152.1＝0.156；重质碳酸钙为 74/152.1＝0.486；硅灰石为 36.4/152.1＝0.239；硫酸钡为 17.9/152.1＝0.118。

④ $CPVC = \dfrac{1}{1 + \sum \dfrac{OA_i \rho_i V_i}{93.5}}$

$$= \dfrac{1}{1 + \dfrac{16 \times 4.2 \times 0.156}{93.5} + \dfrac{13 \times 2.7 \times 0.486}{93.5} + \dfrac{18 \times 2.75 \times 0.239}{93.5} + \dfrac{6 \times 4.47 \times 0.118}{93.5}}$$

$$= 0.687$$
$$= 68.7\%$$

以上的计算中，未考虑各种粉体的粒度、粒度分布、表面形态等因素，所以计算出的数值是一个近似值，只能作为应用中的一个参考。

由此可以计算使粉体达到 CPVC 时所需 50％的丙烯酸树脂的量。

$0.687 = 152.1/(152.1 + V_{树脂})$

$V_{树脂} = 69.30L$

$m_{树脂液} = 69.30/0.5 = 138.6kg$（假设树脂、溶液的密度皆为 1kg/L）

每种涂料配方肯定有一个 PVC 值和 CPVC 值，但这个数值因为计算很麻烦，所以我们平时很少去注意它，然而当了解这种涂料的 PVC 值和 CPVC 值后，就大概可以知道这种涂料的涂膜空隙率。上述配方中，如果丙烯酸酯树脂溶液的使用量超过 138.6kg，涂膜的密实度就很好，低于这个值的时候，涂膜就会产生一些空隙。

12.4.4 乳胶漆临界颜料体积浓度

乳胶漆是聚合物乳胶粒和颜填料在水连续相中的分散体系，其成膜机理与溶剂型涂料不同。溶剂型涂料成膜过程中颜填料间的空隙很容易被基料充满，乳胶漆成膜前乳胶粒子可能聚集在一起，也可能和颜填料混杂排列，要经过乳胶粒形变、融合、扩散，最后成膜时需要更多的乳胶粒子方能够填满颜料空隙，因此同样的颜填料组成，乳胶漆的临界颜料体积浓度总是低于溶剂型涂料的临界颜料体积浓度。

影响乳胶漆临界颜料体积浓度的主要因素有乳胶粒子的大小和分布，聚合物的玻璃化温度和助成膜剂的种类及用量。玻璃化温度的高低直接影响到成膜过程中乳胶粒的塑性形变和凝聚能力，乳胶粒子的玻璃化温度越低，越容易发生形变，使颜料容易润湿、包裹，因此玻璃化温度低的乳胶漆有较高的临界颜料体积浓度。由于粒度较小的乳胶粒子容易运动，易进入颜料粒子之间和颜料粒子间可以较紧密接触，因此，较小粒度的乳胶漆具有较高临界颜料体积浓度。助成膜剂可促进乳胶粒子的塑性流动和弹性形变，能改进乳胶漆的成膜性能，一般存在一个最佳的助成膜剂用量，在此用量下，临界颜料体积浓度的值最大。

12.4.5 涂膜性能与颜料体积浓度的关系

PVC 对涂膜性能有很大影响，PVC＞CPVC 时，颜料粒子得不到充分的润湿，在颜料与基料的混合体系中存在空隙，当 PVC＜CPVC 时，颜料以分离形式存在于黏结剂相中，颜料体积浓度在 CPVC 附近变化时，漆膜的性质将发生突变，因此，CPVC 是涂料性能的一项重要表征，也是进行涂料配方设计的重要依据。图 12-2～图 12-4 分别表示了在 CPVC 处涂膜的力学性能、光学性能和渗透性能发生的变化。

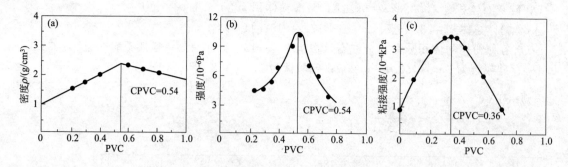

图 12-2　颜料体积浓度对涂膜力学性能的影响

(a) 密度；(b) 强度；(c) 粘接强度

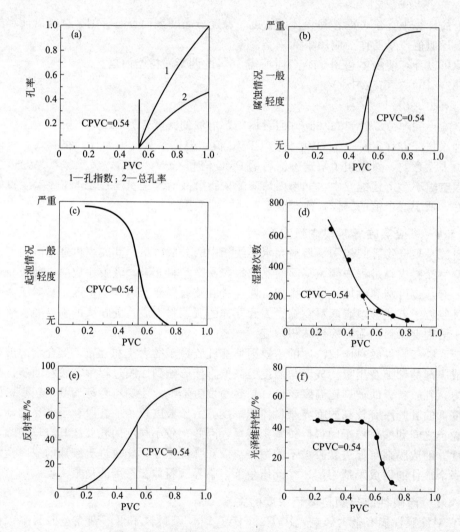

1—孔指数；2—总孔率

图 12-3　颜料体积浓度对涂膜渗透性能的影响

(a) 孔率；(b) 腐蚀情况；(c) 起泡情况；(d) 湿擦次数；(e) 反射率；(f) 光泽维持性

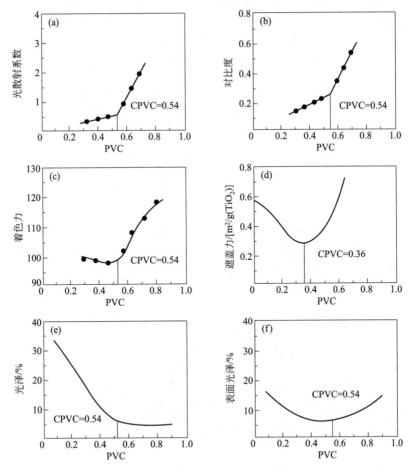

图 12-4 颜料体积浓度对涂膜光学性能的影响

（a）光散射系数；（b）对比度；（c）着色力；（d）遮盖力；（e）光泽；（f）表面光泽

12.5 流变学

流变学是描述物体在外力作用下产生流动和形变规律的科学。涂料的流变性能对涂料的生产、贮存、施工、成膜有很大的影响，最终会影响涂膜性能，研究涂料的流变性对涂料的体系选择、配方设计、生产、施工、提高涂膜性能具有重要意义。

12.5.1 黏度

涂料的流变性能与涂料在不同条件下的黏度有关。如图 12-5 所示，设面积为 A、距离为 dx 的两层液体，在剪切力 F 的作用以下一定的速度差 dv 做平行流动，单位面积所受的力（F/A）称为剪切应力（τ），速度梯度（dv/dx）称为剪切速率（D），剪切应力与剪切速率的比值（τ/D）称为黏度（η），是表征液体抵抗流动的量度。

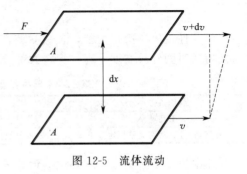

图 12-5 流体流动

最常见的是牛顿型流体（水、大部分有机溶

剂等）。其流动特点是剪切应力与剪切速率的关系呈直线，在一定温度下流体黏度与剪切速率无关，见图 12-6。

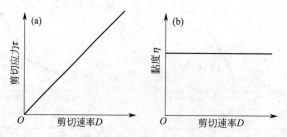

图 12-6　牛顿型流体剪切应力、黏度与剪切速率关系
(a) 剪切应力；(b) 黏度

非牛顿型流体包括假塑性流体、胀塑性流体、触变性流体和震凝性流体。

如图 12-7 所示，假塑性流体黏度随剪切速率的增加而降低（称为剪切变稀）；胀塑性流体黏度随剪切速率的增加而升高（称为剪切变稠）。

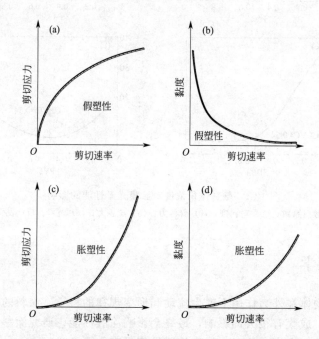

图 12-7　非牛顿型流体剪切应力、黏度与剪切速率关系
(a)、(c) 剪切应力；(b)、(d) 黏度

触变性流体，剪切变稀，且黏度随着剪切时间的延长而降低；震凝性流体，剪切变稠，且随剪切时间延长黏度升高。涂料大都为非牛顿型流体，总结到表 12-4。

表 12-4　非牛顿型流体黏度随剪切条件的变化

剪切条件	黏度变化	
提高剪切速率	假塑性流体黏度下降	胀塑性流体黏度上升
延长剪切时间（剪切速率恒定）	触变性流体黏度下降	震凝性流体黏度上升

屈服值是使涂料流动所必须达到的某个最小剪切应力值。低于这个屈服值，涂料如同弹性固体一样，只能变形而不能流动，剪切应力一旦超过这个屈服值，涂料便开始流动。

12.5.2 触变性

涂料随搅拌或剪切时间的延长，发生黏度降低的流动行为称为触变性。在涂料体系中，触变性通常是由体系中某些松散的缔合结构引起的。这种结构能在静态时（如涂料贮存时）产生，而在应力作用时被破坏。

因此，同一个涂料在相同的剪切速率下就能体现不同的黏度，如图 12-8 所示。

触变性强弱可以用触变环大小表示。

图 12-8 是对一个添加了触变剂涂料体系进行剪切速率扫描获得的黏度变化曲线。由图中可以明显看出：在相同的剪切速率下，剪切速率上行扫描测得的黏度与下行的不同。这是因为涂料在进行剪切速率上升扫描过程中，对涂料的剪切而造成其结构的破坏未能在短时间内恢复，从而在进行下行扫描时，其黏度明显偏小。通常，在涂料体系中加入一种触变剂，由此而产生的触变性十分有益：在高剪切速率下（施工时），黏度低则有利于涂料流动，便于施工；在低剪切速率下（施工前及施工后），黏度高则防止颜料沉

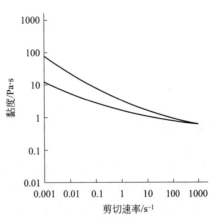

图 12-8　涂料黏度与剪切速率的关系

降及涂料流挂。触变行为相当复杂，通过计算触变环的面积来评判涂料的触变性，更简单的是用 6r/min 和 60r/min 的黏度比表示触变性大小。

12.5.3 屈服值

流体发生流动时的临界剪切应力即称为屈服值。当剪切应力低于屈服值时，流体表现为弹性固体的性质，即只能形变不能流动；当剪切应力超过屈服值时，流体才能流动。涂料体系通常存在屈服值，这是由于涂料是一种复杂的多相体系，在多相之间存在着相互作用，因而整个体系形成了一种薄弱的"刚性"结构，这种结构只能在一定的应力作用下才发生解体。一般将涂料体系屈服值设计在 0.5~1Pa 之间，其中溶剂型涂料通常在下限，乳胶漆在上限。

12.5.4 黏度的影响因素

影响涂料黏度的主要因素为温度、聚合物浓度、分子量及其分布和溶剂黏度。

溶液的黏度随温度升高而降低，其关系可用下式表示

$$\lg \eta(T) = \lg A + \frac{B}{T} \tag{12-4}$$

涂料的黏度与聚合物的浓度之间的关系可用下式表示

$$\lg \eta_\gamma = \frac{w}{K_a - K_b} \tag{12-5}$$

式中，η_γ 为相对黏度；w 为溶质的质量分数；K_a 和 K_b 为常数。该式适用于低分子量聚合物的溶液。

对于聚合物良溶剂的稀溶液，可以用 Mark-Houwink 方程表示

$$[\eta] = K M_v^a \tag{12-6}$$

式中，$[\eta]$ 为特性黏度；M_v 为聚合物的黏均分子量；K 和 a 为常数。

测定涂料黏度仪器很多，常用的有布鲁克菲尔德黏度计、旋转同心圆筒式黏度计、旋转圆筒杯式黏度计、锥板黏度计等。

12.5.5　涂料生产中的流变学

在涂料的制造、施工及干燥（固化）过程中，涂料就有流变特征。涂料在生产过程中，高速叶轮式分散机的分散叶片附近，其剪切速率约为 $1\times10^3\sim1\times10^6\ \mathrm{s^{-1}}$。涂料在存放时，颜料沉降所产生的剪切速率为 $1\times10^{-4}\sim1\times10^{-2}\ \mathrm{s^{-1}}$。涂料在使用前，将对其进行搅动，此时的剪切速率为 $10\sim10^3\ \mathrm{s^{-1}}$；如果是用刷涂或辊涂的方式，蘸漆时对涂料产生的剪切速率为 $10\sim10^2\ \mathrm{s^{-1}}$；在刷涂和辊涂时，对涂料的剪切速率为 $1\times10^3\sim1\times10^4\ \mathrm{s^{-1}}$；如果采用喷涂的方式，则对涂料产生的剪切速率为 $1\times10^3\sim1\times10^5\ \mathrm{s^{-1}}$。喷在基材上的漆料，产生流挂与流平时所产生的剪切速率为 $1\times10^{-3}\sim1\times10^0\ \mathrm{s^{-1}}$。

由上面的分析可以看出：同一个涂料在不同的阶段有不同的剪切速率。根据实际生产与使用情况，我们希望涂料在不同的阶段能有不同的黏度，比如：在贮存过程中，较大的涂料黏度，可以防止颜料沉淀；在施工过程中，较低的涂料黏度，便于其施工；在施工完后，则希望涂料有比较适当的黏度，因为此时过高的黏度会影响涂料的流平，而过低的黏度则会使涂料流挂。同一个涂料要有不同的黏度，这看似不可能，但如果把涂料在不同阶段的剪切速率和黏度结合起来则问题将变得较为简单。

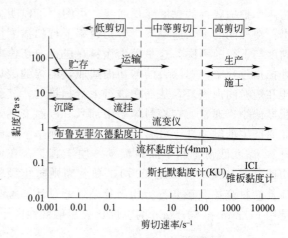

图 12-9　黏度随剪切速率的变化

图 12-9 就体现了比较理想的涂料的黏度随剪切速率变化的情况。符合该图黏度分布情况的涂料能有比较好的开罐性和施工性。

12.5.6　涂料的流变性控制

从前面讨论可以看出，不同剪切速率下的黏度对涂料的贮存以及施工都有相当重要的影响，因此涂料配方设计人员就必须设计这样一个理想的配方，使涂料在不同剪切速率下有理想的黏度。通过不懈努力，人们发现高剪切速率下的流动特性由涂料的 3 个主要成分（基料、溶剂、颜料）决定；低剪切速率下的流动特性主要由涂料的助剂（流变剂或分散剂）和基料的胶体性质决定。其中，颜料分散剂对涂料的流变性产生影响的原因是颜料的絮凝。所以，配方设计人员只需调节基料、溶剂和颜料组成就可得到适当的施工性能（高剪切速率范围黏度）。在此范围内，任何涂料流变助剂的作用，或任何残余颜料絮凝的作用均可放心地加以忽略。作为合理的目标，可以假设 $2000\ \mathrm{s^{-1}}$ 剪切速率下的黏度范围为 $0.1\sim0.3\ \mathrm{Pa\cdot s}$，这个指标可以配制施工性比较理想的涂料。反之，在低剪切速率范围内，基料、溶剂和颜料的组成对黏度的作用，与少量流变剂、颜料的絮凝和基料的胶体性质所导致的黏度上升相比，实际上可以忽略不计。添加流变剂的最佳配比能使涂料呈现出一定的屈服值。这就是说在超低剪切速率范围的一端，涂料黏度实际上是无限大的，基料、溶剂和颜料组成本身对黏度的作用不显著，在低剪切速率区域，流变剂的用量和性质通常控制着黏度性质。

由图 12-10 可以看出：涂料的低剪切速率区域和高剪切速率区域是完全独立的，每一种区域由涂料组分的不同配比所决定。根据这一点，涂料配方设计人员可以设计出一种在不同剪切速率下黏度都能满足需求的涂料。

涂料在高剪切速率下的黏度比较好控制，只需调整 3 个主要成分的比例即可。对涂料在低剪切速率下的黏度控制则比较复杂，虽然颜料的絮凝和基料的胶体性质能控制涂料在低剪切速率下的黏度，但都有比较严重的缺点：颜料絮凝会造成颜料的返粗，这对涂料的色彩、光泽以及性能都会产生影响；基料的胶体性质部分是由基料自身所带的基团以及分子结构所决定的，但涂料配方设计者选择基料时主要是考虑所选择的基料能否满足性能上的需求而并非基料的胶体性质。所以，在现实中，涂料配方设计人员只能通过添加触变剂来控制涂料在低剪切速率下的黏度，这也是目前广泛使用的方法。在低剪切速率下流变剂对黏度的作用是由助剂在涂料体系内形成松散的网状结构。这些网状结构

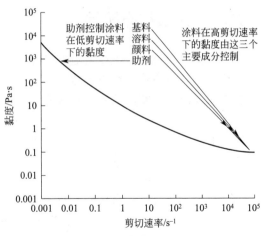

图 12-10　涂料黏度与剪切速率的关系

将颜料包陷，同时也将部分漆料包裹起来使之不能流动，从而增加涂料在低剪切速率下的黏度。通常，将加入有机溶剂体系的流变剂称为触变剂，而加入水性体系中的则称为增稠剂。此类流变剂形成的网状结构强度比较低，中等的剪切力就能使其破坏，此时涂料的黏度就会变得很小。但是，当高剪切停止后，这种网状结构就开始重建，涂料的黏度也开始恢复，如果这种结构恢复很迅速，则体系本质上就是纯假塑性流体，如果这种结构恢复较慢，则体系就是触变性流体。但是面对极低的剪切力（如颜料的沉降、流挂等）时，这样的网状结构能够对流动起很大的抵抗作用。所以，添加流变剂的涂料，在剪切速率极低的时候，黏度能变得相当大。

水性涂料中，水作连续相，其特点为高表面张力、低黏度。由于黏度过低，高密度颜填料有可能沉降，所以需要使用一定量的增稠剂来保持颜填料的稳定悬浮。对常用的水性涂料乳液、水性分散体，其体系黏度和其分子量无关。因此，其涂料的低剪切、中剪切及高剪切黏度都需要增稠剂实现。罗门哈斯就将增稠剂分为低剪切增稠剂、中剪切增稠剂和高剪切增稠剂，如表 12-5 所示。

表 12-5　增稠剂分类

低剪切增稠剂	中剪切增稠剂	高剪切增稠剂
剪切速率为 $0.001 \sim 10 s^{-1}$	剪切速率为 $10 \sim 100 s^{-1}$	剪切速率为 $100 \sim 10000 s^{-1}$
RM-12W、TT-615、DR-72、ASE-60	RM-8W、SCT-215、DR-1、TT-935	RM-5000、RM-2020NPR、DR-73

其中 RM-12W、RM-8W、RM-2020NPM 都属于缔合型水性聚氨酯结构，常用于水性工业漆、水性木器漆的增稠。增稠剂的加入工艺是先高剪切增黏剂，再中剪切增黏剂，最后加入低剪切增稠剂。

RM-8W 是一种低气味、不含溶剂的水性非离子缔合型流变改性剂（疏水改性聚氨酯），提供平衡的流动和流平性、均匀的成膜性能、光泽展现性和高增稠效率。此产品是为低气味、低 VOC 的非溶剂涂料设计的，而且也能用于其他涂料。RM-8W 可用于各种内外墙涂料配方，尤其适合用作协同增稠剂，在从哑光到有光的涂料配方中与提供高剪切黏度的RM-2020NPR 一起使用以达到高、低剪切黏度的理想平衡。典型数据：外观为浑浊液体，固含量（质量分数）为 20.8%～21.8%，密度为 1.04kg/L，布氏黏度为 3000mPa·s，非离子型。

12.6　涂膜病态防治

（1）流挂　涂料涂装于垂直物体表面，在涂膜形成过程中湿膜受到重力的影响朝下流动，形成不均匀的涂膜，称为流挂。

要使涂膜流动适宜，就要使涂料的流变性处于最适宜的状态，要防止流挂病态的发生，最重要的是要控制在刷涂剪切速率下的涂料黏度。另外，所用溶剂的品种也是重要的因素，因为它影响着黏度的变化。在采用喷涂方法施工时，涂膜厚度要掌握好，喷涂过厚或溶剂挥发速率过慢，也会造成流挂。另外，底材及底层表面状态，以及施工涂装方法和大气的环境条件等也会导致流挂的产生。

（2）刷痕、辊筒痕　涂料采用刷涂或辊涂方法施工时，涂膜表面干燥后产生未能流平的痕迹称为"刷痕"或"辊筒痕"，它明显地影响了涂膜的外观。

预防措施是控制涂料质量，调整施工黏度及环境条件，必要时可添加少量高沸点溶剂或者流平剂。

（3）橘皮　橘皮是湿膜未能充分流动形成的似橘皮状的痕迹。施工黏度较高，烘干前的闪蒸时间、稀释剂的质量、底材的温度等不当均会导致涂膜橘皮病态的产生。

预防措施主要是添加适量挥发速率较慢的溶剂，以延长湿膜的流动时间使之有足够时间流平，加入适量流平剂也能减轻涂膜橘皮病态。

（4）起粒　起粒是涂装后漆膜表面出现不规则块状物质总称。颜料分散不良、基料中有不溶的聚合物软颗粒或析出不溶的金属盐、溶剂挥发过程中聚合物沉淀、小块漆皮被分散混合在漆中等是造成起粒的主要原因，因此要防止此病态发生，必须注意颜料充分分散、溶剂合理设计、涂料的净化及施工场所环境的洁净度。

（5）缩孔　缩孔也是涂膜因流平性不良出现的病态之一，产生缩孔的主要原因是湿膜上下部分表面张力不同。实际应用时，可以采取加入适宜的流平剂或低表面张力溶剂来解决，此外，还应注意提高底材的可润湿性。

（6）泛白　泛白（变白）现象常发生在挥发型涂料装中，是涂装后溶剂迅速挥发过程中出现的一种不透明的白色膜的情况，这是因为溶剂迅速挥发吸收大量热量导致正在干燥的涂膜邻近的水分凝结在涂膜上面，有时溶剂含水也会引起泛白，一般来说，溶剂的挥发性越强，漆膜变白的倾向越大。

预报措施是调整好涂料所用溶剂，并适量增加高沸点溶剂，减少挥发快的溶剂用量，控制空气中相对湿度。

（7）静电喷涂导电性差　静电喷涂法对所用涂料和溶剂均有一定要求，其中导电性差是经常出现的一种弊病。电阻的调整方法有两种：一是靠溶剂来调整，通常在高电阻涂料中添加电阻低的极性溶剂；二是在设计配方时，添加助剂使其符合静电涂装工艺的要求。

12.7　结语

涂料配方研究与开发是涂料科学的重要内容，但是由于涉及多门学科，研究对象复杂，目前还没有形成完善的理论，配方设计主要还是靠大量的实验优选和经验积累，因此一个成熟的配方设计师应该重视多学科理论的学习，将理论运用于实践，同时，不断积累经验，提高悟性，这样才能成为一名优秀的配方工作者。

第 13 章 涂料生产设备与工艺

13.1 概述

从本质上来讲，涂料生产过程就是把颜填料粒子通过外力进行破碎并分散在树脂溶液或者水性树脂（漆料）中，使之形成一个均匀微细的悬浮分散体。其生产过程通常包括四个步骤。

（1）预分散 将颜填料、助剂在一定设备中先与部分漆料混合，以制得颜料色浆半成品的拌合色浆，同时利于后续研磨。

（2）研磨分散 将预分散后的拌合色浆通过研磨分散设备进行充分分散，得到颜料色浆。

（3）调漆 向研磨好的颜料色浆中加入余下的基料、其他助剂及溶剂（或水），必要时进行调色，达到色漆质量要求。

（4）净化包装 通过过滤设备除去各种杂质和大颗粒，检验合格，包装制得成品涂料。

13.2 生产设备

涂料生产的主要设备包括分散设备、研磨设备、调漆设备、过滤设备、输送设备等。

13.2.1 分散设备

预分散是涂料生产的第一道工序，通过预分散，颜填料混合均匀，同时基料取代部分颜料表面所吸附的空气使颜料得到部分润湿，在机械力作用下颜料得到初步粉碎。在色漆生产中，这道工序是研磨分散的配套工序，经过预分散得到的拌合色浆，可以提高砂磨机等设备的研磨分散效率。高速分散机是目前使用最广泛的预分散设备，如图 13-1 所示。

高速分散机由机体、搅拌轴、分散盘、分散缸等组成，主要配合砂磨机对颜填料进行预分散，对于易分散颜料或分散细度要求不高的涂料也可以直接作为研磨分散设备使用，同时也常用作调漆设备。

高速分散机的关键部件是锯齿圆盘式叶轮，它由高速旋转的搅拌轴带动，搅拌轴可以根据需要进行升降。工作时叶轮的高速旋转使漆浆呈现滚动的环流，并产生一个很大的旋涡，位于顶部表面的颜料粒子，很快呈螺旋状下降到旋涡的底部，在叶轮边缘 2.5～

图 13-1 高速分散机

5cm 处，形成一个湍流区。在湍流区，颜料粒子受到较强的剪切和冲击作用，很快分散到漆浆中。在湍流区外，形成上、下两个流束，使漆浆得到充分的循环和翻动。同时，由于黏度、剪切力的作用，颜料团粒得以分散。高速分散机工作原理如图 13-2 所示。

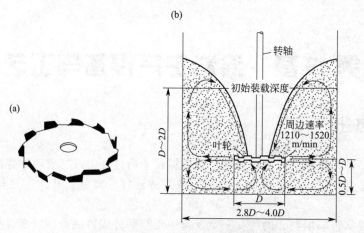

图 13-2　高速分散机工作原理示意图
(a) 圆盘式叶轮；(b) 高速分散机中液流情况

高速分散机具有以下优点：

① 结构简单、使用成本低、操作方便、易清洗、维护和保养容易；

② 应用范围广，配料、分散、调漆等作业均可使用，对于易分散颜料和制造细度要求不高的涂料，经混合、分散、调漆可直接制成产品；

③ 效率高，可以一台高速分散机配合数台研磨设备开展工作。

但其剪切力低，从而分散能力较差，不能分散结合紧密的颜料，对高黏度漆浆亦不适用。

高速分散机工作时漆浆的黏度要适中，太稀则分散效果差，流动性差也不合适。合适的漆料黏度范围通常为 0.1～0.4Pa·s。

近几年来，高速分散机又开发了一些新的品种，如双轴双叶轮高速分散机，它能产生强烈的汽蚀作用，具有很好的分散能力，同时产生的旋涡较浅，漆浆罐的装料系数也可提高。双轴高速分散机的双轴可在一定范围内上下移动，有利于漆浆罐内物料的轴向混合。双轴高速搅拌机适用高黏度物料拌合，如用于生产腻子等。

在各种研磨分散设备中，三辊机和五辊机可以加工黏稠漆浆，与之配套的预分散设备通常是搅浆机，常用的有立式换罐式混合机、转筒式搅浆机和行星搅拌机。

13.2.2　研磨设备

研磨设备是色漆生产的主要设备，其基本类型可分为两类，一类带自由运动的研磨介质（或称分散介质），另一类不带研磨介质，依靠抹研力进行研磨分散。常用研磨设备有砂磨机、球磨机和辊磨。砂磨机分散效率高，适用于中、低黏度漆浆，辊磨可用于黏度很高甚至膏状物料的生产。

砂磨机、球磨机依靠研磨介质在冲击和相互滚动时产生的冲击力和剪切力进行研磨分散，由于效率高、操作简便，已成为当前最主要的研磨分散设备。

砂磨机由电动机、传动装置、筒体、分散轴、分散盘、平衡轮等组成，分散轴上安装数个分散盘，筒体中盛有适量的氧化锆珠（见图 13-3）、玻璃珠、石英砂等研磨介质。经预分散的漆浆用送料泵输入筒体，电动机带动分散轴高速旋转，研磨介质随着分散盘运动，抛向砂磨机的筒壁，又被弹回，漆浆受到研磨介质的冲击和剪切得到分散。

砂磨机主要有立式砂磨机和卧式砂磨机两大类。立式砂磨机（见图 13-4）研磨分散介质容易沉底，卧式砂磨机（见图 13-5）研磨分散介质在轴向分布均匀。

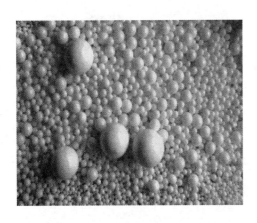

图 13-3　砂磨机研磨介质（氧化锆珠）

图 13-4　立式砂磨机

图 13-5　卧式砂磨机结构简图

　　砂磨机具有生产效率高、分散细度好、操作简便、结构简单、便于维护等特点，因此成为研磨分散的主要设备，但是进入砂磨机的浆料必须经过高速分散机的预分散，而且深色和浅色漆浆互相换色生产时，较难清洗干净，比较适合低黏度漆浆生产。

　　球磨机是由水平的筒体、进出料空心轴及研磨体等部分组成，筒体为长的圆筒，筒内装有研磨体，筒体为钢板制造，研磨体一般为钢制圆球，并按不同直径和一定比例装入筒中。球磨机示意图见图 13-6。运转时，圆筒中的球被向上提起，然后落下，球体间相互撞击或摩擦使颜料团粒受到冲击和强剪切作用，使颜填料分散到漆料中。球磨机无需预混作业，完全密闭操作，适用于高挥发分漆浆的分散，而且操作简单、运行安全，但其效率低，变换颜色困难，漆浆不易放净，不适宜加工过于黏稠的漆浆。

　　辊磨即辊研磨机，以三辊机使用最普遍。它有三个辊筒安装在铁制的机架上，中心在一条直线上，水平安装。通过水平的三根辊筒的表面相互挤压及不同速度的摩擦而达到研磨效果。钢质辊筒可以中空，通水冷却。物料在中辊和后辊间加入。由于三个辊筒的旋转方向不同（转速从后向前顺次增大），能产生很好的研磨作用。物料经研磨后被装在前辊前面的刮刀刮下。利用转速不同的辊筒间产生的剪切作用进行研磨分散，能加工黏度很高的漆浆，适用于难分散漆浆，换色时清洗容易。三辊机示意图见图 13-7。

图 13-6　球磨机示意图

图 13-7　三辊机示意图

13.2.3　过滤设备

在色漆制造过程中，仍有可能混入杂质，如在加入颜填料时，可能会带入一些机械杂质，用砂磨分散时，漆浆会混入碎的研磨介质（如玻璃珠），此外还有未得到充分研磨的颜料颗粒。

用于色漆过滤的常用设备有罗筛、振动筛、袋式过滤器、管式过滤器和自清洗过滤机等，一般根据色漆的细度要求和产量大小选用适当的过滤设备。以下主要介绍袋式过滤器和管式过滤器。

（1）袋式过滤器　袋式过滤器（图 13-8）的一细长筒体内装有一个活动的金属网袋，内套为以尼龙丝绢、无纺布或多孔纤维织物制作的滤袋，接口处用耐溶剂的橡胶密封圈进行密封，压紧盖时，可同时使密封面达到密封，因而在清理滤渣、更换滤袋时十分方便。

过滤器的材质有不锈钢和碳钢两种。为了便于用户使用，制造厂常将过滤器与配套的泵用管路连接好，装在移动式推车上，除单台过滤器外，还有双联过滤器，可一台使用，另一台进行清查。

这种过滤器的优点是适用范围广，既可过滤色漆，也可过滤漆浆和清漆，适用的黏度范围也很大。选用不同的滤袋可以调节过滤细度的范围，结构简单、紧凑、体积小、密闭操作、操作方便。缺点是滤袋价格较高，虽然清洗后尚可使用，但清洗也较麻烦。

（2）管式过滤器　管式过滤器也是一种滤芯过滤器。待过滤的油漆从外层进入，过滤后的油漆从滤芯中间排出。它的优点是滤芯强度高，拆装方便，可承受压力较高，用于要求高的色漆过滤。但滤芯价格较高，效率低。

图 13-8　袋式过滤器示意图

13.2.4　输送设备

涂料生产过程中，原料、半成品、成品往往需要运输，这就需要用到输送设备，输送不同的物料需要不同的输送设备。常用的输送设备有液料输送泵，如隔膜泵、内齿轮泵、螺杆泵、螺旋输送机、粉料输送泵等。

13.3 工艺过程

13.3.1 基本工艺

(1) 清漆生产工艺 清漆生产中，由于不涉及颜填料分散，工艺相对比较简单，包括树脂溶解，调漆（主要是调节黏度，加入助剂如润湿剂、消泡剂、催干剂、触变剂等），过滤，包装。

(2) 色漆生产工艺 色漆生产工艺是指将颜填料均匀分散在基料中加工成色漆成品的物料传递或转化过程，核心是颜填料的分散和研磨，一般包括混合、分散、研磨、过滤、包装等工序。通常依据产品种类、原材料特点及其加工特点的不同，首先选用适宜的研磨分散设备，确定基本工艺模式，再根据多方面的综合考虑，制订生产工艺过程。

通常色漆生产工艺流程是以色漆产品或研磨漆浆的流动状态、颜填料在漆料中的分散性、漆料对颜填料的湿润性及对产品的加工精度要求这四个方面的考虑为依据，结合其他因素如溶剂毒性等首先选定过程中所使用的研磨分散设备，从而确定工艺过程的基本模式。

砂磨机对于颗粒细小而又易分散的合成颜料、天然颜料和填料等易流动的漆浆，生产能力高、分散精度好、能耗低、噪声小、溶剂挥发少、结构简单、便于维护、能连续生产，是加工此类涂料的优选设备，在多种类型的磁漆和底漆生产中获得了广泛的应用。但是，它不适用于生产膏状或厚浆型的悬浮分散体系，用于加工炭黑等分散困难的合成颜料时生产效率低，用于生产磨蚀性颜料时则易于磨损，此外换色时清洗比较困难，适合大批量生产。

球磨机同样也适用于分散易流动的悬浮分散体系，适用于分散任何品种的颜料，对于分散粗颗粒的颜料、填料、磨蚀性颜料和细颗粒又难分散的合成颜料有着突出的效果。卧式球磨机由于密闭操作，故适用于要求防止溶剂挥发及含毒物的产品。由于其研磨精度差，且清洗换色困难，故不适用于加工高精度的漆浆及经常调换花色品种的场合。

三辊机由于开放操作，溶剂挥发损失大，对人体危害性高，而且生产能力较低，结构较复杂，手工操作劳动强度大，故应用范围受到一定限制。但是它适用于高黏度漆浆和厚浆型产品，因而被广泛用于厚漆、腻子及部分厚浆美术漆生产。对于某些贵重颜料，三辊机中不等速运转的两辊间能生产巨大的剪切力，导致高固体分含量的漆料对颜料润湿充分，有利于获得较好的产品质量，因而被用于生产高质量的面漆。三辊机清洗换色比较方便，也常和砂磨机配合使用，用于制造复色磁漆的少量调色浆。

确定研磨分散设备的类型是决定色漆生产工艺过程的前提和关键。研磨分散设备不同，工艺过程也随之变化。以砂磨机分散工艺为例，一般需要使用高速分散机进行研磨漆浆的预混合，使颜填料混合均匀并初步分散以后再以砂磨机研磨分散，待细度达到要求后，输送到调漆罐中进行调色制得成品，最后经过滤净化后包装，入库完成全部工艺过程。由于砂磨机研磨漆浆黏度较低，易于流动，大批量生产时可以机械泵为动力，通过管道进行输送；小批量多品种生产也可使用移动调漆罐的方式进行漆浆的转移。球磨机工艺的配料、预混合与研磨分散则在球磨筒体内一并进行，研磨漆浆可用管道输送和活动容器运送两种方式输入调漆罐调漆，再经过滤包装入库等环节完成工艺过程。三辊机分散因漆浆较稠，故一般用换罐式搅拌机混合，以活动容器运送的方式实现漆浆的传送，往往与单辊机串联使用进行工艺组合。

色漆的生产工艺一般分为砂磨机工艺、球磨机工艺、三辊机工艺，核心在于分散手段不同。

以砂磨机工艺为例，包括以下工序：

① 备料，即将色漆生产所需的各种原材料送至车间；

② 配料预混合，按工艺配方规定的数量将漆料和溶剂分别经计量泵输送并计量后加入配料预混合罐中，开动高速分散机将其混合均匀，然后在搅拌下逐渐加入配方量的颜填料，加完后提高高速分散机的转速，以充分湿润和预分散颜填料，制得待分散的漆浆；

③ 研磨分散，将待分散的漆浆用泵输入砂磨机进行分散，至细度合格后输入调漆罐中或者中间贮罐；

④ 调色制漆，将分散好的漆浆输入调漆罐中，在搅拌下，补加配方中基料及助剂，将调色色浆逐渐加入其中，以调整颜色，并加入溶剂调整黏度；

⑤ 过滤包装，经检验合格的色漆成品，经过滤器净化后，计量、包装、入库。

以上工艺用图 13-9 表示。

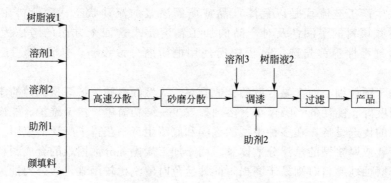

图 13-9　色漆生产工艺框图

13.3.2　乳胶漆生产工艺

乳胶漆的生产包括以下两个步骤。

（1）颜填料水浆的制备　将去离子水加入分散桶中，高速搅拌机在低速搅拌（300～500r/mim）下依次加入部分增稠剂、润湿分散剂、消泡剂，混合均匀后，按先少后多、先重后轻的原则将颜填料缓缓加入叶轮搅起的旋涡中。加入颜填料后，调节叶轮与调漆桶底的距离，使旋涡成浅盆状，提高叶轮转速（1000r/min 左右），需防止温度上升过多，随时刮下桶边黏附的颜填料。随时测定刮板细度，当细度合格（50μm），即分散完毕。

（2）配漆　分散完毕后，调低转速（300～500r/min），低速下逐渐加入乳液、成膜溶剂、调色色浆、杀菌剂、防霉剂、消泡剂、增稠剂溶液、pH 调整剂，过筛出料。

13.3.3　生产过程中应注意的问题

（1）絮凝　当用纯溶剂或高浓度的漆料调稀色浆时，容易发生絮凝，其原因在于调稀过程中，纯溶剂可从原色浆中提出树脂，使颜料保护层上的树脂部分被溶剂取代，稳定性下降，当用高浓度漆料调稀时，因为有溶剂提取过程，原色中颜料浓度局部大增，从而增加絮凝的可能。

（2）配料后漆浆增稠　色漆生产中，会在配料后或砂磨分散过程遇到漆浆增稠现象。其原因，一是颜料由于加工或贮存的原因，含水量过高，在溶剂型涂料中出现了假稠现象；二是颜料中的水溶盐含量过高，或含有其他碱性杂质，与漆料混合后，脂肪酸与碱反应生成皂而导致增稠。解决方法是：增稠现象较轻时，加少量溶剂，或补加适量漆料；增稠情况严重时，如原因是水分过高，可加入少量乙醇等醇类物质，如是碱性物质所造成的，可加入少量亚麻油酸或其他有机酸进行中和。

（3）细度不易分散　研磨漆浆时细度不易分散的原因主要有以下三点。

① 颜料细度大于色漆要求的细度，如云母氯化铁、石墨粉等颜料的原始颗粒大于色漆细度的标准，解决办法是先将颜料进一步粉碎加工，使其达到色漆细度的要求。此时，单纯通过研磨分散解决不了颜料原始颗粒的细度问题。

② 颜料颗粒聚集紧密难以分散。如炭黑、铁蓝在生产中就很难分散，且易沉淀。解决办法是分散过程中不要停配料罐搅拌机，砂磨分散时快速进料过磨，经过砂磨机过一遍后，再正常进料，二次分散作业，此外还可以在配料中加入环烷酸锌对颜料进行表面处理，提高颜料的分散性能，也可加入分散剂，提高分散效率。

③ 漆料本身细度达不到色漆的细度要求，也会造成不易分散，应严格把好进漆料的检验手续关。

（4）调色在贮存中变胶　某些颜料容易使调色贮存中变胶，最易产生变胶现象的为酞菁蓝浆与铁蓝浆。可采用冷存稀浆法解决，即配色浆研磨后，立即倒入冷漆料中搅拌，同时加松节油稀释搅匀。

（5）醇酸色漆细度不合格　细度不合格的主要原因有：研磨漆浆细度不合格，调漆工序验收不严格；调色浆、漆料的细度不合格，调漆罐换品种时洗没刷干净，没放稀料或树脂混溶性不好。

（6）复色漆出现浮色和发花现象　浮色和发花是复色漆生产时常见的两种漆膜病态。

浮色是由复色漆生产时所用的各种颜料的密度和颗粒大小及润湿程度不同，在漆膜形成但尚未固化的过程中向下沉降的速度不同造成的。粒径大、密度大的颜料（如铬黄钛白、铁红等）的沉降速度快，粒径小、密度小的颜料（如炭黑、铁蓝、酞菁等）的沉降速度相对慢一些，漆膜固化后，漆膜表面颜色成为以粒径小、密度小的颜料占显著色彩的浮色，而不是工艺要求的标准复色。

发花是不同颜料表面张力不同，漆料的亲和力也有差距，造成漆膜表面出现局部某一颜料相对集中而产生的不规则的花斑。

解决上述问题的办法是在色漆生产中，加入降低表面张力的低黏度硅油或者其他流平助剂。

（7）凝胶化　涂料在生产或贮存时黏度突然增大，并出现弹性凝胶的现象称为凝胶化。聚氨酯涂料在生产和贮存过程中，异氰酸酯组分（又称甲组分）和羟基组分（又称乙组分）都可能出现凝胶化现象，其原因有：生产时没有按照配方用量投料；生产操作工艺（包括反应温度、反应时间及pH等）失控；稀释溶剂没有达到氨酯级要求；涂料包装桶漏气，混入了水分或空气中的湿气；包装桶内积有反应性活性物质，如水、醇、酸等。

预防与解决的办法：原料规格必须符合配方、工艺要求；严格按照工艺条件生产，反应温度、反应时间及pH控制在规定的范围内。

（8）发胀　色浆在研磨过程中，浆料一旦静置下来就呈现胶冻状，而一经搅拌又稀下来的现象称为发胀。这种现象主要发生在羧基组分中，羧基组分发胀的原因主要有：羧基树脂pH偏低，采用的是碱性颜料，两者发生皂化反应使色浆发胀，聚合度高的羧基树脂会使一些活动颜料结成的颜料粒子团显现发胀。可以在发胀的浆料中加入适量的二甲基乙胺或甲基二乙醇胺，缓解发胀；用三辊机对发胀的色浆再研磨，使絮凝的颜料重新分散；在研磨料中加入适量的乙醇胺类，能消除因水而引起的发胀。

（9）沉淀　由于杂质或不溶性物质的存在，色漆中的颜料出现沉底的现象叫沉淀。产生的原因主要有：色漆组分黏度小，稀料用量过大，树脂含量少；颜料相对密度大，颗粒过粗；稀释剂使用不当；贮存时间长。可以加入适量的硬脂酸铝或有机膨润土等涂料常用的防沉剂，提高色漆的研磨细度避免沉淀。

（10）变色　清漆在贮存过程中由于某些原因颜色发生变化的现象叫变色。这种现象主要发生在羧基组分中，其原因有：羧基组分 pH 偏低，与包装铁桶和金属颜料发生化学反应；颜料之间发生化学反应，改变了原来颜料的固有显色；颜料之间的相对密度相差大，颜料分层造成组分颜色不一致。可以通过选用高 pH 羧基树脂，最好是中性树脂避免变色；在颜料的选用上需考虑它们之间与其他组分不发生反应。

（11）结皮　涂料在贮存中表层结出一层硬结的漆膜的现象称为结皮。产生的原因有：涂料包装桶的桶盖不严，催干剂的用量过多。可加入防结皮剂丁酮肟以及生产时严格控制催干剂的用量解决。

13.4　结语

涂料生产设备的发展方向是自动化和大型化，其中预分散、研磨设备和工艺要满足环保的要求，配合在线黏度、细度控制进一步提高产品质量。

第14章 建筑涂料

14.1 概述

建筑涂料涂装于建筑物表面，并能与建筑物表面材料很好地黏结，形成完整的涂膜，这层涂膜能够为建筑物表面起外装饰作用、保护作用或特殊的功能作用。建筑涂料用作建筑物的装饰材料，与其他涂层材料或贴面材料相比，具有方便、经济、不增加建筑物自重、施工效率高、翻新维修方便等优点，涂膜色彩丰富、装饰质感好，并能提供多种功能。建筑涂料作为建筑内外墙装饰主体材料的地位已经确立。

14.2 建筑涂料的分类

目前我国建筑涂料还没有统一的分类方法，习惯上常用三种方法分类，即按组成涂料的基料的类别分类，按涂料成膜后的厚度或质地分类以及按在建筑物上的使用部位分类。

（1）按基料的类别分类 建筑涂料可分为有机、无机和有机-无机复合涂料三大类。

有机类建筑涂料由于其使用的溶剂或分散介质不同，又分为有机溶剂型和水性有机（乳液型和水溶型）涂料两类，还可以按所用基料种类再细分。

无机类建筑涂料主要是无机高分子涂料，通常属于水性涂料，包括水溶性硅酸盐系（即碱金属硅酸盐系）、硅溶胶系、磷酸盐系及其他无机聚合物系。应用最多的是碱金属硅酸盐系和硅溶胶系无机涂料。

有机-无机复合建筑涂料的基料主要是水性有机树脂与水溶性硅酸盐等配制成的混合液（物理拼混）或是在无机物表面上接枝有机聚合物制成的悬浮液。

（2）按涂膜的厚度或质地分类 建筑涂料可分为表面平整光滑的平面涂料和有特殊装饰质感的非平面类涂料。平面涂料又分为平光（无光）涂料、半光涂料等。

非平面类涂料的涂膜常常具有很独特的装饰效果，有彩砖涂料、复层涂料、多彩花纹涂料、云彩涂料、仿壁纸涂料和纤维质感涂料等。

（3）按照在建筑物上的使用部位分类 建筑涂料可以分为内墙涂料、外墙涂料、地面涂料和顶棚涂料等。

建筑涂料的主要类型列于表 14-1。

表 14-1 建筑涂料的主要类型

按基料分类			按建筑物使用部位分类					按涂膜厚度、质地分类			
			内墙装饰	外墙装饰	地面装饰	顶棚装饰	特种功能	平面涂料	非平面涂料		
									砂壁涂料	多彩(色)涂料	凹凸花纹涂料
有机涂料	水性	水溶性 聚乙烯醇系	○			○					○
		乳液型 乙烯系乳液	○	○		○	○	○	○		
		醋酸乙烯系乳液	○			○		○		○	○
		纯丙烯乳液	○	○	○	○		○	○	○	○
		苯丙乳液	○			○		○	○		

按基料分类			按建筑物使用部位分类					按涂膜厚度、质地分类			
			内墙装饰	外墙装饰	地面装饰	顶棚装饰	特种功能	平面涂料	非平面涂料		
									砂壁涂料	多彩(色)涂料	凹凸花纹涂料
有机涂料	水性 乳液型	叔丙乳液	○	○		○		○	○		○
		叔醋乳液	○			○		○	○		
		环氧系乳液	○		○	○		○	○		
		氯偏系乳液	○	○		○		○	○		
	溶剂型	酚醛系				○		○			
		酚酸系	○	○				○			
		硝酸纤维系	○	○				○		○	
		过氯乙烯系	○	○				○			
		丙烯酸树脂系	○	○			○	○			
		环氧树脂系						○			
		聚氨酯系	○		○			○			
		有机硅系		○				○			
		有机氟系		○				○			
		氯化橡胶系		○				○			
无机涂料	水性	碱金属硅酸盐	○	○			○	○			
		硅溶胶	○	○			○	○			○
有机-无机复合涂料	水性	碱金属硅酸盐-合成树脂乳液	○	○				○			
		硅溶胶-合成树脂乳液	○	○	○			○			○

14.3 乳胶漆

在建筑涂料中，乳胶漆是产量最大、用途最广的产品，它已形成了系列化的产品。乳胶漆也称为合成树脂乳液涂料，是有机涂料的一种，是以合成树脂乳液为基料，加入颜料、填料及各种助剂配制而成的一类水性涂料。根据成膜物质的不同，乳胶漆主要有聚醋酸乙烯基乳胶漆、纯丙基乳胶漆、苯丙基乳胶漆、叔丙基乳胶漆、醋丙基乳胶漆、叔醋基乳胶漆、硅丙基乳胶漆及氟聚合物基乳胶漆等品种；根据产品适用场合的不同，乳胶漆分为内墙乳胶漆、外墙乳胶漆、木器用乳胶漆、金属用乳胶漆及其他专用乳胶漆等；根据涂膜的光泽高低及其装饰效果又可分为无光、哑光、半光、丝光和有光等类型；按涂膜结构特征可分为热塑性乳胶漆和热固性乳胶漆，热固性乳胶漆又可以分为单组分自交联型、单组分热固型和双组分热固型三种；按基料的电荷性质，可分为阴离子型和阳离子型两类。

14.3.1 乳胶漆的特点

① 涂膜干燥快。25℃时，30min 内表面即可干燥，120min 可完全干燥，一天内可以施工 2~3 道，施工工期短。

② 保光、保色性好，漆膜坚硬，表面平整，观感舒适。

③ 施工方便。可在新施工完的湿墙面上施工，刷涂、辊涂、喷涂皆可。

④ 安全无毒，不污染环境。

⑤ 乳胶漆以水为介质，无引起火灾的危险。

⑥ 涂料流平性不如溶剂型涂料，外观不够细腻，存在大量微孔，易吸尘，一般为无光

至半光。

⑦ 涂膜受环境温度影响，遇高温易回黏，易为灰尘附着而被沾污，难于清洗。

14.3.2　乳胶漆的组成

14.3.2.1　成膜物

（1）乳液　乳液是乳胶漆的主要成膜物，起固着颜料、填料的作用，并黏附在墙体上形成涂膜，提供涂层最基本的物理性能及抵抗各种外界因素的破坏。乳液对涂料制备、涂膜的初始及长久性能影响较大，乳液种类不同，对粉料的润湿包覆能力不同，它还影响增稠剂、消泡剂的选择，影响涂料的浮色发花、涂料的贮存稳定、涂膜附着力、耐水性、耐碱性、耐洗刷、保光保色、抗污、抗粉化、抗黄变性、抗起泡和抗开裂性等。研究发现：苯丙乳液具有很好的耐碱性、耐水性，光泽亦较高，但耐老化性较差，适合作室内涂料的基料；纯丙乳液是综合性能很好的品种，尤其是耐老化性突出，涂膜经久耐用；硅丙乳液是在丙烯酸酯共聚物大分子主链上引入了有机硅链段（或单元），其硅氧烷通过水解、同基材羟基（—OH）的缩聚提高了涂膜的耐水性、透气性、附着力和耐老化性；氟碳或氟丙乳液属于高端乳液品种，有极低的表面能和优异的耐候性。因此，应根据对乳胶漆性能、用途及价格等综合要求进行乳液的选择。

（2）颜料　颜料主要提供遮盖力及各种色彩。颜料为颜色的呈现体，无机、有机颜料在着色能力和鲜艳度、耐化学品性以及遮盖性方面存在差异，颜料本身的色牢度和耐化学品性直接影响涂膜的保色性、粉化性。乳胶漆颜料中用量最大的是钛白粉，其金红石（R）型晶格致密、稳定，不易粉化，耐候性好；锐钛（A）型晶格疏松，不稳定，耐候性差，主要用于室内用漆。为了进一步改进使用性能，近年来出现了包覆型金红石（R）型钛白粉。此外，铁红、铁黄、酞菁蓝（绿）、炭黑乳胶漆中也可应用（一般磨成色浆使用）。

（3）填料（或称体质颜料）　填料能调节黏度、降低成本，提高漆膜硬度及改善各种物理性能。常用的品种有碳酸钙（轻质、重质）、高岭土、滑石粉、硅灰石粉、重晶石粉、沉淀硫酸钡、超细硅酸铝和云母粉等。

14.3.2.2　分散介质

乳胶漆的分散介质主要是水。乳胶漆所用水为去离子水，直接用自来水或井水是不合适的，否则在长期贮存中容易沉淀，并容易造成乳胶漆性能的变化。

14.3.2.3　助剂（添加剂）

虽然助剂在乳胶漆中用量较少，但所起作用不可忽视。助剂在乳胶漆制造、贮存及施工过程中的主要作用有：

① 满足乳胶漆制造过程中的工艺要求，如润湿、分散、消泡等；

② 保持乳胶漆在贮存中的稳定性，避免涂料的分层、沉淀、霉变等；

③ 改善乳胶漆的成膜性能，如成膜助剂；

④ 满足乳胶漆的施工性能。

乳胶漆常用的助剂有：润湿剂、分散剂、增稠剂、消泡剂、成膜助剂、pH调节剂、防腐剂、防霉剂、防冻剂等。

（1）成膜助剂　乳胶漆的基料是聚合物乳液，水中分散的球形聚合物颗粒经过聚集、蠕变、融合最终才能形成平整的涂膜，因此，一般成膜物质都有自己的最低成膜温度（MFT），品种不同，其最低成膜温度不等。当外界环境温度低于涂料的最低成膜温度时，涂料即会出现龟裂、粉化等现象，不能形成连续、平滑的涂膜，这个最低成膜温度与乳液的玻璃化温度（T_g）有关，一般较 T_g 高出几摄氏度到十几摄氏度。为了使乳胶漆能在较宽的温度范围内形成连续的、完整的涂膜，生产时需加入一定量的成膜助剂以改善涂料的成膜性，当乳液成膜后，成膜助剂会从涂膜中挥发，不影响聚合物的最终 T_g 和硬度等性能。常用的成膜助剂及其物性见表 14-2。

表 14-2　常用的成膜助剂及其物性

成膜助剂	挥发速率[①]	溶解度(20℃)/(g/100g)		沸点/℃	水解稳定性
		水中	成膜助剂中		
2,2,4-三甲基-戊二醇-1,3-异丁酸单酯	0.002	0.2	0.9	244~247	优
苯甲醇	0.009	3.8			优
丙二醇苯醚	0.01	1.1	2.4	243	优
丙二醇丁醚	0.093	6	13	170	优
乙二醇苯醚	0.01	2.5	10	244	优
乙二醇丁醚	0.079	∞	∞	171	优
二乙二醇丁醚	0.01	∞	∞	230	优

① 以醋酸丁酯的挥发速率（100）为基准。

2,2,4-三甲基-戊二醇-1,3-异丁酸单酯为乳胶漆中的主流成膜助剂，它能显著降低乳液的最低成膜温度，提高涂膜的光泽、耐水性及耐老化性。加入 5% 的该成膜助剂可使 MFT 下降 10℃ 左右。由于成膜助剂对乳液有较大的凝聚性，最好在乳液加入前加入颜填料混合物中，这样就不会损害乳液的稳定性。

（2）润湿剂、分散剂　润湿剂的作用是降低被润湿物质的表面张力，使颜料和填料颗粒充分地被润湿而保持分散稳定。分散剂使团聚在一起的颜填料颗粒通过剪切力分散成原始粒子，并且通过静电斥力和空间位阻效应而使颜填料颗粒长期稳定地分散在体系中而不附聚。

（3）增稠剂　乳胶漆由水、乳液、颜填料和其他助剂组成，因用水作为分散介质，黏度通常都较低，在贮存过程中易发生分水和颜料沉降现象，而且施工过程中会产生流挂，无法形成厚度均匀的涂膜，因此必须加入一定量的增稠剂来提高涂料的黏度，以便于分散、贮存和施工。涂料的黏度与浓度没有直接关系，黏度的最有效调节方法是加入增稠剂。羟乙基纤维素（HEC）、缔合型聚氨酯、丙烯酸共聚物为最常用的三种增稠剂。HEC 在乳胶漆中使用最方便，低剪切和中剪切黏度大，具有一定的抗微生物侵害的能力、良好的颜料悬浮性、着色性及防流挂性，应用广泛，其主要缺点是流平性较差。缔合型增稠剂的优点是具有良好的涂刷性、流平性、抗飞溅性及耐霉变性，缺点是着色性、防流挂性和贮存抗浮水性较差，尤其是对涂料中的其他组分非常敏感，包括乳液的类型、粒径、表面活性剂、共溶剂以及成膜助剂的种类。比较好的方法是将 HEC 和缔合型增稠剂拼起来使用，以获得平衡的增稠和流平效果。

（4）消泡剂　消泡剂的作用是降低液体的表面张力，在生产涂料时能使因搅拌和使用分散剂等表面活性物质而产生的大量气泡迅速消失，减少涂料制造与施工障碍，可以缩短制造时间，提高施工效率和施工质量。

（5）防霉剂、防腐剂　防霉剂的作用是防止涂料涂刷后涂膜在潮湿状态下发生霉变。防腐剂的作用是防止涂料在贮存过程中因微生物和酶的作用而变质。

（6）防冻剂　防冻剂的作用是降低水的冰点以提高涂料的抗冻性。

14.3.3　乳胶漆的配方设计

乳胶漆的组成决定乳胶漆性能。

① 基料和乳胶漆的 PVC 值与大部分涂料性能密切相关。乳液是乳胶漆中的黏结剂，

依靠乳液将各种颜填料黏结在墙壁上，乳液的黏结强度、耐水、耐碱以及耐候性直接关系到涂膜的附着力、耐水、耐碱和耐候性能；乳液的粒径分布影响涂膜的光泽、涂膜的临界 PVC（CPVC）值，进而影响涂膜的渗透性、光学性能等；乳液粒子表面的极性或疏水情况影响增稠剂的选择、色漆的浮色发花等。乳胶漆的性能不仅取决于 PVC，更取决于 CPVC 值，涂膜多项性能在 CPVC 点产生转变，因而学会利用 CPVC 来进行配方设计与涂膜性能评价是很重要的。一般涂料 PVC 在（1±5%）CPVC 范围内性能较好。

② 颜料种类影响涂膜的遮盖力、着色均匀性、保色性、耐酸碱性和抗粉化性；填料涉及涂料的分散性、黏度、施工性、储运过程的沉降性、乳胶漆的调色性，同时也部分影响涂料涂膜的遮盖力、光泽、耐磨性、抗粉化以及渗透性等。因此要合理选配颜料、填料，提高涂料性能。

③ 涂料助剂对涂料性能的影响虽然不如乳液种类、颜填料种类以及 PVC 值大，但其对涂料制造及性能上的影响亦不可小视。增稠剂影响面比较宽，它与涂料的制造、贮存稳定、涂装施工以及涂膜性能密切相关，影响涂料的增黏、贮存脱水收缩、流平流挂、涂膜的耐湿擦等。润湿分散剂通过对颜填料的分散，吸附在颜填料表面对颜填料粒子表面进行改进，与涂装作业、涂膜性能相联系，它对涂料的储运、流动、调色性产生影响。颜填料分散好，涂料黏度低、流动性好，颜填料粒子聚集少，因而防沉降好、遮盖力高、光泽高。润湿分散剂吸附在颜填料粒子表面，影响粒子的运动能力，从而影响涂料的浮色发花，疏水分散剂对颜填料粒子表面进行疏水处理后，有助于涂膜耐水、耐碱、耐湿擦性能的提高，当然润湿分散剂种类还会影响涂膜的白度以及彩色漆的颜色饱和度。消泡剂涉及涂料制造过程的脱气，与涂料的贮存和涂膜性能没有多少关系。增塑剂、成膜助剂可以改性乳液，与涂膜性能有关。防冻剂改善涂料的低温贮存稳定性，防止因低温结冰、体积膨大导致粒子聚并、漆样返粗。防腐、防霉剂防止乳胶漆腐败和涂膜抗菌藻污染。

配方设计是在保证产品高质量和合理成本的原则下，选择原材料，把涂料配方中各材料的性能充分发挥出来。配方设计工程师应熟悉涂料的组成及各组分的性能。乳胶漆性能全依赖所用原材料的性能，以及配方设计师对各种材料的优化组合，使组分中每一个组分的积极作用充分发挥出来，不浪费材料优良性能，掩盖或减少材料的负面效应，这才是配方设计追求的最高境界。

14.3.4 乳胶漆的生产工艺

乳胶漆的制备工艺流程可用图 14-1 表示。

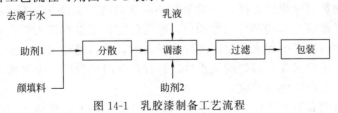

图 14-1 乳胶漆制备工艺流程

乳胶漆的生产工艺如下：

① 将去离子水及羟乙基纤维素（HEC）加入高速分散机，搅拌溶解后再加入润湿剂、分散剂、部分消泡剂，分散均匀；

② 加入颜填料［主要是钛白粉、立德粉、轻（重）钙粉、滑石粉、超细硅酸铝等，彩色颜料以制成色浆的方式最后调色时加入］、成膜助剂进行高速分散，对有光漆应进行砂磨

或球磨制成白浆；

③ 在低速搅拌下，把乳液慢慢地加到白浆中，搅拌均匀即得初成品；

④ 用增稠剂或稀释液调整初品的黏度，用色浆调配出涂料的颜色，再加消泡剂等助剂，经过滤，即为乳胶漆成品。

14.3.5 乳胶漆生产工艺探讨

（1）颜填料的分散工艺　在乳胶漆生产过程中，颜填料的分散有三个过程，即润湿、分散、稳定。乳胶漆和溶剂型涂料的不同之处在于：乳胶漆的黏结剂和颜料均为分散相，水是连续相；而溶剂型漆则只有颜料是分散相。由于水的低黏度、高的表面张力及成膜物质在成膜前为分散相，乳胶漆在制造过程中必须加入各种助剂。

要取得较好的分散效果，润湿剂、分散剂、部分消泡剂以及抗冻剂（乙二醇、丙二醇）应在 HEC 充分溶解之后加入，在低速搅拌下（约 300r/min）加入颜填料。粉料加入原则：先加入难分散的、量少的颜料，然后加入填料，加料完毕后再提高转速。为了提高分散效果，也可采用适当偏心分散，以消除死角，一般高速分散 20～30min，过度延长分散时间不会提高分散效果，应当避免。

经高速分散后，如果还达不到细度要求（乳胶漆一般 $60\mu m$ 以下），可再经砂磨机研磨。应注意浆料的黏度不能太高。目前，在乳胶漆的生产中开始应用超细颜填料，经过高速分散即可达到细度要求。BASF 296DS 型苯丙乳液，机械稳定性好，可以在分散、研磨过程中适当加入一些，有利于润湿分散，提高质量。

（2）助剂选择　助剂用量一般很少，但正确使用各类助剂对涂料的性能会产生重大影响，影响涂料的制备、储运、施工及涂膜各项性能。助剂也可分为常规助剂、功能助剂等。常规助剂有润湿分散剂、消泡剂、增稠剂、防腐剂、防霉剂、抗冻剂、成膜助剂等；功能助剂用量较常规的助剂用量大，如果使用得当可以使涂料在性能上产生质的飞跃，如加入水乳型蜡，可以增强涂膜的手感，减少摩擦，在低 PVC 疏水乳胶漆中添加适量的水乳型蜡可产生良好的疏水效果，提高涂膜抗划伤性。

当然，助剂选择一定要正确，若选择不当，也会引起负面作用。分散剂的作用是分散与稳定，因而要求分散剂有很好的分散能力，这样才能缩短分散时间，节约能量，提高生产效率，同时也可以保护和稳定被分散好的粒子，防止聚并而返粗。但不同的润湿分散剂结构、性能差别大，有些分散剂会起表面活性剂的作用，易于起泡；不同润湿分散剂制成的乳胶漆，漆膜在白度、光泽、遮盖力、颜色的展现性等方面差异较大。

增稠剂调节乳胶漆的流变特性，使其有很好的储运、施工性能，但增稠剂可能影响颜料粒子的絮凝，进而影响涂膜的光泽，一般聚氨酯类增稠剂对光泽影响较小，而 HEC 可能降低光泽。另外，纤维素类增稠剂对水增稠快，黏度稳定，很少有罐内贮存后增稠现象，保水性好，但是保水性与涂层的耐水、耐水洗性是矛盾的，涂料既要求有一定的保水性，保证涂料施工消泡流平，干后又要有很好的抗水性，选择助剂时应找准一个平衡点，可以考虑将几种增稠剂复合使用以产生协同效应。

消泡剂具有抑泡和消泡作用，消泡剂要高效、持久。消泡剂选择不当或与其他组分搭配不当时，常出现"鱼眼""失光""色差"等毛病。消泡剂加入后至少需要 24h 才能取得消泡剂性能的持久性与缩孔、缩边之间的平衡。在加入消泡剂后立即涂刷样板或测试涂料性能，往往会得出错误的结论。

消泡剂由于是一种混合物，在贮存时往往易分层，即使不分层，在使用前也要搅拌均匀。添加时最好分两次加入，即在研磨分散颜料阶段及最后成漆阶段。一般是每次各加总量的一半，可根据泡沫产生的情况进行调节。在制浆阶段最好加入抑泡效果大的消泡剂，在制漆阶段最好用破泡效果大的消泡剂。

至于其他助剂,如防冻剂、防霉剂、防腐剂、pH调整剂、气味调整剂、成膜助剂等比较简单,不用费心挑选。

选择助剂时,要综合考虑,使原材料的性能充分发挥出来,助剂选择不当会影响涂膜某些性能,使涂膜性能降低,从而导致原材料性能部分被浪费,关于这一点,在涂膜浸水起泡脱落,不耐擦洗方面表现得尤为明显。

14.4 乳胶漆国家标准

乳胶漆国家标准见表14-3、表14-4。

表14-3　GB/T 9756—2018《合成树脂乳液内墙涂料》技术指标
（1）底漆的要求

项目	底漆指标
在容器中状态	无硬块,搅拌后呈均匀状态
施工性	刷涂无障碍
低温稳定性(3次循环)	不变质
低温成膜性	5℃成膜无异常
涂膜外观	正常
干燥时间(表干)/h	≤2
耐碱性(24h)	无异常
抗泛碱性(48h)	无异常

（2）面漆的要求

项目	面漆指标		
	合格品	一等品	优等品
在容器中状态	无硬块,搅拌后呈均匀状态		
施工性	刷涂两道无障碍		
低温稳定性(3次循环)	不变质		
低温成膜性	5℃成膜无异常		
涂膜外观	正常		
干燥时间(表干)/h	≤2		
对比率(白色和浅色)	0.90	0.93	0.95
耐碱性(24h)	无异常		
耐洗刷性/次	350	1500	6000

表14-4　GB/T 9755—2014《合成树脂乳液外墙涂料》技术指标
（1）底漆的要求

项目	指标	
	I	II
在容器中状态	无硬块,搅拌后呈均匀状态	
施工性	刷涂无障碍	
低温稳定性	不变质	
涂膜外观	正常	
干燥时间(表干)/h	≤2	
耐碱性(24h)	无异常	
抗泛碱性	72h无异常	48h无异常
透水性/mL	≤0.3	≤0.5
与下道涂层的适应性	正常	

项目	指标
在容器中状态	无硬块,搅拌后呈均匀状态
施工性	刷涂两道无障碍
低温稳定性	不变质
涂膜外观	正常
干燥时间(表干)/h	≤2
耐碱性(48h)	无异常
耐水性(96h)	无异常
涂层耐温变性(3次循环)	无异常
耐洗刷性(1000次)	无异常
附着力/级	≤2
与下道涂层的适应性	正常

（3）面漆的要求

项目	指标		
	合格品	一等品	优等品
在容器中状态	无硬块,搅拌后呈均匀状态		
施工性	刷涂两道无障碍		
低温稳定性	不变质		
涂膜外观	正常		
干燥时间(表干)/h	≤2		
对比率(白色和浅色)	0.87	0.90	0.93
耐沾污性(白色和浅色)/%	20	15	15
耐洗刷性(2000次)	漆膜无损害		
耐碱性(48h)	无异常		
耐水性(96h)	无异常		
涂层耐温变性(3次循环)	无异常		
透水性/mL	≤1.4	≤1.0	≤0.6
耐人工气候老化性	250h 不起泡、不剥落、无裂纹	400h 不起泡、不剥落、无裂纹	600h 不起泡、不剥落、无裂纹
粉化/级	1	1	1
变色(白色和浅色)/级	2	2	2
变色(其他色)/级	商定	商定	商定

14.5 乳胶漆配方

14.5.1 经济型内墙乳胶漆

经济型内墙乳胶漆配方及工艺见表14-5。

表 14-5 经济型内墙乳胶漆配方及工艺

原材料	质量分数/%	功能	供应商
浆料部分			
去离子水	25.0		
Disponer W-18	0.2	润湿剂	Deuchem
Disponer W-511	0.6	分散剂	Deuchem
PG	1.5	抗冻剂、流平剂	Dow Chemical
Defom W-090	0.15	消泡剂	Deuchem
DeuAdd MA-95	0.1	胺中和剂	Deuchem

原材料	质量分数/%	功能	供应商
浆料部分			
DeuAdd MB-11	0.2	防腐剂	Deuchem
DeuAdd MB-16	0.1	防霉剂	Deuchem
250HBR(2%水溶液)	10.0	流变助剂	Hercules
BA0101 钛白粉(锐钛型)	10.0	颜料	
重质碳酸钙	16.0	填料	
轻质碳酸钙	6.0	填料	
滑石粉	8.0	填料	
高岭土	5.0	填料	

在搅拌状态下依序将上述物料加入容器搅拌均匀,调整转速高速分散至细度合格(50μm)后,再调整转速至合适状态下加入下述物料,搅拌均匀后过滤出料

配漆部分			
Defom W-090	0.15	消泡剂	Deuchem
Texanol	0.8	成膜助剂	Eastman
AS-398A	12.0	苯丙乳液	Rohm & Haas
去离子水	2.9		
DeuRheo WT-116(50%水溶液)	1.2	流变助剂	Deuchem
DeuRheo WT-204	0.1	流变助剂	Deuchem

用 DeuAdd MA-95 调整 pH 至 8.0~9.0

总量	100.0		

配方控制数据

项目	数据
黏度(KU)	92
触变指数(TI)	3.65
对比率	0.91
PVC/%	73
体积分数/%	51

注:Deuchem 为德谦(上海)化学有限公司。

内墙乳胶漆的乳液优选苯丙乳液。当颜基比高达 7.5 时,苯丙乳液仍可以耐擦洗 200 次以上,优于醋酸乙烯或纯丙共聚物乳液,而且苯丙乳液耐碱、干燥快、价格低,经济型内墙乳胶漆用苯丙乳液做基料,性价比最高。内墙乳胶漆可以用锐钛型钛白粉作主体颜料,为降低成本可以复合使用一些氧化锌和立德粉。若填料配伍恰当,填料也能起到增效作用,取代一部分钛白粉,填料最好使用两种以上,如重质碳酸钙、轻质碳酸钙价格便宜,滑石粉可以防止沉降和涂层开裂,硫酸钡有利于涂层耐磨性的提高。内墙乳胶漆的颜料体积浓度(PVC)值应接近而小于临界颜料体积浓度(CPVC)值,使基料用料最少,又使涂层具有一定的耐洗刷性。应当注意的是 PVC 值通常是实验测出来的,而并非是计算出来的。

14.5.2 高档内墙乳胶漆

高档内墙乳胶漆配方及工艺见表 14-6。

表 14-6　高档内墙乳胶漆配方及工艺

原材料	质量分数/%	功能	供应商
浆料部分			
去离子水	15.0		
Disponer W-18	0.2	润湿剂	Deuchem
Disponer W-511	0.6	分散剂	Deuchem
PG	2.0	抗冻剂、流平剂	Dow Chemical
Defom W-090	0.15	消泡剂	Deuchem
DeuAdd MA-95	0.2	胺中和剂	Deuchem
DeuAdd MB-11	0.1	防腐剂	Deuchem
DeuAdd MB-16	0.2	防霉剂	Deuchem
250HBR(2%水溶液)	5.0	流变助剂	Hercules
R902 钛白粉	14.0	颜料	
重质碳酸钙	14.0	填料	
滑石粉	6.0	填料	
高岭土	6.0	填料	

在搅拌状态下依序将上述物料加入容器搅拌均匀,调整转速高速分散至细度合格($50\mu m$)后,再调整转速至合适状态下加入下述物料,搅拌均匀后过滤出料

配漆部分			
Defom W-090	0.15	消泡剂	Deuchem
Texanol	1.2	成膜助剂	Eastman
2800	23.0	纯丙乳液	National starch & Chemical
去离子水	11.5		
DeuRheo WT-116(50%水溶液)	0.4	流变助剂	Deuchem
DeuRheo WT-202(50%PG 溶液)	0.2	流变助剂	Deuchem
DeuRheo WT-204	0.1	流变助剂	Deuchem
用 DeuAdd MA-95 调整 pH 至 8.0～9.0			
总量	100.0		

配方控制数据	
项目	数据
KU	95
TI	4.0
对比率	0.91
PVC/%	52.3
体积分数(NV)/%	51.5

14.5.3　经济型外墙乳胶漆

经济型外墙乳胶漆配方及工艺见表 14-7。

表 14-7　经济型外墙乳胶漆配方及工艺

原材料	质量分数/%	功能	供应商
浆料部分			
去离子水	8.0		
Disponer W-18	0.15	润湿剂	Deuchem
Disponer W-519	0.5	分散剂	Deuchem

原材料	质量分数/%	功能	供应商
浆料部分			
PG	2.0	抗冻剂、流平剂	Dow Chemical
Defom W-094	0.15	消泡剂	Deuchem
DeuAdd MA-95	0.1	胺中和剂	Deuchem
DeuAdd MB-11	0.1	防腐剂	Deuchem
DeuAdd MB-16	0.2	防霉剂	Deuchem
R902 钛白粉	18.0	颜料	
重质碳酸钙	16.0	填料	
滑石粉	6.0	填料	

在搅拌状态下依序将上述物料加入容器搅拌均匀,调整转速高速分散至细度($50\mu m$)合格,再调整转速至合适状态下加入下述物料,搅拌均匀后过滤出料

配漆部分			
Defom W-094	0.15	消泡剂	Deuchem
Texanol	2.0	成膜助剂	Eastman
2800	28.0	纯丙乳液	National starch & Chemical
去离子水	17.9		
DeuRheo WT-113(50%水溶液)	0.4	流变助剂	Deuchem
DeuRheo WT-202(50%PG 溶液)	0.25	流变助剂	Deuchem
DeuRheo WT-204	0.1	流变助剂	Deuchem

用 DeuAdd MA-95 调整 pH 至 8.0～9.0

总量	100.0

配方控制数据

项目	数据
KU	98
TI	2.68
对比率	0.91
PVC/%	48
NV/%	54

外墙乳胶漆的颜基比一般控制在 2.0～3.0,所对应的颜料体积浓度为 35%～45%,此时,所形成涂层的耐候性较好,但是颜基比也不应太低,否则,将影响涂层的透气性,阻碍潮气从基材中逸出,造成涂层鼓泡等病态。外墙乳胶漆用乳液应选择耐老化、耐水性好的乳液,为提高耐沾污性,乳液的玻璃化温度应高于室温,自交联型乳液、核-壳结构乳液、氟碳乳液、硅丙乳液是优秀的乳液产品,而苯丙乳液、醋丙乳液、叔醋乳液的户外性能较差,一般不应采用。所用颜填料也应注意其耐候性,钛白粉要选金红石(R)型,填料同内墙漆基本相同。

14.5.4 高档外墙乳胶漆
高档外墙乳胶漆配方及工艺见表 14-8。

表 14-8　高档外墙乳胶漆配方及工艺

原材料	质量分数/%	功能	供应商
浆料部分			
去离子水	8.0		
Disponer W-19	0.15	润湿剂	Deuchem
Disponer W-519	0.5	分散剂	Deuchem
PG	2.5	助溶剂	Dow Chemical
Defom W-094	0.15	消泡剂	Deuchem
DeuAdd MA-95	0.1	胺中和剂	Deuchem
DeuAdd MB-11	0.1	防腐剂	Deuchem
DeuAdd MB-16	0.2	防霉剂	Deuchem
R902 钛白粉	20.0	颜料	
重质碳酸钙	16.0	填料	
滑石粉	6.0	填料	

在搅拌状态下依序将上述物料加入容器搅拌均匀,调整转速高速分散至细度($50\mu m$)合格,再调整转速至合适状态下加入下述物料,搅拌均匀后过滤出料

配漆部分			
Defom W-094	0.15	消泡剂	Deuchem
Texanol	2.5	成膜助剂	Eastman
AC-261	35.0	纯丙乳液	Rohm & Haas
去离子水	7.85		
DeuRheo WT-113(50%水溶液)	0.2	流变助剂	Deuchem
DeuRheo WT-202(50%PG 溶液)	0.4	流变助剂	Deuchem
DeuRheo WT-204	0.2	流变助剂	Deuchem

用 DeuAdd MA-95 调整 pH 至 8.0~9.0

总量	100.0		

配方控制数据

项目	数据
KU	98
TI	3.0
对比率	0.93
PVC/%	43.5
NV/%	59.8

14.5.5　弹性拉毛乳胶漆

弹性拉毛乳胶漆配方及工艺见表 14-9。

表 14-9　弹性拉毛乳胶漆配方及工艺

原材料	质量分数/%	功能	供应商
浆料部分			
去离子水	9.5		
Disponer W-19	0.2	润湿剂	Deuchem
Disponer W-519	0.8	分散剂	Deuchem
PG	1.5	抗冻剂、流平剂	Dow Chemical
Defom W-094	0.3	消泡剂	Deuchem

原材料	质量分数/%	功能	供应商
浆料部分			
DeuAdd MA-95	0.2	胺中和剂	Deuchem
DeuAdd MB-11	0.1	防腐剂	Deuchem
DeuAdd MB-16	0.2	防霉剂	Deuchem
R902 钛白粉	12.0	颜料	
重质碳酸钙	16.0	填料	
滑石粉	6.0	填料	
云母粉	10.0	填料	

在搅拌状态下依序将上述物料加入容器搅拌均匀,调整转速高速分散至细度(50μm)合格,再调整转速至合适状态下加入下述物料,搅拌均匀后过滤出料

原材料	质量分数/%	功能	供应商
配漆部分			
Defom W-052	0.4	消泡剂	Deuchem
Texanol	1.5	成膜助剂	Eastman
2438	30.0	弹性乳液	Rohm & Haas
AC-261	10.0	纯丙乳液	Rohm & Haas
DeuRheo WT-113(50%水溶液)	0.5	流变助剂	Deuchem
DeuRheo WT-207(50%PG 溶液)	0.8	流变助剂	Deuchem
用 DeuAdd MA-95 调整 pH 至 8.0~9.0			
总量	100.0		

配方控制数据

项目	数据
KU	130
TI	7.0
PVC/%	48
NV/%	54

　　弹性乳胶漆是指能够形成弹性漆膜的乳胶漆,漆膜的弹性即其柔韧性、高的伸长率和回弹性。弹性乳胶漆用乳液的玻璃化温度至少应低于−10℃,拉伸强度要高,回弹性要好,而且要有一定的耐沾污性。

14.5.6　水性真石漆

水性真石漆配方及工艺见表 14-10。

表 14-10　水性真石漆配方及工艺

原材料	质量分数/%	功能	供应商
AD-15	16.0	无皂纯丙乳液	National starch & Chemical
去离子水	15.0		
Defom W-094	0.3	消泡剂	Deuchem
DeuAdd MB-11	0.1	防腐剂	Deuchem
DeuAdd MB-16	0.2	防霉剂	Deuchem
DeuAdd MA-95	0.2	胺中和剂	Deuchem
Texanol	1.6	成膜助剂	Eastman

原材料	质量分数/%	功能	供应商
DeuRheo WT-113(50%水溶液)	1.0	流变助剂	Deuchem
DeuRheo WT-207(50%PG溶液)	0.4	流变助剂	Deuchem
彩砂	65.2(不同目数)		
在搅拌状态下依序将上述物料加入容器,搅拌均匀,然后加入不同目数彩砂搅拌均匀后过滤出料			
总量	100.0		

真石漆是一种仿天然石材的涂料。涂料由乳液、不同粒度的石英砂骨料和助剂组成。涂层硬度很高,耐候性好,具有天然花岗石、大理石的逼真形态,装饰性强。砂粒尺度为20~180目,选3种不同粒度的砂粒复合使用,效果更好。

14.5.7 丝光涂料

丝光涂料配方及工艺见表14-11。

表14-11 丝光涂料配方及工艺

原材料	质量份	功能	供应商
去离子水	245.5		
ER-30M	3	羟乙基纤维素	Dow Chemical
DP-518	4	分散剂	Deuchem
DeuAdd MB-11	2	防腐剂	Deuchem
Defoamer 091	3	消泡剂	Deuchem
TR-92	200	钛白粉	
Omyacarb® 2(2μm)	80	碳酸钙	
在搅拌状态下依序将上述物料加入容器搅拌均匀,调整转速高速分散至细度(50μm)合格,再调整转速至合适状态下加入下述物料,搅拌均匀后过滤出料			
200号溶剂汽油	10		Deuchem
乙二醇丁醚	15		Deuchem
Defoamer 091	2		Deuchem
Acronal 296DS	417	乳液	BASF
WT-105A与丙二醇1:1预混合后加入	2		Deuchem
455	2	流平剂	Deuchem
AMP-95	适量	中和剂	Deuchem
用DeuAdd MA-95调整pH至8.0~9.0			

配方控制数据

项目	数据
KU	104
固含量/%	48
PVC/%	30
光泽(60°)/%	23
对比度/%	97

14.5.8 透明封闭底漆

透明封闭底漆配方及工艺见表14-12。

表14-12 透明封闭底漆配方及工艺

原材料	质量份	功能	供应商
去离子水	60		
250HBR(2%水溶液)	15.0	流变助剂	Hercules
DeuAdd MA-95	0.2	胺中和剂	Deuchem

原材料	质量份	功能	供应商
PG	2.0	抗冻剂、流平剂	
Defom W-094	0.1	消泡剂	Deuchem
Texanol	0.1	成膜助剂	Eastman
DeuAdd MB-11	0.05	防腐剂	Deuchem
DeuAdd MB-16	0.1	防霉剂	Deuchem
Acronal 296DS	30.0	苯丙乳液	国民淀粉

在搅拌状态下依序将上述物料加入容器,搅拌均匀,过滤出料

配方控制数据

项目	数据
黏度(涂-4 杯)/s	30
固含量/%	12.5
PVC/%	30
pH	8.8

透明封闭底漆应具有较低的黏度和极强的渗透力,因此乳液粒径要小,另外要有很好的耐水性和耐碱性。

14.5.9 遮盖型封闭底漆

遮盖型封闭底漆配方及工艺见表 14-13。

表 14-13 遮盖型封闭底漆配方及工艺

原材料	质量分数/%	功能	供应商
浆料部分			
去离子水	7.0		
Disponer W-18	0.5	润湿剂	Deuchem
250HBR(2%水溶液)	20.0	流变助剂	Hercules
Disponer W-519	0.5	分散剂	Deuchem
PG	2.0	抗冻剂、流平剂	Dow Chemical
Defom W-094	0.1	消泡剂	Deuchem
DeuAdd MA-95	0.1	胺中和剂	Deuchem
DeuAdd MB-11	0.1	防腐剂	Deuchem
DeuAdd MB-16	0.2	防霉剂	Deuchem
立德粉	10.6	颜料	
重质碳酸钙	21.5	填料	
滑石粉	15	填料	

在搅拌状态下依序将上述物料加入容器搅拌均匀,调整转速高速分散至细度合格,再调整转速至合适状态下加入下述物料,搅拌均匀后过滤出料

配漆部分			
Defom W-094	0.1	消泡剂	Deuchem
Texanol	0.6	成膜助剂	Eastman
Acronal 296DS	14.0	苯丙乳液	国民淀粉
去离子水	7.0		
DeuRheo WT-113(50%水溶液)	0.4	流变助剂	Deuchem
DeuRheo WT-202(50%PG 溶液)	0.2	流变助剂	Deuchem
DeuRheo WT-204	0.1	流变助剂	Deuchem
用 DeuAdd MA-95 调整 pH 至 8.0～9.0			
总量	100.0		

14.6 结语

目前，国内聚合物乳液的主要生产企业有上海陶氏、上海巴斯夫、中山联合碳化、国民淀粉、日出集团、巴德富、保利佳、昆山长兴及青岛贝特化工等公司。2018 年各大企业生产建筑涂料用乳液约 150 万吨，生产建筑乳胶漆约 600 万吨。

在当今提倡环境友好、低碳经济、节能减排的大环境下，随着人们生活水平的提高，对建筑涂料提出了更高要求，其发展方向是环保性、高装饰性和功能性，开发高质量的建筑涂料已成为当前涂料行业发展的重要课题。

第15章 金属涂料

15.1 概述

金属腐蚀是金属表面和周围环境中的介质发生化学或电化学反应，逐步由表及里，使金属材料受环境破坏，丧失其原有性能。粗略估计，每年因腐蚀而造成的金属结构、设备及材料的损失量，大概相当于当年金属产量的 20%～40%。

金属腐蚀有各种各样的分类。按腐蚀介质不同可以分为大气腐蚀、海水腐蚀、土壤腐蚀及化学介质腐蚀；按腐蚀过程的机理不同可以分为化学腐蚀和电化学腐蚀。对于涂料防腐蚀工作者来说，常常将腐蚀归纳为"湿蚀"和"干蚀"两类。湿蚀是在水或水汽的参与下，各种介质对金属的作用；干蚀则是指化学物质对金属的直接作用及高温氧化等。大气腐蚀、水及海水腐蚀、电解质腐蚀等都属于"湿蚀"。

防腐蚀涂层主要通过屏蔽、缓蚀、阴极保护作用使金属基材免受腐蚀。

（1）屏蔽作用 涂层的屏蔽作用在于使基材和环境隔离以免受其腐化，对于金属，根据电化学腐蚀原理，涂层下金属发生腐蚀必须有水、氧或离子存在，以及离子流通（导电）的途径。由此，为防止金属发生腐蚀，涂层需能阻挡水、氧以及离子透过涂层到达金属表面，所以，屏蔽效果取决于涂层的抗渗透性。

（2）缓蚀作用 在涂层含有化学防锈颜料的情况下，当有水存在时，从颜料中可解离出缓蚀离子，后者通过各种机理使腐蚀电池的一个电极或两个电极极化，抑制腐蚀进行。缓蚀作用能弥补屏蔽作用的不足，反过来屏蔽作用又能防止缓蚀离子的流失，使缓蚀效果稳定持久。

（3）阴极保护作用 涂层中如加入对基体金属能优先腐蚀的金属粉体，便能使基体金属免受腐蚀，富锌底漆对于钢铁的保护即在于此。

由上述防腐蚀涂层的作用来看，屏蔽作用要求涂层不渗透水、氧和离子，而缓蚀作用又要求有一定量的水，有的缓蚀颜料还需要有氧的存在。如要兼顾发挥两种作用，有时要考虑平衡，但抗渗透仍是防腐蚀涂层的基本要求。此外，任何情况下，均要求涂层耐久，耐久才能有实用价值。而要耐久，则涂层必须对环境介质稳定，对基体牢固附着，并对外加应力有相当的适应性。所以抗渗透性、对环境介质稳定、附着力和机械强度是对防腐蚀涂层的基本要求。

水对涂层的渗透认为是通过吸附、溶解、扩散、毛细管吸引的过程。前两者与作为漆基的高聚物中所含极性基因和可溶性成分有关，后两者与聚合物链节的活动性、涂层的孔度和浸出量（浸出增加孔度）有关。可溶成分和浸出物包括小分子单体、滞留溶剂和外来污染物，以及高聚物的降解物。涂层的孔度决定于涂层的针孔以及高聚物大分子之间和大分子内部存在的气孔。针孔来自不理想的施工，而气孔决定于高聚物的分子结构、交联密度和排列状态等，是涂层固有的。因此，涂层的渗透不可能绝对避免。颜料的加入能提高涂层的抗渗透性，颜料粒子不透水，它能填充管孔，延长渗透至基体金属的路程，涂层中颜料体积浓度小于临界颜料体积浓度时，水通过颜料粒子之间的基料渗透；大于此浓度时，便更快地通过颜料粒子之间的空隙扩散，故色漆的水渗透性决定于颜料的品种、用量、分散度和粒子的几何形状。如惰性的片状颜料在涂层中起着挡板的作用。此外，颜料-高聚物、颜料-高聚物-水、高聚物-基材之间的相互作用也对水的渗透有影响。

防腐蚀涂层对腐蚀介质的稳定性是指化学上既不被介质分解，也不与介质发生有害的反应；物理上不被介质溶解或溶胀。大多数防腐蚀涂层只用于中性至微碱性的含水介质和极性较低的有机溶剂中。但是，经过加强和加厚的涂层体系，也有能长期耐强腐蚀介质作用的。无机酸对涂层的作用主要是使涂层中高聚物的某些极性基团水解，在双键处发生加成反应和异构化，还能溶解和分解涂层中的颜料和添加剂，最终使涂层失去保护作用。有机酸由于对高聚物还具有溶胀和溶解作用而加速有害反应的进行，使侵蚀作用更为强烈。碱溶液的作用主要是水解，并与高聚物中的酸性基团成盐，使涂层更加亲水，甚至泡胀软化。水是最常遇到的腐蚀介质，除其本身对高聚物有水解和渗透破坏作用之外，还与存在的其他物质起协同破坏作用。盐溶液的破坏在于增大了离子浓度，而离子的渗透引起涂层电阻下降，有些离子如氯离子和硫酸根离子还会在膜底干扰缓蚀颜料的作用，促进涂层下金属腐蚀。从耐介质腐蚀性来看，碳链高聚物比杂链好。碳链上的氢原子被氟、氯原子取代更好。饱和度高、极性小的比含有双键和极性基团多的要好。

涂层要保护基体，必须在使用期间始终与基体牢固附着。除反应性底漆外，涂层的附着力主要靠分子间的物理吸引，称次价力或范德华力。其中以氢键吸引最强，但这类引力只有在分子级距离内才产生，故底漆应润湿性好，使其能与基体充分接触。使用过程中影响附着力的主要因素有以下两个方面。

① 涂层-金属界面上水的积聚　由于水对金属的亲和力大于一般高聚物对金属的亲和力，故水能插入其间，取代高聚物的吸附。界面水可能来自施工时金属表面原来吸附的水膜，会影响涂层原始强度；也可在使用中由涂层表面渗入或破损处进入，使附着力逐渐下降。

② 内应力的积累　由于固化后期溶剂挥发，使用过程中的进一步交联和小分子物浸出等因素使涂层体积收缩而形成内应力，在反复的冷热、干湿循环中，涂层和基体胀缩不一致使界面产生反复的相对位移也会形成破坏性应力。内应力积累至大于附着力，涂层便脱开。如小于附着力而大于内聚力，涂层便开裂。据测因体积收缩而形成的内应力可高达 $9.8 \times 10^3 kPa$，可见其影响之大。

内应力的形成与高聚物结构也有很大关系，低模量的柔软涂层能通过分子构象变化消除内应力，高交联的刚性涂层则不能。另外，片状或纤维状颜填料与高聚物间的微观开裂造成局部应力释放可以降低涂层内应力。

涂层的常规力学性能指标有硬度、柔韧性、耐冲击性、耐磨性等。从涂层为黏弹性体系考虑，则力学性能可综合地反映因外力而产生的变形大小，而力学性能又与温度相关，故在讨论如何使涂层长期适应所承受的外力时，首先应考虑应力-应变特性和玻璃化温度。

高聚物的力学性能受控于玻璃化温度（T_g），T_g 则取决于高聚物分子的结构，刚性分子链和高的次价键力可提高 T_g，颜填料的加入对 T_g 影响不大。

涂层应力-应变特性与高聚物的种类、颜填料种类和浓度有关。在颜填料浓度低于临界颜料体积浓度范围内，随着浓度提高，涂膜的拉伸强度提高而延伸性下降。涂膜的拉伸强度和伸长率能说明使用性能。低的伸长率和高的拉伸强度说明其硬而韧，预示耐磨性好；高的伸长率和低的拉伸强度说明其为柔软的弹性膜；而两者均高则为强韧的弹性膜。故在研制或选用防腐蚀漆时，应将应力-应变特性作为考核指标。

总之，上述对防腐蚀涂层性能的要求，相互间不免出现矛盾，如高度抗渗性和耐介质腐蚀要求采用低极性、结构规整、分子链刚性的树脂作基料，但牢固附着要求高极性，清除内应力要求无规结构和柔性链；提高颜料浓度（临界颜料体积浓度以下）也有利于抗渗而不利于弹性和耐磨耗等力学性能。另外，还会有技术与经济之间的矛盾。上述矛盾要求研制和选用需要全面考虑、分清主次，利用树脂改性和配方调整来恰当处理。

根据树脂结构，常用的金属涂料有氨基树脂涂料、醇酸树脂涂料、丙烯酸树脂涂料、环氧树脂涂料、聚氨酯涂料等；根据固化工艺，又可分为烘漆、自干漆等，自干漆有单、双组分之分。

15.2 单组分氨基烘漆

由具有氨基官能团的化合物与醛类（主要是甲醛）经缩合反应制得的树脂称为氨基树脂。涂料用氨基树脂主要是醇醚化的脲醛树脂、三聚氰胺甲醛树脂、苯鸟粪胺甲醛树脂（即苯代三聚氰胺树脂）以及它们的共聚树脂。

单纯将氨基树脂加热固化所生成的漆膜性脆，附着力差，无使用价值。通常将其与可以混溶且带有羟基官能团的其他树脂（如醇酸树脂、丙烯酸树脂、聚酯树脂和环氧树脂等）配伍制成加热后可相互交联的氨基烘漆使用，氨基树脂在其中起交联剂的作用。氨基树脂与醇酸树脂制成的醇酸氨基烘漆，硬度、光泽、丰满度、耐化学品性、耐水性等性能较好，价格较低。与聚酯树脂（或称无油醇酸树脂）配合，可制得保光、保色性等优良的高级白色或彩色烘漆。表 15-1 为美国氰特公司一些三聚氰胺树脂的技术指标。

表 15-1 美国氰特公司主要的三聚氰胺树脂

类别		牌号	醚化度	分子量	不挥发分/%	醚化用醇	溶剂
高醚化度	六甲氧基甲基三聚氰胺	Cymel 303	约 1.0	约 400	＞98	甲醇	
		Cymel 305	约 0.95	约 500	＞98	甲醇	
	高亚氨基	Cymel 325	约 0.9	约 650	80±2	异丁醇	异丁醇
		Cymel 1158	约 0.9	约 700	80±2	正丁醇	正丁醇
部分醚化		Cymel 370	约 0.75	约 400	80±2	异丁醇	异丁醇
		Cymel 380	约 0.6	约 800	80±2	异丁醇	异丁醇

脲醛树脂主要用于和醇酸树脂配制氨基醇酸烘漆，以提高漆膜的硬度和干性。与不干性醇酸树脂配合可制成酸催化氨基漆作为木材家具罩光之用，但耐候性、耐水性、保光性较差。它有如下特点：

① 价格便宜，原料充足。

② 脲醛树脂分子结构上含有极性氧原子，所以对物面附着力好，可用于底漆、中间层涂料，以提高底、面漆之间的结合力。

③ 由于用酸性催化剂时可在室温固化，可用于双组分木器涂料。

④ 以脲醛树脂固化的漆膜，挠曲性较好。

⑤ 脲醛树脂的黏度较大，酸值较高，贮存稳定性较差。

醚化改性的三聚氰胺甲醛树脂能溶于有机溶剂。它是用于氨基醇酸烘漆的主要氨基树脂。在硬度、光泽、丰满度、耐化学品性、耐水性和耐候性方面均很突出。

三聚氰胺分子上的一个氨氢被烃基团取代的化合物，称为烃基三聚氰胺。涂料工业中以苯基三聚氰胺应用最多。

苯鸟粪胺甲醛树脂由于分子结构中引进了苯环，降低了整个分子的极性，改善了它与其他树脂的混溶性，提高了漆膜的光泽度和附着力，但其漆膜容易泛黄，耐久性较低。

影响漆膜的主要因素有下列几种：

（1）容忍度对漆膜性能的影响　容忍度与氨基树脂的醚化程度和烷基的大小有关。烷基化程度高自缩聚少，固化交联密度高，漆膜耐水性能好。

（2）不同树脂组成对漆膜硬度的影响　甲基化的三聚氰胺树脂固化的漆膜一般比丁基化的硬度高。这与漆膜的固化程度有关。要提高漆膜硬度，除提高氨基树脂用量、使用催化剂或提高固化温度外，还应考虑能进行自缩聚的树脂，如亚氨基含量高的甲基化三聚氰胺树脂。

（3）溶剂对氨基漆贮存稳定性的影响　氨基烘漆都需要加入起稳定作用的醇或有机胺。丁基化的树脂如果丁醇含量不足，丁氧基脱落后再醚化就不容易。随着贮存期增加，氨基漆黏度逐渐上升直至成胶。为了不影响贮存稳定性，溶剂中丁醇用量不宜低于三聚氰胺树脂的40％。甲基化的树脂可加入甲醇或乙醇来改善贮存稳定性。加有机胺可以控制 pH，以防止pH 下降（醇酸树脂中的游离酸等）对交联的催化。

（4）耐湿热、耐洗涤剂和耐盐雾性能的影响　氨基漆的耐水性受各方面因素的影响。漆膜的固化程度、交联密度、附着力和吸水性均影响漆膜的耐水性。高烷基化的树脂需要酸性催化剂来催化固化，催化剂的用量和品种亦影响着漆膜耐水性，一般选用带憎水基的磺酸。树脂官能度大，自缩聚少，交联密度高，漆膜耐水性就好。若部分烷基化或高亚氨基含量的树脂，如配合恰当酸性的醇酸树脂，就不必外加催化剂，在湿热条件下亦不易起泡。

若把固化温度提高到150℃，各种三聚氰胺树脂的耐潮性能均能提高，完全烷基化的树脂耐洗涤剂性能更好。而丁基化高亚氨基的树脂有较好的耐盐雾性能。

（5）室外耐久性能的影响　三聚氰胺甲醛树脂具有良好的耐候性，甲基化的要优于丁基化的。

三种不同品种氨基树脂漆的性能对比见表 15-2。

表 15-2　三种不同品种氨基树脂漆性能比较

品种	脲醛树脂	三聚氰胺甲醛树脂	苯鸟粪胺甲醛树脂
加热固化温度/℃	100～180	90～250	90～250
固化后漆膜硬差	小	大	大
柔韧性、附着力	柔韧好，附着优	较硬、脆，附着优	硬，韧，附着优
耐水、耐碱性	差	好	好
耐溶剂性	差	好	好
光泽	差	好	最好
户外耐久性	差	好	差
涂料稳定性	较好	好	好
使用对象	底漆	外用面漆	内用面漆
价格	低	高	高

15.2.1　丙烯酸型氨基烘漆

丙烯酸树脂以 C—C 键为主链，有着非常好的耐氧化性、耐酸碱性和耐水解性。另外，丙烯酸树脂的合成单体众多，力学性能如延伸性、硬度、韧性等可以在较广范围调节。随着侧链的增长，丙烯酸树脂的拉伸强度和硬度会有明显下降，而伸长率和柔软性明显增加。聚甲基丙烯酸酯因为其 α-位存在甲基，对 C—C 主链旋转运动起到较大限制。聚丙烯酸酯中不存在 α-甲基，每个链都能够围绕主链进行旋转运动，这也是聚甲基丙烯酸酯硬度和拉伸强度好，柔软性和延伸性较聚丙烯酸酯差的原因。

丙烯酸酯涂料的性能集中在以下几个方面：

① 有着非常好的光泽，可以制成水白色清漆或者是纯白色的白磁漆；

② 耐光性非常好，在紫外线照射下不会黄变或者发生分解，可以长时间维持原有色泽；

③ 能够制备中性涂料，与铝粉和铜粉等混合，具有同金、银一样的色泽，抗酸碱腐蚀，耐油脂；

④ 能够长期贮存，不会发生变质等情况。

丙烯酸漆干燥快，附着力好，耐热性、耐候性好，具有较好的户外耐久性，可在较低气温条件下应用。丙烯酸漆主要用于钢材、铝材、非金属材料等。

丙烯酸漆包括：单组分（热塑性、热固性）丙烯酸树脂漆和双组分（室温交联固化型）丙烯酸树脂漆。

单组分热塑性丙烯酸树脂漆的固体含量和漆膜性能较低，烘干的单组分热固性和室温双组分交联固化型的漆膜性能更好。但是双组分丙烯酸树脂漆的使用比较麻烦，需要兑入固化剂，并且有一定的施工期。

丙烯酸树脂与氨基树脂交联固化形成不熔、不溶的网状大分子漆膜，对金属基材起保护及装饰作用，以其为基础的涂料称为丙烯酸型氨基烘漆。由于所用的丙烯酸树脂分子量较低，体系黏度较低，可以制成高固体分的涂料，从而提高涂膜的丰满度，降低 VOC 含量。

丙烯酸树脂与氨基树脂的交联反应是通过树脂侧链上带有可与氨基树脂反应或自身反应的活性官能团进行的。共聚合反应合成丙烯酸树脂时可以采用不同的活性官能单体，这样树脂侧链上就带有不同可供交联的官能团。

丙烯酸树脂可分为"自反应"与"潜反应"两大类，前者单独或在微量催化剂存在下，侧链上的活性官能团自身之间发生反应交联成网状结构的聚合物。后一类的活性官能团自身间不会反应，但可以与添加的交联剂（或固化剂）上的活性官能团反应，由交联剂搭桥进行交联从而形成网状结构的聚合物。这类交联剂应至少具有两个活性官能团，不同的侧链活性基团各有不同的交联体系，要求不同的温度、催化剂（或不用催化剂）。表 15-3 为常用的热固性丙烯酸树脂交联反应类型。

表 15-3　常用热固性丙烯酸树脂交联反应类型

侧链官能团	官能单体	交联类型及交联反应物质
羟基	（甲基）丙烯酸羟烷酯	与烷氧基氨基树脂加热交联
羟基	（甲基）丙烯酸羟烷酯	与多异氰酸酯室温交联
羧基	（甲基）丙烯酸、顺丁烯二酸酐或衣康酸（亚甲基丁二酸）	与烷基氨基树脂加热交联或与环氧树脂加热交联
环氧基	（甲基）丙烯酸缩水甘油酯	多元羧酸或多元胺交联或催化加热自交联
N-羟甲基或烷甲氧基酰氨基	（甲基）丙烯酰胺（羟甲基化或再用醇醚化）	加热自交联,与环氧树脂加热交联,与烷氧基氨基树脂加热交联

丙烯酸树脂羟基与烷氧基氨基树脂的交联反应机理与醇酸氨基系统基本相同。固化所需烘烤条件为 120～130℃、1h 或在 140℃左右、20～30min，如在共聚物分子中引入一些羧基或外加酸性催化剂则可缩短烘烤时间或降低烘烤温度。羧基的存在一方面催化了羟基与氨基树脂的交联，另一方面它本身也能与氨基树脂的烷氧基交联反应。反应如下：

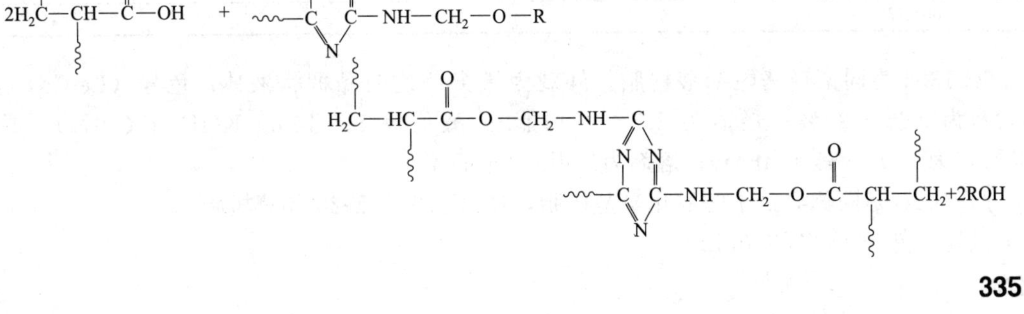

羟基丙烯酸酯树脂氨基烘漆固化温度较低，但也有在高达 200℃烘烤条件下迅速固化而不影响光泽及色泽的产品，它具有较好的硬度、耐候性、保光性、保色性、附着力、挠曲性及耐水性，应用很广，占各类热固性丙烯酸涂料总产量的 70% 以上，应用最多的是轿车工业。轻工、家电产品上也多有应用。

配制丙烯酸烘漆所用的氨基树脂为醚化了的三聚氰胺甲醛树脂，其典型的结构式如下：

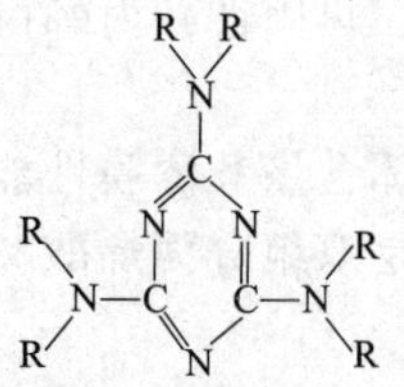

结构中 R 可能是羟甲基（—CH$_2$OH）、甲氧基甲基（—CH$_2$OCH$_3$）或丁氧基甲基（—CH$_2$OC$_4$H$_9$），这使氨基树脂与丙烯酸树脂之间的交联反应变得非常复杂。羟甲基、甲氧基甲基及丁氧基甲基均可与丙烯酸树脂上的羟基或羧基反应，而亚氨基（—NH）则可以与氨基树脂上的羟甲基反应。此外，羟甲基与另一个羟甲基之间也可能反应。

目前，部分醚化的丁氧基甲基三聚氰胺树脂在国内应用较多，其品种的醚化程度不同。高醚化度品种反应较慢，硬度较低但柔韧性较好，甲氧基甲基的品种目前市售的多为高醚化度品种，但一般均不易达到 6 个甲氧基，其甲氧基个数常在 5～6 之间，羟甲基含量很低，固化需要较高温度或采用催化剂，应用此种树脂制造丙烯酸烘漆可以依赖其低黏度以生产高固体分涂料，漆膜具备更为优异的附着力、柔韧性、冲击强度及抗划伤性能，从而提高漆膜物性，但要求高温烘烤为其主要缺点，常用添加酸性催化剂方法来克服。国外目前发展了一些部分醚化成三甲氧甲基的品种，减少污染并加速固化，国内也有批量生产。

三聚氰胺树脂与丙烯酸树脂反应时，为了降低烘烤温度及加速固化速度，常采用催化剂，催化剂的加入对降低固化温度的效果非常明显，通常可达到降低 30～60℃的效果。羟基与氨基树脂交联反应常采用酸性催化剂，常用对甲苯磺酸，也可使用壬基萘磺酸、十二烷基苯磺酸、马来酸丁酯、磷酸氢丁酯及磷酸羟基酯。催化效果一般随催化剂的酸性不同而变，同时也随催化剂用量的多少而变。

热固性丙烯酸树脂氨基涂料由丙烯酸共聚树脂、醇醚化三聚氰胺甲醛树脂、颜料、溶剂和助剂等组成。氨基丙烯酸涂料形成的涂膜坚硬，附着力、保光性、保色性优良，过度烘烤涂膜不变色，具有优异的耐候性和力学性能，耐化学品性突出。适用于家用电器、仪器、仪表和医疗器械等金属制品装饰性涂装。表 15-4 和表 15-5 是示例配方。

表 15-4　黑色氨基丙烯酸烘漆

组成	质量份	组成	质量份
AC1365（羟基丙烯酸树脂）	40.0	BYK-310（流平剂）	0.20
炭黑	5.00	正丁醇	5.00
MF566B	18.0	二甲苯	7.80
1001X75	5.00		

AC1365 为同德羟基丙烯酸树脂。外观为微黄色透明黏稠状液体；色号（Fe-Co）≤1；固含量为（65±2）%；羟值为 2.5%（树脂）；酸值为 8～10mg KOH/g（60%）；黏度（30℃）为 4000～5000mPa·s；溶剂为二甲苯/异丁醇。

MF566B 是同德异正丁醇醚化氨基树脂，1001X75 为 E-20 环氧树脂。

烘烤条件为 150℃/30min。

表 15-5　氨基丙烯酸白色烘漆

组成	质量分数/%	功能	供应商
AC1260	10.70	热固性丙烯酸树脂	能达化学
BYK-163	0.60	分散剂	毕克化学
SD-1	0.70	有机膨润土(防沉剂)	海明斯
AWP-1	6.70	三聚磷酸铝(防锈填料)	
R-930	11.40	钛白颜料	石原
S-150	1.80		
正丁醇	1.80		
二甲苯	1.80		
丁酯	1.80		
按顺序加料,高速搅拌预分散20min,砂磨至细度≤20μm			
AC1260	33.40	热固性丙烯酸树脂	能达化学
CY325	12.70	氨基树脂	氰特
671X-75	3.40	环氧树脂	陶氏化学
BYK-310	0.10	流平剂	毕克化学
ADP	1.40	密着剂	德谦化学
DBE	2.30		
正丁醇	4.00		
二甲苯	2.70		
S-150	2.70		
按顺序加料,中速搅拌分散30min			
开油比例为白色漆：稀释剂＝10∶5			

AC1260为能达化学（鹤山）公司生产的热固性丙烯酸树脂。外观为清澈、透明黏稠液体；固含量为 $60\% \pm 2\%$；色号（Fe-Co）为1；酸值＜10mg KOH/g（60%）；黏度为 $2500 \sim 5000$ mPa·s；溶剂为二甲苯/丁醇。

底材为马口铁（打磨），烘烤条件为 $150℃/25$ min，膜厚 $25\mu m$。

涂膜性能指标见表 15-6。

表 15-6　涂膜性能指标

项目	指标	检验方法
涂膜外观及颜色	涂膜光滑平整	GB/T 9761—2008
光泽(60°)	≥87	GB/T 9754—2007
硬度(中华铅笔)	2H	GB/T 6739—2006
附着力(划格法)	100/100	GB/T 9286—1998
冲击强度/kg·cm	≥50	GB/T 1732—2020
柔韧性/mm	1	GB/T 1731—2020
耐酸性	合格	0.1mol/L NaOH,24h
耐碱性	合格	0.05mol/L H_2SO_4,48h
耐水性(40℃×48h)	合格	GB/T 1733—1993
耐湿热性(120h)	合格	GB/T 1740—2007
耐汽油性(24h)	合格	GB/T 1734—1993
耐热性(180℃×2h)	合格	GB/T 1735—2009
耐盐雾(120h)	合格	GB/T 1771—2007
耐混合二甲苯	合格	3/2(二甲苯/丁醇)往复擦8次
贮存稳定性	半年	GB/T 6753.3—2007
耐候性(500h)	合格	GB/T 1865—2009

15.2.2　醇酸型氨基烘漆

醇酸树脂在各类涂料中是综合性能较为平衡的树脂品种之一，也是用于氨基烘漆中的主要树脂。

15.2.2.1 氨基烘漆用醇酸树脂

氨基烘漆用醇酸树脂以短油度为宜，它赋予漆膜硬度、附着力和光泽。

氨基烘漆用醇酸树脂的改性油品以半干性油和不干性油较为恰当，用豆油、椰子油、花生油、茶油、蓖麻油、脱水蓖麻油以及十一烯酸等合成脂肪酸等均能制成各类氨基烘漆用醇酸树脂。白色漆和清漆以不干性油为主。干性油改性醇酸树脂不适宜生产氨基烘漆，因为它高温变色，使漆膜泛黄。

氨基烘漆中醇酸树脂合成所用多元醇以甘油较为普遍，季戊四醇因生产短油度醇酸树脂时很难掌握，容易胶凝。同时漆膜易泛黄，经不起高温烘烤，故很少使用。除甘油外，三羟甲基丙烷和三羟甲基乙烷在烘漆中使用的醇酸树脂中发展很快。三羟甲基丙烷含有三个伯羟基，反应速率比甘油快，黏度低，制得的漆膜性能比甘油醇酸树脂好，特别是漆膜硬度、耐水性和耐久性均有特殊表现，特别适用于外用的自行车和商用车用漆。

15.2.2.2 氨基树脂和醇酸树脂的配伍

在氨基醇酸烘漆中氨基树脂和醇酸树脂的配伍相当重要，两者配伍得当与否对漆膜的质量有很大影响。在氨基树脂中使用最多的是丁醇改性三聚氰胺甲醛树脂，其他氨基树脂品种可根据制漆性能的需要加以选用。

三聚氰胺树脂赋予漆膜硬度、光泽等性能，醇酸树脂赋予漆膜弹性和附着力等性能。要根据醇酸树脂的油度长短、油的种类、对漆膜的质量要求等多种因素综合考虑它们之间的配比。一般认为白色及浅色烘漆以及半平光烘漆等由于颜料分比较高，氨基比例（氨基和醇酸之比例）可以适当低些，深色漆可以高些。又如透明红、蓝、绿等，由于使用醇溶性颜料或颜料含量极低，因此配方和清漆相仿，氨基比例可以高一些。总之，氨基树脂用量必须根据成本和质量进行平衡。

在三聚氰胺树脂和醇酸树脂的配伍中要注意两种树脂的混溶性。混溶性不好表现在漆膜的光泽上，特别是白色及浅色漆颜料分量高的品种，更为突出。

高醚化程度，泛指树脂容忍度在10以上，该氨基树脂与干性油醇酸树脂或半干性油醇酸树脂较为亲和，使形成的漆膜有较高的光泽和丰满度。

低醚化程度，泛指树脂容忍度在10以下，该氨基树脂与不干性油醇酸树脂亲和。氨基树脂与不干性油醇酸树脂配伍不良，烘干后有白雾或光泽差。除可能是树脂分子量过大外，主要是树脂内含丁氧基基团太多即醚化程度太高所致。

15.2.2.3 氨基醇酸烘漆配方

有光氨基醇酸烘漆保光、保色性较好，钛白粉最好用金红石型的，但如是内用的也可以用锐钛型的，用量可以在25%～30%之间。为了减少白漆泛黄和大红避免金光，烘烤温度都要求较低些，一般在100℃左右烘2h。为了使漆膜硬度能达到要求，氨基树脂用量要稍多些，有时还要加入少量锰催干剂。表15-7～表15-9为一些参考配方。

表 15-7　氨基醇酸烘漆清漆配方

原料	质量份	原料	质量份
TY509-70(醇酸树脂)	67.00	BYK-141(消泡剂)	0.20
CYMEL-303(氨基树脂)	22.4	丁醇	2.00
BYK-450(催化剂)	0.20	二甲苯	8.00
BYK-310(流平剂)	0.20		

BYK-450为溶剂型和水性涂料用封闭型酸催化剂。此助剂可以促进氨基树脂与含羟基树脂的交联，特别是 HMMM 型低反应性三聚氰胺甲醛树脂需要一种促进剂来降低固化温

度或减少烘烤时间。

TY509-70 为佛山田宇化工有限公司生产的蓖麻油醇酸树脂。固含量为 70％±2％；色号（Fe-Co）为 3；酸值≤12mg KOH/g；羟值为（80±10）mg KOH/g（树脂，理论值）；黏度为 50～80s（格式管，25℃）。

烘干条件为 150℃/30min。

表 15-8　氨基醇酸白色烘漆配方

原料	质量份	原料	质量份
TY509-70(醇酸树脂)	47.20	BYK-450(催化剂)	0.20
CYMEL-303(氨基树脂)	22.40	BYK-310(流平剂)	0.20
BYK-163(分散剂)	0.50	BYK-141(消泡剂)	0.20
BENTONE38(防沉剂)	1.00	二甲苯	6.00
R902 钛白粉	25.00	丁醇	4.00
CYMEL-303(氨基树脂)	15.70		

烘干条件：150℃/30min。

表 15-9　各色氨基醇酸烘漆配方（质量份）

原料	白色	大红	黑色	中黄	淡灰
AK2017(35％油度豆油酸醇酸树脂,70％)	40.00	48.0	50.0	42.00	44.00
EFKA4310(分散剂)	0.30	0.15	0.10	0.30	0.25
钛白粉	20.0				20.0
大红粉		8.00			
炭黑			3.20		0.500
中铬黄				24.0	0.600
酞菁蓝					0.200
MF582A(氨基树脂)	20.00	20.00	20.00	20.00	20.00
BYK-310(流平剂)	0.300	0.500	0.500	0.300	0.300
环烷酸锰液(4％金属锰含量)		0.200	0.200		
丁醇	10.00	10.00	10.00	15.00	10.00
二甲苯	29.40	23.00	17.40	30.20	22.40

稀释剂：二甲苯：乙酸丁酯：乙酸乙酯：异丁醇＝30：30：20：20。

调漆配比：色漆：稀释剂＝1：0.5。AK2017 为同德化工生产的豆油酸短油度醇酸树脂。固含量为 70％±2％；色号（Fe-Co）≤3；酸值≤12mg KOH/g；油度为 35％，羟值为（90±10）mg KOH/g（树脂，理论值）；黏度为 15000～30000mPa·s（30℃）；溶剂为二甲苯。

MF582A 为同德化工生产的正丁醇醚化三聚氰胺甲醛树脂。外观为清澈透明液体，固含量为 60％±2％；色号（Fe-Co）≤1；酸值≤1mg KOH/g；黏度为（120±20）s（25℃）；容忍度为 3～7（与 200 号溶剂油）；溶剂为二甲苯/正丁醇。

烘干条件：150℃/30min。

因为豆油醇酸树脂是半干性油醇酸树脂，需要醚化度较高的氨基树脂才能有较好的混溶性，以保证漆膜有较好的光泽和外观，所以使用醚化度较高的三聚氰胺甲醛树脂，醇酸树脂常用二甲苯溶解。

浅色漆一般都用酞菁蓝、酞菁绿、喹吖啶酮红等配色，以求达到较好的保色性和较鲜艳的色彩。

加些硅油溶液是为了改善漆膜外观、流平性，并改善复色漆的浮色、发花现象，用量都控制在 0.5％（以溶液计）以下。

在半光、无光漆中为了保持漆膜性能，总是希望在能达到消光要求的情况下体质颜料尽可能少用。体质颜料含量多，相对的树脂含量就少，漆膜表面较粗糙。在半光和无光漆中可采用气相二氧化硅作消光剂，由于气相二氧化硅颗粒的团聚微粒小，形成的漆膜表面特别光滑，可提高半光和无光漆的外观质量。

15.2.3 聚酯氨基烘漆

由多元醇与多元酸（酐）合成的聚酯树脂（或称无油醇酸树脂）可和三聚氰胺甲醛树脂、苯代三聚氰胺甲醛树脂等交联固化成膜。

聚酯氨基烘漆较醇酸氨基烘漆不易氧化、水解和黄变。漆膜有更好的光泽、丰满度，不沾污和附着力强等力学性能。

家用电器等轻工产品要求漆膜不但有良好的耐候性和保光、保色性等优良性能，还要求较高的装饰性：要求漆膜光亮、丰满和快干等特点。为了满足上述要求，应采用耐晒牢度高、色彩鲜艳的有机颜料，如稳定型 BS 酞菁蓝和 G 酞菁绿、双偶氮大分子 R 大红、4GL黄等高级颜料，钛白粉以金红石型为主，为提高黑色漆黑度，必须采用色素或特黑炭黑。溶剂使用酮、醇、醚类混合有机溶剂，为保证大面积施工的流平性，常需要加入适量高沸点溶剂。聚酯氨基白烘漆配方见表 15-10。

表 15-10　聚酯氨基白烘漆配方

组成	质量份	组成	质量份
SK 9340	48.00	BYK-310（流平剂）	0.30
SK 5710	17.00	BYK-P104S（润湿分散剂）	0.20
钛白粉（金红石型）	23.00	丁醇	4.00
二甲基乙醇胺	0.20	二甲苯	7.50

SK 9340 为上海帅科化工有限公司生产的聚酯多元醇，漆膜色浅、耐化学品性好，具有一定的耐油、耐溶剂性；漆膜硬度高且具有极好的耐冲击性，漆膜耐候性、抗黄变性优异，180℃高温烘烤无黄变。制成漆流平性优异，施工适应性好，可喷涂、辊涂。特别适用于高光、半光、哑光有色面漆及罩光漆、卷钢漆，亦适用于需要高填充性、抗冲击、易打磨的中涂漆。本品对钢铁制品附着力优异。其性能指标如表 15-11 所示。

表 15-11　性能指标

外观	色号（Fe-Co）	酸值/(mg KOH/g)	固含量/%	黏度（格式管,25℃）/s
微黄透明黏稠状液体	≤1	≤10	70±2	4～15

SK 5710 为上海帅科化工有限公司低甲醚化三聚氰胺树脂，其规格如表 11-12 所示。

表 15-12　SK 5710 规格

外观	挥发物	色号（Fe-Co）	游离醛/%	非挥发物/%	醚化剂	黏度/Pa·s
无色透明液体	异丁醇	≤1	≤2	80±2	甲醇	1.5～7

15.3　单组分自干漆

单组分自干漆的成膜树脂主要有干性（或半干性）长油（或中油）度醇酸树脂和热塑性丙烯酸树脂。醇酸树脂自干漆产量大，用途广，性价比高。

15.3.1 醇酸自干漆

以醇酸树脂为主要成膜物质制成的清漆或者色漆，在常温下可自然干燥成膜，成膜过程中的氧化交联使涂膜具有一定的交联密度，称为醇酸自干漆。醇酸自干漆可细分为清漆和色漆两大类。

15.3.1.1 醇酸树脂清漆

醇酸树脂清漆由干性、半干性中或长油度醇酸树脂溶于适当溶剂，加入催干剂等助剂，经过滤净化制成。溶剂中可加一些松节油、二甲苯以增加清漆的稳定性，适当地添加防结皮剂防止在罐内结皮（松节油亦有防结皮作用）。催干剂要在室温下加入，避免胶化。催干剂的种类与用量视干率要求而定，锌皂可以减轻起皱并使漆膜"开敞"，便于干透，过多则影响附着力；铅皂可促使漆膜干透，但在醇酸树脂漆料中与游离的苯二甲酸酐结合成铅盐析出而使清漆浑浊，有时非常严重。所以在清漆中使用铅催干剂应特别慎重，用量也要很少。也可以采用钴、钙两种催干剂配合使用代替铅催干剂。表 15-13 和表 15-14 是两例醇酸清漆配方。

醇酸树脂清漆漆膜光亮、丰满，施工性好，但由于以聚酯链为主链，还有残留的羟基与羧基，所以耐水性稍差。

表 15-13　醇酸清漆配方 1

组成	质量份	组成	质量份
TY802-55(醇酸树脂)	86.30	防结皮剂	0.10
萘酸钴(催干剂)	1.60	BYK-141(消泡剂)	0.20
萘酸钙(催干剂)	0.80	BYK-306(流平剂)	0.20
萘酸锰(催干剂)	0.80	200 号溶剂油	10.00

TY802-55 为佛山田宇化工有限公司生产的豆油酸长油度醇酸树脂。外观为淡黄色透明黏稠液体；固含量为 55%±2%；色号（Fe-Co）为 8；酸值≤8mg KOH/g（60%）；黏度为 7000～8500mPa·s。

表 15-14　醇酸清漆配方 2

组成	质量份	组成	质量份
AK2960F(醇酸树脂)	71.84	甲苯	2.88
CQ88A(复合催干剂)	2.16	二甲苯	8.62
KL-841(防结皮剂)	0.14	200 号溶剂油	15.36

稀释剂：二甲苯：甲苯：乙酸丁酯：乙酸乙酯＝40：20：20：20。

调漆配比：油漆：稀释剂＝1：（0.5～1）。

AK2960F 为同德化工豆油酸长油度醇酸树脂。其技术指标为：外观是黄色透明黏稠液体；固含量为 60%±2%；色号（Fe-Co）≤8；油长为 55%；黏度为 20000～50000mPa·s；溶剂为 D40。

15.3.1.2 醇酸树脂色漆

醇酸树脂色漆大致可分为磁漆、半光漆、底漆（打底漆、防锈漆）、腻子等。设计醇酸树脂色漆配方应注意：①颜料的颜色、遮盖力、粒度、形状、分散性、吸油量、堆密度、防腐（锈）性、耐光、耐热、耐水、耐溶剂（渗色）性、耐化学品性等；②醇酸树脂的油类、油度、固体分、溶剂类型和含量、黏度、酸值对颜料的润湿性、保光性、保色性、耐光、耐热和耐候性，耐水和耐化学品性的影响等；③催干剂及其他助剂；④漆膜的颜色、遮盖力、光亮度、平整度、硬度、柔韧性、耐冲击性、耐磨损性、附着力、耐潮气和气体透入性、防腐（锈）性、耐光性、保色性、耐水性、耐化学品性、户外耐久性。

磁漆是醇酸树脂漆中的主要品种，由醇酸树脂与颜料（不加或加极少量填料）组成，PVC 为 3%～20%，具有非常好的装饰性，用于面漆。室温干燥快，漆膜坚硬，具有良好的光泽、附着力、耐汽油和润滑油性及良好耐候性，既可在常温干燥，也可烘干，主要用于金属表面，如机械部件、农机具、钢铁设备，也涂于木器表面。

表 15-15 和表 15-16 为醇酸磁漆和面漆配方。

表 15-15　各色醇酸树脂磁漆配方（质量份）

组成	黑	红	绿	浅灰	天蓝
醇酸树脂种类	长油度	长油度	长油度	长油度	长油度
TY 802-55(醇酸树脂,55%)	83.65	77.38	70.00	66.51	66.64
BYK-163(分散剂)	0.57	0.58	0.58	0.57	0.47
BENTONE 38(防沉剂)	0.95	0.97	0.97	0.95	0.95
炭黑(硬质)	1.90	—	—	—	—
二氧化钛(金红石型)	—	—	—	18.24	17.82
柠檬黄	—	—	11.04	0.37	—
铁蓝	—	—	2.32	0.19	1.14
炭黑(软质)	—	—	—	0.24	—
甲苯胺红	—	7.76	—	—	—
中铬黄	—	—	1.84	—	—
萘酸钴(8%)	1.52	1.55	1.55	1.52	1.52
萘酸钙(4%)	0.76	0.78	0.77	0.76	0.76
萘酸锰(4%)	0.76	0.78	0.77	0.76	0.76
BYK-141(消泡剂)	0.19	0.19	0.19	0.19	0.19
BYK-306(流平剂)	0.11	0.19	0.19	0.19	0.19
防结皮剂	0.11	0.12	0.10	0.10	0.10
200 号溶剂油	9.48	9.70	9.68	9.50	9.45
PVC/%	2.1	12.2	9.0	15.5	15.0

表 15-16　醇酸树脂黄色面漆配方

组成	质量份	组成	质量份
AK2960F 醇酸树脂	50.00	甲苯	2.00
中铬黄	22.00	二甲苯	5.90
1250 目重质碳酸钙	15.00	200 号溶剂油	5.00
EFKA 4310(分散剂)	0.50	合计	100
CQ88A(催干剂)	1.50	PVC/%	22
KL-841(防结皮剂)	0.10		

稀释剂：二甲苯：甲苯：乙酸丁酯：乙酸乙酯＝40：20：20：20。

调漆配比：油漆：稀释剂＝1：(0.5～1)。

室内用具、仪器仪表等不需较高的光泽以免刺激视力，需要半光或无光漆。降低漆膜的光泽有两种方法，一是增大 PVC，即多加颜料和填料使漆膜表面产生散射而起消光效果；二是使用消光剂，如白炭黑。表 15-17、表 15-18 是常用的半光、无光醇酸树脂漆的配方。

表 15-17　醇酸树脂半光漆配方（质量份）

配方	颜色		
	白	中灰	草绿
醇酸树脂种类	长油度	长油度	长油度
TY 802-55(醇酸树脂,55%)	33.07	37.77	37.94
BYK-2050	0.23	0.24	0.24
二氧化钛(金红石型)	11.77	7.00	—
铁蓝	—	—	0.79
炭黑(软质)	—	0.54	0.51
深铬黄	—	—	5.83
沉淀硫酸钡	15.46	17.23	17.26
滑石粉	1.54	1.73	1.73
白炭黑	2.48	2.74	2.76
环烷酸钴(10%)	0.67	0.69	0.69
环烷酸锌(4%)	0.34	0.35	0.34
环烷酸钙(4%)	0.34	0.35	0.34
环烷酸锰(4%)	0.11	0.10	0.10
二甲苯	16.80	17.20	17.20
松节油	15.45	10.35	10.35
重芳烃	6.04	3.75	3.80
PVC/%	30	27	27

表 15-18 醇酸树脂无光磁漆配方（质量份）

配方	颜色	
	白	黑
醇酸树脂种类	长油度	长油度
AK2960F(醇酸树脂,60%)	25.10	24.83
二氧化钛	20.93	—
群青	0.200	—
炭黑(硬质)	—	1.95
轻质碳酸钙	8.37	—
滑石粉	10.46	15.20
沉淀硫酸钡	—	23.94
CQ88A(催干剂)	0.84	0.89
200 号油漆溶剂油	20.92	20.74
二甲苯	15.23	15.41
PVC/%	45	50

　　底漆因直接与底材接触，要求本身有很好的力学强度，并对底材有好的附着力。底漆配方设计成高的 PVC，使呈半光或无光，以便与面漆能较好地结合，又可加入防锈颜料如红丹、铬酸锌起打底和防锈双重作用。表 15-19、表 15-20 为铁红醇酸树脂底漆和红丹醇酸树脂防锈底漆配方。

表 15-19　铁红醇酸树脂底漆配方

原料	质量份	原料	质量份
AK2960F(醇酸树脂,60%)	20.00	环烷酸铅(12%)	1.00
铁红	8.00	环烷酸钴(3%)	1.20
锌黄	12.00	二甲苯	18.8
滑石粉	15.00	PVC/%	42
沉淀硫酸钡	6.00		

表 15-20　红丹醇酸树脂防锈底漆配方

组成	质量份	组成	质量份
AK2960F(醇酸树脂,60%)	20.20	环烷酸钴(4%)	0.45
红丹	60.55	松节油-二甲苯(1:1)	5.05
滑石粉	9.27	PVC/%	50
碳酸钙	4.58		

　　红丹醇酸树脂防锈底漆具有很好的防锈性能，但本身附着力、强度、耐水性和耐化学品性不如环氧树脂类防锈底漆，对底材的渗透性不如纯亚麻油红丹防锈底漆。

　　表 15-21 为白色醇酸树脂腻子配方。

表 15-21　白色醇酸树脂腻子配方

组成	质量份	组成	质量份
AK2960F(醇酸树脂,60%)	19.80	环烷酸钴(4%)	0.050
锌钡白	6.50	环烷酸锌(3%)	0.020
碳酸钙(重质)	48.20	环烷酸锰(3%)	0.030
碳酸钙(轻质)	7.60	200 号油漆溶剂油	3.00
滑石粉	15.30	PVC/%	70
环烷酸铅(10%)	0.50		

15.3.2　丙烯酸自干漆

　　以（甲基）丙烯酸及其酯类共聚物为主要成膜物质，能在自然条件下干燥成膜的漆称为丙烯酸自干漆。

溶剂型热塑性丙烯酸酯漆依靠溶剂挥发大分子链密排自干成膜，而热固性的则在溶剂挥发后还有官能团的交联反应，有的需要加热烘烤交联，有的则可室温下交联。

热塑性丙烯酸酯漆所用的共聚树脂由于成膜时不会进一步交联，要获得较好的物理性能，分子量常较高，为了能满足各种用途所需要的性能，必须优化树脂合成的单体配方，或采用外加醇酸树脂或其他能与之混溶的成膜树脂进行改性。

热塑性丙烯酸酯漆的优点为：

① 耐候性优良，户外耐久性远较硝基、醇酸、乙烯等类树脂产品优良。

② 保光、保色性优良，树脂水白，透明度高，在紫外线照射下不易褪光及变色，最适用于制造铝粉（金属感）面漆及浅色面漆。

③ 耐化学品性及耐水性良好，耐酸、耐碱性良好，可以不受润滑脂及道路用石油沥青的污染，对洗涤剂有较强的抗性。

④ 与适当的底漆配套时附着力良好。

⑤ 抛光性良好。

但它存在施工黏度高、漆膜的厚度及丰满度较差、对温度敏感的缺点，一般可以与硝酸纤维素、醋酸丁酸纤维素、过氯乙烯树脂等树脂共混或者调整组成树脂的单体组分弥补不足。

热塑性丙烯酸漆尽管在某些性能上逊于热固性品种，但其耐大气老化的主要性能却十分优越，所以较广泛地应用于多个领域。

在建筑方面，无论是外墙、铝质框架以及大桥栏杆、电视塔架等工程设施均长期处于强烈日光的曝晒之下，需要优良的耐大气老化的涂料来涂饰。这些工程设施及产品常利用热塑性的挥发型自干涂料进行涂饰。表 15-22 和表 15-23 为两个参考配方。

表 15-22　单组分白色丙烯酸酯面漆配方

组成	质量份	组成	质量份
ACR 7519 丙烯酸共聚树脂(50%)	60.00	乙二醇单丁醚	2.00
金红石钛白粉	25.00	异丁醇	5.00
BYK-110	0.20	二甲苯	6.00
BYK-310	0.20	乙酸丁酯	1.60

ACR 7519 为同德丙烯酸酯树脂。外观为微黄色透明黏稠状液体；色号（Fe-Co）≤1；固含量为（50±2）%；T_g 为 55℃；酸值为 2～5mg KOH/g（60%）；黏度为 2500～4000mPa·s（30℃）；溶剂为二甲苯。

专用稀释剂：甲苯∶二甲苯∶醋酸丁酯∶醋酸乙酯∶乙二醇单丁醚∶异丁醇＝20∶25∶20∶10∶15∶10。

表 15-23　单组分丙烯酸酯黑漆配方

组成	质量份	功能	供应商
AC4030	15.50	丙烯酸树脂	能达化学
二甲苯	6.15		
CAC	1.50	乙二醇甲醚醋酸酯	
BYK-161	0.90	分散剂	毕克化学
R 972	0.15	防沉剂（气相二氧化硅）	德固赛
MA-100	3.00	炭黑	三菱
乙酸丁酯	4.80		
按顺序加料,高速搅拌分散 20min,砂磨细度≤10μm			
AC4030	39.20	丙烯酸树脂	能达化学

组成	质量份	功能	供应商
6920HV	0.14	防沉剂	帝司巴隆
BYK-104S	0.14	分散剂	毕克化学
R972	0.28	防沉剂(气相二氧化硅)	德固赛
滑石粉	10.50	填料	
乙酸丁酯	12.33		
BCS	3.50		
CAC	3.50		
BYK-057	0.21	消泡剂	
BYK-306	0.21	流平剂	
按顺序加料，中速搅拌分散30min			
开油比例为单组分黑色漆：稀释剂＝10：（5～10）			

AC4030 为能达化学（鹤山）有限公司生产的热塑性丙烯酸树脂。外观清澈、透明，黏稠液体；固含量为（60±2）%；色号（Fe-Co）为 1（60%）；酸值＜10mg KOH/g（60%）；羟值为 66mg KOH/g（树脂，理论值）；黏度为 1800～2000mPa•s；溶剂为甲苯；T_g 为 38℃。

涂膜性能：底材为马口铁（打磨），膜厚 20μm，常温放置 2 天后测试。涂膜性能指标见表15-24。

表 15-24　涂膜性能指标

项目	指标	检验方法
涂膜外观及颜色	涂膜光滑平整	GB/T 9761—2008
光泽(60°)	＞80	GB/T 9754—2007
硬度(中华铅笔)	HB	GB/T 6739—2006
附着力(划格法)	100/100	GB/T 9286—1998
冲击强度/kg•cm	＞30	GB/T 1732—2020
柔韧性/mm	2	GB/T 1731—2020
耐乙醇擦试	合格	往复20次
耐盐雾(120h)	合格	GB/T 1771—2007
贮存稳定性	半年	GB/T 6753.3—2007

表 15-25 为单组分丙烯酸树脂银粉漆配方。

表 15-25　单组分丙烯酸酯树脂银粉漆配方

组成	质量分数/%	组成	质量分数/%
MA-226 丙烯酸树脂(50%)	68.70	BYK-325(流平剂)	0.20
铝银浆	8.00	BYK-141(消泡剂)	0.10
乙酸丁酯	12.00	海明斯德谦 DeuRheo 229 聚酰胺蜡(防沉剂)	2.00
乙二醇丁醚	5.00	海明斯德谦 201P 聚乙烯蜡(防沉剂)	2.00
丁醇	2.00		

MA-226 为山东科耀化工有限公司的热塑性丙烯酸树脂。应用于快干丙烯酸面漆、底漆、马路划线漆，对铁、PC 镀锌板、铝板、ABS，附着力良好。其技术指标见表15-26。

表 15-26　技术指标

指标	数值	指标	数值
固含量/%	50±2	密度/(g/cm³)	0.97±0.02
黏度(格式管)/s	30～40	T_g/℃	42
酸值/(mg KOH/g)	＜3	溶剂	二甲苯
色值	＜1		

15.3.3　环氧酯自干漆

环氧酯漆以酯化型环氧树脂为成膜树脂，是由植物油酸与环氧树脂经酯化反应而制得的。它是单组分体系，贮存稳定性好，可低温烘干，烘干温度较低（约120℃），也可常温自干，施工方便。环氧酯树脂可以由不同品种的脂肪酸以不同的配比与环氧树脂反应制得，因而漆膜性能可调。环氧酯可溶于价廉的烃类溶剂中，成本较低，可以制成清漆、磁漆、底漆和腻子等。环氧酯与其他树脂混溶性较好，如与氨基树脂或酚醛树脂并用，可制成性能不同的烘干型漆。

脂肪酸的羧基与环氧树脂的环氧基和羟基发生酯化反应，生成环氧酯。以无机碱或有机碱作催化剂，反应可加速进行。环氧基比羟基活泼，所以羧基与环氧基反应先发生，称为加成酯化，其次是羟基与羧基发生反应，反应过程如下：

$$
\begin{array}{l} CH_2 \\ | \quad O+RCOOH \xrightarrow{130\sim180℃} \\ CH_2 \end{array}
\begin{array}{l} CH_2{-}OOCR+H_2O \\ | \\ CH{-}OH \\ \quad (半酯) \end{array}
$$

$$
\begin{array}{l} CH_2{-}OOCR \\ | \\ CH{-}OH+RCOOH \xrightarrow{200\sim240℃} \\ | \quad (半酯) \end{array}
\begin{array}{l} CH_2{-}OOCR \\ | \\ CH{-}OOCR+H_2O \\ \quad (全酯) \end{array}
$$

$$
CH{-}OH+RCOOH \xrightarrow{200\sim240℃} CH{-}OOCR+H_2O
$$

在制备环氧酯时，通常是将环氧树脂部分酯化，因为这样可以更多地保留环氧树脂的特性。环氧酯的酯化程度一般在40%～80%，具体的酯化程度则应根据涂膜的性能要求决定。一般说来，制备空气氧化干燥的环氧酯时，酯化程度在50%以上，使环氧酯中含有足够的脂肪酸双键，以便进行氧化交联而干燥。制备烘干的环氧酯时，酯化程度可在50%以下。通过酯化物中的剩余羟基和氨基树脂中活泼基团进行交联，而使漆膜干燥。

环氧酯的性能与脂肪酸用量有密切关系，当脂肪酸用量增加时，黏度、硬度降低，对溶剂的溶解性增加，刷涂性、流平性改善。干燥速度以中油度最好，一般室外耐久性也较好。但环氧酯涂料中因含大量醚键，耐晒性不如醇酸树脂漆好。

适于酯化的环氧树脂有：E-20、E-12和E-06。通常如果环氧树脂的分子量大，其酯化物的耐化学品性能高。但是树脂中羟基较多，在加热酯化时，酯化物黏度上升快，在制造时操作控制困难。制成的清漆黏度大，与其他树脂的混溶性不好。

制造常温干型环氧酯时，主要选用干性油脂肪酸，如亚麻油酸、桐油酸等。制造烘干型环氧酯时，常选用脱水蓖麻油酸、豆油酸等。

环氧酯漆用途较广，如各种金属底漆、电器绝缘漆、化工厂室外设备防腐蚀漆等。环氧酯底漆对铁、铝金属有很好的附着力，漆膜坚韧，耐腐蚀性较强，大量用于汽车、拖拉机或其他设备打底。近年来我国水稀释性环氧酯底漆大量应用于阳极电泳涂漆工艺中。

红丹环氧酯防锈漆、铁红环氧酯氨基底漆、环氧酯氨基磁漆配方如表15-27～表15-29所示。

表 15-27　红丹环氧酯防锈漆

组成	质量份	组成	质量份
510 环氧酯	25.0	防沉剂	0.500
红丹	60.0	二甲苯-丁醇(7:3)	4.10
沉淀硫酸钡	5.00	环烷酸钴	0.100
滑石粉	5.00	环烷酸锰	0.300

该防锈漆由环氧酯、颜料、填料、溶剂调配而成，具有优良的物理性和力学性能，防

腐，耐水、导热性优良。对铁、铝金属有很好的附着力，漆膜坚韧，耐腐蚀性较强，用于化工设备的防腐底漆。

表 15-28　铁红环氧酯氨基底漆配方

组成	质量份	组成	质量份
40%酯化的脱水蓖麻油酸环氧酯(50%)	40.0	碳酸钙	7.50
铁红	10.0	丁醇醚化三聚氰胺甲醛树脂(50%)	15.60
氧化锌	4.20	环烷酸钴(3%)	0.60
氧化铅	0.200	环烷酸钙(2%)	0.60
滑石粉	8.30	二甲苯	15.0

表 15-29　环氧酯氨基磁漆配方

组成	质量份	组成	质量份
40%油度脱水蓖麻油酸环氧酯(50%)	63.30	炭黑	0.30
325(氨基树脂)	24.00	环烷酸钴(6%)	0.60
钛白粉(金红石型)	11.80		

环氧酯氨基磁漆烘干条件为 120℃/h。

15.4　双组分自干漆

双组分自干漆主要有双组分聚氨酯自干漆和双组分环氧树脂自干漆，前者主要用作金属面漆，后者主要用作重防腐底漆、中涂漆或室内面漆。

15.4.1　双组分聚氨酯自干漆

双组分聚氨酯漆分为甲、乙两组分，分别贮存。甲组分含有异氰酸酯基，乙组分一般含有羟基。使用前将甲、乙两组分混合涂布，使异氰酸酯基与羟基反应，形成体形聚氨酯高聚物。

多异氰酸酯组分应具备以下条件：

① 良好的溶解性以及与其他树脂的混溶性；

② 与羟基组分拼和后，施工时限较长；

③ 足够的官能度和反应活性，NCO 含量高；

④ 贮存稳定性长；

⑤ 低毒。

直接采用挥发性的二异氰酸酯单体（如 TDI、HDI 等）配制涂料。异氰酸酯挥发到空气中，危害工人建康，而且官能团只有两个，分子量又小，固化速度慢。所以必须把它加工成低挥发性的低聚物，使二异氰酸酯或与其他多元醇结合，或本身聚合起来。不挥发的多异氰酸酯固化剂的合成工艺有 3 种。

① 二异氰酸酯与多元醇（常用三羟甲基丙烷）加成，生成以氨酯键连接的多异氰酸酯，常称之为加成物。或将二异氰酸酯、多元醇、聚醚（或聚酯）二元醇聚氨酯化成低聚物型多异氰酸酯。

② 二异氰酸酯制备缩二脲多异氰酸酯，典型的如 HDI 缩二脲多异氰酸酯，在我国广泛应用。

③ 二异氰酸酯聚合成为三聚异氰酸酯。

能与异氰酸酯反应的基团除了羟基以外，还有氨基等，但在聚氨酯漆的实际生产中，绝大多数还是采用含羟基的聚合物。小分子的多元醇（例如三羟甲基丙烷等）只可作为制造预聚物或加成物，或制造聚酯树脂的原料，不能单独成为双组分漆中的乙组分，作为双组分漆用的多羟基树脂，一般有：①含羟基丙烯酸树脂；②短油度醇酸树脂；③聚酯多元醇；④聚醚多元醇；⑤环氧树脂。

羟基丙烯酸酯树脂与脂肪族多异氰酸酯固化剂配合，可制得性能优良的聚氨酯漆，其用量逐年上升，大量用作汽车漆、船舶漆、海上钻井平台漆、高级外墙漆。丙烯酸树脂耐候性优良，干燥快，因为它不吸收 300nm 以上的紫外线及可见光。丙烯酸树脂聚氨酯漆，比热塑性丙烯酸酯漆固体含量高，耐溶剂性好，而且力学性能好。

热固性丙烯酸酯树脂漆与热塑性的相比，其主要优点在于通过固化交联使漆膜的分子变成巨大的网状结构，不熔不溶，提高了许多方面的物理性能及防蚀性、耐化学品性。此外，由于羟基丙烯酸酯树脂原来的分子量较低，可以在不太高的黏度下制成高固体分的涂料，从而改进涂膜的丰满度，缩减施工道数，达到理想的漆膜厚度。热固性涂料树脂的分子量常在 30000 以下。一般在 10000～20000 之间，高固体分涂料所用树脂的分子量则常低至 2000～3000。

羟基丙烯酸酯树脂与多异氰酸酯室温交联固化的化学反应式如下：

$$2H_2C{=}CH{-}C({=}O){-}O{-}CH_2{-}CH_2{-}OH + R \begin{array}{c} O{=}C{=}N \\ N{=}C{=}O \end{array} \longrightarrow$$

$$H_2C{=}CH{-}C({=}O){-}O{-}CH_2{-}CH_2{-}O{-}C({=}O){-}NH{-}R{-}HN{-}C({=}O){-}O{-}CH_2{-}CH_2{-}O{-}C({=}O){-}CH{=}CH_2$$

各种羟基组分与多异氰酸酯的反应都遵从上述机理。其特点是可在常温下交联固化，固化后的漆膜具有优越的丰满度、光泽、耐磨、耐划伤、耐水、耐溶剂及耐化学腐蚀性，如采用脂肪族多异氰酸酯为固化剂时，可获得极优良的耐候性、保光保色性及柔韧性。在航空、交通、机器、家电、轻工产品上有较多应用，车辆维修方面应用也很广，在 ABS、聚氯乙烯、聚烯烃、聚碳酸酯等塑料表面的二次加工应用效果也很突出。

由于它的两种组分可在常温下反应，所以必须采用双组分分装。

短油度醇酸树脂，价格低廉，漆膜光泽高、丰满度好、易施工，也是重要的 2K PU 体系用羟基组分。

羟基聚酯与多异氰酸酯配制的 2K PU 体系涂料是最早使用的羟基树脂。将二元酸（常用己二酸、苯酐、间苯二甲酸、对苯二甲酸等）与过量的多元醇（三羟甲基丙烷、新戊二醇、一缩乙二醇、1,3-丁二醇等）聚酯化，按不同配比可制得一系列的含羟基聚酯。大多采用三羟甲基丙烷引入分支，提高羟基官能度。与其他羟基组分相比，聚酯形成的漆膜耐候性好、不黄变、耐溶剂、耐热。与丙烯酸酯树脂相比，聚酯的分子量低，固体分高，其漆膜的挠性好、丰满度高，因为其酯键上的氧原子容易旋转，而丙烯酸酯树脂的碳-碳键较不易旋转，丙烯酸酯树脂-聚氨酯漆的硬度比聚酯高，表干性也比聚酯好。

聚醚与聚酯相比，醚键比酯键更易旋转，所以聚醚的玻璃化温度低，因而其漆膜的耐寒性好，耐碱性水解，黏度低。但是耐油性、耐水性、机械强度、干燥性均不及聚酯，在涂料中聚酯的应用量远超过聚醚。聚醚的耐碱性、耐寒性、柔挠性优良，可用于弹性涂料、防水涂料等。在聚氨酯涂料中，聚醚因黏度低，可制得高固体分或无溶剂涂料等。

环氧树脂具有仲羟基和环氧基，仲羟基可以与异氰酸酯反应。用环氧树脂作为含羟基组分，则涂膜的附着力、抗碱性等均有提高，适宜作耐化学品、耐盐水的涂料。如尿素造粒塔所用的聚氨酯漆中就有环氧树脂成分，具有优良的化学稳定性。但是，由于环氧树脂中的苯环和醚键，不耐户外曝晒。

表 15-30～表 15-36 是一些具体示例。

表 15-30　A870 丙烯酸树脂聚氨酯清漆参考配方

	组成	质量份
	A870 丙烯酸树脂(70%,BAC)	48.40
	BYK-331(50%,基材润湿剂)	0.30
甲组分	Tinuvin 292(50%,BASF 光稳定剂)	1.00
	Tinuvin 1130(50%,BASF 光稳定剂)	2.00
	DBTDL(1%)	1.50
	PMA-二甲苯-BAC(1:1:1)	28.80
乙组分	拜耳 3390 固化剂	18.0

A870 为拜耳公司生产的羟基丙烯酸树脂。固含量为 70%；羟值为 3%（体系）；黏度（23℃）为 3500mPa·s；溶剂为乙酸丁酯。

表 15-31　醇酸树脂聚氨酯清漆配方

甲组分	质量份	乙组分	质量份
TY 512-70 醇酸树脂	89.50	N-75 固化剂	35.00
二月桂酸二丁基锡	0.100		
BYK-141(消泡剂)	0.20		
BYK-306(流平剂)	0.20		
二甲苯	10.00		

配漆：甲组分：乙组分＝100:35。

TY 512-70 为佛山田宇化工有限公司生产的蓖麻油醇酸树脂。固含量为（70±2）%；色号（Fe-Co）为 5；酸值≤10mg KOH/g（60%）；羟值为（120±10）mg KOH/g（树脂，理论值）；黏度为 22000～32000mPa·s。

表 15-32　醇酸树脂聚氨酯白漆配方

甲组分	质量份	乙组分	质量份
TY 512-70 醇酸树脂(70%)	63.00	N-75 固化剂	24.00
BYK-163(分散剂)	0.50		
BENTONE 38(防沉剂)	1.00		
R902 钛白粉	25.00		
二月桂酸二丁基锡	0.100		
BYK-141(消泡剂)	0.20		
BYK-306(流平剂)	0.20		
二甲苯	10.00		

表 15-33　醇酸树脂聚氨酯黑漆配方

甲组分	质量份	乙组分	质量份
TY 512-70 醇酸树脂(70%)	45.00	L-8075 甲苯二异氰酸酯/三羟甲基丙烷加成物(75%)	34.00
炭黑	2.40	乙酸丁酯	16.00
BYK-161(分散剂)	2.30		
BYK-306(流平剂)	0.30		
BYK-141(消泡剂)	0.30		
乙酸丁酯	15.00		
二甲苯	36.00		

表 15-34　丙烯酸树脂聚氨酯清漆配方

	组成	质量份		组成	质量份
甲组分	ACR 6632(60%)	76.90	乙组分	N3390	19.50
	BYK-310	0.10			
	BYK-358	0.30			
	T-12	0.10			
	乙酸丁酯	7.00			
	二甲苯	10.00			
	PMA	5.60			

稀释剂：二甲苯：甲苯：乙酸丁酯：乙酸乙酯：PMA：S-100 = 30：10：35：10：5：10。

施工时配比：甲组分：乙组分：稀释剂 = 100：19.5：（50～100）。

ACR 6632 为同德羟基丙烯酸树脂。外观为微黄色透明黏稠液体；色号≤1（Fe-Co）；固含量为（65±2）%；酸值为 3～6mg KOH/g；羟值为 3.0%（固体）；黏度为 1000～3000mPa•s（30℃）；溶剂为二甲苯-甲苯-乙酸丁酯。

表 15-35　丙烯酸树脂聚氨酯白漆配方（1）

	组成	质量份		组成	质量份
甲组分	ACR 6611(60%)	62.50	乙组分	N3390	5.35
	金红石钛白粉	25.0			
	BYK-110	0.50			
	BYK-310	0.50			
	T-12	0.10			
	乙酸丁酯	3.00			
	二甲苯	4.70			
	PMA	4.00			

稀释剂：二甲苯：甲苯：乙酸丁酯：乙酸乙酯：PMA：S-100 = 30：10：35：10：5：10。

施工时配比：甲组分：乙组分：稀释剂 = 100：5.35：（80～100）。

ACR 6611 为同德羟基丙烯酸树脂。外观为微黄色透明黏稠液体；色号≤1（Fe-Co）；固含量为（60±2）%；酸值为 2～7mg KOH/g；羟值为 1.1%（固体）；黏度为 6000～8000mPa•s（30℃）；溶剂为二甲苯-乙酸丁酯。

固化后的漆膜具有优越的丰满度、光泽、耐磨、耐划伤、耐水、耐溶剂及耐化学腐蚀性，铅笔硬度可达 2H，耐候性、保光、保色性优良。

表 15-36　丙烯酸树脂聚氨酯白漆配方（2）

	组成	质量份		组成	质量份
甲组分	MA-629M	55.00	乙组分	3390 HDI 三聚体	11.00
	R-930	25.00		BAC	5.00
	F108(分散剂)	0.50			
	BYK-325(消泡剂)	0.10			
	BYK-306(流平剂)	0.10			
	BAC	10.00			
	二甲苯	9.30			

涂膜性能见表 15-37。

表 15-37 涂膜性能

项目	指标	项目	指标
表干/min	30	柔韧性/mm	1
实干/h	3.5	硬度	HB
光泽	99	附着力	1级
冲击性/cm	50		

热固性丙烯酸树脂 MA-629M 为山东科耀化工有限公司出品。性能指标见表 15-38。

表 15-38 MA-629M 性能指标

项目	指标	项目	指标
固含量/%	70±2	色号(Fe-Co)	≤1
黏度(格式管)/s	24~25	密度/(g/cm^3)	1.01±0.02
酸值/(mg KOH/g 树脂)	<10	溶剂	二甲苯-乙酸仲丁酯
羟值(固体)/%	2.2		

丙烯酸聚氨酯金属银色漆配方见表 15-39，涂膜性能见表 15-40。

表 15-39 丙烯酸聚氨酯金属银色漆配方

	原材料	质量份	功能	供应商
甲组分	AC 3250	50.00	羟基丙烯酸树脂	能达化学
	CAB 381-0.5/醋酸丁酯	2.00,8.00	纤维素树脂	伊斯曼公司
	PMA	8.00		
	二甲苯	8.00		
	醋酸丁酯	3.30		
	T-12	0.10	催干剂	气体公司
	BYK-333	0.10	流平剂	毕克化学
	BYK-358N	0.30	流平剂	毕克化学
	BYK-055	0.20	消泡剂	毕克化学
	4200-20/6900-20X/二甲苯	0.10,0.30,1.60	防沉剂	帝司巴隆
	按顺序加料，中速搅拌分散 30min			
	S9109N/醋酸丁酯	8.00,10.00	银粉	旭阳
	低速搅拌分散 10min			
乙组分	醋酸丁酯	1.00		
	N3390	9.00		科思创
	施工配比:甲组分:乙组分:稀释剂=10:1:适量			

AC 3250 为能达化学（鹤山）公司生产的羟基丙烯酸树脂。固含量为(53±2)%；色号为 1（60%，Fe-Co）；酸值为 3~6mg KOH/g（60%）；羟值为 66mg KOH/g（树脂，理论值）；黏度为 4000~6000mPa·s；溶剂为 TOL-BAC。

底材为马口铁（打磨）；烘烤条件为 80℃/30min；膜厚为 15μm；常温放置 7 天后测试。涂膜性能见表 15-40。

表 15-40 涂膜性能

项目	指标	检验方法
涂膜外观及颜色	涂膜光滑平整 颜色符合标准板	GB/T 9761—2008
光泽(60°)	≥108	GB/T 9754—2007
硬度(中华铅笔)	HB-2H	GB/T 6739—2006
附着力(划格法)	100/100	GB/T 9286—1998
冲击强度/kg·cm	≥50	GB/T 1732—2020
柔韧性/mm	1	GB/T 1731—2020
耐酸性	合格	0.1mol/L NaOH,24h
耐碱性	合格	0.05mol/L H$_2$SO$_4$,24h

项目	指标	检验方法
耐水性	合格	40℃蒸馏水,48h
耐挥发性油	合格	4/1(90号汽油/甲苯),0.5h
耐湿热性	合格	50℃ 95% RH,120h
耐油性	合格	60℃,30min
耐热性	合格	150℃×6h
耐盐雾(480h)	合格	GB/T 1771—2007
耐候性	合格	GB/T 1865—2009
贮存稳定性	半年	GB/T 6753.3—2007
耐乙醇擦拭	合格	往复50次

该涂料赋予基材金属质感,同时分子结构中不含有苯环,具有优异的耐候性,可用于高级汽车保护和装饰。

15.4.2 双组分环氧树脂自干漆

多胺固化环氧树脂漆是一类常温固化的双组分漆。固化由环氧树脂的环氧基和多胺固化剂的活泼氢原子的开环加成实现,该反应在常温下即可进行。

多胺固化环氧树脂漆分以下几类:

① 多元胺固化环氧树脂漆;

② 胺加成物固化环氧树脂漆;

③ 聚酰胺固化环氧树脂漆;

④ 胺固化环氧沥青漆。

多元胺固化环氧树脂漆具有很好的附着力和硬度,完全固化的漆膜对脂肪烃类溶剂、稀酸、稀碱和盐有优良的抗腐蚀性。漆膜常温干燥。该漆是双组分体系,施工时配制,使用期限短,固化剂毒性较大,施工应注意防护,漆膜柔韧性尚好。该漆主要用于涂装既要求防腐蚀又不能烘烤的大型设备,如油罐和贮槽的内壁、地下管道等。胺固化环氧清漆配方见表15-41。

表 15-41 胺固化环氧清漆配方

甲组分	质量份	乙组分	质量份
环氧树脂(环氧当量500)	50.0	二亚乙基三胺	2.00
脲醛树脂(固体分60%)	3.00	乙酸丁酯	3.50
甲乙酮	22.0	二甲苯	3.50
二甲苯	25.0		

多元胺固化的环氧树脂漆,在25℃时漆膜一般在1天内即可干燥,但漆膜彻底干燥需要7天以上。

使用多元胺作固化剂,有不少缺点。多元胺本身易挥发,有刺激性臭味,影响操作人员的健康。而且配制时要求很严格,如果配制不准确,会使漆膜固化后性能下降。在气温较低时或空气湿度较大时施工,由于固化剂吸水,漆膜泛白,附着力下降。因此目前多采用多元胺的加成物作固化剂。使用多元胺加成物作固化剂时,漆膜不易泛白,臭味较小,配漆后可以不经静置熟化而直接使用。涂料常用的多元胺加成物有丁基缩水甘油醚-多胺加成物、环氧树脂-多胺加成物等。

聚酰胺固化环氧树脂漆使用的固化剂是氨基聚酰胺树脂,它由植物油的不饱和脂肪酸的二聚体或三聚体和多元胺缩聚而成。它和合成纤维用的聚酰胺树脂完全不同,合成纤维用的聚酰胺树脂是由己二胺和己二酸缩合而成,没有游离氨基。聚酰胺固化的环氧树脂漆与多元胺固化的环氧树脂漆比较有以下优缺点：

① 漆膜对金属和非金属都有很强的粘接强度；

② 耐候性较好，户外用时漆膜较不易失光、粉化；

③ 施工性能好，漆膜不易产生橘皮、泛白等病态，漆的施工时限较长，对人体毒性较小；

④ 可以在除锈不充分的或较潮湿的钢铁表面施工，可制成水下施工的涂料；

⑤ 漆膜的耐化学品性，比多元胺固化环氧树脂漆有所下降。

聚酰胺固化环氧树脂漆，用于涂装贮罐、煤仓、地板、管道、钻塔、石油化工设备、海上采油设备等。因漆膜弹性好，可用于涂装金属薄板、塑料薄膜、橡胶制品等。

该体系的配方示例见表 15-42 和表 15-43。

表 15-42　铁红环氧聚酰胺底漆配方

甲组分	质量份	乙组分	质量份
环氧树脂(环氧值0.20)	21.70	聚酰胺650(60%)	24.00
DISPERBYK-161	0.70		
氧化铁红	7.65		
三聚磷酸铝	15.40		
滑石粉	16.10		
沉淀硫酸钡	18.00		
Claytone-40(有机膨润土)	1.50		
二甲苯	15.60		
丁醇	5.45		

配方中环氧树脂与聚酰胺 650 的质量比为 60∶40，PVC 约为 32%。

使用时按上述配方比例混合调匀，施工时限约为 8h；表干 2h；实干 24h；完全固化 7d。

表 15-43　环氧富锌底漆配方

	组成	质量份
甲组分	双酚 A 型固态环氧树脂(环氧当量500)	75.00
	二甲苯	90.00
	丁醇	30.00
	锌粉	595.0
	RM 1469 (Efka 防沉剂)	5.00
乙组分	聚酰胺树脂650(100%，胺值约200mg KOH/g)	22.00
	二甲苯	16.00
	丁醇	6.00

涂膜中含有大量锌粉，具有阴极保护作用，能与大部分高性能防锈漆和面漆配套。表干 30min，实干 24h，完全固化 7d。

15.5　水性金属漆

近年来，随着水性树脂合成技术、助剂应用及配方技术的不断进步，金属漆的水性化步伐大大加快，金属的轻、中等及重防腐都可以通过水性金属漆实现。

① 轻防腐水性金属漆用水性树脂有：防锈乳液、水性聚氨酯、水性醇酸-丙烯酸树脂杂化体、水性醇酸-环氧树脂杂化体及水性环氧酯-丙烯酸树脂杂化体。

② 中等防腐水性金属漆用水性树脂有：水性醇酸-丙烯酸树脂杂化体、水性环氧酯-丙烯酸树脂杂化体。

③ 重防腐水性金属漆用水性树脂有：双组分水性环氧树脂。

④ 水性金属烤漆用水性树脂有：水性醇酸树脂、水性聚酯树脂、羟基型水性醇酸树脂（丙烯酸杂化体）、羟基型水性聚酯（丙烯酸杂化体）、羟基型水性聚氨酯-丙烯酸杂化体、羟基型水性环氧酯-丙烯酸杂化体。

⑤ 高档水性金属面漆用水性树脂有：双组分水性聚氨酯树脂。

表 15-44 和表 15-45 是两个配方示例。

表 15-44 水性乳液防锈漆配方

组成	质量份	组成	质量份
去离子水	22.0	三聚磷酸铝	5.00
消泡剂(A10,海川)	0.10	滑石粉(400 目)	5.00
分散剂(H100,海川)	0.10	超细硫酸钡	4.00
润湿剂(W19,德谦)	0.20	研磨至细度<30μm	
AMP-95(中和剂)	适量	HG-54(罗门哈斯乳液)	50.0
酯醇-12(成膜助剂)	3.00	PU40(明凌增稠剂)	0.40
抗闪蚀剂(HALOX 515)	0.20	PVC/%	30
铁红	10.00		

表 15-45 水性醇酸金属面漆配方

组成	质量份	组成	质量份
去离子水	38	铁红	15.0
KWF-11 水性醇酸树脂(70%)	38	沉淀硫酸钡	2.20
消泡剂(028,BYK)	0.10	磷酸锌	4.50
润湿分散剂(750,TEGO)	0.20	水性催干剂(421,OMG)	0.80
二甲基乙醇胺	适量	增稠剂(PU60,明凌)	0.20
丙二醇甲醚	2.00	PVC/%	21

KWF-11 为江西高信有机化工有限公司生产的水性丙烯酸树脂改性环氧酯，用于制造自干型水性防锈底漆、面漆或底面合一漆，干性好、光泽高，在金属轻、中等防腐、防锈等方面表现优异。KWF-11 性能指标如表 15-46 所示。

表 15-46 KWF-11 性能指标

项目	性能
类型	水性醇酸树脂杂化体
外观	棕黄色透明黏稠液体
固含量/%	70±2.0
黏度(25℃)/mPa·s	10000~25000
密度(20℃)/(g/mL)	1.00
pH	8.5~9.0
色号(Fe-Co)	8~10

水性环氧酯金属面漆配方见表 15-47。

表 15-47 水性环氧酯金属面漆配方

序号	组成	质量份
1	KWZ-11 环氧酯(70%)	7.00
2	乙二醇丁醚	2.50
3	去离子水	8.00
4	明凌 490 分散剂	0.80
5	迪高 810 消泡剂	0.20
6	炭黑	2.00
7	沉淀硫酸钡	18.00
8	磷酸锌	3.00

序号	组成	质量份
	研磨至细度<30μm	
9	KWZ-11 环氧酯	28.00
10	去离子水(稀释环氧酯用)	30.00
11	海明斯德谦 105A 增稠剂	0.20
12	明凌 PU60 增稠剂	0.30
13	水性催干剂(HLD061)	0.70
	PVC/%	25

将 1～8 按顺序投料,搅拌均匀后研磨至细度<30μm,加入 9～13 调漆。

KWZ-11 为江西高信有机化工有限公司生产的水性丙烯酸树脂改性醇酸树脂,用于制造自干型水性防锈底漆、面漆或底面合一漆,干性好、光泽高,用于金属的轻、中等防腐、防锈保护装饰。性能指标见表 15-48。

表 15-48 KWZ-11 性能指标

项目	性能
类型	水性环氧酯
外观	棕褐色透明黏稠液体
固含量/%	70±2.0
黏度(25℃)/mPa·s	20000～50000
密度(20℃)/(g/mL)	1.11～1.16
pH	9.0～11.0
色号(Fe-Co)	10～14

双组分水性环氧树脂黑漆配方见表 15-49。

表 15-49 双组分水性环氧树脂黑漆配方

组成		质量份
甲组分	去离子水	22.00
	海明斯德谦 LT 膨润土	0.30
	明凌 158 消泡剂	0.050
	明凌 490 分散剂	0.60
	陶氏 X405 润湿剂	0.20
	KWA-12 水性环氧固化剂	24.00
	丙二醇甲醚	2.00
	炭黑	4.00
	磷酸锌	10.00
	沉淀硫酸钡	31.00
	滑石粉	3.00
	云母粉	2.00
	迪高 280 基材润湿剂	0.20
	海明斯德谦 179 抗闪锈剂	0.15
	明凌 PU40 增稠剂	0.30
	明凌 PU60 增稠剂	0.20
乙组分	KWA-22 环氧树脂乳液	100.00

操作工艺:

① 将水、膨润土、分散剂、158 消泡剂投入缸中分散均匀;

② 投入固化剂、丙二醇甲醚搅拌均匀后投入颜料、填料继续分散;

③ 分散均匀后换研磨盘,加锆珠在不低于 1800r/min 研磨至细度≤30μm;

④ 加入抗闪锈剂、增稠剂、基材润湿剂搅拌 15min,用 200 目滤网过滤出料。

KWA-12 是江西高信有机化工有限公司生产的一款非离子型水性环氧固化剂,主要作用于双组分工业防腐体系，耐水、耐盐雾性能好，助剂选择面广，耐盐雾表现优异。性能指标如表 15-50 所示。

表 15-50　KWA-12 性能指标

项目	指标
类型	水性环氧固化剂
外观	黄色至红棕色透明液体
固含量/%	50.0±2.0
黏度（25℃）/mPa·s	1000～3000
密度（20℃）/(g/mL)	1.11～1.16
pH	9.5～11.5
活泼氢当量（供货形式）	270

　　KWA-22 是江西高信有机化工有限公司生产的固体环氧树脂的水性乳液，贮存稳定性好。与水性环氧固化剂配套使用，适用于生产水性环氧地坪封闭漆、水性金属防腐底漆、中涂漆及面漆。其技术指标如表 15-51 所示。

表 15-51　KWA-22 性能指标

项目	指标
类型	水性环氧乳液
外观	乳白色液体
固含量/%	50.0±2.0
黏度（25℃）/mPa·s	400～3000
密度（20℃）/(g/mL)	1.01～1.06
pH	7.0～8.0
环氧当量（供货形式）	1100

双组分水性环氧富锌金属漆配方见表 15-52。

表 15-52　双组分水性环氧富锌金属漆配方

	组成	质量份
甲组分	KWA-13 水性富锌专用固化剂	56.0
	PM	112.0
	锌粉（500 目）	777.5
	陶氏 X405（润湿剂）	4.00
	海明斯德谦 SD-2 有机膨润土（流变助剂）	12.0
	海明斯德谦 229 聚酰胺蜡（流变助剂）	12.0
	DPM（助溶剂）	16.5
	气相二氧化硅（流变助剂）	10.0
乙组分	KWA-22 环氧乳液	375.0

　　KWA-13 是江西高信有机化工有限公司生产的一种新型结构的水性改性环氧树脂多胺加成物固化剂。该固化剂含 20% 助溶剂，但可以用水稀释，在双组分水性环氧树脂富锌底漆体系中作为锌粉的载体，同 KWA-22 环氧树脂乳液配合制备高性能双组分水性环氧树脂富锌底漆。性能指标如表 15-53 所示。

表 15-53　KWA-13 性能指标

项目	指标
树脂类型	水性环氧富锌固化剂
外观	黄色透明液体
固含量/%	80.0±2.0
黏度/mPa·s	12000～18000
密度（20℃）/(g/mL)	1.11～1.16
pH	9.5～11.5
活泼氢当量（供货形式）	180

水性聚酯-氨基烤漆配方见表 15-54。

表 15-54　水性聚酯-氨基烤漆配方

组成	质量份
SK 9803	25.00
DMEA(胺中和剂)	2.00
去离子水	8.00
丁醇	5.00
TEGO 755W(分散剂)	0.40
A36(科宁消泡剂)	0.10
R-902(杜邦钛白粉)	19.20
研磨至细度<10μm	
325(氰特氨基树脂)	8.00
异丙醇	6.00
乙醇	6.00
去离子水	10.00
TEGO Wet-270(润湿剂)	0.20
A36(科宁消泡剂)	0.20
PVC/%	13

SK 9803 为上海帅科化工有限公司水性树脂。其技术指标为：外观为透明黏稠液体；色号≤2 (Fe-Co)；酸值为 30 ～40mg KOH/g；固含量为（70±2)%；黏度为 4000～8000mPa·s；溶剂为乙二醇丁醚。

水性丙烯酸-聚氨酯面漆配方见表 15-55。

表 15-55　水性丙烯酸-聚氨酯面漆配方

	组成	质量份
甲组分	Antkote 2025	35.00
	10% DMEA(胺中和剂)	1.50
	去离子水	6.00
	TEGO 755W(分散剂)	0.60
	TEGO 810(消泡剂)	0.05
	R996(钛白粉)	5.00
	沉淀硫酸钡(1250 目)	15.00
	酞菁蓝	3.00
	R972(德固赛,白炭黑)	0.40
	研磨至细度<10μm	
	Antkote 2025	30.00
	DPNB	4.00
	TEGO 270	0.30
	TEGO 100	0.20
	BYK 011	0.20
	去离子水	7.70
乙组分	Aquolin 269	9.00
	PGDA	2.20

甲组分：乙组分＝100：11.2，NCO 含量：OH 含量＝1.5：1。

Antkote 2025 为万华丙烯酸二级分散体，固含量为 43%，羟值为 2%。Aquolin 269 为万华水性多异氰酸酯固化剂，固含量为 100%，NCO 含量为 20%。

15.6　结语

金属基涂料体系配套比较成熟，今后的发展方向是高固体分涂料、粉末涂料、水性涂料及重防腐涂料的研究和开发，水性涂料可能从底漆、中涂漆上先得到应用，重防腐涂料中氟碳涂料的应用会得到重视。

第16章 木器涂料

16.1 概述

16.1.1 木器表面涂装的目的和要求

尽管当今世界已开发、生产了多种新型建筑结构材料和装饰材料，但由于木材具有其独特的优良特性，木质饰面给人以一种特殊的优美观感，这是其他装饰材料无法与之相比的。所以，木材在建筑工程尤其是建筑装饰领域中，始终占据重要的地位。但是，林木生长缓慢，我国又是森林资源贫乏的国家之一，这与我国经济建设高速发展需用大量木材，形成日益突出的矛盾。因此，在建筑工程中，一定要经济合理地使用木材，做到长材不短用，优材不劣用，并加强对木材的防腐、防火处理，以提高木材的耐久性，延长使用年限。

木材是天然产物，组织构造复杂，材质不均匀，多孔、亲水膨缩。其特殊的纹理、外表及材色具有自然美，拥有特别的魅力，所以人们选择用其制作家具，装修居室。

(1) 涂装目的

① 美化表面 在赋予基材色彩、光泽、平滑性之外，增强木材纹理的立体感和表面的触摸感；

② 保护材质 提高耐湿、耐水、耐油、耐化学品、防虫、防腐性能等；

③ 特殊作用 改善电气绝缘、隔音、隔热等性能。

(2) 木材表面涂装的难点 要达到上述涂装的目的并非易事，与金属、塑胶等其他材质涂装不同，木材涂装困难的原因主要有两点：

① 木材的多孔性。木材表面的孔隙度平均约占表面积的40%，少则30%左右，多则可高达80%。所以涂料对木材的润湿性和附着力是木材涂装的一个大问题。

② 木材的亲水膨缩性。木材遇水狂胀，脱水猛缩，会造成涂膜开裂、脱落，所以实现涂膜的持久稳定性是木材涂装的另一大难题。另外，木材含酸和脂胶类物质，易于渗出表面，再有木材质地的软硬度、材质结构、表面色相的不均一性等也是木材涂装的难点。

(3) 木材涂装对涂料的要求

① 因木材涂装是多层的配套体系，所以要求底层涂料对木材具有良好的渗透性、润湿性和优越的附着力，层与层之间也应具有良好的附着力以形成一个整体。

② 涂膜要具有良好的韧性，保证涂膜的持久性。

③ 涂层要具有良好的装饰性，保证木纹的清晰度及明显的立体感。

④ 涂层要具有良好的力学性能、耐水性、耐化学品性、耐污染性、耐热性等。

⑤ 涂膜的硬度高，具有较强的耐磨性及良好的手感。

⑥ 涂料要具有良好的施工性、重涂性。

16.1.2 木器涂料的分类

木材制品包括实木木材和人造板材（胶合板、中密度纤维板和刨花板）。用于木材制品的涂料统称为木器涂料，包括家具、门窗、地板、护墙板、日常生活用木器、木制乐器、体育用品、文具、玩具等所用涂料，以家具涂料为主。木器涂料按木器制造工艺分为两类，即板材预涂料和木器成品涂装涂料；按涂料类型分为溶剂型涂料、水性涂料和无溶剂涂料。

木器涂料按成膜物质品种的分类列于表 16-1。

表 16-1　木器涂料按成膜物质品种的分类

类型	品种名称		类型	品种名称	
天然树脂类	油脂漆	桐油及其加工品	氨基树脂漆	酸固化氨基漆	
		其他干性油及其他加工品	丙烯酸漆	热塑性丙烯酸漆	
	天然树脂漆	天然大漆	聚氨酯漆	双组分羟基固化型聚氨酯漆	
		虫胶清漆		单组分聚氨酯漆	
		松香加工品涂料（酯胶漆等）	不饱和聚酯漆	触媒固化型不饱和聚酯漆	
合成树脂类	酚醛树脂漆			光固化不饱和聚酯漆	
	醇酸树脂漆			电子束固化不饱和聚酯漆	
	硝基纤维素漆				

木器涂料按涂装层次的分类见表 16-2。

表 16-2　木器涂料按涂装层次的分类

品种名称	作用
着色剂	对木材表面着色，使表面色泽均匀或美化
封闭底漆	对木材有填孔作用，驱赶孔隙中空气，封闭表面，防止木材干缩湿胀
头道底漆	增加涂层附着力，提高涂膜丰满度
打磨底漆	有填孔作用，供打磨需要
面漆	木器的主要表面涂层，装饰和保护。分清漆、透明色漆和色漆 3 类，每类又分有光和亚光 2 种
罩光清漆	提高整个涂膜装饰和保护性

16.2　醇酸型木器漆

醇酸树脂是最先应用于涂料工业的合成树脂，也是至今乃广为应用的漆用树脂。其原料来源广泛，配方灵活，可以通过种种改性而赋予各种性能，因此可以应用于几乎所有类型的涂料之中。随着近十几年来涂料工业科技的迅速发展，醇酸树脂的原料更加丰富，合成工艺、设备不断更新，产品品质不断提高，应用领域不断扩大。

将长油度干性油醇酸树脂溶于 200 号溶剂汽油，加入适量的催干剂即可制成清漆，再加入颜料和填料，即可制成实色漆。其涂膜具有较高的光泽，良好的柔韧性，漆膜丰满美观，对底材具有良好的附着力，好的抗冲击强度，抗溶剂性，但耐水性、耐碱性一般。下面是一些配方举例。

（1）醇酸铁红木器底漆　配方如表 16-3 所示。

表 16-3　醇酸铁红木器底漆配方

原料名称	用量（质量份）	原料名称	用量（质量份）
PJ6565 干性油中油度醇酸树脂（52%）	45.00	4%异辛酸钴	1.20
		4%异辛酸锌	0.50
铁红	24.75	10%异辛酸锆	2.00
氧化锌	10.00	二甲苯	2.00
15μm 滑石粉	8.00	200 号溶剂汽油	6.10
有机膨润土防沉剂	0.25	丁酮肟	0.20

操作要点：混合均匀，高速分散，研磨至 50μm，200 目筛网过滤，包装。该配方的特

点是漆膜快干，丰满，光泽高，硬度较好。

表 16-3 中干性中油度醇酸树脂为江门树脂 PJ6565，其性能指标见表 16-4。

表 16-4　干性中油度醇酸树脂的性能指标

项目	指标	项目	指标
外观	棕黄色透明液体	油度/%	56
色号(Fe-Co)	≤10	酸值/(mg KOH/g)	≤10
固含量/%	52±1	黏度(格式管,25℃)/s	20～80

（2）醇酸黄色木器磁漆　配方见表 16-5。

表 16-5　醇酸黄色木器磁漆配方

原料名称	用量(质量份)	原料名称	用量(质量份)
AK 2960F	50.00	KL-841(防结皮剂)	0.10
中铬黄	22.00	甲苯	2.00
1250 目重质碳酸钙	13.00	二甲苯	5.90
EFKA 4310(润湿分散剂)	0.50	200 号溶剂汽油	5.00
CQ88A(复合催干剂)	1.50	合计	100.0

稀释剂组成：二甲苯∶甲苯∶醋酸丁酯∶醋酸乙酯＝40∶20∶20∶20。

调漆配比：油漆∶稀释剂＝1∶0.5。

表 16-5 中 AK 2960F 为同德公司豆油酸长油度醇酸树脂，其性能指标见表 16-6。

表 16-6　AK 2960F 醇酸树脂的性能指标

项目	指标	项目	指标
外观	黄色透明黏稠液体	酸值/(mg KOH/g)	≤10
色号(Fe-Co)	≤8	黏度/mPa·s	20000～50000
固含量/%	60±2	溶剂	D40
油度/%	55		

（3）醇酸木器清漆　配方见表 16-7。

表 16-7　醇酸木器清漆配方

原料名称	制造商	质量份
Alkydal F681(75%,醇酸树脂)	Bayer	70.00
D60(松香水)		13.60
二甲苯		12.00
Baysilone OL 17(流平剂)	Borchers	1.00
Borchi Gol E2(流平脱气剂)	Borchers	1.00
Octa-Soligen 69(复合催干剂)	Borchers	2.10
Borchi Nox M2(抗结皮剂)	Borchers	0.30
合计		100.0

制造工艺：在搅拌下按配方顺序加料，最后加入抗结皮剂，搅拌均匀。

醇酸木器清漆的技术参数见表 16-8。

表 16-8　醇酸木器清漆技术参数

检测项目		指标
固体分(质量分数)/%		53
基料含量(质量分数)/%		52.9
流出时间(DIN53211 杯, 4mm 嘴,23℃)/s		45
干燥时间(干燥时间记录仪湿膜厚 100μm)/h	24h 后	4～5
	室温贮存 1 个月后	4～5
摆杆硬度(DIN53157)/s	24h 后	19
	1 周后	26
	2 周后	29

低黏度干性长油度醇酸树脂 Alkydal 681F（75%）的性能指标见表 16-9。

表 16-9　干性长油度醇酸树脂的性能指标

项目	指标	项目	指标
外观	浅黄色透明黏稠液体	油度/%	66
色号(Fe-Co)	≤6	酸值/(mg KOH/g)	≤13
固含量/%	75±1	黏度(23℃)/mPa·s	5100±1100
邻苯二甲酸酐含量/%	25	溶剂	松香水

16.3　丙烯酸自干木器漆

丙烯酸共聚物也可以用作单组分自干型木器漆的成膜树脂。通过选用不同结构的丙烯酸树脂、生产工艺及溶剂组成制成的涂料，涂覆于以木材为底材的物件上，在自然条件下干燥成膜，起到装饰和保护作用的涂料，称为丙烯酸自干木器漆。该漆属于单组分涂料，施工方便，耐老化，缺点是固体分较低、丰满度低。

丙烯酸自干木器清漆配方 1 见表 16-10。

表 16-10　丙烯酸自干木器清漆配方 1

原料名称	质量份	原料名称	质量份
PJ80402 丙烯酸树脂(60%)	47.00	丁醇	5.20
CAB(25%)	8.00	丁酮	9.60
醋酸丁酯	6.00	二甲苯	20.0
乙酸乙酯	4.20	合计	100.00

操作要点：混合均匀即成。可用于藤器涂饰。上表中丙烯酸树脂为江门树脂 PJ80402，其性能指标见表 16-11。

表 16-11　PJ80402 热塑性丙烯酸树脂的性能指标

项目	指标	项目	指标
外观	水白或微黄色透明黏稠液体	酸值/(mg KOH/g)	≤6
色号(Fe-Co)	≤1	黏度/(格式管,25℃)/s	80~150
固含量/%	60±1		

丙烯酸自干木器清漆配方 2 见表 16-12。

表 16-12　丙烯酸自干木器清漆配方 2

原料名称	质量份	原料名称	质量份
AC10250 丙烯酸树脂(60%)	67.00	二甲苯	8.00
BYK-306(流平剂)	0.20	油性色浆	8.00
醋酸丁酯	11.00	合计	100.00
甲苯	5.80		

稀释剂：甲苯：二甲苯：醋酸丁酯：醋酸乙酯：乙二醇单丁醚：异丁醇＝20：25：20：10：15：10。

表 16-12 中 AC10250 为同德公司热塑性丙烯酸树脂，其性能指标见表 16-13。

表 16-13　AC10250 热塑性丙烯酸树脂的性能指标

项目	指标	项目	指标
外观	微黄色透明黏稠液体	T_g/℃	43
色号(Fe-Co)	≤1	黏度/mPa·s	19000~30000
固含量/%	70±1	溶剂	甲苯/二甲苯
酸值/(mg KOH/g)	6~10		

单组分丙烯酸树脂银粉漆配方见表 16-14。

表 16-14　单组分丙烯酸树脂银粉漆配方

原料名称	质量份	原料名称	质量份
MA-2010 丙烯酸树脂(50%)	60.0	BYK-325(流平剂)	0.15
BYK-2055(润湿分散剂)	0.25	BYK-141(消泡剂)	0.10
酞菁蓝	8.00	海明斯德谦 201P 聚乙烯蜡 (防沉剂)	2.50
乙酸丁酯	19.00		
乙二醇丁醚	10.00	合计	100

MA-2010 为山东科耀公司的热塑性丙烯酸树脂。应用于快干丙烯酸面漆、底漆，且对铁、ABS 附着力良好。其技术指标见表 16-15。

表 16-15　技术指标

项目	指标	项目	指标
固含量	50±2	色号(Fe-Co)	<1
黏度(格式管)/s	10～14	密度/(g/mL)	0.95
酸值/(mg KOH/g)	13～16	T_g/℃	52

性能指标见表 16-16。

表 16-16　性能指标

项目	指标	项目	指标
表干/min	7	耐盐雾	240
实干/h	4.5	耐老化(30d 失光率)/%	7
光泽	100		

BYK-2055 为毕克润湿分散剂。100%有效成分的润湿分散剂，用于溶剂型、无溶剂型及水性的经济型配方体系中。胺值为 40mg KOH/g；密度（20℃）为 1.10g/mL；非挥发物质（10min，150℃）为 100%；闪点为 110℃。

16.4　聚氨酯木器漆

以聚氨基甲酸酯树脂为主要成膜物质制成的，用于以木材为底材的制品的装饰与保护，能在自然条件下干燥成膜的涂料，称为聚氨酯自干木器漆。通常，聚氨酯木器漆主要以双组分形式供应市场，是一种最常用的木器漆，构成了从低端到高端的系列化产品。

（1）双组分醇酸型聚氨酯快干木材哑光漆　配方见表 16-17 和表 16-18。

表 16-17　组分 A（漆基）配方

原料名称	制造商	用量(质量份)
Novalkyd 3750X70C	先达	64.30
二甲苯		16.20
乙酸丁酯		5.00
BYK-306(流平剂)	BYK	0.40
BYK-323(流平剂)	BYK	0.10
A-350(气相二氧化硅)	日本富士	5.50
9610F(蜡粉手感剂)	科莱恩	0.50
CAB-381-0.1(20%)	Eastman	4.00
M-5(12%)	美国卡博特	4.00
合计		100.0

操作要点：在高速分散机中混合均匀。

表 16-18　组分 B（固化剂）配方

原料名称	制造商	用量(质量份)
TDI 加合物(50%，NCO 含量为 8%)	Bayer	50.00

操作要点：混合均匀。施工前按比例将漆基与固化剂混合。

Novalkyd 3750X70C 羟基丙烯酸树脂的性能指标见表 16-19。

表 16-19　先达 3750X70C 羟基丙烯酸树脂的性能指标

项目	指标	项目	指标
外观	水白或微黄色透明黏稠液体	酸值/(mg KOH/g)	≤18
色号(Fe-Co)	≤1	黏度(25℃)/mPa·s	40000～70000
固含量/%	70	羟值/(mg KOH/g)	120

（2）双组分聚氨酯清漆

① 双组分聚氨酯快干清漆　配方见表 16-20 和表 16-21。

表 16-20　组分 A（漆基）配方

原料名称	制造商	用量(质量份)
羟基丙烯酸树脂 Desmophen A 450(50%)	Bayer	54.0
醋酸丁酯		14.0
Baysilone OL 31(流平剂)	Borchers	0.300
25%醋酸丁酸纤维素 CAB381-2 丁酯液	Eastman	12.0
丁酮		19.7
合计		100.0

制备工艺：搅拌混合均匀。

表 16-21　组分 B（固化剂）配方

原料名称	制造商	用量(质量份)
HDI 缩二脲 Desmodur N 75(MPA/X)	Bayer	8.00

制备工艺：施工前，按比例与漆基混合。

双组分聚氨酯快干清漆性能见表 16-22。

表 16-22　双组分聚氨酯快干清漆性能

项目	指标	项目	指标
$w_A : w_B$	100∶8	干燥时间/min	5
组分 A 固体分(质量分数)/%	30	硬度(干 1 周后,柯尼希法,DIN 53157)	195
施工固体分(质量分数)/%	30.5	加氏 20°光泽/%	80
喷涂稀释剂二甲苯-醋酸丁酯(1∶1)/%	10	加氏 60°光泽/%	86
喷涂黏度(DIN53211 杯,4mm 嘴)/s	24	雾影	13
适用期/h	8	抗化学性(DIN68861,1B 节)	好

羟基丙烯酸树脂 Desmophen A 450 性能见表 16-23。

表 16-23　羟基丙烯酸树脂 Desmophen A 450 性能指标

项目	指标	项目	指标
外观	水白或微黄色透明黏稠液体	酸值/(mg KOH/g)	≤(4±2)
色号(Fe-Co)	≤1	黏度(23℃)/mPa·s	5000±1000
羟基含量/%	1.0±0.2	溶剂	PMA/二甲苯=1/1
分子量	1700	水分/%	≤0.1
固含量/%	50±2		

② 双组分聚氨酯快干木器面漆　配方见表 16-24 和表 16-25。

表 16-24　组分 A（漆基）配方

原料名称	供应商	用量(质量份)
羟基聚酯 Desmophen RD 181(75%)	Bayer	10.00
丙二醇甲醚醋酸酯		5.00
溶剂型色浆		8.00
羟基丙烯酸树脂 Desmophen A 450(50%)	Bayer	32.00
25%醋酸丁酸纤维素 CAB381-2 丁酯液		12.00
流平脱气剂 Baysilone 3468		0.20
醋酸丁酯		20.00
二甲苯		12.80
合计		100

操作要点：前 3 种原料混合，在高速分散机中 2000r/min 分散 10min，然后加入其余原料混合均匀。

表 16-25　组分 B（固化剂）配方

原料名称	供应商	用量（质量份）
HDI 缩二脲 Desmodur N 75（MPA/X）	Bayer	10.0

操作要点：混合均匀。施工前按比例与漆基混合。

双组分聚氨酯快干木器面漆性能见表 16-26。

表 16-26　双组分聚氨酯快干木器面漆性能

项目	指标	项目	指标
$w_A : w_B$	100：10	喷涂黏度（DIN53211 杯，4mm 嘴）/s	21
组分 A 固体分（质量分数）/%	25.7	适用期/h	8
施工固体分（质量分数）/%	27.7	干燥时间/min	6
喷涂稀释剂二甲苯-醋酸丁酯（1：1）/%	10		

表 16-24 中的 Desmophen RD 181 为拜耳公司出品的羟基聚酯多元醇。性能指标见表 16-27。

表 16-27　羟基聚酯 Desmophen RD 181 性能指标

项目	指标	项目	指标
外观	水白或微黄色透明黏稠液体	固含量/%	75±2
羟基含量/%	3.7	黏度（23℃）/mPa·s	7500
分子量	460	溶剂	二甲苯

（3）双组分丙烯酸酯型聚氨酯红漆　配方见表 16-28 和表 16-29。

表 16-28　组分 A（漆基）配方

原料名称	用量（质量份）	原料名称	用量（质量份）
AK3080 羟基聚酯	70.00	丙二醇甲醚醋酸酯	15.00
BYK-104S（润湿分散剂）	0.16	二甲苯	6.25
甲苯胺红	8.00	BYK-410（防沉剂）	0.34
T-12	0.10	合计	100.0
BYK-306（流平剂）	0.15		

操作要点：前 3 种原料混合，在高速分散机中 2000r/min 分散 10min，砂磨机研磨至 20μm，然后加入其余原料混合均匀，200 目筛网过滤即成。

表 16-29　组分 B（固化剂）配方

原料名称	制造商	用量（质量份）
3390（固化剂）	Bayer	30.00

操作要点：混合均匀。施工前按比例与漆基混合。

AK3080 羟基聚酯的性能指标见表 16-30。

表 16-30　AK3080 羟基聚酯的性能指标

项目	指标	项目	指标
外观	微黄色透明黏稠液体	黏度（30℃）/mPa·s	3000～5000
色号（Fe-Co）	≤1	羟值/（mg KOH/g）	132
固含量/%	80±2	溶剂	XY/BAC
酸值/（mg KOH/g）	6～12		

该配方为高档、不黄变双组分 PU 漆，可用于木器或金属涂装。

（4）丙烯酸酯聚氨酯白漆　配方见表 16-31 和表 16-32。

表 16-31　丙烯酸酯聚氨酯白漆（1）

原材料		质量份	功能	供应商
A组分	AC3082	8.60	羟基丙烯酸树脂	能达化学
	BYK-163	0.30	分散剂	毕克
	R930	16.70	颜料	石原
	A200	0.06	防沉剂	德固赛
	PMA	9.60		
	按顺序加料,高速搅拌预分散20min,砂磨至细度≤10μm			
	AC3082	44.70	羟基丙烯酸树脂	能达化学
	T-12	0.070	催干剂	气体公司
	BYK-333	0.07	流平剂	毕克
	BYK-358N	0.20	流平剂	毕克
	BYK-055	0.13	消泡剂	毕克
	PMA	6.57		
	二甲苯	6.50		
	乙酸丁酯	6.50		
	按顺序加料,中速搅拌分散30min			
B组分	乙酸丁酯	16.33		
	N3390	17.00		科思创
	开油比例为A组分∶B组分∶稀释剂=3∶1∶适量			

AC3082为能达化学（鹤山）公司生产的羟基丙烯酸酯树脂。固含量为（75±2）%；色号＜1（Fe-Co）；酸值为7～12mg KOH/g；羟值为106mg KOH/g（树脂,理论值）；黏度为5000～7000mPa·s；溶剂为XY/BAC/PMA。

表 16-32　丙烯酸酯聚氨酯白漆（2）

原料名称		用量（质量份）
A组分	VA-1089 羟基丙烯酸酯树脂（80%）	48.22
	钛白粉 R-930	32.15
	BYK-141（消泡剂）	0.36
	BYK-325（流平剂）	0.54
	F108（分散剂）	0.71
	BAC（乙酸仲丁酯）	8.93
	XY（二甲苯）	8.93
	DBTDL（二月桂酸二丁基锡,10%）	0.18
	合计	100
B组分	CORONATE HXT	19.00
	BAC	8.00
	合计	27.00

施工配比：A组分∶B组分=100∶27。

A-1089为山东科耀公司生产的羟基丙烯酸酯树脂。其性能指标见表16-33。

表 16-33　A-1089 性能指标

项目	指标	项目	指标
固含量/%	80±2	羟值/(mg KOH/g)	100
黏度（格式管）/s	4～5	T_g/℃	—12
酸值/(mg KOH/g)	＜8	溶剂	150号油剂汽油/醋酸丁酯
色号（Fe-Co）	1		

CORONATE HXT为日本NPU聚氨酯公司生产的由HDI三聚体改性的聚异氰酸酯。由于CORONATE HXT与丙烯酸酯树脂多元醇混合,可制得耐磨性、耐溶剂性优良的不黄变涂料。不易受紫外线的影响,色彩变化小。被用于汽车修补用涂料、工业用涂料。性能指标见表16-34。

表 16-34 CORONATE HXT 性能指标

项目	指标	项目	指标
外观	淡黄色液体	色数(加氏)	≤1
NCO 含量(质量分数)/%	16.7~16.7	闪点/℃	35
固含量(质量分数)/%	77(76~78)	溶剂	二甲苯/乙酸丁酯
黏度(25℃)(加氏)	B~C	游离 HDI(质量分数)/%	≤0.5
密度(4℃)/(mg/L)	约1.082		

16.5 不饱和聚酯木器漆

不饱和聚酯木器漆以不饱和聚酯树脂为主要成膜物质，分 A、B 两组分包装，使用时两组分按一定比例混合，搅拌均匀，涂覆于木材基物品表面，装饰和保护底材。

不饱和聚酯树脂配方见表 16-35。

表 16-35 不饱和聚酯树脂配方

原料名称	用量(质量份)	原料名称	用量(质量份)
顺丁烯二酸酐	882.0	1,2-丙二醇	411.0
邻苯二甲酸酐	890.0	对苯二酚	0.6
乙二醇	780.0	合计	2963.6

操作要点：前四种原料加入反应釜缓慢加热升温，待大部分固体物料熔融后开动搅拌，并在液面以下通入二氧化碳，此时温度不应高于 100℃。升温至 160℃±2℃，并在此温度下保持至酸值达 (200±5)mg KOH/g。继续加热升温至 175℃±2℃，并在此温度下保持至酸值达 135mg KOH/g 以下。继续加热升温，并保持 190~195℃至酸值达 (52±2)mg KOH/g 为止。如果在 190~195℃保持 2h 后，酸值仍高于 (52±2)mg KOH/g，则可以升温到 195~200℃保持到酸值达到 (52±2)mg KOH/g。停止加热，搅拌冷却至 90℃停止通入二氧化碳，加入对苯二酚，充分搅拌至完全溶解。继续冷却至室温。

过氧化环己酮浆配方见表 16-36。

表 16-36 过氧化环己酮浆配方

原料名称	用量(质量份)	原料名称	用量(质量份)
环己酮	98.00	邻苯二甲酸二丁酯(2)	84.40
邻苯二甲酸二丁酯(1)	60.00		
30%双氧水	155.0	合计	397.4

操作要点：在搪玻璃反应罐中加入环己酮和邻苯二甲酸二丁酯 (1)，开动搅拌，滴加双氧水，并将反应温度控制在 45℃以下。开始滴加后，由于反应放热，需在反应罐夹套内通入冰水降低温度，以使反应温度控制在 45℃以下。双氧水滴加完后，反应温度会自行上升，此时要控制温度不超过 50℃。在此温度下保持 2.5h 结束反应。

反应完成后，在搅拌下冷却降低温度，此时会有白色结晶析出，停止搅拌，静置过夜。吸出上层水液，加入邻苯二甲酸二丁酯 (2)，充分搅拌均匀，即得 50%过氧化环己酮浆糊状物。测定活性氧含量为 5.5%。

不饱和聚酯清漆配方见表 16-37。

表 16-37 不饱和聚酯清漆配方

原料名称	用量(质量份)	原料名称	用量(质量份)
不饱和聚酯树脂	70.00	8%环烷酸钴	0.50
苯乙烯(1)	27.00	苯乙烯(3)	1.00
过氧化环己酮浆糊	4.00	合计	104.5
苯乙烯(2)	2.00		

操作要点：施工前配制。不饱和聚酯树脂与苯乙烯（1）充分溶解混合。加入事先搅拌混合均匀的过氧化环己酮浆糊与苯乙烯（2）的混合物，充分搅拌均匀。加入事先搅拌混合均匀的环烷酸钴与苯乙烯（3）的混合物，充分搅拌均匀。

配制好的清漆固化时间约为 2.5～3.0h。如果固化时间过长，可以再适量增加过氧化环己酮浆糊，但是总量不应大于清漆的 6%。

性能：不饱和聚酯清漆是厌氧型，所以在涂覆后必须隔绝空气，否则表面会发黏。一次涂覆的干膜厚度最大可达 200μm。

16.6 光固化木器漆

表 16-38 为一种环氧丙烯酸酯光固化白色腻子参考配方。

表 16-38 环氧丙烯酸酯光固化白色腻子参考配方

原料	用量（质量份）	原料	用量（质量份）
双酚 A 环氧丙烯酸酯	28.2	表面活性剂	0.13
三羟甲基丙烷三丙烯酸酯	7.53	钛白粉	14.10
异丙基硫杂蒽酮(ITX)	1.00	滑石粉	14.10
苯甲酸-2-二甲基胺乙酯	4.80	氧化钡	28.20
N-乙烯基吡咯烷酮	1.88		

表 16-39 为一环氧丙烯酸酯光固化木器底漆参考配方。

表 16-39 环氧丙烯酸酯光固化木器底漆参考配方

原料	用量（质量份）	原料	用量（质量份）
双酚 A 环氧丙烯酸酯 （含 20%TPGDA）	33.50	二苯甲酮	5.00
四官能度聚酯丙烯酸酯	16.00	HMPP、HCPK 等 裂解型光引发剂	1.50
TPGDA	40.00	硬脂酸锌	0.50
叔胺	4.00	流平助剂	0.50

表 16-40 为一环氧丙烯酸酯光固化木器面漆参考配方。

表 16-40 环氧丙烯酸酯光固化木器面漆参考配方

原料	用量（质量份）	原料	用量（质量份）
双酚 A 环氧丙烯酸酯	32.0	TMP(EO)₄TA	10.0
聚氨酯丙烯酸酯 （Photomer 6008）	10.0	DMPA(Irgacure 651)	4.00
TPGDA	38.0	二苯甲酮	2.00
TMP(EO)₃TA	3.00	三乙醇胺	1.00

16.7 水性木器漆

（1）水性木器透明底漆 配方见表 16-41。

表 16-41 水性木器透明底漆参考配方

组分	原料	用量（质量份）	备注
1	NeoCryl XK61	80.0	DSM
2	Dehydran 1293	1.00	Cognis 消泡剂
3	乙二醇丁醚	8.00	工业级
4	水	9.70	
5	Hydropalat 875	0.300	Cognis 润湿剂
6	DSX 2000	0.500	Cognis 流平剂
7	水	0.500	

底漆要求对木材的润湿性好、渗透性强、打磨性好、附着力强。丙烯酸共聚物具有快干、光稳定性好、透明性、流动性好及较好的低温柔韧性，成本较低，可选择粒径小、玻璃化温度适中的丙烯酸乳液作为封底漆树脂。助剂的选择要求基材润湿剂能有效降低体系的表面张力，增加对木材的润湿性和渗透性，提高层间附着力；消泡剂要求相容性好、消泡能力强。

制备工艺：

① 称量组分 1，将组分 2～5 混合后在 300r/min 下加入，600r/min 下分散 30min；

② 将转速调至 400r/min，将组分 6 用组分 7 稀释后加入搅拌均匀。

主要性能：

固含量	约 33.6%
黏度（涂-4 杯）	40s
表干时间（湿膜 50μm）	10～15min
实干时间	3h
附着力	1 级

（2）水性木器高光面漆　水性木器高光面漆的树脂有水性聚氨酯分散体、丙烯酸改性水性聚氨酯和丙烯酸乳液三大类。

水性聚氨酯具有流平好、丰满度高、耐磨、耐化学品性好和硬度高等优点，非常适用于配制各种高档水性木器面漆，如家具漆和地板漆等。丙烯酸改性水性聚氨酯是通过核-壳等聚合方法将丙烯酸和聚氨酯聚合在一起的一种新型水性树脂，不但具有丙烯酸树脂的耐候性、耐化学品性和对颜料的润湿性，并且继承了聚氨酯树脂的高附着力、耐磨性和高硬度等性能，常用于中高档木器面漆；丙烯酸树脂具有快干、光稳定性优异的特点，传统的丙烯酸共聚物系热塑性树脂，力学性能较差，如硬度、耐热性较低，目前的发展趋势是采用多步聚合法制备常温自交联乳液，其特点是干燥迅速、硬度高、透明、流动性好、耐化学品性优异，并具有良好的低温柔韧性和抗粘连性，另外采用核-壳聚合方法也可以制备成膜温度低、抗粘连性及柔韧性好的多相丙烯酸分散体，但硬度稍差，丙烯酸类乳液由于相对低廉的成本，目前在市场上仍备受关注，广泛用于水性底漆及低端水性木器装饰漆等。水性木器高光面漆参考配方见表 16-42。

表 16-42　水性木器高光面漆参考配方

组分	原料	用量(质量份)	备注
1	NeoPac E-106	80.0	DSM
2	Dehydran 1293	0.60	Cognis 消泡剂
3	FoamStar A34	0.6	消泡剂
4	乙二醇丁醚	8.00	工业级
5	水	1.10	
6	Hydropalat 140	0.400	Cognis 润湿剂
7	Perenol S5	0.300	增滑剂
8	DSX 2000	0.500	Cognis 流平剂
9	水	0.500	

工艺操作：

① 准确称量组分 1，300r/min 搅拌条件下加入预混后的组分 2～7，600r/min 搅拌 30min；

② 将转速调至 400r/min，加入组分 8、9 的稀释液调整黏度，并慢速消泡 10min。

主要性能：

固含量	30%

黏度（涂-4 杯）	40s
表干时间	15min
铅笔硬度	1H～2H

E-106 是一种水性丙烯酸-聚氨酯杂化体，综合性能较好。

水性木器亚光面漆参考配方见表 16-43。

表 16-43　水性木器亚光面漆参考配方

组分	原料	用量（质量份）	备注
1	Ucecoat DW 5562	100	UCB
2	Dehydran 1293	0.60	Cognis，消泡剂
3	TS 100	1.00	Degussa，消光剂
4	Aquamat 216	3.00	BYK，乳化蜡（手感剂）
5	Dowanol DE	2.00	Dow，成膜助剂
	Dowanol EB	1.00	
6	BYK-346	0.500	BYK，润湿流平剂
7	Ucecoat XE 430（10％IPA）	0.800	UCB

Ucecoat DW 5562 是一种自交联型水性丙烯酸-聚氨酯杂化体。该配方所得涂膜硬度大于 1H，40～60min 实干。3 天后，完全固化，加热可加速固化。Ucecoat DW 5562 的性能指标见表 16-44。

表 16-44　Ucecoat DW 5562 的性能指标

项目	指标	项目	指标
固含量/％	40±1	MFT/℃	约 7
黏度/mPa·s	50～100	硬度（柯尼希法）/s	135
NMP 含量/％	5	pH	7.5

（3）水性木器白色面漆　参考配方见表 16-45。

表 16-45　水性木器白色面漆参考配方

组分	原　料	用量（质量份）	备注
1	水	10.0	
2	TC-202	61.0	广东天银化工
3	Disponer W-511	0.300	Deuchem
4	Disponer W-18	0.200	Deuchem
5	BYK-028	25.0	BYK
6	钛白粉（828）	0.200	
7	DeuAdd MB-11	2.00	Deuchem
8	DeuAdd MB-16	0.100	Deuchem
9	TS-100	0.200	乳化蜡
10	DeuRheo WT-204	1.00	Deuchem

工艺操作：

① 准确称量组分 1、2，600r/min 搅拌条件下加入组分 3～6，1000r/min 搅拌 30min；

② 将转速调至 600r/min 加入组分 7～9，搅拌 10min，加入 10 调整黏度，慢速消泡 30min，过滤、包装。

TC-202 为一种油改性脂肪族水性聚氨酯，是性价比最高的一种水性树脂，其性能指标见表 16-46。

表 16-46 TC-202 的性能指标

项目	指标
外观	微黄色半透明溶液
不挥发分/%	33±1
pH	7～9
黏度(25℃,NDJ.I 黏度计)/mPa·s	16～100
干燥性(25℃,湿度 65%)	表干/实干为 20(min)/2(h)
光泽	≥ 90
硬度	≥ 2H
附着力(级)	0
抗划伤性(100g)	通过
抗粘连性(500g,50℃/4h)	通过
耐磨性(750g/500r)/g	≤ 0.03
耐水性(72h)沸水(15min)	无异常
耐碱性(50g/L NaHCO₃,1h)	无异常
耐污染性(50%乙醇、醋、绿茶 1h)	无异常
耐黄变性(7d,ΔE)	≤ 3
TVOC/(g/L)	≤ 200
可溶性重金属/甲醛	无检出

（4）双组分水性聚氨酯木器清漆　配方见表 16-47 和表 16-48。

表 16-47　双组分水性聚氨酯木器清漆配方（羟基组分）

组分	原料	用量(质量份)	备注
1	水性聚氨酯羟基组分	68.0	广东天银化工
2	BYK 028	0.0800	BYK,消泡剂
3	Aquamat 216	0.558	BYK,乳化蜡,手感剂
4	BYK 346	0.0400	BYK,流平剂
5	DeuRheo WT-204	1.80	Deuchem,增稠剂

表 16-48　双组分水性聚氨酯木器清漆配方（固化剂）

组分	原料	用量(质量份)	备注
1	2102	10.0	罗地亚
2	丙二醇甲醚醋酸酯	1.00	溶剂

施工时将水性固化剂溶液在搅拌下加入羟基组分中，搅拌均匀，熟化 30min 后使用，试用期约 5h。其涂层光泽高、硬度好、耐水、耐热、耐溶剂，基本达到油性双组分 PU 漆的性能。水性聚氨酯羟基组分的性能指标见表 16-49。

表 16-49　水性聚氨酯羟基组分的性能指标

项目	指标	项目	指标
外观	半透明水分散体	黏度/mPa·s	500～1000
固含量/%	40±1	羟值/%	1.8(以树脂计)

16.8　结语

近年来，木器漆的水性化趋势势不可挡，首先可能会从民用漆方面得到突破，因此在加强水性树脂研发的同时，水性漆的配方研究也应加强，再加上政府的政策导向，性能优秀的水性漆必将占领市场，满足客户及社会的需要。

第17章 涂料性能检测及相关仪器

17.1 概述

涂料应用在基材上有两方面的目的：装饰和保护。涂料固化后其涂层能否展示其预期功能，不仅取决于涂料配方，还受涂装过程工艺的影响。准确评估涂层性能对涂料设计配方及涂装工艺有非常重要的指导作用；另外，了解某涂层性能的优劣，对其所涂覆的工件的使用寿命也能做出正确预判。

测试和评估涂料性能的目的主要有三个方面：

① 测试研发的新产品；

② 对生产过程进行质量控制；

③ 测试产品是否达到客户要求。

在选择使用何种试验来评估涂料性能时，必须依据这三种目的做出不同的方案。一般而言，评估研发的新产品性能时，要制订全面的测试计划，包括耐久性测试，可以同时把市场上性能较优的产品作为参照品进行实证测试；对生产过程的质量控制则要求测试简单、准确、快速和可靠，如果测试时间长，会耽误生产；如果是以客户指标要求为检验目的，应该同客户商议检查项目及具体实施的方法或标准。

17.2 涂料性能检测与评估概况

17.2.1 涂料性能检测基本要求

对涂料或涂层开展的性能检测，必须保证测试结果真实、可靠，尤其对一些特殊领域的研发工程师而言，当对配方中的某一组分进行替代或者改变其配比时，是否会对产品的最终性能产生影响，均需要通过测试来严格验证，其测试结果必须具有很高的可信性。

测试结果的可信性包含两个层面：一是结果的重现性，二是结果的再现性。

（1）重现性（repeatability limit，r） 重现性也称复现性，是指同一试验人员对同一样品，在同一实验室采用同一测试方法和同一仪器在短时间内进行多次重复试验，所得到的单次试验结果之间的差异。

（2）再现性（reproducibility limit，R） 再现性也称可比性，是指对同一样品采用同一测试方法，按以下几种情况操作所得到的试验结果之间的差异。

① 由不同的试验人员在同一实验室，使用相同的仪器，验证人员操作对试验结果带来的误差；

② 由同一试验人员在同一实验室，使用不同的仪器，验证仪器设备对试验结果的影响；

③ 不同实验室之间，即试验人员、试验仪器、试验环境，验证实验室对试验结果的影响。

检验工作的开展，除了需考虑试验结果的重现性和再现性外，有时还必须对所采用设备的均匀性/一致性（uniformity）进行约定，即在使用某些具有较大工作空间的仪器，如盐雾腐蚀试验箱（图 17-1）、烘箱、环境试验箱、老化箱等，需要注意其工作室空间不同位置的试验参数（温度、湿度、辐照度等）具有一致性。

17.2.2　涂料性能检测依据和标准

为保证涂料性能的检测结果具有传递性，就必须保证检测工作都是按照同一种方法或流程，即使用相同的标准或规程来执行检测。

涂料检验工作严格意义上来讲也是一项标准化工作，为了保证检验结果的可信性和一致性，就必须遵照同样的手段和方法，即标准。目前，涂料检验所参照的标准主要有世界标准组织的 ISO 标准、美国材料试验协会的 ASTM 标准、欧盟的 EN 标准、中华人民共和国 GB 标准，也有一些行业标准，如化工行

图 17-1　盐雾腐蚀试验箱

业标准 HG 、建材行业标准 JC ，也还有一些军工标准、铁路标准、地方性标准、团体标准、企业标准等。随着全球贸易的发展及世界经济一体化，许多不同国家或地区的标准开始逐步统一，如现在国家标准基本等同（或等效）ISO 标准，只有小部分依据我国国情做出修改为等效采用。

涂料行业所使用的标准一般分为产品标准和检测方法标准。

产品标准是针对某一产品，为保证产品的适用性，对产品必须达到的某些或全部要求所制定的标准。产品标准是产品生产、检验、验收、使用、维护和洽谈贸易的技术依据，对于保证和提高产品质量，提高生产和使用的经济效益，具有重要意义。产品标准的内容主要包括：①产品的适用范围；②产品的品种、规格、分类和分等；③产品的技术要求，如外观、物理性能、化学性能等；④每一项技术要求的试验方法，包括取样方法，试验用材料、测试器具与设备、试验条件、试验步骤及试验结果的评定等（大部分情况直接采用方法标准）；⑤产品的检验规则（验收规则），包括检验分类、样品抽样方式、检验结果评定、仲裁及复验方法等；⑥产品的标志、包装、贮存等，包括产品标志、包装材料、包装方式与技术要求、运输及贮存要求等。

涂料行业涉及的产品标准近 300 个，涵盖了从民用到工用和一些特种涂料，如 GB/T 9756—2018《合成树脂乳液内墙涂料》、GB/T 23995—2009《室内装饰装修用溶剂型醇酸木器涂料》、JG/T 157—2009《建筑外墙用腻子》。一般而言，都是市场上先出现某一产品后，行业再逐步约定并形成该产品的规范及标准。

检测方法标准是指对某一性能测试所采用的方法进行统一规定所制定的标准。包括：①该检验方法的适用范围；②仪器，包括仪器的原理、结构、技术参数要求等；③取样；④试板，包括试板的种类、尺寸、表面处理、涂装方式、干燥及养护条件、状态调节等；⑤操作步骤，包括测试的具体操作步骤、结果的检查及评判；⑥精密度，包括试验结果的重复性（r）和再现性（R）；⑦试验报告，包括试验样品名称、所使用的仪器、试验日期、试验人员等。

涂料的试验方法标准有近 250 个，最常用的 100 个左右，如 GB/T 1724—2019《色漆、清漆和印刷油墨 研磨细度的测定》、GB/T 30791—2014《色漆和清漆 T 弯试验》。随着行业对涂料性能研究的深入和近代科学技术的发展，会有越来越多的测试方法标准被制定。

17.2.3　测试方法和标准的选择

（1）选择的基本原则　既然对涂层的同一性能，可以选择不同的测试方法或用不同的测

试结果来表示，那怎样才能选择最适合自己需求、又最真实反映涂层性能的测试方法呢？最通用的方法是根据测试目的来选择，见图 17-2。

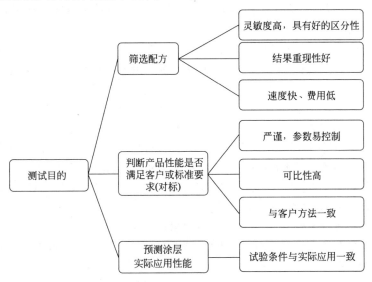

图 17-2　不同测试目的对测试方法的要求

（2）缺少相关的标准或依据的情况　产品经常会被用在一些特殊的场合，而我们却无法找到现有的相关测试方法来进行性能评估。为了正确而真实地评估涂层在这些特殊场合所展示的性能，必须在实验室设计一种测试模式来模拟涂层在实际应用中所经受的一些条件。

如不粘锅涂层，就必须考虑涂层的耐高温油性、耐热性等；航空涂料，需要考虑其耐超低温性能等；轨道交通涂层，需评估其在连续高幅震动下的耐久性。

（3）建立有效的实验室测试模型　涂料性能检测时，试验人员经常需要自己设计实验室的模拟测试方法。无论设计何种测试模型，必须保证其取得的数据有良好的重现性和可比性。

通用步骤如下：

① 分析影响测试结果的所有参数（因素）；

② 恒定其中几个参数，变化剩余的一个参数，观测改变此参数对测试结果的影响；

③ 用同样的方法再逐一分析其他参数，找到对测试结果具有典型区分性且具有良好重现性和可比性的参数，以此参数来评价测试结果。如图 17-3 所示，某项测试结果受四个参数影响，维持参数 1、2、3 不变，变化参数 4。

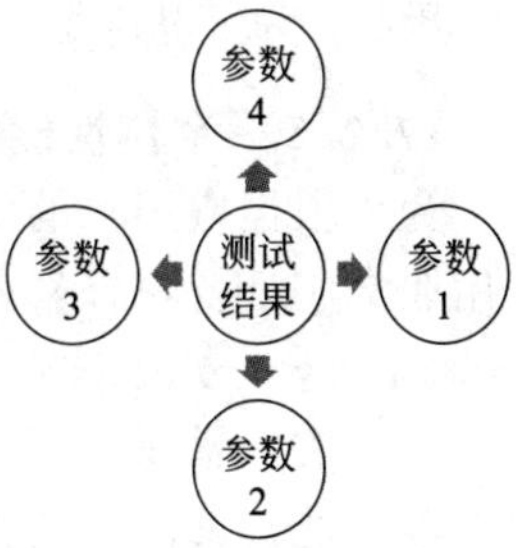

图 17-3　选取测试参数示意图

如涂层硬度的测试，目前通用的方法其原理为用一种特殊的工具在涂层表面刮擦，检测涂层是否能被刮破。刮破取决于以下几个因素：

① 刮擦工具的材料硬度；② 刮擦力度；③ 刮擦速度。

表 17-1 列出了两种典型的硬度测试方法的恒定参数和可变参数。

表 17-1　铅笔硬度和划痕硬度试验中恒定的参数和变化的参数

试验方法	因素（参数）		
	工具材料	力	速度
铅笔硬度（ISO 15184—2012）	可变	恒定不变	恒定不变
划痕硬度（ISO 1518-1—2011 和 ISO 1518-2—2011）	恒定不变	可变	恒定不变

17.2.4　检验后的结果判定

涂料检验工作完成后，必须把所得到的测试结果予以表示，目前，涂料行业主要用三种方法来表示。

（1）以等级来判定　按照出现的特定试验结果或现象分成可以明确区分的级别，用来区分不同产品的质量等级，比如划圈试验、划格试验、铅笔硬度、透明度测定、色差、生锈、起泡等。

（2）以具体数值来判定　直接以仪器所读得的数据或经计算得到的数值来表示试验结果，如拉开法附着力测试、摆杆硬度、光泽、厚度、有害物质限量等。

（3）以通过/不通过即合格/不合格判定，也称符合性判定　给出一个事先约定好的判断依据，以试验结果是否达到此依据做出合格/不合格的判断，比如涂层外观检验、施工性能等。

对涂层同一性能的评定，可以采用不同的测试方法，也可以采用不同的方法来评定、判定测试结果，如涂层与底材的附着力测试：

按等级/定性：GB/T 9286—1998《色漆和清漆漆膜的划格试验》

按具体数值/定量：GB/T 5210—2006《色漆和清漆　拉开法附着力试验》

涂层的硬度测试：

按等级/定性：GB/T 6739—2006《色漆和清漆　铅笔法测定漆膜硬度》

按具体数值/定量：GB/T 1730—2007《色漆和清漆　摆杆阻尼试验 》

（4）影响测试结果的因素　对所有的检验人员而言，对检验结果最关注的是测试数据的真实性和准确性，即测试数据的可比性和重现性。

影响测试结果的因素非常非常多，主要有以下几点：

① 测试仪器本身的精度；

② 测试基材；

③ 测试环境（温度、湿度等）；

④ 人为因素。

因此，为了得到真实而可信的测试结果，检验工作人员需要全面分析影响测试结果的所有因素。

17.2.5　涂料性能评估常用的测试

为了根据应用目的而对某种涂料性能做出准确、全面的评估，目前，行业内有三种测试应用非常广泛：户外暴露测试（也称实景暴露测试，field exposure tests）、实验室模拟测试（laboratory simulation tests）、实证测试（empirical tests）。

（1）实景暴露测试　很多涂料专家认为，了解涂层性能唯一可靠的方法就是使用它并长期观察性能。其次好的方法是在一些应用场合小规模的使用，特别是在一些可能加速涂层破坏的苛刻条件下。实践表明：测试条件越受限制、破坏加速程度越大，预测就越不可靠。但是经过精心设计和分析的一些测试非常有用，有许多例子，我们举几个来说明这个原理。

评估马路标线涂层的使用寿命时，需要使用与车流方向垂直的涂层条纹，而不是与同车流方向一致的条纹来测试，这样暴露的涂层被磨损得更厉害。如果有多种不同配方的马路标线涂层需要进行性能比对时，可以在一小段马路上同时进行测试和对比，在那里它们受到相同数量车辆的磨损。

如果把已知性能的涂层与新的涂层一起进行测试对比，那么测试应该在一年中不同时间进行，因为不同季节的各种特定因素，如夏天炎热的阳光，冬天的扫雪车、撒盐等因素都必须考虑。同时，也必须涂在不同种类材料的路面上，如混凝土和沥青上同时进行评估。

涂层的户外暴露测试还包括涂装有新涂层的车辆在一个条件非常严酷的马路上行驶，这些严酷条件包括绵延的碎石、水滩、不同的气候条件等。罐装容器内涂层也如此：准备一些罐装食品的样品，经过不同的贮存期后来检测包装罐内衬及里面食品是否失效。

（2）实验室模拟测试　严格来讲，涂料性能测试方法中目前已经制定的标准或规范，并已经在行业得到广泛应用的，大部分都是基于实验室的模拟测试而发展起来的。木地板上的涂层，每日都必须经受橡胶材质鞋底的来回摩擦，为了评估其耐磨性能，在实验室内用旋转的橡胶砂轮模拟鞋底材料，同时施加一定的负载（一般为 750g）经过一定次数的摩擦，通过涂层损失的质量来评估此涂层的耐磨性能。

针对涂料在不同场景下的实际应用，涂料工程师已经开发了许多种测试方法来模拟。判断一种实验室模拟测试的方法是否能对涂层实际应用具有指导性作用，主要一点是看该方法是否能评价并区分一系列已知性能从优到劣范围的产品。比如，上面举的例子，评价地坪涂料的耐磨性能，如果设计的实验室测试方法采用海绵去摩擦涂层表面，那可能根本无法区分性能优和劣的涂料配方，就会导致试验结果在实际应用中可能失效的风险。

国外有一个很好的且被验证过的实验室模拟测试方法实例：为评估啤酒罐上面涂层的耐磨性能，在实验室设计一种振荡机来模拟有轨车运行时的工况。包装好的啤酒包装罐放置在该振荡机上，机器参数（振荡幅度、频率等）设置完全同轨道车实际运输啤酒罐时的情形一样，来模拟啤酒罐运输时遭受的挤压、振荡速度、振荡距离等。这个试验得到的结果通过实际应用得到了很好的确认。还一个例子是汽车涂层的抗石击测试，用固定尺寸的碎石以一定的速度反复打击汽车涂层样板，根据涂层最终状态来确定汽车涂层在实际工作时的耐石击性能。

一般而言，实验室设计的模拟测试只能评估涂层的一个或少数的性能。因此，为了全面预测涂层在实际应用中的性能，还需同时进行其他测试。例如，地坪涂料的耐磨测试很显然不能给出涂层在被尖锐物品拖拉时抗划伤这一重要性能的任何信息，故还需对其耐划伤性能设计合理的实验室模拟试验方法。

整体而言，实验室模拟测试主要用于预测涂层在实际应用中的性能而不是用于质量控制。另外，对检验某批次产品是否符合标准要求，这种模拟测试过程时间太长效率低下。

（3）实证测试　当实验室设计的模拟测试并不能完全预测涂层在实际应用的特性时，或者涂层的某项性能受诸多因素影响的时候，实证测试是一种非常理想的测试方法。比如户外涂层的耐候性能，实验室设计的加速老化测试模型，无论是氙灯、荧光紫外或中盐雾测试，均不能完全准确预测涂层在实际应用的耐久性。

实证测试是指把待测产品与一种已经在实际应用中性能得到验证的涂料，在同一条件下（使用同样的测试方法、同一实验室、同一试验人员、同一时间）去比对，从而预测待测产品耐性的方法。其测试结果可以用作预测涂层性能的一部分数据，特别是在用新配方去对标那些已知性能的类似配方时。

一般而言，实证测试主要适用于产品质量控制，也经常被用作检验新产品的技术参数。但是，实证测试也非常有局限性，如果把建立在某一种涂层基础上的实证测试应用到另一种新类型的涂层上，风险将会比较大，操作者必须重新验证其有效性。比如，实验室人工加速老化试验，建立在环氧涂料上的实证测试，去验证聚氨酯涂料的耐候性能，可能会造成很大的误差。

17.3　涂料检测仪器

17.3.1　涂料检测仪器发展现状

涂料检测仪器作为整个涂料行业的一个最小但却是必不可少的行业，在对推进涂料产品质量、涂装工艺的改进及控制稳定的涂装质量方面起非常重要的作用。诺贝尔奖获得者R. R. Ernst 曾说过："现代科学的进步越来越依靠尖端仪器的发展。"著名化学家门捷列夫曾指出"科学是从测量开始的"。

目前，全世界专业生产涂料涂装检测仪器的厂家并不多，主要是因为这是一个非常特殊而专业的行业，一方面市场需求量并不是很大，但却对专业技术和产品质量要求非常高；另一方面，涂料检测仪器涵盖的种类非常多，每一种涂料针对其应用都有独特的检测项目并对应特殊的检测仪器。据不完全统计，涂料行业所涉及的检测仪器超过 200 种，而且很多种类之间缺乏关联性，比如常用的刮板细度计、黏度杯涉及精密机械加工，旋转黏度计涉及流变学，光泽、颜色测量仪则又涉及光学，等等，这就要求仪器制造商要懂得非常宽广的行业知识。

目前中国市场的涂料涂装检测仪器，尤其是高端的检测仪器，诸如光学、人工气候加速老化方面的仪器市场，大部分都被国外品牌所占有。国内的检测仪器虽然已经有近 50 年的历史，但由于 20 世纪 90 年代以前，涂料的相关检测标准大部分由国内涂料厂按照中国实际情况起草，与国际脱节，造成中国制造的仪器只能在中国使用，尤其是在改革开放以后，大量的外资企业进入中国，在中国市场上找不到能满足他们测试要求的本土制造的仪器，从而不得不从购买国外品牌。

当然，随着我国涂料试验方法逐渐与国际标准接轨，国内涂料仪器生产商面临前所未有的挑战。经过 20 年来的快速发展，目前，国产仪器也在逐渐走向国际市场，尤其是近 10 年，得到了突飞猛进的发展，部分性能的检测仪器已经能完全替代进口产品。

17.3.2 涂料检测仪器分类

涂料性能检验主要包括以下几个方面：生产涂料的各种原材料的进场检验、生产工艺过程中的半成品的检验、成品涂料液体性能的检验、涂料施工性能的检验及固化成膜后的检验。

检测仪器及设备按照其用途分为以下四类。

（1）测试涂料固化成膜前（原漆）性能的主要仪器　涂料在未固化之前以液态或固态（粉末涂料）的形式存在，其固有的特性会间接影响最终固化的涂层性能，所以原漆的某些性能也必须进行控制和检测，有关仪器见表 17-2。

表 17-2　涂料固化成膜前（原漆）性能主要测试仪器

涂料种类	测试性能	需要的主要仪器和设备	用途
液态涂料	黏度	黏度杯、旋转黏度计	检验涂料的黏稠度
	颜色/透明度	比色计、透明度测定仪	测定清漆、清油或稀释剂的透明度及颜色
	细度	刮板细度计、粒径分析仪	测试颜填料粒子的研磨细度和分散程度
	密度	涂料比重杯/密度杯	测试涂料的密度
	不挥发物含量	烘箱/天平	测试涂料配方体系中不挥发物的含量
	湿膜遮盖力	遮盖力测定板、黑白遮盖力计	测试涂料的遮盖效果，预算涂料的涂布率
	有害物质限量	气相色谱仪、原子吸收光谱仪等	测试涂料中 VOC、甲醛、重金属等有害物质的含量
	其他	闪点、微量水分、pH、电导率仪	测试溶剂性涂料中的微量水分含量（防止涂膜出现针孔等缺陷）和闪点（安全保存涂料和施工时的环境温度）
粉末涂料	表观密度	松散密度测试用漏斗、装填体积测定器	测试粉末涂料在静止状态和振动状态下的密度
	粒度及粒度分布	粒径分析仪	测试粉末涂料的粒度分布从而控制施工性能诸如流动性能和涂膜平整度
	安息角	安息角测试仪	测试粉末涂料干粉的流动性
	软化温度	软化温度测试仪	测定粉末涂料刚出现熔化时的临界温度
	胶化时间	胶化时间测定仪	测定粉末涂料在固化温度下从涂料熔融成液体到交联固化，涂料不能拉成丝为止所需要的全部时间。用来评价粉末涂料反应活性和固化反应速率
	熔融流动性	粉末涂料水平流动性测试仪、粉末涂料倾斜流动性测试仪	测定粉末涂料熔融后的水平流动性和倾斜流动性，从而评价粉末涂料涂膜流平性能

（2）涂装过程中所需要的检测仪器　一个完美的涂层，不仅要控制原漆的各项基本性能指标，更重要的是要控制好其涂装到基材过程中的施工工艺。一方面包括涂料本身的施工性能，如干燥时间、流平/流挂性能等，另一方面还包括一些针对不同应用场合的涂布工具、施工环境、基材表面的一些检验工具等，有关仪器见表 17-3。

表 17-3　涂装过程中所需要的检测仪器

测试性能	需要的主要仪器和设备	用途
施工性能	流挂仪、流平仪	测试涂料的抗流挂性能和自流平性能
基材表面测试	粗糙度测定仪、表面污染物测试仪、水分测试仪	测试待涂覆基材的表面粗糙度、表面污染物（pH、氯离子、铁及各种盐分）含量、水分含量（针对混凝土和木材表面）
施工环境测试	露点仪、温度计、湿度计、温湿度仪、炉温跟踪仪	测试施工环境的温度、相对湿度、露点和潮湿度或记录涂膜固化成膜整个过程中的环境温度变化
涂膜工具	制备器、线棒涂布器、自动涂膜机	用于精确制备均一可控厚度的涂膜
湿膜厚度	湿膜厚度梳规、湿膜厚度滚轮	控制喷涂过程中的未固化的涂膜厚度
干燥时间	干燥时间测定仪、干燥时间记录仪	测试涂料固化成膜所需要的时间

（3）涂料固化成膜后的主要测试仪器　涂料固化成膜后，需要对所得到的涂层进行性能测试，来评定其是否具有保护基材的作用或一致的涂膜外观。一般而言，如果对涂层采用不破坏的无损伤测试，定义为物理性能的测试。如果是用机械力学等测试涂膜的性能，定义为涂膜的力学性能测试。有关仪器见表 17-4。

表 17-4　涂料固化成膜后的主要测试仪器

性能种类	测试性能	需要的主要仪器和设备	用途
物理性能	涂层厚度	涂层测厚仪	测试涂层的厚度
	颜色	色差仪、分光测色仪	测试涂层表面的颜色
	光泽	光泽度仪	测试涂层表面的光泽度
	其他外观	雾影仪、橘皮仪、鲜映性仪	测试涂层表面的成像清晰程度
	其他	防静电工程测量套件	测试涂层的防静电性能
力学性能	附着力	漆膜划格器、划圈法附着力测试仪、拉开法附着力测试仪	测试涂层与基材的附着力
	硬度	铅笔硬度计、摆杆硬度计、划痕仪/耐擦伤仪、硬度笔、巴克霍尔兹压痕、硬度试验仪	测试完全固化后的涂膜的硬度
	柔韧性	漆膜柔韧性测试仪、圆柱弯曲试验仪、圆锥弯曲试验仪	测试涂层在其所依附基材发生形变时的延展性能
	抗冲击性能	漆膜冲击器、杯突试验仪	测试涂层抗外界瞬间应力破坏的能力
	耐磨性能	漆膜磨耗仪、涂层耐溶剂擦洗仪、耐洗刷仪、落砂耐磨试验仪	测试涂层耐某些特殊材料的磨损能力

（4）涂层耐环境腐蚀的测试仪器和设备　涂层的使用寿命与其所处的环境有密切关系。众所周知，全世界有许多不同的典型气候，涂膜的实际应用也有许多特殊的情况（如高温、高湿、海洋气候等），为了准确预测涂膜在实际应用中的寿命，模拟涂膜实际应用环境的仪器被认为是目前最可靠的一种测试工具。有关仪器见表 17-5。

表 17-5　涂层耐环境腐蚀的测试仪器和设备

测试性能	需要的主要仪器和设备	用途
涂层耐温	烘箱、马弗炉、低温冰箱、高低温交变试验箱	测试涂层在某一特定温度下，经过规定时间而不发生破坏的能力。或者在不同温度下交替循环后而不发生破坏的能力

测试性能	需要的主要仪器和设备	用途
涂层耐高温高湿	高低温交变湿热试验箱、冷凝试验箱	测试涂层体系在高温高湿的环境下抗腐蚀的能力
涂层耐各种液体介质	电热恒温水槽	测试涂层在一定温度下耐各种液体介质的腐蚀
涂层耐盐雾腐蚀性能	盐雾腐蚀试验箱	测试涂层体系在海洋性气氛环境下的抗腐蚀能力
涂层耐循环腐蚀	复合盐雾试验箱	评定涂层耐盐雾、干燥、湿气、紫外线等交变环境的抗腐蚀能力
涂层耐人工气候老化	氙灯老化试验箱、荧光紫外老化试验箱	模拟各种自然气候条件(日照、降雨、凝露、黑暗),来评估涂层体系在户外的使用寿命

17.4　涂料固化成膜前性能测试及仪器

17.4.1　黏度

液体在流动时,其分子间产生内部互相摩擦的特性,称为液体的黏性,黏性的大小用黏度表示。

黏度测量非常复杂,不同的行业所建立的测试模型不同。涂料行业最通用的为动力黏度测试(旋转黏度计/单圆筒法)和运动黏度测试(流出杯法)。

常见用于表征流体的黏度大小的方法有以下五种:

① 流出杯法　把待测液体放入一定容积的杯子,杯子正下方有一个固定直径的孔,用测试液体全部流完的时间来表示液体黏度。

② 转子法　用一特定形状的转子,浸入待测液体中,让转子保持一定的速度转动,用转子此时在流体中受到的阻力(扭矩)大小来表示液体黏度大小。

③ 气泡黏度法　在待测液体底部制造一个空气气泡,用该气泡在液体中上升的速度来表示液体黏度。

④ 重力法　在一固定体积的流体上加载一固定负荷,用一定时间后流体的铺展面积来表示该流体的黏度。

⑤ 落球法　将一定规格的钢球垂直下落到盛有待测试样的玻璃管内,用下落规定距离所需要的时间来表示液体黏度。

本节主要讲述流出杯法和转子法的测试及相关仪器。

17.4.1.1　流出杯法

流出杯法也称黏度杯法,它可以快速而简便测定牛顿型流体(或近似牛顿型流体)的黏度。不同产品参照不同标准可能使用不同的流出杯,但原理基本都一样,即在一定温度下,测量定量试样从规定直径的孔全部流出的时间,以 s 表示。该方法主要考察试样在自身重力下的黏度(如测试涂料在流平、流挂、浸涂、移罐时的流动特性),所以也称运动黏度。

黏度杯基本分为桌上型和手提式两种,桌上型黏度杯通常需要一个水平支架,而手提式可用于快速多次测量,一般在生产或喷涂现场使用。

目前涂料行业比较通用的黏度杯有涂-4 杯(国内使用历史最久、最广泛)、ISO 流出杯(ISO 国际标准,根据孔径分为 3 号、4 号、5 号、6 号四种)、福特杯(ASTM 标准,根据孔径分为 2 号、3 号、4 号和 5 号四种)。根据样品的黏度大小选择合适口径的黏度杯,确保流出时间在 30～100s 之间。其执行标准和应用详见表 17-6。

表 17-6　常见的黏度杯及应用

黏度杯名称	执行标准	适用范围	号数
国标涂-4 杯	GB/T 1723—1993	流出时间小于 150s	只有 4 号
福特杯	ASTM D 1200—2010	20～100s	1、2、3、4、5 号五种
蔡恩(柴式/Zahn)杯	ASTM D 4212—2016	20～80s,油墨印刷	有 1、2、4、5 号五种
DIN 杯	DIN 53211—1987	25～150s	有 2、4、6、8 号四种
ISO 流出杯	GB/T 6753.4—1998; ISO 2431—2019	30～100s	有 3、4、5、6、8 五种
NK-2 岩田杯	岩田公司企业标准	20～100s,喷涂行业	2 号

黏度杯虽然使用简单，但操作者也必须注意以下注意事项：

① 注意每种黏度杯适合测试样品的范围，流出时间超过 100s 的样品，由于延迟效应，断点难判断且重复性差；

② 非牛顿型流体经常呈现不规则流动，在经受搅拌或其他类似的机械扰动之后立即测试，其流出时间会降低，这种材料，所有的流出杯均不能测得可靠、不变的流出时间；

③ 如果两次测量，第二次结果与第一次结果之差大于它们平均值的 10%，则认为试样是非牛顿型的，不适宜用流出杯法来测量黏度；

④ 温度对黏度杯测试的数据影响很大，黏度测试最好在恒温条件下进行，操作者可以选择带有恒温水浴套的黏度杯支架；

⑤ 黏度杯需要定期校准，高频率或长期使用因清洗会造成其流出孔孔径的尺寸发生变化。

17.4.1.2　转子法及旋转黏度计

涂料的流变特性对涂料的生产及应用过程有着非常重要的影响，其主要的流变参数之一就是黏度。在涂料的生产、贮存、施工和成膜过程中，所受到的力可以分为纯剪切、拉伸剪切和简单剪切。涂料中侧重于简单剪切，且各种剪切条件下都应该达到工艺所要求的黏度。如在贮存中，希望体系有较高的黏度，防止颜料和填料的沉淀；在施工时开始要求体系黏度较低，有利于涂膜流平，但要求涂膜黏度在一定时间达到较高值，以免涂膜产生流挂或流淌现象。涂料生产及施工过程中的剪切速率见图 17-4。

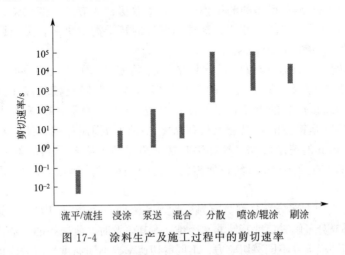

图 17-4　涂料生产及施工过程中的剪切速率

转子法一直以来都是涂料行业中用来分析涂料流变性的最重要方法之一，其测试原理（图 17-5）为在半径为 R_1 的外筒（测量容器）里同轴地安装半径为 R_2 的内筒（即转子），其间充满了待测试的样品，同步电机以一定的速度旋转，并通过游丝和转轴带动内筒旋转，内筒（即转子）受到基于流体的黏性力矩的作用，作用越大，则游丝与之相抗衡而产生的扭矩也越大，测试转子所受到的扭力，然后结合当前剪切速率转换为液体的黏度。

采用转子法的仪器称为旋转黏度计，简单的旋转黏度计只能测试样品在某一特定速度下和某种转子下的黏度值，而高端的旋转黏度计也称流变仪，它可以测试样品的多种流变参数，如屈服值、触变性、黏度恢复速度和某一特定剪切速率下的黏度等，并可以借助软件以图像法分析样品的各种流变参数随时间推移的关系，方便操作者全面了解样品的流变特性。

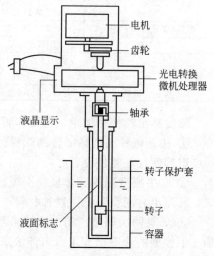

图 17-5　数显式旋转黏度计工作原理

目前，市面上比较通用的旋转黏度计有以下五种：

① 表盘式旋转黏度计　这种黏度计应用最广泛，历史最悠久。它包含了四种标准转子（1号，2号，3号，4号），利用齿轮系统及离合器进行变速，由专用旋转旋钮操作，分四挡转速（6r/min、12r/min、30r/min、60r/min），最大测量黏度为 2000000mPa•s，其测试结果需要从仪器的表盘上面读取并乘以对应的系数（与所选转子类型和转速有关）。

② 数字式黏度计　它是机械表盘式黏度计的升级替代产品，采用 MCS-51 系列微机控制步进电机的转速以及用计算机程序控制整个测量过程，从而完成液体黏度的测量工作，结果直接由显示屏显示，具有结构小巧、工作稳定、测量精度高及抗干扰性能好等特点。

③ 智能数字式黏度计　这是一款智能化的数字黏度计，专业针对测试触变性的非牛顿型流体。其屏幕可以直接显示黏度、转速、百分计扭矩、转子在当前转速下可测的最大黏度值、温度值。转子速度可以实现无级变速，以便更加精确地测量样品的黏度。同时，配有专业的数据采集和绘图软件来实现试验数据采集和数据分析，并可选购微型单色打印机定时打印测量结果。

④ 可程式数字黏度计　也称流变仪，是一款多功能的黏度计，除了具备智能数字式黏度计的基本功能外，还具有很多的测试模式，如变剪切、变应力、变振幅、变频率等，除了测试黏度，还可以测试黏弹性等性能。这种黏度计的转子类型更多，无级调速范围更广，且最大测量液体黏度可达 320MPa•s。

⑤ 斯托默黏度计　涂料行业中最常用的一种黏度计，它是由 Krebs 颜料公司实验室（现 Dupont 公司颜料分部）最早研制的。此仪器的最初发展是模仿漆工用桨叶搅拌涂料，视其阻力大小来判断该涂料的稠度，以 Krebs 单位（KU）表示。斯托默黏度计转子的主要部件为桨叶，二桨叶是错位的，以避免在高黏度色漆中的沟流作用。搅拌桨叶由特种恒转速电机带动以 200r/min 的速度转动，搅拌桨叶在被测样品中旋转受到的阻力矩由计算机转换为以 KU 值表示的产生 200r/min 转速所需的负荷的一种对数函数，一般用来表示用于刷涂和辊涂的黏度。

值得注意的是，因大部分涂料都具有触变性，其流变特性受剪切方式（剪切速率及剪切应力）影响，故若要充分了解其流变特性非常困难，尤其研发时，所选择的仪器需要能精密模拟涂料在各种不同应用环境下（不同剪切应力、不同剪切速率、不同温度）所表现的黏度特性。如遇到随剪切时间（测量时间）其黏度特性发生改变的样品，需选配相关软件，这样可以通过图像分析来观测液体黏度特性。另外涂料属于典型的非牛顿型流体，故不同转子、不同转速测试的黏度值不具有可比性；有些样品甚至在同一转子、同一转速下，测量值也会随时间而改变。

380

图 17-6 为常见的三种类型的旋转黏度计，其中图 17-6 （a）为最通用的旋转黏度计，通过不同转子和不同转速组合，测试液体的黏度；图 17-6 （b）为斯托默黏度计，转子和转速（200r/min）固定；图 17-6 （c）为锥板黏度计，具有高剪切速率（9000～12000s^{-1}），转子和转速（700r/min 和 900r/min）固定。

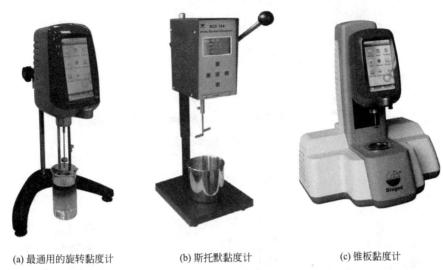

(a) 最通用的旋转黏度计　　　　(b) 斯托默黏度计　　　　(c) 锥板黏度计

图 17-6　常见的三种类型的旋转黏度计

17.4.2　细度

17.4.2.1　刮板细度计法

涂料中的颜料或填料等固体材料必须被研磨成较细的颗粒以便被高效分散，最终分散体的物理性质通常叫作细度。它不但取决于单个颗粒的实际大小，还取决于被分散的程度。

涂料细度是产品的内在质量之一，对成膜质量、涂膜的光泽、耐久性、涂料的贮存稳定性等均有很大的影响。颗粒细、分散程度好的色漆，颜料的湿润性好，颜料颗粒间未被漆料充满的空间少，这样制得的漆膜颜色均匀、表面平整、光泽好且在贮存过程中颜料不易产生沉淀、结块等现象，提高了贮存稳定性。因此控制及评估涂料的细度是其最基本的性能检测之一。

采用刮板细度计法测定涂料、油墨中的颜料或填料颗粒的大小和分散程度是最常用的一种检测方法，测试结果一般以微米（μm）表示，有时也用密耳（mil，1mil＝25.4μm）或海格曼（Hegmann）等级（0～8 级）表示。细度读数能指示出在分散中存在不希望出现的粗颗粒或是聚集的颗粒，但它并不是表示涂料中颗粒的大小或是颗粒度的分布。

刮板细度计是一个在表面有凹槽的平钢块，凹槽的深度由一端的最大值逐渐变化至另一端的零值。在钢块上标注出一个或多个凹槽深度的标尺，以指示所能观察到的特定颗粒现象的位置。常见的刮板细度计有单槽、双槽、宽槽和 ISO 标准型四种类型（图 17-7）；按量程分有 0～15μm（主要用于油墨）、0～25μm、0～50μm、0～100μm、0～150μm 五种。

采用刮板法比较难掌握的是刮完后的细度读数。最新的 GB/T 1724—2019《色漆、清漆和印刷油墨 研磨细度的测定》中规定了两种方法：A 法为等同采用 ISO 国际标准的方法，B 法为以前国内一直沿用的方法，两种方法的主要区别在于判读读数的方式不一样。A 法要求观察试样首先出现密集微粒点之处，读取横跨凹槽 3mm 宽的条带内包含有 5～10 个颗粒的上限位置读数，而 B 法是观察试样首先出现密集微粒点之处（凹槽中颗粒均匀显露处），记下不超过 3 个颗粒的下限位置。两种方法的结果判断如图 17-8 所示。

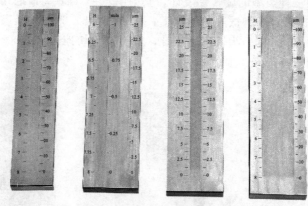

图 17-7　常用刮板细度计类型

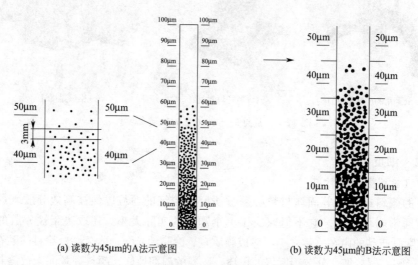

(a) 读数为45μm的A法示意图　　　　　(b) 读数为45μm的B法示意图

图 17-8　刮板细度计两种方法的结果判断

虽然刮板法测试简单快速，也能给出样品的大聚集体是否破碎或是否有杂质颗粒存在的信息，但它并不能真实反映样品的分散程度，而且现代涂料技术要求的合适分散的颜料颗粒大部分都比刮板细度计的槽深小得多，比如钛白颜料的平均粒径约 $0.23\mu m$，比细度板的最小刻度小了几乎两个数量级，即使有 $100\sim1000$ 个聚集体也检测不出，所以采用刮板法来测定涂料的研磨细度目前越来越受到涂料工程师的质疑。

17.4.2.2　激光粒度分析法

激光粒度分析法的工作原理是利用颗粒对光的散射现象，当一束平行光在传播过程中遇到障碍物颗粒，光波会发生散射（衍射）偏转，偏转的角度跟颗粒的大小相关，散射（衍射）现象可以通过 Mie 散射理论或 Fraunhofer 衍射理论来描述。颗粒粒径越大，光波偏转的角度越小；颗粒粒径越小，光波偏转角度越大，如图 17-9 所示。激光粒度分析仪就是根据这种光波的物理特性进行粒度分析的。工作原理见图 17-10。

激光衍射式粒度分析仪正是利用上述原理设计的一种高科技仪器，它具有测量精度高、反应速率快、重复性好、可测粒径范围广、可进行非接触测量等特点。该仪器通过对光学、机械、电子、计算机等系统的整合和优化快速准确地测量固体粉末或乳液中颗粒的粒度分布，并可通过配套软件输出样品的粒度分布表、粒度分布曲线、平均粒径、中位径、比表面积等，目前在涂料行业得到了广泛的应用，给涂料研发工程师带来了直观、准确、高效率的分析样品颗粒尺寸特性的途径。

(a) 大粒径   (b) 小粒径

图 17-9   颗粒对光的散射现象

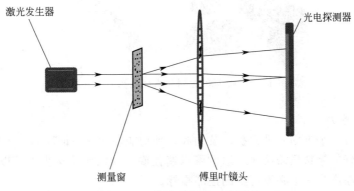

图 17-10   粒度分析仪工作原理

关于采用激光衍射法测试得到的结果，主要特点是：

① 结果是基于体积的。由激光衍射得到的基本粒度分布是基于体积的。例如，结果列出在 $6.97\sim7.75\mu m$ 粒径范围内的分布为 11%，是指直径落在这个范围内的所有颗粒的总体积占整个分布中所有颗粒总体积的 11%。为简单起见，假定样品只由两种大小的球形颗粒组成，直径分别为 $1\mu m$ 和 $10\mu m$，它们的个数各占 50%，则每一大颗粒的体积是每一小颗粒体积的 1000 倍，于是，按照体积分布，大颗粒的体积占总体积的 99.9%。当然，对于一个单粒度分布来说，如一种胶乳，所有的颗粒都具有相同的直径，无论用个数还是用体积表示，其分布都是 100%。

② 结果用等球体积表示。假设一个圆柱形的颗粒直径为 $20\mu m$，高为 $60\mu m$，则它的体积为

$$V=\pi\times(10)^2\times60$$

如果按下面公式转化成一个球的体积，这个球的直径居于 $20\mu m$ 和 $60\mu m$ 之间

$$\sqrt[3]{\frac{6V}{\pi}}=33$$

③ 分布参数的导出。我们所分析的分布是用一套与检测器的几何形状及具有最好分辨度的光学系统最优匹配的粒度组表示。所有的分布参数都从该基本分布中导出。分布参数和导出直径是利用分布中每个粒度区段的贡献的总和从这个基本分布中计算得到的。在进行计算时，每一粒度段的代表性直径是指这一粒度区段两端值的几何平均，它和算术平均稍有不同。

17.4.3   密度

密度是指在特定温度下单位体积物质的质量。它被用作质量控制，因为涂料中组分的错误会产生不同的密度读数。

常用的测试涂料密度的仪器称为涂料比重杯，它一般是由一个特定容积的不锈钢材质杯体（目前市面上比较通用的有 50mL 和 100mL）和一个精密的不锈钢盖组成。测试时，将

待测样品倒入比重杯中直至溢满，然后盖上不锈钢盖，不锈钢盖有一个向上的斜坡至顶部中央的小孔，多余的样品材料可溢出而不产生气泡。然后称取装入样品的质量，再除以杯体的体积，即为该样品的密度。常见的涂料比重杯见图17-11。

另一种是压力比重瓶，原理同比重杯类似，只是可以对样品加压从而把溶入所测样品里的空气或其他气体赶跑，这时的容积为所测样品的真正体积，计算出的密度为真实密度，这种测试的重复性及准确性非常高。

图17-11　常见的涂料比重杯及压力比重瓶

17.4.4　遮盖力

涂料的作用有三个方面，即保护、装饰和特种功能，涂料装饰性的一个重要方面就是其遮盖力，遮盖力好的涂料只需施涂一道就可以遮住底材，涂料用量少，可以大大节约成本。所以遮盖力是色漆产品一个必不可少的性能指标。

把色漆均匀地涂刷在物体表面上，使其底色不再呈现的能力称为遮盖力。一般用两种方式来表示：测定遮盖单位面积所需的最小用漆量，单位为 g/m^2；遮盖住底面所需要的最小湿膜厚度，单位为 μm。

目前测试涂料的遮盖力有三种主要的方法：A法和B法用于测定湿膜的遮盖力，C法用于测定白色或浅色涂料的干膜遮盖力。

（1）A法（单位面积质量法）　遮盖力板为一块 250mm×100mm、交叉涂有黑白方格（黑色方格和白色方格各 16 个，其中黑色部分反射率系数<1，白色部分为 80±2）的玻璃板。测试时先称取未涂刷前盛有油漆的杯子和漆刷的总质量，记录为 W_1，然后开始用漆刷将涂料均匀地涂刷在遮盖力板上，然后在标准规定的观测条件下观察，以刚好看不见黑白格为终点，此时再称取剩余涂料的杯子和漆刷的总质量，记录为 W_2。按下式计算该涂料的遮盖力（g/m^2）

$$遮盖力=(W_1-W_2)/S=40(W_1-W_2)$$

遮盖力测定板和漆刷如图 17-12 所示。

图 17-12　遮盖力测定板和漆刷

（2）B法（最小湿膜厚度法） 本方法是利用遮盖住底面所需要的最小湿膜厚度来表示色漆的遮盖力。黑白遮盖力计（图 17-13）由半边黑半边白的基底玻璃板组成，中间分界处一端有两个金属支承。基材两侧沿着边缘都刻有 0～50mm 的刻度线，随机配有两块玻璃面板，这些透明面板在一定角度下放置于底板的黑和白空区域，面板区别在于微小支承长度不同，在面板和底板之间形成不同角度 α，每个面板给定楔形角度的系数（K），这些范围从最小角度 $K=0.002$ 到 $K=0.0035$、$K=0.004$、$K=0.007$，最大为 $K=0.008$。

图 17-13 黑白遮盖力计

测试时需选择适当的面板。通常浅色涂料选用 $K=0.008$ 面板，深色涂料选用 $K=0.004$ 面板。将一滴涂料放在靠近底板中部的黑白分界处，用力压紧透明面板将涂料展开成薄的楔形，楔形将随面板的移动而动。来回移动顶板，直到通过顶板和涂层观察到黑白界线刚好消失，从黑板刻度上记下此时刻度读数，然后乘以所用面板的楔形系数 K，所得到的值即为该涂料最小的遮盖厚度（μm）。

（3）C法（反射率对比法） 反射率对比法主要适用于白色和浅色涂料，其原理是将待测涂料样品涂布于无色透明的聚酯薄膜上（或者涂布于底色黑白各半的卡片纸上），然后用特定的仪器——反射率测定仪测定涂膜在黑白底板上涂层的反射率，其在黑色和白色底板上的反射率的比值被称为对比率。对比率越接近 1，表示该涂料对底材的遮盖效果越强。

反射率仪是一种能给出指示读数与受试表面反射光度成正比的光电仪器，其精度在 0.3% 以内，其光谱灵敏度近似等于 CIE 光源 C 或 D65 的相对光谱能量分布和 CIE 标准观察者的颜色匹配函数 λ 的乘积。

仪器由探头、主机、黑白标准板（各一块）、黑白工作陶瓷板（各两块）等组成，如图 17-14 所示。探头采用 0° 照射、漫反射接收的原理。当试样的反射光作用于硒光电池表面时产生电信号输入直流放大器进行放大，并予以读数显示。

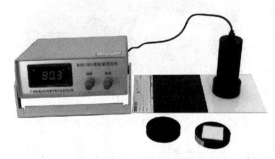

图 17-14 带探头的反射率测定仪

17.4.5 颜色和透明度

17.4.5.1 液体颜色

对某些清漆或清油，或者涂料所用原材料（树脂、稀释剂等），经常要测定其颜色或透明度，以简单判断其杂质含量。因此，测试这些产品的颜色和透明度也是涂料行业常用的检测方法。

颜色测量时，主要方法均是把待测样品与一系列标号的标准色阶液体在特定的光源下进行目视比较，用最接近待测样品颜色的标准液体色阶号表示该样品的色号。

目前比较通用的有铁钴比色计法、加氏比色计法、铂钴法等。三种测试方法均有相应的国家标准或 ISO 标准，并详细规定了标准色阶溶液的配制方法和比例，测试时铁钴比色计是在人造日光下，加氏比色计是在标准的 C 光源下，而铂钴法是在装有白色玻璃视场下发出的白色光线下比较（也可以用分光光度法来比较）。三种比色计如图 17-15 所示。

(a) 铂钴比色计　　　　　　(b) 铁钴比色计　　　　　(c) C光源加氏比色计

图 17-15　用于测定清漆、清油颜色的三种比色计

17.4.5.2　液体透明度

透明度是指某种材料透过光线的能力，它可以表征清漆、清油和漆料等是否含有机械杂质和悬浮物。产品的透明程度将影响成膜后的光泽、颜色和干燥时间等性能。目前透明度测定有目测法和仪器法两种。

目视法又分格式管法和标准液比较法。

格式管法是将样品装于一支清洁的格式管内，在塞子下面留一个空气泡。第一步把格式管倾斜使同水平面呈一个很小的角度，使空气泡缓慢移动，观察正在移动的液体中产生轻微浑浊的细微粒子。第二步倒出格式管中 80%～90% 的试样后塞上塞子并垂直放于试管架上15min（如为高黏度样品，放置时间另作规定），待样品完全流到管底后观察留在管壁上极薄层样品膜中有无细微粒子。测试结果以纯净、透明、雾状、浑浊来表示。

标准液比较法是用蒸馏水、直接黄棕 D3G 染料和柔软剂 VS 溶液按比例配制成三个等级的标准样品，等级 1 为透明、等级 2 为微浊、等级 3 为浑浊。然后将待测样品装入 25mL 的具塞比色管中，在木制暗箱的光源（两支 15W 的日光灯）下进行比较，选出与试样最接近的标准液试样，透明度等级直接以标准液的等级表示。

仪器法是直接使用透明度测定仪来测定装入标准比色皿中样品的透明度等级，并根据透明度等级的大小和标准要求判断样品属于透明，还是微浊或浑浊等级。

透明度测试仪及测试原理见图 17-16。如果被测溶液是完全透明的，当一束定向入射光 I 经过溶液时，能检测到定向透射光 I_c 的光强度；若溶液存在不同程度的浑浊，当定向入射光 I 经

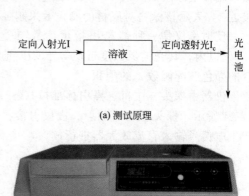

(a) 测试原理

(b) 测试仪

图 17-16　BGD 412 透明度测试仪及其测试原理

过溶液时，必定会产生光的扩散，从而使定向透射光 I_c 的光强减小，因此只要准确测量出定向透射光 I 的光强，就能定量表示出溶液的透明程度。

17.4.6　不挥发物含量

不挥发物含量也称固体含量，对液体的涂料而言，不挥发物（non-volatile matter，NV）指在规定的条件下，经蒸发后所得的残余物（按质量分数计）。不挥发物含量是涂料性能中最重要的指标之一，目前国内测试不挥发物含量的现行标准为 GB/T 1725—2007《色漆、清漆和塑料 不挥发物含量的测定》，等同于国际标准 ISO 3251—2003。

采用现行标准中的方法测试时需注意：

① 不挥发物含量不是一个绝对量，它取决于测试时采用的加热温度和时间，故测试时，由于溶剂的残留、热分解及低分子量组分的挥发，所得到的不挥发剩余物含量仅仅是相对值而非真值，因此主要用于同类产品不同批次的测试；

② 采用其他如红外线或微波辐射的干燥方式处理的样品得到的测试结果需要慎重使用，因为一些聚合物组分在这些处理条件下会分解。

测量涂料的不挥发物含量方法非常简单，称取一定量的样品，根据样品的特性选择合适的加热温度，然后把样品放到设置好温度的烘箱中烘烤特定的时间，最后称取剩余物质的质量，除以称取的样品质量得到该样品的不挥发物含量。

虽然该测试方法简单、原理清晰且易操作，但测试结果经常缺乏重现性和可比性，这与操作人员的试验执行细节有比较大的关系，以下是在进行该测试时必须注意的一些事项：

① 用于盛装样品的金属或玻璃平底皿必须按标准要求选择，直径一般为 75mm±5mm，边缘高度至少为 5mm。若选用其他直径的器皿时，注意样品量需做对应的调整：合适的样品量 $=3\times(d/75)^2$，d 为器皿的底面直径（mm）。

② 取样前一定要将样品混合均匀，特别对于那些易分层、沉淀的样品，如富锌底漆、云铁漆等，保证所取得的样品具有代表性。

③ 样品量不宜过多，一般为 1g 左右，最多不能超过 2.5g。

④ 取得的样品需在容器中充分铺展开（待测样品是否完全铺平及铺平的时间对不挥发物含量影响很大）。对一些高黏度或易结皮的样品，可借助一个已称重的金属丝（如回形针）铺展样品，并一起放入平底皿中称量烘烤。

⑤ 对于易挥发的样品，取样时间应该尽量短。建议将充分混匀的样品放入一个带塞的瓶中或放入可称重的吸管或 10mL 的不带针头的注射器中，并采取减量法称取样品。

⑥ 为了提高测试精度，测试色漆、清漆和色漆与清漆用漆基时，建议另加 2mL 易挥发的溶剂，建议将盛有试样的器皿于室温下先放置 10～15min 再称量，并在称量过程中，盖住器皿。

⑦ 水性体系样品加热时可能会溅出，这是因为表面会结皮，这种情况下器皿中的材料层厚度要尽可能的薄。

17.4.7 有害物质限量

随着国家环境保护政策的日趋严厉和企业对职业人员的安全健康的重视，涂料中有害物质的限量测试也变得越来越重要，它不仅直接影响涂料的制造成本，还决定涂料能否被国家及市场认可。十年前，涂料行业有害物质限量的要求主要是针对与房屋装修有关的建筑涂料、木器涂料及一些玩具涂料等。而现在，几乎所有的涂料品种，包括车辆涂料、工业防护涂料、防水涂料等均需进行有害物质限量测试。

有害物质限量测试主要包括 VOC 含量、苯系物含量、卤代烃含量、多环芳烃含量、乙二醇醚及醚酯含量、重金属含量、TDI 或 HDI 含量（木器涂料）、甲醇或甲醛含量（木器涂料和无机涂料）等。

测试包括气相色谱法、差值法、分光光度法、气相色谱/质谱联用法、原子吸收光谱法等。

因这些测试方法及相关设备均属于化学分析领域，有专业的书籍或章节来讲述，本章不再做详细介绍，仅选取有代表性的木器涂料，根据最新颁布的相关强制性国家标准，从产品标准的变动及测试技术的发展方向做简单的讲述。

GB 18581—2020《木器涂料中有害物质限量》整合了 GB 18581—2009《室内装饰装修

材料 溶剂型木器涂料中有害物质限量》和 GB 24410—2009《室内装饰装修材料 水性木器涂料中有害物质限量》相关内容，在涂料有害物质相关内容中进行了修订增加。这部分修订内容与仪器行业的前处理设备和质谱等手段的普及是紧密相连的。

其中，挥发性有机物 VOC 定义的修改充分体现了 VOC 防治室内室外并重的原则。对于 VOC 的分析，除了标准推荐的差值法和直接进样-气相色谱法外，对于 VOC 相对含量较低的样品可以适当考虑诸如顶空、热脱附等样品前处理手段。ISO 17895—2005 和 DIN 55649—2001 采用顶空方式检测 VOC 含量在 0.01%～0.1%的涂料。溶剂型木器涂料中苯和二甲苯总量的测定，顶空方法的使用可以在满足分析要求的同时，有效降低基质效应并减少对气相色谱仪的污染。考虑到实际使用中的木器涂料有效 VOC 释放，模拟不含 VOC 基材涂覆木器涂料后，置入一定温度下的密闭环境舱或微舱环境中模拟 VOC 挥发过程。例如，常温下模拟耗时较长，可以考虑 60℃ 相对极限条件下加速挥发过程以缩短时间。以吸附管对舱内气体采样后进行热脱附分析，分析结果可以对有效 VOC 的释放有较好的解释。当然，也可以参考 EN ISO 16000-10—2006 在室温下采用 FLEC Cell 等设备覆盖在木器涂覆表面进行实际样品采样。

同时，该标准充分考虑了涂料的有害物质来源，增加了气质联用分析多环芳烃、邻苯二甲酸酯等分析方法。从标准发展趋势来看，气质联用手段完全可以扩展到 VOC 等分析领域，更好地对目标化合物尤其是致癌风险较高的苯系物进行定性分析。这可以在一定程度上保证分析的可靠性，避免误判，并摆脱色谱柱限制。对于非目标的 VOC 的判别会更加准确。同时，甚至可以考虑采用 FID/MS 双检测器分析，其中 FID 数据进行定量或半定量分析。

对于涂料中水分的气相色谱分析，在普遍配置分离不分流进样口的情况下，引入 PLOT Q 类型毛细管柱替代填充柱进行此类分析在 GB 18581—2009 附录 A 内容中也有所体现，可以有效降低企业和相关机构的仪器成本。

17.4.8 其他原漆性能测试及仪器

(1) 闪点 易燃、可燃液体（包括具有升华性质的固体）表面挥发的蒸气浓度随其温度上升而增大。这些蒸气与空气形成混合气体。当混合蒸气达到一定浓度时，若与火源接触，就会产生一闪即灭的瞬间燃烧，这种现象称为闪燃。发生闪燃时的固体最低温度称为闪点。

化工产品的闪点是表征该产品在使用、贮存、运输等条件下安全性能的一个重要指标，因此对于许多涂料生产厂商或涂装工人来说知道其产品的闪点是非常必要的。

测定闪点的方法有开口杯法和闭口杯法两种，开口杯法测定的闪点要比闭口杯法高 15～25℃，涂料行业常用闭口杯法。

测试闪点的仪器分为开口闪点测试仪和闭口闪点测试仪，其工作原理基本一致：把试样装入试验杯，对装有试样的试验杯加热，计算机根据所采集的温度变化情况由 I/O 口发出指令，控制加热器，使试样的温度按一定速率上升，直到产生的蒸气与周围空气形成的混凝合成气体与火焰接触发生闪火，此时计算机系统停止数据采集并显示发生闪燃时的最低温度，即为闪点。

(2) 微量水分 溶剂型涂料中经常有少量水分存在，量虽然少但却足以影响整个涂料质量及最终成膜后的涂层质量。目前全世界比较通用的方法是采用卡尔费休（Kari Fischer）容量滴定法，它是公认的测定物质水分的各类化学方法中对水最为专一、最为准确的方法。

该方法的测定原理主要依据电化学反应：$I_2 + 2e^- = 2I^-$。在反应池的溶液中同时存在

I_2 和 I^- 时，该反应在电极的正负两端同时进行，即在一个电极上 I_2 被还原，而在另一个电极上 I^- 被氧化，因此在两个电极之间有电流通过。如果溶液中只有 I^- 而无 I_2 同时存在，则两个电极间没有电流通过。

用于滴定的卡尔费休试剂中有效成分为吡啶和碘等物质，把其定量后滴入反应池，能与待测溶液中的水发生如下化学反应：

$$H_2O+SO_2+I_2+3C_5H_5N \longrightarrow 2C_5H_5N \cdot HI+C_5H_5N \cdot SO_3$$
$$C_5H_5N \cdot SO_3+CH_3OH \longrightarrow C_5H_5N \cdot HSO_4CH_3$$
$$C_5H_5N \cdot HI \longrightarrow C_5H_5N \cdot H^+ +I^-$$

该反应持续进行，不断消耗水，生成 I^-，一直到反应滴定终点，水分消耗完毕。反应进行过程中，溶液中也有未发生反应的卡尔费休试剂，即溶液中同时有 I_2 和 I^- 存在，两个铂电极之间的溶液开始导电。水分完全消耗时即溶液中不再存在 I^-，并由仪器的电流指示判断达到终点，停止滴定。通过计量已消耗的卡尔费休试剂体积（容量）来标定溶液中的水分含量。

17.5　涂装过程中的性能检测及相关仪器

17.5.1　施工性能测试及仪器

大部分涂料为液体状态，但最后所要得到的涂膜都是固体状态，所以涂料对所形成的涂层而言就是"半成品"。涂料只有经过施工，施涂到被涂物件表面形成涂层后才能体现出作用，才能对被涂覆物体起到保护、装饰或其他特殊的作用。

涂料施工性能的优劣直接影响涂装线上工人的工作效率和最终所得到涂层的品质，一般而言，涂料的施工性能涵盖非常广泛，包括涂料在施工前的贮存稳定性、开罐后的易分散均匀性、施工时的流动性、不同涂层体系之间的配套性、抗咬底性、干燥时间及固化成膜后的抗回黏性等。

对于涂装工人而言，除了干燥时间、流平性和流挂性可以用相应的检测仪器评估外，其余的性能大部分都需要操作者在实际工作中积累经验去评判。

17.5.1.1　干燥时间测试

涂层只有达到干燥状态后，才能发挥其特定的功能。涂料施涂到物体表面到涂料达到干燥状态所需要的时间称为完全干燥时间。不同类型的涂料在特定的施工工艺和环境条件下，达到干燥状态所需的时间不尽相同。因此准确测定涂料的干燥时间非常重要，可以为涂料达到稳定性能条件提供可靠的施工和应用依据。

涂料的干燥过程根据涂膜物理性状（主要是黏度）的变化过程分为不同阶段，习惯上分为表面干燥、实际干燥和完全干燥三个阶段，所对应的时间依次为表面干燥时间（表干）、实际干燥时间（实干）和完全干燥时间（全干）。

表面干燥时间（surface-dry time）为涂料或腻子施涂于底材上，在规定的干燥条件下，表层成膜所用的时间。

实际干燥时间（actual-dry time）为涂料或腻子施涂于底材上，在规定的干燥条件下，全部形成固体涂膜所用的时间。

完全干燥时间（through-dry time）为在规定的测试条件下，采用规定的试验步骤（按GB/T 37362.1—2019）测定涂料从施涂于试板上开始，直至涂层达到完全干燥状态所用的时间。

（1）表面干燥时间检测　表面干燥时间的测定有两种方法：吹棉球法（甲法）和指触法（乙法）。

① 吹棉球法　每隔若干时间或到达产品标准规定时间，在待测漆膜表面轻轻放上一个脱脂棉球（$1cm^3$ 疏松棉球且需距漆膜或腻子膜边缘不小于 $1cm$），距脱脂棉球 $10\sim15cm$ 处，用嘴沿水平方向轻吹脱脂棉球，如能吹走，膜面不留有棉丝，即认为表面干燥。

② 指触法　每隔若干时间或到达产品标准规定时间，用手指轻触漆膜或腻子膜表面（手指接触部位需离试板边缘不小于 $1cm$），如感到有些发黏，但无漆沾在手指上，即认为表面干燥。

（2）实际干燥时间检测　实际干燥时间常用的测定方法有压滤纸法（甲法）、压棉球法（乙法）和刀片法（丙法）。

① 压滤纸法　每隔若干时间或到达产品标准规定时间，在待测漆膜上放一片定性滤纸（$15mm\times15mm$，符合 GB/T 1914—2017 的慢速滤纸），使滤纸光滑面接触漆膜，在定性滤纸上再轻轻放置干燥试验器，同时启动秒表（精度 0.1s），经 30s，移去干燥试验器，将样板翻转使漆膜向下，定性滤纸应能自由落下，如定性滤纸不能自由落下，在背面用握板之手的食指轻敲几下，定性滤纸能自由落下且滤纸纤维不被粘在漆膜上，即认为漆膜实际干燥。

② 压棉球法　每隔若干时间或到达产品标准规定时间，在待测漆膜上放一个脱脂棉球（$1cm^3$ 疏松棉球），在脱脂棉球上再轻轻放置干燥试验器，同时启动秒表，经 30s，将干燥试验器和脱脂棉球拿掉，放置 5min，如漆膜表面无棉球的痕迹及失光现象，或漆膜上留有 $1\sim2$ 根棉丝，用棉球能轻轻掸掉，均认为漆膜实际干燥。

③ 刀片法　刀片法适用于厚漆膜和腻子膜。每隔若干时间或到达产品标准规定时间，用医用手术刀片（符合 YY 0174—2019 要求的 11 号刀片）在样板上切透漆膜或腻子膜，并观察其底层及膜内有无黏着现象。腻子膜还需要用水淋湿样板，用适用的水砂纸打磨。如漆膜或腻子膜的底层及膜内无黏着现象，腻子膜能形成均匀平滑表面，不粘砂纸，则认为漆膜或腻子膜实际干燥。

干燥时间测定砝码如图 17-17 所示。

（3）完全干燥时间检测　完全干燥时间的测定则是每隔若干时间或到达产品标准规定时间后，将待测试板放置在仪器（完全干燥时间测定仪，见图 17-18）底座上并按以下步骤操作：

① 准备 $100mm\times100mm$ 的聚酰胺编织丝网（单丝直径 $0.12mm$）并夹在压柱头下面的橡胶盘上，注意确保丝网的表面无褶皱，且每次测试都需换上新丝网。

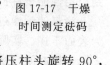

图 17-17　干燥时间测定砝码

② 将砝码（1500g）放在压柱顶部，轻轻地降低压柱，使丝网与试板接触。启动秒表（精度 0.1s），并保持 10s。达到规定时间后，在 2s 内将压柱头旋转 90°，并立即升起压柱，取下试板并用裸眼检查测试区域。如果试板上没有观察到任何损伤，即可认为涂层已经达到完全干燥状态，其对应的时间为完全干燥时间。

测试需要同时在三块试板上进行，如果在三块试板上的一块或多块表面观察到损伤，则认为未达到完全干燥状态。

另一种用于评定涂层的整个干燥状态的方法为用机械式直线干燥时间记录仪记录整个涂层的干燥轨迹，这对于分析涂料的干燥性能非常有用。ISO 9117-4—2012 中，普通液体涂

图 17-18　完全干燥时间测定仪

料干燥过程中的四个时间点大致如图 17-19 所示，各个阶段的描述见表 17-7。

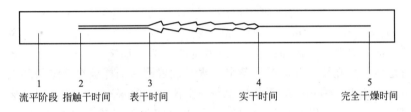

1	2	3	4	5
流平阶段	指触干时间	表干时间	实干时间	完全干燥时间

图 17-19　液体涂料干燥过程的各个阶段

表 17-7　ISO 9117-4—2012 标准中对各个干燥阶段的描述

干燥阶段	描述	干燥记录仪上观察到的现象
指触干	通过溶剂蒸发或化学反应（或两者兼有），涂层固化充分且不再流动或与轻触它表面的手指发生黏附	当涂层出现梨形的"洼地"时，同时涂层停止在划针划过路径上流动，划针留下的划痕可以观察到玻璃底板
表干	涂层表面已经干燥或者固化(参照指触干)，涂层不再黏附任何放置在它表面的很轻的物体	涂层上连续的划痕轨迹终止，此阶段的划针划过涂层时，开始撕破涂层或留下破烂的具有尖角的沟槽
实干	涂料在干燥或固化反应过程（或者两者兼有）中，当使用相当大的力用拇指和食指捏住试板时，已经充分显示涂层既不发生任何形变，也不会留下任何可注意到的痕迹	划针从涂层内部升至涂层表面运行，且留下一条规则的运行痕迹，痕迹没有破坏涂层主体
完全干燥	涂层固化非常彻底，即使在涂层表面施加大的扭力，涂层也不会出现任何损坏	划针不再在涂层表面留下任何可见痕迹

　　用于该方法的测试仪器为直线式干燥时间记录仪（图 17-20），该仪器装有一能夹持六条针（各具有球形端部）的针座，并通过一个恒速电机向针座提供动力。仪器上装有六条涂有待测样品的玻璃条（300mm×25mm），针座需要花一定的时间才能匀速走完该测试条（时间由操作者选定，一般有 6h、12h、24h 和 48h 四种或任意设定）。时间刻度标尺是安装在侧板上的，其上的刻度适用于四种不同的速度（6h、12h、24h 或 48h）。同时仪器也附带有液晶屏显示针座的当前运行时间。试验结束后，操作者只需取下玻璃条对照时间刻度标尺即可判断该样品出现某种干燥特性所对应的时间。

17.5.1.2　流平测试

　　涂料流平性是指涂料施工在基材表面，未固化之前湿膜能均匀平整流动且表面不留下涂痕的能力。它与涂料本身的特性、施工方式、施工厚度、环境、底材等有关。测试涂料流平

图 17-20　干燥时间记录仪

所需的最小湿膜厚度对涂料施工具有非常重要的指导作用。

流平测试仪是一个 U 形涂膜器，其工作面切有五组（每组两条）宽度为 1.7mm 的槽，它们的槽深分别为 $100\mu m$、$200\mu m$、$300\mu m$、$500\mu m$ 和 $1000\mu m$ 不等，同一组的两条槽间距为 2.5mm，每组槽彼此距离为 10mm。

试验时把样品先进行设定的预剪切程序（搅拌速度和搅拌时间），然后立即将足够量（确保每条条纹能涂刮至少 10cm 长）的样品对着流平仪靠近各间隙凹槽的边缘处倒下，两手握住流平仪两端（必要时使用导向板），以恒定的速度和稳定向下的压力使流平仪均匀刮拉样品，以清楚地形成互相分开的湿膜条带。水平放置刮涂的样板在规定的环境中，涂层干燥后观察五组涂膜条中，哪几组的两条涂膜条完全流平且涂层表面未有任何刮痕，用最薄厚度的那组间隙深度（μm），以及相应于该间隙深度上实际测得的湿膜厚度（μm）表示。流平测试仪及典型的测试图如图 17-21 所示。

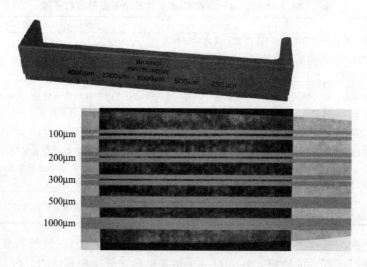

图 17-21　流平测试仪及典型的测试图

17.5.1.3　流挂测试

流挂是涂料施工在垂直或倾斜放置的物体表面时，由于自身重力因素，在干燥过程中出现的流淌状、泪滴状、幕状和垂挂状的一种现象，它与涂料本身的特性、施工方式、施工厚度、环境、底材等有关。因此，测定涂料在施工时不会产生流挂的最大湿膜厚度（μm）非常重要。

流挂涂布器（流挂仪）分布有 10 种不同间隙深度的凹槽，相邻凹槽间隙深度差为 $25\mu m$ 且呈阶梯式增大。工作时，它能将待测样品一次性涂刮成 10 条不同厚度的平行湿膜，相邻湿膜间距为 1.5mm，湿膜宽度为 6mm。流挂仪常用规格有 $50\sim275\mu m$，$250\sim475\mu m$，

$450\sim675\mu m$，$650\sim875\mu m$ 和 $850\sim1075\mu m$ 五种，操作者根据自己产品的特征选择合适的量程进行测试。流挂测试仪及典型的测试图见图 17-22。

测试的步骤与流平性基本一致，只是刮涂后需立即将样板垂直放置，干燥后观察未发生流挂现象的涂膜，以最大间隙深度的那条表示流挂值（μm），也可以用对应于该间隙深度的实际湿膜厚度来表示。

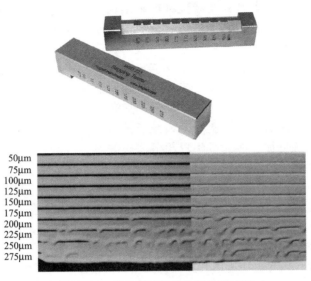

图 17-22　流挂测试仪及典型的测试图

17.5.2　制膜工具

涂料性能检测的另一重要方面是要把涂料固化成膜，检测涂膜所展示的性能。而涂膜所展示的性能几乎都与涂膜厚度有关系，故制备均匀且一致性好的涂层非常重要。

涂膜的制备有多种方式，包括刷涂法、刮涂法、喷涂法等。本节只讲述实验室性能检测时最通用的方法，即采用间隙式湿膜制备器或线棒涂布器的刮涂法。

17.5.2.1　间隙式湿膜制备器

间隙式涂膜制备器被认为是最方便、最简单的制膜工具，且非常易清洗和保养。它是一个耐腐蚀耐磨的不锈钢块，工作面（可以有一个或多个）上开有一条凹槽，凹槽的精度加工时被严格控制。制备漆膜时，只需顺着凹槽均匀拖拉即可得到需要厚度的湿膜。

值得注意的是，受涂膜器工作面结构及涂布速度的不同影响，用间隙式涂膜制备器制备的湿膜厚度并不等于涂膜器的间隙深度。目前市面上最通用的扁平型工作面的间隙式湿膜制备器，所制得的湿膜厚度仅为间隙深度的 70%～80%。

常用的间隙式湿膜制备器按工作面可分为单面、双面、四面和八面四种，并被设计为不同涂膜宽度的类型，且根据间隙深度分不同规格。常见的间隙式湿膜制备器如图 17-23 所示。

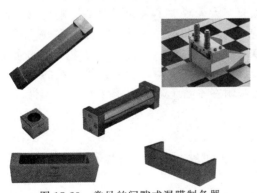

图 17-23　常见的间隙式湿膜制备器

可调式制备器可以根据操作者需要调整不同的间隙深度（以每 $10\mu m$ 为一个梯度）进行涂膜，通过调节制备器上方的两个微分头，能上下方向调整下面的刮刀以控制间隙深度。

17.5.2.2 线棒涂布器

用不同直径的不锈钢钢丝缠绕在一定直径和长度的不锈钢棒上，利用钢丝之间的间隙制备不同厚度的涂膜。线棒涂布器非常适合涂布很薄的涂层，如罐头涂料及纸张涂料；同时，线棒涂布器主要用于柔软的材料，如纸张、纸板、测试卡纸、箔纸、皮革、纺织品等。

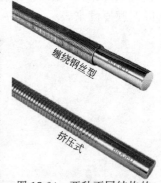

但缠绕钢丝的线棒涂布器经常在清洗时容易出现钢丝松脱破断的现象，而且不易清洗，也不能进行超薄膜的涂布。目前通过精密机械加工已经得到和缠绕钢丝效果一致的挤压式线棒涂布器，它是使用精密模具，利用冷挤压加工技术在钢棒表面加工出凹凸的波状曲线，起到和传统线棒涂布器相同的涂布效果。这种涂布器凹槽深度和间隔误差小于 $2\mu m$ 使涂膜更加均匀，而且无钢丝松脱破断的风险，使用寿命更长。另外，其表面纹路润滑流畅，清洗更加容易并可实现超薄涂膜的涂布（最低可以涂布 $4\mu m$ 的湿膜）。两种不同结构的线棒涂布器如图 17-24 所示。

图 17-24　两种不同结构的线棒涂布器

同间隙式湿膜制备器一样，线棒涂布器制备的湿膜厚度并不等于其标识厚度，经验表明，大概能得到所标识的 80% 左右的实际湿膜厚度。

17.5.2.3 自动涂膜机

影响涂膜的因素一般有剪切速率和加在施工工具上的重量，而手工制备涂膜经常因为人的涂布速度、施加力或短暂停顿而造成涂膜不均匀，尤其是不同操作人员之间的涂层制备，

图 17-25　带真空吸附平台的自动涂膜机

这样使得基于涂层的一些性能测试，如耐盐雾性、附着力其结果缺乏可比性。

自动涂膜机配备有一个高平整度的平台，推杆可以推动各种涂膜器（无论是间隙式涂膜器还是线棒涂布器），且推杆两端可以加载不同大小的负载以保证涂布过程用力均匀。涂膜前操作者可根据样品的黏度和流动特性设置不同的涂膜速度和涂膜距离，以一定的速度和力进行涂膜，大大减少了人为因素的影响，可以制备均一和可塑的涂膜，且重现性非常好。对一些软的或不太平整的底材，部分涂膜机的涂布平台设计为真空吸附，可以让待涂覆的基材平整地吸附在平台上，确保了涂膜的均匀性。带真空吸附平台的自动涂膜机如图 17-25 所示。

17.5.3 湿膜厚度测试

湿膜厚度的测试主要通过机械方式进行，典型的湿膜测厚仪分为梳规式和滚轮式两种，它们都可在施工现场快速检测喷湿膜层的厚度。

（1）湿膜厚度梳规　湿膜厚度梳规由耐腐蚀不锈钢材质制成，每边有一系列不同高度的疏齿，最两端的外基准齿处于同一水平面，形成一条基线，沿着该基线排列的内齿与基准齿形成了一个累进的间隙系列，每一个内齿用给定的间隙深度值标出来。使用时，把梳规放在平整的试样表面，使梳齿与试样表面垂直。然后取走梳规，被涂料润湿的内齿的最大间隙深度即为湿膜厚度。它是简单快速测量色漆、清漆等各种涂料在施工时涂层湿膜厚度的工

具。湿膜厚度梳规及测量原理如图 17-26 所示。

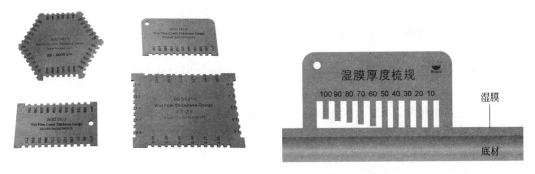

图 17-26　湿膜厚度梳规及测量原理

（2）湿膜厚度滚轮　湿膜厚度滚轮（图 17-27）上分布有三个精密机械加工的凸起轮缘。两侧的轮缘具有相同直径且与轮子的轴呈同轴心安装，中间的轮缘直径较小且为偏心设计。以两侧的轮缘为基准，中间的偏心轮缘有一点与两侧轮缘处在同一水平线上（零点），然后偏心轮缘高度逐渐变小，其与两侧轮缘的相差高度距离被标识在两侧轮缘对应的位置处。使用时用拇指和食指夹住滚轮中间的轮轴，将刻度标识为"0"处与涂层表面接触并将同心轮缘按在试样表面上，

图 17-27　湿膜厚度滚轮

沿一个方向滚动轮规，然后将轮移走，读取中间的偏心轮缘仍能被涂料润湿的最大刻度读数即为湿膜厚度（μm）。

17.6　涂料固化成膜后涂层性能测试及主要仪器

17.6.1　涂层厚度

涂层的很多性能都与涂层厚度有关系，正确地测量及控制涂层厚度对于实验人员、研发工程师、应用工程师及施工人员而言，都是非常重要的一个环节。

一般而言，可以通过测量刚涂覆的涂膜（湿膜）和完全固化后的涂膜（干膜）来监控整个涂层体系的厚度。测定涂膜厚度的重要性在于保证涂覆达到规定的厚度，避免由不适当的厚度导致的涂层过早失效或过多材料的浪费。

干膜厚度的测量，必须在涂层完全干燥后，采用涂层测厚仪进行测定，常用的涂层测厚仪有以下三类。

（1）磁性金属涂层测厚仪　磁性金属测厚仪主要是利用电磁场磁阻的原理，通过流入钢铁底材的磁通量大小，即磁体与磁性底材之间间隙的变化引起磁通量的改变来测定漆膜厚度。这种测厚仪只能检测钢、铁等铁磁性（Fe）金属基体上的非磁性涂镀层的厚度，如油漆层、各种防腐涂层、涂料、粉末喷涂、塑料、橡胶、合成材料、磷化层和铬、锌、铅、铝、锡、镉等。

（2）非磁性金属涂层测厚仪　非磁性金属涂层测厚仪利用高频交流信号在测量探头线圈

中产生电磁场，测量探头靠近导体时，就在其中形成涡流。探头离导电基体愈近，则涡流愈大，反射阻抗也愈大。这个反馈作用量表征了探头与导电基体之间的距离，也就是导电基体上非导电覆层的厚度。它可用来测量铜、铝、不锈钢等非铁磁性（NFe）基体上的所有非导电层的厚度，如油漆层、各种防腐涂层、涂料、粉末喷涂、塑料、橡胶、合成材料、氧化层等。

若按仪器本身结构来分又分为一体式结构和分体式结构。这两种结构各具优点，一体式结构可以减少延长线引起的信号偏差，而分体式的则适合测试更小的凹面。

（3）非金属底材测厚仪　对于橡胶、塑料、玻璃、木材、混凝土等非金属表面上涂层的测厚，既不能采用磁性原理，也不能采用涡流原理，故一直以来都是行业内一个比较棘手的问题。目前，虽然有两种比较通用的方法用来测试这些非金属底材上的涂层厚度，但操作及精度方面均不如金属底材的测厚。

① 破坏式测厚仪　这种仪器是基于一个标准楔形的切割：涂层被一个已知角度（θ）的刀片划破到底材，然后通过仪器带刻度尺的高清目镜观测涂层的切割宽度 b，再根据直角三角形的正切函数计算出涂层厚度 $a = b\tan\theta$。依据相同的原理，只要能观测到多涂层体系中的各涂层之间的分界面，多层涂层系统的每层涂层厚度也可计算出来。破坏式测厚仪及其工作原理如图 17-28 所示。

 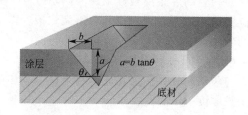

图 17-28　破坏式测厚仪及其工作原理

② 超声波涂层测厚仪　超声波涂层测厚仪根据超声波脉冲反射原理来进行涂层厚度的测量（见图 17-29）。当仪器探头发射的超声波脉冲通过被测物体到达不同材料（不同涂层之间或涂层与底材）分界面时，脉冲被反射回探头，通过精确测量超声波在材料中传播至反射的时间，即可通过仪器微处理器的计算来确定被测材料的厚度。凡能使超声波以一恒定速度在其内部传播的各种材料均可采用此原理测量。

此种方法非常方便测试多涂层体系中的不同层厚度，但缺点是操作比较麻烦，每次需要在待测物体表面涂覆耦合剂，而且测量精度不是很高，尤其是在测试多孔隙基材时，因涂料的渗透性仪器有时无法准确分辨两种不同物质的分界面。

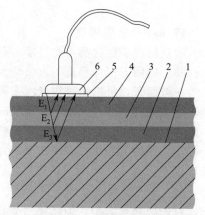

图 17-29　超声波测量涂层厚度示意图
1—基材；2—复合涂层第三层；
3—复合涂层第二层；4—复合涂层第一层；
5—耦合剂（液体）；6—超声波传感器；
E_1—第一回波层；E_2—第二回波层；E_3—第三回波层

17.6.2 涂层外观

对于大多数涂装产品，一致的涂层外观是很重要且基本的质量判断标准。这主要是涵盖了光学领域，比如涂层的光泽、颜色等，另外，涂层外观的评判也与人眼有关，即包括观测者的一个主观因素。

17.6.2.1 光泽

光泽是评估一个物体表面时得到的视觉效果。直接反射的光越多，光泽的感觉越明显。光滑和高抛光的表面能清晰地反射影像，入射光直接在表面反射，即大部分光线以与入射角相同的角度反射。在粗糙的表面上，光线朝各个方向漫射，成像质量降低，反射的物体不再显示明亮，而是模糊。与入射角相同角度的反射越低，表面越显得暗淡。在与入射角度相同的角度评估光的反射强度称为镜像光泽度。

标准光泽度是以折射率为 1.567 的黑玻璃为参照标准，假设其平面在得到理想抛光的状态下，由该平面对自然光束进行镜像反射，并定义此时的光泽度为 100.0 光泽单位（GU）。

镜像光泽度计由发射器和接收器组成，发射器由白炽光源和一组透镜组成，它发出一定要求的入射光束。接收器由透镜和光敏元件组成，用于接收从样品表面反射回来的锥体光束（图 17-30）。

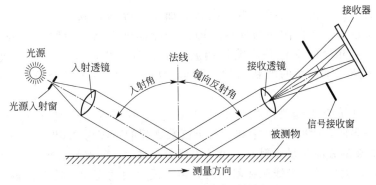

图 17-30　镜像光泽度计测量原理

照明入射角对反射效果有很大影响，为了清楚地区分从高光泽到低光泽的整个测量范围，国际上比较流行的做法是定义了以下三个不同入射角度：

20°：高光泽表面，如汽车面漆、金属闪光漆、抛光金属和塑胶等；

60°：所有表面都广泛适用的光泽测量角度；

85°：亚光表面，如汽车内饰、建筑涂料和木器漆等。

镜像光泽度计是对镜像光泽的相对测量，即测量的为某一特定反射角上的光强度，该光强度与材料及入射角度有关。对于涂料、塑料这些非金属材料，入射角度增加，反射光强度也增加，余下的入射光被散射或穿透材料表面被吸收（与材料的颜色相关）。金属或电镀层表面光的反射率非常高，但入射光角度的变化不如非金属材料表面那样明显。故可以总结为镜像光泽度计是利用光反射原理对样品的光泽度进行测量，即在规定入射角和规定光束的条件下照射样品，得到镜像反射角方向的光强度占比。

折射率较高的材料（如薄膜）、电镀、玻璃等透明材料，使用镜像光泽度仪测量时会得到超过 100 光泽单位（GU）的结果，最高甚至可达 2000GU，这是因为光线在材料表面多次重复反射。

镜像光泽度计一般都配有用于校准的标准光泽度板，标准板按光泽度值又分为高、中、低三种。高光泽度板由黑色光学玻璃或其他材料制成。中光泽度板和低光泽度板由涂釉陶瓷或黑色光学玻璃磨砂制成。

17.6.2.2　雾影

质量好的表面应该有清晰明亮的外观，而雾影（英文为 haze）是评估涂层清晰明亮程度的一个指标值。涂料中颜料分散的不好而导致的微结构产生乳状的外观，称为雾影。细微纹理的高光泽表面会在接近镜向反射的方向产生低强度的散射，虽然入射光的大部分都在镜向方向反射，表面看起来光泽非常好，但上面仍然存在乳状的雾影。雾影读数越低，表面质量越好。

涂层出现雾影一般是因为体系的原料不兼容性、无添加剂、助剂的质量不合适、涂层烘干/干燥/固化时的环境状况不佳、抛光痕迹、细微的划痕、老化、氧化、清洁度不够和表面的残留物等。

雾影一般是高光泽表面所特有的现象，故评估涂层的雾影程度普遍使用 20°的光入射角度，与镜像光泽度计不同的是，它在 20°角的接收位置探头处两侧各增加了一个附加探头，用来测试漫射光的强度，并以对数形式来表示雾影值，这种方法测得的数值也称 20°角下的反射雾影值。但 ASTM D 4039-09—2015 中规定，雾影值直接用镜像光泽度仪测量到的 60°光泽值与 20°光泽值的差值表示。

17.6.2.3　橘皮

高档汽车的车身颜色、光泽、雾影度和表面结构等均影响着人们的视觉效果。光泽和影像清晰度常被用来衡量涂层的外观。即使是光泽度很高的涂膜，其外观也会受到表面波动度的影响，光泽的变化并不能控制波动的视觉效果，人们把这种效应称为橘皮，橘皮也可定义为高光泽表面的波状结构。汽车涂层橘皮可使涂层表面产生斑纹和未流平的视觉外观。

橘皮仪使用 60°的激光作为点光源照射被测表面，在缓慢匀速推动 10cm 的距离内发射 1250 次激光照亮表面，读取 1250 个数，每个读数之间的距离为 0.08mm。在光源对面同样角度通过狭缝滤波的方法测量反射光，由于表面存在波纹，当光照在波峰或波谷时，反射光最强，仪器检出最大信号；光线照在斜坡时，由于反射角的变化，反射光偏离 60°，仪器检出信号最小，因此测得的信号频率正好是被测表面机械轮廓频率的二倍，与人眼观察到的光学轮廓一致。橘皮仪将结构尺寸>0.6mm 的测量数据定为长波，将结构尺寸小于 0.6mm 的数据定为短波。橘皮仪的测量原理如图 17-31 所示。

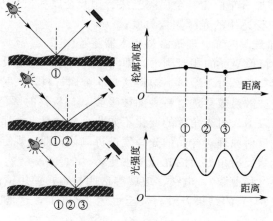

图 17-31　橘皮仪的测量原理

17.6.2.4 鲜映性

鲜映性是指涂层表面映射镜物（或投影）的清晰程度，以表征涂层的外观装饰性等综合试验技术特征（如光泽、平滑度、丰满度等）。鲜映性以 DOI 值（distinctness of image）表示。其测量原理为在仪器的 E 光源照射下，标准板上的字码经过 5 次反射投影到目镜上，观察者通过能清晰看到的 DOI 值，读出被测试样的鲜映性等级，等级分为 0.1、0.2、0.3、0.4、0.5、0.6、0.7、0.8、0.9、1.0、1.2、1.5、2.0 共 13 个等级，2.0 级字号最小。

17.6.2.5 颜色

颜色是一种有关感觉和主观解释的东西，给颜色定名是一大难题，因为要表达一个颜色有各种各样的方法和词汇。人眼之所以可以看到颜色，有三个要素必不可缺：光源、物体及人。颜色测量要归功于现代科学家对颜色的不断深入研究后所建立起来的各种色空间，测量颜色的仪器取代了光源和人的作用，并且让颜色控制更为精准。

测量颜色的仪器统称为测色仪，通过测色仪可以轻松地得到被测物体在不同光源及各种条件下的色度数据甚至光谱曲线，有利于进行色彩的管理、控制及研发，方便不同厂家间关于色彩的交流和沟通。使用仪器也可避免人为或环境因素造成的色彩判断偏差，无论室内室外，都可以更准确、客观地评判色彩。

测色计按其测量原理来分，可分为三刺激值型和分光型。

三刺激值型仪器主要是由三滤镜配合硅光电池作为三个传感器，结构相对简单，精度不高，有些甚至不能给出颜色的色彩坐标空间的绝对值（L、a、b 值），只能给出两个样品之间（通常是标准与样彩）坐标空间的绝对值（L、a、b 值），因为没有颜色的绝对值资料，没有办法与他人进行资料交换，也不能建立和管理数据库，只相当于正常的色彩色差计（色差仪）的 10% 功能。但它有价格低廉、外形小巧、灵便以及操作简便等特点，比较适合测量不同样品间的色差，因此有时也称为色差计，主要用于生产线及产品检查中的色差测量。

分光型仪器一般采用衍射光栅或回折光栅，将光线按一定波长间隔分开，然后采用若干组传感器阵列进行感光分析。它们具有高精度和不断增加的多功能性，由于可以测得每一波长下的反射率曲线，对颜色也比较敏感，除了测量色差外，更适合测量样品的颜色绝对值，因此更适用于复杂的色差分析，通常用于实验室和产品开发研究中的高精度色彩分析和管理。

对于目前市面上比较流行的色差仪，通过自动比较样板与被检品之间的颜色差异，输出 CIE_Lab 三组数据和比色后的 ΔE、ΔL、Δa、Δb 四组色差数据，提供配色的参考方案。ΔE 值与常用的色差判断标准见表 17-8。

ΔE 为总色差的大小；

$\Delta L+$ 表示偏白，$\Delta L-$ 表示偏黑；

$\Delta a+$ 表示偏红，$\Delta a-$ 表示偏绿；

$\Delta b+$ 表示偏黄，$\Delta b-$ 表示偏蓝。

表 17-8　ΔE 值与常用的色差判断标准

范围	色差（容差）	范围	色差（容差）
$(0\sim0.25)\Delta E$	非常小或没有；理想匹配	$(1.0\sim2.0)\Delta E$	中等；在特定应用中可接受
$(0.25\sim0.5)\Delta E$	微小；可接受的匹配	$(2.0\sim4.0)\Delta E$	有差距；在特定应用中可接受
$(0.5\sim1.0)\Delta E$	微小到中等；在一些应用中可接受	$4.0\Delta E$ 以上	非常大；在大部分应用中不可接受

测量颜色的仪器按其光学结构还可以分为"0°/45°"和"$d/8°$积分球"两种。"0°/45°"结构的仪器只能用来检测高光、平滑的表面，而且不能用于计算机配色。"$d/8°$积分球式"可以用来测量各种各样的表面，比如光滑的金属喷涂表面、橘皮漆面甚至布料，并且可以得到用于计算机配色的原始资料。不同测量模式的测色仪的光学结构如图 17-32 所示。

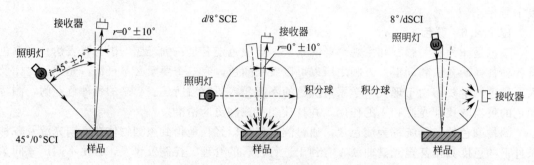

图 17-32　各种不同测量模式的测色仪的光学结构

在测量颜色时，可以根据实际应用选用消除镜面反射（SCE）模式或包含镜面反射（SCI）的测量模式。在 SCE 测量模式中，镜面反射光被排除在外面，只测漫射光。这样测出的值与观测者看上去的物体颜色是相当的。当使用 SCI 模式时，测量过程中镜面反射光和漫射光同时包含。这样测得的值是物体整体客观的颜色，而与物体表面条件无关。

有些高端的分光测色仪还包含有 UV 光源，可以测试含荧光的材料颜色。对含金属效果颜料的颜色测量，则需要使用更高端的多角度分光测色仪。

17.6.3　附着力

涂层涂覆在物体表面，只有形成黏附牢固、具有一定强度的连续涂层，才能发挥涂料所具有的装饰、保护作用和其他一些特殊作用。涂层与被附着物体表面通过物理和化学力作用结合在一起的坚牢程度，是评价涂层或涂层体系性能好坏的指标之一，也是涂层最基本的性能之一。

目前行业内评估涂层与基材的附着力优劣主要有三种方法：划圈法、划格法和拉开法。其中划圈法和划格法是按等级来评定试验结果，拉开法则是以把涂层从底材上拉脱分离所需要的最小力来表示试验结果，下面分别进行介绍。

17.6.3.1　划圈法

采用划圈法评定涂层与基材的附着力的优劣是我国传统的一种方法。该方法通过一台特殊设计的仪器在待测试的涂层上连续划出许多相同直径的圆圈（需划透至底材），这些圆圈以一定的距离相互交叉，然后按圆圈重叠相交面积大小分为七个部位（见图 17-33）。评定试验结果时检查划圈后的各部位涂层的完整程度，以某部位的面积有 70% 以上的涂膜完好来评定相应等级。但这种仪器不适合在施工现场进行。

使用该法需注意的要点有：

① 特别注意划针参数（针尖角度、划针硬度）的一致性；

② 涂层厚度超过 $50\mu m$，基本不能用此方法测试；

③ 选用手动的仪器划圈时，注意划针运行时的速度及用力均匀；

④ 谨慎选择加载在划针上的砝码，以刚好划透到底材为宜，不宜过重；

⑤ 若选用自动显示划透底材的仪器（见图17-34），在测试含导电颜料的色漆时，要注意划透底材指示可能失效。

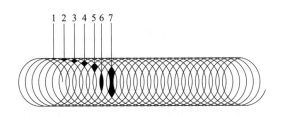

图 17-33　划圈法附着力
测试仪的划线图

图 17-34　具有划透底材指示的
全自动划圈法附着力测试仪

17.6.3.2　划格法

采用划格法测试涂层与基材的附着力是目前全世界最通用的一种方法，它具有操作简单、快速等特点。其原理是根据涂层的厚度和底材类型，用特殊规定的刀具在涂层上切割6个平行切口，然后再于垂直于第一次切割处切割另外的6个平行切口（每个切口必须切割至底材），清除所有疏松的漆膜颗粒。目视检查切割区域，通过评定这些方格内涂层的完整程度来评定该涂层对基材附着程度，以"级"表示。

该方法主要用于实验室，但也可用于现场试验。另外，它也可用来评定多涂层体系中各道涂层与其他每道涂层脱离的抗性，但不适用于干膜总厚度大于 $250\mu m$ 的涂层和有纹理的涂层。

可用于在涂层上划格的刀具有单刃或多刃两种，如果使用单刃刀具，需同时使用导向和间隔装置（见图17-35）；如果使用多刃刀具，除了有规定的6个切割刀刃外，还需每边有一个导向刀刃，且切割刀刃和导向刀刃需在同一个平面上。

用划格法评定涂层与基材的附着力时，需注意以下事项：

① 根据底材的类型（软底材还是硬底材）及涂层厚度选择不同的切割间距，具体如下：

涂膜厚度 $0\sim60\mu m$，硬质底材（如金属和塑料），选1mm间距；

涂膜厚度 $0\sim60\mu m$，软质底材（如木材和石膏），选2mm间距；

涂膜厚度 $61\sim120\mu m$，硬质和软质底材，选2mm间距；

涂膜厚度 $121\sim250\mu m$，硬质和软质底材，选3mm间距。

② 制备涂层时，若选软底材，厚度应大于10mm；若为硬底材，厚度至少为0.25mm。

③ 在使用胶黏度去除切割后的疏松涂层时，请务必使用黏结力一致的胶带。

④ 所使用的切割刀具，需定期检查其刀刃

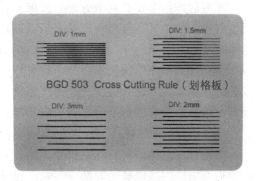

图 17-35　单刃刀具所用的导向
和间隔装置（漆膜划格板）

参数是否必须满足标准规定的要求。

⑤ 木制底材，切割是需与木纹方向呈 45°方向进行切割。

⑥ 超过 250μm 的涂层，可使用另外的划"X"法来评定，具体参照 ISO 16276-2—2007。

17.6.3.3 拉开法

使用拉开法测定涂层与基材的附着力可以量化测试结果，即从基材上移去一特定面积的涂层所需要外力，以 MPa 表示。它可用于色漆、清漆或相关产品的单涂层或多涂层体系，也可用于施工现场测定，尤其在工程验收时使用较广泛，如检测桥面涂层或喷浆，不锈钢、铝制品或混凝土上的涂层与基材的附着强度。

其测试原理为：将试样样品以均匀厚度施涂于表面结果一致的平板（基材）上，涂层干燥固化后用特殊的胶黏剂（所选用的胶黏剂强度必须保证胶黏剂和涂层或试柱之间不发生拉脱）将试柱（或锭子）直接黏结到涂层的表面上。胶黏剂固化后，用拉力机或便携式拉拔仪往上垂直拉拔试柱，测出涂层与底材分离时所需的拉力。用破坏界面间（附着破坏）的拉力或自身破坏（内聚破坏）的拉力来表示试验结果。

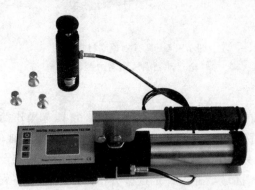

图 17-36 单侧拉脱的便携式拉开法测试仪

拉拔方式有三种：使用两个试柱（在坚硬或易形变的底材上）同时反向拉脱、使用单个试柱从单侧进行拉脱和仅使用试柱（把涂料直接涂覆在试柱上）。值得注意的是：这三种拉拔方式，得到的测试结果彼此无可比性。单侧拉脱的便携式拉开法测试仪如图 17-36 所示。

采用拉开法评估涂层与基材的附着力时，需注意：

① 测试结果与选择的仪器类型（手动式、机械式、液压式）有比较大的关系；

② 根据测试样品选择不同的胶黏剂，确保发生有效拉脱；

③ 测试过程必须保持稳定的拉脱速率；

④ 根据底材是否易形变或坚硬程度选择不同的拉拔方式。

17.6.4 硬度

涂料的作用主要有三个方面，即保护、装饰和掩饰产品的缺陷，而这三个作用与涂料的硬度有很大的关系，涂层硬度是表示涂层机械强度的重要性能之一，也是衡量涂料产品质量的重要指标。

大部分有机涂层均属于高分子聚合物的黏弹体。不同于金属材料的特性，黏弹体的硬度表征比较困难，需建立特定的测量模型来衡量。目前涂料行业比较通用的有铅笔硬度、摆杆硬度、划痕硬度和擦伤硬度以及压痕硬度。

17.6.4.1 铅笔硬度

铅笔硬度是指用具有规定尺寸、形状和硬度的铅笔芯的铅笔推过涂层表面时，涂层表面耐划痕或耐产生其他缺陷的性能。缺陷包括涂层表面产生永久压痕的塑性形变和涂层表面出现可见的擦伤或刮破的内聚破坏两种。

测试时将受试产品或体系以均匀厚度施涂于表面结构一致的平板（基材）上，带涂层干燥固化后，将样板放在水平位置，通过以一定的负载在涂层上推动硬度逐渐增加的铅笔（与涂层呈 45°接触）来找出引起涂层产生缺陷的最小硬度等级的铅笔，并以此来表示该涂层的铅笔硬度等级。

可用于铅笔硬度测试的仪器有小推车铅笔硬度计（图 17-37）和台式铅笔硬度计两种。小推车铅笔硬度计靠推车自身重量来对试验的铅笔笔芯施加所要求的负载（一般为 750g，也有 500g、1000g 和 7.5N）；台式铅笔硬度计则通过砝码直接把所需要的负载加载到铅笔笔芯。

图 17-37　小推车铅笔硬度计

17.6.4.2　摆杆硬度

摆杆硬度是涂料行业表示涂层硬度的一种通用方法，其原理是将一条特殊摆针上两个不锈钢珠放在干燥后的涂层上，将摆针偏转一定的角度后释放，让摆针自由地在涂层上来回摆动，直至摆幅衰减到某一特定的角度结束，以此时间长短来表示该涂层的摆杆硬度。涂层表面越软，则摆杆的摆辐衰减越快（表现在摆幅从一角度衰减至另一角度的摆动时间越短）；反之衰减越慢。

涂层的摆杆硬度值为摆针在待测样板上摆动的时间除以在标准玻璃板上摆动的时间，它是一个无量纲值。不同于铅笔硬度的等级，它可以定量地表示涂层的硬度。

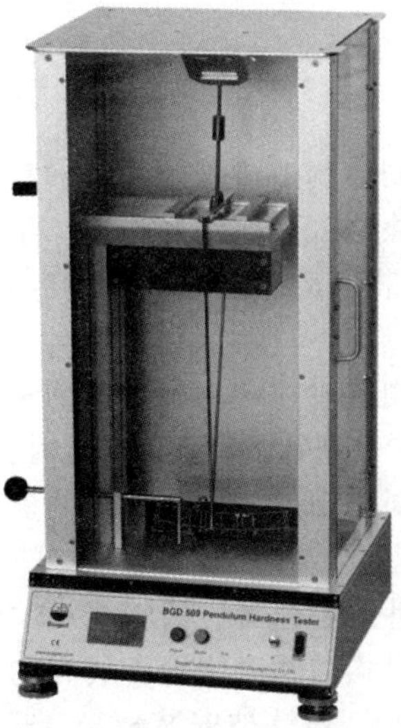

根据摆针的类型可以分为三种：双摆、科尼格（König）单摆和珀萨兹（Persoz）单摆。值得注意的是，用不同结构、质量、尺寸、周期的摆杆所做的试验结果之间没有换算关系，这是因为摆杆与涂层间的相互作用还取决于涂层具有的复杂的弹性和黏度等。所以产品标准测定某种漆膜的阻尼时间时，只规定使用一种摆杆。

数显自动摆杆硬度计如图 17-38 所示。采用摆杆法来评估涂层硬度时需注意以下事项：

① 确保试验过程中的温、湿度一致，实验室应无气流、无震动，试验过程中试验人员尽量不走动；

② 摆杆硬度计最好置于专用的天平台上，以防试验过程中的任何震动；

③ 每次试验前用标准玻璃板验证标准摆动时间；

④ 仪器的水平调节非常重要，试验前必须确保仪器水平；

图 17-38　数显自动摆杆硬度计

⑤ 摆杆移动位置需重新校准；

⑥ 对特别光滑的涂层表面，试验过程中需仔细观察摆针是否打滑造成试验结果失效。

17.6.4.3　划痕硬度和擦伤硬度

涂装好的产品在包装、运输和使用过程中免不了要受到硬物的划擦，不耐划擦的涂层常常会留下划痕，甚至被划破，这样既影响装饰效果又使漆膜丧失保护作用。

划痕硬度指用已知硬度的金属材料加载一定的负荷在涂层表面上匀速运动，以引起涂层发生缺陷的最小负荷值来表示该涂层的划痕硬度，它是衡量涂层硬度的一个重要指标。

擦伤不同于划痕，擦伤是指存在于涂层表面，并在涂层上向周围延伸一定面积，因与邻近区域的光反射性质不同而形成肉眼可辨的瑕疵，它更多的是指涂层发生的内聚破坏。擦伤硬度以引起涂层产生擦伤现象的最小负荷值来表示。

目前行业比较通用的测试方法有三种。三种不同结构的自动划痕（擦伤）仪如图 17-39 所示。

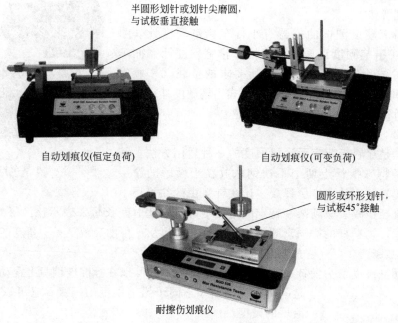

半圆形划针或划针尖磨圆，与试板垂直接触

自动划痕仪(恒定负荷)　　　　自动划痕仪(可变负荷)

圆形或环形划针，与试板45°接触

耐擦伤划痕仪

图 17-39　三种不同结构的自动划痕（擦伤）仪

（1）负荷恒定法测划痕硬度　采用半球形的划针，且在单条划痕制造过程中，其加载的负荷始终保持不变。它是用于测定色漆、清漆和有关产品的单一涂层或多层复合涂层体系抗半球形头的针划透性能的试验方法，以把涂层划透至规定程度的最小负荷值或"通过/不通过"某个负荷值来表示试验结果。

（2）负荷改变法测划痕硬度　采用尖顶划针，且在单条划痕制造过程中，其加载的负荷从起点"0"逐渐增加到划痕结束时的最大值。试验结束后观察整个划针的运动轨迹，找出涂层开始出现划痕的点，量出此点与试验结束点的距离来计算涂层出现破坏的临界点的负荷值 F，并以此表示试验结果。

（3）负荷恒定法测擦伤硬度　采用弧形（环形或圆环形）划针测定色漆、清漆或相关产品的单一涂层，或复合涂层面涂层耐划伤性。将受试产品或体系以均匀厚度施涂于具有均匀表面纹理的平整试板上。干燥/固化后，推动安装在划针下的试板（划针被安装成以 45°下压至试板表面上），连续增加作用在试板上的负荷直至涂层被划伤为止。以 5 次测定中至少有 2 次引起涂层划伤的负荷作为涂层划伤的最小负荷值，并以此来表示试验结果。

17.6.4.4　压痕硬度

压痕硬度是指用具有特定尺寸和形状的压痕器（硬质工具钢制的具有尖锐刀刃的金属轮）在规定试验条件下对涂层进行压痕试验，经过一定的时间后以涂层出现的压痕长度（mm）来表示。此种方法仅适用于测量具塑性形变行为的涂料，对于弹性形变行为的涂料不应使用该方法进行评价。巴克霍尔兹压痕硬度仪如图 17-40 所示。

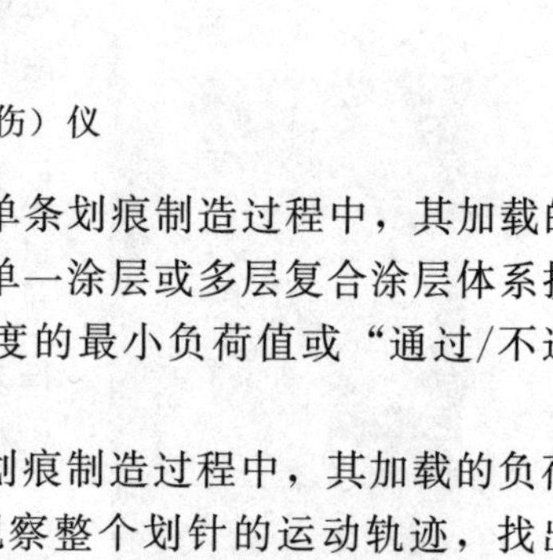

图 17-40　巴克霍尔兹压痕硬度仪

值得注意的是，压痕硬度与待测涂层厚度有关系，只有产生的压痕长度、压痕深度和所测涂层最小厚度之间的关系符合标准规定的要求才能认为此测试结果有效。

17.6.5 柔韧性

施涂在金属等基材上的色漆、清漆或相关产品的涂层在使用过程中往往会出现由于受到来自各种原因的扭曲力而随基材一同弯曲、折叠的情况。因此，作为起保护、装饰作用的涂层，在随其涂覆的底材一起形变时的抗开裂性能以及抗从基材上剥离的性能，对于判断涂料的成膜性能是一项至关重要的指标，它可以表征涂层弹性、塑性和附着力的综合性能。

图 17-41　漆膜柔韧性测定仪

测定涂层的柔韧性也称弯曲试验，几种常见的弯曲试验仪原理基本相同：将带涂层的试板在不同直径的轴棒上弯曲，以弯曲后不引起涂层破损的最小轴棒直径（mm）表示。

测试涂层柔韧性的仪器主要有以下四种。

（1）漆膜柔韧性测定仪　也称漆膜弹性试验仪（见图 17-41），它由直径不同的 7 个轴棒固定在底座上组成，测试时将涂覆有涂膜的试板在不同直径的轴棒上弯曲，以不引起涂膜破坏的最小轴棒直径（mm）来表示涂膜柔韧性。

（2）圆柱轴弯曲试验仪　圆柱轴弯曲试验仪分为两种：一种是用来测试试板厚度小于 0.3mm 的盒式圆柱弯曲试验仪，它由 8 个不同的合页板组成，每个合页板有一个固定的铰链，连接圆柱的轴直径不同，分别为 2mm、3mm、4mm、6mm、8mm、10mm、12mm。测试时只需要将试板插入铰链上，然后在 1～3s 内合上合页板，以试板绕轴棒弯曲 180°后不引起漆膜开裂的最小轴棒直径表示。

合页式圆柱弯曲试验仪如图 17-42 所示。

图 17-42　合页式圆柱弯曲试验仪

另一种一般是用来测试试板厚度小于 1.0mm 的圆柱弯曲试验仪（见图 17-43），若能保证轴不发生形变的情况下，它也可以用于软金属如铝板和塑料板较厚的试板。

这种仪器有 12 根不同直径的不锈钢棒：2mm、3mm、4mm、5mm、6mm、8mm、10mm、12mm、16mm、20mm、25mm、32mm。试验原理同盒式圆柱弯曲试验仪一样，也是将已有涂层的试板放在已知直径的圆轴上弯曲，并观察涂层的开裂或破坏的情况。以试板绕轴棒弯曲 180°后不引起漆膜开裂的最小轴棒直径表示。

（3）圆锥轴弯曲试验仪　该仪器（图 17-44）有一条 203mm 长的不锈钢制作的圆锥轴，圆锥轴粗端直径为 38.0mm，细端直径为 3.1mm，并配有一个刻度标尺。锥形轴水平地安装在一个底座上，有一个带拉杆的以使试板围绕锥形轴弯曲的操作杆。试验时将样板的涂漆面朝着拉杆插入，使其一个短边与轴的细端相接触，夹住试板，用拉杆均匀平稳地弯曲试板，使其在 2～3s 时间内绕轴弯曲 180°。然后对照标尺，测量从轴的细端到试板上涂层最后可见开裂处的距离来表示试验结果。

（4）T 弯折机　很多已经涂装的板材（如彩钢板）还需要进行弯折等后续加工，其表面涂层能否经受住这些后加工工艺非常重要。T 弯试验可以很好地模拟这些涂层所经受的弯折，对涂层耐弯折性做出有效的预判。尤其在卷材涂料领域，鉴于其必须满足特殊实际应用环境的要求，T 弯很好地模拟了涂料随底材进行小半径弯曲时的受破坏方式，具有较高的可操作性和应用价值，对于评价涂料的耐弯曲性能更为合理、有效。

T 弯的试验原理为把带涂层的一面朝向弯曲的外侧，以逐步减小的曲率半径（大小由间隔物或心轴决定）将涂层试板弯曲 180°折回其背面。试板弯曲后，通过放大镜检查每块样板的涂层开裂情况并通过胶带拉脱试验观察涂层的剥落情况。以 T 弯等级来表示涂层不出现开裂或剥落，即不再发生破坏的情况下试板能够被弯曲的最小直径，也可以用"通过/不通过"某个规定程度的弯折来表示。

图 17-43　圆柱轴弯曲试验仪

图 17-44　圆锥轴弯曲试验仪

T 弯分为三种：绕轴棒的 T 弯试验 Tm、绕间隔板的 T 弯试验 Tp 和绕试板自身反复折叠的 T 弯试验 Tf。操作者根据产品的实际应用场景选择不同的 T 弯方法。

T 弯折机及弯折的试板如图 17-45 所示。

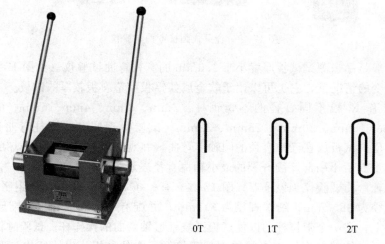

图 17-45　T 弯折机及弯折的试板

在对涂层进行柔韧性测试时，需注意以下事项：

① 柔韧性测试时，标准中均规定弯曲后立即检查样板的涂层是否出现裂纹或脱落，但需注意有时涂层会出现延迟的破坏现象，所以建议试验一段时间后（如隔天）再次对样板进行检查；

② 有时在低温下（把样板和试验棒在测试前放入冷冻箱内一段时间）进行柔韧性的测试，这样条件更加严格；

③ 底材对试验结果影响非常大，确保选择同一批材料（硬度）及用同样的处理方式；

④ 涂层厚度对测试结果影响非常大，尽量保证涂层厚度一致并记录在每次试验结果中；

⑤ 进行小直径的轴弯曲时，注意轴本身不能发生形变；

⑥ 试验时均匀弯曲（1～2s 以内以恒定的速度），切勿突然弯曲；

⑦ 测试结果需注明是用放大镜辅助评估还是裸眼评估；

⑧ 漆膜柔韧性、合页式弯曲测试评判结果时，试板需放在仪器上；

⑨ 圆锥弯曲前，最好在与试板短边平行且距短边 20mm 处，划透涂层至底材；

⑩ 圆柱轴和圆锥轴弯曲试板时，为防止金属轴损伤涂层，最好在试板和轴间放一张纸。

17.6.6 耐冲击性

涂层耐冲击性能也称涂层冲击强度，系指让自由落体的重锤冲击涂覆于底材上的涂层，使底材快速形变并形成凸形区域，以此测定在受高速载荷作用、急剧形变的条件下，涂层的柔韧性及附着于底材的能力。

测试方法一般都是以固定质量的重锤从一定的高度下落于试板上，然后逐渐增大重锤的下落高度，直至试板上的涂层发生开裂，一般是以不引起涂层破损的最大高度（cm）或高度与重锤质量的积（kg·cm）来表示。如果试板的涂层面朝上，即涂层直接被冲头撞击，这种称为正向冲击试验；如果涂层面向下，这种称为反向冲击试验。一般而言，反向冲击测试时，涂层延展比正向冲击时涂层被挤压的程度更严重。

涂层厚度、涂层机械特性及底材的表面状态均会大大影响测试结果。比较不同底材上涂层的冲击性能无任何意义。即使同一型号，大量不同的测试样板之间也可能存在非常细微的差别从而影响测试结果。另外，冲击测试前，试板必须至少放置一天进行养护，冲击后应立即检查试板，然后隔天再次检查。

常用于测试涂层的耐冲击性能的仪器有管式漆膜冲击器。漆膜冲击仪分两种：一种是冲头（包括冲头大小和质量）固定的；另一种是通过不同直径大小的冲头和不同质量的重锤组合，来达到直至引起涂层发生破坏的冲击能量。此外，根据冲击的方式还可分为间接冲击和直接冲击两种。间接冲击是指重锤落在放置在试板上的冲头，冲头再把冲击能量传递到试板；而直接冲击是重锤同冲头为一体结构并同时落下直接冲击试板。

（1）管式漆膜冲击器 这种类型的冲击均包括一个带连接导管支架的牢固的基座，导管管身带狭缝而中间通过使用一个适合重物的轴圈引导圆柱形重物落下，沿狭缝旁有标注的高度以标明重物下落时对应的读数。常用的漆膜冲击器及相关技术参数见表 17-9 和图 17-46。

表 17-9 常用的漆膜冲击器及技术参数

试验参数	标准名称			
	GB/T 1732—2020	ISO 6272-1—2002 GB/T 20624.1—2006	ISO 6272-2—2002 ASTM D 2794—1993 GB/T 20624.2—2006	JIS K 5400
仪器名称	漆膜冲击器	弹性冲击器 （大面积冲头）	重型冲击器 （小面积冲头）	杜邦冲击器
冲头直径	8mm	20.0mm	12.7mm、15.9mm	1/2in、1/4in、8/1in、 1/16in、3/16in

试验参数	标准名称			
	GB/T 1732—2020	ISO 6272-1—2002 GB/T 20624.1—2006	ISO 6272-2—2002 ASTM D 2794—1993 GB/T 20624.2—2006	JIS K 5400
重锤质量	1kg	1kg、2kg、 3kg、4kg	300g、1kg	300g、500g、 1kg
重锤最大 下落高度	50cm	120cm	120cm	50cm
冲击方式	间接冲击	直接冲击	间接冲击	间接冲击

注：1in＝0.0254m。

漆膜冲击器　　重型冲击器　　弹性冲击器

图 17-46　常见的管式漆膜冲击器

冲击试验需注意的事项：

①根据冲击仪的设计原理选择合适的冲击器：直接冲击和间接冲击，正向冲击和反向冲击（慎重使用，再现性差）；

②底材的硬度（发生形变能力）特别重要，确保底材的一致性；

③冲击部分尽量选择在试板中间（离边缘至少 20mm），且同一个试板两次冲击部分不能互相影响（相距至少 40mm）；最新 GB/T 1732—2020 规定均为 10mm；

④确保冲击凹陷正中心位置是凹陷最深位置；

⑤定期检查冲头是否有缺陷及黏附物；

⑥定期校准冲击试验仪（冲头的校准）；

⑦试验结果判断：GB/T 1732—2020，每次增加 5cm 或 5cm 的倍数，以三次试验均未观察到裂纹、皱纹及剥落等破损现象的最大高度（cm）表示；GB/T 20624.1—2006，每次增加 25cm 或 25cm 的倍数，统计三块试板，每块试板冲击 5 次共 15 次试验结果，从大部分通过到大部分未通过的作为试验终点。

（2）杯突试验仪　杯突试验（又称压陷试验）是评价涂料成膜后在标准条件下使之逐渐形变后，其抗开裂或抗与金属分离的性能。漆膜破坏时冲头压入的最小深度即为杯突指数（也称为 Erichsen 数），以 mm 表示。

杯突试验仪原理同冲击试验仪相似：用一个直径为 20mm 的冲头（钢球），以一定的速度（0.2mm/s）让冲头从涂层背面上升，使基材逐渐发生形变，直至涂层开始出现裂纹或其他破坏现象，以涂层上升的高度来评价该涂层抗开裂或抗与基材分离的性能。与冲击不同的是：冲击是瞬间形变，且力是直接作用于涂层；而杯突是逐渐形变，且力是作用于涂层的背面。

根据冲头上升的方式分为手动杯突仪，通过手柄摇动使冲头上升，另一种是自动杯突仪，冲头按设定的速度匀速上升，并且一般都配备有大屏幕的电子显微镜，可以清晰观测待测涂层发生的任何变化。自动杯突仪可以最大限度地消除人为因素对试验结果的影响，因此更具有适用性。手动型和自动型杯突试验仪见图 17-47。

图 17-47　手动型和自动型杯突试验仪

17.6.7　耐磨性

在实际使用中，涂层常受到砂石摩擦或其他介质的机械磨损，涂膜的耐磨性是指涂膜耐摩擦的能力，即涂膜硬度、附着力和内聚力综合效应的体现，也与底材种类、表面处理、漆膜干燥过程中的温度和湿度有关系。

针对涂层的不同应用场合，市场上有非常多类型的耐磨测试仪。但基本原理都一样：选择与涂层实际应用时一致（或相近）的磨耗材料，然后加载一定的负荷。设定摩擦速度和摩擦次数，然后根据以下三种方式评价该涂层耐摩擦能力的优劣：

① 磨损后涂层的质量损失；

② 加载一定负荷，达到指定的次数后观察涂层是否被损伤（通过/不通过）；

③ 加载一定的负荷，直至出现涂层破坏的次数。

无论采用哪种方式来评定涂层的耐磨性测试结果，其均与所使用的摩擦介质、摩擦速度及摩擦负载有关系。

作为一种典型的实验室模拟试验，耐磨性测试必须充分考虑涂层在实际应用中所经受的实际环境。比如建筑用的涂层，其在使用过程中会受到环境中各种污染物质的作用而影响其外观，从而必须对其进行清洗，涂层的耐湿擦洗性和可清洁性直接影响其使用效果和使用寿命，因此必须用海绵或毛刷在湿的状态下对其进行模拟测试和评价。风电涂料经常遭受风沙的吹蚀，故实验室必须采用细砂作为摩擦介质以一定的流速摩擦其涂层表面。表 17-10 列出了涂料行业常用的耐磨仪。

表 17-10　常用的耐磨测试及应用

仪器名称	磨耗介质	摩擦头负载/g	应用
建筑涂料耐洗刷仪	猪鬃刷或尼龙刷	435	内外墙涂料的耐擦洗性能
建筑涂料耐污渍试验仪	浸泡了清洗介质的医用纱布	1500	内墙涂料
漆膜磨耗仪	橡胶砂轮	500、750 和 1000	地坪涂料和各种木器涂料

仪器名称	磨耗介质	摩擦头负载/g	应用
涂层耐溶剂擦洗仪	润湿有溶剂的脱脂棉	1000	固化时发生化学反应的涂料,如环氧树脂类、醇酸树脂类、聚氨酯树脂类、卷材涂料
落砂耐磨试验仪	标准砂	无	有机涂层,建筑用铝型材、铝塑复合板表面的氟碳涂层、风电涂料、汽车涂料等
RCA 纸带磨耗仪	特殊纸	55、175、275	手机、电子产品、汽车、器械、塑料产品表面电镀、烤漆、丝印、移印等表面涂层
橡皮酒精耐磨试验仪	橡皮或润湿有酒精的棉纱布	10~500,多种负重可选	手机、电子产品、汽车、器械、塑料产品表面电镀、烤漆、丝印、移印等表面涂层
腻子打磨性测定仪	规定规格型号的水砂纸或砂布	570、620、670、770	可以打磨的腻子

下面分别介绍涂料行业应用最广泛的三种耐磨测试方法。

17.6.7.1 耐洗刷性/可清洁性测试

耐洗刷性是建筑涂料质量最重要的性能之一,也是把建筑涂料分成合格品、一等品和优等品三个等级的重要依据。它主要考查建筑涂料涂层被污染后其耐刷子擦洗摩擦的性能,因为日常生活中人们习惯用刷子蘸洗衣粉溶液去去除污渍。

实验室的模拟测试为:涂覆有涂层的样板被猪鬃刷(或按照标准规定的其他材料)以往复 37 次/min 循环的速度,450g 的加载力来回摩擦,同时摩擦过程中用 0.5% 的洗衣粉溶液以 2.4mL/min 的滴加速度滴加到试板上。试验结果以涂层刚好破损至露出底材时的刷子往复运动次数表示,也可以用刷子在涂层上往复运动至规定的次数后,涂层是否破损即"通过/不通过"来表示。

但耐洗刷测试的试验结果重现性不理想,不同实验室之间的数据(再现性)也非常差,这主要是影响耐洗刷的测试结果因素非常多,主要来自以下几方面。

① 使用的底材为无石棉纤维水泥板,板的平整度、表面特性及吸水性等均会影响涂层的成膜性能和均匀性。

② 刷子的影响。主要是猪鬃刷毛的硬度,因标准并未固定此参数,即使同一制造商提供的猪鬃刷,它们彼此之间的硬度差异也非常大。另外有研究表明,刷子在连续工作时其硬度会逐渐下降,这也是试验人员在对同一种样板进行测试时,后面的样板往往比最先开始试验的样板的耐洗刷性能要好的原因。

③ 洗刷介质的影响。标准只规定了 0.5% 的洗衣粉溶液,但不同品牌的洗衣粉溶解度不一样,如果配制洗刷介质时,洗衣粉固体颗粒并未充分溶解,溶液的细微颗粒在摩擦过程中会对涂层起加速破坏作用。

现在人们已经开始认识到耐洗刷测试的种种弊端,比如合成树脂乳液外墙涂料,其耐擦洗性能就规定在黑色聚烯烃片材上制备涂层,这样大大减少了因底材差异带来的影响。最新修订的合成树脂乳液内墙涂料标准中,也开始规定测试所用的刷子的最大承载力范围。

类似建筑涂料的耐洗刷测试,还有很多可用于其他涂层的相关测试方法,它们均是以往复 37 次/min 循环的摩擦速度对涂层进行摩擦,具体详见表 17-11。

表 17-11 不同测试标准中的摩擦介质及负载

执行标准	摩擦负载/g	摩擦介质
ASTM D 2486	454±10	尼龙刷（38mm×89mm）
ISO 11998—2006	135±1	3M Scotch Brite No. 7448（90mm×39mm）
ASTM D 3450—2000	1500（含干燥的海绵）	含纤维质的海绵
ASTM D 4213.16	470±10	聚氨酯海绵（77mm×97mm），磨擦衬垫为 3M Scotch Brite No. 7448
ASTM D 4828	1000	海绵（等同 ASTM D 4213）
DIN 53778	250	猪鬃刷（38mm×89mm）
GB/T 9266—2009	450±10	猪鬃刷（38mm×90mm）
GB/T 9780—2013	1500±10	脱脂棉纱布

17.6.7.2 旋转橡胶砂轮耐磨测试

不同于耐洗刷测试的往复式直线摩擦，旋转橡胶砂轮耐磨测试是把待测涂层的试板放在一旋转的工作平台盘上，用一对橡胶砂轮以一定重量压在试板上使其受磨耗。磨轮随工作平台盘转动面转动，产生相对运动和磨耗，而转动过程中磨轮轴相对于转盘转轴的偏移产生滑移运动，从而磨耗材料。涂层表面受砂轮全角度颗粒磨损形成一完整的圆环。试验结果以经过规定次数的摩擦循环后涂层的质量损耗来表示，或者以磨去该道涂层至下道涂层或底材所需要的循环次数来表示。旋转砂轮漆膜磨耗仪如图 17-48 所示。

17.6.7.3 耐溶剂摩擦测试

很多涂装后的产品，如铝塑复合板、电子产品等在生产或实际应用中，其表面涂层经常会受到来自汗水、油渍、印刷油墨、溶剂等的污染。因人们通常会用软布（如棉纱布）或纸巾蘸取少量酒精或其他溶剂去擦除，确保涂层在污渍擦除过程中不被溶剂破坏（有时表现为涂层光泽出现下降）非常重要。

最通用的耐溶剂摩擦测试是用浸润了酒精的纱布并加载一定的负重在涂层上来回往复摩擦，也可通过用一个包裹了用酒精润湿的纱布的砝码来完成测试，一般是经过 200 次往复摩擦，然后评定涂层是否出现光泽下降、变色或棉纱布沾色、漏底等缺陷。若用甲基乙基酮作为溶剂，则称 MEK 测试，这在国外应用非常广泛。电子产品的涂层一般采用人工汗液作为溶剂来擦拭。涂层耐溶剂擦拭仪如图 17-49 所示。

图 17-48 旋转砂轮漆膜磨耗仪

图 17-49 涂层耐溶剂擦拭仪

该测试也可用于固化时发生化学反应的涂料和铝塑复合板涂层的耐溶剂擦拭的评定。

17.7 涂层耐环境腐蚀测试及仪器

许多高分子材料在户外使用时经常会受到来自地球表面及大气层空间中的一些自然环境因素的破坏从而影响其使用寿命。涂层作为一种典型的高分子材料，在户外使用时同样会遭受包括光（主要为太阳光的紫外线），水（包括雨水、露水和空气湿度），热（温度），盐雾，酸雨等环境因素的破坏。

① 光　对涂层产生破坏的主要为太阳光中的紫外线，虽然它所占的比例不高，但它的辐射能量却很大（一般为 314～419kJ/mol），水性涂料中常用的树脂的化学键解离能约为 167～418kJ/mol，因此，紫外线足以使很多树脂的单键发生断裂，进而导致涂层发生老化降解。

② 热（温度）　温度越高，化学反应速率越快。老化现象实际是一种光化学反应，温度虽然不影响光化学反应中的光反应速率，却影响后继的化学反应速率。因此温度对材料老化的影响往往是非线性的。

③ 水（雨水、露水、空气中水分）　水会直接参与材料老化反应，而空气中的水分、露水和雨水等是自然界中水的几个主要表现形式。研究表明，户外材料每天都长时间处于潮湿状态（平均每天长达 8～12 个小时）。而露水是户外潮湿的主要原因，露水造成的危害比雨水更大，因为它附着在材料上的时间更长，形成更为严酷的潮湿侵蚀。

④ 盐雾　盐雾是指含氯化物的大气，它的主要腐蚀成分是海洋中的氯化物盐——氯化钠，它主要来源于海洋和内地盐碱地区。盐亦能同部分非金属材料发生反应。

⑤ 酸雨　酸雨可以直接腐蚀涂层，我国酸雨集中在长江以南，已经形成华中、西南、华南和华东四大酸雨区。广东省酸雨在珠江三角洲和粤北地区表现最为严重，酸雨频率高达 70% 以上。

⑥ 其他　包括霉菌和生物现象、空气污染带来的沉积物等。

上述因素中的任意一种都会引起材料老化或对材料造成破坏，它们的共同作用大于其中任一因素造成的危害。

为了正确地评估其在户外的使用寿命，利用各种特定的试验设备模拟涂层在外界实际应用时经受的各种自然气候条件或破坏因素，在实验室进行研究已成为一种广泛使用且行之有效的手段。

17.7.1 耐液体性测试

涂料具有很好的基材保护作用，人们将各种不同的涂料涂装在各种设备和物件的表面，使得各种设备和物件的材料能够在一定程度上免受各类介质，如水、酸、碱、油或各种温度和压力等的腐蚀与破坏，从而保护各种设备和物件的外观，延长它们的使用寿命。因此，对于不同材料不同的耐介质要求，人们开发出了相对应的具有独特耐介质性的涂料。

目前常用于耐液体性的测试方法有三种：连续浸泡法（浸入法）、点滴法和利用吸收介质法。

当使用可能对基材产生不利影响的溶液或液体试剂时，涂层必须完整、连续，没有任何缺陷，特别是需要保护样板的背面和边缘。如果无法确保这一点，那么可能会导致液体从这些缺陷和薄弱点开始侵蚀基材，并在涂层下面产生气体，最后使涂层脱离基材。这时虽然试验人员观察到了涂层的破坏情况，但这并不能反应涂层的实际耐受液体的性能，特别是在单层涂膜的情况下。虽然完整涂料体系的整体或部分浸泡试验十分简单和具有一定的合理性，但是最好通过点滴法，将侵蚀性试剂滴在不完整的体系上进行试验。与浸没试验相比，该试验具有明显的优势，因为可以在一个测试板上测试各个独立的区域，并且，对各个点滴区的测试结果进行比较，从而更清楚地揭示因待测涂膜的孔隙或不连续性而产生的影响。

17.7.1.1 连续浸泡法（浸入法）

连续浸泡法是指把单一涂层或复合涂层浸入测试液中使其暴露于测试液，经过一定的时间后根据商定的标准评定暴露的涂层出现的破坏现象，该方法可以判断测试液对涂层的影响或对底材的破坏程度。

被浸入的液体介质，分为三种。

（1）水　在适宜尺寸且配有盖子和恒温加热系统的水槽中加入足够量的符合 ISO 3696—1995 要求的三级水（根据涂层的最终用途也可使用其他等级的水，如天然海水或人工海水）。将待测的试板搁置在水槽的支架上（非传导性材料，且能使试板与垂直方向保持 15°～20°角）并确保试板四分之三浸泡于水中。试板的试验面向上并平行于水流方向且各试板间、试板与水槽底部、试板与水槽壁均至少间隔 30mm。

按照商定，确定是否开启水槽内水的循环和通气系统。除另有规定，调节水温为（40±1）℃，并在整个试验过程中保持这个温度。另外，整个试验过程中需机械式或手动定期更换试板的位置。

如规定在试验周期内要进行中途检查，应在适当的时候将试板从槽中取出，用吸水纸吸干水迹。干燥 1min，按 EN ISO 4628-2—2016 中规定检查试板起泡现象，及其他破坏现象，然后立即放回槽中。

在规定的周期结束时，将试板从槽中取出，用吸水纸吸干水迹。干燥 1min，按 EN ISO 4628-2—2016 中规定检查每块试板的表面起泡现象，及涂层其他破坏现象。在这个阶段也可评定附着力的变化情况。然后将试板置于室温 24h 后，再次检查试板表面附着力降低、生锈、变色、变脆等其他要求检查的性能。如规定要检查暴露出来的金属腐蚀现象，则应用非腐蚀性脱漆剂仔细地在试板表面上脱去一条 150mm×50mm 漆膜后检查。

（2）单相液体（水除外）　往合适的槽中倒入足量的液体至能浸泡试板或试棒所需的深度。将待测涂层试样几近垂直竖立或悬挂于槽中，使其一半浸入试液（经商定浸入深度也可超过一半）。如果有多个试样同时浸入同一槽中，确保互相间隔至少 5mm，如果是高导电性测试液，则互相间隔至少 30mm。

为减少由液体的蒸发或溅洒而引起的损失，在试验期间槽上加盖。如有规定，在适当的时间补加测试液体或符合 ISO 3696—1995 要求的三级蒸馏水，补偿液体损失，保持原体积或浓度。

若试验需在较高温度下进行，则在浸泡试件之前，槽和测试液应在烘箱中加热至指定温度，同时试验温度应保持在指定温度±3℃范围内，并且只有浸泡试件时才能从烘箱中短时间取出槽。

达到规定测试周期后，用干布擦拭试板，用流水彻底冲洗残留的已干水状测试液或用对涂层无损害的溶剂彻底清洗其他残留测试液。立即在与测试液直接接触的区域评定试件的起泡或任何可见变化的等级。除另有规定，还需继续将试件置于干燥条件下 24h 后重新评定暴露区域。对一些特殊的要求，另还需在试件的暴露和未暴露区域进一步试验（如划格试验、硬度试验）。若需检查底材的可见变化，则用规定的方法去除涂层。

（3）两相液体（不包含水）　进行该试验时，把涂层试件几近垂直立于或悬挂于测试槽或容器中，试板水平宽度应与槽壁保持 100mm。小心地将密度大的测试液沿槽壁倒入，约至试件（板或棒）40％处，确保试件以上部位不被弄湿。以同样的方法加入第二种液体，至试件的 80％处。盖上槽盖，不要搅动，放置。

如要求中途检查，则在适当的时候，从试液中取出试件，擦去表面试液，检查试件后再次将其浸入试液。值得注意的是上层液体可能污染试件的下面部分或下面的液体，为了中途检查需使用新的试液。

试验结束后的结果判断及评定同单相液体。

用连续浸泡法进行试验时，需注意：

① 试板两面最好都进行施涂，边缘应进行保护；

② 试验过程中液体介质温度的控制非常重要，温度需稳定在规定温度的±3℃的范围内；

③ 注意有些测试需要使用动态水，此时需在有水循环和通气系统的容器进行；

④ 需要评估附着力损失的，应在试验结束后立即进行测试，因为涂层干燥后附着力通常会恢复。

17.7.1.2 点滴法

点滴法是指将少量测试液滴加到涂层表面，达到一定的时间后依据相应的标准来评定被测试液浸润处的涂层的破坏。该方法可用于研究某种试剂对涂层的局部作用，评估测试区域涂层的变化，发现涂层光泽下降、附着力变化、沾污和起泡，检查受试涂层区域的腐蚀情况。典型的试剂有鞋油、口红、咖啡、茶、油脂、芥末等。根据试验时试板的放置方式分为两种。

(1) 方法 A（水平放置试板）　将试板水平放置，如果是液体测试液，用移液管滴加测试液在试板上，液滴不能互相接触，并且至少离试板边缘 12mm，立即用培养皿盖住试验部位。如果是高黏度的黏稠状测试液，滴加到试板上每滴约 0.5cm^3，用培养皿盖住试验部位。

(2) 方法 B（倾斜放置试板）　将试板以与水平呈 30°角放置在收集容器中，用滴定管以 1s 或 2s 的间隔，在试板的靠近中心的上部位置滴加液体测试液，持续 10min。测试液会沿着试板流进收集容器中。

达到规定测试周期后，用干棉布擦拭试板。如果是水状测试液就用水彻底冲洗，如果非水测试液就用对涂层无损害的溶剂彻底清洗。立即检查与评定与测试液直接接触的区域。按相关标准要求与试板未暴露区域比较，评定试板的起泡等级或其他任何可见变化的等级，若无特殊规定，还需把试板放置 24h 后重新评定暴露区域。对一些特殊的要求，另还需在试件的暴露和未暴露区域进一步试验（如划格试验、硬度试验）。若需检查底材的可见变化，则用规定的方法去除涂层后检查暴露于液体的部分涂层下的腐蚀扩散情况。

注意的事项：

① 可使用一圈石蜡来保护测试液体，并用表面皿盖住，以防止在暴露期间蒸发。

② 应至少在待测涂层表面设置 6 个不同的试验点，在得出任何结论之前，应对每个点进行仔细检查。单一点的失效有可能是由涂层的不连续造成的，如果多个点都显示有问题，那么该测试结果是可信的。

③ 需要评估附着力损失的，应在试验结束后立即进行测试，因为涂层干燥后附着力通常会恢复。

17.7.1.3 吸收介质法

吸收介质法是用可充分吸收液体的材料（如滤纸或棉球）充分吸收某液体后，把该材料直接放置在试板的涂层表面，经过一定的时间后检查被吸收介质覆盖的涂层表面的破坏情况。该方法可以评定单一涂层或复合涂层耐受液体或黏稠状液体的性能，同时可确定试验物质对涂层表面的影响或对底材的破坏程度。

试验时，将试板水平放置。把滤纸（或棉球）放在测试液中彻底浸湿，取出后除去多余的液体，放在试板上，相互不接触，两滤纸（或棉球）间距离以及各滤纸（或棉球）与试板边缘距离不得小于 10mm。立即在试验区域盖上表面皿或培养皿。当使用黏稠状的测试液时，取约 $0.5cm^3$ 涂在试板上，将吸收介质置于其中，用培养皿盖住试验区域。

试验结束后的结果判断及评定同方法 B。

需注意的事项：

① 试验期间，准备好的测试板应保持不受干扰且无气流；

② 使用挥发性液体测试时，测试期间需要经常用更饱和的吸收介质替换旧的介质；

③ 需要评估附着力损失的，应在试验结束后立即进行测试，因为涂层干燥后附着力通常会恢复。

17.7.2　耐温度和耐湿度测试

涂层在实际应用中经常会处于不同的温度中，如在寒冷地区遭遇低温或某些特殊部件（如汽车排烟筒）等，涂层是一种高分子材料，一般对温度比较敏感，极端的温度有可能会对某些结构的高分子材料产生显著的破坏，从而导致涂层失去保护基材的功效。

另外，涂层处在潮湿的空气中或直接与水分接触，随着涂层的膨胀与透水，会发生起泡、变色、脱落、附着力下降等各种破坏现象，直接影响产品的使用寿命。

因此，考查涂层在不同温度下或者在温度与湿度的共同作用下的耐性是评估涂料性能最基本也是最典型的测试方法之一。

17.7.2.1　耐温度测试

耐温度测试一般用于测定色漆、清漆或相关产品的单一涂层或复合涂层体系在规定的温度下涂层颜色、光泽的变化，起泡、开裂或从底材上剥离的性能，它有时也可用于检测液态涂料在给定温度下并经过一定的时间后性能不发生变化的耐性，比如乳胶漆的耐冻融试验，即把液态的乳胶漆装入样品罐中放置在 -5℃ 的冷冻箱 18h 后立即放入 23℃±2℃ 的环境下 6h，此为一个冻融循环，经过规定的冻融循环次数后观察样品是否出现凝聚、结块或黏度发生变化并影响原有性能。

耐热测试也称耐高温测试，一般在电热鼓风干燥箱（强制对流）内进行，把待测样品放入已调节到规定温度的干燥箱内（试板距离烘箱每一侧面的距离不少于 10cm，试板间隔不小于 2cm）或高温炉（放置在工作室的中间部位）中，也可采用细铁丝将样板悬挂在箱内。达到所要求的试验时间后取出样品，冷却到 23℃，与未经加热的试板进行比较，查看涂层的颜色是否有变化或发生了其他的破坏现象。

低温测试同耐热测试方法一样，只是试验在低温（冷冻）箱内进行。

部分产品要求在不同温度下交替测试，如外墙涂料的涂层耐温变测试：要求涂层样板先在 (23±2)℃ 水中浸泡 18h，然后立即放入 (-20±2)℃ 的低温箱中冷冻 3h，再放入 (50±2)℃ 的烘箱中热烘 3h，此为一个循环。经过若干次循环后评估试板上涂层是否出现粉化、开裂、起泡、剥落或明显变色等涂膜病态现象。

17.7.2.2　高低温交变试验

涂层若使用的环境频繁发生较大的温度变化（如昼夜温差大的地区），则需对其进行高低温交变测试，即把待测样品的涂层放入一个可以编程的高低温交变试验箱内，通过设置不同工作片段的温度及试验时间并设置循环在这些片段中自动切换。

值得注意的是：在高低温交变试验箱完成的不同温度状态下的测试，温度的变化是一个逐渐发生的过程（升温速率或降温速率依据所选择的设备）。如果直接把样板从一个温度状态（如低温）转入另一个温度状态（高温），则称为冷热冲击试验，这种测试方法条件更为苛刻。

17.7.2.3　耐湿热测试（温度+湿度）

涂层在高温高湿的应用环境下，如在热带雨林地区或涂装的物品被集装箱运输时，常出现返黏、起泡、变色等病态现象，在实验室模拟涂层在高温高湿下的应用场景试验称为耐湿热试验，这是一种简单但很基本的测试，可以考察涂层在高温高湿的使用环境下的耐性。

涂料行业常用的恒温恒湿试验是在温度为（47±1）℃、湿度为（96±2）%下的试验。将在标准状态条件下养护后的试板垂直悬挂于设定了规定温度和湿度的试验箱的搁板上，注意试板的涂层面不能互相接触，当试验箱的温度和湿度达到设定值开始计算试验时间，注意试验过程中必须防止试板表面出现凝露。连续48h试验后检查一次样板（在光线充足或灯光直射下与标准板比较），2次检查后再每隔72h检查一次直至试验结束，每次检查后试板均应变换位置。

也有部分产品，需要使用交替变化的温度湿度进行测试，以考查涂层在经历不同环境下的耐湿热性。相比单一的温湿度点测试，这种交变的温湿度测试更为严厉。该测试一般选用带交变的湿热箱（高低温交变湿热试验箱）进行，通过编程来设定涂层所需经历的温湿度条件及每一个条件所运行的时间，程序启动后仪器将自动在这些温湿度点下交替运行直至达到总的试验时间。

比如轨道交通车辆用涂料的一个典型高低温交变湿热试验：先把待测试板在温度（80±2）℃、相对湿度（95±5）%下保持4h，然后以1℃/min的变温速率降温至（−40±2）℃，在（−40±2）℃下保持4h，再以1℃/min的变温速率升温至（80±2）℃，相对湿度（95±5）%不变，以上为一个周期。10个周期试验后取出样板，在散射日光下目视观察，以3块试板中至少有2块不起泡、不锈蚀、不开裂、不脱落为通过，同时还需把试验结束后的样板在标准状态下调节16h后，按GB/T 31586.2—2015规定进行划叉试验来判断涂层附着力丧失情况。

17.7.2.4　冷凝试验

冷凝试验被认为是对湿度最严苛的一种模拟试验，它通过持续在待测材料表面产生凝露的水滴，让材料长时间处于潮湿的状态（相当于材料始终处在100%相对湿度的环境中），来评估湿度对该材料的腐蚀。冷凝试验主要分为两种：单侧暴露的连续冷凝试验和带加热水槽（浸入式）的循环冷凝试验。

（1）单侧暴露的连续冷凝试验　该试验通过设备内的加热水槽持续产生热的水蒸气，试板待测试的一面朝向水蒸气，背面直接裸露在实验室的环境中，通过试板两面的温差在待测样品表面产生连续的冷凝水来模拟雨水和露水对涂层的破坏。连续冷凝试验用于评定涂层、涂料体系及其同类产品在连续冷凝的高湿度环境中的耐湿性能。该测试方法规定了一种在严酷暴露条件下可能发生于涂层表面的连续冷凝性能试验，它适应的涂层体系包括多孔底材（如木材、石膏和纸面石膏板）和非多孔性底材（如金属）等，可以揭示涂层破坏（包括气泡、沾污、软化、起皱和脆化）以及底材破坏的现象。

（2）带加热水槽的循环冷凝试验　该试验用于冷凝的水蒸气来自试验设备底部设计的一个加热水槽，试板放置在设备的顶部，通过持续加热水槽中的水在试板表面产生凝露水。

试验规定了三个循环程序CH（恒定湿度下的冷凝环境）、AHT（空气温度和湿度交替变化时的冷凝环境）、AT（空气温度交替变化时的冷凝环境）来模拟不同潮湿环境，可以对所处不同环境下涂层的腐蚀程度和缺陷类型有更好的补充和说明。三种循环程序具体试验条件如表17-12所示。两种冷凝试验箱如图17-50所示。

表 17-12　三种循环程序具体试验条件

试验环境		循环时间		工作箱体内达到平衡时的条件	
类型	代号	试验周期	总计	空气温度/℃	相对湿度
恒定湿度下的冷凝环境	CH	从开始加热至暴露结束		40±3	相对湿度大约为100%,在试样表面凝露
交替冷凝环境	交替变化的湿度和温度 AHT	8h 加热	24h	40±3	相对湿度大约为100%,在试样表面凝露
		16h 冷却(箱体打开或通风)		18～28	与周围环境接近
	交替变化的空气温度 AT	8h 加热	24h	40±3	相对湿度大约为100%,在试样表面凝露
		16h 冷却(箱体关闭)		18～28	相对湿度大约为100%(接近饱和)

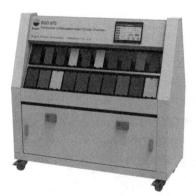
单侧暴露的连续冷凝试验箱

带加热水槽的循环冷凝试验箱

图 17-50　两种冷凝试验箱

17.7.3　盐雾腐蚀试验

盐雾试验是目前用于检验工业涂料涂层耐腐蚀性能的最广泛的一种方法,也被认为是评定与海洋气氛有密切关系材料的有关性质的最有效方法,因为它可以模拟盐雾、湿度和温度,或者由三者共同引起的某些加速作用的基本条件。许多特种涂料(钢结构防腐蚀涂料、船舶涂料、汽车涂料和一些重工业用涂料)在制定相应的标准时都明确规定了必须通过多少小时的耐盐雾测试。

17.7.3.1　盐雾腐蚀试验特点及分类

盐雾腐蚀试验的发展历史要追溯到 1914 年,JA CAPP 先生首次提出使用中性盐雾腐蚀试验来评价金属的防护涂料耐蚀性能。而 1939 年出版的 ASTM B 117 是第一个国际公认的盐雾标准。虽然已经过去很多年,但盐雾腐蚀试验目前仍然是最流行也是历史最悠久的一种考察户外材料在近海地区的耐盐雾腐蚀性能的测试方法。

盐雾腐蚀试验优点:

① 可作为快速评价有机和无机覆盖层的不连续性、孔隙及破损的试验方法;

② 测试简单,费用低,试验条件易控制;

③ 试验结果重现性好。

盐雾腐蚀试验缺点:

① 与样品在户外实际暴露时经受的环境模拟性差;

② 通常产生与实际腐蚀不相符的腐蚀现象;

③ 系列产品与户外实际暴露排序性差（相关性差）。

实验室常见的盐雾腐蚀试验主要有以下四种：

（1）中性盐雾试验（NSS） 是出现最早、应用领域最广的一种加速腐蚀试验方法。它采用5％的氯化钠盐水溶液，溶液 pH 在中性范围（6.5～7.2），作为喷雾用的溶液。试验温度均取35℃，要求盐雾的沉降率为1～2mL/（80cm^2·h）。

（2）乙酸盐雾试验（AASS） 是在中性盐雾试验的基础上发展起来的。在5％氯化钠溶液中加入一些冰醋酸，将溶液的 pH 调节为3.1～3.3，溶液变成酸性，最后形成的盐雾也由中性变成酸性。对金属基材，它的腐蚀速度要比 NSS 试验稍快。

（3）铜加速乙酸盐雾试验（CASS） 是国外新近发展起来的一种快速盐雾腐蚀试验，试验温度为50℃，在中性盐雾的喷雾液中加入氯化铜（$CuCl_2 \cdot 2H_2O$），其浓度为0.25g/L±0.02g/L，能够强烈诱发腐蚀。它的腐蚀速度比 AASS 稍快。

（4）复合盐雾试验 把中性盐雾和其他人工加速老化试验组合，在不同的试验条件下循环进行，模拟户外涂料实际的使用情况（从温度变化到湿度变化，从光照到黑暗，或者是在酸性环境、碱性环境、海边环境等苛刻环境）。

盐雾腐蚀试验结果的评定一般有以下四种方式：

① 按 GB/T 1766—2008 中规定的腐蚀程度等级来判断评级；

② 按试验后样品损失质量评定（CR-4 板校准）；

③ 定性判断一定时间盐雾后是否出现某种腐蚀现象；

④ 与已知耐盐雾腐蚀性能的标准板比较（实证试验）。

17.7.3.2 涂料行业主要的盐雾腐蚀试验标准及参数

目前涂料行业比较常用的盐雾测试标准有以下几个：

GB/T 1771—2007《色漆和清漆 耐中性盐雾性能的测定》；

ISO 7253—2002 *Paints and varnishes—Determination of resistance to neutral salt spray（fog）*；

ASTM B 117—2009 *Standard Practice for Operating Salt Spray（Fog）Apparatus*；

而通用性标准 GB/T 10125—2012《人造气氛腐蚀试验 盐雾试验》（等同 ISO 9227—2006）也经常被涂料行业或下游客户采用。

不同的中性盐雾测试标准与参数要求如表17-13所示。

表 17-13 不同的中性盐雾测试标准与参数要求

细 则	标准	
	GB/T 1771—2007 ISO 7253—2002	ASTM B 117—2009
盐雾箱设备要求	容积不小于0.4m^3，至少两个收集器	容积不限，但至少两个收集器
试板	150mm×100mm×1.0mm	127mm×76mm×0.8mm 冷轧碳钢
试板放置角度	20°±5°	15°～30°
喷雾盐溶液(收集液)	氯化钠质量浓度为(50±10)g/L， pH 为6.5～7.2	(5±1)％，pH 为6.5～7.2
盐雾收集速率(80cm^2)	(1.0～2.5)mL/h，24h	(1.0～2.0)mL/h，16h
工作室温度	(35±2)℃	(35±2)℃

盐雾试验的时间一般都比较长，为了保证整个试验过程中其参数均能运行稳定且满足标准规定，参数设置非常重要，表17-14列出了推荐的最通用的参数设置。

表 17-14　中性盐雾试验推荐的参数设置

试验参数	标准要求	推荐值	备注
NaCl 溶液溶度（收集溶液）/(g/L)	50±10	50	每次配制溶液时需初步标定,收集喷雾液后再次测量
pH(收集溶液)	6.5～7.2	7.0	每次收集后立即测定 pH
压缩空气压力/kPa	70～170	84	连续不得中断
平均沉降率/[mL/(80cm² · h)]	1.0～2.5	1.5	两个收集器,至少收集 24h,按小时平均
饱和塔水温度/℃	45～52	46	参照标准给定的表,根据压力值测定
工作室温度/℃	35±2	35	每天至少监测两次

注：雾化喷嘴可能存在一个临界压力,在此压力下的盐雾腐蚀性可能发生异常。若不能确定喷嘴的临界压力,则通过安装压力调节阀,将空气压力波动度控制在±0.7kPa 范围,以减少喷嘴在临界压力下工作的可能性。

17.7.3.3　盐雾腐蚀试验设备

普通的盐雾腐蚀试验设备也称盐雾箱,主要由箱体（喷雾室）、盐溶液贮槽、空气压缩系统、一个或多个含雾化喷嘴的喷雾塔、样板支架（满足与垂线的夹角是 20°±5°的支撑板）、空气饱和器、箱体浸没式加热设备及必要的温度、湿度控制设备等组成。当盐溶液自溶液贮槽内导出流经液位控制器进入喷雾塔底部时,在一定压力的气流（压差）作用下,自由吸式喷嘴吸入并雾化形成密集的盐雾,经喷雾塔上部的折流板导向喷出后均匀地沉降在喷雾室内的试验样板上。盐雾试验箱工作原理如图 17-51 所示。

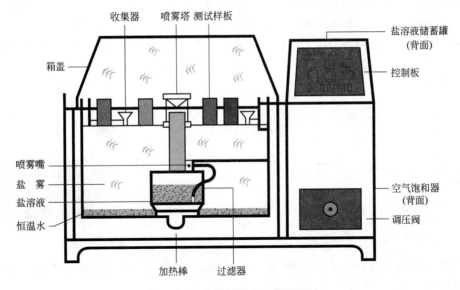

图 17-51　盐雾试验箱工作原理图

仪器的结构应能保证积聚在箱盖上的滴液不会滴在试验样板上。试验样板上的滴液也不会滴落到溶液贮槽内重新雾化。

盐雾箱喷雾的均匀性非常重要,它是影响测试结果的最重要因素之一,其关键部件——喷雾系统主要由空气压缩机来控制,所产生的压力空气经空气饱和器达到饱和状态后,通过调节喷嘴和喷雾塔相关参数,达到符合试验要求的沉降量。

盐雾箱除了能完成最通用的中性盐雾试验外,它也可以执行醋酸-盐雾试验和铜加速的醋酸-盐雾试验（CASS 试验）,只需按标准要求在盐溶液中加入醋酸或氯化铜与醋酸,并改变相应的试验条件即可。但必须注意,某些材料制成的盐雾箱,如果不耐 50℃的高温,则不能操作 CASS 试验。

17.7.3.4　腐蚀划痕的制备

腐蚀试验前对涂层进行人工划痕，用来模拟涂层在实际应用中遭到某些特定类型的破坏后发生的腐蚀现象。与未划痕的腐蚀试验相比，它能更快地产生腐蚀现象，可用来进行人工加速腐蚀试验。

划痕试验一般适用于钢、化学处理的钢、铝或铝合金、化学处理的铝等金属基材上的涂层，不适用于镀锌金属板、电镀金属板或包铝的试板。

制造划痕时也要特别小心，必须严格按照 GB/T 30786—2014《色漆和清漆　腐蚀试验用金属板涂层划痕标记导则》制备划痕。其中露出底材的宽度需大于 0.2mm，涂层被划破的宽度需大于露出底材的宽度（见图 17-52，$a>b>c$），因为划痕的方向、形状、深度和均匀性对试验结果都有比较大的影响。另外，划痕还需保证：

① 划痕的长度应显著大于腐蚀试验后预期的延长宽度（50~70mm）；

② 沿着划痕整个长度方向上的划痕横截面应尽可能均一；

③ 划痕必须保证穿透涂层至金属基材；

④ 选用专用的划痕工具（图 17-53）。

此外，还需注意：

① 划痕的方向对腐蚀的结果有很大的影响，如在盐雾试验中，在与垂直方向呈较小夹角放置的样板上，水平的划痕将积聚更多的盐溶液，且划痕上的盐溶液分布比较均匀；而对角或垂直的划痕，易产生梯度分布，沿划痕向下的溶液逐渐增加，盐溶液的增加会导致腐蚀速率加快，但是在涂漆钢板上，高浓度的盐溶液可能会抑制腐蚀，因为它形成的腐蚀产物非常密集。

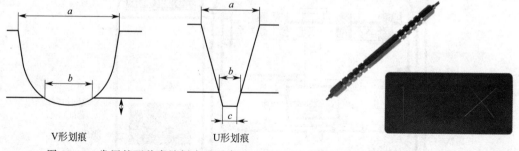

图 17-52　常用的两种腐蚀划痕及要求　　　　　图 17-53　专用的腐蚀划痕器及制造的划痕

② 划痕的宽度对腐蚀结果也有影响，划痕越窄，暴露的金属表面由于聚积少量的腐蚀产物溶液而钝化的趋势也就越强。

17.7.3.5　**影响盐雾腐蚀试验结果的因素**

影响盐雾腐蚀试验结果的因素有很多方面，主要分为试验设备因素和人为因素。试验设备的影响主要包括喷雾溶液在工作室的均匀性、工作室温度的均匀性、喷雾效果、试板的暴露角度等。人为因素包括喷雾盐溶液的配制、试验箱的开启间隔时间及持续时间、样板划痕的制备（如有）等。

（1）喷雾溶液的均匀性　喷雾溶液经喷嘴雾化喷出后，除了要保证在 $80cm^2$ 的面积上平均每小时能收集到 1.0~2.5mL 的量，还需要确保喷雾液能均匀地洒降在工作室的每一个区域，因为这样才能保证暴露在盐雾试验箱里面的所有试板都能受到同样的腐蚀液腐蚀，这也是保证试验结果可比性最重要的因素之一。但这一点比较难控制，质量不同的盐雾试验箱差别也主要体现在此。

（2）工作室温度　一般情况下，温度越高，腐蚀速率越快，但盐雾腐蚀试验时，其腐蚀速率在 35℃ 以下时，随温度升高而加快；但超过 35℃ 后，其腐蚀速率又随温度升高而下降，其原因是腐蚀速率也同时受盐溶液的含氧量影响，温度越高，含氧量越低从而造成腐蚀速率下降。

（3）喷雾盐溶液的配制　主要是溶液的 pH。pH 越低，溶液中氢离子浓度越高，酸性越强，腐蚀性也越强。因为试验时是通过测量收集液的 pH 来控制盐溶液的 pH 在 6.5 ～ 7.2 之间，而盐溶液在喷雾过程中会丧失一部分溶解在里面的 CO_2 而造成 pH 上升，所以最好用煮沸过的蒸馏水配制盐溶液（也可配好溶液后加热到 35℃），或把其初始 pH 调节到 6.5 以下。

（4）试板的暴露角度　盐雾在试验箱内以近乎垂直的角度沉降到样品的表面，而样品放置角度（样品与垂直面的夹角）决定样板表面接收的沉降盐雾量。角度越小，水平面上的投影面积越小，接收的沉降盐雾量越少，腐蚀越慢。

（5）喷雾溶液的雾化　设备对喷雾的盐溶液雾化越均匀，则雾化颗粒就越小，喷雾液的总表面积就越小以致吸附的氧含量也就越多，从而腐蚀性越强。

另外，盐雾试验时，为尽可能得到一个重现性和可比性高的试验结果，操作者还有诸多问题需要注意。

① 应确保盐雾能自由沉降在受试面上，不能直接喷射，试件不能相互接触、互相滴液，也不能与箱体接触；当有不同形状的工件试验时，暴露方法由有关方面商定，且其他试板不能与之同时进行试验；

② 应快速检查试板，在任一 24h 内盐雾箱停止时间不得超过 30min，不允许试板变干；

③ 确保压缩空气无水汽、油滴、杂质等；

④ 需定期对盐雾试验箱进行校准，用 $150mm \times 75mm \times (1\pm0.2)mm$ 的 CR-4 级钢板，暴露 96h，然后计算质量损失，需为 (130 ± 20) g/m^2；

⑤ 为尽量提高试验结果的重现性和可比性，建议对同一试样增加平行样板数量，并缩短检测间隔时间；

⑥ 要经常检查盐雾箱的喷嘴喷雾情况，及时清理结晶，防止堵塞；

⑦ 盐雾箱应单独放置运行，禁止与其他试验仪器放置在同一房间。

17.7.4　光老化测试

涂料、塑料等高分子材料在受户外太阳光照射时，会发生一系列以光化学反应为主的化学反应。根据光化学反应第一、第二定律，发生光化学反应的物质首先要吸收太阳光，即物质的分子或原子吸收光能，使分子或原子处于高能状态；其次，一个分子或原子吸收的能量必须大于其键能，这样才能使物质发生降解，即老化。而涂料、塑料等高分子材料往往含有在聚合过程中残留的微量杂质（催化剂残留物或氧化产物），另外聚合物本身还含有的一些不规整结构等自身化学结构的薄弱点，当这些高分子材料受太阳光照射后，材料的老化薄弱点首先被攻破，并单独或同时出现原子或分子键的切断、交联、链的移动、断裂及侧链的变化等现象。本质而言，光老化就是高分子材料的完全解聚反应，高分子的末端从原子间键弱的部分断裂，从而在其表面出现粉化、变色、裂纹、脱落等现象。

光老化测试也称人工加速老化测试，是目前评估户外材料耐候性能最重要的方法之一。它采用固定的光源照射待测材料，同时辅以热和水，来模拟材料在户外经受的环境破坏。

按测试所使用的光源不同，可大致分为荧光紫外加速老化和氙灯加速老化。荧光紫外灯的光谱分布只能模拟太阳光中的紫外线部分，故样板曝晒后的结果与户外的实际使用情况很难有一致性。而氙灯的光谱是模拟整个太阳光的光谱分布，故用氙灯作为光源来评估高分子材料在户外的实际使用寿命具有更高的可行性。

大多数情况下，选择哪种加速老化主要取决于用户的测试需要，这两种方法也许都非常有效，但用户需要根据被测材料的特性、实际的应用条件、老化模式（出现的老化破坏现象）来选择合适的测试方式。

目前，大部分材料都有对应的耐候性测试标准，这些标准都是行业内已经被证实能用来有效评价材料在户外耐久性的方法。

荧光紫外（UV）加速老化的典型特点为：

① 试验时间短，其独有的冷凝系统（100% RH）可有效地模拟户外潮湿的侵蚀；

② 同等样品量，运行成本相对氙灯老化低；

③ 光谱稳定，试验结果的再现性和重现性好。

氙灯加速老化的典型特点为：

① 可模拟全光谱的太阳光，包括紫外线、可见光以及红外线，尤其适用于染料、颜料、纺织品、油墨以及户外材料测试，试验结果与材料在户外实际应用的相关性好；

② 喷淋的真实性不如荧光紫外灯的冷凝循环；

③ 运行成本高。

17.7.4.1 荧光紫外加速老化

荧光紫外老化试验箱以荧光紫外线灯（电学原理与普通照明用灯相似，但它主要发射紫外光而非可见光或红外线）作光源，并适当控制温度、湿度使在样品上周期性地产生凝露，来全面获得阳光、潮湿及温度对高分子材料的破坏影响（材料老化包括褪色、失光、强度降低、开裂、剥落、粉化和氧化等）。

紫外灯的荧光紫外线等可以再现阳光的影响，冷凝和水喷淋系统可以再现雨水和露水的影响。整个测试循环中，辐照能量和温度都是可控的。典型的测试循环通常是高温下的紫外线照射和相对湿度在 100% 的黑暗潮湿冷凝周期；典型应用于油漆涂料、汽车工业、塑胶制品、木制品、胶水等。

典型的荧光紫外加速老化试验也称 QUV 测试，它采用 8 支功率为 40W 的 UVB-313 灯（波长 313nm）或 UVA-340 灯（波长 340nm），通过闭合控制系统自动控制辐射到待测样品的辐射能量并保证整个试验过程均为稳定值。另设计有喷淋系统和独特的冷凝系统，来模拟雨水或露水对材料的腐蚀影响。

（1）阳光模拟　不同的应用条件需要不同的光谱，进而需要不同类型的灯管。UVA-340 灯管对太阳光的紫外短波段模拟效果好，其光谱能量分布（SPD）在太阳光的截止点到大约 360nm 范围内与太阳光谱吻合得非常好。比如木器涂料的耐黄变测试就是采用 UVA 灯管。

而 UVB-313 灯应用更为广泛，它比 UVA 型灯管引起更快的材料老化，但操作者需注意它在太阳光截止点更短的波长处可能会对许多材料产生偏离实际的影响。UVA-340 灯管在已有灯管中对太阳光紫外短波段的模拟效果是最佳的。UVB-313 灯管可利用紫外线的短波段达到最快加速老化的目的，对特别经久耐用材料的检定或质量控制非常有用。

另外，无论何种荧光紫外灯，因其固有的光谱稳定性，发光控制系统相对简单。虽然随着灯管的老化，所有光源的输出都会发生衰减，但不像大多数其他类型的灯管，紫外灯的光谱不会随时间变化，这也提高了测试结果的重复性。

（2）辐照度控制　辐照度（光强度）是光老化试验中对试验样品老化结果影响最大的参数，为了获得可靠且可重复的测试结果，控制辐照度（光强度）很有必要。目前，市面上大多数的荧光紫外老化试验箱都装备有太阳眼辐照控制系统，这种精确的光控系统为操作者控制样板所获得的辐照度提供了方便。利用太阳眼的反馈循环系统，可以连续、自动地控制且精确地保持辐照度，太阳眼靠调整灯的功率来自动补偿因灯管老化和其他因素造成的光强变化。在仅仅几天或几周内，能模拟在室外几个月甚至几年所造成的损害。

（3）潮湿模拟　荧光紫外老化试验箱的工作室底部有一个水槽，被用来加热产生水蒸气，在较高的温度下，热蒸汽使测试室内保持100%的相对湿度。在试验箱中，被测试样品紧密排列形成工作室的内壁，待测试的一面朝向紫外线灯管，另一面暴露在仪器的使用环境中。环境中相对较冷的空气使得测试样品的表面比测试室内热蒸汽的温度低好几度，这一温度差产生冷凝循环现象，样品表面液态形式的水慢慢地凝结，如图17-54所示。所形成的冷凝物是非常稳定、纯度很高的蒸馏水，这种高纯的蒸馏水增加了测试结果的可重复性，也简化了试验箱的安装和操作。

因为大部分材料在室外经受潮湿侵蚀的时间很长，所以荧光紫外老化试验箱若要达到相同的效果，它的冷凝循环过程至少需要4h。另外，冷凝过程是在较高温度（一般为50℃）下进行的，这也大大加速了潮湿侵蚀。实际应用表明：用荧光紫外老化试验箱的长时间的热凝结循环过程来模拟户外的潮湿侵蚀比其他一些方法，如溅水、浸水或高湿度都更有效。

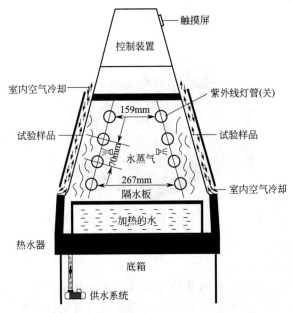

图17-54　荧光紫外老化试验箱工作原理图

除了标准的冷凝功能，荧光紫外老化试验箱还可用水喷淋来模拟雨水影响，比如热冲击或机械侵蚀，以此来产生潮湿循环并伴随紫外线，这一模拟与自然老化非常相似。

17.7.4.2　氙灯加速老化

氙灯灯管里面充满了氙气，利用氙气放电而放出光。这种光源辐射出来的光谱能量的分布和自然光的日光是非常接近的，并且色温大约在6000K。而且氙灯具有一定的稳定性，在有限的使用寿命内，它的光谱能量分布几乎不会发生改变，这是因为它的连续光谱部分的光谱分布几乎与灯输入功率变化无关。氙灯作为一种特殊的光源，具有良好的一致性电气参数，容易点燃，并且一旦点燃，瞬间即可达到稳定的光能量输出，而且氙灯在工作时候电气参数几乎不太受外界条件的影响。

用经滤光器滤过的氙弧灯光对涂层或高分子材料进行人工气候老化或人工暴露辐射，其目的是使涂层或高分子材料在经受一定的暴露辐射能量后，使选定的性能产生一定程度的变化，或者使受试样品达到一定程度的老化所需要的暴露辐射能量。被选中进行监控的性能应该是材料在实际应用中重要的性能。可将暴露材料的性能与同样制得的未经暴露的材料（对

423

比试样）性能相比较，或者与同时暴露的性能已知的材料（参比样）相比较。

氙灯发出的光线可以很好地再现太阳光的影响，水喷淋系统可以再现雨水的影响。整个测试循环中，辐照能量和温度都是可控的。典型的测试循环通常是高温下的氙灯照射和周期性的降雨；典型应用于油漆涂料、汽车工业、塑胶制品、木制品、胶水等。

氙灯试验时因灯管的辐射会散发出大量的热能，而温度是引起材料破坏的重要因素之一，因为主要模拟户外阳光而不是温度对材料的影响，故必须对试板进行冷却并始终让待测试板的温度保持与其在户外实际应用时一致。常用冷却的方式有风冷却和水冷却，所以氙灯老化测试的设备可按灯管类型分为风冷式和水冷式。

辐照能量是直接影响材料老化快慢的因素，为保证所有曝晒的样板均能最大限度地获得一致的能量，氙灯老化试验箱必须设计合理的样板架。目前按样板的曝晒位置分为平板式和旋鼓式。平板式的氙灯老化试验箱试板和灯管均为水平放置，而旋鼓式的氙灯老化试验箱，灯管被垂直安装在工作室的中心位置，试板固定在一个鼓形可以绕灯管旋转的样板架上，实验室试板以固定的速度绕灯管旋转，确保整个实验过程中所有的样板均能得到同样的辐照能量。典型的平板式氙灯老化试验箱结构如图 17-55 所示。

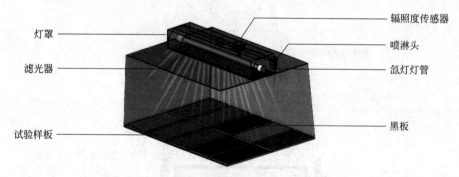

图 17-55　典型的平板式氙灯老化试验箱结构图

（1）光源光谱分布和滤光镜　根据不同材料的特性，氙灯发出的光线主要设计三种不同的滤光系统来获得不同能量分布的光谱。

① 日光过滤器　模拟太阳辐射的紫外线和可见光的光谱分布（光谱在 290nm 下截止，相当于户外直射阳光），与大多数的户外实际应用环境具有最佳的相关性，一般用于测试户外使用材料物理性能的变化，被称为人工气候老化试验（方法 1），试验时采用 340nm 点控制辐照度。

② 窗玻璃滤光器　模拟太阳辐射穿过 3mm 厚的窗玻璃的紫外线和可见光的光谱分布（光谱在 320nm 下几乎完全截止，相当于经窗玻璃透射后的阳光），用于测试室内材料的褪色，称为人工辐射暴露（方法 2），试验时采用 420nm 点控制辐照度。

③ 紫外延展过滤器　允许在自然太阳光截止点以下的紫外线通过（相当于未经大气层的太阳光），用于提供更快更严酷的测试条件，称为人工气候加速老化试验，试验时采用 300～400nm 点控制辐照度。

（2）试验时的温度控制　用于控制试验时材料所获得的温度有两种方式：一种是通过黑标温度（BST），也称绝热黑标温度来控制；另一种是通过黑板温度（BPT）来控制。

① 黑标温度计　由厚度约为 0.5mm 的不锈钢平板构成，正对辐射源的板面应涂有能吸收波长高达 2500nm 以内 90%～95% 的入射辐射能的涂层（该涂层具有良好的耐老化性能）。在远离辐射源板的中央处连有一个与板接触良好的铂金温度电阻传感器，在背对着辐射源的板面连有 5mm 厚且无填充物的聚偏氟乙烯（PVDF）衬板。

② 黑板温度计　由耐腐蚀的金属板组成，正对着光源的面板涂有黑色抗老化的涂层（涂层应能吸收 2500nm 内至少 90％～95％ 的辐射）。对着辐射源的板面中央固定着一个杆状铂金热电偶，金属板的背面暴露在箱体内的空气中。

正常试验中，将黑标温度（BST）设置为（65±2）℃或将黑板温度（BPT）设置为（63±2）℃。如果暴露过程中，样板被周期性地润湿，BST/ BPT 应在每一干燥过程的最后阶段测定。即使非连续光照运行的模式下黑标温度计或黑板温度计的使用也不间断。

当测定颜色变化时，将 BST 设置为（55±2）℃或将 BPT 设置为（50±2）℃，在高温下，漆基可能会大量降解导致粉化、失光，难以对变色做精确评定。

（3）试验时的辐照度控制　辐照度（辐照能量大小）是直接影响材料老化的最重要因素，实验室设置的辐照度应基本同材料在户外实际经受阳光曝晒所获得的辐照度一致，辐照度设定太低，达不到加速老化的效果；辐照度设定太高，材料会出现与实际应用不一致的老化现象。另外，因氙灯光源是模拟整个太阳光的光谱分布，故选择合适的能量表示及控制方式（宽频波段或窄频波段）也非常重要。

一般而言，辐射通量的选择是为了使试验样板表面的平均辐照度 E 为下列值。

方法 1：300～400nm 之间的平均辐照度为 $60W/m^2$，或在 340nm 处为 $0.51W/m^2$。

方法 2：300～400nm 之间的平均辐照度为 $50W/m^2$，或在 420nm 处为 $1.1W/m^2$。

操作者也可以商定使用更高辐照度的试验，选择试验样板表面的平均辐照度，比如方法 1 可使用不超过 $180W/m^2$（300～400nm 之间）或在 340nm 不超过 $1.5W/m^2$ 的辐照度；方法 2 可使用不超过 $162W/m^2$（300～400nm 之间）或在 340nm 不超过 $3.6W/m^2$ 的辐照度。

高的辐照度试验已被证实对几种材料是有效的，例如，汽车内饰件。当进行高辐照度试验时，需仔细检查性能是否随辐照度线性变化。在其他测试参数（黑标温度、黑板温度、箱体温度、相对湿度）不变时，可以比较不同辐照度下得到的结果。也可以测量并报告在 300～800nm 之间的实际辐照度 E，非连续运行的例子中，这个值包括箱体内壁反射到测试样板表面的辐射。

操作者同时还需注意：到达试样表面任何一点的辐照度 E 的变化应不超过到达整个面上辐照度算术平均值的 ±10％，实验室的试板应每隔一段时间换一次位置，使在每个位置得到同样的暴露。

为了进一步加速老化，如果对于特定受试涂层的性能与自然气候老化的相关性是已知的，则可由相关方商定使用各种不同于上述相关光谱能量分布和辐照度的试验条件。这样可以通过增加辐照度或通过规定的方法移向短波终端光谱能量分布的波段，缩短波长来实现进一步加速老化。有关不同于此方法的说明，均要在报告中注明。

另外，氙灯和滤光器的老化会导致运行过程中相对光谱能量分布的变化和辐照度的降低，操作者必须定期更新滤光器，使光谱能量分布及辐照度保持恒定。

（4）试验时的潮湿模拟　大多数氙灯试验箱通过水喷淋或湿度控制系统来模拟潮湿的影响。水喷淋的局限性是，当温度较低的水喷淋到温度较高的被测样品上，样品的温度也将随之降低，这就可能减慢了老化的速度，然而，水喷淋可以很好地模拟热冲击和机械侵蚀。值得注意的是：水喷淋时必须保证所有试板获得均匀的润湿，另外，为了防止水对样品的污染，必须使用高纯度的水（电导率应低于 $2\mu S/cm$ 且蒸馏残余物小于 1mg/kg）且喷淋后的水不能循环使用。

因为湿度会影响某些室内使用物品（比如纺织品或油墨）发生老化的类型和速度，在许多测试标准中都建议控制相对湿度。

17.7.5 循环腐蚀试验

涂料实际的使用是在一个多变的环境下的。从温度变化到湿度变化，从光照到黑暗，或者是在酸性环境、碱性环境、海边环境等苛刻环境。随着涂料生产和技术的不断发展，对涂料性能的要求也越来越高，高性能的涂料可以延长设备的使用寿命，比起单一腐蚀试验，几种腐蚀试验的组合更能贴近实际使用环境。针对这种情况，涂料使用者越来越注重涂料在这些循环腐蚀试验下的性能表现。

循环腐蚀试验有多种，它可以组合普通的盐雾腐蚀、温度测试、湿度测试、光老化测试中的任意几种。比如常用于汽车涂层耐候性能评估的 CCT 循环腐蚀试验，在实验室模拟汽车涂层经常经历的盐雾、干燥、湿气条件，即把涂漆试板暴露于周期性变化的盐雾、干燥、湿气试验循环中，然后按有关方事先商定的准则对暴露结果进行评定。为中性盐雾试验增加一个干燥试验并以此循环被称为 Prohesion 测试。

比如海上建筑及相关结构用防护涂料体系性能要求中，涂层的实验室耐候性测试就是一个典型的循环腐蚀试验，该试验包含一个 UV 老化、一个中性盐雾和一个低温试验，共三种不同试验模式，并依此循环直至达到 4200h（25 周），如图 17-56 所示。

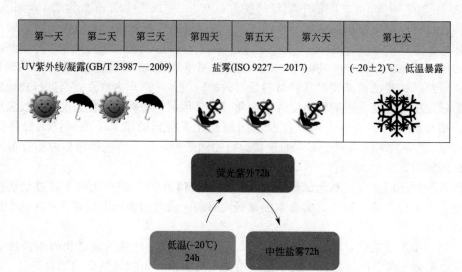

图 17-56　UV 老化＋中性盐雾＋低温的循环腐蚀试验

正因为材料在户外实际应用中的老化来自于多方面，而且实验室里面单一的腐蚀测试已经被证明与户外的相关性并不理想，所以目前越来越多的人开始采用多种腐蚀试验循环组合。另外，这些年对不同样品的大量试验与实践应用表明：循环腐蚀试验相比单一的腐蚀条件，与户外的相关性更好。

17.8　结语

涂料测试仪器是涂料科研、生产及应用的重要硬件，我国相关企业竞争力还较弱，应多学科联合，进一步加强研发能力，促进涂料测试仪器的现代化，以促进我国涂料产业的发展。

参 考 文 献

[1] 李绍雄，刘益军．聚氨酯胶黏剂．北京：化学工业出版社，1998.

[2] 虞兆年．涂料工艺：第二分册．北京：化学工业出版社，1996.

[3] 山西省化工研究所．聚氨酯弹性体手册．北京：化学工业出版社，2001.

[4] 徐培林，张叔勤．聚氨酯材料手册．北京：化学工业出版社，2002.

[5] 丛树枫，喻露如．聚氨酯涂料．北京：化学工业出版社，2003.

[6] 刘登良．涂料合成树脂工．北京：化学工业出版社，2007.

[7] Masakazu Hirose, Jianhui Zhou, Katsutishi Nagai. The structure and properties of acrylic-polyurethane hybrid emulsions. Progress in Organic Coatings, 2000, 38 (1): 27.

[8] 杨昌跃，曹红菊，杨丽，等．水性聚氨酯木器漆胶膜物性的研究．聚氨酯工业，2001, 16 (4): 22.

[9] 闫福安，张良均．内交联型水性聚氨酯合成配方的设计与计算．中国皮革，2002, 31 (7): 12.

[10] 范浩军，石碧，何有节，等．蓖麻油改性聚氨酯皮革涂饰剂的研究．精细化工，1996, 13 (6): 30.

[11] 闫福安．内交联型水性聚氨酯皮革光亮剂的合成．武汉化工学院学报，2003, 25 (1): 25.

[12] 闫福安，官文超．短油度水溶性醇酸树脂的合成研究．中国涂料，2003, 18 (1): 26.

[13] 闫福安．水性聚酯树脂的合成研究．涂料工业，2003, 33 (3): 9.

[14] 闫福安．水性双组分聚氨酯漆的研制．涂料工业，2003, 33 (5): 37.

[15] 闫福安．水性聚氨酯的合成与应用．胶体与聚合物，2003, 21 (2): 30.

[16] 闫福安，官文超．水性丙烯酸树脂的合成及其氨基烘漆研制．武汉化工学院学报，2003, 25 (2): 6.

[17] 吴让军，闫福安．水性聚氨酯预聚体中异氰酸酯基的容量分析．中国涂料，2006, 21 (1): 33.

[18] 文艳霞，闫福安．水性醇酸树脂及其聚氨酯改性研究．中国涂料，2007, 22 (1): 25.

[19] 闫福安．气干型短油度水性醇酸树脂的合成研究．第二届环保型水性涂料及树脂技术研讨会论文集，2003: 25.

[20] 闫福安．聚酯型双组分水性聚氨酯树脂的合成研究．第三届环保型水性涂料及树脂技术研讨会论文集，2004: 66.

[21] 闫福安．UV 固化水性聚酯合成研究．第四届环保型水性涂料及树脂技术研讨会论文集，2005: 166.

[22] 闫福安．水性聚氨酯型水性环氧固化剂合成研究．第五届环保型水性涂料及树脂技术研讨会论文集，2007: 296.

[23] 闫福安．自交联型水性丙烯酸-聚氨酯杂化体的合成．首届水性木器涂料发展研讨会论文集，2007: 99.

[24] 汪长春，包启宇．丙烯酸酯涂料．北京：化学工业出版社，2005.

[25] 潘祖仁．高分子化学．北京：化学工业出版社，2007.

[26] 洪啸吟，冯汉保．涂料化学．北京：化学工业出版社，1997.

[27] 曹同玉，刘庆普，胡金生．聚合物乳液合成原理性能及应用．北京：化学工业出版社，1997.

[28] 刘国杰．水分散性涂料．北京：化学工业出版社，2004.

[29] Zeno W 威克斯，Frank N 琼斯，S Peter 柏巴斯．有机涂料科学与技术．经桴良，姜英涛，等译．北京：化学工业出版社，2004.

[30] 陈平，王德中．环氧树脂及其应用．北京：化学工业出版社，2004.

[31] 涂料工艺编委会．涂料工艺（上册）．3 版．北京：化学工业出版社，1997.

[32] 沈钟昌，周山，陈人金．防腐涂料生产与应用技术．北京：中国建材工业出版社，1994.

[33] 张凯，黄渝鸿，郝晓东等．环氧树脂改性技术研究进展．化学推进剂与高分子材料，2004, 2 (1): 12.

[34] 洪晓斌，谢凯，盘毅，等．有机硅改性环氧树脂研究进展．材料导报，2005, 19 (10): 44.

[35] 刘晓冬，陈志明，董劲．单组分水性环氧乳液的合成研究．应用化工，2007, 36 (1): 68.

[36] 周学良．涂料．北京：化学工业出版社，2005.

[37] 陈少鹏，俞小春，林国良．水性环氧丙烯酸接枝共聚物的合成及固化．厦门大学学报（自然科学版），2007, 46 (1): 63.

[38] 周继亮，涂伟萍．非离子型自乳化水性环氧固化剂的合成与性能．高校化学工程学报，2006, 20 (1): 94.

[39] 《化工百科全书》编辑委员会．化工百科全书：第 12 卷．北京：化学工业出版社，1996: 368.

[40] 《化工百科全书》编辑委员会．化工百科全书：第 8 卷．北京：化学工业出版社，1996: 223.

[41] 《化工百科全书》编辑委员会．化工百科全书：第 13 卷．北京：化学工业出版社，1996: 124.

[42] 《实用精细化学品手册》编辑委员会．实用精细化学品手册：有机卷（上）．北京：化学工业出版社，1996.

[43] 《实用精细化学品手册》编辑委员会．实用精细化学品手册：有机卷（下）．北京：化学工业出版社，1996.

[44] 刘国杰，夏正斌，雷智斌·氟碳树脂涂料及施工应用．北京：中国石化出版社，2005.

[45] 管从胜，王威强，氟树脂涂料及应用．北京：化学工业出版社，2004.

[46] 刘国杰．氟化有机硅树脂涂料开发动向．中国涂料，2004 (12): 42.

[47] 周立新，程江，杨卓如．氟树脂涂料及其应用．合成材料老化与应用，2003, 32 (3): 39.

[48] 张玲，朱学海，姚虎卿．改性有机硅树脂涂料研究新进展．现代化工，2006，26（增刊2）：77.

[49] 陈兴娟，张正晗，王正平．环保型涂料生产工艺及应用．北京：化学工业出版社，2004.

[50] 杨建文，曾兆华，陈用烈．光固化涂料及应用．北京：化学工业出版社，2005.

[51] 魏杰，金养智．光固化涂料．北京：化学工业出版社，2005.

[52] 江梅，王德海，马家举，等．UV固化竹木基涂料的研制．热固性树脂，2002，17（3）：26.

[53] 陈建山，罗洁，吴志平，等．低黏度紫外光固化竹木基涂料的研制．化工新型材料，2005，33（8）：66.

[54] 马越峰，李宝芳，陈刚．光固化粉末涂料涂膜性能研究．热固性树脂，2003，18（3）：1.

[55] 官仕龙，李世荣．光敏酚醛环氧丙烯酸酯的合成工艺．涂料工业，2006，36（1）：32.

[56] 陈乐培，王海杰，武志明．光敏树脂及其紫外光固化涂料发展新动向．热固性树脂，2003，18（5）：33.

[57] 周建平，徐伟箭，熊远钦，等．异氰酸酯改性光敏水性环氧丙烯酸酯的合成．涂料工业，2005，35（1）：24.

[58] 梁宗军，史宜望，沈亚，等．用于紫外光固化涂料的羧基化环氧丙烯酸酯水分散性研究．上海大学学报（自然科学版），2005，11（3）：303.

[59] 杨康，孟军锋，李洁．脂肪族聚氨酯紫外光固化涂料的研制．现代涂料与涂装，2003（4）：1.

[60] 官仕龙，李世荣．水性丙烯酸改性酚醛环氧树脂的合成及性能．材料保护，2007，40（5）：17.

[61] 洪宣益．涂料助剂．2版．北京：化学工业出版社，2006.

[62] 武利民．涂料技术基础．北京：化学工业出版社，1999.

[63] 童身毅，吴壁耀．涂料树脂合成与配方原理．武汉：华中理工大学出版社，1992.

[64] 涂料工艺编委会．涂料工艺（下册）．3版．北京：化学工业出版社，1997.

[65] 钱逢麟，竺玉书．涂料助剂：品种和性能手册．北京：化学工业出版社，1990.

[66] 武利民．现代涂料配方设计．北京：化学工业出版社，2000.

[67] 何曼君．高分子物理．上海：复旦大学出版社，1990.

[68] 童国忠．现代涂料仪器分析．北京：化学工业出版社，2006.

[69] 赵国玺．表面活性剂作用原理．北京：中国轻工业出版社，2003.

[70] S T Eckersley, A Rudin. Drying behavior of acrylic latexes. Progress in Organic Coatings, 1994, 23 (4): 387.

[71] Y Chevalier, C Pichot, C Graillat, et al. Film formation with latex praticles. Colloid and Polymer Science, 1992, 270 (8): 806-821.

[72] F Lin, D J Meier. Latex film formation: atomic force microscop and theoretical results. Progress in Organic Coatings, 1996, 29 (1): 139.

[73] T C 巴顿．涂料流动和颜料分散．2版．郭隽奎，王长卓，译．北京：化学工业出版社，1988.

[74] L J Calbo．涂料助剂大全．朱传棨，段质美，王泳厚，译．上海：上海科学技术文献出版社，2000.

[75] 林宣益．乳胶漆．北京：化学工业出版社，2004.

[76] 涂伟萍．水性涂料．北京：化学工业出版社，2005.

[77] 刘会元．乳胶漆生产工艺的控制及助剂应用．涂料工业，2003，33（8）：29.

[78] 涂料工艺编委会．涂料工艺（下册）．3版．北京：化学工业出版社，1997.

[79] 洪宣益．涂料助剂．2版．北京：化学工业出版社，2006.

[80] 倪玉德．FEVE氟碳树脂与氟碳涂料．北京：化学工业出版社，2006.

[81] 戈尔洛夫斯基，科祖林．涂料化工厂设备．3版．周本励，冯明霞，译．北京：化学工业出版社，1987.

[82] 李桂林．环氧树脂与环氧涂料．北京：化学工业出版社，2003.

[83] 童国忠．现代涂料仪器分析．北京：化学工业出版社，2006.

[84] 郑顺兴．涂料与涂装科学技术基础．北京：化学工业出版社，2007.

[85] 马庆麟．涂料工业手册．北京：化学工业出版社，2001.

[86] 刘国杰．水分散涂料．北京：中国轻工业出版社，2004.

[87] 刘国杰．现代涂料工艺新技术．北京：中国轻工业出版社，2000.

[88] 沈春林．涂料配方手册．北京：中国石化出版社，2000.

[89] 张传恺．新编涂料配方600例．北京：化学工业出版社，2006.

[90] 陈俊，闫福安．水性双组分氟丙烯酸-聚氨酯涂料的研制及性能测试．中国涂料，2009，24（3）：24.

[91] 陈俊，闫福安．水性羟基丙烯酸树脂合成及木器漆研制．现代涂料与涂装，2009，12（3）：17.

[92] 闫福安，张艳丽，周勇．核壳结构羟基叔丙乳液的合成．涂料技术与文摘，2010，31（5）：6.

[93] 陈俊，闫福安．自交联型水性聚氨酯-氟丙烯酸树脂的合成与研究．涂料工业，2010，40（5）：26.

[94] 谢浩，闫福安．核壳结构乳液研究进展．涂料技术与文摘，2010，31（5）：12.

[95] 黄贵，闫福安．水稀释型丙烯酸酯分散体及其双组分涂料的制备研究．现代涂料与涂装，2011，14（4）：1.

[96] 张洁，闫福安．叔丙乳液合成及水性防锈的研制．现代涂料与涂装，2011，14（4）：13.

[97]　唐金勇，闫福安．苯丙乳液水性防锈涂料的配方研究．中国涂料，2013，28（10）：24．

[98]　唐金勇，闫福安．含氟丙烯酸酯防锈乳液的合成研究．中国涂料，2013，28（5）：55．

[99]　赵贞，闫福安．高固体分含氟羟基丙烯酸酯树脂的制备及性能研究．中国涂料，2014，29（12）：25．

[100]　严晶，闫福安．GMA 改性水性光固化不饱和聚酯乳液的合成．中国涂料，2014，35（3）：7．

[101]　陈秋芬，闫福安．羟基型水性聚氨酯的合成及其柔性水性木器清漆的制备．中国涂料，2014，29（6）：24．

[102]　闫福安，王文芳．水性环氧酯-丙烯酸酯树脂杂化体的制备．武汉工程大学学报，2015，37（7）：5．

[103]　周玉琴，闫福安．高固体分阳离子型水性聚氨酯合成及其封闭底漆研制．中国涂料，2015，30（6）：21．

[104]　万小婷，闫福安，周勇．核壳结构叔丙乳液的合成及其稳定性影响的研究．中国涂料，2016，46（4）：66．

[105]　许天格，闫福安，周勇．磺酸/羧酸盐型水性聚氨酯的合成与性能研究．中国涂料，2016，31（6）：53．

[106]　麦桂康，闫福安，周勇．卷材面漆用水性丙烯酸酯树脂的制备．中国涂料，2016，31（2）：29．

[107]　周勇，左禹，闫福安．缓蚀性组分对金属小孔腐蚀的缓蚀作用与机制．中国腐蚀与防护学报．2017，37（6）：487．

[108]　杨威，闫福安，董月林．双重交联型丙烯酸树脂改性水性醇酸树脂的合成研究．中国涂料，2017，32（4）：10．

[109]　徐德鹏，闫福安．环氧改性水性醇酸树脂的制备及其性能研究．中国涂料，2020，35（4）：50．

[110]　罗得学，闫福安．阳离子型丙烯酸树脂的合成及其封闭底漆的研制．中国涂料，2017，32（5）：16．

[111]　周勇，左禹，闫福安．晶间腐蚀敏感性研究进展：Ⅰ．不锈钢贫化理论．材料保护，2018，55（11）：111．

[112]　童快，闫福安，董月林．非离子型水性环氧树脂乳液的制备及其性能研究．中国涂料，2018，33（2）：19．

[113]　张彪，闫福安．水性聚氨酯-聚脲的合成及其性能研究．中国涂料，2019，34（5）：35．

[114]　王黎，闫福安．羟基型水性聚酯-丙烯酸树脂杂化体的合成研究．中国涂料，2019，34（4）：40．

[115]　王东，闫福安．环氧酯改性苯丙树脂防锈乳液的合成研究．中国涂料，2019，34（3）：44．

[116]　张珊珊，闫福安，周勇．磺酸盐型紫外光固化水性聚氨酯的合成研究．涂料工业，2020，50（7）：49．

[117]　汤新颖，闫福安，周勇．新型聚脲弹性涂料的制备及其性能研究．中国涂料．2020，35（3）：43．